科学出版社“十四五”普通高等教育本科规划教材
工科数学信息化教学丛书
海军院校重点教材

工程数学

（第三版）

戴明强　刘海涛　艾小川　主编

科学出版社

北京

内 容 简 介

本书是在 2015 年 8 月出版的《工程数学》(第二版)的基础上修订而成的, 是科学出版社“十二五”“十三五”“十四五”普通高等教育本科规划教材、海军院校重点教材、海军优秀教材。本书共三篇 14 章, 包括线性代数、概率论、数理统计等基本内容, 涵盖了《全国研究生入学统一考试数学考试大纲(2010 版)》的相关知识点。全书选材适当、结构合理, 每章后附有本章小结、常用词汇中英文对照和习题, 在应用性较强的章节后配有数学实验基础知识, 便于教学和自学.

本次修订除了吸取国内外优秀教材优点, 融入大量课程思政元素外, 还对例题、习题进行了部分更新, 重点增加建设了数字化资源, 包括授课课件 (PPT 课件)、视频微课(二维码)、导入案例(二维码)、在线学习素材(码题小程序)等.

本书可作为高等院校本专科工学、管理学、军事学等专业的教材, 也可供研究生及教研工作者学习参考.

图书在版编目(CIP)数据

工程数学 / 戴明强, 刘海涛, 艾小川主编. —3 版. —北京: 科学出版社, 2021.8
(工科数学信息化教学丛书)
海军院校重点教材

ISBN 978-7-03-069492-8

Ⅰ. ①工… Ⅱ. ①戴… ②刘… ③艾… Ⅲ. ①工程数学－高等学校－教材 Ⅳ. ①TB11

中国版本图书馆 CIP 数据核字(2021)第 151860 号

责任编辑: 吉正霞 王 晶 / 责任校对: 高 嵘
责任印制: 赵 博 / 封面设计: 无极书装

科 学 出 版 社 出版
北京东黄城根北街 16 号
邮政编码: 100717
http: //www.sciencep.com
北京华宇信诺印刷有限公司印刷
科学出版社发行 各地新华书店经销
*
2021 年 8 月第 三 版 开本: 787×1092 1/16
2025 年 2 月第四次印刷 印张: 22 1/2
字数: 573 000

定价: 72.00 元

(如有印装质量问题, 我社负责调换)

前 言

“工程数学”是继“高等数学”之后的又一门重要的基础课程, 它包括线性代数、概率论、数理统计、复变函数、积分变换和数理方程等内容.

本书于1995年在海军工程大学内部使用, 5年后进行过一次改编. 在2009年出版《工程数学》后, 于2015年8月根据工科数学教学的改革要求进行了较大幅度的修订, 并出版了《工程数学》(第二版). 在编写过程中, 我们吸收了国内外同类教材的优点, 并结合多年教学实践的经验, 注重理论知识实际背景的介绍、学科发展历程的叙述和数学应用软件的简介, 增强了实用性.

此次改版, 对例题、习题进行了部分更新, 融入了大量课程思政元素, 并重点建设了数字化资源, 包括授课课件（PPT课件）、视频微课（二维码）、导入案例（二维码）、在线学习素材(码题小程序)等, 其中授课课件可搜索中科云教育平台下载使用. 在内容取舍、例题选择、习题配备以及叙述方式上, 注意反映教学的特点和要求. 在应用性较强的章节后配备了相应的数学软件知识和程序实例, 为同步进行的数学实验打下基础, 帮助读者更好地体会数学的工具作用. 每章的常用词汇给出了中英文对照, 留下延伸阅读的接口. 同时对每章进行简明扼要的小结, 帮助读者理清基本内容纲要, 便于教学和自学.

本书努力打造鲜明的特色, 体现如下.

(1)根据教学大纲要求, 在整体框架方面, 保证基本概念、基本理论和基本方法的完整性. 在具体内容取舍上, 结合教学实际, 侧重于工程数学的基本方法, 同时又兼顾理论上的系统性和逻辑上的严谨性.

(2)概念、理论和方法的引入, 注意交代它们的实际背景, 体现实践、理论、再实践的认识论原则. 精心组编的教学内容, 由一层知识到另一层知识, 力求体现事物的矛盾运动. 读者读完本书后, 不仅可以学到相关知识和科学思维方式, 也能受到严密逻辑的训练.

(3)讲基础联系前沿, 讲近代不忘历史. 在介绍工程数学主体知识的同时, 注意选择结合点, 用少量的笔墨介绍有关科学发展的史实, 或点缀发展前沿的成就, 用以开阔读者视野, 激发求知欲望.

(4)本书融入编者多年的教学实践经验, 在基本知识内容编排上注重读者理解和掌握的移度, 在延伸知识编排上注重读者继续学习的需要.

本书的编写团队由10名同志组成, 编写大纲由戴明强拟定. 其中: 第1章、第5章由戴明强编写, 第2章由袁昊劼编写, 第3章由祁锐编写, 第4章由黄登斌编写, 第6章由王玉琢编写, 第7～8章由刘海涛编写, 第9～10章由孙慧玲编写, 第11章、第14章由艾小川编写, 第12章由刘永凯编写, 第13章由翟亚利编写. 全书由戴明强、刘海涛、艾小川统稿.

本书列入海军工程大学“百部精品教材出版工程”, 是海军院校重点教材, 它的出版得到了海军工程大学各级领导和机关的关心、支持. 海军工程大学基础部宋业新、金裕红、瞿勇、纪祥鲲、杨美妮、李响军等同事在本书编写过程中提供了热情的帮助, 在此表示衷心的感谢. 本书在编写过程中参考了大量资料, 对于书末所列参考文献中的作者们也表示由衷的敬意和真诚的感谢.

同时, 我们向在使用本书过程中提出宝贵建议的老师们表示衷心的感谢. 科学出版社各位同志为本书出版做了很多认真、细致的工作, 对此, 我们表示诚挚的感谢.

由于编者水平有限, 书中难免有疏漏和不当之处, 敬请读者批评指正, 以便在今后的教学和教材编写中改进提高.

编　者

2021 年 3 月

目　录

第一篇　线性代数

第二篇 概 率 论

第三篇　数理统计

第一篇

线性代数

线性代数基本上是讨论矩阵理论和与矩阵理论相结合的有限维向量空间及其线性变换理论的一门学科. 它的主要理论成熟于 19 世纪, 而其第一块基石——二、三元线性方程组的解法, 则早在 2000 年前即见于我国古代数学名著《九章算术》, 我们引以为豪.

线性代数在数学、力学、物理学及其他科学中有着重要的应用, 应用的广度和深度因这些学科的发展而不断加强. 随着社会与科学的飞速发展, 线性代数应用的领域也越来越广泛, 如经济学、管理学、社会学、人口学、遗传学、生物学等. 因此, 线性代数在各代数分支中占据首要地位. 不仅如此, 该学科体现的几何观念与代数方法之间的联系, 从具体概念抽象出来的公理化方法, 以及严谨的逻辑论证和巧妙的归纳综合等, 对于强化人们的数学训练, 增益科学智能都是非常有用的.

时至今日, 各种专业人员都需要学习线性代数还出于这样一个原因: 随着科学技术的发展, 不仅要研究两个变量之间的关系, 更要进一步研究多个变量之间的关系. 各种实际问题(不少是多元非线性的问题)大多数情况下可以线性化, 而电子计算机科学的发展, 线性化了的问题又可以计算出来. 线性代数正是解决这些问题的有力工具. 因此, 线性代数是工科大学生应学习的工程数学课程的重要分支, 它是工程数学的首要部分.

本篇主要讨论线性代数的基础部分. 主要内容有: 行列式、矩阵、线性方程组、方阵的对角化与二次型、线性空间与线性变换等, 其中矩阵的理论是贯穿始终的, 它不仅是线性代数的理论基础, 而且是微分方程、计算方法、离散数学等的计算工具, 在其他的技术科学中也有重要的应用.

第1章　行　列　式

在生产实践和科学研究中，许多变量之间的关系可以直接地或近似地表示为线性函数及线性函数的集合，这是一个复杂的数学对象. 在线性代数中，线性方程组的理论是其重要的组成部分，而研究线性方程组需要行列式这一重要工具. 本章的主要内容从二阶、三阶行列式出发，重点介绍 n 阶行列式的定义、性质及其计算方法.

1.1　线性方程组与行列式

二阶、三阶行列式与二元、三元线性方程组的公式解是中学代数里学习过的内容，本节引述它的目的是介绍行列式的来源，同时也是为引进 n 阶行列式的概念提供直观背景.

设二元线性方程组

$$\begin{cases} a_{11}x_1 + a_{12}x_2 = b_1 \\ a_{21}x_1 + a_{22}x_2 = b_2 \end{cases} \tag{1.1.1}$$

用 a_{22} 乘式(1.1.1)的第一式，再减去 a_{12} 乘式(1.1.1)的第二式，得

$$(a_{11}a_{22} - a_{12}a_{21})x_1 = b_1a_{22} - a_{12}b_2$$

当 $a_{11}a_{22} - a_{12}a_{21} \neq 0$ 时，有

$$x_1 = \frac{b_1a_{22} - a_{12}b_2}{a_{11}a_{22} - a_{12}a_{21}}$$

同理，用 a_{11} 乘式(1.1.1)的第二式，用 a_{21} 乘式(1.1.1)的第一式，然后相减，得

$$(a_{11}a_{22}-a_{12}a_{21})x_2 = a_{11}b_2-b_1a_{21}$$

当 $a_{11}a_{22} - a_{12}a_{21} \neq 0$ 时，有

$$x_2 = \frac{a_{11}b_2 - b_1a_{21}}{a_{11}a_{22} - a_{12}a_{21}}$$

故线性方程组(1.1.1)只要适合条件 $a_{11}a_{22}-a_{12}a_{21}\neq0$，则其解为

$$\begin{cases} x_1 = \dfrac{b_1a_{22} - a_{12}b_2}{a_{11}a_{22} - a_{12}a_{21}} \\ x_2 = \dfrac{a_{11}b_2 - b_1a_{21}}{a_{11}a_{22} - a_{12}a_{21}} \end{cases} \tag{1.1.2}$$

这就是一般的二元线性方程组(1.1.1)解的公式. 式(1.1.2)不易记忆，应用时也不方便，因而引入新的符号(下面称为行列式)来表示式(1.1.2)，这就是行列式的起源.

令

$$\begin{vmatrix} a_{11} & a_{12} \\ a_{21} & a_{22} \end{vmatrix} = a_{11}a_{22} - a_{12}a_{21} \tag{1.1.3}$$

称为**二阶行列式**(其实算出来就是一个数). 它有两行、两列，其中：横写的称为**行**，竖写的称为**列**. 行列式中的数 a_{ij} 称为行列式的**元素**. a_{ij} 的第一个附标 i 称为**行标**，表示它在第 i 行；第二个附标 j 称为**列标**，表示它在第 j 列. 二阶行列式是这样两个项的代数和：一项是从左上角到右

下角的对角线(称为**主对角线**)上两个元素的乘积，带正号；另一项是从右上角到左下角的对角线(称为**次对角线**)上两个元素的乘积，带负号.

于是，利用二阶行列式，当式(1.1.3)即方程组(1.1.1)的系数行列式

$$D=\begin{vmatrix}a_{11} & a_{12}\\ a_{21} & a_{22}\end{vmatrix}\neq 0$$

时，方程组(1.1.1)的唯一解式(1.1.2)可以写成

$$x_1=\frac{D_1}{D},\qquad x_2=\frac{D_2}{D} \tag{1.1.4}$$

式中，$D_1=\begin{vmatrix}b_1 & a_{12}\\ b_2 & a_{22}\end{vmatrix}$，$D_2=\begin{vmatrix}a_{11} & b_1\\ a_{21} & b_2\end{vmatrix}$.

注意式(1.1.4)中两式的分母均为方程组(1.1.1)的系数行列式 D，而分子 D_1，D_2 分别为方程组(1.1.1)右边常数列替代所求未知数的系数列所得的行列式，这样，方程组(1.1.1)的解的公式就整齐易记了.

对于三元线性方程组

$$\begin{cases}a_{11}x_1+a_{12}x_2+a_{13}x_3=b_1\\ a_{21}x_1+a_{22}x_2+a_{23}x_3=b_2\\ a_{31}x_1+a_{32}x_2+a_{33}x_3=b_3\end{cases} \tag{1.1.5}$$

类似地，采用从三个未知数中消去两个的方法求解，可以得到，当

$$D=a_{11}a_{22}a_{33}+a_{12}a_{23}a_{31}+a_{13}a_{21}a_{32}-a_{11}a_{23}a_{32}-a_{12}a_{21}a_{33}-a_{13}a_{22}a_{31}\neq 0$$

时，方程组(1.1.5)有唯一解

$$\begin{cases}x_1=\dfrac{1}{D}(b_1a_{22}a_{33}+a_{12}a_{23}b_3+a_{13}b_2a_{32}-b_1a_{23}a_{32}-a_{12}b_2a_{33}-a_{13}a_{22}b_3)\\ x_2=\dfrac{1}{D}(a_{11}b_2a_{33}+b_1a_{23}a_{31}+a_{13}a_{21}b_3-a_{11}a_{23}b_3-b_1a_{21}a_{33}-a_{13}b_2a_{31})\\ x_3=\dfrac{1}{D}(a_{11}a_{22}b_3+a_{12}b_2a_{31}+b_1a_{21}a_{32}-a_{11}b_2a_{32}-a_{12}a_{21}b_3-b_1a_{22}a_{31})\end{cases} \tag{1.1.6}$$

同前面一样，为了便于记忆，引进三阶行列式的概念，令

$$\begin{vmatrix}a_{11} & a_{12} & a_{13}\\ a_{21} & a_{22} & a_{23}\\ a_{31} & a_{32} & a_{33}\end{vmatrix}=a_{11}a_{22}a_{33}+a_{12}a_{23}a_{31}+a_{13}a_{21}a_{32}-a_{11}a_{23}a_{32}-a_{12}a_{21}a_{33}-a_{13}a_{22}a_{31} \tag{1.1.7}$$

它的 6 个项以及所带的符号可以由一个很简单的规则来说明，这就是三阶行列式的**对角线规则**(又称为沙流氏规则)：即(图 1.1.1)实线上的位于不同行不同列的 3 个元素所组成的乘积前加正号，虚线上的位于不同行不同列的 3 个元素所组成的乘积前加负号.

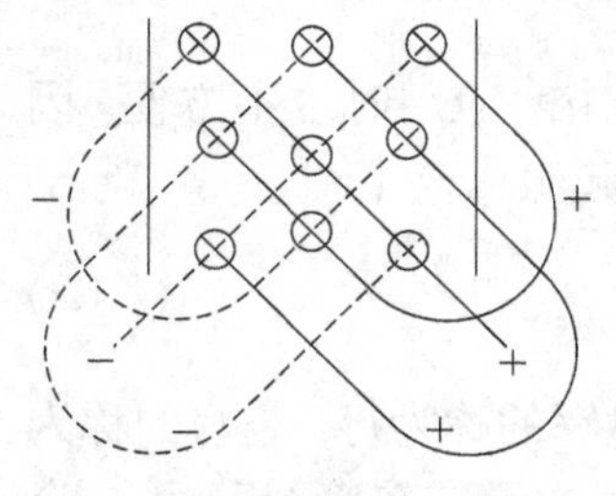

图 1.1.1　对角线法则示意图

于是，利用三阶行列式，当式(1.1.7)即方程组(1.1.5)的系数行列式

$$D=\begin{vmatrix}a_{11} & a_{12} & a_{13}\\ a_{21} & a_{22} & a_{23}\\ a_{31} & a_{32} & a_{33}\end{vmatrix}\neq 0$$

时，方程组(1.1.5)的唯一解也能写成与式(1.1.4)相仿的简单形式

$$x_1=\frac{D_1}{D},\quad x_2=\frac{D_2}{D},\quad x_3=\frac{D_3}{D} \tag{1.1.8}$$

式中，$D_j(j=1,2,3)$是把 D 的第 j 列(x_j 的系数列)依次换成常数项列 b_1,b_2,b_3 所得到的行列式.

注意：当二元线性方程组(1.1.1)与三元线性方程组(1.1.5)存在唯一解时(系数行列式不为零)，利用行列式，可把它们的解的表达式从形式上统一起来，而且明显地展示解与系数之间的关系. 这里自然会问：对于 n 个方程的 n 元线性方程组，它的解是否也同样可以用行列式来表示，而且形式上与二元、三元的情况类似呢？答案是肯定的. 这就首先需要将二阶、三阶的行列式概念推广到 n 阶.

1.2　n 阶行列式

案例：舰艇甲板的面积
微课视频：n 阶行列式

为了能给出 n 阶行列式的定义，要先引入排列及其逆序数的概念.

1. 排列及其逆序数

由$1,2,\cdots,n$组成的有序数组称为一个 **n 阶排列**. 例如，132 是一个三阶排列，45312 是一个五阶排列. 事实上，这里所说的 n 阶排列就是我们所熟悉的由 n 个不同元素组成的全排列. 可知，n 阶排列共有 $n!$ 个.

在 $n!$ 个 n 阶排列中，$123\cdots(n-1)n$ 是唯一的一个按自然数顺序排成的排列，称为**标准排列**. 而在其他的排列中，总会出现较大的数排在较小的数前面的情形，为描述这种情形，下面引入逆序数的概念.

在一个排列中的两个数，如果排在前面的数大于排在后面的数，那么称它们构成了一个**逆序**. 一个排列中所有逆序的总数称为这个排列的**逆序数**.

例如，在排列 231 中，21, 31 都构成逆序，而 23 是顺序，所以排列 231 的逆序数为 2. 一般地，设 $p_1p_2\cdots p_n$ 为 n 个自然数$1,2,\cdots,n$的一个排列. 考虑元素 $p_i\ (i=1,2,\cdots,n)$，若比 p_i 大且排在 p_i 前面的元素有 t_i 个，就说 p_i 这个元素的逆序数为 t_i. 于是，全体元素的逆序数之和

$$t=t_1+t_2+\cdots+t_n=\sum_{i=1}^{n}t_i$$

就是这个排列的逆序数.

例 1.2.1　求排列 415362 的逆序数.

解　在排列 415362 中，

4 排在首位，其逆序数 t_1 总为 0;

1 的前面比 1 大的数有一个(4)，故 $t_2=1$;

5 的前面比 5 大的数有 0 个，故 $t_3=0$;

3 的前面比 3 大的数有 2 个(4, 5)，故 $t_4=2$;

6 的前面比 6 大的数有 0 个，故 $t_5=0$;

2 的前面比 2 大的数有 4 个(4, 5, 3, 6)，故 $t_6=4$.

于是，这个排列的逆序数为

$$t=\sum_{i=1}^{6}t_i=0+1+0+2+0+4=7$$

在这里，我们关心的是一个排列的逆序数的奇偶性. 逆序数为奇数的排列，称为**奇排列**；逆序数为偶数的排列，称为**偶排列**. 由此，排列 231 和排列 $123\cdots(n-1)n$ 是偶排列；而排列 415362 是奇排列.

例 1.2.2 指出所有 6 个三阶排列中，哪些是偶排列？哪些是奇排列？

解 排列 123, 231, 312 的逆序数分别为 0, 2, 2，故均为偶排列；排列 132, 213, 321 的逆序数分别为 1, 1, 3，故均为奇排列.

把一个排列中的某两个数的位置互换，而其余数的位置不变，就得到一个新的排列，这样的一个变换称为**对换**. 如果互换位置的两个数是相邻的，那么称为**相邻对换**. 对换将影响排列的奇偶性. 例如，偶排列 2431 经 2 与 3 对换变成奇排列 3421. 我们可以得到下面一般性的结论.

定理 1.2.1 一次对换改变排列的奇偶性.

证 先证相邻对换情形.

设排列 $a_1\cdots a_l ab b_1\cdots b_m$，对换 a 与 b，变成排列 $a_1\cdots a_l ba b_1\cdots b_m$. 显然，$a_1,\cdots,a_l,b_1,\cdots,b_m$ 这些元素的逆序数经过对换后并不改变，可能改变的只有 a, b 两元素的逆序数：当 $a<b$ 时，经对换后 a 的逆序数增加 1 而 b 的逆序数不变；当 $a>b$ 时，经对换后 a 的逆序数不变而 b 的逆序数减少 1. 所以，排列经过一次相邻对换后，其逆序数将增加或减少 1，奇偶性因此改变.

再证一般对换情形.

设排列 $a_1\cdots a_l a b_1\cdots b_m b c_1\cdots c_n$，经 a 与 b 对换，变成排列 $a_1\cdots a_l b b_1\cdots b_m a c_1\cdots c_n$. 可以用相邻对换完成这个对换. 排列 $a_1\cdots a_l a b_1\cdots b_m b c_1\cdots c_n$，经元素 b 依次与前面相邻元素的 m 次相邻对换，变成排列 $a_1\cdots a_l a b b_1\cdots b_m c_1\cdots c_n$，再经元素 a 依次与后面相邻元素的 $(m+1)$ 次相邻对换，变成排列 $a_1\cdots a_l b b_1\cdots b_m a c_1\cdots c_n$. 可见，这个 a 与 b 的对换可以用 $(2m+1)$ 次相邻对换替代，而奇数次相邻对换最终会改变排列的奇偶性. 所以，经一次对换后，排列的奇偶性将改变.

推论 1.2.1 奇数次对换改变排列的奇偶性，偶数次对换不改变排列的奇偶性.

推论 1.2.2 奇排列调成标准排列的对换次数为奇数，偶排列调成标准排列的对换次数为偶数.

2. n 阶行列式的定义

有了上述关于排列的预备知识，就可以给出 n 阶行列式的定义. 首先，研究二阶、三阶行列式的结构. 三阶行列式的定义为

$$\begin{vmatrix} a_{11} & a_{12} & a_{13} \\ a_{21} & a_{22} & a_{23} \\ a_{31} & a_{32} & a_{33} \end{vmatrix}$$
$$=a_{11}a_{22}a_{33}+a_{12}a_{23}a_{31}+a_{13}a_{21}a_{32}-a_{11}a_{23}a_{32}-a_{12}a_{21}a_{33}-a_{13}a_{22}a_{31}$$

容易看出：

(1)上式右边的每一项都是 3 个元素的乘积，这 3 个元素位于不同的行、不同的列. 因此，上式右边的各项除正负号外，都可以写成 $a_{1p_1}a_{2p_2}a_{3p_3}$，这里行标排成标准排列 123；而列标排成 $p_1p_2p_3$，它是 1, 2, 3 的某个排列，这样的排列共有 $3!=6$ 个，对应的上式右边共有 6 项.

(2)各项的正负号与列标的奇偶性相对应. 带正号的 3 项的列标排列为 123, 231, 312，均为偶排列；带负号的 3 项的列标排列为 132, 213, 321，均为奇排列. 可见，当行标排成标准排列时，各项所带的正负号可由列标排列的奇偶性确定.

于是, 三阶行列式的定义可以写成

$$\begin{vmatrix} a_{11} & a_{12} & a_{13} \\ a_{21} & a_{22} & a_{23} \\ a_{31} & a_{32} & a_{33} \end{vmatrix} = \sum (-1)^t a_{1p_1} a_{2p_2} a_{3p_3}$$

式中, t 为排列 $p_1p_2p_3$ 的逆序数, $\sum$表示对 1, 2, 3 的全体全排列 $p_1p_2p_3$ 求和.

事实上, 二阶行列式也有类似的结论

$$\begin{vmatrix} a_{11} & a_{12} \\ a_{21} & a_{22} \end{vmatrix} = a_{11}a_{22} - a_{12}a_{21} = \sum (-1)^t a_{1p_1} a_{2p_2}$$

仿照二阶、三阶行列式的规律, 可把行列式概念推广至一般的 n 阶情形.

定义 1.2.1 n^2 个数 $a_{ij}\ (i, j = 1, 2, \cdots, n)$ 排成 n 行 n 列进行的一个运算, 记为

$$D = \det(a_{ij}) = \begin{vmatrix} a_{11} & a_{12} & \cdots & a_{1n} \\ a_{21} & a_{22} & \cdots & a_{2n} \\ \vdots & \vdots & & \vdots \\ a_{n1} & a_{n2} & \cdots & a_{nn} \end{vmatrix}$$

称为 ***n* 阶行列式**. 它是一个算式, 它的值等于所有的位于不同行不同列的 n 个数的乘积 $a_{1p_1}a_{2p_2}\cdots a_{np_n}$ 的代数和, 各项的代数符号由列标排列的奇偶性确定, 即

$$\det(a_{ij}) = \sum (-1)^t a_{1p_1} a_{2p_2} \cdots a_{np_n} \tag{1.2.1}$$

式中, t 为排列 $p_1p_2\cdots p_n$ 的逆序数, $\sum$是对所有的 n 阶排列 $p_1p_2\cdots p_n$ 求和. 行列式 $\det(a_{ij})$ 也可记为 $\Delta(a_{ij})$, 数 a_{ij} 称为行列式的**第 *i* 行第 *j* 列元素**.

按此定义的二阶、三阶行列式与按对角线法则定义的二阶、三阶行列式显然是一致的. 当 $n = 1$ 时, 一阶行列式 $|a_{11}| = a_{11}$, 注意不要与绝对值相混淆.

例 1.2.3 求下列对角行列式的值(未写出部分均为 0).

$$(1)\ D_1 = \begin{vmatrix} \lambda_1 & & & \\ & \lambda_2 & & \\ & & \ddots & \\ & & & \lambda_n \end{vmatrix}; \quad (2)\ D_2 = \begin{vmatrix} & & & \lambda_1 \\ & & \lambda_2 & \\ & ⋰ & & \\ \lambda_n & & & \end{vmatrix}.$$

解 按定义, 行列式各项是取自不同行不同列的元素的乘积, 显然, 两个对角行列式的有可能非零的项均只有一项. 于是

(1) $D_1 = (-1)^t a_{11}a_{22}\cdots a_{nn} = a_{11}a_{22}\cdots a_{nn} = \lambda_1\lambda_2\cdots\lambda_n$.

(2) $D_2 = (-1)^t a_{1n}a_{2(n-1)}\cdots a_{n1} = (-1)^{\frac{n(n-1)}{2}} a_{1n}a_{2(n-1)}\cdots a_{n1} = (-1)^{\frac{n(n-1)}{2}} \lambda_1\lambda_2\cdots\lambda_n$.

例 1.2.4 求下列上三角行列式的值.

$$D = \begin{vmatrix} a_{11} & a_{12} & \cdots & a_{1n} \\ 0 & a_{22} & \cdots & a_{2n} \\ \vdots & \vdots & & \vdots \\ 0 & 0 & \cdots & a_{nn} \end{vmatrix}$$

解 只要考虑有可能非零的项. 第 1 列除 a_{11} 外, 其余元素均为 0, 因此, 第 1 列只需考虑取 a_{11}; 这样第 2 列就不能取 a_{12}, 而只能取 a_{22}; 同样, 第 3 列必须取 a_{33}, 依此类推, 最后第 n 列必须取 a_{nn}. 故唯一可能非零的项为 $a_{11}a_{22}\cdots a_{nn}$. 即

$$D=(-1)^t a_{11}a_{22}\cdots a_{nn}=a_{11}a_{22}\cdots a_{nn}$$

例 1.2.5 设

$$D=\begin{vmatrix} a_{11} & \cdots & a_{1k} & 0 & \cdots & 0 \\ \vdots & & \vdots & \vdots & & \vdots \\ a_{k1} & \cdots & a_{kk} & 0 & \cdots & 0 \\ c_{11} & \cdots & c_{1k} & b_{11} & \cdots & b_{1n} \\ \vdots & & \vdots & \vdots & & \vdots \\ c_{n1} & \cdots & a_{nk} & b_{n1} & \cdots & b_{nn} \end{vmatrix}$$

$$D_1=\Delta(a_{ij})=\begin{vmatrix} a_{11} & \cdots & a_{1k} \\ \vdots & & \vdots \\ a_{k1} & \cdots & a_{kk} \end{vmatrix},\qquad D_2=\Delta(b_{ij})=\begin{vmatrix} b_{11} & \cdots & b_{1n} \\ \vdots & & \vdots \\ b_{n1} & \cdots & b_{nn} \end{vmatrix}$$

证明: $D=D_1\cdot D_2$.

证 记 $D=\Delta(d_{ij})$, 其中

$$d_{ij}=a_{ij}(i,j=1,2,\cdots,k),\qquad d_{k+i,k+j}=b_{ij}(i,j=1,2,\cdots,n)$$

考察 D 的一般项

$$(-1)^t d_{1r_1}\cdots d_{kr_k}d_{k+1,r_{k+1}}\cdots d_{k+n,r_{k+n}}$$

当 $i\leqslant k,\ j>k$ 时, $d_{ij}=0$, 因此 $r_1,\cdots,r_k$ 只有在 $1,\cdots,k$ 中选取时, 该项才可能不为零. 相应地, $r_{k+1},\cdots,r_{k+n}$ 必须在 $k+1,\cdots,k+n$ 中选取. 于是 D 中可能不为零的项可以记为

$$(-1)^t a_{1p_1}\cdots a_{kp_k}b_{1q_1}\cdots b_{nq_n}$$

这里, $p_i=r_i,\ q_i=r_{k+i}-k$, 而 t 为排列 $p_1\cdots p_k(k+q_1)\cdots(k+q_n)$ 的逆序数. 以 $l,\ s$ 分别表示排列 $p_1\cdots p_k$ 及 $q_1\cdots q_n$ 的逆序数, 应有 $t=l+s$, 于是

$$\begin{aligned} D&=\sum_{p_1\cdots p_k}\sum_{q_1\cdots q_n}(-1)^{l+s}a_{1p_1}\cdots a_{kp_k}b_{1q_1}\cdots b_{nq_n} \\ &=\sum_{p_1\cdots p_k}(-1)^l a_{1p_1}\cdots a_{kp_k}\left[\sum_{q_1\cdots q_n}(-1)^s b_{1q_1}\cdots b_{nq_n}\right] \\ &=\sum_{p_1\cdots p_k}(-1)^l a_{1p_1}\cdots a_{kp_k}D_2=\left[\sum_{p_1\cdots p_k}(-1)^l a_{1p_1}\cdots a_{kp_k}\right]D_2=D_1\cdot D_2 \end{aligned}$$

这个例子的结论事实上可以作为一个公式来应用, 本书在第 2 章讨论 n 阶矩阵的行列式时会运用到.

利用排列的性质, 可以得到行列式的另一种表示法. 因为数的乘法是可交换的, 所以行列式中的 n 个元素的顺序也可以任意交换. 乘积 $a_{1p_1}a_{2p_2}\cdots a_{np_n}$ 可交换因子顺序而成为 $a_{q_11}a_{q_22}\cdots a_{q_nn}$. 因任意两元素互换位置, 相应的行标排列与列标排列均作一次对换, 由定理 1.2.1 及其推论知, 排列 $p_1\cdots p_n$ 与 $q_1\cdots q_n$ 有相同的奇偶性, 故有

$$(-1)^t a_{1p_1}a_{2p_2}\cdots a_{np_n}=(-1)^s a_{q_11}a_{q_22}\cdots a_{q_nn}$$

式中, t 是排列 $p_1\cdots p_n$ 的逆序数, s 是排列 $q_1\cdots q_n$ 的逆序数. 由此可得行列式的另一种定义.

定义 1.2.1′ n 阶行列式的定义也可以写成

$$D=\det(a_{ij})=\sum(-1)^s a_{q_11}a_{q_22}\cdots a_{q_nn}\tag{1.2.2}$$

式中, s 是行标排列 $q_1\cdots q_n$ 的逆序数, $\sum$ 表示对所有 n 阶排列求和.

1.3 行列式的性质与计算

1. 行列式的性质

上节介绍了 n 阶行列式的定义，由定义可知，一个 n 阶行列式的展开式共有 $n!$项，每一项都是 n 个元素的乘积，而且要根据排列的奇偶性确定其所带的符号. 显然，直接用定义来计算较高阶的行列式是非常麻烦的. 为了能简便地计算行列式的值，需要研究 n 阶行列式的性质.

定义 1.3.1 设 n 阶行列式

$$D=\begin{vmatrix} a_{11} & a_{12} & \cdots & a_{1n} \\ a_{21} & a_{22} & \cdots & a_{2n} \\ \vdots & \vdots & & \vdots \\ a_{n1} & a_{n2} & \cdots & a_{nn} \end{vmatrix},\qquad D'=\begin{vmatrix} a_{11} & a_{21} & \cdots & a_{n1} \\ a_{12} & a_{22} & \cdots & a_{n2} \\ \vdots & \vdots & & \vdots \\ a_{1n} & a_{2n} & \cdots & a_{nn} \end{vmatrix}$$

则称 D'为 D 的**转置行列式**.

D'是 D 将行(列)变成列(行)而得到的，因此有

$$(D')'=D$$

定义 1.3.2 在行列式 D 中，去掉元素 a_{ij} 所在的第 i 行和第 j 列中的元素，剩下的元素按原来相对位置构成了一个$(n-1)$阶行列式 M_{ij}，称为元素 a_{ij} 的**余子式**；在余子式 M_{ij} 前乘上代数符号$(-1)^{i+j}$后得到 A_{ij}，称为元素 a_{ij} 的**代数余子式**.

例如，行列式$\begin{vmatrix} 1 & 2 & 3 \\ 4 & 5 & 6 \\ 7 & 8 & 9 \end{vmatrix}$中元素 $a_{23}=6$ 的余子式为

$$M_{23}=\begin{vmatrix} 1 & 2 \\ 7 & 8 \end{vmatrix}=-6$$

相应的代数余子式为

$$A_{23}=(-1)^{2+3}\begin{vmatrix} 1 & 2 \\ 7 & 8 \end{vmatrix}=6$$

下面列出 n 阶行列式的 6 个性质，在此只证明性质 1.3.3 和性质 1.3.4，其余的证明可由读者自行完成.

性质 1.3.1 行列式与它的转置行列式相等，即 $D=D'$.

从性质 1.3.1 知，在行列式中行与列的地位是对等的，因此，凡是有关行的性质对列也同样成立.

性质 1.3.2 若对调行列式的任意两行(列)，则行列式的值变号，即

$$\begin{vmatrix} a_{11} & a_{12} & \cdots & a_{1n} \\ \vdots & \vdots & & \vdots \\ a_{j1} & a_{j2} & \cdots & a_{jn} \\ \vdots & \vdots & & \vdots \\ a_{i1} & a_{i2} & \cdots & a_{in} \\ \vdots & \vdots & & \vdots \\ a_{n1} & a_{n2} & \cdots & a_{nn} \end{vmatrix}=-\begin{vmatrix} a_{11} & a_{12} & \cdots & a_{1n} \\ \vdots & \vdots & & \vdots \\ a_{i1} & a_{i2} & \cdots & a_{in} \\ \vdots & \vdots & & \vdots \\ a_{j1} & a_{j2} & \cdots & a_{jn} \\ \vdots & \vdots & & \vdots \\ a_{n1} & a_{n2} & \cdots & a_{nn} \end{vmatrix} \tag{1.3.1}$$

对调第 i 行(列)与第 j 行(列), 记为 $r_i \leftrightarrow r_j (c_i \leftrightarrow c_j)$.

推论 1.3.1 若行列式中有两行(列)的元素对应相等, 则行列式等于零.

性质 1.3.3 若行列式的某行(列)所有元素都乘上常数 k, 则等于用数 k 乘上原行列式. 即

$$\begin{vmatrix} a_{11} & a_{12} & \cdots & a_{1n} \\ \vdots & \vdots & & \vdots \\ ka_{i1} & ka_{i2} & \cdots & ka_{in} \\ \vdots & \vdots & & \vdots \\ a_{n1} & a_{n2} & \cdots & a_{nn} \end{vmatrix} = k \begin{vmatrix} a_{11} & a_{12} & \cdots & a_{1n} \\ \vdots & \vdots & & \vdots \\ a_{i1} & a_{i2} & \cdots & a_{in} \\ \vdots & \vdots & & \vdots \\ a_{n1} & a_{n2} & \cdots & a_{nn} \end{vmatrix} \tag{1.3.2}$$

证 记上式左边行列式为 $\Delta(b_{ij})$, 则由行列式的定义,

$$\begin{aligned} \Delta(b_{ij}) &= \sum (-1)^t b_{1p_1} \cdots b_{ip_i} \cdots b_{np_n} = \sum (-1)^t a_{1p_1} \cdots (ka_{ip_i}) \cdots a_{np_n} \\ &= k \sum (-1)^t a_{1p_1} \cdots a_{ip_i} \cdots a_{np_n} = k\Delta(a_{ij}) = \text{右边} \end{aligned}$$

第 i 行(列)元素乘以 k, 记为 $r_i \times k (c_i \times k)$.

推论 1.3.2 若行列式中某行(列)的元素全为 0, 则行列式等于零.

推论 1.3.3 若行列式中有两行(列)元素对应成比例, 则行列式等于零.

性质 1.3.4 若行列式 D 的某一个行(列)的元素都是两数之和, 则 D 可化为两个行列式之和. 即

$$\begin{vmatrix} a_{11} & a_{12} & \cdots & a_{1n} \\ \vdots & \vdots & & \vdots \\ a_{i1}+a'_{i1} & a_{i2}+a'_{i2} & \cdots & a_{in}+a'_{in} \\ \vdots & \vdots & & \vdots \\ a_{n1} & a_{n2} & \cdots & a_{nn} \end{vmatrix} = \begin{vmatrix} a_{11} & a_{12} & \cdots & a_{1n} \\ \vdots & \vdots & & \vdots \\ a_{i1} & a_{i2} & \cdots & a_{in} \\ \vdots & \vdots & & \vdots \\ a_{n1} & a_{n2} & \cdots & a_{nn} \end{vmatrix} + \begin{vmatrix} a_{11} & a_{12} & \cdots & a_{1n} \\ \vdots & \vdots & & \vdots \\ a'_{i1} & a'_{i2} & \cdots & a'_{in} \\ \vdots & \vdots & & \vdots \\ a_{n1} & a_{n2} & \cdots & a_{nn} \end{vmatrix} \tag{1.3.3}$$

证 由行列式的定义,

$$\begin{aligned} \text{左边} &= \sum (-1)^t a_{1p_1} \cdots (a_{ip_i} + a'_{ip_i}) \cdots a_{np_n} \\ &= \sum (-1)^t a_{1p_1} \cdots a_{ip_i} \cdots a_{np_n} + \sum (-1)^t a_{1p_1} \cdots a'_{ip_i} \cdots a_{np_n} = \text{右边} \end{aligned}$$

性质 1.3.5 若把行列式的任一行(列)的元素都乘以同一常数 k, 然后加到另一行(列)的对应元素上去, 则行列式的值不变. 即

$$\begin{vmatrix} a_{11} & a_{12} & \cdots & a_{1n} \\ \vdots & \vdots & & \vdots \\ a_{i1}+ka_{j1} & a_{i2}+ka_{j2} & \cdots & a_{in}+ka_{jn} \\ \vdots & \vdots & & \vdots \\ a_{j1} & a_{j2} & \cdots & a_{jn} \\ \vdots & \vdots & & \vdots \\ a_{n1} & a_{n2} & \cdots & a_{nn} \end{vmatrix} = \begin{vmatrix} a_{11} & a_{12} & \cdots & a_{1n} \\ \vdots & \vdots & & \vdots \\ a_{i1} & a_{i2} & \cdots & a_{in} \\ \vdots & \vdots & & \vdots \\ a_{j1} & a_{j2} & \cdots & a_{jn} \\ \vdots & \vdots & & \vdots \\ a_{n1} & a_{n2} & \cdots & a_{nn} \end{vmatrix} \tag{1.3.4}$$

第 j 行(列)乘数 k 后加到第 i 行(列), 记为 $r_i + kr_j (c_i + kc_j)$.

性质 1.3.6 行列式 D 等于其中任一行(列)的各个元素与其相应的代数余子式的乘积之和, 即

$$D = a_{i1}A_{i1} + a_{i2}A_{i2} + \cdots + a_{in}A_{in} = \sum_{k=1}^{n} a_{ik}A_{ik} \quad (i = 1, 2, \cdots, n) \tag{1.3.5}$$

或

$$D = a_{1j}A_{1j} + a_{2j}A_{2j} + \cdots + a_{nj}A_{nj} = \sum_{k=1}^{n} a_{ik}A_{kj} \quad (j = 1,2,\cdots,n) \tag{1.3.6}$$

推论 1.3.4 行列式 D 中任一行(列)的各个元素与另一行(列)的相应元素的代数余子式的乘积之和等于零, 即

$$\sum_{k=1}^{n} a_{ik}A_{jk} = 0 \qquad \sum_{k=1}^{n} a_{ki}A_{kj} = 0 \quad (i \neq j; i, j = 1,2,\cdots,n) \tag{1.3.7}$$

综合性质 1.3.6 及推论 1.3.4, 可得

$$\sum_{k=1}^{n} a_{ik}A_{jk} = \begin{cases} D, & i = j \\ 0, & i \neq j \end{cases} \tag{1.3.8}$$

$$\sum_{k=1}^{n} a_{ki}A_{kj} = \begin{cases} D, & i = j \\ 0, & i \neq j \end{cases} \tag{1.3.9}$$

2. 行列式的计算

例 1.3.1 计算 $D = \begin{vmatrix} 3 & 1 & -1 & 2 \\ -5 & 1 & 3 & -4 \\ 2 & 0 & 1 & -1 \\ 1 & -5 & 3 & -3 \end{vmatrix}$.

分析 由例 1.2.4 知, 上三角行列式的值很容易求得, 我们可以利用行列式的性质, 将行列式 D 化为上三角行列式. 为了使运算过程简单些, 应注意利用行列式中的元素 0 和数值较小的元素.

解

$$D \xlongequal{c_1 \leftrightarrow c_2} -\begin{vmatrix} 1 & 3 & -1 & 2 \\ 1 & -5 & 3 & -4 \\ 0 & 2 & 1 & -1 \\ -5 & 1 & 3 & -3 \end{vmatrix} \xlongequal[r_4+5r_1]{r_2-r_1 \atop r_3-r_1} -\begin{vmatrix} 1 & 3 & -1 & 2 \\ 0 & -8 & 4 & -6 \\ 0 & 2 & 1 & -1 \\ 0 & 16 & -2 & 7 \end{vmatrix}$$

$$\xlongequal{r_2 \leftrightarrow r_3} \begin{vmatrix} 1 & 3 & -1 & 2 \\ 0 & 2 & 1 & -1 \\ 0 & -8 & 4 & -6 \\ 0 & 16 & -2 & 7 \end{vmatrix} \xlongequal[r_4-8r_2]{r_3+4r_2} \begin{vmatrix} 1 & 3 & -1 & 2 \\ 0 & 2 & 1 & -1 \\ 0 & 0 & 8 & -10 \\ 0 & 0 & -10 & 15 \end{vmatrix}$$

$$\xlongequal{r_4+\frac{5}{4}r_3} \begin{vmatrix} 1 & 3 & -1 & 2 \\ 0 & 2 & 1 & -1 \\ 0 & 0 & 8 & -10 \\ 0 & 0 & 0 & \frac{5}{2} \end{vmatrix} = 1 \times 2 \times 8 \times \frac{5}{2} = 40$$

一般而言, 一个 n 阶行列式(其元素是数)总能利用行列式的性质, 将其化为容易计算的上三角行列式, 最后求出值来. 这是一个基本的方法.

例 1.3.2 计算 n 阶行列式 $D_n = \begin{vmatrix} x & a & \cdots & a \\ a & x & \cdots & a \\ \vdots & \vdots & & \vdots \\ a & a & \cdots & x \end{vmatrix}$.

分析 这个n阶行列式的特点是主对角线元素全为x，其余元素全为a，各列(行)元素之和均为$x+(n-1)a$．可将第2至第n行元素都加到第1行，提取出公因子$x+(n-1)a$(此时第1行元素全为1)，然后各行减去第1行的a倍，则此行列式可化为含有许多0元素的情形．

解

$$D_n \xlongequal[i=2,\cdots,n]{r_1+r_i} \begin{vmatrix} x+(n-1)a & x+(n-1)a & \cdots & x+(n-1)a \\ a & x & \cdots & a \\ \vdots & \vdots & & \vdots \\ a & a & \cdots & x \end{vmatrix}$$

$$=[x+(n-1)a]\begin{vmatrix} 1 & 1 & \cdots & 1 \\ a & x & \cdots & a \\ \vdots & \vdots & & \vdots \\ a & a & \cdots & x \end{vmatrix}$$

$$\xlongequal[i=2,\cdots,n]{r_i-ar_1}[x+(n-1)a]\begin{vmatrix} 1 & 1 & \cdots & 1 \\ 0 & x-a & \cdots & 0 \\ \vdots & \vdots & & \vdots \\ 0 & 0 & \cdots & x-a \end{vmatrix}$$

$$=[x+(n-1)a](x-a)^{n-1}$$

例 1.3.3 计算$D=\begin{vmatrix} a & b & c & d \\ a & a+b & a+b+c & a+b+c+d \\ a & 2a+b & 3a+2b+c & 4a+3b+2c+d \\ a & 3a+b & 6a+3b+c & 10a+6b+3c+d \end{vmatrix}$．

解 从第4行起，后行减前行，

$$D \xlongequal[r_2-r_1]{\substack{r_4-r_3 \\ r_3-r_2}} \begin{vmatrix} a & b & c & d \\ 0 & a & a+b & a+b+c \\ 0 & a & 2a+b & 3a+2b+c \\ 0 & a & 3a+b & 6a+3b+c \end{vmatrix} \xlongequal{\substack{r_4-r_3 \\ r_3-r_2}} \begin{vmatrix} a & b & c & d \\ 0 & a & a+b & a+b+c \\ 0 & 0 & a & 2a+b \\ 0 & 0 & a & 3a+b \end{vmatrix}$$

$$\xlongequal{r_4-r_3} \begin{vmatrix} a & b & c & d \\ 0 & a & a+b & a+b+c \\ 0 & 0 & a & 2a+b \\ 0 & 0 & 0 & a \end{vmatrix} = a^4$$

例 1.3.4 计算$D=\begin{vmatrix} 1+x & 1 & 1 & 1 \\ 1 & 1-x & 1 & 1 \\ 1 & 1 & 1+y & 1 \\ 1 & 1 & 1 & 1-y \end{vmatrix}$．

分析 行列式D的非主对角线元素相同(均为1)，可以采用“加边法”进行计算，即利用行列式的按行(列)展开性质，将n阶行列式变成易于化简的$(n+1)$阶行列式再进行化简计算．

解 (1)当$x=0$或$y=0$时，显然行列式有两列元素相同，所以$D=0$．

(2)当$xy\neq 0$时，由性质1.3.6，

$$D=\begin{vmatrix}1&1&1&1&1\\0&1+x&1&1&1\\0&1&1-x&1&1\\0&1&1&1+y&1\\0&1&1&1&1-y\end{vmatrix}\xlongequal[i=2,3,4,5]{r_i-r_1}\begin{vmatrix}1&1&1&1&1\\-1&x&0&0&0\\-1&0&-x&0&0\\-1&0&0&y&0\\-1&0&0&0&-y\end{vmatrix}$$

$$\xlongequal{c_1+\frac{1}{x}c_2-\frac{1}{x}c_3+\frac{1}{y}c_4-\frac{1}{y}c_5}\begin{vmatrix}1&1&1&1&1\\0&x&0&0&0\\0&0&-x&0&0\\0&0&0&y&0\\0&0&0&0&-y\end{vmatrix}=x^2y^2$$

综合(1)、(2)，得 $D=x^2y^2$.

例 1.3.5 计算 $D=\begin{vmatrix}1&2&3&\cdots&n-1&n\\1&-1&0&\cdots&0&0\\0&2&-2&\cdots&0&0\\\vdots&\vdots&\vdots&&\vdots&\vdots\\0&0&0&\cdots&n-1&-(n-1)\end{vmatrix}$.

分析 这个行列式的特点是第 2 行至第 n 行各元素之和为零，可将第 2 列至第 n 列元素全都加到第 1 列，然后按第 1 列展开，使之降阶.

解

$$D\xlongequal[j=2,\cdots,n]{c_1+c_j}\begin{vmatrix}\frac{n(n+1)}{2}&2&3&\cdots&n-1&n\\0&-1&0&\cdots&0&0\\0&2&-2&\cdots&0&0\\\vdots&\vdots&\vdots&&\vdots&\vdots\\0&0&0&\cdots&n-1&-(n-1)\end{vmatrix}$$

$$=\frac{n(n+1)}{2}(-1)^{1+1}\begin{vmatrix}-1&0&\cdots&0&0\\2&-2&\cdots&0&0\\\vdots&\vdots&&\vdots&\vdots\\0&0&\cdots&n-1&-(n-1)\end{vmatrix}$$

$$=\frac{n(n+1)}{2}(-1)^{n-1}(n-1)!=(-1)^{n-1}\frac{1}{2}(n+1)!$$

例 1.3.6 计算 $D_{2n}=\begin{vmatrix}a&0&\cdots&0&0&\cdots&0&b\\0&a&\cdots&0&0&\cdots&b&0\\\vdots&\vdots&\ddots&&&\iddots&\vdots&\vdots\\0&0&&a&b&&0&0\\0&0&&c&d&&0&0\\\vdots&\vdots&\iddots&&&\ddots&\vdots&\vdots\\0&c&\cdots&0&0&\cdots&d&0\\c&0&\cdots&0&0&\cdots&0&d\end{vmatrix}$.

分析 这个行列式形式简单，非对角线上元素均为 0，两条对角线上的元素分布也极有规律. 可试探性地将行列式按第 1 行展开，观察 D_{2n} 与较低阶行列式的关系.

解 D_{2n}按第1行展开，有

$$D_{2n}=a(-1)^{1+1}\begin{vmatrix} a & & & & b & 0 \\ & \ddots & & \unicode{x22F0} & & \\ & & a & b & & \\ & & c & d & & \\ & \unicode{x22F0} & & & \ddots & \\ c & & & & d & 0 \\ 0 & & & & 0 & d \end{vmatrix}+b(-1)^{1+2n}\begin{vmatrix} 0 & a & & & & b \\ & & \ddots & & \unicode{x22F0} & \\ & & & a & b & \\ & & & c & d & \\ & & \unicode{x22F0} & & \ddots & \\ 0 & c & & & & d \\ c & 0 & & & & 0 \end{vmatrix}$$

两个行列式均按最后一行展开，即有

$$D_{2n}=adD_{2(n-1)}+bc(-1)^{1+2n}D_{2(n-1)}=(ad-bc)D_{2(n-1)}$$

以此作递推公式，即得

$$D_{2n}=(ad-bc)D_{2(n-1)}=(ad-bc)^2D_{2(n-2)}=\cdots=(ad-bc)^{n-1}D_2$$

$$=(ad-bc)^{n-1}\begin{vmatrix} a & b \\ c & d \end{vmatrix}=(ad-bc)^n$$

例 1.3.7 设 $D=\begin{vmatrix} 1 & 2 & 3 & 4 \\ 1 & 1 & 2 & 2 \\ 2 & 2 & 1 & 0 \\ 4 & 3 & 2 & 1 \end{vmatrix}$，求: (1)$A_{31}+2A_{32}+3A_{33}+4A_{34}$;　(2)$A_{14}+A_{24}+A_{34}+A_{44}$.

分析 本题可以先计算出相关的代数余子式，再得出结论，但计算过程烦琐. 注意到行列式中各元素的代数余子式与该元素的值无关，若有两个同阶行列式，除第 k 行外，其余元素对应相等，则这两个行列式第 k 行元素的代数余子式也是对应相等的. 利用这一性质，可将一个行列式的某行(或列)元素代数余子式的线性关系式转化为另一个行列式计算.

解 (1)$A_{31}+2A_{32}+3A_{33}+4A_{34}=\begin{vmatrix} 1 & 2 & 3 & 4 \\ 1 & 1 & 2 & 2 \\ 1 & 2 & 3 & 4 \\ 4 & 3 & 2 & 1 \end{vmatrix}=0$　(1, 3 行元素对应相等).

$$(2)\ A_{14}+A_{24}+A_{34}+A_{44}=\begin{vmatrix} 1 & 2 & 3 & 1 \\ 1 & 1 & 2 & 1 \\ 2 & 2 & 1 & 1 \\ 4 & 3 & 2 & 1 \end{vmatrix}\xlongequal[r_4-4r_1]{\substack{r_2-r_1\\ r_3-2r_1}}\begin{vmatrix} 1 & 2 & 3 & 1 \\ 0 & -1 & -1 & 0 \\ 0 & -2 & -5 & -1 \\ 0 & -5 & -10 & -3 \end{vmatrix}$$

$$\xlongequal[r_4-5r_2]{r_3-2r_2}\begin{vmatrix} 1 & 2 & 3 & 1 \\ 0 & -1 & -1 & 0 \\ 0 & 0 & -3 & -1 \\ 0 & 0 & -5 & -3 \end{vmatrix}\xlongequal{r_4-\frac{5}{3}r_3}\begin{vmatrix} 1 & 2 & 3 & 1 \\ 0 & -1 & -1 & 0 \\ 0 & 0 & -3 & -1 \\ 0 & 0 & 0 & -\frac{4}{3} \end{vmatrix}$$

$$=-4.$$

例 1.3.8 已知多项式 $f(x)=\begin{vmatrix} a_{11}+x & a_{12}+x & a_{13}+x & a_{14}+x \\ a_{21}+x & a_{22}+x & a_{23}+x & a_{24}+x \\ a_{31}+x & a_{32}+x & a_{33}+x & a_{34}+x \\ a_{41}+x & a_{42}+x & a_{43}+x & a_{44}+x \end{vmatrix}$，求 $f(x)$的最高次数.

分析 应将行列式化简为容易判断结果的形式. 本题可将第 1 行的(–1)倍加到另外三行去, 行列式即成仅有第 1 行元素含有 x 的形式. 还可以进而用列变换减少含 x 的元素.

解

$$f(x)\xlongequal[i=2,3,4]{r_i-r_1}\begin{vmatrix} a_{11}+x & a_{12}+x & a_{13}+x & a_{14}+x \\ a_{21}-a_{11} & a_{22}-a_{12} & a_{23}-a_{13} & a_{24}-a_{14} \\ a_{31}-a_{11} & a_{32}-a_{12} & a_{33}-a_{13} & a_{34}-a_{14} \\ a_{41}-a_{11} & a_{42}-a_{12} & a_{43}-a_{13} & a_{44}-a_{14} \end{vmatrix}$$

再按第 1 行展开可知, $f(x)$的最高次数不超过 1.

例 1.3.9 证明范德蒙德(Vandermonde)行列式

$$D_n=\begin{vmatrix} 1 & 1 & 1 & \cdots & 1 \\ a_1 & a_2 & a_3 & \cdots & a_n \\ a_1^2 & a_2^2 & a_3^2 & \cdots & a_n^2 \\ \vdots & \vdots & \vdots & & \vdots \\ a_1^{n-1} & a_2^{n-1} & a_3^{n-1} & \cdots & a_n^{n-1} \end{vmatrix}=\prod_{1\leqslant j<i\leqslant n}(a_i-a_j) \tag{1.3.10}$$

式中, "$\prod$"为连乘号, $\prod\limits_{1\leqslant j<i\leqslant n}(a_i-a_j)$ 表示 $a_1,a_2,\cdots,a_n$ 这 n 个数的所有可能的$(a_i-a_j)(i>j)$的乘积

$$\begin{aligned}(a_2-a_1)(a_3-a_1)(a_4-a_1)\cdots(a_n-a_1)\\ \cdot(a_3-a_2)(a_4-a_2)\cdots(a_n-a_2)\\ \cdots\cdots\\ \cdot(a_n-a_{n-1})\end{aligned}$$

证 用数学归纳法证明:

(1)当 $n=2$ 时, $D_2=\begin{vmatrix} 1 & 1 \\ a_1 & a_2 \end{vmatrix}=a_2-a_1$, 结论成立.

(2)假设对于$(n-1)$, 结论成立, 即有

$$\begin{vmatrix} 1 & 1 & \cdots & 1 \\ a_2 & a_3 & \cdots & a_n \\ a_2^2 & a_3^2 & \cdots & a_n^2 \\ \vdots & \vdots & & \vdots \\ a_2^{n-2} & a_3^{n-2} & \cdots & a_n^{n-2} \end{vmatrix}=\prod_{2\leqslant j<i\leqslant n}(a_i-a_j)$$

下证对于 n, 结论也成立. 将 D_n 从第 n 行开始后行减前行的 a_1 倍, 得

$$D_n=\begin{vmatrix} 1 & 1 & 1 & \cdots & 1 \\ 0 & a_2-a_1 & a_3-a_1 & \cdots & a_n-a_1 \\ \vdots & \vdots & \vdots & & \vdots \\ 0 & a_2^{n-2}(a_2-a_1) & a_3^{n-2}(a_3-a_1) & \cdots & a_n^{n-2}(a_n-a_1) \end{vmatrix}$$

$$\xlongequal{\text{按第1列展开}}1\cdot(-1)^{1+1}\begin{vmatrix} a_2-a_1 & a_3-a_1 & \cdots & a_n-a_1 \\ a_2(a_2-a_1) & a_3(a_3-a_1) & \cdots & a_n(a_n-a_1) \\ \vdots & \vdots & & \vdots \\ a_2^{n-2}(a_2-a_1) & a_3^{n-2}(a_3-a_1) & \cdots & a_n^{n-2}(a_n-a_1) \end{vmatrix}$$

$$\xlongequal{\text{各列提公因子}} (a_2-a_1)(a_3-a_1)\cdots(a_n-a_1)\cdot\begin{vmatrix} 1 & 1 & \cdots & 1 \\ a_2 & a_3 & \cdots & a_n \\ \vdots & \vdots & & \vdots \\ a_2^{n-2} & a_3^{n-2} & \cdots & a_n^{n-2} \end{vmatrix}$$

$$\xlongequal{\text{由假设}} (a_2-a_1)(a_3-a_1)\cdots(a_n-a_1)\prod_{2\leqslant j<i\leqslant n}(a_i-a_j)=\prod_{1\leqslant j<i\leqslant n}(a_i-a_j)$$

综合(1)、(2)得，对任意的自然数 n，式(1.3.10)成立.

数学实验基础知识

MATLAB 是美国 MathWorks 公司研发的数学软件，名称取自“矩阵实验室”(matrix laboratory)的缩写. MATLAB 以数值计算见长，因其嵌有 Maple 软件计算引擎，也具有符号计算功能. 当运行 MATLAB 软件的启动程序后，会出现一个命令窗口，可在命令窗口中的提示符≫后键入 MATLAB 语句.

基本命令	功能
A=[$a_{11}\cdots a_{1n}$;…;$a_{n1}\cdots a_{nn}$]	输入数表 A(即矩阵 A)，同行元素之间用空格或逗号分隔，不同行之间用分号分隔
det(A)	求以数表 A 为元素的行列式|A|
sym('[ ]')	创建符号矩阵
syms	创建符号变量

例 1 求解例 1.3.1 的行列式.

```
≫A=[3 1-1 2;-5 1 3-4;2 0 1-1;1-5 3-3];%语句末尾加“;”抑制显示运算结果
≫D=det(A)
```

输出结果:

```
D=
        40
```

例 2 计算 $D=\begin{vmatrix} a & b \\ c & d \end{vmatrix}$.

```
≫A=sym('[a,b;c,d]');
≫D=det(A)
```

输出结果:

```
D=
        a*d-b*c
```

也可以如下求解:

```
≫syms a b c d;
≫A=[a,b;c,d];
≫D=det(A)
```

1.4 克拉默法则

本节来回答 1.1 节最后提出的问题：利用 n 阶行列式讨论 n 个方程的 n 元线性方程组的求解问题. 这就是克拉默(Cramer)法则.

定理 1.4.1 (克拉默法则)若线性方程组

$$\begin{cases} a_{11}x_1 + a_{12}x_2 + \cdots + a_{1n}x_n = b_1 \\ a_{21}x_1 + a_{22}x_2 + \cdots + a_{2n}x_n = b_2 \\ \qquad\qquad\cdots\cdots \\ a_{n1}x_1 + a_{n2}x_2 + \cdots + a_{nn}x_n = b_n \end{cases} \tag{1.4.1}$$

的系数行列式

$$D = \begin{vmatrix} a_{11} & a_{12} & \cdots & a_{1n} \\ a_{21} & a_{22} & \cdots & a_{2n} \\ \vdots & \vdots & & \vdots \\ a_{n1} & a_{n2} & \cdots & a_{nn} \end{vmatrix} \neq 0$$

则线性方程组(1.4.1)有唯一解

$$x_1 = \frac{D_1}{D}, \quad x_2 = \frac{D_2}{D}, \quad \cdots, \quad x_n = \frac{D_n}{D} \tag{1.4.2}$$

式中，$D_i = \begin{vmatrix} a_{11} & \cdots & a_{1,i-1} & b_1 & a_{1,i+1} & \cdots & a_{1n} \\ a_{21} & \cdots & a_{2,i-1} & b_2 & a_{2,i+1} & \cdots & a_{2n} \\ \vdots & & \vdots & \vdots & \vdots & & \vdots \\ a_{n1} & \cdots & a_{n,i-1} & b_n & a_{n,i+1} & \cdots & a_{nn} \end{vmatrix} \quad (i=1,2,\cdots,n)$.

现将定理的证明分成两个步骤：

(1)把 $x_1 = \dfrac{D_1}{D}, x_2 = \dfrac{D_2}{D}, \cdots, x_n = \dfrac{D_n}{D}$ 代入方程组(1.4.1)，证明它确实是方程组(1.4.1)的解.

(2)证明若 $x_1 = d_1, x_2 = d_2, \cdots, x_n = d_n$ 是方程组(1.4.1)的解，则有 $d_i = \dfrac{D_i}{D}$ $(i=1,2,\cdots,n)$. 这就证明了解的唯一性.

证 (1)把 $x_i \dfrac{D_i}{D} (i=1,2,\cdots,n)$ 代入方程组(1.4.1)的第 k 个方程的左端 $(k=1,2,\cdots,n)$，得

$$\begin{aligned} \text{左边} &= a_{k1}\frac{D_1}{D} + a_{k2}\frac{D_2}{D} + \cdots + a_{kn}\frac{D_n}{D} = \frac{1}{D}[a_{k1}D_1 + a_{k2}D_2 + \cdots + a_{kn}D_n] \\ &= \frac{1}{D}\left[a_{k1}\sum_{i=1}^{n} b_i A_{i1} + a_{k2}\sum_{i=1}^{n} b_i A_{i2} + \cdots + a_{kn}\sum_{i=1}^{n} b_i A_{in}\right] \\ &= \frac{1}{D}\sum_{j=1}^{n} a_{kj}\left(\sum_{i=1}^{n} b_i A_{ij}\right) = \frac{1}{D}\sum_{i=1}^{n} b_i\left(\sum_{j=1}^{n} a_{kj}A_{ij}\right) \\ &= \frac{1}{D}(0 + 0 + \cdots + b_k D + \cdots + 0) = \frac{1}{D}\cdot b_k D = b_k \\ &= \text{右边}(k=1,2,\cdots,n) \end{aligned}$$

所以，式(1.4.2)是方程组(1.4.1)的解.

(2)设 $x_1=d_1,x_2=d_2,\cdots,x_n=d_n$ 是方程组(1.4.1)的解，则由行列式的性质，有

$$Dd_1=\begin{vmatrix} a_{11}d_1 & a_{12} & \cdots & a_{1n} \\ a_{21}d_1 & a_{22} & \cdots & a_{2n} \\ \vdots & \vdots & & \vdots \\ a_{n1}d_1 & a_{n2} & \cdots & a_{nn} \end{vmatrix}$$

$$\xlongequal[j=2,\cdots,n]{c_1+d_jc_j}\begin{vmatrix} a_{11}d_1+a_{12}d_2+\cdots+a_{1n}d_n & a_{12} & \cdots & a_{1n} \\ a_{21}d_1+a_{22}d_2+\cdots+a_{2n}d_n & a_{22} & \cdots & a_{2n} \\ \vdots & \vdots & & \vdots \\ a_{n1}d_1+a_{n2}d_2+\cdots+a_{nn}d_n & a_{n2} & \cdots & a_{nn} \end{vmatrix}$$

$$=\begin{vmatrix} b_1 & a_{12} & \cdots & a_{1n} \\ b_2 & a_{22} & \cdots & a_{2n} \\ \vdots & \vdots & & \vdots \\ b_n & a_{n2} & \cdots & a_{nn} \end{vmatrix}=D_1$$

一般地，有 $Dd_i=D_i\ (i=1,2,\cdots,n)$，所以

$$d_i=\frac{D_i}{D}\quad (i=1,2,\cdots,n)$$

这就证明了方程组(1.4.1)有唯一解，且由式(1.4.2)表示.

例 1.4.1 解线性方程组 $\begin{cases} 2x_1+x_2-5x_3+x_4=8 \\ x_1-3x_2-6x_4=9 \\ 2x_2-x_3+2x_4=-5 \\ x_1+4x_2-7x_3+6x_4=0 \end{cases}$.

解 方程组的系数行列式

$$D=\begin{vmatrix} 2 & 1 & -5 & 1 \\ 1 & -3 & 0 & -6 \\ 0 & 2 & -1 & 2 \\ 1 & 4 & -7 & 6 \end{vmatrix}=27\neq 0$$

根据克拉默法则，方程组有唯一解，而

$$D_1=\begin{vmatrix} 8 & 1 & -5 & 1 \\ 9 & -3 & 0 & -6 \\ -5 & 2 & -1 & 2 \\ 0 & 4 & -7 & 6 \end{vmatrix}=81,\quad D_2=\begin{vmatrix} 2 & 8 & -5 & 1 \\ 1 & 9 & 0 & -6 \\ 0 & -5 & -1 & 2 \\ 1 & 0 & -7 & 6 \end{vmatrix}=-108$$

$$D_3=\begin{vmatrix} 2 & 1 & 8 & 1 \\ 1 & -3 & 9 & -6 \\ 0 & 2 & -5 & 2 \\ 1 & 4 & 0 & 6 \end{vmatrix}=-27,\quad D_4=\begin{vmatrix} 2 & 1 & -5 & 8 \\ 1 & -3 & 0 & 9 \\ 0 & 2 & -1 & -5 \\ 1 & 4 & -7 & 0 \end{vmatrix}=27$$

所以，方程组的唯一解为 $x_1=3,x_2=-4,x_3=-1,x_4=1$.

常数项全为 0 的线性方程组称为**齐次线性方程组**. 显然, 齐次线性方程组总是有解的, 因为 $x_i = 0\ (i=1,2,\cdots,n)$ 就是它的一个解, 称为**零解**. 若方程组有 $x_i\ (i=1,2,\cdots,n)$ 不全为 0 的解, 则称方程组有非零解. 对于齐次线性方程组, 我们所关心的问题是它是否存在非零解.

定理 1.4.2 设有 n 个未知数 n 个方程的齐次线性方程组

$$\begin{cases} a_{11}x_1 + a_{12}x_2 + \cdots + a_{1n}x_n = 0 \\ a_{21}x_1 + a_{22}x_2 + \cdots + a_{2n}x_n = 0 \\ \qquad\qquad \cdots\cdots \\ a_{n1}x_1 + a_{n2}x_2 + \cdots + a_{nn}x_n = 0 \end{cases} \tag{1.4.3}$$

若它的系数行列式 $D\neq0$, 则它只有零解. 换言之, 若方程组(1.4.3)有非零解, 则必有 $D = 0$.

证 应用克拉默法则. 因为行列式 D_i 中的第 i 列元素全为 0, 所以 $D_i = 0\ (i=1,2,\cdots,n)$. 而 $D\neq0$, 故方程组(1.4.3)有唯一解:

$$x_1 = \frac{D_1}{D} = 0, \quad x_2 = \frac{D_2}{D} = 0, \quad \cdots, \quad x_n = \frac{D_n}{D} = 0$$

注 在第 3 章中还将证明, 当齐次线性方程组(1.4.3)的系数行列式 $D = 0$ 时, 方程组(1.4.3)必有非零解. 因此, 齐次线性方程组(1.4.3)存在非零解的充要条件是它的系数行列式为 0.

例 1.4.2 当 λ 取何值时, 方程组 $\begin{cases} \lambda x_1 + x_2 = 0 \\ x_1 + \lambda x_2 = 0 \end{cases}$ 有非零解?

解 由定理 1.4.2, 若方程组有非零解, 则其系数行列式必等于零, 即

$$\begin{vmatrix} \lambda & 1 \\ 1 & \lambda \end{vmatrix} = \lambda^2 - 1 = 0$$

所以, $\lambda = \pm1$. 不难验证, 当 $\lambda = \pm1$ 时, 方程确有非零解.

克拉默法则的重要性在于它的理论价值, 它把线性方程组的解用未知数的系数和常数项直接表示出来, 因而在分析问题时是很方便的. 正因为如此, 我们在第 3 章建立一般线性方程组的理论时, 总是设法将一般的线性方程组化为能运用克拉默法则的形式.

本章小结

从解线性方程组的角度看, 本章彻底解决了含 n 个未知数 n 个方程且系数行列式不为零的线性方程组的求解问题. 从而为今后的问题讨论提供了一个理论基础.

从内容来说, 本章讨论的主要是 n 阶行列式. 通过对二阶、三阶行列式定义的分析, 定义了 n 阶行列式. 为了计算 n 阶行列式以及理论上的需要, 给出了行列式的若干性质; 利用这些性质可以得到化简行列式的一些允许变换.

用 n 阶行列式的定义计算行列式通常是比较烦琐的, 它只对含有许多元素 0 的行列式显得有效. 一般行列式的计算途径是利用行列式的允许变换将行列式化为易于计算的上(下)三角行列式, 或者利用按行列展开性质将行列式化为较低阶的行列式. 具体计算行列式时, 往往两者同时使用.

学习本章, 除掌握内容外, 应认真领会处理问题的方法. 比如 n 阶行列式是在总结二、三阶行列式定义的基础上给出的, 这里采用的是完全归纳法; n 阶行列式的计算是通过允许变换化简后实现的, 这样的处理方法在以后内容的学习中还将经常使用.

本章常用词汇中英文对照

行列式	determinant	元素	element
列	column	排列	permutation
对角线	diagonal	对换	transposition
逆序	the revers	奇排列	odd permutation
奇偶性	odevity	转置	transpose
偶排列	even permutation	性质	property
定义	definition	定理	theorem
引理	lemma	推论	corollary
行	row	法则	law, rule

习 题 1

1. 按自然数从小到大为标准顺序，求下列各排列的逆序数.

(1)1 2 3 4 5　(2)2 4 1 5 3　(3)3 2 4 5 1　(4)2 1 4 5 3

(5) $13\cdots(2n-1)24\cdots2n$　(6) $13\cdots(2n-1)2n(2n-2)\cdots2$

2. 判断下列乘积是否是 5 阶行列式的项，如果是，标上该项所带的符号.

(1) $a_{11}a_{23}a_{34}a_{41}a_{55}$　(2) $a_{12}a_{23}a_{34}a_{45}a_{51}$

(3) $a_{14}a_{23}a_{32}a_{41}$　(4) $a_{24}a_{32}a_{15}a_{43}a_{51}$

3. 用行列式的定义计算.

(1) $\begin{vmatrix} 0 & 1 & 0 & \cdots & 0 \\ 0 & 0 & 2 & \cdots & 0 \\ \vdots & \vdots & \vdots & & \vdots \\ 0 & 0 & 0 & \cdots & n-1 \\ n & 0 & 0 & \cdots & 0 \end{vmatrix}$;　(2) $\begin{vmatrix} a_{11} & 0 & 0 & \cdots & 0 \\ a_{21} & a_{22} & 0 & \cdots & 0 \\ a_{31} & a_{32} & a_{33} & \cdots & 0 \\ \vdots & \vdots & \vdots & & \vdots \\ a_{n1} & a_{n2} & a_{n3} & \cdots & a_{nn} \end{vmatrix}$.

4. 计算下列行列式.

(1) $\begin{vmatrix} 1 & 2 & 3 & 4 \\ 2 & 3 & 4 & 1 \\ 3 & 4 & 1 & 2 \\ 4 & 1 & 2 & 3 \end{vmatrix}$;　(2) $\begin{vmatrix} 2 & -5 & 1 & 2 \\ -3 & 7 & -1 & 4 \\ 5 & -9 & 2 & 7 \\ 4 & -6 & 1 & 2 \end{vmatrix}$;

(3) $\begin{vmatrix} -ab & ac & ae \\ bd & -cd & de \\ bf & cf & -ef \end{vmatrix}$;　(4) $\begin{vmatrix} 1-a & a & 0 & 0 \\ -1 & 1-a & a & 0 \\ 0 & -1 & 1-a & a \\ 0 & 0 & -1 & 1-a \end{vmatrix}$.

5. 证明:

(1) $\begin{vmatrix} 1 & 1 & 1 \\ 2a & a+b & 2b \\ a^2 & ab & b^2 \end{vmatrix} = (b-a)^3$;　(2) $\begin{vmatrix} a^2 & (a+1)^2 & (a+2)^2 & (a+3)^2 \\ b^2 & (b+1)^2 & (b+2)^2 & (b+3)^2 \\ c^2 & (c+1)^2 & (c+2)^2 & (c+3)^2 \\ d^2 & (d+1)^2 & (d+2)^2 & (d+3)^2 \end{vmatrix} = 0$;

(3) $\begin{vmatrix} 1 & 1 & 1 \\ a & b & c \\ a^3 & b^3 & c^3 \end{vmatrix} = (b-a)(c-a)(c-b)(a+b+c)$；

(4) $\begin{vmatrix} x & -1 & 0 & \cdots & 0 & 0 \\ 0 & x & -1 & \cdots & 0 & 0 \\ \vdots & \vdots & \vdots & & \vdots & \vdots \\ 0 & 0 & 0 & \cdots & x & -1 \\ a_n & a_{n-1} & a_{n-2} & \cdots & a_2 & x+a_1 \end{vmatrix} = x^n + a_1 x^{n-1} + \cdots + a_{n-1}x + a_n$.

6. 计算下列各行列式(D_k为k阶行列式).

(1) $D_n = \begin{vmatrix} 2 & 1 & 0 & \cdots & 0 & 0 \\ 1 & 2 & 1 & \cdots & 0 & 0 \\ \vdots & \vdots & \vdots & & \vdots & \vdots \\ 0 & 0 & 0 & \cdots & 2 & 1 \\ 0 & 0 & 0 & \cdots & 1 & 2 \end{vmatrix}$；　　(2) $D_n = \det(a_{ij})$，其中 $a_{ij} = |i-j|$；

(3) $\begin{vmatrix} 1 & 1 & 1 & 1 \\ 2 & 2^2 & \cdots & 2^n \\ \vdots & \vdots & & \vdots \\ n & n^2 & \cdots & n^n \end{vmatrix}$；　　(4) $D_n = \begin{vmatrix} 1 & 2 & 2 & \cdots & 2 \\ 2 & 2 & 2 & \cdots & 2 \\ 2 & 2 & 3 & \cdots & 2 \\ \vdots & \vdots & \vdots & & \vdots \\ 2 & 2 & 2 & \cdots & n \end{vmatrix}$；

(5) $D_{n+1} = \begin{vmatrix} a^n & (a-1)^n & \cdots & (a-n)^n \\ a^{n-1} & (a-1)^{n-1} & \cdots & (a-n)^{n-1} \\ \vdots & \vdots & & \vdots \\ a & a-1 & \cdots & a-n \\ 1 & 1 & \cdots & 1 \end{vmatrix}$；

(6) $D_n = \begin{vmatrix} 1+a_1 & 1 & \cdots & 1 \\ 1 & 1+a_2 & \cdots & 1 \\ \vdots & \vdots & & \vdots \\ 1 & 1 & \cdots & 1+a_n \end{vmatrix}$，其中 $a_1 a_2 \cdots a_n \neq 0$.

7. 设 $D = \begin{vmatrix} 3 & -5 & 2 & 1 \\ 1 & 1 & 0 & -5 \\ -1 & 3 & 1 & 3 \\ 2 & -4 & -1 & -3 \end{vmatrix}$，求 $A_{11}+A_{12}+A_{13}+A_{14}$ 和 $M_{11}+M_{21}+M_{31}+M_{41}$.

8. 设 $f(x) = \begin{vmatrix} 2x & x & 1 & 2 \\ 1 & x & 1 & -1 \\ 3 & 2 & x & 1 \\ 1 & 1 & 1 & x \end{vmatrix}$，求 x^4 和 x^3 的系数.

9. 设 $f(x) = \begin{vmatrix} x+1 & x+2 & x+3 & 2 \\ 1 & 2x+2 & 7 & 5 \\ 3x+1 & 3 & 3x+3 & 8 \\ 4x+1 & 8 & 1 & 4x+4 \end{vmatrix}$，求 $f(x)$的次数及最高次项系数.

10. 解下列各题.

(1)求方程 $\begin{vmatrix} a_1 & a_2 & a_3 & \cdots & a_n \\ a_1 & a_1+a_2-x & a_3 & \cdots & a_n \\ a_1 & a_2 & a_2+a_3-x & \cdots & a_n \\ \vdots & \vdots & \vdots & & \vdots \\ a_1 & a_2 & a_3 & \cdots & a_{n-1}+a_n-x \end{vmatrix} = 0$ 的根；

(2)求满足方程 $\begin{vmatrix} 1 & x & y & z \\ x & 1 & 0 & 0 \\ y & 0 & 1 & 0 \\ z & 0 & 0 & 1 \end{vmatrix} = 1$ 的实数 x, y, z.

11. 用克拉默法则解下列方程组.

(1) $\begin{cases} x_1 + x_2 - x_3 + x_4 = -1 \\ x_1 + 2x_2 - x_3 + 2x_4 = 0 \\ 2x_1 - 3x_2 - x_3 - 5x_4 = -2 \\ 3x_1 + 2x_2 + x_3 + 6x_4 = 4 \end{cases}$; (2) $\begin{cases} 3x_1 + 2x_2 = 7 \\ x_1 + 3x_2 + 2x_3 = 5 \\ x_2 + 3x_3 + 2x_4 = -5 \\ x_3 + 3x_4 = -7 \end{cases}$.

12. 问 λ 为何值时, 齐次线性方程组

$$\begin{cases} (\lambda + 1)x_1 - x_2 = 0 \\ 4x_1 + (\lambda - 3)x_2 = 0 \\ -x_1 + (\lambda - 2)x_3 = 0 \end{cases}$$

有非零解?

13. 设曲线 $y = a + bx + cx^2$ 通过三点(1, 0), (2, 3), (3, 10), 求系数 a, b, c.

14. 求平面上 3 点$(x_1, y_1), (x_2, y_2), (x_3, y_3)$在同一条直线上的必要条件.

第 2 章　矩　　阵

矩阵是线性代数中的一个重要概念，矩阵的理论不仅是研究线性变换、线性方程组、二次型等问题的有效工具，而且在数学的其他分支、工程技术理论和管理决策科学等众多领域中都有着广泛的应用.

本章将集中地介绍矩阵的概念、运算及性质等.

2.1　矩阵的概念

在平面解析几何中，为了研究一般二次曲线

$$Ax^2+Bxy+Cy^2+Dx+Ey+F=0$$

的几何性质，我们可以用适当的坐标旋转变换

$$\begin{cases} x = x'\cos\theta - y'\sin\theta \\ y = x'\sin\theta + y'\cos\theta \end{cases} \tag{2.1.1}$$

和坐标平移变换来把它化为某一类型圆锥曲线的标准形式. 式(2.1.1)表示平面直角坐标的一种变换，称为线性变换.

设变量 $y_1, y_2, \cdots, y_m$ 能用变量 $x_1, x_2, \cdots, x_n$ 线性地表示，即有

$$\begin{cases} y_1 = a_{11}x_1 + a_{12}x_2 + \cdots + a_{1n}x_n \\ y_2 = a_{21}x_1 + a_{22}x_2 + \cdots + a_{2n}x_n \\ \qquad\cdots\cdots \\ y_m = a_{m1}x_1 + a_{m2}x_2 + \cdots + a_{mn}x_n \end{cases} \tag{2.1.2}$$

式中，$a_{ij}\ (i=1,2,\cdots,m;\ j=1,2,\cdots,n)$ 为常数，称式(2.1.2)为从变量 $x_1, x_2, \cdots, x_n$ 到 $y_1, y_2, \cdots, y_m$ 的线性变换.

线性变换式(2.1.2)中的系数可以排成如下的 m 行 n 列数表

$$\begin{matrix} a_{11} & a_{12} & \cdots & a_{1n} \\ a_{21} & a_{22} & \cdots & a_{2n} \\ \vdots & \vdots & & \vdots \\ a_{m1} & a_{m2} & \cdots & a_{mn} \end{matrix}$$

这种数表就是数学上所谓的矩阵.

定义 2.1.1　由 $m \times n$ 个数按一定顺序排成的数表

$$\boldsymbol{A} = \begin{pmatrix} a_{11} & a_{12} & \cdots & a_{1n} \\ a_{21} & a_{22} & \cdots & a_{2n} \\ \vdots & \vdots & & \vdots \\ a_{m1} & a_{m2} & \cdots & a_{mn} \end{pmatrix} \tag{2.1.3}$$

称为 m 行 n 列的矩阵，简称 $m \times n$ 矩阵. 简记为 $\boldsymbol{A} = (a_{ij})_{m\times n}$ 或 $\boldsymbol{A} = (a_{ij})$. 这 $m \times n$ 个数称为矩阵 $\boldsymbol{A}$ 的元素；a_{ij} 称为矩阵的第 i 行第 j 列元素.

元素是实数的矩阵称为**实矩阵**，元素是复数的矩阵称为**复矩阵**．注意，本篇中的矩阵除特别说明者外，均为实矩阵．

$m\times n$ 矩阵 $\boldsymbol{A}$ 也可记为 $\boldsymbol{A}_{m\times n}$．当 $m=n$ 时，$\boldsymbol{A}$ 称为 n 阶方阵．只有一行的矩阵

$$\boldsymbol{A}=(a_1 \quad a_2 \quad \cdots \quad a_n)$$

称为**行矩阵**；只有一列的矩阵

$$\boldsymbol{B}=\begin{pmatrix} b_1 \\ b_2 \\ \vdots \\ b_n \end{pmatrix}$$

称为**列矩阵**；元素均为 0 的矩阵称为**零矩阵**，记为 $\boldsymbol{O}_{m\times n}$，在不致混淆的情况下，也可简记为 $\boldsymbol{O}$．

若两个矩阵的行数相等，列数也相等，则称它们为**同型矩阵**．若两个同型矩阵 $\boldsymbol{A}=(a_{ij})_{m\times n}$，$\boldsymbol{B}=(b_{ij})_{m\times n}$ 的元素对应相等，即 $a_{ij}=b_{ij}\ (i=1,2,\cdots,m;\ j=1,2,\cdots,n)$ 则称矩阵 $\boldsymbol{A}$ 与矩阵 $\boldsymbol{B}$ 相等，记为 $\boldsymbol{A}=\boldsymbol{B}$．

矩阵相等只有在同型矩阵间才会出现．应注意，不同型的零矩阵是不相等的．

给定线性变换式(2.1.2)，它的系数所构成的矩阵(称为系数矩阵)也就确定了；反之，若给定一个矩阵，以它作为线性变换的系数矩阵，则线性变换也就确定了．在这个意义上，线性变换和矩阵之间存在着一一对应的关系，因此可以利用矩阵来研究线性变换．

例 2.1.1 线性变换 $\begin{cases} y_1=x_1, \\ y_2=x_2, \\ \quad\cdots\cdots \\ y_n=x_n \end{cases}$ 称为**恒等变换**，它对应的 n 阶方阵

$$\boldsymbol{E}=\begin{pmatrix} 1 & 0 & \cdots & 0 \\ 0 & 1 & \cdots & 0 \\ \vdots & \vdots & & \vdots \\ 0 & 0 & \cdots & 1 \end{pmatrix}$$

称为 **n 阶单位阵**，记为 $\boldsymbol{E}_n$ 或简记为 $\boldsymbol{E}$．这个方阵的特点是：从左上角到右下角的直线(称为主对角线)上的元素都是 1，其他元素都是 0．即 $\boldsymbol{E}=(\delta_{ij})$，其中

$$\delta_{ij}=\begin{cases} 1, 当 i=j \\ 0, 当 i\neq j \end{cases} \quad (i,j=1,2,\cdots,n)$$

例 2.1.2 线性变换 $\begin{cases} y_1=\lambda_1 x_1 \\ y_2=\lambda_2 x_2 \\ \quad\cdots\cdots \\ y_n=\lambda_n x_n \end{cases}$ 对应的 n 阶方阵 $\boldsymbol{A}=\begin{pmatrix} \lambda_1 & 0 & \cdots & 0 \\ 0 & \lambda_2 & \cdots & 0 \\ \vdots & \vdots & & \vdots \\ 0 & 0 & \cdots & \lambda_n \end{pmatrix}$ 称为**对角阵**．

例 2.1.3 m 个方程的 n 元齐次线性方程组为

$$\begin{cases} a_{11}x_1+a_{12}x_2+\cdots+a_{1n}x_n=0 \\ a_{21}x_1+a_{22}x_2+\cdots+a_{2n}x_n=0 \\ \quad\cdots\cdots \\ a_{m1}x_1+a_{m2}x_2+\cdots+a_{mn}x_n=0 \end{cases} \tag{2.1.4}$$

其系数可以依序组成一个 $m\times n$ 矩阵

$$\boldsymbol{A}=\begin{pmatrix} a_{11} & a_{12} & \cdots & a_{1n} \\ a_{21} & a_{22} & \cdots & a_{2n} \\ \vdots & \vdots & & \vdots \\ a_{m1} & a_{m2} & \cdots & a_{mn} \end{pmatrix} \tag{2.1.5}$$

$\boldsymbol{A}$ 称为方程组(2.1.4)的**系数矩阵**. 而 m 个方程的 n 元非齐次线性方程组为

$$\begin{cases} a_{11}x_1 + a_{12}x_2 + \cdots + a_{1n}x_n = b_1 \\ a_{21}x_1 + a_{22}x_2 + \cdots + a_{2n}x_n = b_2 \\ \quad\cdots\cdots \\ a_{m1}x_1 + a_{m2}x_2 + \cdots + a_{mn}x_n = b_m \end{cases} \tag{2.1.6}$$

也具有式(2.1.5)这样的系数矩阵, 它的系数与常数项还可以组成一个 $m\times(n+1)$ 矩阵

$$\boldsymbol{B}=\begin{pmatrix} a_{11} & a_{12} & \cdots & a_{1n} & b_1 \\ a_{21} & a_{22} & \cdots & a_{2n} & b_2 \\ \vdots & \vdots & & \vdots & \vdots \\ a_{m1} & a_{m2} & \cdots & a_{mn} & b_m \end{pmatrix} \tag{2.1.7}$$

$\boldsymbol{B}$ 称为方程组(2.1.6)的**增广矩阵**. 类似于线性变换与矩阵之间的关系, 我们也可以在齐次线性方程组(2.1.4)与其系数矩阵(2.1.5)之间, 以及在非齐次线性方程组(2.1.6)与其增广矩阵(2.1.7)之间建立一一对应的关系. 在第 3 章, 我们将看到可利用矩阵这一工具研究线性方程组. 矩阵的应用极为广泛, 下面对其做进一步的讨论.

2.2 矩阵的运算

案例：图形的平移、旋转和放缩

1. 矩阵的加法

两个 $m\times n$ 矩阵 $\boldsymbol{A}$ 与 $\boldsymbol{B}$ 之和是一个 $m\times n$ 矩阵 $\boldsymbol{C}$, 它的元素等于 $\boldsymbol{A}$ 与 $\boldsymbol{B}$ 对应的元素之和, 即

$$\begin{aligned} \boldsymbol{C}=\boldsymbol{A}+\boldsymbol{B} &= \begin{pmatrix} a_{11} & \cdots & a_{1n} \\ \vdots & & \vdots \\ a_{m1} & \cdots & a_{mn} \end{pmatrix} + \begin{pmatrix} b_{11} & \cdots & b_{1n} \\ \vdots & & \vdots \\ b_{m1} & \cdots & b_{mn} \end{pmatrix} \\ &= \begin{pmatrix} a_{11}+b_{11} & \cdots & a_{1n}+b_{1n} \\ \vdots & & \vdots \\ a_{m1}+b_{m1} & \cdots & a_{mn}+b_{mn} \end{pmatrix} \end{aligned} \tag{2.2.1}$$

显然, 仅当两个矩阵是同型矩阵时才可以相加. 矩阵的加法是把对应的元素相加, 而数的加法满足交换律和结合律, 因此, 容易验证, 矩阵的加法满足以下性质(设 $\boldsymbol{A}, \boldsymbol{B}, \boldsymbol{C}$ 均为 $m\times n$ 矩阵):

(1)加法交换律: $\boldsymbol{A}+\boldsymbol{B}=\boldsymbol{B}+\boldsymbol{A}$.

(2)加法结合律: $(\boldsymbol{A}+\boldsymbol{B})+\boldsymbol{C}=\boldsymbol{A}+(\boldsymbol{B}+\boldsymbol{C})$.

(3)存在同型零矩阵: $\boldsymbol{O}=\boldsymbol{O}_{m\times n}$, 使得 $\boldsymbol{A}+\boldsymbol{O}=\boldsymbol{A}$.

(4)存在同型矩阵: $-\boldsymbol{A}=(-a_{ij})$, 使得 $\boldsymbol{A}+(-\boldsymbol{A})=\boldsymbol{O}$.

矩阵 $-\boldsymbol{A}$ 称为矩阵 $\boldsymbol{A}$ 的负矩阵. 矩阵 $\boldsymbol{A}$ 的负矩阵是唯一的. 利用负矩阵, 可以定义矩阵的减法.

我们规定, $m \times n$ 矩阵 $\boldsymbol{A}$ 与 $\boldsymbol{B}$ 之差等于 $\boldsymbol{A}$ 与 $\boldsymbol{B}$ 的负矩阵 $-\boldsymbol{B}$ 之和, 即

$$\begin{aligned}\boldsymbol{A}-\boldsymbol{B}=\boldsymbol{A}+(-\boldsymbol{B})&=\begin{pmatrix}a_{11} & \cdots & a_{1n}\\ \vdots & & \vdots\\ a_{m1} & \cdots & a_{mn}\end{pmatrix}+\begin{pmatrix}-b_{11} & \cdots & -b_{1n}\\ \vdots & & \vdots\\ -b_{m1} & \cdots & -b_{mn}\end{pmatrix}\\ &=\begin{pmatrix}a_{11}-b_{11} & \cdots & a_{1n}-b_{1n}\\ \vdots & & \vdots\\ a_{m1}-b_{m1} & \cdots & a_{mn}-b_{mn}\end{pmatrix}\end{aligned} \tag{2.2.2}$$

2. 数与矩阵的相乘

数 λ 与 $m \times n$ 矩阵 $\boldsymbol{A}$ 的乘积是一个 $m \times n$ 矩阵, 它的元素等于 $\boldsymbol{A}$ 的对应元素与数 λ 的乘积, 即

$$\lambda\boldsymbol{A}=\boldsymbol{A}\lambda=\lambda\begin{pmatrix}a_{11} & a_{12} & \cdots & a_{1n}\\ a_{21} & a_{22} & \cdots & a_{2n}\\ \vdots & \vdots & & \vdots\\ a_{m1} & a_{m2} & \cdots & a_{mn}\end{pmatrix}=\begin{pmatrix}\lambda a_{11} & \lambda a_{12} & \cdots & \lambda a_{1n}\\ \lambda a_{21} & \lambda a_{22} & \cdots & \lambda a_{2n}\\ \vdots & \vdots & & \vdots\\ \lambda a_{m1} & \lambda a_{m2} & \cdots & \lambda a_{mn}\end{pmatrix} \tag{2.2.3}$$

不难验证, 数与矩阵的乘法运算具有以下性质(设 λ, μ 是数, $\boldsymbol{A}, \boldsymbol{B}, \boldsymbol{C}$ 是同型矩阵):

(1)$\lambda(\boldsymbol{A}+\boldsymbol{B})=\lambda\boldsymbol{A}+\lambda\boldsymbol{B}$

(2)$(\lambda+\mu)\boldsymbol{A}=\lambda\boldsymbol{A}+\mu\boldsymbol{A}$

(3)$\lambda(\mu\boldsymbol{A})=(\lambda\mu)\boldsymbol{A}$

(4)$1\cdot\boldsymbol{A}=\boldsymbol{A}, (-1)\boldsymbol{A}=-\boldsymbol{A}$

(5)$\lambda\boldsymbol{A}=\boldsymbol{O}$, 当且仅当 $\lambda=0$ 或 $\boldsymbol{A}=\boldsymbol{O}$.

3. 矩阵与矩阵相乘

$m \times s$ 矩阵 $\boldsymbol{A}$ 与 $s \times n$ 矩阵 $\boldsymbol{B}$ 的乘积是一个 $m \times n$ 矩阵 $\boldsymbol{C}$, 它的第 i 行第 j 列元素等于 $\boldsymbol{A}$ 的第 i 行元素与 $\boldsymbol{B}$ 的第 j 列的对应元素的乘积之和 $(i=1,2,\cdots,m; j=1,2,\cdots,n)$, 即

$$\boldsymbol{C}=\boldsymbol{A}\boldsymbol{B}=\begin{pmatrix}a_{11} & \cdots & a_{1s}\\ \vdots & & \vdots\\ a_{m1} & \cdots & a_{ms}\end{pmatrix}\begin{pmatrix}b_{11} & \cdots & b_{1n}\\ \vdots & & \vdots\\ b_{s1} & \cdots & b_{sn}\end{pmatrix}=\begin{pmatrix}c_{11} & \cdots & c_{1n}\\ \vdots & & \vdots\\ c_{m1} & \cdots & c_{mn}\end{pmatrix} \tag{2.2.4}$$

其中,

$$c_{ij}=a_{i1}b_{1j}+a_{i2}b_{2j}+\cdots+a_{is}b_{sj}=\sum_{k=1}^{s}a_{ik}b_{kj} \quad (i=1,2,\cdots,m; j=1,2,\cdots,n)$$

按此定义, 一个 $1 \times s$ 行矩阵与一个 $s \times 1$ 列矩阵的乘积是一个一阶方阵, 被认同为一个数. 如

$$(a_{i1} \quad a_{i2} \quad \cdots \quad a_{is})\begin{pmatrix}b_{1j}\\ b_{2j}\\ \vdots\\ b_{sj}\end{pmatrix}=a_{i1}b_{1j}+a_{i2}b_{2j}+\cdots+a_{is}b_{sj}=c_{ij}$$

由此可见, 矩阵乘积 $\boldsymbol{A}\boldsymbol{B}=\boldsymbol{C}$ 的第 i 行第 j 列元素 c_{ij} 就是 $\boldsymbol{A}$ 的第 i 行与 $\boldsymbol{B}$ 的第 j 列的乘积.

显然, 两个矩阵只有当前一个矩阵 $\boldsymbol{A}$ 的列数与后一个矩阵 $\boldsymbol{B}$ 的行数相同时才能相乘, 否则不能相乘.

例 2.2.1 (1) $\begin{pmatrix} 3 & -1 \\ 0 & 3 \\ 1 & 4 \end{pmatrix}\begin{pmatrix} 1 & 3 & 1 & 2 \\ 0 & -1 & 1 & 0 \end{pmatrix}=\begin{pmatrix} 3 & 10 & 2 & 6 \\ 0 & -3 & 3 & 0 \\ 1 & -1 & 5 & 2 \end{pmatrix}$;

(2) $\begin{pmatrix} 2 & 0 & 1 \\ -2 & 3 & 2 \\ 4 & -1 & 5 \end{pmatrix}\begin{pmatrix} -3 & 1 & 0 \\ 0 & 2 & 1 \\ 0 & -1 & 3 \end{pmatrix}=\begin{pmatrix} -6 & 1 & 3 \\ 6 & 2 & 9 \\ -12 & -3 & 14 \end{pmatrix}$.

根据定义, 可以推出矩阵乘法的一些主要性质:

(1)乘法结合律: 若 $\boldsymbol{A}, \boldsymbol{B}, \boldsymbol{C}$ 分别为 $m\times n, n\times p, p\times s$ 矩阵, 则$(\boldsymbol{AB})\boldsymbol{C} = \boldsymbol{A}(\boldsymbol{BC})$.

(2)若 $\boldsymbol{A}$ 为 $m\times n$ 矩阵, 则 $\boldsymbol{E}_m\boldsymbol{A} = \boldsymbol{A}\boldsymbol{E}_n = \boldsymbol{A}$.

(3)若 λ 是数, $\boldsymbol{A}, \boldsymbol{B}$ 分别为 $m\times s$ 和 $s\times n$ 矩阵, 则 $\lambda(\boldsymbol{AB}) = (\lambda\boldsymbol{A})\boldsymbol{B} = \boldsymbol{A}(\lambda\boldsymbol{B})$.

(4)乘法关于加法的分配律: 设 $\boldsymbol{A}, \boldsymbol{B}$ 分别为 $m\times s, n\times p$ 矩阵, $\boldsymbol{C}$ 和 $\boldsymbol{D}$ 都是 $s\times n$ 矩阵, 则

$$\boldsymbol{A}(\boldsymbol{C}+\boldsymbol{D}) = \boldsymbol{AC}+\boldsymbol{AD}, \qquad (\boldsymbol{C}+\boldsymbol{D})\boldsymbol{B} = \boldsymbol{CB}+\boldsymbol{DB}$$

需要注意的是, 矩阵的乘法一般不满足交换律, 即 $\boldsymbol{AB}\neq\boldsymbol{BA}$. 设 $\boldsymbol{A} = (a_{ij})_{m\times s}$, $\boldsymbol{B} = (b_{ij})_{s\times n}$, 若 $m\neq n$, 则 $\boldsymbol{AB}$ 是一个 $m\times n$ 矩阵, 而 $\boldsymbol{B}$ 与 $\boldsymbol{A}$ 不能相乘; 若 $m = n\neq s$, 则 $\boldsymbol{AB}$ 是一个 m 阶方阵, 而 $\boldsymbol{BA}$ 是一个 s 阶方阵, $\boldsymbol{AB}$ 与 $\boldsymbol{BA}$ 不是同型矩阵, 不可能相等. 即使 $m = n = s$, $\boldsymbol{AB}$ 与 $\boldsymbol{BA}$ 虽为同型矩阵, 但交换律一般也不成立. 例如

$$\boldsymbol{A}=\begin{pmatrix} -2 & 4 \\ 1 & -2 \end{pmatrix}, \qquad \boldsymbol{B}=\begin{pmatrix} 2 & 4 \\ -3 & -6 \end{pmatrix}$$

则

$$\boldsymbol{AB}=\begin{pmatrix} -16 & -32 \\ 8 & 16 \end{pmatrix}, \qquad \boldsymbol{BA}=\begin{pmatrix} 0 & 0 \\ 0 & 0 \end{pmatrix}$$

显然, $\boldsymbol{AB}\neq\boldsymbol{BA}$. 我们常把 $\boldsymbol{BA}$ 说成矩阵 $\boldsymbol{A}$ 右乘矩阵 $\boldsymbol{B}$, 而把 $\boldsymbol{AB}$ 说成矩阵 $\boldsymbol{A}$ 左乘矩阵 $\boldsymbol{B}$.今后, 必须注意区分一个矩阵左乘另一个矩阵与右乘另一个矩阵之间的不同, 不能随意交换它们之间的位置.

有了矩阵的乘法, 就可以定义 n 阶方阵的幂. 设 $\boldsymbol{A}$ 为 n 阶方阵, 定义

$$\boldsymbol{A}^1 = \boldsymbol{A}, \boldsymbol{A}^2 = \boldsymbol{A}^1\boldsymbol{A}, \cdots, \boldsymbol{A}^k = \boldsymbol{A}^{k-1}\boldsymbol{A} \tag{2.2.5}$$

式中, k 为正整数. 就是说, $\boldsymbol{A}^k$ 就是 k 个 $\boldsymbol{A}$ 连乘. 显然, 只有方阵的幂才有意义.

因为矩阵乘法适合结合律, 所以方阵的幂满足以下运算规律:

$$\boldsymbol{A}^k\boldsymbol{A}^l = \boldsymbol{A}^{k+l}, \qquad (\boldsymbol{A}^k)^l = \boldsymbol{A}^{kl} \tag{2.2.6}$$

式中, k, l 为正整数. 因矩阵乘法一般不满足交换律, 故对于两个 n 阶方阵 $\boldsymbol{A}$ 与 $\boldsymbol{B}$, 一般地, 有

$$(\boldsymbol{AB})^k\neq\boldsymbol{A}^k\boldsymbol{B}^k \quad (k>1)$$

例 2.2.2 求证 $\begin{pmatrix} \cos\theta & -\sin\theta \\ \sin\theta & \cos\theta \end{pmatrix}^n=\begin{pmatrix} \cos n\theta & -\sin k\theta \\ \sin n\theta & \cos k\theta \end{pmatrix}$.

证 用数学归纳法. 当 $n = 1$ 时, 等式显然成立. 设 $n = k$ 时等式成立, 即设

$$\begin{pmatrix} \cos\theta & -\sin\theta \\ \sin\theta & \cos\theta \end{pmatrix}^k=\begin{pmatrix} \cos k\theta & -\sin k\theta \\ \sin k\theta & \cos k\theta \end{pmatrix}$$

要证 $n = k+1$ 时成立. 此时有

$$\begin{pmatrix}\cos\theta & -\sin\theta\\ \sin\theta & \cos\theta\end{pmatrix}^{k+1}=\begin{pmatrix}\cos\theta & -\sin\theta\\ \sin\theta & \cos\theta\end{pmatrix}^{k}\begin{pmatrix}\cos\theta & -\sin\theta\\ \sin\theta & \cos\theta\end{pmatrix}$$
$$=\begin{pmatrix}\cos k\theta & -\sin k\theta\\ \sin k\theta & \cos k\theta\end{pmatrix}\begin{pmatrix}\cos\theta & -\sin\theta\\ \sin\theta & \cos\theta\end{pmatrix}$$
$$=\begin{pmatrix}\cos k\theta\cos\theta-\sin k\theta\sin\theta & -\cos k\theta\sin\theta-\sin k\theta\cos\theta\\ \sin k\theta\cos\theta+\cos k\theta\sin\theta & -\sin k\theta\sin\theta+\cos k\theta\cos\theta\end{pmatrix}$$
$$=\begin{pmatrix}\cos(k+1)\theta & -\sin(k+1)\theta\\ \sin(k+1)\theta & \cos(k+1)\theta\end{pmatrix}$$

于是等式得证.

4. 矩阵的转置

把矩阵 $\boldsymbol{A}$ 的行换成同序数的列得到的新矩阵称为 $\boldsymbol{A}$ 的转置矩阵，记为 $\boldsymbol{A}'$ 或 $\boldsymbol{A}^{\mathrm{T}}$. 矩阵的转置也是一种运算，满足下述运算规律(设下述运算都是可行的):

(1) $(\boldsymbol{A}')'=\boldsymbol{A}$　　(2) $(\boldsymbol{A}+\boldsymbol{B})'=\boldsymbol{A}'+\boldsymbol{B}'$

(3) $(\lambda\boldsymbol{A})'=\lambda\boldsymbol{A}'$　　(4) $(\boldsymbol{AB})'=\boldsymbol{B}'\boldsymbol{A}'$

在此，仅证明(4).

证　设 $\boldsymbol{A}=(a_{ij})_{m\times s}$, $\boldsymbol{B}=(b_{ij})_{s\times n}$, 记 $\boldsymbol{AB}=\boldsymbol{C}=(c_{ij})_{m\times n}$, $\boldsymbol{B}'\boldsymbol{A}'=\boldsymbol{D}=(d_{ij})_{n\times m}$, 由矩阵的乘法知 $c_{ji}=\sum\limits_{k=1}^{s}a_{jk}b_{ki}$；而 $\boldsymbol{B}'$ 的第 i 行为 $(b_{1i}\quad b_{2i}\quad\cdots\quad b_{si})$, $\boldsymbol{A}'$ 的第 j 列为 $(a_{j1}\quad a_{j2}\quad\cdots\quad a_{js})'$, 则

$$d_{ij}=\sum_{k=1}^{s}b_{ki}a_{jk}=\sum_{k=1}^{s}a_{jk}b_{ki}$$

所以，$d_{ij}=c_{ji}\ (i=1,2,\cdots,n;j=1,2,\cdots,m)$. 即 $\boldsymbol{D}=\boldsymbol{C}'$, 亦即 $(\boldsymbol{AB})'=\boldsymbol{B}'\boldsymbol{A}'$.

例 2.2.3　已知 $\boldsymbol{A}=\begin{pmatrix}1&3&2\\3&4&6\\-1&0&5\end{pmatrix}$, $\boldsymbol{B}=\begin{pmatrix}2&0\\3&4\\1&-1\end{pmatrix}$, 求 $(\boldsymbol{AB})'$.

解法 1　因为

$$\boldsymbol{AB}=\begin{pmatrix}1&3&2\\3&4&6\\-1&0&5\end{pmatrix}\begin{pmatrix}2&0\\3&4\\1&-1\end{pmatrix}=\begin{pmatrix}13&10\\24&10\\3&-5\end{pmatrix}$$

所以
$$(\boldsymbol{AB})'=\begin{pmatrix}13&24&3\\10&10&-5\end{pmatrix}$$

解法 2　$(\boldsymbol{AB})'=\boldsymbol{B}'\boldsymbol{A}'=\begin{pmatrix}2&3&1\\0&4&-1\end{pmatrix}\begin{pmatrix}1&3&-1\\3&4&0\\2&6&5\end{pmatrix}=\begin{pmatrix}13&24&3\\10&10&-5\end{pmatrix}$.

例 2.2.4　已知 $\boldsymbol{\alpha}=(1,2,3)$, $\boldsymbol{\beta}=\left(1,\dfrac{1}{2},\dfrac{1}{3}\right)$, 且 $\boldsymbol{A}=\boldsymbol{\alpha}'\boldsymbol{\beta}$, 求 $\boldsymbol{A}^n$.

解　注意到矩阵乘法满足结合律，且 $\boldsymbol{\beta\alpha}'$ 是 1×1 矩阵，即为一个数，因此有

$$\boldsymbol{\beta\alpha}' = \left(1, \frac{1}{2}, \frac{1}{3}\right)(1,2,3)' = 3\,(是一个数)$$

由此可得

$$\boldsymbol{A}^n = (\boldsymbol{\alpha}'\boldsymbol{\beta})(\boldsymbol{\alpha}'\boldsymbol{\beta})\cdots(\boldsymbol{\alpha}'\boldsymbol{\beta}) = \boldsymbol{\alpha}'(\boldsymbol{\beta\alpha}')(\boldsymbol{\beta\alpha}')\cdots(\boldsymbol{\beta\alpha}')\boldsymbol{\beta} = 3^{n-1}\boldsymbol{\alpha}'\boldsymbol{\beta} = 3^{n-1}\begin{pmatrix} 1 & \frac{1}{2} & \frac{1}{3} \\ 2 & 1 & \frac{2}{3} \\ 3 & \frac{3}{2} & 1 \end{pmatrix}$$

5. 方阵的行列式

由 n 阶方阵 $\boldsymbol{A}$ 的元素所构成的行列式(各元素的位置不变), 称为方阵 $\boldsymbol{A}$ 的**行列式**. 记为$|\boldsymbol{A}|$或 $\det(\boldsymbol{A})$. 若$|\boldsymbol{A}|\neq 0$, 则称方阵 $\boldsymbol{A}$ 是**非退化的**.

应当注意, n 阶方阵与行列式是两个完全不同的概念. n 阶方阵是 n^2 个数按一定方式排成的数表, 而 n 阶行列式则是这些数(也就是数表 $\boldsymbol{A}$)按一定的运算法则所确定的一个数.

方阵的行列式有下述性质(设 $\boldsymbol{A}, \boldsymbol{B}$ 是 n 阶方阵, λ 是数):

(1)$|\boldsymbol{A}'| = |\boldsymbol{A}|$ (行列式性质 1.3.1)

(2)$|\lambda\boldsymbol{A}| = \lambda^n|\boldsymbol{A}|$

(3)$|\boldsymbol{AB}| = |\boldsymbol{A}||\boldsymbol{B}|$

在此, 仅证明(3).

证 设 $\boldsymbol{A} = (a_{ij})_{n\times n}$, $\boldsymbol{B} = (b_{ij})_{n\times n}$, 记 $2n$ 阶行列式

$$D = \begin{vmatrix} a_{11} & \cdots & a_{1n} & 0 & \cdots & 0 \\ \vdots & & \vdots & \vdots & & \vdots \\ a_{n1} & \cdots & a_{nn} & 0 & \cdots & 0 \\ -1 & & & b_{11} & \cdots & b_{1n} \\ & \ddots & & \vdots & & \vdots \\ & & -1 & b_{n1} & \cdots & b_{nn} \end{vmatrix} = \begin{vmatrix} \boldsymbol{A} & \boldsymbol{O} \\ -\boldsymbol{E} & \boldsymbol{B} \end{vmatrix}$$

由第 1 章例 1.1.5 知, $D = |\boldsymbol{A}||\boldsymbol{B}|$, 而在 D 中以 b_{1j} 乘第 1 列, b_{2j} 乘第 2 列, $\cdots$, b_{nj} 乘第 n 列, 都加到第 $n+j$ 列上 $(j=1,2,\cdots,n)$, 于是有

$$D = \begin{vmatrix} \boldsymbol{A} & \boldsymbol{C} \\ -\boldsymbol{E} & \boldsymbol{O} \end{vmatrix}$$

其中, $\boldsymbol{C} = (c_{ij})_{n\times n}$, $c_{ij} = b_{1j}a_{i1} + b_{2j}a_{i2} + \cdots + b_{nj}a_{in}$, 故 $\boldsymbol{C} = \boldsymbol{AB}$, 再对 D 的行作 $r_i \leftrightarrow r_{n+i}$ $(i = 1, 2, \cdots, n)$, 有

$$D = (-1)^n \begin{vmatrix} -\boldsymbol{E} & \boldsymbol{O} \\ \boldsymbol{A} & \boldsymbol{C} \end{vmatrix}$$

由第 1 章例 1.1.5 知, 有

$$D = (-1)^n|-\boldsymbol{E}||\boldsymbol{C}| = (-1)^n(-1)^n|\boldsymbol{C}| = |\boldsymbol{C}| = |\boldsymbol{AB}|$$

于是

$$|\boldsymbol{AB}| = |\boldsymbol{A}||\boldsymbol{B}|$$

例 2.2.5 由行列式$|\boldsymbol{A}|$的各个元素 a_{ij} 的代数余子式 A_{ij} $(i, j = 1, 2, \cdots, n)$所构成的下面方阵

$$\boldsymbol{A}^*=\begin{pmatrix} A_{11} & A_{21} & \cdots & A_{n1} \\ A_{12} & A_{22} & \cdots & A_{n2} \\ \vdots & \vdots & & \vdots \\ A_{1n} & A_{2n} & \cdots & A_{nn} \end{pmatrix}$$

称为方阵$\boldsymbol{A}$的**伴随矩阵**，证明：$\boldsymbol{AA}^*=\boldsymbol{A}^*\boldsymbol{A}=|\boldsymbol{A}|\boldsymbol{E}$.

证 设$\boldsymbol{A}=(a_{ij})_{n\times n}$, $\boldsymbol{AA}^*=(b_{ij})_{n\times n}$，则

$$b_{ij}=a_{i1}A_{j1}+a_{i2}A_{j2}+\cdots+a_{in}A_{jn}=|\boldsymbol{A}|\delta_{ij}$$

故

$$\boldsymbol{AA}^*=\left(\sum_{k=1}^{n}a_{ik}A_{jk}\right)=(|\boldsymbol{A}|\delta_{ij})=|\boldsymbol{A}|\boldsymbol{E}$$

类似地，有$\boldsymbol{A}^*\boldsymbol{A}=|\boldsymbol{A}|\boldsymbol{E}$，于是结论得证.

6. 共轭矩阵

设$\boldsymbol{A}=(a_{ij})$为复矩阵，用$\overline{a_{ij}}$表示a_{ij}的共轭复数，记$\overline{\boldsymbol{A}}=\left(\overline{a_{ij}}\right)$，则$\overline{\boldsymbol{A}}$称为$\boldsymbol{A}$的**共轭矩阵**.

例如，若$\boldsymbol{A}=\begin{pmatrix}1 & 3-i\\ 5i & 1+4i\end{pmatrix}$，则$\overline{\boldsymbol{A}}=\begin{pmatrix}1 & 3+i\\ -5i & 1-4i\end{pmatrix}$. 不难验证，共轭矩阵满足下述性质(设$\boldsymbol{A}$, $\boldsymbol{B}$都是复矩阵，λ是复数，且运算都是可行的)：

(1) $(\overline{\overline{\boldsymbol{A}}})=\boldsymbol{A}$　　(2) $\overline{\boldsymbol{A}+\boldsymbol{B}}=\overline{\boldsymbol{A}}+\overline{\boldsymbol{B}}$

(3) $\overline{\lambda\boldsymbol{A}}=\overline{\lambda}\,\overline{\boldsymbol{A}}$　　(4) $\overline{\boldsymbol{AB}}=\overline{\boldsymbol{A}}\,\overline{\boldsymbol{B}}$

(5) $(\overline{\boldsymbol{A}}')=(\overline{\boldsymbol{A}})'$　　(6) $|\overline{\boldsymbol{A}}|=\overline{|\boldsymbol{A}|}$

数学实验基础知识

基本命令	功能
A+B	矩阵A加矩阵B之和
A B	矩阵A减矩阵B之差
k*A	常数k乘以矩阵A
A*B	矩阵A与矩阵B相乘
A^3	矩阵A的三次幂
A.^3	矩阵A的每个元素的三次幂所得矩阵
A'	求矩阵A的转置
zeros(m,n)	m×n零矩阵
ones(m,n)	m×n元素全为1的矩阵
eye(n)	n阶单位矩阵
diag([1 3 5])	创建以1,3,5为对角线元素的对角阵

例1 求解例2.2.6.

```
>>A=[1 3 2;3 4 6;-1 0 5];
>>B=[2 0;3 4;1 -1];
```

```
≫C=A*B;
≫C'
```

输出结果:

```
ans=
13  24  3
10  10  -5
```

2.3　矩阵的秩与逆矩阵

1. 矩阵的秩

矩阵的秩是一个重要的概念, 它在线性方程组和向量空间等许多方面都有着重要的作用. 在一个 $m \times n$ 矩阵 $\boldsymbol{A}$ 中, 任取 k 行 k 列$[k \leqslant \min(m, n)]$, 位于这些行与列交点处的 $k \times k$ 个元素按原来相对位置所构成的 k 阶行列式称为矩阵 $\boldsymbol{A}$ 的一个 **k 阶子式**. 例如, 在

$$\boldsymbol{A} = \begin{pmatrix} a_{11} & a_{12} & a_{13} & a_{14} \\ a_{21} & a_{22} & a_{23} & a_{24} \\ a_{31} & a_{32} & a_{33} & a_{34} \end{pmatrix}$$

中, 取 1, 3 行和 2, 4 列的二阶子式为

$$M = \begin{vmatrix} a_{12} & a_{14} \\ a_{32} & a_{34} \end{vmatrix}$$

因为行、列有多种选法, 所以 k 阶子式也有很多. $m \times n$ 矩阵 $\boldsymbol{A}$ 的 k 阶子式有 $C_m^k \cdot C_n^k$ 个.

定义 2.3.1　$m \times n$ 矩阵 $\boldsymbol{A}$ 的所有不等于 0 的子式的最高阶数, 称为矩阵 $\boldsymbol{A}$ 的秩, 记为 $R(\boldsymbol{A})$.

显然, $R(\boldsymbol{A}) \leqslant \min(m, n)$, 这是因为矩阵 $\boldsymbol{A}$ 的子式的阶数不能超过它的行数和列数.

规定零矩阵的秩为 0. 由定义 2.3.1 知: $R(\boldsymbol{A}) = R(\boldsymbol{A}')$.

根据定义和行列式的性质, 可以得到定义的一个等价说法: $m \times n$ 矩阵 $\boldsymbol{A}$ 的秩等于 r 是指 $\boldsymbol{A}$ 中至少有一个 r 阶子式不等于 0, 而一切阶数大于 r 的子式(如果存在的话)皆等于 0.

矩阵 $\boldsymbol{A}$ 的一切阶数大于 r 的子式等于 0, 等价于矩阵 $\boldsymbol{A}$ 的一切 $r+1$ 阶子式等于 0. 事实上, 若一切阶数大于 r 的子式都等于 0, 则所有 $r+1$ 阶子式都等于 0; 反之, 若所有 $r+1$ 阶子式都等于 0, 则所有 $r+2$ 阶子式也必等于 0. 因为任何一个 $r+2$ 阶子式按照某一行展开, 为该行元素与对应的代数余子式的乘积之和, 而这些代数余子式除所带符号外, 即为 $\boldsymbol{A}$ 的 $r+1$ 阶子式. 因 $r+1$ 阶子式全为 0, 从而这些乘积之和为 0, 即 $r+2$ 阶子式等于 0. 依此类推, 可以得到所有阶数大于 $r+1$ 阶的子式都等于 0, 于是得到下面的定理.

定理 2.3.1　$m \times n$ 矩阵 $\boldsymbol{A}$ 的秩等于 r 的充要条件是: 在 $\boldsymbol{A}$ 中至少有一个 r 阶子式不等于 0, 且 $\boldsymbol{A}$ 中一切 $r+1$ 阶子式(若存在的话)等于 0.

还可以进一步证明:

定理 2.3.2　若矩阵 $\boldsymbol{A}$ 有一个 r 阶子式 D 不等于 0, 且 $\boldsymbol{A}$ 中一切含 D 的 $r+1$ 阶子式(若存在的话)都等于 0, 则矩阵 $\boldsymbol{A}$ 的秩等于 r.

秩的定义以及定理 2.3.1 与定理 2.3.2 给出了求矩阵的秩的方法.

例 2.3.1　求下列矩阵的秩.

$$(1)\ \boldsymbol{A}=\begin{pmatrix}1&0&1&1\\0&1&0&0\\2&2&2&2\end{pmatrix} \qquad (2)\ \boldsymbol{B}=\begin{pmatrix}0&1&2\\0&1&2\\0&1&2\end{pmatrix}$$

$$(3)\ \boldsymbol{C}=\begin{pmatrix}2&-4&3&1&0\\1&-2&1&-4&2\\0&1&-1&3&1\\4&-7&4&-4&5\end{pmatrix}$$

解 (1)位于左上角的二阶子式$D=\begin{vmatrix}1&0\\0&1\end{vmatrix}=1\neq 0$，但任何包含 D 的三阶子式都等于 0, 这是因为总有两列元素相同, 所以 $R(\boldsymbol{A})=2$.

(2)$\boldsymbol{B}$ 有一阶子式(即元素)不等于 0, 而任何二阶子式皆为 0, 由秩的定义可知, $R(\boldsymbol{B})=1$.

(3)位于左上角的三阶子式$D=\begin{vmatrix}2&-4&3\\1&-2&1\\0&1&-1\end{vmatrix}=1\neq 0$，而包含 D 的四阶子式仅有两个

$$\begin{vmatrix}2&-4&3&1\\1&-2&1&-4\\0&1&-1&3\\4&-7&4&-4\end{vmatrix}=0,\qquad \begin{vmatrix}2&-4&3&0\\1&-2&1&2\\0&1&-1&1\\4&-7&4&5\end{vmatrix}=0$$

由定理 2.3.2 知, $R(\boldsymbol{C})=3$.

由秩的定义可知, 若 n 阶方阵的行列式$|\boldsymbol{A}|\neq 0$, 则 $R(\boldsymbol{A})=n$, 反之亦然. 即 n 阶方阵 $\boldsymbol{A}$ 的秩等于 n 和 n 阶方阵的行列式不等于零是等价的.

定义 2.3.2 若 n 阶方阵 $\boldsymbol{A}$ 的秩等于 n, 或$|\boldsymbol{A}|\neq 0$, 则称矩阵 $\boldsymbol{A}$ 是**满秩方阵**, 若 n 阶方阵 $\boldsymbol{A}$ 的秩小于 n, 或$|\boldsymbol{A}|=0$, 则称矩阵 $\boldsymbol{A}$ 是**降秩方阵**.

2. 逆矩阵

上节介绍了矩阵的加法与乘法, 并利用负矩阵定义了矩阵的减法, 这些运算与数的运算类似, 这里自然要问矩阵是否也能与数类似做“除法”呢？在数的运算中, 若 $a\neq 0$, 则 $b\div a=b\times\dfrac{1}{a}$，即除法可化为乘法, 正像减法可化为加法一样, 问题是要知道 a 的倒数$\dfrac{1}{a}$，且$\dfrac{1}{a}$要适合$\dfrac{1}{a}a=a\dfrac{1}{a}=1$. 根据这个想法, 考虑矩阵的情况. 我们知道, 单位阵 $\boldsymbol{E}$ 在矩阵乘法中起着类似于数 1 在数的乘法中的作用. 现在引入逆矩阵的概念, 它起着类似于倒数的作用.

定义 2.3.3 设 $\boldsymbol{A}$ 是 n 阶方阵, 若存在 n 阶方阵 $\boldsymbol{B}$, 使得

$$\boldsymbol{AB}=\boldsymbol{BA}=\boldsymbol{E} \tag{2.3.1}$$

则称 $\boldsymbol{A}$ 是**可逆的**, 并称 $\boldsymbol{B}$ 是 $\boldsymbol{A}$ 的**逆矩阵**.

显然, $\boldsymbol{A}$ 也是 $\boldsymbol{B}$ 的逆矩阵, 即 $\boldsymbol{A}$ 与 $\boldsymbol{B}$ 互为逆矩阵. 由于矩阵相乘有特别的要求, 结合逆矩阵的定义可知, 只有方阵才可能有逆矩阵. 还要指出的是, 并非所有的方阵都有逆矩阵, 例如, 设

$$A=\begin{pmatrix}2&0\\1&-1\end{pmatrix},\quad B=\begin{pmatrix}\frac{1}{2}&0\\\frac{1}{2}&-1\end{pmatrix},\quad C=\begin{pmatrix}0&0\\1&1\end{pmatrix}$$

可直接验证$\boldsymbol{AB}=\boldsymbol{BA}=\boldsymbol{E}$($\boldsymbol{E}$为二阶单位阵)，所以$\boldsymbol{A}$是可逆的，$\boldsymbol{B}$为$\boldsymbol{A}$的逆矩阵，而$\boldsymbol{C}$不可能有逆矩阵，事实上，$\boldsymbol{C}$与任何二阶方阵$\boldsymbol{D}$的乘积$\boldsymbol{CD}$，其第一行元素全为0，必有$\boldsymbol{CD}\neq\boldsymbol{E}$，因此$\boldsymbol{C}$的逆矩阵不可能存在.

定理 2.3.3 可逆矩阵的逆矩阵是唯一的.

证 设$\boldsymbol{B}, \boldsymbol{C}$均为可逆矩阵$\boldsymbol{A}$的逆矩阵，则有$\boldsymbol{AB}=\boldsymbol{BA}=\boldsymbol{E}, \boldsymbol{AC}=\boldsymbol{CA}=\boldsymbol{E}$，于是

$$\boldsymbol{B}=\boldsymbol{BE}=\boldsymbol{B}(\boldsymbol{AC})=(\boldsymbol{BA})\boldsymbol{C}=\boldsymbol{EC}=\boldsymbol{C}$$

通常用$\boldsymbol{A}^{-1}$表示可逆矩阵$\boldsymbol{A}$的逆矩阵. 于是有$\boldsymbol{A}^{-1}\boldsymbol{A}=\boldsymbol{A}\boldsymbol{A}^{-1}=\boldsymbol{E}$. 下面给出矩阵可逆的充分必要条件.

定理 2.3.4 方阵$\boldsymbol{A}$可逆的充分必要条件是$|\boldsymbol{A}|\neq0$，且当$\boldsymbol{A}$可逆时，有

$$\boldsymbol{A}^{-1}=\frac{1}{|\boldsymbol{A}|}\boldsymbol{A}^{*} \tag{2.3.2}$$

式中，$\boldsymbol{A}^{*}$是$\boldsymbol{A}$的伴随矩阵.

证 必要性. 若$\boldsymbol{A}$可逆，则存在$\boldsymbol{A}^{-1}$，使$\boldsymbol{A}^{-1}\boldsymbol{A}=\boldsymbol{A}\boldsymbol{A}^{-1}=\boldsymbol{E}$，由方阵的行列式的性质知，得

$$|\boldsymbol{A}||\boldsymbol{A}^{-1}|=|\boldsymbol{A}^{-1}||\boldsymbol{A}|=|\boldsymbol{E}|=1$$

故$|\boldsymbol{A}|\neq0$，

充分性. 设$|\boldsymbol{A}|\neq0$，由例 2.2.8 知，有

$$\boldsymbol{A}\boldsymbol{A}^{*}=\boldsymbol{A}^{*}\boldsymbol{A}=|\boldsymbol{A}|\boldsymbol{E}$$

因为$|\boldsymbol{A}|\neq0$，由上式，得

$$\boldsymbol{A}\left(\frac{1}{|\boldsymbol{A}|}\boldsymbol{A}^{*}\right)=\left(\frac{1}{|\boldsymbol{A}|}\boldsymbol{A}^{*}\right)\boldsymbol{A}=\boldsymbol{E}$$

由定义 2.3.3 知，$\boldsymbol{A}^{-1}$存在，且$\boldsymbol{A}^{-1}=\dfrac{1}{|\boldsymbol{A}|}\boldsymbol{A}^{*}$.

定理说明方阵的"可逆""非退化""满秩"是等价的概念，而且定理还给出了求逆矩阵的一种方法.

例 2.3.2 求下列矩阵的逆矩阵.

(1) $\boldsymbol{A}=\begin{pmatrix}3&-1&0\\-2&1&1\\2&-1&4\end{pmatrix}$　　(2) $\boldsymbol{A}=\begin{pmatrix}a_{11}&a_{12}\\a_{21}&a_{22}\end{pmatrix}(a_{11}a_{22}-a_{12}a_{21}\neq0)$

解 (1)因为$|\boldsymbol{A}|=\begin{vmatrix}3&-1&0\\-2&1&1\\2&-1&4\end{vmatrix}=5\neq0$，所以$\boldsymbol{A}$是可逆的，$\boldsymbol{A}$各元素的代数余子式分别为

$$\begin{aligned}&A_{11}=5, &&A_{21}=4, &&A_{31}=-1\\&A_{12}=10, &&A_{22}=12, &&A_{32}=-3\\&A_{13}=0, &&A_{23}=1, &&A_{33}=1\end{aligned}$$

由式(2.3.2)，得

$$A^{-1}=\frac{1}{|A|}A^*=\begin{pmatrix}1 & \frac{4}{5} & -\frac{1}{5}\\ 2 & \frac{12}{5} & -\frac{3}{5}\\ 0 & \frac{1}{5} & \frac{1}{5}\end{pmatrix}$$

(2)

$$|B|=\begin{vmatrix}a_{11} & a_{12}\\ a_{21} & a_{22}\end{vmatrix}=a_{11}a_{22}-a_{12}a_{21}\neq 0$$

由式(2.3.2), 得

$$B^{-1}=\frac{1}{|B|}B^*=\frac{1}{a_{11}a_{22}-a_{12}a_{21}}\begin{pmatrix}a_{22} & -a_{12}\\ -a_{21} & a_{11}\end{pmatrix}$$

由定理 2.3.4 可得如下推论:

推论 2.3.1 若 $AB=E$(或 $BA=E$), 则 $B=A^{-1}$.

证 因为 $AB=E$, 所以 $|AB|=|E|=1$, 故 $|A|\neq 0$, 由定理 2.3.4 知, A 可逆, 即 A^{-1} 存在, 于是有

$$B=EB=(A^{-1}A)B=A^{-1}(AB)=A^{-1}E=A^{-1}$$

可逆矩阵还有如下的性质:

(1) $(A^{-1})^{-1}=A$　　(2) $(A')^{-1}=(A^{-1})'$

(3) $(AB)^{-1}=B^{-1}A^{-1}$　　(4) $|A^{-1}|=|A|^{-1}$

(5) $(\lambda A)^{-1}=\lambda^{-1}A^{-1}$, 其中 $\lambda\neq 0$ 为数

这些性质的证明很简单, 由读者自己完成.

例 2.3.3 设 n 阶方阵 A 满足关系式 $A^2+A-2E=O$, 求 $(A-2E)^{-1}$.

解 由 $A^2+A-2E=O$, 可得 $(A-2E)(A+3E)=-4E$, 从而

$$(A-2E)\left[-\frac{1}{4}(A+3E)\right]=E$$

于是有

$$(A-2E)^{-1}=-\frac{1}{4}(A+3E)$$

2.4 分块矩阵

对于行数与列数较大的矩阵, 运算时常采用分块法. 将矩阵 A 用若干条横线和纵线划分成许多个小矩阵, 每个小矩阵称为 A 的子块, 以子块为元素的形式上的矩阵称为**分块矩阵**. 显然, 一个矩阵可以化为不同形式的分块矩阵, 例如

$$A=\begin{pmatrix}a_{11} & a_{12} & a_{13} & a_{14}\\ a_{21} & a_{22} & a_{23} & a_{24}\\ a_{31} & a_{32} & a_{33} & a_{34}\end{pmatrix}$$

分成子块的方法很多, 下面举出三种方法:

(1) $\left(\begin{array}{cc|cc} a_{11} & a_{12} & a_{13} & a_{14} \\ a_{21} & a_{22} & a_{23} & a_{24} \\ \hline a_{31} & a_{32} & a_{33} & a_{34} \end{array}\right)$ (2) $\left(\begin{array}{c|cc|c} a_{11} & a_{12} & a_{13} & a_{14} \\ a_{21} & a_{22} & a_{23} & a_{24} \\ \hline a_{31} & a_{32} & a_{33} & a_{34} \end{array}\right)$

(3) $\left(\begin{array}{c|c|c|c} a_{11} & a_{12} & a_{13} & a_{14} \\ a_{21} & a_{22} & a_{23} & a_{24} \\ a_{31} & a_{32} & a_{33} & a_{34} \end{array}\right)$

分法(1)可记为 $\boldsymbol{A}=\begin{pmatrix} \boldsymbol{A}_{11} & \boldsymbol{A}_{12} \\ \boldsymbol{A}_{21} & \boldsymbol{A}_{22} \end{pmatrix}$，其中 $\boldsymbol{A}_{11}=\begin{pmatrix} a_{11} & a_{12} \\ a_{21} & a_{22} \end{pmatrix}$，$\boldsymbol{A}_{12}=\begin{pmatrix} a_{13} & a_{14} \\ a_{23} & a_{24} \end{pmatrix}$. $\boldsymbol{A}_{11}, \boldsymbol{A}_{12}, \boldsymbol{A}_{21}, \boldsymbol{A}_{22}$ 为 $\boldsymbol{A}$ 的子块, 而 $\boldsymbol{A}$ 形式上成为以这些子块为元素的分块矩阵. 方法(2)与(3)的分块矩阵由读者自己写出.

由矩阵的运算规则可以推出分块矩阵的运算规则. 分块矩阵的运算规则与普通矩阵的运算规则相类似, 但对分块矩阵的分法有特别的要求.

1. 分块矩阵的加法

设矩阵 $\boldsymbol{A}$ 与 $\boldsymbol{B}$ 有相同的行数和相同的列数, 采用的分块法相同, 则它们对应的子块 $\boldsymbol{A}_{ij}$ 与 $\boldsymbol{B}_{ij}$ 有相同的行、列数. 于是有

$$\boldsymbol{A}+\boldsymbol{B}=\begin{pmatrix} \boldsymbol{A}_{11} & \cdots & \boldsymbol{A}_{1r} \\ \vdots & & \vdots \\ \boldsymbol{A}_{s1} & \cdots & \boldsymbol{A}_{sr} \end{pmatrix}+\begin{pmatrix} \boldsymbol{B}_{11} & \cdots & \boldsymbol{B}_{1r} \\ \vdots & & \vdots \\ \boldsymbol{B}_{s1} & \cdots & \boldsymbol{B}_{sr} \end{pmatrix}=\begin{pmatrix} \boldsymbol{A}_{11}+\boldsymbol{B}_{11} & \cdots & \boldsymbol{A}_{1r}+\boldsymbol{B}_{1r} \\ \vdots & & \vdots \\ \boldsymbol{A}_{s1}+\boldsymbol{B}_{s1} & \cdots & \boldsymbol{A}_{sr}+\boldsymbol{B}_{sr} \end{pmatrix} \tag{2.4.1}$$

2. 分块矩阵与数的乘法

设分块矩阵 $\boldsymbol{A}=\begin{pmatrix} \boldsymbol{A}_{11} & \cdots & \boldsymbol{A}_{1r} \\ \vdots & & \vdots \\ \boldsymbol{A}_{s1} & \cdots & \boldsymbol{A}_{sr} \end{pmatrix}$, λ 为数, 则

$$\lambda\boldsymbol{A}=\boldsymbol{A}\lambda=\begin{pmatrix} \lambda\boldsymbol{A}_{11} & \cdots & \lambda\boldsymbol{A}_{1r} \\ \vdots & & \vdots \\ \lambda\boldsymbol{A}_{s1} & \cdots & \lambda\boldsymbol{A}_{sr} \end{pmatrix} \tag{2.4.2}$$

3. 分块矩阵与分块矩阵的乘法

设 $\boldsymbol{A}$ 为 $m\times l$ 矩阵, $\boldsymbol{B}$ 为 $l\times n$ 矩阵, 分块成

$$\boldsymbol{A}=\begin{pmatrix} \boldsymbol{A}_{11} & \cdots & \boldsymbol{A}_{1t} \\ \vdots & & \vdots \\ \boldsymbol{A}_{s1} & \cdots & \boldsymbol{A}_{st} \end{pmatrix}, \quad \boldsymbol{B}=\begin{pmatrix} \boldsymbol{B}_{11} & \cdots & \boldsymbol{B}_{1r} \\ \vdots & & \vdots \\ \boldsymbol{B}_{t1} & \cdots & \boldsymbol{B}_{tr} \end{pmatrix}$$

式中, $\boldsymbol{A}_{i1}, \boldsymbol{A}_{i2}, \cdots, \boldsymbol{A}_{it}$ 的列数分别等于 $\boldsymbol{B}_{1j}, \boldsymbol{B}_{2j}, \cdots, \boldsymbol{B}_{tj}$ 的行数, 则

$$\boldsymbol{AB}=\begin{pmatrix} \boldsymbol{C}_{11} & \cdots & \boldsymbol{C}_{1r} \\ \vdots & & \vdots \\ \boldsymbol{C}_{s1} & \cdots & \boldsymbol{C}_{sr} \end{pmatrix} \tag{2.4.3}$$

式中, $\boldsymbol{C}_{ij}=\sum_{k=1}^{t}\boldsymbol{A}_{ik}\boldsymbol{B}_{kj} \quad (i=1, 2, \cdots, s; j=1, 2, \cdots, r)$.

例 2.4.1 设 $\boldsymbol{A}=\begin{pmatrix}1&0&0&0\\0&1&0&0\\-1&2&1&0\\1&1&0&1\end{pmatrix}$, $\boldsymbol{B}=\begin{pmatrix}1&0&1&0\\-1&2&0&1\\1&0&4&1\\-1&-1&2&0\end{pmatrix}$, 求 $\boldsymbol{AB}$.

解 把 $\boldsymbol{A},\boldsymbol{B}$ 分块成

$$\boldsymbol{A}=\left(\begin{array}{cc|cc}1&0&0&0\\0&1&0&0\\\hline -1&2&1&0\\1&1&0&1\end{array}\right)=\begin{pmatrix}\boldsymbol{E}&\boldsymbol{O}\\\boldsymbol{A}_1&\boldsymbol{E}\end{pmatrix},\qquad \boldsymbol{B}=\left(\begin{array}{cc|cc}1&0&1&0\\-1&2&0&1\\\hline 1&0&4&1\\-1&-1&2&0\end{array}\right)=\begin{pmatrix}\boldsymbol{B}_{11}&\boldsymbol{E}\\\boldsymbol{B}_{21}&\boldsymbol{B}_{22}\end{pmatrix}$$

则

$$\boldsymbol{AB}=\begin{pmatrix}\boldsymbol{E}&\boldsymbol{O}\\\boldsymbol{A}_1&\boldsymbol{E}\end{pmatrix}\begin{pmatrix}\boldsymbol{B}_{11}&\boldsymbol{E}\\\boldsymbol{B}_{21}&\boldsymbol{B}_{22}\end{pmatrix}=\begin{pmatrix}\boldsymbol{B}_{11}&\boldsymbol{E}\\\boldsymbol{A}_1\boldsymbol{B}_{11}+\boldsymbol{B}_{21}&\boldsymbol{A}_1+\boldsymbol{B}_{22}\end{pmatrix}$$

而

$$\begin{aligned}&\boldsymbol{A}_1\boldsymbol{B}_{11}+\boldsymbol{B}_{21}\\&=\begin{pmatrix}-1&2\\1&1\end{pmatrix}\begin{pmatrix}1&0\\-1&2\end{pmatrix}+\begin{pmatrix}1&0\\-1&-1\end{pmatrix}=\begin{pmatrix}-3&4\\0&2\end{pmatrix}+\begin{pmatrix}1&0\\-1&-1\end{pmatrix}=\begin{pmatrix}-2&4\\-1&1\end{pmatrix}\end{aligned}$$

$$\boldsymbol{A}_1+\boldsymbol{B}_{22}=\begin{pmatrix}-1&2\\1&1\end{pmatrix}+\begin{pmatrix}4&1\\2&0\end{pmatrix}=\begin{pmatrix}3&3\\3&1\end{pmatrix}$$

于是

$$\boldsymbol{AB}=\left(\begin{array}{cc|cc}1&0&1&0\\-1&2&0&1\\\hline -2&4&3&3\\-1&1&3&1\end{array}\right)$$

4. 分块矩阵的转置

设 $\boldsymbol{A}=\begin{pmatrix}\boldsymbol{A}_{11}&\cdots&\boldsymbol{A}_{1r}\\\vdots&&\vdots\\\boldsymbol{A}_{s1}&\cdots&\boldsymbol{A}_{sr}\end{pmatrix}$, 则

$$\boldsymbol{A}'=\begin{pmatrix}\boldsymbol{A}'_{11}&\cdots&\boldsymbol{A}'_{s1}\\\vdots&&\vdots\\\boldsymbol{A}'_{1r}&\cdots&\boldsymbol{A}'_{sr}\end{pmatrix}\tag{2.4.4}$$

5. 分块对角阵的行列式与逆矩阵

设 $\boldsymbol{A}$ 为 n 阶方阵, 若 $\boldsymbol{A}$ 的分块矩阵只有主对角线上有非零子块, 其余子块都是零矩阵, 且非零子块都是方阵, 即

$$\boldsymbol{A}=\begin{pmatrix}\boldsymbol{A}_1&&&\\&\boldsymbol{A}_2&&\\&&\ddots&\\&&&\boldsymbol{A}_s\end{pmatrix}\tag{2.4.5}$$

式中, $\boldsymbol{A}_i\ (i=1,2,\cdots,s)$都是方阵, 则矩阵 $\boldsymbol{A}$ 称为**分块对角阵**.

不难验证，分块对角阵有下列性质：

(1) $|\boldsymbol{A}| = |\boldsymbol{A}_1||\boldsymbol{A}_2|\cdots|\boldsymbol{A}_s|$.

(2)若 $|\boldsymbol{A}_i|\neq 0$ $(i=1,2,\cdots,s)$，则 $|\boldsymbol{A}|\neq 0$，且有

$$\boldsymbol{A}^{-1}=\begin{pmatrix} \boldsymbol{A}_1^{-1} & & & \\ & \boldsymbol{A}_2^{-1} & & \\ & & \ddots & \\ & & & \boldsymbol{A}_s^{-1} \end{pmatrix} \tag{2.4.6}$$

例 2.4.2 设 $A=\begin{pmatrix} 2 & 5 & 0 \\ 1 & 3 & 0 \\ 0 & 0 & 4 \end{pmatrix}$，求 $|A|$ 与 A^{-1}.

解 $\boldsymbol{A}=\left(\begin{array}{cc:c} 2 & 5 & 0 \\ 1 & 3 & 0 \\ \hdashline 0 & 0 & 4 \end{array}\right)=\begin{pmatrix} \boldsymbol{A}_1 & \boldsymbol{O} \\ \boldsymbol{O} & \boldsymbol{A}_2 \end{pmatrix}$，则

$$\boldsymbol{A}_1=\begin{pmatrix} 2 & 5 \\ 1 & 3 \end{pmatrix},\qquad |\boldsymbol{A}_1|=1,\qquad \boldsymbol{A}_1^{-1}=\begin{pmatrix} 3 & -5 \\ -1 & 2 \end{pmatrix}$$

$$\boldsymbol{A}_2=4,\qquad |\boldsymbol{A}_2|=4,\qquad \boldsymbol{A}_2^{-1}=\frac{1}{4}$$

于是

$$|\boldsymbol{A}| = |\boldsymbol{A}_1||\boldsymbol{A}_2| = 1\times 4 = 4$$

$$\boldsymbol{A}^{-1}=\begin{pmatrix} 3 & -5 & 0 \\ -1 & 2 & 0 \\ 0 & 0 & \frac{1}{4} \end{pmatrix}$$

例 2.4.3 求矩阵 $\boldsymbol{A}=\begin{pmatrix} 1 & 2 & 3 & 4 \\ 0 & 1 & 2 & 3 \\ 0 & 0 & 1 & 2 \\ 0 & 0 & 0 & 1 \end{pmatrix}$ 的逆矩阵.

解 因为 $|\boldsymbol{A}| = 1\neq 0$，所以 $\boldsymbol{A}$ 可逆，记

$$\boldsymbol{B}=\begin{pmatrix} 1 & 2 \\ 0 & 1 \end{pmatrix},\quad \boldsymbol{C}=\begin{pmatrix} 1 & 2 \\ 0 & 1 \end{pmatrix},\quad \boldsymbol{D}=\begin{pmatrix} 3 & 4 \\ 2 & 3 \end{pmatrix}$$

则 $\boldsymbol{A}=\begin{pmatrix} \boldsymbol{B} & \boldsymbol{D} \\ \boldsymbol{O} & \boldsymbol{C} \end{pmatrix}$. 设 $\boldsymbol{A}^{-1}=\begin{pmatrix} \boldsymbol{X}_{11} & \boldsymbol{X}_{12} \\ \boldsymbol{X}_{21} & \boldsymbol{X}_{22} \end{pmatrix}$，则有

$$\begin{pmatrix} \boldsymbol{B} & \boldsymbol{D} \\ \boldsymbol{O} & \boldsymbol{C} \end{pmatrix}\begin{pmatrix} \boldsymbol{X}_{11} & \boldsymbol{X}_{12} \\ \boldsymbol{X}_{21} & \boldsymbol{X}_{22} \end{pmatrix}=\begin{pmatrix} \boldsymbol{E}_2 & \boldsymbol{O} \\ \boldsymbol{O} & \boldsymbol{E}_2 \end{pmatrix}$$

将等式左边乘出并与等式右边比较，可得

$$\begin{cases} \boldsymbol{B}\boldsymbol{X}_{11}+\boldsymbol{D}\boldsymbol{X}_{21}=\boldsymbol{E}_2 & ① \\ \boldsymbol{B}\boldsymbol{X}_{12}+\boldsymbol{D}\boldsymbol{X}_{22}=\boldsymbol{O} & ② \\ \boldsymbol{C}\boldsymbol{X}_{21}=\boldsymbol{O} & ③ \\ \boldsymbol{C}\boldsymbol{X}_{22}=\boldsymbol{E} & ④ \end{cases}$$

由③和④两式可得 $\boldsymbol{X}_{21}=\boldsymbol{O}$, $\boldsymbol{X}_{22}=\boldsymbol{C}^{-1}$. 代入式①, 可得 $\boldsymbol{X}_{11}=\boldsymbol{B}^{-1}$; 代入式②, 可得 $\boldsymbol{X}_{12}=-\boldsymbol{B}^{-1}\boldsymbol{D}\boldsymbol{C}^{-1}$. 于是有

$$\boldsymbol{A}^{-1}=\begin{pmatrix}\boldsymbol{B}^{-1} & -\boldsymbol{B}^{-1}\boldsymbol{D}\boldsymbol{C}^{-1}\\ \boldsymbol{O} & \boldsymbol{C}^{-1}\end{pmatrix}$$

易得

$$\boldsymbol{B}^{-1}=\begin{pmatrix}1 & -2\\ 0 & 1\end{pmatrix},\quad \boldsymbol{C}^{-1}=\begin{pmatrix}1 & -2\\ 0 & 1\end{pmatrix},\quad -\boldsymbol{B}^{-1}\boldsymbol{D}\boldsymbol{C}^{-1}=\begin{pmatrix}1 & 0\\ -2 & 1\end{pmatrix}$$

因此

$$\boldsymbol{A}^{-1}=\begin{pmatrix}1 & -2 & 1 & 0\\ 0 & 1 & -2 & 1\\ 0 & 0 & 1 & -2\\ 0 & 0 & 0 & 1\end{pmatrix}$$

例题对于分块矩阵的逆矩阵的公式推导有一般意义. 设 $\boldsymbol{B}$, $\boldsymbol{C}$ 分别为 k 阶和 r 阶可逆矩阵, $\boldsymbol{D}$ 为 $k\times r$ 矩阵, 则仍然有

$$\begin{pmatrix}\boldsymbol{B} & \boldsymbol{D}\\ \boldsymbol{O} & \boldsymbol{C}\end{pmatrix}^{-1}=\begin{pmatrix}\boldsymbol{B}^{-1} & -\boldsymbol{B}^{-1}\boldsymbol{D}\boldsymbol{C}^{-1}\\ \boldsymbol{O} & \boldsymbol{C}^{-1}\end{pmatrix}$$

类似可得(设 $\boldsymbol{D}_1$ 为 $r\times k$ 矩阵)

$$\begin{pmatrix}\boldsymbol{B} & \boldsymbol{O}\\ \boldsymbol{D}_1 & \boldsymbol{C}\end{pmatrix}^{-1}=\begin{pmatrix}\boldsymbol{B}^{-1} & \boldsymbol{O}\\ -\boldsymbol{C}^{-1}\boldsymbol{D}_1\boldsymbol{B}^{-1} & \boldsymbol{C}^{-1}\end{pmatrix}$$

2.5 矩阵的初等变换

如前所述, 由秩的定义及定理 2.3.2 求矩阵的秩, 可以根据式(2.3.2)计算可逆矩阵的逆矩阵, 但这些方法需要计算许多行列式, 通常是很麻烦的. 本节引进矩阵的一个重要概念——初等变换, 利用它来计算矩阵的秩和逆矩阵比较方便, 以后还将看到如何利用矩阵的初等变换求解线性方程组.

1. 矩阵的初等变换与初等方阵

下列三种变换称为矩阵的**初等行变换**:

(1)对调两行(对调 i, j 两行, 记为 $r_i\leftrightarrow r_j$).

(2)以数 $k\neq 0$ 乘某一行中的所有元素(第 i 行乘 k, 记为 $r_i\times k$).

(3)把某一行所有元素的 k 倍加到另一行对应的元素上去(把第 j 行的 k 倍加到第 i 行, 记为 r_i+kr_j).

把上述定义中的“行”改成“列”, 即为矩阵的**初等列变换**的定义(在所有的记号中把“r”换成“c”). 矩阵的初等行变换与初等列变换, 统称为**初等变换**.

显然, 三种初等变换都是可逆的, 且逆变换是同一类型的初等变换. 如变换 $r_i\leftrightarrow r_j$ 的逆变换就是其本身; 变换 $r_i\times k$ 的逆变换为 $r_i\times\dfrac{1}{k}$; 变换 r_i+kr_j 的逆变换为 $r_i+(-kr_j)$(或记为 r_i-kr_j).

下列三种由单位阵 $\boldsymbol{E}$ 经过一次初等变换得到的方阵称为**初等矩阵**.

(1)互换 $\boldsymbol{E}$ 的 i, j 两行(列)而得到的矩阵

$$
\boldsymbol{E}(i,j)=\begin{pmatrix}
1 & & & & & & & & \\
& \ddots & & & & & & & \\
& & 1 & & & & & & \\
& & & 0 & \cdots & 1 & & & \\
& & & 1 & & & & & \\
& & & \vdots & \ddots & \vdots & & & \\
& & & & & 1 & & & \\
& & & 1 & \cdots & 0 & & & \\
& & & & & & 1 & & \\
& & & & & & & \ddots & \\
& & & & & & & & 1
\end{pmatrix}
\begin{matrix} \\ \\ \\ \leftarrow \text{第}i\text{行} \\ \\ \\ \\ \leftarrow \text{第}j\text{行} \\ \\ \\ \\ \end{matrix}
$$

(2)用数 $k \neq 0$ 去乘 $\boldsymbol{E}$ 的第 i 行(列)而得到的矩阵

$$
\boldsymbol{E}(i(k))=\begin{pmatrix}
1 & & & & & & \\
& \ddots & & & & & \\
& & 1 & & & & \\
& & & k & & & \\
& & & & 1 & & \\
& & & & & \ddots & \\
& & & & & & 1
\end{pmatrix}
\begin{matrix} \\ \\ \\ \leftarrow \text{第}i\text{行} \\ \\ \\ \\ \end{matrix}
$$

(3)用 k 乘 $\boldsymbol{E}$ 的第 j 行加到第 i 行(或以 k 乘第 i 列加到第 j 列)而得到的矩阵

$$
\boldsymbol{E}(j(k),i)=\begin{pmatrix}
1 & & & & & \\
& \ddots & & & & \\
& & 1 & \cdots & k & & \\
& & & \ddots & \vdots & & \\
& & & & 1 & & \\
& & & & & \ddots & \\
& & & & & & 1
\end{pmatrix}
\begin{matrix} \\ \\ \leftarrow \text{第}i\text{行} \\ \\ \leftarrow \text{第}j\text{行} \\ \\ \\ \end{matrix}
$$

定理 2.5.1 设 $\boldsymbol{A}$ 为任意矩阵, 以初等矩阵左乘 $\boldsymbol{A}$, 其结果相当于对 $\boldsymbol{A}$ 施以相应的初等行变换; 以初等矩阵右乘 $\boldsymbol{A}$, 其结果相当于对 $\boldsymbol{A}$ 施以相应的初等列变换.

我们不难验证下列结论(设 $\boldsymbol{A}$ 为 $m \times n$ 矩阵):

(1)$\boldsymbol{E}_m(i,j)\boldsymbol{A}$ 相当于对 $\boldsymbol{A}$ 作初等变换 $r_i \leftrightarrow r_j$; $\boldsymbol{A}\boldsymbol{E}_n(i,j)$相当于对 $\boldsymbol{A}$ 作初等变换 $c_i \leftrightarrow c_j$.

(2)$\boldsymbol{E}_m(i(k))\boldsymbol{A}$ 相当于对 $\boldsymbol{A}$ 作初等变换 $r_i \times k$; $\boldsymbol{A}\boldsymbol{E}_n(i(k))$相当于对 $\boldsymbol{A}$ 作初等变换 $c_i \times k$.

(3)$\boldsymbol{E}_m(j(k),i)\boldsymbol{A}$ 相当于对 $\boldsymbol{A}$ 作初等变换 $r_i + kr_j$; $\boldsymbol{A}\boldsymbol{E}_n(j(k),i)$相当于对 $\boldsymbol{A}$ 作初等变换 $c_j + kc_i$.

初等矩阵都是可逆方阵, 其逆矩阵为同类初等矩阵

$$
\boldsymbol{E}(i,j)^{-1}=\boldsymbol{E}(i,j), \quad \boldsymbol{E}(i(k))^{-1}=\boldsymbol{E}\left(i\left(\frac{1}{k}\right)\right), \quad \boldsymbol{E}(j(k),i)^{-1}=\boldsymbol{E}(j(-k),i)
$$

2. 利用初等变换求矩阵的秩

若矩阵 $\boldsymbol{A}$ 经过有限次初等变换变成矩阵 $\boldsymbol{B}$, 则称**矩阵 $\boldsymbol{A}$ 与 $\boldsymbol{B}$ 等价**, 记为 $\boldsymbol{A} \cong \boldsymbol{B}$.

矩阵等价具有以下性质:

(1)反身性: 对任一矩阵 $\boldsymbol{A}$, 有 $\boldsymbol{A} \cong \boldsymbol{A}$.

(2)对称性: 若 $\boldsymbol{A} \cong \boldsymbol{B}$, 则 $\boldsymbol{B} \cong \boldsymbol{A}$.

(3)传递性: 若 $\boldsymbol{A} \cong \boldsymbol{B}$, $\boldsymbol{B} \cong \boldsymbol{C}$, 则 $\boldsymbol{A} \cong \boldsymbol{C}$.

定理 2.5.2 若 $\boldsymbol{A} \cong \boldsymbol{B}$, 则 $R(\boldsymbol{A}) = R(\boldsymbol{B})$.

证 只要证明每一种初等变换都不改变矩阵的秩就行了. 这里容易看出对前两种初等变换来说结论显然成立的, 在此仅就第 3 种初等变换进行证明.

设 $\boldsymbol{A} = \begin{pmatrix} a_{11} & a_{12} & \cdots & a_{1n} \\ \vdots & \vdots & & \vdots \\ a_{i1} & a_{i2} & \cdots & a_{in} \\ \vdots & \vdots & & \vdots \\ a_{j1} & a_{j2} & \cdots & a_{jn} \\ \vdots & \vdots & & \vdots \\ a_{m1} & a_{m2} & \cdots & a_{mn} \end{pmatrix}$, 经初等行变换 $r_i + kr_j$, 变成

$$\boldsymbol{A}_1 = \begin{pmatrix} a_{11} & a_{12} & \cdots & a_{1n} \\ \vdots & \vdots & & \vdots \\ a_{i1} + ka_{j1} & a_{i2} + ka_{j2} & \cdots & a_{in} + ka_{jn} \\ \vdots & \vdots & & \vdots \\ a_{j1} & a_{j2} & \cdots & a_{jn} \\ \vdots & \vdots & & \vdots \\ a_{m1} & a_{m2} & \cdots & a_{mn} \end{pmatrix}$$

又设 $R(\boldsymbol{A}_1) = r_1$, 则 $\boldsymbol{A}_1$ 中必定含有非零 r_1 阶子式 D.

情况(1): 若 D 不含 $\boldsymbol{A}_1$ 的第 i 行元素, 则 D 也是 $\boldsymbol{A}$ 的一个子式.

情况(2): 若 D 含 $\boldsymbol{A}_1$ 的第 i 行又含第 j 行元素, 则在 $\boldsymbol{A}$ 中与 D 对应的子式的值也等于 D.

情况(3): 若 D 含 $\boldsymbol{A}_1$ 的第 i 行元素但不含第 j 行元素, 则 D 中有一行元素都是两个数之和, 利用行列式的性质, 可拆成两个行列式之和, 且可写成 $D = D_1 + kD_2$, 而 D_1 也是 $\boldsymbol{A}$ 的子式, D_2 或为 $\boldsymbol{A}$ 的子式或可经过若干次互换行得到 $\boldsymbol{A}$ 的一个子式, 此子式的值等于 $\pm D_2$. 显然 D_1, D_2 不能同时为 0, 否则有 $D = D_1 + kD_2 = 0$ 与 $D \neq 0$ 矛盾, 从而 $\boldsymbol{A}$ 中必有一个 r_1 阶子式不为 0.

这三种情况都能推得 $\boldsymbol{A}$ 中必有 r_1 阶子式不为 0, 从而有 $R(\boldsymbol{A}_1) = r_1 \leqslant R(\boldsymbol{A})$. 同理可证 $R(\boldsymbol{A}) \leqslant R(\boldsymbol{A}_1)$. 故 $R(\boldsymbol{A}) = R(\boldsymbol{A}_1)$.

对 $\boldsymbol{A}$ 作初等列变换 $c_i + kc_j$, 可类似证明.

定理说明, 对一个矩阵任意施行有限次初等变换不改变它的秩. 在下面的例子中将会看到, 利用这一性质, 可简化求矩阵秩的运算. 我们可限定只用初等行变换(这种限定在求秩时不是必需的, 但在求解线性方程组时却是必要的)把矩阵化为这样的等价矩阵, 其每个非零行(即元素不全为 0 的行)的第一个非零数的下方元素均为 0, 这种矩阵称为**行阶梯形矩阵**. 容易看出, 行阶梯矩阵的非零行的个数就是它的秩, 同时也是原始矩阵的秩.

例 2.5.1 求矩阵 $\boldsymbol{A}=\begin{pmatrix}1 & -2 & -1 & 0 & 2\\ -2 & 4 & 2 & 6 & -6\\ 2 & -1 & 0 & 2 & 3\\ 3 & 3 & 3 & 3 & 4\end{pmatrix}$ 的秩.

解

$$\boldsymbol{A}\xrightarrow[r_4-3r_1]{\substack{r_2+2r_1\\ r_3-2r_1}}\begin{pmatrix}1 & -2 & -1 & 0 & 2\\ 0 & 0 & 0 & 6 & -2\\ 0 & 3 & 2 & 2 & -1\\ 0 & 9 & 6 & 3 & -2\end{pmatrix}\xrightarrow[r_3\leftrightarrow r_4]{r_2\leftrightarrow r_3}\begin{pmatrix}1 & -2 & -1 & 0 & 2\\ 0 & 3 & 2 & 2 & -1\\ 0 & 9 & 6 & 3 & -2\\ 0 & 0 & 0 & 6 & -2\end{pmatrix}$$

$$\xrightarrow{r_3-3r_2}\begin{pmatrix}1 & -2 & -1 & 0 & 2\\ 0 & 3 & 2 & 2 & -1\\ 0 & 0 & 0 & -3 & 1\\ 0 & 0 & 0 & 6 & -2\end{pmatrix}\xrightarrow{r_4+2r_3}\begin{pmatrix}1 & -2 & -1 & 0 & 2\\ 0 & 3 & 2 & 2 & -1\\ 0 & 0 & 0 & -3 & 1\\ 0 & 0 & 0 & 0 & 0\end{pmatrix}=\boldsymbol{B}$$

上式最后一个矩阵 $\boldsymbol{B}$ 就是与 $\boldsymbol{A}$ 等价的行阶梯形矩阵, 容易看出它的秩为 3. 故 $R(\boldsymbol{A})=3$.

例 2.5.1 中, 如果继续施行初等行变换, 还可以将 $\boldsymbol{A}$ 化为更为简单的形式

$$\boldsymbol{B}\xrightarrow[r_3\times\left(-\frac{1}{3}\right)]{r_2\times\frac{1}{3}}\begin{pmatrix}1 & -2 & -1 & 0 & 2\\ 0 & 1 & \frac{2}{3} & \frac{2}{3} & -\frac{1}{3}\\ 0 & 0 & 0 & 1 & -\frac{1}{3}\\ 0 & 0 & 0 & 0 & 0\end{pmatrix}\xrightarrow[r_1+2r_2]{r_2-\frac{2}{3}r_3}\begin{pmatrix}1 & 0 & \frac{1}{3} & 0 & \frac{16}{9}\\ 0 & 1 & \frac{2}{3} & 0 & -\frac{1}{9}\\ 0 & 0 & 0 & 1 & -\frac{1}{3}\\ 0 & 0 & 0 & 0 & 0\end{pmatrix}=\boldsymbol{C}$$

上式中最后一个行阶梯形矩阵具有下列特征: 非零行的第一个非零元素为 1, 且含这些元素的列的其他元素都是 0. 这种与 $\boldsymbol{A}$ 等价的矩阵称为 $\boldsymbol{A}$ 的**行最简形**. 用初等行变换将矩阵化为行最简形是求解线性方程组时常用的重要方法.

若对矩阵的行最简形再施行初等列变换, 则矩阵 $\boldsymbol{A}$ 可化为还要简单的等价形式. 如

$$\boldsymbol{C}\xrightarrow[c_5-\frac{16}{9}c_1+\frac{1}{9}c_2+\frac{1}{3}c_4]{c_3-\frac{1}{3}c_1-\frac{2}{3}c_2}\begin{pmatrix}1 & 0 & 0 & 0 & 0\\ 0 & 1 & 0 & 0 & 0\\ 0 & 0 & 0 & 1 & 0\\ 0 & 0 & 0 & 0 & 0\end{pmatrix}\xrightarrow{c_3\leftrightarrow c_4}\begin{pmatrix}1 & 0 & 0 & 0 & 0\\ 0 & 1 & 0 & 0 & 0\\ 0 & 0 & 0 & 1 & 0\\ 0 & 0 & 0 & 0 & 0\end{pmatrix}=\boldsymbol{I}$$

上式最后一个矩阵 $\boldsymbol{I}=\begin{pmatrix}\boldsymbol{E}_3 & \boldsymbol{O}\\ \boldsymbol{O} & \boldsymbol{O}\end{pmatrix}$, 它的特征是: 其分块矩阵除左上角是一个 r 阶($r=R(\boldsymbol{A})$)单位阵, 其余各块为 $\boldsymbol{O}$, 这种矩阵称为矩阵 $\boldsymbol{A}$ 在等价意义下的**标准形**. 例 2.5.1 中的矩阵 $\boldsymbol{A}$ 化为标准形的过程具有一般意义, 因此有如下的结论.

定理 2.5.3 对于任意的 $m\times n$ 矩阵 $\boldsymbol{A}$, $R(\boldsymbol{A})=r$ 的充分必要条件是

$$\boldsymbol{A}\cong\boldsymbol{I}=\begin{pmatrix}\boldsymbol{E}_r & \boldsymbol{O}\\ \boldsymbol{O} & \boldsymbol{O}\end{pmatrix}$$

推论 2.5.1 $\boldsymbol{A}$ 为满秩方阵的充分必要条件是 $\boldsymbol{A}\cong\boldsymbol{E}$.

定理 2.5.4 若 $\boldsymbol{A}$ 是满秩方阵(可逆方阵), 则存在有限个初等矩阵 $\boldsymbol{P}_1,\boldsymbol{P}_2,\cdots,\boldsymbol{P}_l$, 使得

$$\boldsymbol{A}=\boldsymbol{P}_1\boldsymbol{P}_2\cdots\boldsymbol{P}_l$$

证 由定理 2.5.3 的推论可知 $\boldsymbol{A}\cong\boldsymbol{E}$. 故 $\boldsymbol{E}$ 经过有限次初等变换可化为 $\boldsymbol{A}$, 即存在有限个初等矩阵 $\boldsymbol{P}_1,\boldsymbol{P}_2,\cdots,\boldsymbol{P}_l$, 使得 $\boldsymbol{P}_1\boldsymbol{P}_2\cdots\boldsymbol{P}_r\boldsymbol{E}\boldsymbol{P}_{r+1}\boldsymbol{P}_{r+2}\cdots\boldsymbol{P}_l=\boldsymbol{A}$. 于是有

$$\boldsymbol{A}=\boldsymbol{P}_1\boldsymbol{P}_2\cdots\boldsymbol{P}_l$$

推论 2.5.2 $m\times n$ 矩阵 $\boldsymbol{A}\cong\boldsymbol{B}$ 的充分必要条件是: 存在 m 阶可逆方阵 $\boldsymbol{P}$ 及 n 阶可逆方阵 $\boldsymbol{Q}$, 使得 $\boldsymbol{B}=\boldsymbol{PAQ}$. (请读者自行证明)

推论 2.5.3 若 $\boldsymbol{A}$ 为 m 阶可逆方阵, $\boldsymbol{B}$ 为 n 阶可逆方阵, $\boldsymbol{C}$ 为 $m\times n$ 矩阵, 则

$$R(\boldsymbol{AC})=R(\boldsymbol{CB})=R(\boldsymbol{C})$$

证 由定理2.5.4知, $\boldsymbol{A}=\boldsymbol{P}_1\boldsymbol{P}_2\cdots\boldsymbol{P}_l$, 其中 $\boldsymbol{P}_1,\boldsymbol{P}_2,\cdots,\boldsymbol{P}_l$ 为 m 阶初等方阵, 所以有 $\boldsymbol{AC}=\boldsymbol{P}_1\boldsymbol{P}_2\cdots\boldsymbol{P}_l\boldsymbol{C}$. 即 $\boldsymbol{AC}$ 可由 $\boldsymbol{C}$ 经有限次初等行变换得到, 于是有 $\boldsymbol{AC}\cong\boldsymbol{C}$, 由定理 2.5.2.知 $R(\boldsymbol{AC})=R(\boldsymbol{C})$.

同理可证, $R(\boldsymbol{CB})=R(\boldsymbol{C})$.

3. 利用初等变换求逆矩阵

根据定理 2.5.4, 可以推出一种较为简单的求逆矩阵的方法.

设 $\boldsymbol{A}$ 是可逆方阵, 由定理 2.5.4 知, $\boldsymbol{A}=\boldsymbol{P}_1\boldsymbol{P}_2\cdots\boldsymbol{P}_l$. 于是有

$$\boldsymbol{P}_l^{-1}\cdots\boldsymbol{P}_2^{-1}\boldsymbol{P}_1^{-1}\boldsymbol{A}=\boldsymbol{E} \tag{①}$$

及

$$\boldsymbol{P}_l^{-1}\cdots\boldsymbol{P}_2^{-1}\boldsymbol{P}_1^{-1}\boldsymbol{E}=\boldsymbol{P}_l^{-1}\cdots\boldsymbol{P}_2^{-1}\boldsymbol{P}_1^{-1}=\boldsymbol{A}^{-1} \tag{②}$$

式①表明 $\boldsymbol{A}$ 经过一系列的初等行变换可变成单位阵; 式②表明单位阵 $\boldsymbol{E}$ 经过同一系列的初等行变换即变成 $\boldsymbol{A}^{-1}$. 用分块矩阵形式, ①、②两式合并为

$$\boldsymbol{P}_l^{-1}\cdots\boldsymbol{P}_2^{-1}\boldsymbol{P}_1^{-1}(\boldsymbol{A}\mid\boldsymbol{E})=(\boldsymbol{E}\mid\boldsymbol{A}^{-1}) \tag{2.5.1}$$

也就是说, 对 $n\times 2n$ 矩阵$(\boldsymbol{A}|\boldsymbol{E})$施行初等行变换, 当把子块 $\boldsymbol{A}$ 变成 $\boldsymbol{E}$ 时, 原来的子块 $\boldsymbol{E}$ 就变成了 $\boldsymbol{A}^{-1}$.

例 2.5.2 设 $\boldsymbol{A}=\begin{pmatrix}1&2&3\\2&2&1\\3&4&3\end{pmatrix}$, 求 $\boldsymbol{A}^{-1}$.

解

$$(\boldsymbol{A}\mid\boldsymbol{E})=\left(\begin{array}{ccc|ccc}1&2&3&1&0&0\\2&2&1&0&1&0\\3&4&3&0&0&1\end{array}\right)\xrightarrow[r_3-3r_1]{r_2-2r_1}\left(\begin{array}{ccc|ccc}1&2&3&1&0&0\\0&-2&-5&-2&1&0\\0&-2&-6&-3&0&1\end{array}\right)$$

$$\xrightarrow[r_3-r_2]{r_1+r_2}\left(\begin{array}{ccc|ccc}1&0&-2&-1&1&0\\0&-2&-5&-2&1&0\\0&0&-1&-1&-1&1\end{array}\right)$$

$$\xrightarrow[r_2-5r_3]{r_1-2r_3}\left(\begin{array}{ccc|ccc}1&0&0&1&3&-2\\0&-2&0&3&6&-5\\0&0&-1&-1&-1&1\end{array}\right)$$

$$\xrightarrow[r_3\times(-1)]{r_2\times\left(-\frac{1}{2}\right)}\left(\begin{array}{ccc|ccc}1&0&0&1&3&-2\\0&1&0&-\dfrac{3}{2}&-3&\dfrac{5}{2}\\0&0&1&1&1&-1\end{array}\right)$$

于是, 得

$$A^{-1}=\begin{pmatrix}1 & 3 & -2\\ -\frac{3}{2} & -3 & \frac{5}{2}\\ 1 & 1 & -1\end{pmatrix}$$

这里要强调指出的是：用初等变换求逆矩阵时，对$(A|E)$只能施行初等行变换.

例 2.5.3 设 $A=\begin{pmatrix}1 & 2 & 3\\ 2 & 2 & 1\\ 3 & 4 & 3\end{pmatrix}$，$B=\begin{pmatrix}1 & 3\\ 2 & 0\\ 3 & 1\end{pmatrix}$，求矩阵 X 使之满足 $AX=B$.

解 若 A^{-1} 存在，则用 A^{-1} 左乘上式，有

$$A^{-1}AX=A^{-1}B$$

即 $X=A^{-1}B$. 由例 2.5.2 知 $A^{-1}=\begin{pmatrix}1 & 3 & -2\\ -\frac{3}{2} & -3 & \frac{5}{2}\\ 1 & 1 & -1\end{pmatrix}$，于是

$$X=A^{-1}B=\begin{pmatrix}1 & 3 & -2\\ -\frac{3}{2} & -3 & \frac{5}{2}\\ 1 & 1 & -1\end{pmatrix}\begin{pmatrix}1 & 3\\ 2 & 0\\ 3 & 1\end{pmatrix}=\begin{pmatrix}1 & 1\\ 0 & -2\\ 0 & 2\end{pmatrix}$$

参照使用初等变换求逆矩阵方法的推导过程，结合本次满足的两个关系式 $A^{-1}A=E$ 和 $A^{-1}B=X$，也可以用初等行变换求得 X，方式如下

$$(A\mid B)\xrightarrow{\text{初等行变换}}(E\mid A^{-1}B)=(E\mid X)$$

例 2.5.4 设矩阵 A 和 B 满足关系 $AB=A+2B$，其中 $A=\begin{pmatrix}4 & 2 & 3\\ 1 & 1 & 0\\ -1 & 2 & 3\end{pmatrix}$，求矩阵 B.

解 由 $AB=A+2B$，可得$(A-2E)B=A$, $B=(A-2E)^{-1}A$，而

$$A-2E=\begin{pmatrix}2 & 2 & 3\\ 1 & -1 & 0\\ -1 & 2 & 1\end{pmatrix}$$

$$\begin{aligned}&(A-2E\mid A)\\ &=\left(\begin{array}{ccc|ccc}2 & 2 & 3 & 4 & 2 & 3\\ 1 & -1 & 0 & 1 & 1 & 0\\ -1 & 2 & 1 & -1 & 2 & 3\end{array}\right)\xrightarrow[r_2\leftrightarrow r_3]{r_1\leftrightarrow r_2}\left(\begin{array}{ccc|ccc}1 & -1 & 0 & 1 & 1 & 0\\ -1 & 2 & 1 & -1 & 2 & 3\\ 2 & 2 & 3 & 4 & 2 & 3\end{array}\right)\\ &\xrightarrow[r_3-2r_1]{r_2+r_1}\left(\begin{array}{ccc|ccc}1 & -1 & 0 & 1 & 1 & 0\\ 0 & 1 & 1 & 0 & 3 & 3\\ 0 & 4 & 3 & 2 & 0 & 3\end{array}\right)\xrightarrow[r_3-4r_2]{r_1+r_2}\left(\begin{array}{ccc|ccc}1 & 0 & 1 & 1 & 4 & 3\\ 0 & 1 & 1 & 0 & 3 & 3\\ 0 & 0 & -1 & 2 & -12 & -9\end{array}\right)\\ &\xrightarrow[r_2+r_3]{r_1+r_3}\left(\begin{array}{ccc|ccc}1 & 0 & 0 & 3 & -8 & -6\\ 0 & 1 & 0 & 2 & -9 & -6\\ 0 & 0 & -1 & 2 & -12 & -9\end{array}\right)\xrightarrow{r_3\times(-1)}\left(\begin{array}{ccc|ccc}1 & 0 & 0 & 3 & -8 & -6\\ 0 & 1 & 0 & 2 & -9 & -6\\ 0 & 0 & 1 & -2 & 12 & 9\end{array}\right)\end{aligned}$$

故

$$B=(A-2E)^{-1}A=\begin{pmatrix}3 & -8 & -6\\ 2 & -9 & -6\\ -2 & 12 & 9\end{pmatrix}$$

数学实验基础知识

基本命令	功能
rank(A)	求矩阵 A 的秩
inv(A)	求矩阵 A 的逆矩阵
rref(A)	求矩阵 A 的行最简形
A(m,n)	引用矩阵 A 的第 m 行、第 n 列元素
A(m,:)	引用矩阵 A 的第 m 行元素
A(:,n)	引用矩阵 A 的第 n 列元素
A(m1:m2,n1:n2)	引用矩阵 A 的 m1 到 m2 行、n1 到 n2 列的子块
A([i,j],:)=A([j,i],:)	把矩阵 A 的第 i 行与第 j 行互换
A(i,:)=k*A(i,:)	把矩阵 A 的第 i 行乘以常数 k
A(j,:)=A(j,:)+k*A(i,:)	把矩阵 A 的第 i 行乘以 k 加到第 j 行去

例 1 求解例 2.3.1(3)中矩阵 $\boldsymbol{C}$ 的秩.

```
>>A=[2 -4 3 1 0;1 -2 1 -4 2;0 1 -1 3 1;4 -7 4 -4 5];
>>R=rank(A)
```

输出结果:

```
R=
   3
```

例 2 求解例 2.4.3 中矩阵 $\boldsymbol{A}$ 的逆矩阵.

```
>>A=[1 2 3 4;0 1 2 3;0 0 1 2;0 0 0 1];
>>B=inv(A)
```

输出结果:

```
B=
   1  -2   1   0
   0   1  -2   1
   0   0   1  -2
   0   0   0   1
```

例 3 求解例 2.5.4 中的未知矩阵 $\boldsymbol{B}$.

```
>>A=[4 2 3;1 1 0;-1 2 3];
>>B=inv(A-2*eye(3))*A
```

输出结果:

```
B=
    3  -8  -6
    2  -9  -6
   -2  12   9
```

2.6 几种常用的特殊类型矩阵

1. 对角矩阵

前面已经提到过, 主对角线以外的元素全为 0 的 n 阶方阵, 称为**对角矩阵**. 记为

$$A=\begin{pmatrix} a_{11} & 0 & \cdots & 0 \\ 0 & a_{22} & \cdots & 0 \\ \vdots & \vdots & & \vdots \\ 0 & 0 & \cdots & a_{nn} \end{pmatrix}$$

显然, 若 $\boldsymbol{A}, \boldsymbol{B}$ 都是 n 阶对角矩阵, k 为数, 则 $k\boldsymbol{A}, \boldsymbol{A}+\boldsymbol{B}, \boldsymbol{AB}$ 均为对角矩阵.

2. 上(下)三角矩阵

主对角线以下(上)元素全为 0 的方阵, 称为**上(下)三角矩阵**. 在上三角矩阵 $\boldsymbol{A}$ 中, 当 $i>j$ 时, $a_{ij}=0$; 在下三角矩阵 $\boldsymbol{A}$ 中, 当 $i<j$ 时, $a_{ij}=0$.

$$\begin{pmatrix} a_{11} & a_{12} & \cdots & a_{1n} \\ & a_{22} & \cdots & a_{2n} \\ 0 & & \ddots & \vdots \\ & & & a_{nn} \end{pmatrix} \qquad \begin{pmatrix} a_{11} & & & 0 \\ a_{21} & a_{22} & & \\ \vdots & & \ddots & \\ a_{n1} & a_{n2} & \cdots & a_{nn} \end{pmatrix}$$

上三角矩阵　　　　　　　　下三角矩阵

若 $\boldsymbol{A}, \boldsymbol{B}$ 都是 n 阶下(上)三角矩阵, k 为数, 则 $k\boldsymbol{A}, \boldsymbol{A}+\boldsymbol{B}, \boldsymbol{AB}$ 均为下(上)三角矩阵. 对角矩阵也是三角矩阵.

3. 对称矩阵

若矩阵 $\boldsymbol{A}$ 与它的转置矩阵 $\boldsymbol{A}'$相等, 即 $\boldsymbol{A}=\boldsymbol{A}'$, 则矩阵 $\boldsymbol{A}$ 称为**对称矩阵**.

若矩阵 $\boldsymbol{A}$ 的负矩阵与它的转置矩阵 $\boldsymbol{A}'$相等, 即$-\boldsymbol{A}=\boldsymbol{A}'$, 则矩阵 $\boldsymbol{A}$ 称为**反对称矩阵**.

显然, 对称矩阵和反对称矩阵一定是方阵. 对称矩阵的元素以主对角线为对称轴对应相等, 即 $a_{ij}=a_{ji}\ (i,j=1,2,\cdots,n)$; 而反对称矩阵的主对角线上的元素为 0, 并以对角线为轴对应元素互为相反数, 即 $a_{ij}=-a_{ji}\ (i,j=1,2,\cdots,n)$. 例如

$$\begin{pmatrix} 2 & 0 & 1 \\ 0 & 3 & 5 \\ 1 & 5 & 4 \end{pmatrix}, \quad \begin{pmatrix} 2 & 0 \\ 0 & 1 \end{pmatrix}, \quad \begin{pmatrix} 3 & -1 & 4 & 0 \\ -1 & 0 & 5 & -2 \\ 4 & 5 & 2 & 1 \\ 0 & -2 & 1 & 4 \end{pmatrix}$$

都是对称矩阵.

若 $\boldsymbol{A}, \boldsymbol{B}$ 都是 n 阶对称矩阵, k 是数, 则 $k\boldsymbol{A}, \boldsymbol{A}+\boldsymbol{B}$ 也都是对称矩阵.

若 $\boldsymbol{A}, \boldsymbol{B}$ 都是 n 阶反对称矩阵, k 是数, 则 $k\boldsymbol{A}, \boldsymbol{A}+\boldsymbol{B}$ 也都是反对称矩阵.

例 2.6.1　$\boldsymbol{A}$ 是任一个 $m\times n$ 矩阵, 试证 $\boldsymbol{AA}', \boldsymbol{A}'\boldsymbol{A}$ 是对称矩阵.

证　因为

$$(\boldsymbol{A}'\boldsymbol{A})'=\boldsymbol{A}'(\boldsymbol{A}')'=\boldsymbol{A}'\boldsymbol{A}, \qquad (\boldsymbol{AA}')'=(\boldsymbol{A}')'\boldsymbol{A}'=\boldsymbol{AA}'$$

所以, $\boldsymbol{AA}', \boldsymbol{A}'\boldsymbol{A}$ 都是对称矩阵.

例 2.6.2 设 $\boldsymbol{A}$ 为 n 阶对称矩阵, $\boldsymbol{B}$ 为 n 阶反对称矩阵, 试判断下列矩阵哪些是对称矩阵? 哪些是反对称矩阵?

(1)$\boldsymbol{AB}-\boldsymbol{BA}$; (2)$\boldsymbol{AB}+\boldsymbol{BA}$; (3)$\boldsymbol{BAB}$; (4)$\boldsymbol{ABA}$.

解 由题意, $\boldsymbol{A}'=\boldsymbol{A}$, $\boldsymbol{B}'=-\boldsymbol{B}$. 于是有

$$(\boldsymbol{AB}-\boldsymbol{BA})'=(\boldsymbol{AB})'-(\boldsymbol{BA})'=\boldsymbol{B}'\boldsymbol{A}'-\boldsymbol{A}'\boldsymbol{B}'=-\boldsymbol{BA}+\boldsymbol{AB}=\boldsymbol{AB}-\boldsymbol{BA}$$

$$(\boldsymbol{AB}+\boldsymbol{BA})'=(\boldsymbol{AB})'+(\boldsymbol{BA})'=\boldsymbol{B}'\boldsymbol{A}'+\boldsymbol{A}'\boldsymbol{B}'=-\boldsymbol{BA}-\boldsymbol{AB}=-(\boldsymbol{AB}+\boldsymbol{BA})$$

$$(\boldsymbol{BAB})'=\boldsymbol{B}'\boldsymbol{A}'\boldsymbol{B}'=\boldsymbol{BAB}$$

$$(\boldsymbol{ABA})'=\boldsymbol{A}'\boldsymbol{B}'\boldsymbol{A}'=-\boldsymbol{ABA}$$

可得, (1)、(3)为对称矩阵, (2)、(4)为反对称矩阵.

含有 n 个变量 $x_1, x_2, \cdots, x_n$ 的实系数二次齐次函数(称为**实二次型**)

$$\begin{aligned} f(x_1,x_2,\cdots,x_n)=a_{11}x_1^2&+2a_{12}x_1x_2+\cdots+2a_{1n}x_1x_n\\ &+a_{22}x_2^2\quad+\cdots+2a_{2n}x_2x_n\\ &\qquad\qquad+\cdots\\ &\qquad\qquad+a_{nn}x_n^2 \end{aligned} \tag{2.6.1}$$

若令 $a_{ij}=a_{ji}$, 则 $2a_{ij}x_ix_j=a_{ij}x_ix_j+a_{ji}x_jx_i$, 于是上述二次型可写成

$$\begin{aligned} f(x_1,x_2,\cdots,x_n)&=a_{11}x_1^2+a_{12}x_1x_2+\cdots+a_{1n}x_1x_n\\ &\quad+a_{21}x_2x_1+a_{22}x_2^2+\cdots+a_{2n}x_2x_n\\ &\quad+\cdots\\ &\quad+a_{n1}x_nx_1+a_{n2}x_nx_2+\cdots+a_{nn}x_n^2\\ &=\sum_{i,j=1}^{n}a_{ij}x_ix_j \end{aligned} \tag{2.6.2}$$

式(2.6.2)的系数可依序组成一个 n 阶矩阵

$$\boldsymbol{A}=\begin{pmatrix} a_{11} & a_{12} & \cdots & a_{1n}\\ a_{21} & a_{22} & \cdots & a_{2n}\\ \vdots & \vdots & & \vdots\\ a_{n1} & a_{n2} & \cdots & a_{nn} \end{pmatrix}$$

式中, $a_{ij}=a_{ji}$ $(i,j=1,2,\cdots,n)$. 矩阵 $\boldsymbol{A}$ 是实对称矩阵.

记 $\boldsymbol{X}=(x_1,x_2,\cdots,x_n)'$, 则二次型可表示为

$$f(x_1,x_2,\cdots,x_n)=\boldsymbol{X}'\boldsymbol{AX} \tag{2.6.3}$$

上述关系, 可以在实二次型与实对称矩阵之间建立一一对应关系. 本书在第 4 章中将通过实对称矩阵研究有关实二次型的问题.

4. 正交矩阵

若 n 阶方阵 $\boldsymbol{A}$ 满足关系式

$$\boldsymbol{AA}'=\boldsymbol{A}'\boldsymbol{A}=\boldsymbol{E} \tag{2.6.4}$$

则称 $\boldsymbol{A}$ 为**正交矩阵**.

例 2.6.3 验证下列矩阵是正交矩阵.

$$A=\begin{pmatrix}0 & -1\\ -1 & 0\end{pmatrix},\quad B=\begin{pmatrix}\cos\theta & \sin\theta\\ \sin\theta & -\cos\theta\end{pmatrix},\quad C=\begin{pmatrix}\frac{1}{\sqrt{3}} & \frac{1}{\sqrt{3}} & \frac{1}{\sqrt{3}}\\ 0 & -\frac{1}{\sqrt{2}} & \frac{1}{\sqrt{2}}\\ -\frac{2}{\sqrt{6}} & \frac{1}{\sqrt{6}} & \frac{1}{\sqrt{6}}\end{pmatrix}$$

证 因为

$$AA'=\begin{pmatrix}0 & -1\\ -1 & 0\end{pmatrix}\begin{pmatrix}0 & -1\\ -1 & 0\end{pmatrix}=\begin{pmatrix}1 & 0\\ 0 & 1\end{pmatrix}=E$$

$$AA'=\begin{pmatrix}0 & -1\\ -1 & 0\end{pmatrix}\begin{pmatrix}0 & -1\\ -1 & 0\end{pmatrix}=\begin{pmatrix}1 & 0\\ 0 & 1\end{pmatrix}=E$$

所以, A 是正交矩阵.

在此, 矩阵 B, C 留给读者自行证明.

由正交矩阵的定义可知, 若 A 是正交矩阵, 则 A'也是正交矩阵.

若 A, B 都是 n 阶正交矩阵, 则 AB 也是 n 阶正交矩阵, 这是因为

$$(AB)'(AB)=B'A'AB=B'EB=E$$

同理可得, $(AB)(AB)'=E$.

由正交矩阵和逆矩阵的定义可知, 若 A 是正交矩阵, 则 A 可逆, 且 $A^{-1}=A'$.

正交矩阵的元素间有特殊的关系, 设 $A=\begin{pmatrix}a_{11} & a_{12} & \cdots & a_{1n}\\ a_{21} & a_{22} & \cdots & a_{2n}\\ \vdots & \vdots & & \vdots\\ a_{n1} & a_{n2} & \cdots & a_{nn}\end{pmatrix}$是正交矩阵, 因 $AA'=E$, 即

$$\begin{pmatrix}a_{11} & a_{12} & \cdots & a_{1n}\\ a_{21} & a_{22} & \cdots & a_{2n}\\ \vdots & \vdots & & \vdots\\ a_{n1} & a_{n2} & \cdots & a_{nn}\end{pmatrix}\begin{pmatrix}a_{11} & a_{21} & \cdots & a_{n1}\\ a_{12} & a_{22} & \cdots & a_{n2}\\ \vdots & \vdots & & \vdots\\ a_{1n} & a_{2n} & \cdots & a_{nn}\end{pmatrix}=\begin{pmatrix}1 & & & \\ & 1 & & \\ & & \ddots & \\ & & & 1\end{pmatrix}$$

根据乘法规则, 可得

$$\begin{cases}a_{i1}^2+a_{i2}^2+\cdots+a_{in}^2=1 \quad (i=1,2,\cdots,n)\\ a_{i1}a_{j1}+a_{i2}+a_{j2}+\cdots+a_{in}a_{jn}=0 \quad (i\neq j;i,j=1,2,\cdots,n)\end{cases} \tag{2.6.5}$$

即

$$\sum_{k=1}^{n}a_{ik}a_{jk}=\delta_{ij} \quad (i,j=1,2,\cdots,n) \tag{2.6.6}$$

类似地, 由 $A'A=E$, 可得

$$\begin{cases}a_{1j}^2+a_{2j}^2+\cdots+a_{nj}^2=1 \quad (j=1,2,\cdots,n)\\ a_{1i}a_{1j}+a_{2i}a_{2j}+\cdots+a_{ni}a_{nj}=0 \quad (i\neq j;i,j=1,2,\cdots,n)\end{cases} \tag{2.6.7}$$

即

$$\sum_{k=1}^{n}a_{ki}a_{kj}=\delta_{ij} \quad (i,j=1,2,\cdots,n) \tag{2.6.8}$$

例 2.6.4 判断下列矩阵是否为正交矩阵.

$$A=\begin{pmatrix} 1 & 1 & 1 \\ \frac{1}{2} & 0 & -\frac{1}{2} \\ -\frac{1}{4} & \frac{1}{2} & -\frac{1}{4} \end{pmatrix}, \qquad B=\begin{pmatrix} \frac{1}{\sqrt{2}} & \frac{1}{\sqrt{2}} & 0 \\ \frac{1}{\sqrt{3}} & \frac{1}{\sqrt{3}} & \frac{1}{\sqrt{3}} \\ \frac{1}{2} & -\frac{1}{2} & \frac{1}{\sqrt{2}} \end{pmatrix}$$

解 $\boldsymbol{A}$ 的第一行元素的平方和为 3，不满足式(2.6.5)的第一式，故 $\boldsymbol{A}$ 不是正交矩阵.

$\boldsymbol{B}$ 的各行元素的平方和为 1，满足式(2.6.5)的第一式，但 $\boldsymbol{B}$ 的第 1 行与第 2 行元素的对应乘积之和为 $\frac{2}{\sqrt{6}}$，不满足式(2.6.5)的第二式，故 $\boldsymbol{B}$ 也不是正交矩阵.

正交矩阵是重要的方阵，与正交矩阵对应的线性变换是具有优良性质的线性变换，本书将在第 4 章中还要继续讨论.

本 章 小 结

本章讨论了矩阵的几种运算及其性质，正是在一定条件下矩阵能进行运算，才使得矩阵这一工具有着相当广泛的应用.

矩阵的运算与数的运算相类似，它们有许多相同的运算性质，但更应该区分和记住那些不同的地方，比如：矩阵乘法不适合交换律，因而有左乘和右乘之分；矩阵乘法中消去律也不存在，即 $\boldsymbol{AB}=\boldsymbol{AC}, \boldsymbol{A}\neq\boldsymbol{O}$ 时，一般得不到 $\boldsymbol{B}=\boldsymbol{C}$；进而，若 $\boldsymbol{AB}=\boldsymbol{O}$，一般也得不到 $\boldsymbol{A}=\boldsymbol{O}$ 或 $\boldsymbol{B}=\boldsymbol{O}$.

零矩阵和单位矩阵在矩阵加法和乘法中分别起着数 0 和数 1 的类似作用.

对矩阵施行初等变换是一种重要方法，它在求逆矩阵、矩阵的秩以及以后的求解线性方程组等问题上有重要的运用. 引入初等矩阵后，对矩阵进行初等变换可以用左乘或右乘相应的初等矩阵来实现，从而使之成为矩阵的一种运算，便于理论上运用.

可逆矩阵是一类很重要的方阵. 当 $\boldsymbol{A}, \boldsymbol{B}$ 均为 n 阶方阵时，若 $\boldsymbol{AB}=\boldsymbol{BA}=\boldsymbol{E}$，则 $\boldsymbol{A}$ 是可逆方阵，这与数的乘法中一个不为 0 的数 a 有逆元相似，即 $a\neq 0, a\cdot\frac{1}{a}=aa^{-1}=1$. 可逆方阵的基本构件是初等矩阵，即每个可逆方阵必为若干个初等方阵的乘积. 本章给出了两种求逆矩阵的方法，利用初等行变换求逆矩阵的方法既方便使用又简单；利用伴随矩阵的概念，不仅给出了求逆矩阵的公式，而且在理论研究中也有重要的作用.

矩阵的秩是矩阵的一个重要的特征数，它是矩阵在初等变换下(等价意义)的不变量，它在后面章节中将要介绍的向量组的线性相关性与向量空间的理论、方程组的理论与二次型的理论中都有重要的应用. 本章给出了两种求矩阵的秩的方法：一是利用定义，二是利用初等变换. 前者偏于理论价值，而后者更方便实用.

分块矩阵是一种以子块(小矩阵)为元素的形式上的矩阵，它与普通矩阵有一样的运算规则，但对划分法有特别的要求. 它是某些高阶矩阵的计算中的一种重要的技巧，因而在矩阵的应用中有重要的地位.

本章常用词汇中英文对照

矩阵	matrix	实矩阵	real matrix

复矩阵	complex matrix	方阵	square matrix
行矩阵	row matrix	列矩阵	column matrix
零矩阵	zero matrix	同型矩阵	same size matrix
单位矩阵	identity matrix	对角矩阵	diagonal matrix
对称矩阵	symmetric matrix	正交矩阵	orthogonal matrix
转置矩阵	transposed matrix	伴随矩阵	adjoint matrix
共轭矩阵	conjugate matrix	秩	rank
逆矩阵	inverse matrix	可逆矩阵	invertible matrix
分块矩阵	partitioned matrix	分块对角矩阵	block diagonal matrix
初等变换	elementary transformation	初等矩阵	elementary matrix
行阶梯形矩阵	row echelon matrix	行最简形矩阵	reduced row echelon matrix

习　题　2

1. 设 $\boldsymbol{A}=\begin{pmatrix}1&2&3\\2&3&4\\4&1&2\end{pmatrix}$, $\boldsymbol{B}=\begin{pmatrix}1&-1&1\\-1&1&1\\1&1&-1\end{pmatrix}$, 求 $2\boldsymbol{AB}+3\boldsymbol{A}$ 及 $\boldsymbol{A}'\boldsymbol{B}$.

2. 计算下列乘积.

(1) $(1\ 2\ 3)\begin{pmatrix}3\\2\\1\end{pmatrix}$;

(2) $\begin{pmatrix}3\\2\\1\end{pmatrix}(1\ 2\ 3)$;

(3) $\begin{pmatrix}4&3&1\\1&2&3\\1&0&5\end{pmatrix}\begin{pmatrix}1\\2\\1\end{pmatrix}$;

(4) $(x_1\ \ x_2\ \ x_3)\begin{pmatrix}a_{11}&a_{12}&a_{13}\\a_{12}&a_{22}&a_{23}\\a_{13}&a_{23}&a_{33}\end{pmatrix}\begin{pmatrix}x_1\\x_2\\x_3\end{pmatrix}$;

(5) $\begin{pmatrix}2&1&0\\1&-1&3\end{pmatrix}\begin{pmatrix}1&3&1\\0&-1&2\\1&-3&1\end{pmatrix}$;

(6) $\begin{pmatrix}1&3&1\\0&-1&2\\1&-3&1\end{pmatrix}\begin{pmatrix}2&1\\1&-1\\0&3\end{pmatrix}$.

3. 举反例说明下列命题是错误的.

(1)若 $\boldsymbol{A}^2=\boldsymbol{O}$, 则 $\boldsymbol{A}=\boldsymbol{O}$;

(2)若 $\boldsymbol{A}^2=\boldsymbol{A}$, 则 $\boldsymbol{A}=\boldsymbol{E}$ 或 $\boldsymbol{A}=\boldsymbol{O}$;

(3)若 $\boldsymbol{A}X=\boldsymbol{A}Y$ 且 $\boldsymbol{A}\neq\boldsymbol{O}$, 则 $X=Y$;

(4)$(\boldsymbol{A}+\boldsymbol{B})(\boldsymbol{A}-\boldsymbol{B})=\boldsymbol{A}^2-\boldsymbol{B}^2$.

4. 设 $\boldsymbol{A}=\begin{pmatrix}1&0\\2&1\end{pmatrix}$, 求 $\boldsymbol{A}^2,\boldsymbol{A}^3,\cdots,\boldsymbol{A}^k$.

5. 设 $\boldsymbol{A}=\begin{pmatrix}\lambda&1&0\\0&\lambda&1\\0&0&\lambda\end{pmatrix}$, 求 $\boldsymbol{A}^n$.

6. 设 $\boldsymbol{A}=\begin{pmatrix}1&1&1\\2&2&2\\3&3&3\end{pmatrix}$, 求 $\boldsymbol{A}^{100}$.

7. 设 m 次多项式, $f(x)=a_0+a_1x+a_2x^2+\cdots+a_mx^m$, 记 $f(\boldsymbol{A})=a_0\boldsymbol{E}+a_1\boldsymbol{A}+a_2\boldsymbol{A}^2+\cdots+a_m\boldsymbol{A}^m$ $f(\boldsymbol{A})$, 称为 $\boldsymbol{A}$ 的 m 次多项式.

(1)设$\boldsymbol{\Lambda}=\begin{pmatrix}\lambda_1 & 0\\ 0 & \lambda_2\end{pmatrix}$，证明：$\boldsymbol{\Lambda}^k=\begin{pmatrix}\lambda_1^k & 0\\ 0 & \lambda_2^k\end{pmatrix}$，$f(\boldsymbol{\Lambda})=\begin{pmatrix}f(\lambda_1) & 0\\ 0 & f(\lambda_2)\end{pmatrix}$；

(2)设$\boldsymbol{A}=\boldsymbol{P}\boldsymbol{\Lambda}\boldsymbol{P}^{-1}$，证明：$\boldsymbol{A}^k=\boldsymbol{P}\boldsymbol{\Lambda}^k\boldsymbol{P}^{-1}$，$f(\boldsymbol{A})=\boldsymbol{P}f(\boldsymbol{\Lambda})\boldsymbol{P}^{-1}$.

8. 设$\boldsymbol{A}^k=\boldsymbol{O}$ (k为正整数)，证明：$(\boldsymbol{E}-\boldsymbol{A})^{-1}=\boldsymbol{E}+\boldsymbol{A}+\boldsymbol{A}^2+\cdots+\boldsymbol{A}^{k-1}$.

9. 设方阵$\boldsymbol{A}$、$\boldsymbol{B}$满足$2\boldsymbol{B}=\boldsymbol{AB}-4\boldsymbol{A}$，证明$\boldsymbol{A}-2\boldsymbol{E}$都可逆，并求$(\boldsymbol{A}-2\boldsymbol{E})^{-1}$.

10. 设$\boldsymbol{P}^{-1}\boldsymbol{AP}=\boldsymbol{\Lambda}$，其中$\boldsymbol{P}=\begin{pmatrix}-1 & -4\\ 1 & 1\end{pmatrix}$，$\boldsymbol{\Lambda}=\begin{pmatrix}-1 & 0\\ 0 & 2\end{pmatrix}$，求$\boldsymbol{A}^5$.

11. 设n阶方阵$\boldsymbol{A}$的伴随矩阵为$\boldsymbol{A}^*$，证明：

(1)若$|\boldsymbol{A}|=0$, $|\boldsymbol{A}^*|=0$;

(2)$|\boldsymbol{A}^*|=|\boldsymbol{A}|^{n-1}$.

12. 设$\boldsymbol{A}$为三阶方阵，$|\boldsymbol{A}|=\dfrac{1}{3}$，求$\left|\left(\dfrac{1}{7}\boldsymbol{A}\right)^{-1}-12\boldsymbol{A}^*\right|$.

13. 取$\boldsymbol{A}=\boldsymbol{B}=-\boldsymbol{C}=\boldsymbol{D}=\begin{pmatrix}1 & 0\\ 0 & 1\end{pmatrix}$，验证：$\begin{vmatrix}\boldsymbol{A} & \boldsymbol{B}\\ \boldsymbol{C} & \boldsymbol{D}\end{vmatrix}\neq\begin{vmatrix}|\boldsymbol{A}| & |\boldsymbol{B}|\\ |\boldsymbol{C}| & |\boldsymbol{D}|\end{vmatrix}$.

14. 设$\boldsymbol{A}=\begin{pmatrix}3 & 4 & 0 & 0\\ 4 & -3 & 0 & 0\\ 0 & 0 & 2 & 0\\ 0 & 0 & 2 & 2\end{pmatrix}$，求$|\boldsymbol{A}^8|$和$\boldsymbol{A}^4$.

15. 设$\boldsymbol{A}=\begin{pmatrix}1 & 1\\ 1 & 2\end{pmatrix}$，$\boldsymbol{B}=\begin{pmatrix}2 & 2 & 1\\ 1 & 0 & 1\\ 2 & 1 & 1\end{pmatrix}$，求$\begin{pmatrix}\boldsymbol{O} & \boldsymbol{A}\\ \boldsymbol{B} & \boldsymbol{O}\end{pmatrix}^{-1}$.

16. 求下列矩阵的秩.

(1)$\begin{pmatrix}1 & 2 & 3\\ 1 & 0 & 1\\ 3 & -1 & -1\end{pmatrix}$；(2)$\begin{pmatrix}3 & 1 & 0 & 2\\ 1 & -1 & 2 & 1\\ 1 & 3 & -4 & 4\end{pmatrix}$；(3)$\begin{pmatrix}3 & 2 & -1 & -3 & -2\\ 2 & -1 & 3 & 1 & -3\\ 7 & 0 & 5 & -1 & -8\\ 9 & -1 & 8 & 0 & -11\end{pmatrix}$.

17. 求下列方阵的逆矩阵.

(1) $\begin{pmatrix}3 & 2\\ 7 & 5\end{pmatrix}$；(2)$\begin{pmatrix}a & 0 & 0\\ 0 & b & 0\\ 0 & 0 & c\end{pmatrix}$；(3)$\begin{pmatrix}1 & 0 & 1\\ 2 & 1 & 2\\ -3 & 2 & -2\end{pmatrix}$；

(4)$\begin{pmatrix}-1 & -2 & 0\\ 1 & 1 & 0\\ 1 & 0 & 1\end{pmatrix}$；(5)$\begin{pmatrix}5 & 2 & 0 & 0\\ 2 & 1 & 0 & 0\\ 0 & 0 & 8 & 3\\ 0 & 0 & 5 & 2\end{pmatrix}$；(6)$\begin{pmatrix}1 & 0 & 0 & 0\\ 1 & 2 & 0 & 0\\ 2 & 1 & 3 & 0\\ 1 & 2 & 1 & 4\end{pmatrix}$.

18. 设$\boldsymbol{A}=\begin{pmatrix}4 & 2 & 3\\ 1 & 1 & 0\\ -1 & 2 & 3\end{pmatrix}$, $\boldsymbol{AB}=\boldsymbol{A}+2\boldsymbol{B}$，求$\boldsymbol{B}$.

19. 设$\boldsymbol{A}$为三阶方阵，且$\boldsymbol{A}^{-1}=\begin{pmatrix}1 & 1 & 1\\ 1 & 2 & 1\\ 1 & 1 & 3\end{pmatrix}$，求$\boldsymbol{A}$, $(\boldsymbol{A}^{-1})^*$及$(\boldsymbol{A}^*)^*$.

20. 求解下列矩阵方程.

(1) $\begin{pmatrix}3 & 1\\ 4 & 2\end{pmatrix}\boldsymbol{X}=\begin{pmatrix}7 & 4\\ 10 & 8\end{pmatrix}$；(2) $\begin{pmatrix}3 & 1\\ 5 & 2\end{pmatrix}\boldsymbol{X}\begin{pmatrix}1 & 0\\ -1 & 2\end{pmatrix}=\begin{pmatrix}8 & 4\\ 13 & 8\end{pmatrix}$；

(3) $\boldsymbol{X}\begin{pmatrix} 1 & 1 & 2 \\ -1 & -2 & 2 \\ 0 & -1 & 1 \end{pmatrix}=\begin{pmatrix} 2 & 3 & 0 \\ -1 & -5 & 11 \end{pmatrix}$;

(4) $\begin{pmatrix} 0 & 1 & 0 \\ 1 & 0 & 0 \\ 0 & 0 & 1 \end{pmatrix}\boldsymbol{X}\begin{pmatrix} 1 & 0 & 0 \\ 0 & 0 & 1 \\ 0 & 1 & 0 \end{pmatrix}=\begin{pmatrix} 1 & -4 & -3 \\ 2 & 0 & -1 \\ 1 & -2 & 0 \end{pmatrix}$.

21. 已知线性变换 $\begin{cases} x_1 = y_1 + y_2 + 3y_3 \\ x_2 = 2y_1 + 3y_2 + y_3 \\ x_3 = y_1 + 2y_2 - y_3 \end{cases}$，求从变量 x_1, x_2, x_3 到变量 y_1, y_2, y_3 的线性变换.

22. 利用逆矩阵解下列线性方程组.

(1) $\begin{cases} x_1 + 2x_2 + x_3 = 1 \\ 2x_1 + 2x_2 + 5x_3 = 2 \\ 3x_1 + 5x_2 + x_3 = 3 \end{cases}$　　(2) $\begin{cases} x_1 - x_2 - x_3 = 2 \\ 2x_1 - x_2 - 3x_3 = 1 \\ 3x_1 + 2x_2 - 5x_3 = 0 \end{cases}$

23. 证明：任意一个方阵都可以分解成一个对称矩阵与一个反对称矩阵之和.

第 3 章　线性方程组

在第 1 章中曾介绍过利用克拉默法则求解线性方程组，但它要求线性方程组中方程的个数与未知数的个数相等，并且方程组的系数行列式不等于零. 然而，在许多实际问题中，所碰到的线性方程组并不如此简单：比如，方程组中方程的个数与未知数的个数相等，但系数行列式却等于零；又如，方程组中方程的个数不等于未知数的个数. 对于这样的线性方程组，就不能直接用克拉默法则求解，需要另辟蹊径.

本章讨论一般的线性方程组的求解问题. 首先引入 n 维向量的概念，在向量组、矩阵与线性方程组之间建立联系，进而以向量组、矩阵作为工具，主要解决下面三个问题：

(1)线性方程组有解的充要条件.

(2)线性方程组有解时，解的个数及求解方法.

(3)线性方程组的解不止一个时，解与解之间的关系.

3.1　n 维 向 量

1. 引例

例 3.1.1　求解齐次线性方程组

$$\begin{cases} x+2y-z=0 \\ 2x-3y+z=0 \\ 4x+\ \ y-z=0 \end{cases} \tag{3.1.1}$$

解　式(3.1.1)的系数行列式$\begin{vmatrix} 1 & 2 & -1 \\ 2 & -3 & 1 \\ 4 & 1 & -1 \end{vmatrix}=0$，该方程组不能直接用克拉默法则求解. 可以看出，用 2 乘第 1 个方程加到第 2 个方程上得到第 3 个方程. 也就是说，第 3 个方程可以由前两个方程经线性运算得到. 因此，前两个方程的公共解一定是第 3 个方程的解，第 3 个方程是多余的，可以把它删去，亦即方程组(3.1.1)与方程组

$$\begin{cases} x+2y-z=0 \\ 2x-3y+z=0 \end{cases} \tag{3.1.2}$$

是同解的.

方程组(3.1.2)中再没有多余方程[方程组(3.1.2)称为方程组(3.1.1)的**保留方程组**]. 不难看出，未知数 x, y 前的系数行列式

$$\begin{vmatrix} 1 & 2 \\ 2 & -3 \end{vmatrix}=-7\neq 0$$

因此，若把 z 移到等号右端，可得

$$\begin{cases} x+2y=z \\ 2x-3y=-z \end{cases} \tag{3.1.3}$$

用克拉默法则，解得

$$x=\frac{1}{-7}\begin{vmatrix} z & 2 \\ -z & -3 \end{vmatrix}=\frac{z}{7}, \qquad y=\frac{1}{-7}\begin{vmatrix} 1 & z \\ 2 & -z \end{vmatrix}=\frac{3}{7}z$$

这就是式(3.1.3)的全部解. 从而式(3.1.2)同时也是式(3.1.1)的全部解为

$$x=\frac{z}{7}, \quad y=\frac{3}{7}z, \quad z=z$$

式中, z 为任意实数. 若令 $z=7t$, 则可以把解写成通常的参数形式

$$x=t, \quad y=3t, \quad z=7t$$

式中, t 为任意实数.

对于一般的齐次线性方程组

$$\begin{cases} a_{11}x_1+a_{12}x_2+\cdots+a_{1n}x_n=0 \\ a_{21}x_1+a_{22}x_2+\cdots+a_{2n}x_n=0 \\ \qquad\cdots\cdots \\ a_{m1}x_1+a_{m2}x_2+\cdots+a_{mn}x_n=0 \end{cases} \tag{3.1.4}$$

也可以用与例 3.1.1 类似的步骤求解，即

第 1 步 从式(3.1.4)中删去多余方程而得到保留方程组(为表示方便，设后面 $m-r$ 个方程是多余的)，得

$$\begin{cases} a_{11}x_1+a_{12}x_2+\cdots+a_{1n}x_n=0 \\ a_{21}x_1+a_{22}x_2+\cdots+a_{2n}x_n=0 \\ \qquad\cdots\cdots \\ a_{r1}x_1+a_{r2}x_2+\cdots+a_{rn}x_n=0 \end{cases} \tag{3.1.5}$$

保留方程组(3.1.5)应具有下述特点:

(1) 式(3.1.5)中不再含有多余方程;

(2) 式(3.1.5)与式(3.1.4)同解.

第 2 步 在式(3.1.5)中找出 r 个未知数，使它们的系数行列式不为零. 不妨设，找到 $x_1, x_2, \cdots, x_r$ 的系数行列式

$$\begin{vmatrix} a_{11} & a_{12} & \cdots & a_{1r} \\ a_{21} & a_{22} & \cdots & a_{2r} \\ \vdots & \vdots & & \vdots \\ a_{r1} & a_{r2} & \cdots & a_{rr} \end{vmatrix} \neq 0$$

于是把 $x_{r+1}, \cdots, x_n$ 移到等号右端，得到

$$\begin{cases} a_{11}x_1+\cdots+a_{1r}x_r=-a_{1,r+1}x_{r+1}-\cdots-a_{1n}x_n \\ a_{21}x_1+\cdots+a_{2r}x_r=-a_{2,r+1}x_{r+1}-\cdots-a_{2n}x_n \\ \qquad\cdots\cdots \\ a_{r1}x_1+\cdots+a_{rr}x_r=-a_{r,r+1}x_{r+1}-\cdots-a_{rn}x_n \end{cases} \tag{3.1.6}$$

第 3 步 把 $x_{r+1}, \cdots, x_n$ 看成参数，用克拉默法则求解方程组(3.1.6).

从上面的解法中，自然会提出以下问题:

(1)如何判别方程组(3.1.4)中是否有多余方程？

(2)在保留方程组(3.1.5)中是否一定能找到不等于零的r阶系数行列式？或者说，如果方程组(3.1.4)中没有多余方程，那么方程组(3.1.4)中是否一定能找到不等于零的m阶系数行列式？如果方程组(3.1.4)中含有多余方程，那么方程组(3.1.4)中是否所有的m阶系数行列式($m\leqslant n$)全等于零？

(3)如何找保留方程组(3.1.5)？

为了解决上述问题，需要引入向量及向量空间的概念，并讨论它们的基本性质.

2. n维向量的概念与运算

由n个数组成的有序数组$(a_1, a_2,\cdots, a_n)$称为$\boldsymbol{n}$**维向量**，记为$\boldsymbol{\alpha}=(a_1, a_2,\cdots, a_n)$，其中$a_i\ (i=1, 2,\cdots, n)$称为向量$\boldsymbol{\alpha}$的**分量**，$a_j$称为向量$\boldsymbol{\alpha}$的第$j$个分量. 分量是实数的向量称为**实向量**，分量是复数的向量称为**复向量**，本章只讨论实向量.

n维向量是解析几何中二、三维向量的推广，但$n>3$时，n维向量已没有空间向量那种几何意义，这里只是沿用几何的术语. n维向量在许多方面都有应用. 例如，齐次线性方程组(3.1.4)中任一个方程的系数就是n个有序数，因而可以构成一个n维向量. 第i个方程的系数可构成向量

$$\boldsymbol{\alpha}_i=(a_{i1}, a_{i2},\cdots, a_{in})$$

同样，非齐次线性方程组中的方程$a_1x_1+a_2x_2+\cdots+a_nx_n=b$，其未知数的系数与常数$b$也可类似地构成向量$(a_1, a_2,\cdots, a_n, b)$. 可见，线性方程与向量之间可以建立对应关系，因此，可以利用向量研究线性方程问题.

设$\boldsymbol{\alpha}=(a_1, a_2,\cdots, a_n)$，$\boldsymbol{\beta}=(b_1, b_2,\cdots, b_n)$都是$n$维向量，当且仅当它们各个对应的分量都相等，即$a_i=b_i\ (i=1, 2,\cdots, n)$时，称向量$\boldsymbol{\alpha}$与$\boldsymbol{\beta}$相等，记为$\boldsymbol{\alpha}=\boldsymbol{\beta}$.

分量都是0的向量称为**零向量**，记为$\mathbf{0}$，即$\mathbf{0}=(0, 0,\cdots, 0)$. 注意维数不同的零向量是不相同的.

向量$(-a_1, -a_2,\cdots, -a_n)$称为向量$\boldsymbol{\alpha}=(a_1, a_2,\cdots, a_n)$的**负向量**，记为$-\boldsymbol{\alpha}$.

设$\boldsymbol{\alpha}=(a_1, a_2,\cdots, a_n)$，$\boldsymbol{\beta}=(b_1, b_2,\cdots, b_n)$都是$n$维向量，则向量$(a_1+b_1, a_2+b_2,\cdots, a_n+b_n)$称为向量$\boldsymbol{\alpha}$与$\boldsymbol{\beta}$的和，记为$\boldsymbol{\alpha}+\boldsymbol{\beta}$. 即

$$\boldsymbol{\alpha}+\boldsymbol{\beta}=(a_1+b_1, a_2+b_2,\cdots, a_n+b_n)$$

由负向量即可定义向量的减法:

$$\boldsymbol{\alpha}-\boldsymbol{\beta}=\boldsymbol{\alpha}+(-\boldsymbol{\beta})=(a_1-b_1, a_2-b_2,\cdots, a_n-b_n)$$

设$\boldsymbol{\alpha}=(a_1, a_2,\cdots, a_n)$为$n$维向量，$\lambda$为实数，则向量$(\lambda a_1, \lambda a_2,\cdots, \lambda a_n)$称为数$\lambda$与向量$\boldsymbol{\alpha}$的乘积，记为$\lambda\boldsymbol{\alpha}$或$\boldsymbol{\alpha}\lambda$，即

$$\lambda\boldsymbol{\alpha}=\boldsymbol{\alpha}\lambda=(\lambda a_1, \lambda a_2,\cdots, \lambda a_n)$$

向量相加与数乘向量两种运算，统称为向量的**线性运算**，它满足下述运算规律(设$\boldsymbol{\alpha}$, $\boldsymbol{\beta}$, $\boldsymbol{\gamma}$都是n维向量，λ, μ是实数):

(1)$\boldsymbol{\alpha}+\boldsymbol{\beta}=\boldsymbol{\beta}+\boldsymbol{\alpha}$　　(2)$(\boldsymbol{\alpha}+\boldsymbol{\beta})+\boldsymbol{\gamma}=\boldsymbol{\alpha}+(\boldsymbol{\beta}+\boldsymbol{\gamma})$

(3)$\boldsymbol{\alpha}+\mathbf{0}=\boldsymbol{\alpha}$　　(4)$\boldsymbol{\alpha}+(-\boldsymbol{\alpha})=\mathbf{0}$

(5)$1\boldsymbol{\alpha}=\boldsymbol{\alpha}$　　(6)$\lambda(\mu\boldsymbol{\alpha})=(\lambda\mu)\boldsymbol{\alpha}$

(7)$\lambda(\boldsymbol{\alpha}+\boldsymbol{\beta})=\lambda\boldsymbol{\alpha}+\lambda\boldsymbol{\beta}$　　(8)$(\lambda+\mu)\boldsymbol{\alpha}=\lambda\boldsymbol{\alpha}+\mu\boldsymbol{\alpha}$

3.2 向量组的线性相关性

本节讨论由 m 个 n 维向量组成的向量组的线性关系, 包括线性组合、线性相关、线性无关以及线性相关性的判别法.

1. 线性组合、线性相关与线性无关

设 $\boldsymbol{\alpha}_1, \boldsymbol{\alpha}_2, \cdots, \boldsymbol{\alpha}_m$ 是 m 个 n 维向量, $\lambda_1, \lambda_2, \cdots, \lambda_m$ 是 m 个实数, 则 $\lambda_1\boldsymbol{\alpha}_1 + \lambda_2\boldsymbol{\alpha}_2 + \cdots + \lambda_m\boldsymbol{\alpha}_m$ 称为向量 $\boldsymbol{\alpha}_1, \boldsymbol{\alpha}_2, \cdots, \boldsymbol{\alpha}_m$ 的**线性组合**. 又若向量

$$\boldsymbol{\beta} = \lambda_1\boldsymbol{\alpha}_1 + \lambda_2\boldsymbol{\alpha}_2 + \cdots + \lambda_m\boldsymbol{\alpha}_m$$

则 $\boldsymbol{\beta}$ 也称为向量 $\boldsymbol{\alpha}_1, \boldsymbol{\alpha}_2, \cdots, \boldsymbol{\alpha}_m$ 的线性组合, 或者称 $\boldsymbol{\beta}$ 可以由向量(组)$\boldsymbol{\alpha}_1, \boldsymbol{\alpha}_2, \cdots, \boldsymbol{\alpha}_m$ **线性表示**, $\lambda_1, \lambda_2, \cdots, \lambda_m$ 称为**组合系数**.

容易得到:

(1)零向量可由任一向量组 $\boldsymbol{\alpha}_1, \boldsymbol{\alpha}_2, \cdots, \boldsymbol{\alpha}_m$ 线性表示. 事实上

$$\boldsymbol{0} = 0\boldsymbol{\alpha}_1 + 0\boldsymbol{\alpha}_2 + \cdots + 0\boldsymbol{\alpha}_m$$

(2)向量组 $\boldsymbol{\alpha}_1, \boldsymbol{\alpha}_2, \cdots, \boldsymbol{\alpha}_m$ 中各向量都可由该向量组线性表示. 事实上

$$\boldsymbol{\alpha}_i = 0\boldsymbol{\alpha}_1 + \cdots + 0\boldsymbol{\alpha}_{i-1} + 1\boldsymbol{\alpha}_i + 0\boldsymbol{\alpha}_{i+1} + \cdots + 0\boldsymbol{\alpha}_m \quad (i = 1, 2, \cdots, m)$$

(3)若 $\boldsymbol{\alpha}$ 可由 $\boldsymbol{\beta}_1, \boldsymbol{\beta}_2, \cdots, \boldsymbol{\beta}_m$ 线性表示, 而 $\boldsymbol{\beta}_i$ $(i = 1, 2, \cdots, m)$又可由向量组 $\boldsymbol{\gamma}_1, \boldsymbol{\gamma}_2, \cdots, \boldsymbol{\gamma}_s$ 线性表示, 则 $\boldsymbol{\alpha}$ 可由 $\boldsymbol{\gamma}_1, \boldsymbol{\gamma}_2, \cdots, \boldsymbol{\gamma}_s$ 线性表示.

事实上, 设 $\boldsymbol{\alpha} = \sum\limits_{i=1}^{m}\lambda_i\boldsymbol{\beta}_i$, $\boldsymbol{\beta}_i = \sum\limits_{j=1}^{s}\mu_{ij}\boldsymbol{\gamma}_j$ $(i = 1, 2, \cdots, m)$, 则

$$\boldsymbol{\alpha} = \sum_{i=1}^{m}\lambda_i\left(\sum_{j=1}^{s}\mu_{ij}\boldsymbol{\gamma}_j\right) = \sum_{i=1}^{m}\sum_{j=1}^{s}\lambda_i\mu_{ij}\boldsymbol{\gamma}_j = \sum_{j=1}^{s}\left(\sum_{i=1}^{m}\lambda_i\mu_{ij}\right)\boldsymbol{\gamma}_j$$

即 $\boldsymbol{\alpha}$ 可由 $\boldsymbol{\gamma}_1, \boldsymbol{\gamma}_2, \cdots, \boldsymbol{\gamma}_s$ 线性表示, 这一性质称为**线性表示的传递性**.

例 3.2.1 任一 n 维向量 $\boldsymbol{\alpha} = (a_1, a_2, \cdots, a_n)$都是向量组

$$\boldsymbol{\varepsilon}_1 = (1, 0, 0, \cdots, 0), \boldsymbol{\varepsilon}_2 = (0, 1, 0, \cdots, 0), \cdots, \boldsymbol{\varepsilon}_n = (0, 0, 0, \cdots, 1)$$

的一个线性组合. 事实上

$$\boldsymbol{\alpha} = a_1\boldsymbol{\varepsilon}_1 + a_2\boldsymbol{\varepsilon}_2 + \cdots + a_n\boldsymbol{\varepsilon}_n$$

其中, 向量 $\boldsymbol{\varepsilon}_1, \boldsymbol{\varepsilon}_2, \cdots, \boldsymbol{\varepsilon}_n$ 称为 $\boldsymbol{n}$ **维单位坐标向量**.

例 3.2.2 方程组(3.1.1)第 3 个方程对应的向量 $\boldsymbol{\alpha}_3 = (4, 1, -1)$可以由前两个方程对应的向量 $\boldsymbol{\alpha}_1 = (1, 2, -1)$, $\boldsymbol{\alpha}_2 = (2, -3, 1)$线性表示. 事实上, $\boldsymbol{\alpha}_3 = 2\boldsymbol{\alpha}_1 + \boldsymbol{\alpha}_2$.

定义 3.2.1 若 n 维向量组 $\boldsymbol{\alpha}_1, \boldsymbol{\alpha}_2, \cdots, \boldsymbol{\alpha}_m (m \geqslant 2)$中至少有一个向量可由其余向量线性表示, 则称向量组 $\boldsymbol{\alpha}_1, \boldsymbol{\alpha}_2, \cdots, \boldsymbol{\alpha}_m$ 是**线性相关**的. 若向量组不是线性相关的, 则称向量组是**线性无关**的.

若向量组只含一个向量 $\boldsymbol{\alpha}$, 则规定: 当 $\boldsymbol{\alpha} = \boldsymbol{0}$ 时, 它是线性相关的; 当 $\boldsymbol{\alpha} \neq \boldsymbol{0}$ 时, 它是线性无关的.

由线性方程与向量的对应关系及向量的运算性质可知, 若 $\boldsymbol{\beta}$ 可由 $\boldsymbol{\alpha}_1, \boldsymbol{\alpha}_2, \cdots, \boldsymbol{\alpha}_m$ 线性表示, 则 $\boldsymbol{\beta}$ 对应的线性方程可由 $\boldsymbol{\alpha}_1, \boldsymbol{\alpha}_2, \cdots, \boldsymbol{\alpha}_m$ 对应的线性方程经线性运算得到, 从而 $\boldsymbol{\alpha}_1, \boldsymbol{\alpha}_2, \cdots, \boldsymbol{\alpha}_m$ 对应的线性方程的公共解必为 $\boldsymbol{\beta}$ 对应的线性方程的解.

线性相关的概念运用到线性方程组中，若线性方程组对应的向量组 $\boldsymbol{\alpha}_1, \boldsymbol{\alpha}_2, \cdots, \boldsymbol{\alpha}_m$ 线性相关，则由定义 3.2.1 可知，至少有一个向量(不妨设为 $\boldsymbol{\alpha}_m$)可被其余向量线性表示，从而可得，该线性方程组必有多余方程，且 $\boldsymbol{\alpha}_m$ 对应的线性方程就是多余方程.

例 3.2.3 证明方程组 3.1.1 对应的向量组 $\boldsymbol{\alpha}_1 = (1, 2, -1), \boldsymbol{\alpha}_2 = (2, -3, 1), \boldsymbol{\alpha}_3 = (4, 1, -1)$是线性相关的.

证 因为 $\boldsymbol{\alpha}_3 = 2\boldsymbol{\alpha}_1 + \boldsymbol{\alpha}_2$，即 $\boldsymbol{\alpha}_3$ 可由 $\boldsymbol{\alpha}_1, \boldsymbol{\alpha}_2$ 线性表示，由定义 3.2.1 得，向量组 $\boldsymbol{\alpha}_1, \boldsymbol{\alpha}_2, \boldsymbol{\alpha}_3$ 线性相关.

例 3.2.4 证明：向量组 $\boldsymbol{\alpha} = (a_1, a_2, \cdots, a_n), \boldsymbol{\beta} = (b_1, b_2, \cdots, b_n)$线性相关当且仅当它们对应的分量成比例.

证 若 $\boldsymbol{\alpha}, \boldsymbol{\beta}$ 线性相关，则必有一个向量可由另一个向量线性表示，不妨设 $\boldsymbol{\alpha} = k\boldsymbol{\beta}$，比较对应分量得 $a_i = kb_i\ (i = 1, 2, \cdots, n)$；反之，若两向量的分量对应比例，即有 $a_i = kb_i\ (i = 1, 2, \cdots, n)$，则 $\boldsymbol{\alpha} = k\boldsymbol{\beta}$. 由定义 3.2.1 知，$\boldsymbol{\alpha}, \boldsymbol{\beta}$ 线性相关.

为了方便地判断向量组的线性相关性，下面给出一些相关的定理和推论.

定理 3.2.1 向量组 $\boldsymbol{\alpha}_1, \boldsymbol{\alpha}_2, \cdots, \boldsymbol{\alpha}_m$ 线性相关的充要条件是，存在一组不全为 0 的数 $k_1, k_2, \cdots, k_m$，使得 $k_1\boldsymbol{\alpha}_1 + k_2\boldsymbol{\alpha}_2 + \cdots + k_m\boldsymbol{\alpha}_m = \mathbf{0}$ 成立.

证 当 $m = 1$ 时，结论显然成立. 下面对 $m \geqslant 2$ 的情况进行证明.

必要性. 设 $\boldsymbol{\alpha}_1, \boldsymbol{\alpha}_2, \cdots, \boldsymbol{\alpha}_m$ 线性相关，则至少有一个向量可由其余向量线性表示，不妨设 $\boldsymbol{\alpha}_m$ 可由 $\boldsymbol{\alpha}_1, \boldsymbol{\alpha}_2, \cdots, \boldsymbol{\alpha}_{m-1}$ 线性表示，即有

$$\boldsymbol{\alpha}_m = \lambda_1\boldsymbol{\alpha}_1 + \lambda_2\boldsymbol{\alpha}_2 + \cdots + \lambda_{m-1}\boldsymbol{\alpha}_{m-1}$$

于是有

$$\lambda_1\boldsymbol{\alpha}_1 + \lambda_2\boldsymbol{\alpha}_2 + \cdots + \lambda_{m-1}\boldsymbol{\alpha}_{m-1} + (-1)\boldsymbol{\alpha}_m = \mathbf{0}$$

令 $k_1 = \lambda_1, k_2 = \lambda_2, \cdots, k_{m-1} = \lambda_{m-1}, k_m = -1$，它是一组不全为 0 的数，使得

$$k_1\boldsymbol{\alpha}_1 + k_2\boldsymbol{\alpha}_2 + \cdots + k_m\boldsymbol{\alpha}_m = \mathbf{0}$$

充分性. 若存在一组不全为 0 的数 $k_1, k_2, \cdots, k_m$，使得

$$k_1\boldsymbol{\alpha}_1 + k_2\boldsymbol{\alpha}_2 + \cdots + k_m\boldsymbol{\alpha}_m = \mathbf{0}$$

不妨设 $k_m \neq 0$，于是有

$$\boldsymbol{\alpha}_m = -\frac{k_1}{k_m}\boldsymbol{\alpha}_1 - \frac{k_2}{k_m}\boldsymbol{\alpha}_2 - \cdots - \frac{k_{m-1}}{k_m}\boldsymbol{\alpha}_{m-1}$$

即 $\boldsymbol{\alpha}_m$ 可由 $\boldsymbol{\alpha}_1, \boldsymbol{\alpha}_2, \cdots, \boldsymbol{\alpha}_{m-1}$ 线性表示，所以 $\boldsymbol{\alpha}_1, \boldsymbol{\alpha}_2, \cdots, \boldsymbol{\alpha}_m$ 线性相关.

由定理 3.2.1 可得出下面关于线性无关的定理.

定理 3.2.1′ 向量组 $\boldsymbol{\alpha}_1, \boldsymbol{\alpha}_2, \cdots, \boldsymbol{\alpha}_m$ 线性无关的充要条件是等式

$$k_1\boldsymbol{\alpha}_1 + k_2\boldsymbol{\alpha}_2 + \cdots + k_m\boldsymbol{\alpha}_m = \mathbf{0}$$

仅当 $k_1 = k_2 = \cdots = k_m = 0$ 时成立.

例 3.2.5 判断向量组 $\boldsymbol{\alpha}_1 = (5, 2, 1), \boldsymbol{\alpha}_2 = (-1, 3, 3), \boldsymbol{\alpha}_3 = (9, 7, 5)$的线性相关性.

解 因为有一组不全为 0 的数 2, 1, –1，使得

$$2\boldsymbol{\alpha}_1 + \boldsymbol{\alpha}_2 - \boldsymbol{\alpha}_3 = \mathbf{0}$$

所以，$\boldsymbol{\alpha}_1, \boldsymbol{\alpha}_2, \boldsymbol{\alpha}_3$ 线性相关.

例 3.2.6 证明：n 维单位坐标向量组 $\boldsymbol{\varepsilon}_1, \boldsymbol{\varepsilon}_2, \cdots, \boldsymbol{\varepsilon}_n$ 是线性无关的.

证 若数 $k_1, k_2, \cdots, k_n$ 使得

$$k_1\boldsymbol{\varepsilon}_1 + k_2\boldsymbol{\varepsilon}_2 + \cdots + k_n\boldsymbol{\varepsilon}_n = \mathbf{0}$$

即$(k_1, k_2, \cdots, k_n)=(0, 0, \cdots, 0)$. 则必有 $k_1=k_2=\cdots=k_n=0$, 故 $\boldsymbol{\varepsilon}_1, \boldsymbol{\varepsilon}_2, \cdots, \boldsymbol{\varepsilon}_n$ 线性无关.

例 3.2.7 设向量组 $\boldsymbol{\alpha}_1, \boldsymbol{\alpha}_2, \boldsymbol{\alpha}_3$ 线性无关, $\boldsymbol{\beta}_1=\boldsymbol{\alpha}_1+\boldsymbol{\alpha}_2, \boldsymbol{\beta}_2=\boldsymbol{\alpha}_2+\boldsymbol{\alpha}_3, \boldsymbol{\beta}_3=\boldsymbol{\alpha}_3+\boldsymbol{\alpha}_1$, 试证向量组 $\boldsymbol{\beta}_1, \boldsymbol{\beta}_2, \boldsymbol{\beta}_3$ 也线性无关.

证 设数 x_1, x_2, x_3, 使得 $x_1\boldsymbol{\beta}_1+x_2\boldsymbol{\beta}_2+x_3\boldsymbol{\beta}_3=\mathbf{0}$, 即

$$x_1(\boldsymbol{\alpha}_1+\boldsymbol{\alpha}_2)+x_2(\boldsymbol{\alpha}_2+\boldsymbol{\alpha}_3)+x_3(\boldsymbol{\alpha}_3+\boldsymbol{\alpha}_1)=\mathbf{0}$$

亦即

$$(x_1+x_3)\boldsymbol{\alpha}_1+(x_1+x_2)\boldsymbol{\alpha}_2+(x_2+x_3)\boldsymbol{\alpha}_3=\mathbf{0}$$

因 $\boldsymbol{\alpha}_1, \boldsymbol{\alpha}_2, \boldsymbol{\alpha}_3$ 线性无关, 故

$$\begin{cases} x_1 + \quad\quad x_3 = 0 \\ x_1 + x_2 \quad\quad = 0 \\ \quad\quad x_2 + x_3 = 0 \end{cases}$$

因此方程组的系数行列式 $\begin{vmatrix} 1 & 0 & 1 \\ 1 & 1 & 0 \\ 0 & 1 & 1 \end{vmatrix}=2\neq 0$, 故由克拉默法则知方程组只有零解 $x_1=x_2=x_3=0$, 即 $\boldsymbol{\beta}_1, \boldsymbol{\beta}_2, \boldsymbol{\beta}_3$ 线性无关.

由定理 3.2.1 及定理 3.2.1′, 容易推出如下结论.

推论 3.2.1 若向量组的部分向量线性相关, 则该向量组本身也线性相关; 若向量组线性无关, 则它的任意部分向量也线性无关.

事实上, 若向量组 $\boldsymbol{\alpha}_1, \boldsymbol{\alpha}_2, \cdots, \boldsymbol{\alpha}_r, \boldsymbol{\alpha}_{r+1}, \cdots, \boldsymbol{\alpha}_m$ 中部分向量 $\boldsymbol{\alpha}_1, \cdots, \boldsymbol{\alpha}_r$ 线性相关, 则存在不全为 0 的数 $k_1, \cdots, k_r$ 使得

$$k_1\boldsymbol{\alpha}_1+\cdots+k_r\boldsymbol{\alpha}_r=\mathbf{0}$$

于是有

$$k_1\boldsymbol{\alpha}_1+\cdots+k_r\boldsymbol{\alpha}_r+0\boldsymbol{\alpha}_{r+1}+\cdots+0\boldsymbol{\alpha}_m=\mathbf{0}$$

显然, $k_1, \cdots, k_r, 0, \cdots, 0$ 不全为 0, 所以 $\boldsymbol{\alpha}_1, \boldsymbol{\alpha}_2, \cdots, \boldsymbol{\alpha}_m$ 线性相关.

由推论 3.2.1 可得, 线性无关向量组的任意部分向量必线性无关. 否则, 若有一部分向量线性相关, 则向量组本身应线性相关, 与原设不符.

推论 3.2.2 包含零向量 $\mathbf{0}$ 的向量组一定是线性相关的.

例 3.2.8 讨论向量组 $\boldsymbol{\alpha}_1=(1, 0), \boldsymbol{\alpha}_2=(2, 0), \boldsymbol{\alpha}_3=(0, 1), \boldsymbol{\alpha}_4=(0, 0)$的线性相关性.

解 因向量组中含有零向量 $\boldsymbol{\alpha}_4=\mathbf{0}$, 故向量组线性相关.

显然例 3.2.8 中的向量组内存在着线性组合关系, 其全部关系如下

$$\boldsymbol{\alpha}_1=\frac{1}{2}\boldsymbol{\alpha}_2+0\boldsymbol{\alpha}_3+\lambda\boldsymbol{\alpha}_4 \quad \boldsymbol{\alpha}_2=2\boldsymbol{\alpha}_1+0\boldsymbol{\alpha}_3+\mu\boldsymbol{\alpha}_4 \quad \boldsymbol{\alpha}_4=2k\boldsymbol{\alpha}_1-k\boldsymbol{\alpha}_2+0\boldsymbol{\alpha}_3$$

这里 λ, μ, k 是可以任取的数.

我们注意到线性相关关系的内涵: ①在一个线性相关的向量组中, 必定有某些向量能被其余向量线性表示, 但并非每一个向量都能由其余向量线性表示, 如例 3.2.8 中的 $\boldsymbol{\alpha}_3$; ②当某向量能被其余向量线性表示时, 其组合系数不一定是唯一的.

定理 3.2.2 设 $\boldsymbol{\alpha}_1, \boldsymbol{\alpha}_2, \cdots, \boldsymbol{\alpha}_m$ 线性无关, 而 $\boldsymbol{\alpha}_1, \boldsymbol{\alpha}_2, \cdots, \boldsymbol{\alpha}_m, \boldsymbol{\beta}$ 线性相关, 则 $\boldsymbol{\beta}$ 可由 $\boldsymbol{\alpha}_1, \boldsymbol{\alpha}_2, \cdots, \boldsymbol{\alpha}_m$ 线性表示, 且表示法是唯一的.

证 因 $\boldsymbol{\alpha}_1, \cdots, \boldsymbol{\alpha}_m, \boldsymbol{\beta}$ 线性相关, 故有一组不全为 0 的数 $k_1, k_2, \cdots, k_m, k_{m+1}$, 使得

$$k_1\boldsymbol{\alpha}_1+k_2\boldsymbol{\alpha}_2+\cdots+k_m\boldsymbol{\alpha}_m+k_{m+1}\boldsymbol{\beta}=\mathbf{0}$$

要证 $\boldsymbol{\beta}$ 能由 $\boldsymbol{\alpha}_1, \boldsymbol{\alpha}_2, \cdots, \boldsymbol{\alpha}_m$ 线性表示，只需证 $k_{m+1}\neq 0$. 用反证法，假设 $k_{m+1}=0$，则数 $k_1, k_2, \cdots, k_m$ 不全为 0，且有

$$k_1\boldsymbol{\alpha}_1+k_2\boldsymbol{\alpha}_2+\cdots+k_m\boldsymbol{\alpha}_m=\mathbf{0}$$

这与 $\boldsymbol{\alpha}_1, \cdots, \boldsymbol{\alpha}_m$ 线性无关矛盾，故 $k_{m+1}\neq 0$.

下证表示法的唯一性. 设有两种表示法

$$\boldsymbol{\beta}=\lambda_1\boldsymbol{\alpha}_1+\lambda_2\boldsymbol{\alpha}_2+\cdots+\lambda_m\boldsymbol{\alpha}_m, \qquad \boldsymbol{\beta}=\mu_1\boldsymbol{\alpha}_1+\mu_2\boldsymbol{\alpha}_2+\cdots+\mu_m\boldsymbol{\alpha}_m$$

两式相减，得

$$(\lambda_1-\mu_1)\boldsymbol{\alpha}_1+(\lambda_2-\mu_2)\boldsymbol{\alpha}_2+\cdots+(\lambda_m-\mu_m)\boldsymbol{\alpha}_m=\mathbf{0}$$

因 $\boldsymbol{\alpha}_1, \boldsymbol{\alpha}_2, \cdots, \boldsymbol{\alpha}_m$ 线性无关，故 $\lambda_i-\mu_i=0\ (i=1, 2, \cdots, m)$. 即 $\lambda_i=\mu_i\ (i=1, 2, \cdots, m)$.

定理 3.2.3 若向量组 $\boldsymbol{\alpha}_1, \boldsymbol{\alpha}_2, \cdots, \boldsymbol{\alpha}_s$ 中每一个向量都可由向量组 $\boldsymbol{\beta}_1, \boldsymbol{\beta}_2, \cdots, \boldsymbol{\beta}_t$ 线性表示，且 $s>t$，则向量组 $\boldsymbol{\alpha}_1, \boldsymbol{\alpha}_2, \cdots, \boldsymbol{\alpha}_s$ 线性相关.

证 设 $\boldsymbol{\alpha}_1=\sum_{j=1}^{t}k_{ji}\boldsymbol{\beta}_j\ (i=1,2,\cdots,s)$，考察 $\boldsymbol{\alpha}_1, \boldsymbol{\alpha}_2, \cdots, \boldsymbol{\alpha}_s$ 线性组合

$$\sum_{i=1}^{s}x_i\boldsymbol{\alpha}_i=\sum_{i=1}^{s}x_i\left(\sum_{j=1}^{t}k_{ji}\boldsymbol{\beta}_j\right)=\sum_{j=1}^{t}\left(\sum_{i=1}^{s}k_{ji}x_i\right)\boldsymbol{\beta}_j \tag{3.2.1}$$

令

$$\sum_{i=1}^{s}k_{ji}x_i=0\quad (j=1,2,\cdots,t) \tag{3.2.2}$$

这是 t 个方程 s 个未知数的齐次线性方程组，因 $t<s$，可从 3.1 节中一般的齐次线性方程组的求解过程知，必有非零解 $x_1=k_1, x_2=k_2, \cdots, x_s=k_s$. 将其代入式(3.2.1)，有不全为 0 的 $k_1, k_2, \cdots, k_s$，使得 $\sum_{i=1}^{s}k_i\boldsymbol{\alpha}_i=\mathbf{0}$，即 $\boldsymbol{\alpha}_1, \boldsymbol{\alpha}_2, \cdots, \boldsymbol{\alpha}_s$ 线性相关.

推论 3.2.3 若 $\boldsymbol{\alpha}_1, \boldsymbol{\alpha}_2, \cdots, \boldsymbol{\alpha}_s$ 线性无关，且每个向量都可由 $\boldsymbol{\beta}_1, \boldsymbol{\beta}_2, \cdots, \boldsymbol{\beta}_t$ 线性表示，则 $s\leqslant t$.

由定理 3.2.3，利用反证法立即可得结论成立.

推论 3.2.4 任何 $m(m>n)$ 个 n 维向量必线性相关.

这是因为任何 $m(m>n)$ 个 n 维向量构成的向量组可由 n 个 n 维单位向量 $\boldsymbol{\varepsilon}_1, \boldsymbol{\varepsilon}_2, \cdots, \boldsymbol{\varepsilon}_n$ 线性表示，由定理 3.2.3 即得结论成立.

对于 $m(m<n)$ 个 n 维向量如何判别它是否线性相关呢？这个问题可以归结为某个齐次线性方程组是否有非零解的问题. 设有向量组 $\boldsymbol{\alpha}_1=(a_{11}, a_{12}, \cdots, a_{1n})$, $\boldsymbol{\alpha}_2=(a_{21}, a_{22}, \cdots, a_{2n})$, $\cdots$, $\boldsymbol{\alpha}_m=(a_{m1}, a_{m2}, \cdots, a_{mn})$. 令

$$x_1\boldsymbol{\alpha}_1+x_2\boldsymbol{\alpha}_2+\cdots+x_m\boldsymbol{\alpha}_m=\mathbf{0} \tag{3.2.3}$$

比较上式两端的对应分量，得

$$\begin{cases} a_{11}x_1+a_{21}x_2+\cdots+a_{m1}x_m=0 \\ a_{12}x_1+a_{22}x_2+\cdots+a_{m2}x_m=0 \\ \quad\cdots\cdots \\ a_{1n}x_1+a_{2n}x_2+\cdots+a_{mn}x_m=0 \end{cases} \tag{3.2.4}$$

上式是一个齐次线性方程组. 若方程组(3.2.4)有非零解 $x_1=k_1, x_2=k_2, \cdots, x_m=k_m$，则有一组不全为 0 的数 $k_1, k_2, \cdots, k_m$ 使式(3.2.3)成立，因而 $\boldsymbol{\alpha}_1, \boldsymbol{\alpha}_2, \cdots, \boldsymbol{\alpha}_m$ 线性相关；若方程组(3.2.4)只有零解，且仅当 $x_1=x_2=\cdots=x_m=0$ 时式(3.2.3)成立，因而 $\boldsymbol{\alpha}_1, \boldsymbol{\alpha}_2, \cdots, \boldsymbol{\alpha}_m$ 线性无关.

例 3.2.9 判断向量组 $\boldsymbol{\alpha}_1=(1, -1, 2)$, $\boldsymbol{\alpha}_2=(3, 2, 1)$, $\boldsymbol{\alpha}_3=(5, 0, 5)$的线性相关性.

解 设数 x_1, x_2, x_3 使

$$x_1\boldsymbol{\alpha}_1 + x_2\boldsymbol{\alpha}_2 + x_3\boldsymbol{\alpha}_3 = \mathbf{0}$$

比较上式两端的各分量，得

$$\begin{cases} x_1 + 3x_2 + 5x_3 = 0 \\ -x_1 + 2x_2 \qquad\quad = 0 \\ 2x_1 + \ x_2 + 5x_3 = 0 \end{cases}$$

解该方程组知有非零解，如 $x_1 = 2, x_2 = 1, x_3 = -1$，于是有 $2\boldsymbol{\alpha}_1 + \boldsymbol{\alpha}_2 - \boldsymbol{\alpha}_3 = \mathbf{0}$，故 $\boldsymbol{\alpha}_1, \boldsymbol{\alpha}_2, \boldsymbol{\alpha}_3$ 线性相关.

另外，还可以利用矩阵来讨论向量组的线性相关性，为此，先建立向量组与矩阵的联系.

2. 向量组与矩阵

为了沟通向量组与矩阵的联系，将向量 $\boldsymbol{\alpha} = (a_1, a_2, \cdots, a_n)$称为 **$n$ 维行向量**. n 维向量 $\boldsymbol{\alpha}$ 也可以记为 $\boldsymbol{\alpha}' = \begin{pmatrix} a_1 \\ a_2 \\ \vdots \\ a_n \end{pmatrix}$，$\boldsymbol{\alpha}'$称为 **$n$ 维列向量**. 应该指出，n 维行向量 $\boldsymbol{\alpha}$ 与 n 维列向量 $\boldsymbol{\alpha}'$作为向量而言是一样的，但为了将向量与矩阵对应，现规定：当 $n>1$ 时，n 维行向量 $\boldsymbol{\alpha}$ 与 n 维列向量 $\boldsymbol{\alpha}'$是不同的，需将 n 维行向量等同于 $1\times n$ 矩阵，将 n 维列向量等同于 $n\times 1$ 矩阵，并且运算时也按照矩阵的运算规则进行.

向量组

$$\boldsymbol{\alpha}_i = (a_{i1}, a_{i2}, \cdots, a_{in}) \quad (i = 1, 2, \cdots, m) \tag{3.2.5}$$

可以构成矩阵

$$\boldsymbol{A} = \begin{pmatrix} a_{11} & a_{12} & \cdots & a_{1n} \\ a_{21} & a_{22} & \cdots & a_{2n} \\ \vdots & \vdots & & \vdots \\ a_{m1} & a_{m2} & \cdots & a_{mn} \end{pmatrix} = \begin{pmatrix} \boldsymbol{\alpha}_1 \\ \boldsymbol{\alpha}_2 \\ \vdots \\ \boldsymbol{\alpha}_m \end{pmatrix} \tag{3.2.6}$$

$\boldsymbol{A}$ 称为由向量组(3.2.5)构成的矩阵，$\boldsymbol{\alpha}_i$ 称为矩阵 $\boldsymbol{A}$ 的第 i 个行向量. 记

$$\boldsymbol{\beta}_j = \begin{pmatrix} a_{1j} \\ a_{2j} \\ \vdots \\ a_{mj} \end{pmatrix} \quad (j = 1, 2, \cdots, n)$$

则矩阵 $\boldsymbol{A}$ 可记为 $\boldsymbol{A} = (\boldsymbol{\beta}_1 \quad \boldsymbol{\beta}_2 \quad \cdots \quad \boldsymbol{\beta}_n)$或 $\boldsymbol{A} = (\boldsymbol{\beta}_1, \boldsymbol{\beta}_2, \cdots, \boldsymbol{\beta}_n)$，$\boldsymbol{A}$ 又可称为由列向量组 $\boldsymbol{\beta}_1, \boldsymbol{\beta}_2, \cdots, \boldsymbol{\beta}_n$ 构成的矩阵，$\boldsymbol{\beta}_j$ 称为矩阵 $\boldsymbol{A}$ 的第 j 个列向量.

可见，一个含有有限个向量的向量组可以构成一个矩阵，而一个矩阵也可以看成是有限个有顺序的行向量(或列向量)所构成的向量组.

引用上述记号，可将一个线性方程组

$$\begin{cases} a_{11}x_1 + a_{12}x_2 + \cdots + a_{1n}x_n = b_1 \\ a_{21}x_1 + a_{22}x_2 + \cdots + a_{2n}x_n = b_2 \\ \qquad\qquad \cdots\cdots \\ a_{m1}x_1 + a_{m2}x_2 + \cdots + a_{mn}x_n = b_m \end{cases} \tag{3.2.7}$$

改写成

$$x_1\boldsymbol{\beta}_1 + x_2\boldsymbol{\beta}_2 + \cdots + x_n\boldsymbol{\beta}_n = \boldsymbol{b} \tag{3.2.8}$$

式中，$\boldsymbol{\beta}_j = \begin{pmatrix} a_{1j} \\ a_{2j} \\ \vdots \\ a_{mj} \end{pmatrix} (j = 1, 2, \cdots, n)$，$\boldsymbol{b} = \begin{pmatrix} b_1 \\ b_2 \\ \vdots \\ b_m \end{pmatrix}$.

当 $\boldsymbol{b} = \boldsymbol{0}$ 时，即为齐次线性方程组

$$x_1\boldsymbol{\beta}_1 + x_2\boldsymbol{\beta}_2 + \cdots + x_n\boldsymbol{\beta}_n = \boldsymbol{0}$$

于是可得，矩阵 $\boldsymbol{A}$ 的列向量 $\boldsymbol{\beta}_1, \boldsymbol{\beta}_2, \cdots, \boldsymbol{\beta}_n$ 线性相关的充要条件是齐次线性方程组

$$x_1\boldsymbol{\beta}_1 + x_2\boldsymbol{\beta}_2 + \cdots + x_n\boldsymbol{\beta}_n = \boldsymbol{0} \tag{3.2.9}$$

有非零解，也就是

$$(\boldsymbol{\beta}_1, \boldsymbol{\beta}_2, \cdots, \boldsymbol{\beta}_n)\begin{pmatrix} x_1 \\ x_2 \\ \vdots \\ x_n \end{pmatrix} = \boldsymbol{0} \quad 或 \quad \boldsymbol{A}\boldsymbol{x} = \boldsymbol{0} \tag{3.2.10}$$

有非零解，其中 $\boldsymbol{x} = (x_1, x_2, \cdots, x_n)'$.

列向量 $\boldsymbol{b}$ 能由列向量组 $\boldsymbol{\beta}_1, \boldsymbol{\beta}_2, \cdots, \boldsymbol{\beta}_n$ 线性表示的充要条件是线性方程组

$$x_1\boldsymbol{\beta}_1 + x_2\boldsymbol{\beta}_2 + \cdots + x_n\boldsymbol{\beta}_n = \boldsymbol{b}, \quad 即 \quad \boldsymbol{A}\boldsymbol{x} = \boldsymbol{b} \tag{3.2.11}$$

有解(不一定是唯一解).

类似地，矩阵 $\boldsymbol{A}$ 的行向量组 $\boldsymbol{\alpha}_1, \boldsymbol{\alpha}_2, \cdots, \boldsymbol{\alpha}_m$ 线性相关的充要条件是齐次线性方程组

$$x_1\boldsymbol{\alpha}_1 + x_2\boldsymbol{\alpha}_2 + \cdots + x_m\boldsymbol{\alpha}_m = \boldsymbol{0}$$

有非零解. 也就是

$$(x_1, x_2, \cdots, x_m)\begin{pmatrix} \boldsymbol{\alpha}_1 \\ \boldsymbol{\alpha}_2 \\ \vdots \\ \boldsymbol{\alpha}_m \end{pmatrix} = \boldsymbol{0} \tag{3.2.12}$$

即

$$\boldsymbol{x}'\boldsymbol{A} = \boldsymbol{0} \quad 或 \quad \boldsymbol{A}'\boldsymbol{x} = \boldsymbol{0} \tag{3.2.13}$$

有非零解，其中 $\boldsymbol{x} = (x_1, x_2, \cdots, x_m)'$.

行向量 $\boldsymbol{\beta}$ 能由行向量组 $\boldsymbol{\alpha}_1, \boldsymbol{\alpha}_2, \cdots, \boldsymbol{\alpha}_m$ 线性表示的充要条件是线性方程组

$$x_1\boldsymbol{\alpha}_1 + x_2\boldsymbol{\alpha}_2 + \cdots + x_m\boldsymbol{\alpha}_m = \boldsymbol{\beta} \quad 或 \quad \boldsymbol{A}'\boldsymbol{x} = \boldsymbol{\beta}' \tag{3.2.14}$$

有解.

例 3.2.10 讨论向量组 $\boldsymbol{\alpha}_1 = (1, 1, 0), \boldsymbol{\alpha}_2 = (0, 1, 1), \boldsymbol{\alpha}_3 = (1, 0, 1)$的线性相关性.

解 向量组可构成矩阵

$$\boldsymbol{A} = \begin{pmatrix} \boldsymbol{\alpha}_1 \\ \boldsymbol{\alpha}_2 \\ \boldsymbol{\alpha}_3 \end{pmatrix} = \begin{pmatrix} 1 & 1 & 0 \\ 0 & 1 & 1 \\ 1 & 0 & 1 \end{pmatrix}$$

齐次线性方程组 $\boldsymbol{A}'\boldsymbol{x} = \boldsymbol{0}$，因其系数行列式

$$|A'|=\begin{vmatrix}1 & 0 & 1\\ 1 & 1 & 0\\ 0 & 1 & 1\end{vmatrix}=2\neq 0$$

故只有零解. 因此向量组 $\boldsymbol{\alpha}_1, \boldsymbol{\alpha}_2, \boldsymbol{\alpha}_3$ 线性无关.

3. 向量组的线性相关性的矩阵判别定理

前面已经建立了向量组与矩阵的联系, 在此可利用矩阵来判别向量组的线性相关性.

m 个 n 维向量 $\boldsymbol{\alpha}_1=(a_{11}, a_{12}, \cdots, a_{1n}), \boldsymbol{\alpha}_2=(a_{21}, a_{22}, \cdots, a_{2n}), \cdots, \boldsymbol{\alpha}_m=(a_{m1}, a_{m2}, \cdots, a_{mn})$可以排成一个 $m\times n$ 矩阵

$$\boldsymbol{A}=\begin{pmatrix}a_{11} & a_{12} & \cdots & a_{1n}\\ a_{21} & a_{22} & \cdots & a_{2n}\\ \vdots & \vdots & & \vdots\\ a_{m1} & a_{m2} & \cdots & a_{mn}\end{pmatrix}$$

定理 3.2.4 n 维向量组 $\boldsymbol{\alpha}_1, \boldsymbol{\alpha}_2, \cdots, \boldsymbol{\alpha}_m$ 线性无关的充要条件是 $R(\boldsymbol{A})=m$.

证 充分性: 若 $R(\boldsymbol{A})=m$, 即 $\boldsymbol{A}$ 至少有一个 m 阶子式不等于 0, 不失一般性, 设该子式为

$$|A_m|=\begin{vmatrix}a_{11} & a_{12} & \cdots & a_{1m}\\ a_{21} & a_{22} & \cdots & a_{2m}\\ \vdots & \vdots & & \vdots\\ a_{m1} & a_{m2} & \cdots & a_{mm}\end{vmatrix}\neq 0$$

于是 $\boldsymbol{\alpha}_1, \boldsymbol{\alpha}_2, \cdots, \boldsymbol{\alpha}_m$ 线性无关. 若不然, 设它们线性相关, 则至少有一个向量等于其余向量的线性组合. 在行列式$|A_m|$中用该行减去其余各行的这个线性组合后, 该行元素将全部变成 0, 由行列式性质知$|A_m|=0$ 与题设矛盾. 所以, $\boldsymbol{\alpha}_1, \boldsymbol{\alpha}_2, \cdots, \boldsymbol{\alpha}_m$ 线性无关.

必要性: 若 $\boldsymbol{\alpha}_1, \boldsymbol{\alpha}_2, \cdots, \boldsymbol{\alpha}_m$ 线性无关, 则 $R(\boldsymbol{A})=m$; 若不然, 设 $R(\boldsymbol{A})=r<m$, 矩阵 $\boldsymbol{A}$ 至少有一个 r 阶不为 0, 不失一般性, 设位于矩阵 $\boldsymbol{A}$ 左上角的 r 阶子式 D 不为 0, 这个子式加上矩阵 $\boldsymbol{A}$ 第 s 行、第 l 列之后构成一个 $r+1$ 阶行列式:

$$|A_l|=\begin{vmatrix}a_{11} & \cdots & a_{1r} & a_{1l}\\ \vdots & & \vdots & \vdots\\ a_{r1} & \cdots & a_{rr} & a_{rl}\\ a_{s1} & \cdots & a_{sr} & a_{sl}\end{vmatrix}$$

式中, $s>r$, $1\leqslant l\leqslant n$. 显然, $|A_l|=0$, 这是因为当 $l\leqslant r$ 时, 行列式$|A_l|$有相同的两列, 所以$|A_l|=0$; 当 $l>r$ 时, $|A_l|$为 $\boldsymbol{A}$ 的一个 $r+1$ 阶子式, 由题设 $R(\boldsymbol{A})=r$, 所以也有$|A_l|=0$.

将$|A_l|$按最后一列展开, 得

$$a_{1l}A_{1l}+a_{2l}A_{2l}+\cdots+a_{rl}A_{rl}+a_{sl}D=0$$

式中, A_{il} 是$|A_l|$中元素 a_{il} 的代数余子式, 显然它与 l 无关, 将其改写成 A_i, 因 $D\neq 0$, 于是得

$$a_{sl}=-\frac{A_1}{D}a_{1l}-\frac{A_2}{D}a_{2l}-\cdots-\frac{A_r}{D}a_{rl}$$

因 $-\dfrac{A_i}{D}$ 与 l 无关, 当 l 逐次取 $1, 2, \cdots, n$ 时, 就得到第 s 行的每个元素是前 r 行对应元素的相同的线性组合, 即有

$$a_s=-\frac{A_1}{D}\boldsymbol{\alpha}_1-\frac{A_2}{D}\boldsymbol{\alpha}_2-\cdots-\frac{A_r}{D}\boldsymbol{\alpha}_r$$

因为 $\boldsymbol{\alpha}_1, \boldsymbol{\alpha}_2, \cdots, \boldsymbol{\alpha}_r, \boldsymbol{\alpha}_s$ 线性相关，由推论 3.2.1 得 $\boldsymbol{\alpha}_1, \boldsymbol{\alpha}_2, \cdots, \boldsymbol{\alpha}_m$ 线性相关，这与题设矛盾，所以，$R(\boldsymbol{A})=m$.

推论 3.2.5 n 维向量 $\boldsymbol{\alpha}_1, \boldsymbol{\alpha}_2, \cdots, \boldsymbol{\alpha}_m$ 线性相关的充要条件是 $R(\boldsymbol{A})<m$.

推论 3.2.6 n 个 n 维向量 $\boldsymbol{\alpha}_1, \boldsymbol{\alpha}_2, \cdots, \boldsymbol{\alpha}_n$ 线性相关(或线性无关)的充要条件是由向量组构成的矩阵为降秩(或满秩)方阵.

推论 3.2.7 n 个方程的 n 元齐次线性方程组 $\boldsymbol{Ax}=\boldsymbol{0}$ 有非零解的充要条件是其系数行列式 $|\boldsymbol{A}|=0$.

推论 3.2.8 若在 $m\times n$ 矩阵 $\boldsymbol{A}$ 中有一个 r 阶子式 $D\neq0$，则含有 D 的 r 个行向量及 r 个列向量都线性无关；若 $\boldsymbol{A}$ 中所有 r 阶子式全等于 0(即 $R(\boldsymbol{A})<r$)，则 $\boldsymbol{A}$ 的任意 r 个行向量及任意 r 个列向量都线性相关.

例 3.2.11 讨论下列矩阵的行向量组的线性相关性.

$$\boldsymbol{A}=\begin{pmatrix}2&3\\-3&1\\0&-2\end{pmatrix},\quad \boldsymbol{B}=\begin{pmatrix}1&2&3\\2&-3&1\\3&0&-2\end{pmatrix},\quad \boldsymbol{C}=\begin{pmatrix}1&3&-2&2\\0&2&-1&3\\-2&0&1&5\end{pmatrix}$$

解 (1)$\boldsymbol{A}$ 中有 3 个 2 维行向量，必线性相关(推论 3.2.4).

(2)$\boldsymbol{B}$ 中只有一个 3 阶子式，验算知 $|\boldsymbol{B}|=47\neq0$，故 $\boldsymbol{B}$ 的 3 个行向量线性无关(推论 3.2.6).

(3)$\boldsymbol{C}$ 中有 4 个 3 阶子式，经验算知全等于 0，故 $\boldsymbol{C}$ 的 3 个行向量线性相关(推论 3.2.8). 本例题也可以这样解:

$$\boldsymbol{C}\xrightarrow{r_3+2r_1}\begin{pmatrix}1&3&-2&2\\0&2&-1&3\\0&6&-3&9\end{pmatrix}\xrightarrow{r_3-3r_2}\begin{pmatrix}1&3&-2&2\\0&2&-1&3\\0&0&0&0\end{pmatrix}$$

故 $R(\boldsymbol{C})=2<3$，由推论 3.2.5 知，$\boldsymbol{C}$ 的 3 个行向量线性相关.

3.3 向量组的等价与方程组的同解

设有两个 n 维向量组，A: $\boldsymbol{\alpha}_1, \boldsymbol{\alpha}_2, \cdots, \boldsymbol{\alpha}_m$，$B$: $\boldsymbol{\beta}_1, \boldsymbol{\beta}_2, \cdots, \boldsymbol{\beta}_s$，若向量组 A 中的每一个向量都能由向量组 B 中的向量线性表示，则称向量组 A 能由向量组 B **线性表示**，若向量组 A 能由向量组 B 线性表示，且向量组 B 也能由向量组 A 线性表示，则称向量组 A 与向量组 B **等价**.

例 3.3.1 证明向量组 $\boldsymbol{\alpha}_1=(1,2,3), \boldsymbol{\alpha}_2=(1,0,2)$与向量组 $\boldsymbol{\beta}_1=(3,4,8), \boldsymbol{\beta}_2=(2,2,5), \boldsymbol{\beta}_3=(0,2,1)$等价.

证 因

$$\boldsymbol{\alpha}_1=\boldsymbol{\beta}_1-\boldsymbol{\beta}_2+0\boldsymbol{\beta}_3,\qquad \boldsymbol{\alpha}_2=-\boldsymbol{\beta}_1+2\boldsymbol{\beta}_2+0\boldsymbol{\beta}_3$$

$$\boldsymbol{\beta}_1=2\boldsymbol{\alpha}_1+\boldsymbol{\alpha}_2,\qquad \boldsymbol{\beta}_2=\boldsymbol{\alpha}_1+\boldsymbol{\alpha}_2,\qquad \boldsymbol{\beta}_3=\boldsymbol{\alpha}_1-\boldsymbol{\alpha}_2$$

即它们可以互相线性表示，故等价.

容易证明，向量组之间的等价关系具有下述性质.

(1)反身性: 向量组 A 与自身等价.

(2)对称性: 若向量组 A 与向量组 B 等价，则向量组 B 与向量组 A 等价.

(3)传递性: 若向量组 A 与向量组 B 等价, 向量组 B 与向量组 C 等价, 则向量组 A 与向量组 C 等价.

在数学中, 把具有上述三条性质的关系称为**等价关系**.

定理 3.3.1 两个等价的线性无关的向量组含有相同个数的向量.

证 设 $\boldsymbol{\alpha}_1, \boldsymbol{\alpha}_2, \cdots, \boldsymbol{\alpha}_s$ 与 $\boldsymbol{\beta}_1, \boldsymbol{\beta}_2, \cdots, \boldsymbol{\beta}_t$ 是两个等价的线性无关的向量组. 因为 $\boldsymbol{\alpha}_1, \boldsymbol{\alpha}_2, \cdots, \boldsymbol{\alpha}_s$ 线性无关且可由 $\boldsymbol{\beta}_1, \boldsymbol{\beta}_2, \cdots, \boldsymbol{\beta}_t$ 线性表示, 由推论 3.2.3 知, $s \leqslant t$; 同理, $\boldsymbol{\beta}_1, \boldsymbol{\beta}_2, \cdots, \boldsymbol{\beta}_t$ 线性无关, 且可由 $\boldsymbol{\alpha}_1, \boldsymbol{\alpha}_2, \cdots, \boldsymbol{\alpha}_s$ 线性表示, 故有 $t \leqslant s$. 于是 $s = t$.

定理 3.3.2 若两个线性方程组分别对应的行向量组等价, 则这两个线性方程组同解.

证 设有线性方程组(1)和(2), 分别对应行向量组 $\boldsymbol{\alpha}_1, \boldsymbol{\alpha}_2, \cdots, \boldsymbol{\alpha}_s$ 和 $\boldsymbol{\beta}_1, \boldsymbol{\beta}_2, \cdots, \boldsymbol{\beta}_t$. 因为它们等价, 所以 $\boldsymbol{\alpha}_i$ $(i = 1, 2, \cdots, s)$可由 $\boldsymbol{\beta}_1, \boldsymbol{\beta}_2, \cdots, \boldsymbol{\beta}_t$ 线性表示, 于是方程组(2)的解满足 $\boldsymbol{\alpha}_i$ $(i = 1, 2, \cdots, s)$ 对应的方程, 从而方程组(2)的解全为方程组(1)的解; 同理, $\boldsymbol{\beta}_j$ $(j = 1, 2, \cdots, t)$可由 $\boldsymbol{\alpha}_1, \boldsymbol{\alpha}_2, \cdots, \boldsymbol{\alpha}_s$ 线性表示可得, 方程组(1)的解全为方程组(2)的解, 故方程组(1)与(2)同解.

定理 3.3.3 设线性方程组(1)对应矩阵 $\boldsymbol{A}$(齐次线性方程组对应其系数矩阵, 非齐次线性方程组对应其增广矩阵). 若 $\boldsymbol{A}$ 经过初等行变换变成 $\boldsymbol{B}$, 而 $\boldsymbol{B}$ 对应线性方程组(2), 则线性方程组(1)与(2)同解.

证 只需证明 $\boldsymbol{A}$ 的行向量组与 $\boldsymbol{B}$ 的行向量组等价.

设 $\boldsymbol{A}$ 的行向量组为 $\boldsymbol{\alpha}_1, \boldsymbol{\alpha}_2, \cdots, \boldsymbol{\alpha}_m$, 对 $\boldsymbol{A}$ 作变换 $r_i \leftrightarrow r_j$, 则变换后矩阵的行向量组中向量与原来相同, 故与 $\boldsymbol{\alpha}_1, \boldsymbol{\alpha}_2, \cdots, \boldsymbol{\alpha}_m$ 等价. 对 $\boldsymbol{A}$ 作变换 $r_i \times k$ $(k \neq 0)$, 则变换后矩阵的行向量组为 $\boldsymbol{\beta}_j = \boldsymbol{\alpha}_j$ $(j = 1, \cdots, i-1, i+1, \cdots, m)$, $\boldsymbol{\beta}_i = k\boldsymbol{\alpha}_i$; 又因 $\boldsymbol{\alpha}_j = \boldsymbol{\beta}_j$ $(j = 1, \cdots, i-1, i+1, \cdots, m)$, $\boldsymbol{\alpha}_i = \dfrac{1}{k}\boldsymbol{\beta}_i$, 故 $\boldsymbol{\beta}_1, \boldsymbol{\beta}_2, \cdots, \boldsymbol{\beta}_m$ 与 $\boldsymbol{\alpha}_1, \boldsymbol{\alpha}_2, \cdots, \boldsymbol{\alpha}_m$ 等价. 对 $\boldsymbol{A}$ 作变换 $r_i + kr_j$, 则变换后矩阵的行向量组为 $\boldsymbol{\beta}_k = \boldsymbol{\alpha}_k$ $(k = 1, \cdots, i-1, i+1, \cdots, m)$, $\boldsymbol{\beta}_i = \boldsymbol{\alpha}_i + k\boldsymbol{\alpha}_j$; 又因 $\boldsymbol{\alpha}_k = \boldsymbol{\beta}_k$ $(k = 1, \cdots, i-1, i+1, \cdots, m)$, $\boldsymbol{\alpha}_i = \boldsymbol{\beta}_i - k\boldsymbol{\beta}_j$, 故 $\boldsymbol{\beta}_1, \boldsymbol{\beta}_2, \cdots, \boldsymbol{\beta}_m$ 与 $\boldsymbol{\alpha}_1, \boldsymbol{\alpha}_2, \cdots, \boldsymbol{\alpha}_m$ 等价.

因为向量组的等价关系具有传递性, 所以, $\boldsymbol{A}$ 的行向量组与 $\boldsymbol{B}$ 的行向量组等价.

3.4 最大线性无关组

微课视频：最大线性无关组

讨论一个向量组的线性相关性时, 如何用尽可能少的向量去代表整个向量组呢？为此, 引入最大线性无关组的概念.

定义 3.4.1 若向量组 A(包括有限个或无限个向量)中的部分向量 $\boldsymbol{\alpha}_1, \boldsymbol{\alpha}_2, \cdots, \boldsymbol{\alpha}_r$, 满足下述条件:

(1)$\boldsymbol{\alpha}_1, \boldsymbol{\alpha}_2, \cdots, \boldsymbol{\alpha}_r$ 线性无关;

(2)向量组 A 中的任意向量都是 $\boldsymbol{\alpha}_1, \boldsymbol{\alpha}_2, \cdots, \boldsymbol{\alpha}_r$ 的线性组合.

则 $\boldsymbol{\alpha}_1, \boldsymbol{\alpha}_2, \cdots, \boldsymbol{\alpha}_r$ 称为向量组 A 中的一个**最大线性无关组**, 简称**最大无关组**. 数 r 称为向量组 A 的**秩**. 并规定: 只含零向量的向量组的秩为 0.

显然, 向量组 A 与其最大无关组等价.

例 3.4.1 求向量组 A: $\boldsymbol{\alpha}_1 = (1, 2, -1)$, $\boldsymbol{\alpha}_2 = (2, -3, 1)$, $\boldsymbol{\alpha}_3 = (4, 1, -1)$的最大无关组.

解 可以验证为 $\boldsymbol{\alpha}_1, \boldsymbol{\alpha}_2$; $\boldsymbol{\alpha}_1, \boldsymbol{\alpha}_3$ 和 $\boldsymbol{\alpha}_2, \boldsymbol{\alpha}_3$ 都构成向量组 A 的最大无关组.

上例说明, 向量组的最大无关组可能不是唯一的. 但可以证明: 最大无关组所含的向量个数, 即向量组的秩是唯一的. 这是因为向量组的不同最大无关组均与原向量组等价, 由等价的传递性知，向量组的最大无关组是彼此等价的，再由定理 3.3.1 可得，它们必含有相同的向量个数.

如果两个向量组等价，利用等价的传递性可知，那么最大无关组也等价. 由定理 3.3.1 可知这两个向量组具有相同的秩，故有下列定理.

定理 3.4.1 等价的向量组具有相同的秩.

例 3.4.2 全体 n 维向量构成的向量组，记为 R^n. 求 R^n 的一个最大无关组及 R^n 的秩.

解 在例 3.2.6 中，已证明了 n 个 n 维单位坐标向量构成的向量组

$$E:\boldsymbol{\varepsilon}_1,\boldsymbol{\varepsilon}_2,\cdots,\boldsymbol{\varepsilon}_n$$

是线性无关的，设 $\boldsymbol{\alpha}=(a_1,a_2,\cdots,a_n)$ 是 R^n 的任一向量，则有

$$\boldsymbol{\alpha}=a_1\boldsymbol{\varepsilon}_1+a_2\boldsymbol{\varepsilon}_2+\cdots+a_n\boldsymbol{\varepsilon}_n$$

由定义知，$\boldsymbol{\varepsilon}_1,\boldsymbol{\varepsilon}_2,\cdots,\boldsymbol{\varepsilon}_n$ 是 R^n 的一个最大无关组，R^n 的秩为 n.

显然，R^n 的最大无关组很多. 事实上，任何 n 个线性无关的 n 维向量都可以构成 R^n 的最大无关组.

由定义 3.2.2 可知，一个向量组若是线性无关的，则它的最大无关组就是它本身，从而有：

定理 3.4.2 向量组线性无关的充要条件是它的秩等于它所含向量的个数.

在 3.2 节中，我们在向量组与矩阵之间建立了联系，矩阵可用于判别向量组的线性相关性. 同样矩阵也可用于寻找向量组的最大无关组.

由推论 3.2.8 可推得：

定理 3.4.3 设 $R(\boldsymbol{A})=r$，矩阵 $\boldsymbol{A}$ 的某个 r 阶子式 D 是 $\boldsymbol{A}$ 的最高阶非零子式，则 D 所在的 r 个行向量就是矩阵 $\boldsymbol{A}$ 的行向量组的一个最大无关组；D 所在的 r 个列向量就是矩阵 $\boldsymbol{A}$ 的列向量组的一个最大无关组.

推论 3.4.1 矩阵 $\boldsymbol{A}$ 的秩等于 $\boldsymbol{A}$ 的行向量组的秩(简称 $\boldsymbol{A}$ 的**行秩**)，也等于 $\boldsymbol{A}$ 的列向量组的秩(简称 $\boldsymbol{A}$ 的**列秩**).

例 3.4.3 设向量组 A: $\boldsymbol{\alpha}_1=(1, 4, 1, 0)$, $\boldsymbol{\alpha}_2=(2, 1, -1, -3)$, $\boldsymbol{\alpha}_3=(1, 0, -3, -1)$, $\boldsymbol{\alpha}_4=(0, 2, -6, 3)$, 求向量组 A 的秩，并求 A 的一个最大无关组.

解 向量组 A 构成矩阵 $\boldsymbol{A}=\begin{pmatrix}1&4&1&0\\2&1&-1&-3\\1&0&-3&-1\\0&2&-6&3\end{pmatrix}$. 容易看出，$\boldsymbol{A}$ 中的二阶子式 $D_2=\begin{vmatrix}1&4\\2&1\end{vmatrix}=-7\neq0$，

$\boldsymbol{A}$ 中含 D_2 的三阶子式有 4 个，其中

$$D_3=\begin{vmatrix}1&4&1\\2&1&-1\\1&0&-3\end{vmatrix}=16\neq0$$

$\boldsymbol{A}$ 中的四阶子式只有一个 $|\boldsymbol{A}|$，经计算 $|\boldsymbol{A}|=0$. 所以，$R(\boldsymbol{A})=3$，即向量组 A 的秩为 3，因 D_3 位于前 3 行，故 $\boldsymbol{\alpha}_1, \boldsymbol{\alpha}_2, \boldsymbol{\alpha}_3$ 是向量组 A 的一个最大无关组.

定理 3.4.4 列向量组通过初等行变换不改变线性相关性.

证 由式(3.2.9)和式(3.2.10)可知，向量组 $\boldsymbol{\alpha}_1,\boldsymbol{\alpha}_2,\cdots,\boldsymbol{\alpha}_n$ 的线性相关性，由 $(\boldsymbol{\alpha}_1,\boldsymbol{\alpha}_2,\cdots,\boldsymbol{\alpha}_n)\boldsymbol{x}=\boldsymbol{0}$ 是否有非零解决定.

现经过初等行变换

$$(\boldsymbol{\alpha}_1,\boldsymbol{\alpha}_2,\cdots,\boldsymbol{\alpha}_n)\xrightarrow{\text{初等行变换}}(\boldsymbol{\beta}_1,\boldsymbol{\beta}_2,\cdots,\boldsymbol{\beta}_n)$$

由定理 3.3.3 可知

$$(\boldsymbol{\alpha}_1,\boldsymbol{\alpha}_2,\cdots,\boldsymbol{\alpha}_n)\boldsymbol{x}=\boldsymbol{0} \quad 和 \quad (\boldsymbol{\beta}_1,\boldsymbol{\beta}_2,\cdots,\boldsymbol{\beta}_n)\boldsymbol{x}=\boldsymbol{0}$$

为同解方程组, 所以向量组 $\boldsymbol{\alpha}_1,\boldsymbol{\alpha}_2,\cdots,\boldsymbol{\alpha}_n$ 和向量组 $\boldsymbol{\beta}_1,\boldsymbol{\beta}_2,\cdots,\boldsymbol{\beta}_n$ 具有相同的线性相关性.

矩阵 $\boldsymbol{A}$ 的秩等于 $\boldsymbol{A}$ 的列向量组的秩, 而初等行变换不改变矩阵的秩, 因此可将向量组 $\boldsymbol{\alpha}_1,\boldsymbol{\alpha}_2,\cdots,\boldsymbol{\alpha}_n$ 列排得到矩阵 $\boldsymbol{A}$, 并对其进行初等行变换, 从而求得向量组 $\boldsymbol{\alpha}_1,\boldsymbol{\alpha}_2,\cdots,\boldsymbol{\alpha}_n$ 的秩及其最大无关组.

例 3.4.4 设向量组 A: $\boldsymbol{\alpha}_1=(1,4,1,0)$, $\boldsymbol{\alpha}_2=(2,1,-1,-3)$, $\boldsymbol{\alpha}_3=(1,0,-3,-1)$, $\boldsymbol{\alpha}_4=(0,2,-6,3)$, 求向量组 A 的秩及最大无关组. 并将其余向量用最大无关组线性表示.

解 **第 1 步** 设矩阵 $A=(\alpha_1',\alpha_2',\alpha_3',\alpha_4')$

第 2 步 用初等行变换把 $\boldsymbol{A}$ 化为阶梯形矩阵, 则 $\boldsymbol{A}$ 所对应的阶梯形矩阵中非零行的数目即为向量组的秩, 具体计算如下

$$\boldsymbol{A}=\begin{pmatrix}1&2&1&0\\4&1&0&2\\1&-1&-3&-6\\0&-3&-1&3\end{pmatrix}\xrightarrow[r_3-r_1]{r_2-4r_1}\begin{pmatrix}1&2&1&0\\0&-7&-4&2\\0&-3&-4&-6\\0&-3&-1&3\end{pmatrix}\xrightarrow{r_2-2r_3}$$

$$\begin{pmatrix}1&2&1&0\\0&-1&4&14\\0&-3&-4&-6\\0&-3&-1&3\end{pmatrix}\xrightarrow[r_4-3r_2]{r_3-3r_2}\begin{pmatrix}1&2&1&0\\0&-1&4&14\\0&0&-16&-48\\0&0&-13&-39\end{pmatrix}\xrightarrow[r_4+13r_3]{r_3\times\left(-\frac{1}{16}\right)}\begin{pmatrix}1&2&1&0\\0&-1&4&14\\0&0&1&3\\0&0&0&0\end{pmatrix}$$

从 $\boldsymbol{A}$ 所对应的阶梯形矩阵中知, 有 3 个非零行, 所以向量组 A 的秩为 3.

第 3 步 非零行首个非零元所在的列为第 1, 2, 3 列, 所以向量组 A 的最大无关组为 $\boldsymbol{\alpha}_1,\boldsymbol{\alpha}_2,\boldsymbol{\alpha}_3$.

第 4 步 为了求出 α_4 由最大无关组 $\boldsymbol{\alpha}_1,\boldsymbol{\alpha}_2,\boldsymbol{\alpha}_3$ 的线性表示, 只需要将行阶梯形矩阵再施以初等行变换, 方法是从下往上将其化为行最简形, 具体计算如下:

$$\begin{pmatrix}1&2&1&0\\0&-1&4&14\\0&0&1&3\\0&0&0&0\end{pmatrix}\xrightarrow{r_1+2r_2}\begin{pmatrix}1&0&9&28\\0&-1&4&14\\0&0&1&3\\0&0&0&0\end{pmatrix}\xrightarrow[r_2+4r_3]{\substack{r_1-9r_3\\ r_2\times(-1)}}\begin{pmatrix}1&0&0&1\\0&1&0&-2\\0&0&1&3\\0&0&0&0\end{pmatrix}$$

从中, 可以得出 $\boldsymbol{\alpha}_4=\boldsymbol{\alpha}_1-2\boldsymbol{\alpha}_2+3\boldsymbol{\alpha}_3$.

现在讨论 3.1 节中提出的如何找保留方程组的问题. 对于方程组(3.1.4)对应行向量组 $\boldsymbol{\alpha}_1$, $\boldsymbol{\alpha}_2$, $\cdots$, $\boldsymbol{\alpha}_m$, 由前面的讨论知, 若该向量组是线性相关的, 则必有一个向量(为表示方便, 设为 $\boldsymbol{\alpha}_m$)是其余向量的线性组合, 此时向量组 $\boldsymbol{\alpha}_1$, $\boldsymbol{\alpha}_2$, $\cdots$, $\boldsymbol{\alpha}_m$ 与 $\boldsymbol{\alpha}_1$, $\boldsymbol{\alpha}_2$, $\cdots$, $\boldsymbol{\alpha}_{m-1}$ 是等价的, 在此, 删除向量 $\boldsymbol{\alpha}_m$ 对应的方程, 而方程组仍保持同解. 类似地, 若 $\boldsymbol{\alpha}_1$, $\boldsymbol{\alpha}_2$, $\cdots$, $\boldsymbol{\alpha}_{m-1}$ 线性相关, 则还可删除一个向量对应的方程. 这样继续做下去, 当删到不能再删除时, 剩下的向量(设为 $\boldsymbol{\alpha}_1$, $\boldsymbol{\alpha}_2$, $\cdots$, $\boldsymbol{\alpha}_r$)是线性无关的. 由等价的传递性知, $\boldsymbol{\alpha}_1$, $\boldsymbol{\alpha}_2$, $\cdots$, $\boldsymbol{\alpha}_r$ 与 $\boldsymbol{\alpha}_1$, $\boldsymbol{\alpha}_2$, $\cdots$, $\boldsymbol{\alpha}_m$ 等价, 由定理 3.3.2 知, $\boldsymbol{\alpha}_1$, $\boldsymbol{\alpha}_2$, $\cdots$, $\boldsymbol{\alpha}_r$ 对应的方程组即为式(3.1.4)的保留方程组, 现在求方程组的保留方程组的问题转化为在向量组中寻找一个与之等价的线性无关的部分向量组.

例 3.4.5 设有齐次线性方程组

$$\begin{cases} x_1+4x_2+x_3 \qquad =0 \\ 2x_1+\ x_2-x_3\ -3x_4=0 \\ x_1 \qquad -3x_3-x_4\ =0 \\ \qquad 2x_2-6x_3+3x_4=0 \end{cases}$$

求其保留方程组.

解 由例 3.4.4 知，前三个方程对应的向量是方程组对应的向量组的最大无关组，故这三个方程可组成原方程组的保留方程组，于是得保留方程组为

$$\begin{cases} x_1+4x_2+\ x_3 \qquad =0 \\ 2x_1+x_2-\ x_3-3x_4=0 \\ x_1 \qquad -3x_3-x_4\ =0 \end{cases}$$

现在可以全面回答 3.1 节中提出的问题:

(1)用方程组(3.1.4)对应的行向量组 A 的线性相关性判别方程组(3.1.4)是否有多余方程. 若向量组 A 线性相关，则方程组(3.1.4)中必有多余方程；若向量组 A 线性无关，则方程组(3.1.4)中没有多余方程.

(2)在保留方程组(3.1.5)中一定能找到不等于零的 r 阶系数行列式. 若找不到，则说明方程组不是保留方程组，它仍有多余方程.

(3)找保留方程组的方法是：在方程组(3.1.4)对应的行向量组中求出一个最大无关组，最大无关组中的向量对应的方程即组成保留方程组.

那么方程组的解有什么样的结构呢？在回答这个问题前，先引入向量空间的概念.

数学实验基础知识

基本命令	功　能
[Bip]=rref(A)	得到矩阵 A 的行最简形 B，以及 A 的列向量组的一个最大无关组的列标号构成的向量 ip

例 1 求向量组 $\boldsymbol{\alpha}_1=(1,-1,2,4)'$, $\boldsymbol{\alpha}_2=(0,3,1,2)'$, $\boldsymbol{\alpha}_3=(-3,3,7,14)'$, $\boldsymbol{\alpha}_4=(4,-1,9,18)'$的最大线性无关组.

```
>>a1=[ 1  -1   2    4]';
>>a2=[ 0   3   1    2]';
>>a3=[-3   3   7   14]';
>>a4=[ 4  -1   9   18]';
>>A=[a1 a2 a3 a4];
>>[Bip]=rref(A)
```

输出结果:

```
 B=
    1 0 0 4
    0 1 0 1
    0 0 1 0
    0 0 0 0
 ip=
```

1 2 3

这表明 $\boldsymbol{A}$ 的 1, 2, 3 列向量线性无关, 即 $\boldsymbol{\alpha}_1, \boldsymbol{\alpha}_2, \boldsymbol{\alpha}_3$ 线性无关, 且从输出结果还可以得到 $\boldsymbol{\alpha}_4 = 4\boldsymbol{\alpha}_1 + \boldsymbol{\alpha}_2$.

3.5 向量空间

在 3.1 节中, 把 n 个有序实数 $\boldsymbol{\alpha} = (a_1, a_2, \cdots, a_n)$称为 n 维向量, 并且定义了它的加法和数乘两种线性运算, 这两种线性运算满足 8 条运算规律.

定义 3.5.1 设 V 为 n 维向量的非空集合, 若对于任意的 $\boldsymbol{\alpha}, \boldsymbol{\beta} \in V, \lambda \in \mathbf{R}$, 有 $\boldsymbol{\alpha} + \boldsymbol{\beta} \in V, \lambda\boldsymbol{\alpha} \in V$, 则称集合 V 对于向量的加法及数乘这两种线性运算是**封闭**的, 并称集合 V 为**向量空间**.

例 3.5.1 判定下列集合是否是向量空间.

(1)$V_1 = R^3$

(2)$V_2 = \{(0, x_2, \cdots, x_n) | x_2, \cdots, x_n \in \mathbf{R}\}$

(3)$V_3 = \{(1, x_2, \cdots, x_n) | x_2, \cdots, x_n \in \mathbf{R}\}$

(4)$V_4 = \{\boldsymbol{\gamma} = \lambda\boldsymbol{\alpha} + \mu\boldsymbol{\beta} | \lambda, \mu \in R\}$, 其中 $\boldsymbol{\alpha}, \boldsymbol{\beta}$ 为两已知的 n 维向量.

解 (1)R^3 是向量空间. 显然任意两个三维向量相加是三维向量, 数乘三维向量仍是三维向量, 即 R^3 对线性运算封闭. 类似地, 对任意的 n, R^n 是向量空间.

(2)V_2 是向量空间. 因为对任意的 $\boldsymbol{\alpha} = (0, a_2, \cdots, a_n), \boldsymbol{\beta} = (0, b_2, \cdots, b_n), \lambda \in \mathbf{R}$, 有

$$\boldsymbol{\alpha} + \boldsymbol{\beta} = (0, a_2 + b_2, \cdots, a_n + b_n) \in V_2, \quad \lambda\boldsymbol{\alpha} = (0, \lambda a_2, \cdots, \lambda a_n) \in V_2$$

(3)V_3 不是向量空间. 因为 $\boldsymbol{\alpha} = (1, a_2, \cdots, a_n) \in V_3$, 但 $2\boldsymbol{\alpha} = (2, 2a_2, \cdots, 2a_n) \overline{\in} V_3$, 即对数乘运算不是封闭的.

(4)V_4 是向量空间. 因为对任意的 $\boldsymbol{\gamma}_1 = \lambda_1\boldsymbol{\alpha} + \mu_1\boldsymbol{\beta} \in V_4, \boldsymbol{\gamma}_2 = \lambda_2\boldsymbol{\alpha} + \mu_2\boldsymbol{\beta} \in V_4, \lambda_1, \mu_1, \lambda_2, \mu_2, k \in \mathbf{R}$, 有

$$\boldsymbol{\gamma}_1 + \boldsymbol{\gamma}_2 = (\lambda_1 + \lambda_2)\boldsymbol{\alpha} + (\mu_1 + \mu_2)\boldsymbol{\beta} \in V_4, \quad k\boldsymbol{\gamma}_1 = (k\lambda_1)\boldsymbol{\alpha} + (k\mu_1)\boldsymbol{\beta} \in V_4$$

其中, V_4 称为向量 $\boldsymbol{\alpha}, \boldsymbol{\beta}$ 生成的向量空间.一般地, 由向量组 $\boldsymbol{\alpha}_1, \boldsymbol{\alpha}_2, \cdots, \boldsymbol{\alpha}_m$ 生成的向量空间为

$$V = \{\boldsymbol{\gamma} = \lambda_1\boldsymbol{\alpha}_1 + \lambda_2\boldsymbol{\alpha}_2 + \cdots + \lambda_m\boldsymbol{\alpha}_m | \lambda_1, \lambda_2, \cdots, \lambda_m \in \mathbf{R}\}$$

例 3.5.2 设向量组 $\boldsymbol{\alpha}_1, \boldsymbol{\alpha}_2, \cdots, \boldsymbol{\alpha}_m$ 与 $\boldsymbol{\beta}_1, \boldsymbol{\beta}_2, \cdots, \boldsymbol{\beta}_s$ 等价, 记

$$V_1 = \{\boldsymbol{\gamma} = \lambda_1\boldsymbol{\alpha}_1 + \lambda_2\boldsymbol{\alpha}_2 + \cdots + \lambda_m\boldsymbol{\alpha}_m | \lambda_1, \lambda_2, \cdots, \lambda_m \in \mathbf{R}\}$$

$$V_2 = \{\boldsymbol{\gamma} = \mu_1\boldsymbol{\beta}_1 + \mu_2\boldsymbol{\beta}_2 + \cdots + \mu_m\boldsymbol{\beta}_m | \mu_1, \mu_2, \cdots, \mu_s \in \mathbf{R}\}$$

证明: $V_1 = V_2$.

证 设 $\boldsymbol{\gamma} \in V_1$, 则 $\boldsymbol{\gamma}$ 可由 $\boldsymbol{\alpha}_1, \boldsymbol{\alpha}_2, \cdots, \boldsymbol{\alpha}_m$ 线性表示, 又 $\boldsymbol{\alpha}_1, \boldsymbol{\alpha}_2, \cdots, \boldsymbol{\alpha}_m$ 可由 $\boldsymbol{\beta}_1, \boldsymbol{\beta}_2, \cdots, \boldsymbol{\beta}_s$ 线性表示, 故 $\boldsymbol{\gamma}$ 可由 $\boldsymbol{\beta}_1, \boldsymbol{\beta}_2, \cdots, \boldsymbol{\beta}_s$ 线性表示, 所以 $\boldsymbol{\gamma} \in V_2$, 这就是说, 若 $\boldsymbol{\gamma} \in V_1$, 则 $\boldsymbol{\gamma} \in V_2$, 因此, $V_1 \subset V_2$.

类似地可证, 若 $\boldsymbol{\gamma} \in V_2$, 则 $\boldsymbol{\gamma} \in V_1$, 所以 $V_2 \subset V_1$.

于是, 有 $V_1 = V_2$.

定义 3.5.2 设有向量空间 V_1 与 V_2, 若 $V_1 \subset V_2$, 则称 V_1 是 V_2 的**子空间**.

如例 3.5.1 中的 V_2, V_4 均为 R^n 的子空间, 更进一步地, 任何由 n 维向量组成的向量空间 V, 总有 $V \subset R^n$, 因此, 这样的向量空间 V 总是 R^n 的子空间.

定义 3.5.3 设 V 是向量空间, 若 V 中的 r 个向量 $\boldsymbol{\alpha}_1, \boldsymbol{\alpha}_2, \cdots, \boldsymbol{\alpha}_r$ 满足下述条件:

(1)$\boldsymbol{\alpha}_1, \boldsymbol{\alpha}_2, \cdots, \boldsymbol{\alpha}_r$ 线性无关;

(2)V 中任一向量都可由 $\boldsymbol{\alpha}_1, \boldsymbol{\alpha}_2, \cdots, \boldsymbol{\alpha}_r$ 线性表示.

则向量组 $\boldsymbol{\alpha}_1, \boldsymbol{\alpha}_2, \cdots, \boldsymbol{\alpha}_r$ 称为向量空间 V 的一组基, r 称为向量空间 V 的**维数**, V 称为 **r 维向量空间**.

若向量空间 V 没有基, 则 V 的维数为 0. 零维向量空间只含一个零向量 $\mathbf{0}$.

若把向量空间 V 看成向量组, 则 V 的基就是向量组的最大无关组, V 的维数就是向量组的秩.

例如, $\boldsymbol{\varepsilon}_1, \boldsymbol{\varepsilon}_2, \cdots, \boldsymbol{\varepsilon}_n$ 是 R^n 的一组基, 可知 R^n 的维数为 n, 因此, R^n 称为 n 维向量空间.

又如, 向量空间 $V_2 = \{(0, x_2, \cdots, x_n)|x_2, \cdots, x_n \in \mathbf{R}\}$ 的基可以取为 $\boldsymbol{\varepsilon}_2, \boldsymbol{\varepsilon}_3, \cdots, \boldsymbol{\varepsilon}_n$, 可知 V_2 是 $n-1$ 维向量空间.

由向量组 $\boldsymbol{\alpha}_1, \boldsymbol{\alpha}_2, \cdots, \boldsymbol{\alpha}_m$ 所生成的向量空间为

$$V = \{\boldsymbol{\gamma} = \lambda_1\boldsymbol{\alpha}_1 + \lambda_2\boldsymbol{\alpha}_2 + \cdots + \lambda_m\boldsymbol{\alpha}_m|\lambda_1, \lambda_2, \cdots, \lambda_m \in \mathbf{R}\}$$

显然, 向量空间 V 与向量组 $\boldsymbol{\alpha}_1, \boldsymbol{\alpha}_2, \cdots, \boldsymbol{\alpha}_m$ 等价, 于是向量组 $\boldsymbol{\alpha}_1, \boldsymbol{\alpha}_2, \cdots, \boldsymbol{\alpha}_m$ 的最大无关组就是 V 的一组基, 而向量组 $\boldsymbol{\alpha}_1, \boldsymbol{\alpha}_2, \cdots, \boldsymbol{\alpha}_m$ 的秩就是 V 的维数.

若向量空间 $V \subset R^n$, 则 V 的维数不会超过 n, 并且当 V 的维数为 n 时, $V = R^n$. 若 $\boldsymbol{\alpha}_1, \boldsymbol{\alpha}_2, \cdots, \boldsymbol{\alpha}_r$ 是 V 的一组基, 则 V 可表示为

$$V = \{\boldsymbol{\gamma} = \lambda_1\boldsymbol{\alpha}_1 + \lambda_2\boldsymbol{\alpha}_2 + \cdots + \lambda_r\boldsymbol{\alpha}_r|\lambda_1, \lambda_2, \cdots, \lambda_r \in \mathbf{R}\}$$

这就比较清楚地显示出向量空间 V 的构造.

定义 3.5.4 设 V 是向量空间, $\boldsymbol{\alpha}_1, \boldsymbol{\alpha}_2, \cdots, \boldsymbol{\alpha}_r$ 为 V 的一组基, 则对任意的 $\boldsymbol{\gamma} \in V$, 有

$$\boldsymbol{\gamma} = \lambda_1\boldsymbol{\alpha}_1 + \lambda_2\boldsymbol{\alpha}_2 + \cdots + \lambda_r\boldsymbol{\alpha}_r$$

将有序数组 $\lambda_1, \lambda_2, \cdots, \lambda_r$ 称为向量 $\boldsymbol{x}$ 在基 $\boldsymbol{\alpha}_1, \boldsymbol{\alpha}_2, \cdots, \boldsymbol{\alpha}_r$ 下的**坐标**.

例 3.5.3 设

$$\boldsymbol{A} = (\boldsymbol{\alpha}_1, \boldsymbol{\alpha}_2, \boldsymbol{\alpha}_3) = \begin{pmatrix} 2 & 2 & -1 \\ 2 & -1 & 2 \\ -1 & 2 & 2 \end{pmatrix}, \quad \boldsymbol{B} = (\boldsymbol{\beta}_1, \boldsymbol{\beta}_2) = \begin{pmatrix} 1 & 4 \\ 0 & 3 \\ -4 & 2 \end{pmatrix}$$

验证 $\boldsymbol{\alpha}_1, \boldsymbol{\alpha}_2, \boldsymbol{\alpha}_3$ 是 R^3 的一组基, 并把 $\boldsymbol{\beta}_1, \boldsymbol{\beta}_2$ 用这组基线性表示.

解 因为 $|\boldsymbol{A}| = \begin{vmatrix} 2 & 2 & -1 \\ 2 & -1 & 2 \\ -1 & 2 & 2 \end{vmatrix} = -27 \neq 0$, 所以, $\boldsymbol{\alpha}_1, \boldsymbol{\alpha}_2, \boldsymbol{\alpha}_3$ 线性无关, 故 $\boldsymbol{\alpha}_1, \boldsymbol{\alpha}_2, \boldsymbol{\alpha}_3$ 是 R^3 的一组基.

设 $\boldsymbol{\beta}_1 = x_{11}\boldsymbol{\alpha}_1 + x_{21}\boldsymbol{\alpha}_2 + x_{31}\boldsymbol{\alpha}_3, \boldsymbol{\beta}_2 = x_{12}\boldsymbol{\alpha}_1 + x_{22}\boldsymbol{\alpha}_2 + x_{32}\boldsymbol{\alpha}_3$, 即

$$(\boldsymbol{\beta}_1, \boldsymbol{\beta}_2) = (\boldsymbol{\alpha}_1, \boldsymbol{\alpha}_2, \boldsymbol{\alpha}_3)\begin{pmatrix} x_{11} & x_{12} \\ x_{21} & x_{22} \\ x_{31} & x_{32} \end{pmatrix} \quad \text{或} \quad \boldsymbol{B} = \boldsymbol{AX}$$

于是 $\boldsymbol{X} = \boldsymbol{A}^{-1}\boldsymbol{B}$. 求 $\boldsymbol{A}$ 的逆, 得

$$\boldsymbol{A}^{-1} = \begin{pmatrix} \frac{2}{9} & \frac{2}{9} & -\frac{1}{9} \\ \frac{2}{9} & -\frac{1}{9} & \frac{2}{9} \\ -\frac{1}{9} & \frac{2}{9} & \frac{2}{9} \end{pmatrix}$$

所以

$$
\boldsymbol{X}=\begin{pmatrix} \frac{2}{9} & \frac{2}{9} & -\frac{1}{9} \\ \frac{2}{9} & -\frac{1}{9} & \frac{2}{9} \\ -\frac{1}{9} & \frac{2}{9} & \frac{2}{9} \end{pmatrix}\begin{pmatrix} 1 & 4 \\ 0 & 3 \\ -4 & 2 \end{pmatrix}=\begin{pmatrix} \frac{2}{3} & \frac{4}{3} \\ -\frac{2}{3} & 1 \\ -1 & \frac{2}{3} \end{pmatrix}
$$

因此有

$$
(\boldsymbol{\beta}_1,\boldsymbol{\beta}_2)=(\boldsymbol{\alpha}_1,\boldsymbol{\alpha}_2,\boldsymbol{\alpha}_3)\begin{pmatrix} \frac{2}{3} & \frac{4}{3} \\ -\frac{2}{3} & 1 \\ -1 & \frac{2}{3} \end{pmatrix}
$$

即

$$
\boldsymbol{\beta}_1=\frac{2}{3}\boldsymbol{\alpha}_1-\frac{2}{3}\boldsymbol{\alpha}_2-\boldsymbol{\alpha}_3, \qquad \boldsymbol{\beta}_2=\frac{4}{3}\boldsymbol{\alpha}_1+\boldsymbol{\alpha}_2+\frac{2}{3}\boldsymbol{\alpha}_3
$$

3.6 齐次线性方程组

下面讨论一般线性方程组的解的结构与求解方法.

齐次线性方程组的一般形式为

$$
\begin{cases} a_{11}x_1+a_{12}x_2+\cdots+a_{1n}x_n=0 \\ a_{21}x_1+a_{22}x_2+\cdots+a_{2n}x_n=0 \\ \qquad\qquad\cdots\cdots \\ a_{m1}x_1+a_{m2}x_2+\cdots+a_{mn}x_n=0 \end{cases} \tag{3.6.1}
$$

记 $\boldsymbol{A}=\begin{pmatrix} a_{11} & a_{12} & \cdots & a_{1n} \\ a_{21} & a_{22} & \cdots & a_{2n} \\ \vdots & \vdots & & \vdots \\ a_{m1} & a_{m2} & \cdots & a_{mn} \end{pmatrix}$，$\boldsymbol{x}=\begin{pmatrix} x_1 \\ x_2 \\ \vdots \\ x_n \end{pmatrix}$，则线性方程组(3.6.1)可以写成矩阵方程

$$
\boldsymbol{Ax}=\boldsymbol{0} \tag{3.6.2}
$$

若 $x_1=\xi_{11}, x_2=\xi_{21}, \cdots, x_n=\xi_{n1}$ 为线性方程组(3.6.1)的解，则

$$
\boldsymbol{x}=\boldsymbol{\xi}_1=\begin{pmatrix} \xi_{11} \\ \xi_{21} \\ \vdots \\ \xi_{n1} \end{pmatrix}
$$

称为方程组(3.6.1)的**解向量**. $\boldsymbol{x}=\boldsymbol{\xi}_1$ 同时也是矩阵方程(3.6.2)的解.

显然，方程组(3.6.1)必定有解，零向量就是它的解向量.

齐次线性方程组(3.6.1)的解向量[同时是方程(3.6.2)的解]有如下重要的性质:

性质 3.6.1 若 $\boldsymbol{x}=\xi_1, \boldsymbol{x}=\xi_2$ 为式(3.6.2)的解，则 $\boldsymbol{x}=\xi_1+\xi_2$ 也是式(3.6.2)的解.

证 只要验证 $\boldsymbol{x}=\xi_1+\xi_2$ 满足方程(3.6.2).

$$\boldsymbol{A}(\xi_1+\xi_2)=\boldsymbol{A}\xi_1+\boldsymbol{A}\xi_2=\mathbf{0}+\mathbf{0}=\mathbf{0}$$

性质 3.6.2 若 $\boldsymbol{x}=\xi_1$ 为式(3.6.2)的解, k 为任意实数，则 $\boldsymbol{x}=k\xi_1$ 也是式(3.6.2)的解.

证 $\boldsymbol{A}(k\xi_1)=k\boldsymbol{A}\xi_1=k\mathbf{0}=\mathbf{0}$

若用 S 表示方程组(3.6.1)的全体解向量所组成的集合，则性质 3.6.1、性质 3.6.2 即为

(1)若 $\xi_1, \xi_2\in S$，则 $\xi_1+\xi_2\in S$;

(2)若 $\xi_1\in S, k\in\mathbf{R}$，则 $k\xi_1\in S$.

这就是说，集合 S 对向量的线性运算封闭，因此集合 S 是一个向量空间，称 S 为齐次线性方程组(3.6.1)的**解空间**.

定理 3.6.1 n 元齐次线性方程组(3.6.1)，若 $R(\boldsymbol{A})=r$，则其解空间是 $n-r$ 维向量空间.

证 因为 $R(\boldsymbol{A})=r$，所以 $\boldsymbol{A}$ 中不为零的子式的最高阶数为 r，为叙述的方便，不妨设 $\boldsymbol{A}$ 的左上角 r 阶子式 $D\neq 0$，即

$$D=\begin{vmatrix} a_{11} & a_{12} & \cdots & a_{1r} \\ a_{21} & a_{22} & \cdots & a_{2r} \\ \vdots & \vdots & & \vdots \\ a_{r1} & a_{r2} & \cdots & a_{rr} \end{vmatrix}\neq 0$$

由定理 3.4.3 知, $\boldsymbol{A}$ 的前 r 行即为 $\boldsymbol{A}$ 的行向量组的最大无关组，于是，方程组(3.6.1)的保留方程组为

$$\begin{cases} a_{11}x_1+a_{12}x_2+\cdots+a_{1n}x_n=0 \\ a_{21}x_1+a_{22}x_2+\cdots+a_{2n}x_n=0 \\ \quad\cdots\cdots \\ a_{r1}x_1+a_{r2}x_2+\cdots+a_{rn}x_n=0 \end{cases} \tag{3.6.3}$$

式(3.6.3)可改写成

$$\begin{cases} a_{11}x_1+a_{12}x_2+\cdots+a_{1r}x_r=-a_{1,r+1}x_{r+1}-\cdots-a_{1n}x_n \\ a_{21}x_1+a_{22}x_2+\cdots+a_{2r}x_r=-a_{2,r+1}x_{r+1}-\cdots-a_{2n}x_n \\ \quad\cdots\cdots \\ a_{r1}x_1+a_{r2}x_2+\cdots+a_{rr}x_r=-a_{r,r+1}x_{r+1}-\cdots-a_{rn}x_n \end{cases} \tag{3.6.4}$$

由克拉默法则，得

$$x_1=\frac{D_1}{D}=f_1(x_{r+1},x_{r+2},\cdots,x_n)$$

$$x_2=\frac{D_2}{D}=f_2(x_{r+1},x_{r+2},\cdots,x_n)$$

$$\cdots\cdots$$

$$x_r=\frac{D_r}{D}=f_r(x_{r+1},x_{r+2},\cdots,x_n)$$

于是，式(3.6.1)的解向量为

$$\boldsymbol{x}=(f_1(x_{r+1},x_{r+2},\cdots,x_n),\cdots,f_r(x_{r+1},x_{r+2},\cdots,x_n),x_{r+1},\cdots,x_n)'$$

式中, $x_{r+1},\cdots,x_n$ 是可任取的数，而前 r 个分量由后 $n-r$ 个分量唯一确定. 在 $x_{r+1},\cdots,x_n$ 中一个取 1，其余取 0，则得式(3.6.1)的 $n-r$ 个解向量

$$\xi_1 = (f_1(1, 0, \cdots, 0), \cdots, f_r(1, 0, \cdots, 0), 1, 0, \cdots, 0)'$$
$$\xi_2 = (f_1(0, 1, \cdots, 0), \cdots, f_r(0, 1, \cdots, 0), 0, 1, \cdots, 0)'$$
$$\cdots\cdots$$
$$\xi_{n-r} = (f_1(0, 0, \cdots, 1), \cdots, f_r(0, 0, \cdots, 1), 0, 0, \cdots, 1)'$$

设 $\boldsymbol{B} = (\xi_1, \xi_2, \cdots, \xi_{n-r})$, 显然, $R(\boldsymbol{B}) = n-r$, 因此, $\xi_1, \xi_2, \cdots, \xi_{n-r}$ 线性无关.

下证方程组(3.6.1)的任一解 $\boldsymbol{x} = (\lambda_1, \lambda_2, \cdots, \lambda_n)'$均可由 $\xi_1, \xi_2, \cdots, \xi_{n-r}$ 线性表示:

设 $\boldsymbol{y} = \lambda_{r+1}\xi_1 + \lambda_{r+2}\xi_2 + \cdots + \lambda_n\xi_{n-r}$, 则 $\boldsymbol{y}$ 是方程组(3.6.1)的解, $\boldsymbol{x}$ 与 $\boldsymbol{y}$ 的后 $n-r$ 个分量相同. 因为方程组(3.6.1)的解向量的前 r 个分量由后 $n-r$ 个分量唯一确定, 所以

$$\boldsymbol{x} = \boldsymbol{y} = \lambda_{r+1}\xi_1 + \lambda_{r+2}\xi_2 + \cdots + \lambda_n\xi_{n-r}$$

因此, $\xi_1, \xi_2, \cdots, \xi_{n-r}$ 是方程组(3.6.1)的解空间的一组基, 于是方程组(3.6.1)的解空间是 $n-r$ 维向量空间.

定理 3.6.1 提示了齐次线性方程组(3.6.1)的解的结构. 现将方程组(3.6.1)的解空间的基称为方程组(3.6.1)的**基础解系**. 下面介绍一种求基础解系的简便方法.

设 $R(\boldsymbol{A}) = r$, 则可用初等行变换将 $\boldsymbol{A}$ 化为行最简形, 为表示方便, 设 $\boldsymbol{A}$ 的行最简形为

$$\boldsymbol{I} = \begin{pmatrix} 1 & 0 & \cdots & 0 & b_{11} & \cdots & b_{1,n-r} \\ 0 & 0 & \cdots & 0 & b_{21} & \cdots & b_{2,n-r} \\ \vdots & \vdots & & \vdots & \vdots & & \vdots \\ 0 & 0 & \cdots & 1 & b_{r1} & \cdots & b_{r,n-r} \\ 0 & 0 & \cdots & 0 & 0 & \cdots & 0 \\ \vdots & \vdots & & \vdots & \vdots & & \vdots \\ 0 & 0 & \cdots & 0 & 0 & \cdots & 0 \end{pmatrix}$$

由定理 3.3.3 知, 方程组

$$\begin{cases} x_1 + b_{11}x_{r+1} + \cdots + b_{1,n-r}x_n = 0 \\ x_2 + b_{21}x_{r+1} + \cdots + b_{2,n-r}x_n = 0 \\ \qquad\cdots\cdots \\ x_r + b_{r1}x_{r+1} + \cdots + b_{r,n-r}x_n = 0 \end{cases} \tag{3.6.5}$$

与方程组(3.6.1)同解, 式(3.6.5)可改写成

$$\begin{cases} x_1 = -b_{11}x_{r+1} - \cdots - b_{1,n-r}x_n \\ x_2 = -b_{21}x_{r+1} - \cdots - b_{2,n-r}x_n \\ \qquad\cdots\cdots \\ x_r = -b_{r1}x_{r+1} - \cdots - b_{r,n-r}x_n \end{cases} \tag{3.6.6}$$

令 $x_{r+1}, \cdots, x_n$ 依次取下列 $n-r$ 组数:

$$\begin{pmatrix} x_{r+1} \\ x_{r+2} \\ \vdots \\ x_n \end{pmatrix} = \begin{pmatrix} 1 \\ 0 \\ \vdots \\ 0 \end{pmatrix}, \begin{pmatrix} 0 \\ 1 \\ \vdots \\ 0 \end{pmatrix}, \cdots, \begin{pmatrix} 0 \\ 0 \\ \vdots \\ 1 \end{pmatrix}$$

得方程组(3.6.5), 同时也是方程组(3.6.1)的 $n-r$ 个解向量

$$\boldsymbol{\xi}_1=\begin{pmatrix}-b_{11}\\ \vdots\\ -b_{r1}\\ 1\\ 0\\ \vdots\\ 0\end{pmatrix},\boldsymbol{\xi}_2=\begin{pmatrix}-b_{12}\\ \vdots\\ -b_{r2}\\ 0\\ 1\\ \vdots\\ 0\end{pmatrix},\cdots,\boldsymbol{\xi}_{n-r}=\begin{pmatrix}-b_{1,n-r}\\ \vdots\\ -b_{r,n-r}\\ 0\\ 0\\ \vdots\\ 1\end{pmatrix}$$

可以验证: $\xi_1, \xi_2, \cdots, \xi_{n-r}$ 是方程组(3.6.1)的一个基础解系.

于是, 由齐次线性方程组的解的结构, 方程组(3.6.1)的全体解可以表示为

$$\boldsymbol{x}=k_1\boldsymbol{\xi}_1+k_2\boldsymbol{\xi}_2+\cdots+k_{n-r}\boldsymbol{\xi}_{n-r}\quad (k_1, k_2, \cdots, k_{n-r}\in\mathbf{R}) \tag{3.6.7}$$

式(3.6.7)称为方程组(3.6.1)的**通解**.

例 3.6.1 求解方程组 $\begin{cases}x_1+2x_2+2x_3+x_4=0\\ 2x_1+x_2-2x_3-2x_4=0\\ x_1-x_2-4x_3-3x_4=0\end{cases}$

解 对系数矩阵 $\boldsymbol{A}$ 施行初等行变换, 使之成为行最简形.

$$\boldsymbol{A}=\begin{pmatrix}1&2&2&1\\ 2&1&-2&-2\\ 1&-1&-4&-3\end{pmatrix}\xrightarrow[r_3-r_1]{r_2-2r_1}\begin{pmatrix}1&2&2&1\\ 0&-3&-6&-4\\ 0&-3&-6&-4\end{pmatrix}$$

$$\xrightarrow[r_2\times\left(-\frac{1}{3}\right)]{r_3-r_2}\begin{pmatrix}1&2&2&1\\ 0&1&2&\frac{4}{3}\\ 0&0&0&0\end{pmatrix}\xrightarrow{r_1-2r_2}\begin{pmatrix}1&0&-2&\frac{-5}{3}\\ 0&1&2&\frac{4}{3}\\ 0&0&0&0\end{pmatrix}$$

于是, 得与原方程组同解的方程组

$$\begin{cases}x_1\quad -2x_3-\dfrac{5}{3}x_4=0\\ \quad x_2+2x_3+\dfrac{4}{3}x_4=0\end{cases}$$

由此得

$$\begin{cases}x_1=\ \ 2x_3+\dfrac{5}{3}x_4\\ x_2=-2x_3-\dfrac{4}{3}x_4\end{cases}\quad (x_3, x_4\text{ 可取任意实数})$$

为把解表示得更清楚些, 可把上式写成

$$\begin{cases}x_1=\ \ 2x_3+\dfrac{5}{3}x_4\\ x_2=-2x_3-\dfrac{4}{3}x_4\\ x_3=\quad x_3\\ x_4=\qquad\quad x_4\end{cases}$$

为把解写成通常的参数形式，令 $x_3=k_1, x_4=k_2$，有

$$\begin{cases} x_1 = 2k_1+\dfrac{5}{3}k_2 \\ x_2=-2k_1-\dfrac{4}{3}k_2 \\ x_3 = k_1 \\ x_4 = k_2 \end{cases}$$

式中, k_1, k_2 为任意实数. 写成向量形式为

$$\begin{pmatrix} x_1 \\ x_2 \\ x_3 \\ x_4 \end{pmatrix}=\begin{pmatrix} 2k_1+\dfrac{5}{3}k_2 \\ -2k_1-\dfrac{4}{3}k_2 \\ k_1 \\ k_2 \end{pmatrix}=k_1\begin{pmatrix} 2 \\ -2 \\ 1 \\ 0 \end{pmatrix}+k_2\begin{pmatrix} \dfrac{5}{3} \\ -\dfrac{4}{3} \\ 0 \\ 1 \end{pmatrix} \quad (k_1, k_2\in \mathbf{R})$$

这里，$\boldsymbol{\xi}_1=\begin{pmatrix} 2 \\ -2 \\ 1 \\ 0 \end{pmatrix}, \boldsymbol{\xi}_2=\begin{pmatrix} \dfrac{5}{3} \\ -\dfrac{4}{3} \\ 0 \\ 1 \end{pmatrix}$ 就是原方程组的一个基础解系.

例 3.6.2 求解方程组 $\begin{cases} x_1-x_2-x_3+x_4=0 \\ x_1-x_2+x_3+3x_4=0 \\ x_1-x_2-2x_3+3x_4=0 \end{cases}$

解 对系数矩阵施行初等行变换

$$\boldsymbol{A}=\begin{pmatrix} 1 & -1 & -1 & 1 \\ 1 & -1 & 1 & -3 \\ 1 & -1 & -2 & 3 \end{pmatrix} \xrightarrow[r_3-r_1]{r_2-r_1} \begin{pmatrix} 1 & -1 & -1 & 1 \\ 0 & 0 & 2 & -4 \\ 0 & 0 & -1 & 2 \end{pmatrix}$$

$$\xrightarrow[r_2\times\frac{1}{2}]{r_3+\frac{1}{2}r_2} \begin{pmatrix} 1 & -1 & -1 & 1 \\ 0 & 0 & 1 & -2 \\ 0 & 0 & 0 & 0 \end{pmatrix} \xrightarrow{r_1+r_2} \begin{pmatrix} 1 & -1 & 0 & -1 \\ 0 & 0 & 1 & -2 \\ 0 & 0 & 0 & 0 \end{pmatrix}$$

得同解方程组

$$\begin{cases} x_1-x_2-x_4=0 \\ x_3-2x_4=0 \end{cases}$$

即有

$$\begin{cases} x_1=x_2+x_4 \\ x_2=x_2 \\ x_3=2x_4 \\ x_4=x_4 \end{cases}$$

于是得方程组通解

$$
\begin{pmatrix} x_1 \\ x_2 \\ x_3 \\ x_4 \end{pmatrix} = k_1 \begin{pmatrix} 1 \\ 1 \\ 0 \\ 0 \end{pmatrix} + k_2 \begin{pmatrix} 1 \\ 0 \\ 2 \\ 1 \end{pmatrix} \quad (k_1, k_2 \in \mathbf{R})
$$

案例：交通网络流量分析

3.7 非齐次线性方程组

1. 非齐次线性方程组解的存在定理

非齐次线性方程组的一般形式为

$$
\begin{cases} a_{11}x_1 + a_{12}x_2 + \cdots + a_{1n}x_n = b_1 \\ a_{21}x_1 + a_{22}x_2 + \cdots + a_{2n}x_n = b_2 \\ \qquad\qquad \cdots\cdots \\ a_{m1}x_1 + a_{m2}x_2 + \cdots + a_{mn}x_n = b_m \end{cases} \tag{3.7.1}
$$

由方程组的系数组成的矩阵 $\boldsymbol{A}$ 以及系数和常数项组成的矩阵 $\boldsymbol{B}$

$$
\boldsymbol{A} = \begin{pmatrix} a_{11} & a_{12} & \cdots & a_{1n} \\ a_{21} & a_{22} & \cdots & a_{2n} \\ \vdots & \vdots & & \vdots \\ a_{m1} & a_{m2} & \cdots & a_{mn} \end{pmatrix}, \qquad \boldsymbol{B} = \begin{pmatrix} a_{11} & a_{12} & \cdots & a_{1n} & b_1 \\ a_{21} & a_{22} & \cdots & a_{2n} & b_2 \\ \vdots & \vdots & & \vdots & \vdots \\ a_{m1} & a_{m2} & \cdots & a_{mn} & b_m \end{pmatrix}
$$

$\boldsymbol{A}, \boldsymbol{B}$ 分别称为方程组(3.7.1)的**系数矩阵**和**增广矩阵**.

若记 $\boldsymbol{x} = \begin{pmatrix} x_1 \\ x_2 \\ \vdots \\ x_n \end{pmatrix}$，$\boldsymbol{b} = \begin{pmatrix} b_1 \\ b_2 \\ \vdots \\ b_m \end{pmatrix}$，则方程组(3.7.1)可以写成

$$
\boldsymbol{Ax} = \boldsymbol{b} \tag{3.7.2}
$$

增广矩阵 $\boldsymbol{B}$ 是由系数矩阵 $\boldsymbol{A}$ 增加一列而得. 显然，它们的秩之间有如下关系:

$$
R(\boldsymbol{B}) = R(\boldsymbol{A}) \quad 或 \quad R(\boldsymbol{B}) = R(\boldsymbol{A}) + 1
$$

依据系数矩阵与增广矩阵的秩的关系，可判别方程组(3.7.1)是否有解.

定理 3.7.1 (解的存在定理)线性方程组(3.7.1)有解的充要条件是该方程组的系数矩阵 $\boldsymbol{A}$ 与增广矩阵 $\boldsymbol{B}$ 的秩相等.

证 必要性: 设方程组(3.7.1)有解 $x_1 = k_1, x_2 = k_2, \cdots, x_n = k_n$，则它们满足方程(3.7.1)，即有

$$
\begin{cases} a_{11}k_1 + a_{12}k_2 + \cdots + a_{1n}k_n = b_1 \\ a_{21}k_1 + a_{22}k_2 + \cdots + a_{2n}k_n = b_2 \\ \qquad\qquad \cdots\cdots \\ a_{m1}k_1 + a_{m2}k_2 + \cdots + a_{mn}k_n = b_m \end{cases}
$$

对于增广矩阵 $\boldsymbol{B}$ 的列向量 $\boldsymbol{\alpha}_1, \boldsymbol{\alpha}_2, \cdots, \boldsymbol{\alpha}_n, \boldsymbol{b}$ 来说，有

$$
\boldsymbol{\alpha}_1 k_1 + \boldsymbol{\alpha}_2 k_2 + \cdots + \boldsymbol{\alpha}_n k_n = \boldsymbol{b}
$$

即 $\boldsymbol{B}$ 的最后一个列向量可由前面 n 个列向量线性表示，因而 $\boldsymbol{B}$ 的列向量组与 $\boldsymbol{A}$ 的列向量组有相同的最大无关组和相等的秩，故矩阵 $\boldsymbol{A}$ 与 $\boldsymbol{B}$ 的秩相等.

充分性: 设 $R(\boldsymbol{A}) = R(\boldsymbol{B}) = r$.

若 $r = 0$, 则 $\boldsymbol{A}$ 与 $\boldsymbol{B}$ 的全部元素都为 0, 显然方程组(3.7.1)有解.

若 $r \neq 0$, 则 $\boldsymbol{A}$ 的列向量组的最大无关组也是 $\boldsymbol{B}$ 的列向量组的最大无关组, 因而向量 $\boldsymbol{b}$ 可由 $\boldsymbol{A}$ 的列向量组线性表示, 即存在一组数 $k_1, k_2, \cdots, k_n$, 使得

$$k_1\boldsymbol{\alpha}_1 + k_2\boldsymbol{\alpha}_2 + \cdots + k_n\boldsymbol{\alpha}_n = \boldsymbol{b}$$

显然, 上式表明 $x_1 = k_1, x_2 = k_2, \cdots, x_n = k_n$ 就是方程组(3.7.1)的解.

例 3.7.1 判断方程组 $\begin{cases} 5x_1 - x_2 + 2x_3 = 7, \\ 2x_1 + x_2 + 4x_3 = 1, \\ x_1 - 3x_2 - 6x_3 = 0 \end{cases}$ 是否有解.

解 对方程组的增广矩阵施行初等行变换, 求其秩.

$$\boldsymbol{B} = \left(\begin{array}{ccc|c} 5 & -1 & 2 & 7 \\ 2 & 1 & 4 & 1 \\ 1 & -3 & -6 & 0 \end{array}\right) \xrightarrow{r_1 \leftrightarrow r_3} \left(\begin{array}{ccc|c} 1 & -3 & -6 & 0 \\ 2 & 1 & 4 & 1 \\ 5 & -1 & 2 & 7 \end{array}\right)$$

$$\xrightarrow[r_3 - 5r_1]{r_2 - 2r_1} \left(\begin{array}{ccc|c} 1 & -3 & -6 & 0 \\ 0 & 7 & 16 & 1 \\ 0 & 14 & 32 & 7 \end{array}\right) \xrightarrow{r_3 - 2r_2} \left(\begin{array}{ccc|c} 1 & -3 & -6 & 0 \\ 0 & 7 & 16 & 1 \\ 0 & 0 & 0 & 5 \end{array}\right)$$

所以, $R(\boldsymbol{B}) = 3$. 注意到 $\boldsymbol{B}$ 的前 3 列即为 $\boldsymbol{A}$ 进行相应的初等行变换所得的结果, 因此有

$$\boldsymbol{A} \cong \begin{pmatrix} 1 & -3 & -6 \\ 0 & 7 & 16 \\ 0 & 0 & 0 \end{pmatrix}$$

所以, $R(\boldsymbol{A}) = 2$.

因 $R(\boldsymbol{A}) \neq R(\boldsymbol{B})$, 故原方程无解.

2. 非齐次线性方程组的解的结构及其求解方法

先来讨论非齐次线性方程组的解的结构.

矩阵方程(3.7.2)的解就是方程组(3.7.1)的解向量, 它具有以下性质:

性质 3.7.1 设 $\boldsymbol{x} = \boldsymbol{\eta}_1, \boldsymbol{x} = \boldsymbol{\eta}_2$ 都是式(3.7.2)的解, 则 $\boldsymbol{x} = \boldsymbol{\eta}_1 - \boldsymbol{\eta}_2$ 为式(3.7.2)对应的齐次方程

$$\boldsymbol{A}\boldsymbol{x} = \boldsymbol{0} \tag{3.7.3}$$

的解.

证 $$\boldsymbol{A}(\boldsymbol{\eta}_1 - \boldsymbol{\eta}_2) = \boldsymbol{A}\boldsymbol{\eta}_1 - \boldsymbol{A}\boldsymbol{\eta}_2 = \boldsymbol{b} - \boldsymbol{b} = \boldsymbol{0}$$

故 $\boldsymbol{x} = \boldsymbol{\eta}_1 - \boldsymbol{\eta}_2$ 满足方程(3.7.3).

性质 3.7.2 设 $\boldsymbol{x} = \boldsymbol{\eta}$ 是方程(3.7.2)的解, $\boldsymbol{x} = \boldsymbol{\xi}$ 是式(3.7.1)对应的齐次方程(3.7.2)的解, 则 $\boldsymbol{x} = \boldsymbol{\xi} + \boldsymbol{\eta}$ 仍是方程(3.7.2)的一个解.

证 $$\boldsymbol{A}(\boldsymbol{\xi} + \boldsymbol{\eta}) = \boldsymbol{A}\boldsymbol{\xi} + \boldsymbol{A}\boldsymbol{\eta} = \boldsymbol{0} + \boldsymbol{b} = \boldsymbol{b}$$

故 $\boldsymbol{x} = \boldsymbol{\xi} + \boldsymbol{\eta}$ 是方程(3.7.2)的解.

由性质 3.7.1 可知, 若求得式(3.7.2)的一个解 $\boldsymbol{\eta}^*$, 则式(3.7.2)的任一解 $\boldsymbol{\eta}$ 总可以表示为

$$\boldsymbol{x} = \boldsymbol{\eta} = \boldsymbol{\xi} + \boldsymbol{\eta}^*$$

其中, $\boldsymbol{x} = \boldsymbol{\xi}$ 为方程(3.7.3)的解. 又若方程(3.7.3)的通解为

$$\boldsymbol{x} = k_1\boldsymbol{\xi}_1 + k_2\boldsymbol{\xi}_2 + \cdots + k_{n-r}\boldsymbol{\xi}_{n-r}$$

则方程(3.7.2)的任一解总可表示为

$$x = k_1\xi_1 + k_2\xi_2 + \cdots + k_{n-r}\xi_{n-r} + \eta^*$$

由性质 3.7.2 可知，对任意实数 $k_1, k_2, \cdots, k_{n-r}$，上式总是式(3.7.2)的解．于是得方程(3.7.2)的通解为

$$x = k_1\xi_1 + k_2\xi_2 + \cdots + k_{n-r}\xi_{n-r} + \eta^* \quad (k_1, k_2, \cdots, k_{n-r} \in \mathbf{R})$$

其中，η^*为式(3.7.2)的某个特解，$\xi_1, \xi_2, \cdots, \xi_{n-r}$是式(3.7.2)对应的齐次方程(3.7.3)的基础解系．

综合以前的讨论，可以得到下面有关非齐次线性方程组的结论．

定理 3.7.2　对于 n 元非齐次线性方程组(3.7.1)：

(1)若 $R(A) < R(B)$，则式(3.7.1)无解；

(2)若 $R(A) = R(B) = n$，则式(3.7.1)有唯一解；

(3)若 $R(A) = R(B) = r < n$，则式(3.7.1)有无穷多个解，且其通解依赖于 $n-r$ 个独立参数．

例 3.7.2　判断 λ 取何值时，方程组 $\begin{cases} \lambda x_1 + x_2 + x_3 = 1 \\ x_1 + \lambda x_2 + x_3 = 1 \\ x_1 + x_2 + \lambda x_3 = 1 \end{cases}$，(1)有唯一解；(2)无解；(3)有无穷多个解？

解　方程组的系数矩阵及增广矩阵分别为

$$A = \begin{pmatrix} \lambda & 1 & 1 \\ 1 & \lambda & 1 \\ 1 & 1 & \lambda \end{pmatrix}, \qquad B = \begin{pmatrix} \lambda & 1 & 1 & 1 \\ 1 & \lambda & 1 & 1 \\ 1 & 1 & \lambda & 1 \end{pmatrix}$$

系数矩阵 A 的行列式为

$$|A| = \begin{vmatrix} \lambda & 1 & 1 \\ 1 & \lambda & 1 \\ 1 & 1 & \lambda \end{vmatrix} = \lambda^3 - 3\lambda + 2 = (\lambda - 1)^2(\lambda + 2)$$

当 $\lambda \neq 1$ 且 $\lambda \neq -2$ 时，$|A| \neq 0$，所以 $R(A) = 3$．此时，显然有 $R(B) = 3$，故原方程组有唯一解．

当 $\lambda = -2$ 时，

$$B = \left(\begin{array}{ccc:c} -2 & 1 & 1 & 1 \\ 1 & -2 & 1 & 1 \\ 1 & 1 & -2 & 1 \end{array}\right) \xrightarrow[r_1 \leftrightarrow r_2]{r_3 + (r_1 + r_2)} \left(\begin{array}{ccc:c} 1 & -2 & 1 & 1 \\ -2 & 1 & 1 & 1 \\ 0 & 0 & 0 & 3 \end{array}\right)$$

$$\xrightarrow{r_2 + 2r_1} \left(\begin{array}{ccc:c} 1 & -2 & 1 & 1 \\ 0 & -3 & 3 & 3 \\ 0 & 0 & 0 & 3 \end{array}\right)$$

此时，$R(A) = 2$，$R(B) = 3$，故原方程组无解．

当 $\lambda = 1$ 时，

$$B = \left(\begin{array}{ccc:c} 1 & 1 & 1 & 1 \\ 1 & 1 & 1 & 1 \\ 1 & 1 & 1 & 1 \end{array}\right) \xrightarrow[r_3 - r_1]{r_2 - r_1} \left(\begin{array}{ccc:c} 1 & 1 & 1 & 1 \\ 0 & 0 & 0 & 0 \\ 0 & 0 & 0 & 0 \end{array}\right)$$

此时，$R(A) = R(B) = 1 < 3$，故原方程组有无穷多个解．

例 3.7.3　设四元非齐次线性方程组 $Ax = b$ 的系数矩阵 A 的秩为 3，已知 η_1, η_2, η_3 是它的解向量，且 $\eta_1 + \eta_2 = (1, 2, 2, 1)'$，$\eta_3 = (1, 2, 3, 4)'$，求此方程组的通解．

解 因为 $R(\boldsymbol{A})=3, n=4$, 所以其对应的齐次线性方程组 $\boldsymbol{Ax}=\boldsymbol{0}$ 的基础解系只含有一个向量, 且 $\boldsymbol{Ax}=\boldsymbol{0}$ 的任一非零解均构成基础解系. 由性质 3.7.1 知, $\boldsymbol{\eta}_1-\boldsymbol{\eta}_3$, $\boldsymbol{\eta}_2-\boldsymbol{\eta}_3$ 是 $\boldsymbol{Ax}=\boldsymbol{0}$ 的解. 再由性质 3.6.1 知

$$(\boldsymbol{\eta}_1-\boldsymbol{\eta}_3)+(\boldsymbol{\eta}_2-\boldsymbol{\eta}_3)=\boldsymbol{\eta}_1+\boldsymbol{\eta}_2-2\boldsymbol{\eta}_3=(-1,-2,-4,-7)'$$

仍是 $\boldsymbol{Ax}=\boldsymbol{0}$ 的解. 于是根据非齐次线性方程组的解的结构可知, 原方程组的通解为

$$\boldsymbol{x}=k(-1,-2,-4,-7)'+(1,2,3,4)' \quad (k \text{ 为任意实数})$$

例 3.7.4 求解方程组 $\begin{cases} x_1-x_2-x_3+x_4=0 \\ x_1-x_2+x_3-3x_4=1 \\ x_1-x_2-2x_3+3x_4=-\dfrac{1}{2} \end{cases}$.

解 对增广矩阵 $\boldsymbol{B}$ 施行初等行变换:

$$\boldsymbol{B}=\left(\begin{array}{cccc:c} 1 & -1 & -1 & 1 & 0 \\ 1 & -1 & 1 & -3 & 1 \\ 1 & -1 & -2 & 3 & -\frac{1}{2} \end{array}\right) \xrightarrow[r_3-r_1]{r_2-r_1} \left(\begin{array}{cccc:c} 1 & -1 & -1 & 1 & 0 \\ 0 & 0 & 2 & -4 & 1 \\ 0 & 0 & -1 & 2 & -\frac{1}{2} \end{array}\right)$$

$$\xrightarrow[r_2\times\frac{1}{2}]{\substack{r_1+\frac{1}{2}r_2 \\ r_3+\frac{1}{2}r_2}} \left(\begin{array}{cccc:c} 1 & -1 & 0 & -1 & \frac{1}{2} \\ 0 & 0 & 1 & -2 & \frac{1}{2} \\ 0 & 0 & 0 & 0 & 0 \end{array}\right)$$

可见, $R(\boldsymbol{A})=R(\boldsymbol{B})=2$, 故方程组有解, 并有同解方程组

$$\begin{cases} x_1=x_2+x_4+\dfrac{1}{2} \\ x_3=\quad 2x_4+\dfrac{1}{2} \end{cases}$$

取 $x_2=x_4=0$, 则 $x_1=x_3=\dfrac{1}{2}$, 即得方程组的一个特解 $\boldsymbol{\eta}^*=\begin{pmatrix} \frac{1}{2} \\ 0 \\ \frac{1}{2} \\ 0 \end{pmatrix}$, 由例 3.6.1, 即得方程组的通解为

$$\begin{pmatrix} x_1 \\ x_2 \\ x_3 \\ x_4 \end{pmatrix}=k_1\begin{pmatrix} 1 \\ 1 \\ 0 \\ 0 \end{pmatrix}+k_2\begin{pmatrix} 1 \\ 0 \\ 2 \\ 1 \end{pmatrix}+\begin{pmatrix} \frac{1}{2} \\ 0 \\ \frac{1}{2} \\ 0 \end{pmatrix} \quad (k_1, k_2 \in \mathbf{R})$$

例 3.7.5 求解方程组 $\begin{cases} x_1+x_2-3x_3-x_4=1 \\ 3x_1-x_2-3x_3+4x_4=4 \\ x_1+5x_2-9x_3-8x_4=0 \end{cases}$.

解
$$B=\left(\begin{array}{cccc|c}1&1&-3&-1&1\\3&-1&-3&4&4\\1&5&-9&-8&0\end{array}\right)\xrightarrow[r_3-r_1]{r_2-3r_1}\left(\begin{array}{cccc|c}1&1&-3&-1&1\\0&-4&6&7&1\\0&4&-6&-7&-1\end{array}\right)$$

$$\xrightarrow[r_2\times\left(-\frac{1}{4}\right)]{r_3+r_2}\left(\begin{array}{cccc|c}1&1&-3&-1&1\\0&1&-\frac{3}{2}&-\frac{7}{4}&-\frac{1}{4}\\0&0&0&0&0\end{array}\right)\xrightarrow{r_1-r_2}\left(\begin{array}{cccc|c}1&0&-\frac{3}{2}&\frac{3}{4}&\frac{5}{4}\\0&1&-\frac{3}{2}&-\frac{7}{4}&-\frac{1}{4}\\0&0&0&0&0\end{array}\right)$$

得同解方程组

$$\begin{cases}x_1-\frac{3}{2}x_3+\frac{3}{4}x_4=\frac{5}{4}\\x_2-\frac{3}{2}x_3-\frac{7}{4}x_4=-\frac{1}{4}\end{cases}$$

于是有

$$\begin{cases}x_1=\frac{3}{2}x_3-\frac{3}{4}x_4+\frac{5}{4}\\x_2=\frac{3}{2}x_3+\frac{7}{4}x_4-\frac{1}{4}\\x_3=\quad x_3\\x_4=\quad\quad x_4\end{cases}$$

由此可得，原方程组的通解为

$$\begin{pmatrix}x_1\\x_2\\x_3\\x_4\end{pmatrix}=k_1\begin{pmatrix}\frac{3}{2}\\\frac{3}{2}\\1\\0\end{pmatrix}+k_2\begin{pmatrix}-\frac{3}{4}\\\frac{7}{4}\\0\\1\end{pmatrix}+\begin{pmatrix}\frac{5}{4}\\-\frac{1}{4}\\0\\0\end{pmatrix}\quad(k_1,k_2\in\mathbf{R})$$

若令 $k_1=2c$, $k_2=4c_2-1$，上式可简化为

$$\begin{pmatrix}x_1\\x_2\\x_3\\x_4\end{pmatrix}=c_1\begin{pmatrix}3\\3\\2\\0\end{pmatrix}+c_2\begin{pmatrix}-3\\7\\0\\4\end{pmatrix}+\begin{pmatrix}2\\-2\\0\\-1\end{pmatrix}\quad(c_1,c_2\in\mathbf{R})$$

数学实验基础知识

基本命令	功能
X=A\\b	用左除运算计算满足 AX=b 的一个解，无解时返回最小二乘解
X=inv(A)*b	用求逆运算计算满足 AX=b 的一个解
null(A)	计算齐次线性方程组 AX=0 的一个基础解系
[Ab]	将 A,b 按分块矩阵方式组成新矩阵
rref(A)	求矩阵 A 的行最简形
formatrational	调整显示格式为分式
format	恢复显示格式为小数

例 1 求解线性方程组$\begin{cases} x_1 - x_2 - x_3 = 2 \\ 2x_1 - x_2 - 3x_3 = 1 \\ 3x_1 + 2x_2 - 5x_3 = 0 \end{cases}$.

解法 1

```
>>A=[1 -1 -1;2 -1 -3;3 2 -5];
>>b=[210]';
>>X=A\\b
```

输出结果:

```
X=
  5
  0
  3
```

解法 2

```
>>A=[1 -1 -1;2 -1 -3;3 2 -5];
>>b=[210]';
>>X=inv(A)*b
```

例 2 求齐次线性方程组$\begin{cases} 3x_1 + 4x_2 - 5x_3 + 7x_4 = 0 \\ 2x_1 - 3x_2 + 3x_3 - 2x_4 = 0 \\ 4x_1 + 11x_2 - 13x_3 + 16x_4 = 0 \\ 7x_1 - 2x_2 + x_3 + 3x_4 = 0 \end{cases}$的一个基础解系.

解法 1

```
>>A=[3 4 -5 7;2 -3 3 -2;4 11 -13 16;7 -2 1 3];
>>null(A)
```

输出结果:

```
ans=
      0.4226    0.2075
      0.1676    0.7910
     -0.5703    0.5575
     -0.6842   -0.1427
```

解法 2

```
>>A=[3 4 -5 7;2 -3 3 -2;4 11 -13 16;7 -2 1 3];
>>rref(A)
```

输出结果:

```
ans=
     1.0000         0  -0.1765  0.7647
          0    1.0000  -1.1176  1.1765
          0         0        0       0
          0         0        0       0
```

输出结果是 $\boldsymbol{A}$ 的行最简形，由此可得方程组的一个基础解系如下

$$\boldsymbol{\xi}_1=\begin{pmatrix}0.1765\\1.1176\\1\\0\end{pmatrix},\quad \boldsymbol{\xi}_2=\begin{pmatrix}-0.7647\\-1.1765\\0\\1\end{pmatrix}$$

例 3 求非齐次线性方程组$\begin{cases}2x_1+x_2-x_3+x_4=1\\3x_1-2x_2+x_3-3x_4=4\\x_1+4x_2-3x_3+5x_4=-2\end{cases}$的通解.

```
≫A=[2 1 -1 1;3 -2 1 -3;1 4 -3 5];
≫b=[14 -2]';
≫B=[Ab];
≫rank(A)
```

输出结果:

```
ans=
    2
≫rank(B)
```

输出结果:

```
ans=
      2
%说明 R(A)=R(B)=2<4, 方程组有无穷多组解
≫formatrational
≫rref(B)
```

输出结果:

```
ans=
      1     0     -1/7     -1/7      6/7
      0     1     -5/7      9/7     -5/7
      0     0       0        0        0
```

从行最简形的结果可知, 原方程组的同解方程组为

$$\begin{cases}x_1-\dfrac{1}{7}x_3-\dfrac{1}{7}x_4=\dfrac{6}{7}\\x_2-\dfrac{5}{7}x_3+\dfrac{9}{7}x_4=-\dfrac{5}{7}\end{cases}$$

由此可得, 原方程组的通解为

$$\begin{pmatrix}x_1\\x_2\\x_3\\x_4\end{pmatrix}=k_1\begin{pmatrix}\dfrac{1}{7}\\\dfrac{5}{7}\\1\\0\end{pmatrix}+k_2\begin{pmatrix}\dfrac{1}{7}\\\dfrac{-9}{7}\\0\\1\end{pmatrix}+\begin{pmatrix}\dfrac{6}{7}\\\dfrac{-5}{7}\\0\\0\end{pmatrix}$$

本章小结

本章主要解决了一般线性方程组的求解问题. 在向量组、矩阵和线性方程组之间建立了相关联系, 利用向量组、矩阵作为工具建立线性方程组解的结构理论并导出解线性方程组的行之有效的方法.

向量组的线性相关性是一个基本概念, 与其对应的是线性方程组有无多余方程的问题. 一个给定向量组是否线性相关是它固有的性质. 判别向量组的线性相关性有以下途径.

(1)利用定义及相关的定理与推论判别;

(2)利用向量组构成的矩阵的秩;

(3)归结为一个线性方程组 $x_1\boldsymbol{\alpha}_1+\cdots+x_m\boldsymbol{\alpha}_m=\mathbf{0}$ 是否有非零解.

向量组的等价是两个给定向量组之间的关系和性质, 与之对应的是方程组的同解问题. 利用向量组、矩阵与方程组的关系, 可以得出, 对齐次线性方程组的系数矩阵或非齐次线性方程组的增广矩阵施行初等行变换是一种同解变换, 从而为方程组的具体求解方法(同解化简)找到理论根据.

最大无关组本身线性无关且与原向量组等价, 与其对应的是方程组的同解保留方程组问题, 它的推广就是向量空间的基的概念, 最大无关组的向量个数等于由原向量组构成的矩阵的秩, 它决定向量组对应的方程组有怎样的解的结构.

向量空间概念的引入, 为以后更抽象的线性空间概念的引入打下了基础, 同时也为齐次线性方程组的全体解的集合提供一个具体的结构模式.

在前面讨论的基础上, 我们顺利地解决了一般线性方程组的求解问题.

(1)齐次线性方程组 $\boldsymbol{Ax}=\mathbf{0}$ 必有解, 有非零解的充要条件是 $R(\boldsymbol{A})<n$(n 是未知数个数). 解的全体构成向量空间(称为解空间), 若 $R(\boldsymbol{A})=r$, 则解空间 S 的基(称为基础解系)由 $n-r$ 个线性无关的解向量 $\xi_1,\cdots,\xi_{n-r}$ 组成, 其通解表达式为

$$\boldsymbol{x}=k_1\xi_1+\cdots+k_{n-r}\xi_{n-r}\quad(k_1,\cdots,k_{n-r}\in\mathbf{R})$$

(2)非齐次线性方程组 $\boldsymbol{Ax}=\boldsymbol{b}$ 有解的充要条件是 $R(\boldsymbol{A})=R(\boldsymbol{B})$, 其中 $\boldsymbol{B}$ 是方程组的增广矩阵.

①若 $R(\boldsymbol{A})<R(\boldsymbol{B})$, 则方程组无解;

②若 $R(\boldsymbol{A})=R(\boldsymbol{B})=n$, 则方程组有唯一解;

③若 $R(\boldsymbol{A})=R(\boldsymbol{B})=r<n$, 则方程组有无穷多个解, 其通解表达式为

$$\boldsymbol{x}=k_1\xi_1+k_2\xi_2+\cdots+k_{n-r}\xi_{n-r}+\boldsymbol{\eta}^*$$

其中, $\boldsymbol{\eta}^*$为方程组的特解, $\xi_1,\cdots,\xi_{n-r}$ 是对应的齐次方程 $\boldsymbol{Ax}=\mathbf{0}$ 的基础解系.

方程组的具体求解采用对系数矩阵 $\boldsymbol{A}$ 或增广矩阵 $\boldsymbol{B}$ 施行初等行变换的方法.

本章常用词汇中英文对照

向量	vector	行向量	row vector
列向量	column vector	单位向量	unit vector
向量组	vector set vectorgroup	线性组合	linear combination
线性相关	linearly dependence	线性无关	linearly independence

线性相关的	linearly dependent	等价	equivalence
向量空间	vector space	子空间	subspace
基	basis	维数	dimension
线性方程组	system of linear equations	齐次	homogeneous
非齐次	non-homogeneous	解	solution
解向量	solution vector	解空间	solution space
通解	general solution	增广矩阵	augmented matrix
系数矩阵	coefficient matrix	基础解系	fundamental system of sdutions

习　题　3

1. 设 $\boldsymbol{v}_1=(1,1,0)$, $\boldsymbol{v}_2=(0,1,1)$, $\boldsymbol{v}_3=(3,4,0)$, 求 $\boldsymbol{v}_1-\boldsymbol{v}_2$ 及 $3\boldsymbol{v}_1+2\boldsymbol{v}_2-\boldsymbol{v}_3$.

2. 设 $3(\boldsymbol{\alpha}_1-\boldsymbol{\alpha})+2(\boldsymbol{\alpha}_2+\boldsymbol{\alpha})=5(\boldsymbol{\alpha}_3+\boldsymbol{\alpha})$, 其中 $\boldsymbol{\alpha}_1=(2,5,1,3)$, $\boldsymbol{\alpha}_2=(10,1,5,10)$, $\boldsymbol{\alpha}_3=(4,1,-1,1)$, 求 $\boldsymbol{\alpha}$.

3. 举例说明下列各命题是错误的.

(1)若向量组 $\boldsymbol{\alpha}_1,\boldsymbol{\alpha}_2,\cdots,\boldsymbol{\alpha}_m$ 是线性相关的, 则 $\boldsymbol{\alpha}_1$ 可由 $\boldsymbol{\alpha}_2,\cdots,\boldsymbol{\alpha}_m$ 线性表示.

(2)若有不全为 0 的数 $\lambda_1,\lambda_2,\cdots,\lambda_m$ 使

$$\lambda_1\boldsymbol{\alpha}_1+\cdots+\lambda_m\boldsymbol{\alpha}_m+\lambda_1\boldsymbol{\beta}_1+\cdots+\lambda_m\boldsymbol{\beta}_m=\boldsymbol{0}$$

成立, 则 $\boldsymbol{\alpha}_1,\boldsymbol{\alpha}_2,\cdots,\boldsymbol{\alpha}_m$ 线性相关, $\boldsymbol{\beta}_1,\cdots,\boldsymbol{\beta}_m$ 亦线性相关.

(3)若只有当 $\lambda_1,\lambda_2,\cdots,\lambda_m$ 全为 0 时等式

$$\lambda_1\boldsymbol{\alpha}_1+\cdots+\lambda_m\boldsymbol{\alpha}_m+\lambda_1\boldsymbol{\beta}_1+\cdots+\lambda_m\boldsymbol{\beta}_m=\boldsymbol{0}$$

才能成立, 则 $\boldsymbol{\alpha}_1,\boldsymbol{\alpha}_2,\cdots,\boldsymbol{\alpha}_m$ 线性无关, $\boldsymbol{\beta}_1,\cdots,\boldsymbol{\beta}_m$ 亦线性无关.

(4)若 $\boldsymbol{\alpha}_1,\boldsymbol{\alpha}_2,\cdots,\boldsymbol{\alpha}_m$ 线性相关, $\boldsymbol{\beta}_1,\cdots,\boldsymbol{\beta}_m$ 亦线性相关, 则有不全为 0 的数 $\lambda_1,\lambda_2,\cdots,\lambda_m$, 使

$$\lambda_1\boldsymbol{\alpha}_1+\cdots+\lambda_m\boldsymbol{\alpha}_m=\boldsymbol{0},\quad \lambda_1\boldsymbol{\beta}_1+\cdots+\lambda_m\boldsymbol{\beta}_m=\boldsymbol{0}$$

同时成立.

4. 设 $\boldsymbol{\beta}_1=\boldsymbol{\alpha}_1$, $\boldsymbol{\beta}_2=\boldsymbol{\alpha}_1+\boldsymbol{\alpha}_2,\cdots,\boldsymbol{\beta}_r=\boldsymbol{\alpha}_1+\boldsymbol{\alpha}_2+\cdots+\boldsymbol{\alpha}_r$ 且向量组 $\boldsymbol{\alpha}_1,\boldsymbol{\alpha}_2,\cdots,\boldsymbol{\alpha}_r$ 线性无关, 证明向量组 $\boldsymbol{\beta}_1,\boldsymbol{\beta}_2,\cdots,\boldsymbol{\beta}_r$ 线性无关.

5. 下列向量组是否线性相关.

(1) $\boldsymbol{\alpha}_1=(3,1,4)$, $\boldsymbol{\alpha}_2=(2,5,-1)$, $\boldsymbol{\alpha}_3=(4,-3,7)$

(2) $\boldsymbol{\alpha}_1=(2,0,1)$, $\boldsymbol{\alpha}_2=(0,1,-2)$, $\boldsymbol{\alpha}_3=(1,-1,1)$

(3) $\boldsymbol{\alpha}_1=(2,-1,3,2)$, $\boldsymbol{\alpha}_2=(-1,2,2,3)$, $\boldsymbol{\alpha}_3=(3,-1,2,2)$, $\boldsymbol{\alpha}_4=(4,-2,6,4)$

6. 求下列向量组的秩, 并求一个最大无关组.

(1) $\boldsymbol{\alpha}_1=(1,2,-1,4)$, $\boldsymbol{\alpha}_2=(9,20,-10,40)$, $\boldsymbol{\alpha}_3=(-2,-4,2,-8)$

(2) $\boldsymbol{\alpha}_1=(1,1,0)$, $\boldsymbol{\alpha}_2=(0,2,0)$, $\boldsymbol{\alpha}_3=(0,0,3)$

(3) $\boldsymbol{\alpha}_1=(1,2,1,3)$, $\boldsymbol{\alpha}_2=(4,-1,-5,-6)$, $\boldsymbol{\alpha}_3=(1,-3,-4,-7)$

7. 设 $\boldsymbol{\alpha}_1,\boldsymbol{\alpha}_2,\cdots,\boldsymbol{\alpha}_n$ 是一组 n 维向量, 已知 n 维单位坐标向量 $\boldsymbol{\varepsilon}_1,\boldsymbol{\varepsilon}_2,\cdots,\boldsymbol{\varepsilon}_n$ 能由它们线性表示, 证明: $\boldsymbol{\alpha}_1,\boldsymbol{\alpha}_2,\cdots,\boldsymbol{\alpha}_n$ 线性无关.

8. 设 $\boldsymbol{\alpha}_1,\boldsymbol{\alpha}_2,\cdots,\boldsymbol{\alpha}_n$ 是一组 n 维向量, 证明它们线性无关的充要条件是: 任一 n 维向量都可由它们线性表示.

9. 设向量组 $\boldsymbol{A}$ 与向量组 $\boldsymbol{B}$ 的秩相等, 且 $\boldsymbol{A}$ 组能由 $\boldsymbol{B}$ 组线性表示, 证明: $\boldsymbol{A}$ 组与 $\boldsymbol{B}$ 组等价.

10. 证明: $R(\boldsymbol{A}+\boldsymbol{B})\leqslant R(\boldsymbol{A})+R(\boldsymbol{B})$.

11. 设$\boldsymbol{A}$为n阶矩阵, 若存在正整数$k(k\geqslant 2)$使得$A^k\boldsymbol{\alpha}=0$但$A^{k-1}\boldsymbol{\alpha}\neq 0$(其中$\boldsymbol{\alpha}$为$n$维非零列向量), 证明: $\boldsymbol{\alpha},A\boldsymbol{\alpha},\cdots,A^{k-1}\boldsymbol{\alpha}$线性无关.

12. 设

$$V_1=\{x=(x_1,x_2,\cdots,x_n)|x_1,\cdots,x_n\in\mathbf{R}\text{ 且 }x_1+\cdots+x_n=0\}$$
$$V_2=\{x=(x_1,x_2,\cdots,x_n)|x_1,\cdots,x_n\in\mathbf{R}\text{ 且 }x_1+\cdots+x_n=1\}$$

试问: V_1,V_2是不是向量空间? 为什么?

13. 验证: $\boldsymbol{\alpha}_1=(1,-1,0),\boldsymbol{\alpha}_2=(2,1,3),\boldsymbol{\alpha}_3=(3,1,2)$为$R^3$的一组基, 并把$\boldsymbol{\beta}_1=(5,0,7),\boldsymbol{\beta}_2=(-9,-8,-13)$用这个基线性表示.

14. 求下列齐次线性方程组的一个基础解系.

(1) $\begin{cases}x_1+x_2+2x_3-x_4=0\\2x_1+x_2+x_3-x_4=0\\2x_1+2x_2+x_3-x_4=0\end{cases}$　(2) $\begin{cases}x_1+2x_2+x_3-x_4=0\\3x_1+6x_2-x_3-3x_4=0\\5x_1+10x_2+x_3-5x_4=0\end{cases}$

(3) $\begin{cases}2x_1+3x_2-x_3-3x_4=0\\3x_1+x_2+2x_3-7x_4=0\\4x_1+x_2-3x_3+6x_4=0\\x_1-2x_2+4x_3-7x_4=0\end{cases}$　(4) $\begin{cases}3x_1+4x_2-5x_3+7x_4=0\\2x_1-3x_2+3x_3-2x_4=0\\4x_1+11x_2-13x_3+16x_4=0\\7x_1-2x_2+x_3+3x_4=0\end{cases}$

15. 已知向量组$\boldsymbol{\alpha}_1=(1,2,0,-2)^{\mathrm{T}},\boldsymbol{\alpha}_2=(0,3,1,0)^{\mathrm{T}},\boldsymbol{\alpha}_3=(-1,4,2,a)^{\mathrm{T}}$和向量组$\boldsymbol{\beta}_1=(1,8,2,-2)^{\mathrm{T}},\boldsymbol{\beta}_2=(1,5,1,-a)^{\mathrm{T}}$, $\boldsymbol{\beta}_3=(-5,2,b,10)^{\mathrm{T}}$, 都是齐次线性方程组$\boldsymbol{Ax}=0$的基础解系, 求$a,b$的值.

16. 求解下列非齐次线性方程组.

(1) $\begin{cases}4x_1+2x_2-x_3=2\\3x_1-x_2+2x_3=10\\11x_1+3x_2=8\end{cases}$　(2) $\begin{cases}2x+3y+z=4\\x-2y+4z=-5\\3x+8y-2z=13\\4x-y+9z=-6\end{cases}$

(3) $\begin{cases}2x+y-z+w=1\\4x+2y-2z+w=2\\2x+y-z-w=1\end{cases}$　(4) $\begin{cases}2x+y-z+w=1\\3x-2y+z-3w=4\\x+4y-3z+5w=-2\end{cases}$

17. λ取何值时, 非齐次线性方程组$\begin{cases}\lambda x_1+x_2+x_3=1,\\x_1+\lambda x_2+x_3=\lambda,\\x_1+x_2+\lambda x_3=\lambda^2,\end{cases}$ (1)有唯一解; (2)无解; (3)有无穷多个解.

18. 设$\begin{cases}(2-\lambda)x_1+2x_2-2x_3=1,\\2x_1+(5-\lambda)x_2-4x_3=2,\\-2x_1-4x_2+(5-\lambda)x_3=-\lambda-1,\end{cases}$ 试问: λ为何值时, 此方程组有唯一解、无解或有无穷多解? 并在有无穷多解时求其通解.

19. 已知非齐次线性方程组

$$\begin{cases}x_1+x_2+x_3+x_4=-1\\4x_1+3x_2+5x_3-x_4=-1\\ax_1+x_2+3x_3+bx_4=1\end{cases}$$

有3个线性无关的解.

(1)证明方程组系数矩阵$\boldsymbol{A}$的秩$r(\boldsymbol{A})=2$;

(2)求a,b的值及方程组的通解.

20. 设$\boldsymbol{A},\boldsymbol{B}$都是$n$阶方阵, 且$\boldsymbol{AB}=\boldsymbol{0}$, 证明: $R(\boldsymbol{A})+R(\boldsymbol{B})\leqslant n$.

21. 设$\boldsymbol{\eta}_1,\cdots,\boldsymbol{\eta}_s$是非齐次线性方程组$\boldsymbol{Ax}=\boldsymbol{b}$的$s$个解, $k_1,\cdots,k_s$为实数, 满足$k_1+\cdots+k_s=1$, 证明:

$$x = k_1\boldsymbol{\eta}_1 + k_2\boldsymbol{\eta}_2 + \cdots + k_s\boldsymbol{\eta}_s$$

也是它的解.

22. 设 $\boldsymbol{A}, \boldsymbol{B}$ 为两个 n 阶方阵, 且 $\boldsymbol{ABA} = \boldsymbol{B}^{-1}$, 证明: $R(\boldsymbol{E}-\boldsymbol{AB}) + R(\boldsymbol{E}+\boldsymbol{AB}) = n$. (提示: 利用第 10 题, 第 20 题)

23. 设 $\boldsymbol{A}$ 为 n 阶幂等矩阵($\boldsymbol{A}^2 = \boldsymbol{A}$), 证明: $R(\boldsymbol{A}) + R(\boldsymbol{E}-\boldsymbol{A}) = n$.

24. 证明: $R(\boldsymbol{A}) = R(\boldsymbol{AA}')$.

25. 设 $\boldsymbol{\eta}^*$是非齐次线性方程组 $\boldsymbol{Ax} = \boldsymbol{b}$ 的一个解, $\xi_1, \cdots, \xi_{n-r}$ 是对应的齐次方程组的一个基础解系, 证明:

(1)$\boldsymbol{\eta}^*, \xi_1, \cdots, \xi_{n-r}$ 线性无关;

(2)$\boldsymbol{\eta}^*, \boldsymbol{\eta}^* + \xi_1, \cdots, \boldsymbol{\eta}^* + \xi_{n-r}$ 线性无关.

26. 设非齐次线性方程组 $\boldsymbol{Ax} = \boldsymbol{b}$ 的系数矩阵 $\boldsymbol{A}$ 的秩为 r, $\boldsymbol{\eta}_1, \cdots, \boldsymbol{\eta}_{n-r+1}$ 是它的 $n-r+1$ 个线性无关的解(由题 25 知它确有 $n-r+1$ 个线性无关的解). 试证它的任一解可表示为

$$\boldsymbol{x} = k_1\boldsymbol{\eta}_1 + \cdots + k_{n-r+1}\boldsymbol{\eta}_{n-r+1} \quad (其中: k_1 + \cdots + k_{n-r+1} = 1)$$

第 4 章　方阵的对角化与二次型

本章讨论方阵的对角化问题，主要介绍方阵的相似、方阵的特征值与特征向量、方阵在相似意义下对角化的条件、实对称矩阵的对角化以及二次型问题.

4.1　方阵的对角化问题

例 4.1.1　将二次曲线

$$ax^2 + 2bxy + cy^2 = d \tag{4.1.1}$$

化为标准方程

$$a'x'^2 + b'y'^2 = d \tag{4.1.2}$$

在中学里我们讨论过这类问题. 只要通过适当的旋转变换

$$\begin{cases} x = x'\cos\theta - y'\sin\theta \\ y = x'\sin\theta + y'\cos\theta \end{cases} \tag{4.1.3}$$

便可将二次曲线(4.1.1)化为标准方程(4.1.2). 记

$$\boldsymbol{A} = \begin{pmatrix} a & b \\ b & c \end{pmatrix}, \quad \boldsymbol{\Lambda} = \begin{pmatrix} a' & 0 \\ 0 & b' \end{pmatrix}, \quad \boldsymbol{P} = \begin{pmatrix} \cos\theta & -\sin\theta \\ \sin\theta & \cos\theta \end{pmatrix}, \quad \boldsymbol{X} = \begin{pmatrix} x \\ y \end{pmatrix}, \quad \boldsymbol{Y} = \begin{pmatrix} x' \\ y' \end{pmatrix}$$

这里, $\boldsymbol{P}$ 是正交矩阵，有 $\boldsymbol{P}^{-1} = \boldsymbol{P}'$. 因此，二次曲线(4.1.1)可以表示为

$$\boldsymbol{X}'\boldsymbol{A}\boldsymbol{X} = d \tag{4.1.4}$$

其标准方程(4.1.2)可以表示为

$$\boldsymbol{Y}'\boldsymbol{\Lambda}\boldsymbol{Y} = d \tag{4.1.5}$$

旋转变换(是线性变换)(4.1.3)可以表示为

$$\boldsymbol{X} = \boldsymbol{P}\boldsymbol{Y} \tag{4.1.6}$$

将式(4.1.6)代入式(4.1.4)左端，有

$$\boldsymbol{X}'\boldsymbol{A}\boldsymbol{X} = (\boldsymbol{P}\boldsymbol{Y})'\boldsymbol{A}(\boldsymbol{P}\boldsymbol{Y}) = \boldsymbol{Y}'\boldsymbol{P}'\boldsymbol{A}\boldsymbol{P}\boldsymbol{Y}$$

与式(4.1.5)相比较，得

$$\boldsymbol{P}'\boldsymbol{A}\boldsymbol{P} = \boldsymbol{P}^{-1}\boldsymbol{A}\boldsymbol{P} = \boldsymbol{\Lambda}$$

于是，例 4.1.1 的问题可转化为：对于方阵 $\boldsymbol{A}$，寻求适当的 $\boldsymbol{P}$，使得 $\boldsymbol{P}^{-1}\boldsymbol{A}\boldsymbol{P} = \boldsymbol{\Lambda}$ 为对角阵.

定义 4.1.1　设 $\boldsymbol{A}, \boldsymbol{B}$ 为两个同阶方阵，若有可逆矩阵 $\boldsymbol{P}$，使得

$$\boldsymbol{B} = \boldsymbol{P}^{-1}\boldsymbol{A}\boldsymbol{P}$$

则称 $\boldsymbol{A}$ 与 $\boldsymbol{B}$ 是相似的，或说成 $\boldsymbol{A}$ 相似于 $\boldsymbol{B}$，记为 $\boldsymbol{A} \sim \boldsymbol{B}$.

显然，与单位矩阵相似的只有单位矩阵.

由定义可直接推得，相似关系满足：

(1)反身性：$\boldsymbol{A} \sim \boldsymbol{A}$.

(2)对称性：若 $\boldsymbol{A} \sim \boldsymbol{B}$，则 $\boldsymbol{B} \sim \boldsymbol{A}$.

(3)传递性：若 $\boldsymbol{A} \sim \boldsymbol{B}, \boldsymbol{B} \sim \boldsymbol{C}$，则 $\boldsymbol{A} \sim \boldsymbol{C}$.

因此，相似关系也是一种数学上的等价关系．显然，若两个矩阵相似，则它们等价，但逆命题不成立，即若两个矩阵等价，它们却不一定是相似的．

例 4.1.1 的问题事实上就是对 $\boldsymbol{A}$ 进行相似运算使之成为对角矩阵．在实践中我们会碰到许多类似的问题，这就是本章讨论的主要问题：对 n 阶方阵 $\boldsymbol{A}$，寻求相似变换矩阵 $\boldsymbol{P}$，使 $\boldsymbol{P}^{-1}\boldsymbol{AP}=\boldsymbol{\Lambda}$ 为对角阵，也就是把方阵 $\boldsymbol{A}$(在相似意义下)对角化．为了解决这个问题，先要引入方阵的特征值与特征向量的概念．

4.2 方阵的特征值与特征向量

定义 4.2.1 设 $\boldsymbol{A}$ 是 n 阶方阵，若数 λ 和 n 维非零列向量 $\boldsymbol{x}$ 使得关系式

$$\boldsymbol{Ax}=\lambda\boldsymbol{x} \tag{4.2.1}$$

成立，则数 λ 称为方阵 $\boldsymbol{A}$ 的**特征值**，非零向量 $\boldsymbol{x}$ 称为方阵 $\boldsymbol{A}$ 的对应于特征值 λ 的**特征向量**．

例 4.2.1 若 n 阶方阵 $\boldsymbol{A}$ 的每一行元素之和等于 a，则 a 一定是方阵 $\boldsymbol{A}$ 的特征值．

证 设

$$\boldsymbol{A}=\begin{pmatrix} a_{11} & a_{12} & & a_{1n} \\ a_{21} & a_{22} & & a_{2n} \\ \vdots & \vdots & & \vdots \\ a_{n1} & a_{n2} & & a_{nn} \end{pmatrix}$$

由题设条件知

$$\begin{pmatrix} a_{11} & a_{12} & \cdots & a_{1n} \\ a_{21} & a_{22} & \cdots & a_{2n} \\ \vdots & \vdots & & \vdots \\ a_{n1} & a_{n2} & \cdots & a_{nn} \end{pmatrix}\begin{pmatrix} 1 \\ 1 \\ \vdots \\ 1 \end{pmatrix}=\begin{pmatrix} a \\ a \\ \vdots \\ a \end{pmatrix}=a\begin{pmatrix} 1 \\ 1 \\ \vdots \\ 1 \end{pmatrix}$$

所以，a 是方阵 $\boldsymbol{A}$ 的特征值．

式(4.2.1)也可写成

$$(\lambda\boldsymbol{E}-\boldsymbol{A})\boldsymbol{x}=\boldsymbol{0} \tag{4.2.2}$$

这是 n 个未知数 n 个方程的齐次线性方程组，它有非零解的充要条件是系数行列式

$$|\lambda\boldsymbol{E}-\boldsymbol{A}|=0 \tag{4.2.3}$$

即

$$\begin{vmatrix} \lambda-a_{11} & -a_{12} & \cdots & -a_{1n} \\ -a_{21} & \lambda-a_{22} & \cdots & -a_{2n} \\ \vdots & \vdots & & \vdots \\ -a_{n1} & -a_{n2} & \cdots & \lambda-a_{nn} \end{vmatrix}=0$$

式(4.2.3)是以 λ 为未知数的一元 n 次方程，称为方阵 $\boldsymbol{A}$ 的**特征方程**．其左端 $|\lambda\boldsymbol{E}-\boldsymbol{A}|$ 是 λ 的 n 次多项式，记为 $f(\lambda)$，称为方阵 $\boldsymbol{A}$ 的**特征多项式**，方阵 $(\lambda\boldsymbol{E}-\boldsymbol{A})$ 称为方阵 $\boldsymbol{A}$ 的**特征矩阵**．显然，$\boldsymbol{A}$ 的特征值就是特征方程的解．特征方程在复数范围内恒有解，且解的个数就是特征方程的次数(重根按重数计)，因此，n 阶方阵有 n 个特征值．

设 n 阶方阵 $\boldsymbol{A}=(a_{ij})$ 的特征值为 $\lambda_1,\lambda_2,\cdots,\lambda_n$，由多项式的根与系数的关系，不难证明：

(1) $\lambda_1+\lambda_2+\cdots+\lambda_n=a_{11}+a_{22}+\cdots+a_{nn}\triangleq \mathrm{tr}(\boldsymbol{A})$

(2) $\lambda_1\lambda_2\cdots\lambda_n=|\boldsymbol{A}|=\det(\boldsymbol{A})$．

$\mathrm{tr}(\boldsymbol{A})$ 称为矩阵 $\boldsymbol{A}$ 的**迹**．

设 $\lambda=\lambda_i$ 为方阵 $\boldsymbol{A}$ 的一个特征值，则由方程

$$(\lambda_i\boldsymbol{E}-\boldsymbol{A})\boldsymbol{x}=0 \tag{4.2.4}$$

可求得非零解 $\boldsymbol{x}=\boldsymbol{p}_i$, $\boldsymbol{p}_i$ 便是 $\boldsymbol{A}$ 的对应于特征值 λ_i 的特征向量(若 λ_i 为实数，则 $\boldsymbol{p}_i$ 可取实向量；若 λ_i 为复数，则 $\boldsymbol{p}_i$ 为复向量).

例 4.2.2 求矩阵 $\boldsymbol{A}=\begin{pmatrix}4&-3&-3\\-2&3&1\\2&1&3\end{pmatrix}$ 的特征值与特征向量.

解 $\boldsymbol{A}$ 的特征多项式为

$$|\lambda\boldsymbol{E}-\boldsymbol{A}|=\begin{vmatrix}\lambda-4&3&3\\2&\lambda-3&-1\\-2&-1&\lambda-3\end{vmatrix}\xlongequal{r_3+r_2}\begin{vmatrix}\lambda-4&3&3\\2&\lambda-3&-1\\0&\lambda-4&\lambda-4\end{vmatrix}$$

$$\xlongequal{c_3-c_3}\begin{vmatrix}\lambda-4&2&3\\2&\lambda-2&-1\\0&0&\lambda-4\end{vmatrix}=(\lambda-4)(-1)^{3+3}\begin{vmatrix}\lambda-4&0\\2&\lambda-2\end{vmatrix}$$

$$=(\lambda-2)(\lambda-4)^2$$

所以 $\boldsymbol{A}$ 的特征值为 $\lambda_1=2, \lambda_2=\lambda_3=4$.

当 $\lambda_1=2$ 时，解方程 $(2\boldsymbol{E}-\boldsymbol{A})\boldsymbol{x}=\boldsymbol{0}$，由

$$2\boldsymbol{E}-\boldsymbol{A}=\begin{pmatrix}-2&3&3\\2&-1&-1\\-2&-1&-1\end{pmatrix}\to\begin{pmatrix}1&0&0\\0&1&1\\0&0&0\end{pmatrix}$$

得基础解系 $\boldsymbol{p}_1=\begin{pmatrix}0\\-1\\1\end{pmatrix}$. 所以 $k_1\boldsymbol{p}_1(k_1\neq0)$ 为对应于 $\lambda_1=2$ 的全部特征向量.

当 $\lambda_2=\lambda_3=4$ 时，解方程 $(4\boldsymbol{E}-\boldsymbol{A})\boldsymbol{x}=\boldsymbol{0}$，由

$$4\boldsymbol{E}-\boldsymbol{A}=\begin{pmatrix}0&3&3\\2&1&-1\\-2&-1&1\end{pmatrix}\to\begin{pmatrix}1&0&-1\\0&1&1\\0&0&0\end{pmatrix}$$

得基础解系 $\boldsymbol{p}_2=\begin{pmatrix}1\\-1\\1\end{pmatrix}$.所以 $k_2\boldsymbol{p}_2(k_2\neq0)$ 为对应于 $\lambda_2=\lambda_3=4$ 的全部特征向量.

例 4.2.3 求矩阵 $\boldsymbol{A}=\begin{pmatrix}-2&1&1\\0&2&0\\-4&1&3\end{pmatrix}$ 的特征值与特征向量.

解

$$|\lambda\boldsymbol{E}-\boldsymbol{A}|=\begin{vmatrix}\lambda+2&-1&-1\\0&\lambda-2&0\\4&-1&\lambda-3\end{vmatrix}=(\lambda-2)(-1)^{2+2}\begin{vmatrix}\lambda+2&-1\\4&\lambda-3\end{vmatrix}$$

$$=(\lambda-2)(\lambda^2-\lambda-2)=(\lambda+1)(\lambda-2)^2$$

得 $\boldsymbol{A}$ 的特征值为 $\lambda_1=-1, \lambda_2=\lambda_3=2$.

当 $\lambda_1 = -1$ 时，解方程$(-\boldsymbol{E}-\boldsymbol{A})\boldsymbol{x} = \boldsymbol{0}$，由

$$-\boldsymbol{E}-\boldsymbol{A} = \begin{pmatrix} 1 & -1 & -1 \\ 0 & -3 & 0 \\ 4 & -1 & -4 \end{pmatrix} \to \begin{pmatrix} 1 & 0 & -1 \\ 0 & 1 & 0 \\ 0 & 0 & 0 \end{pmatrix}$$

得基础解系 $\boldsymbol{p}_1 = \begin{pmatrix} 1 \\ 0 \\ 1 \end{pmatrix}$. 所以对应于 $\lambda_1 = -1$ 的全部特征向量为 $k_1\boldsymbol{p}_1(k_1 \neq 0)$.

当 $\lambda_2 = \lambda_3 = 2$ 时，解方程$(2\boldsymbol{E}-\boldsymbol{A})\boldsymbol{x} = \boldsymbol{0}$，由

$$2\boldsymbol{E}-\boldsymbol{A} = \begin{pmatrix} 4 & -1 & -1 \\ 0 & 0 & 0 \\ 4 & -1 & -1 \end{pmatrix} \to \begin{pmatrix} 1 & -\frac{1}{4} & -\frac{1}{4} \\ 0 & 0 & 0 \\ 0 & 0 & 0 \end{pmatrix}$$

得基础解系 $\boldsymbol{p}_2 = \begin{pmatrix} \frac{1}{4} \\ 1 \\ 0 \end{pmatrix}, \boldsymbol{p}_3 = \begin{pmatrix} \frac{1}{4} \\ 0 \\ 1 \end{pmatrix}$. 所以对应于 $\lambda_2 = \lambda_3 = 2$ 的全部特征向量为

$$k_2\boldsymbol{p}_2 + k_3\boldsymbol{p}_3 \quad (k_2^2 + k_3^2 \neq 0)$$

例 4.2.4 设方阵 $\boldsymbol{A}$ 可逆, λ 是 $\boldsymbol{A}$ 的特征值，证明:

(1)λ^{-1} 是 $\boldsymbol{A}^{-1}$ 的特征值;

(2)$\lambda^{-1}|\boldsymbol{A}|$是 $\boldsymbol{A}^*$的特征值.

证 (1)因 λ 是 $\boldsymbol{A}$ 的特征值，故有 $\boldsymbol{p} \neq 0$，使 $\boldsymbol{A}\boldsymbol{p} = \lambda\boldsymbol{p}$. 又因 $\boldsymbol{A}$ 可逆，故 $\lambda \neq 0$. 于是有

$$\boldsymbol{p} = \boldsymbol{A}^{-1}(\lambda\boldsymbol{p}) = \lambda(\boldsymbol{A}^{-1}\boldsymbol{p}) \quad 或 \quad \boldsymbol{A}^{-1}\boldsymbol{p} = \lambda^{-1}\boldsymbol{p}$$

因此, λ^{-1} 是 $\boldsymbol{A}^{-1}$ 的特征值.

(2)因 $\boldsymbol{A}\boldsymbol{A}^* = |\boldsymbol{A}|\boldsymbol{E}$，故 $\boldsymbol{A}^* = |\boldsymbol{A}|\boldsymbol{A}^{-1}$. 于是有

$$\boldsymbol{A}^*\boldsymbol{p} = |\boldsymbol{A}|\boldsymbol{A}^{-1}\boldsymbol{p} = |\boldsymbol{A}|\lambda^{-1}\boldsymbol{p}$$

因此, $\lambda^{-1}|\boldsymbol{A}|$是 $\boldsymbol{A}^*$的特征值.

类似地，由 $\boldsymbol{A}\boldsymbol{p} = \lambda\boldsymbol{p}$，有 $\boldsymbol{A}^2\boldsymbol{p} = \boldsymbol{A}(\boldsymbol{A}\boldsymbol{p}) = \boldsymbol{A}(\lambda\boldsymbol{p}) = \lambda(\boldsymbol{A}\boldsymbol{p}) = \lambda^2\boldsymbol{p}$，可得 λ^2 是 $\boldsymbol{A}^2$ 的特征值. 可以进一步证明: 若 λ 是 $\boldsymbol{A}$ 的特征值，则 λ^k 是 $\boldsymbol{A}^k$ 的特征值, $\varphi(\lambda)$是 $\varphi(\boldsymbol{A})$的特征值，其中

$$\varphi(\lambda) = a_0 + a_1\lambda + \cdots + a_m\lambda^m \qquad \varphi(\boldsymbol{A}) = a_0\boldsymbol{E} + a_1\boldsymbol{A} + \cdots + a_m\boldsymbol{A}^m$$

不同的矩阵的特征值可能相同. 例如，由$(\lambda\boldsymbol{E}-\boldsymbol{A})' = \lambda\boldsymbol{E}-\boldsymbol{A}'$，有

$$|\lambda\boldsymbol{E}-\boldsymbol{A}| = |(\lambda\boldsymbol{E}-\boldsymbol{A})'| = |\lambda\boldsymbol{E}-\boldsymbol{A}'|$$

这就是说任一矩阵与它的转置矩阵有相同的特征多项式，因此也有相同的特征值.

此外，还有:

定理 4.2.1 相似矩阵有相同的特征多项式，因此也有相同的特征值.

证 设 $\boldsymbol{A} \sim \boldsymbol{B}, \boldsymbol{B} = \boldsymbol{P}^{-1}\boldsymbol{A}\boldsymbol{P}$，则

$$\begin{aligned} |\lambda\boldsymbol{E} - \boldsymbol{B}| &= |\lambda\boldsymbol{E} - \boldsymbol{P}^{-1}\boldsymbol{A}\boldsymbol{P}| = |\boldsymbol{P}^{-1}(\lambda\boldsymbol{E} - \boldsymbol{A})\boldsymbol{P}| \\ &= |\boldsymbol{P}^{-1}||\lambda\boldsymbol{E} - \boldsymbol{A}||\boldsymbol{P}| = |\lambda\boldsymbol{E} - \boldsymbol{A}| \end{aligned}$$

所以定理成立.

推论 4.2.1 若 n 阶方阵 $\boldsymbol{A}$ 与对角阵

$$
\boldsymbol{\Lambda}=\begin{pmatrix}\lambda_1 & & & \\ & \lambda_2 & & \\ & & \ddots & \\ & & & \lambda_n\end{pmatrix}
$$

相似, 则 $\lambda_1,\lambda_2,\cdots,\lambda_n$ 是 $\boldsymbol{A}$ 的 n 个特征值.

证 因 $\lambda_1,\lambda_2,\cdots,\lambda_n$ 是 $\boldsymbol{\Lambda}$ 的 n 个特征值, 由定理 4.2.1 知, $\lambda_1,\lambda_2,\cdots,\lambda_n$ 是 $\boldsymbol{A}$ 的 n 个特征值.

容易推证: 若 $\boldsymbol{A}=\boldsymbol{P}\boldsymbol{B}\boldsymbol{P}^{-1}$, 则 $\boldsymbol{A}^k=\boldsymbol{P}\boldsymbol{B}^k\boldsymbol{P}^{-1}$. $\boldsymbol{A}$ 的多项式

$$
\varphi(\boldsymbol{A})=\boldsymbol{P}\varphi(\boldsymbol{B})\boldsymbol{P}^{-1}
$$

特别地, 若有可逆阵 $\boldsymbol{P}$ 使 $\boldsymbol{P}^{-1}\boldsymbol{A}\boldsymbol{P}=\boldsymbol{\Lambda}$ 为对角阵, 则

$$
\boldsymbol{A}^k=\boldsymbol{P}\boldsymbol{\Lambda}^k\boldsymbol{P}^{-1},\qquad \varphi(\boldsymbol{A})=\boldsymbol{P}\varphi(\boldsymbol{\Lambda})\boldsymbol{P}^{-1}
$$

而对于对角阵 $\boldsymbol{\Lambda}$, 有

$$
\boldsymbol{\Lambda}^k=\begin{pmatrix}\lambda_1^k & & & \\ & \lambda_2^k & & \\ & & \ddots & \\ & & & \lambda_n^k\end{pmatrix},\qquad \varphi(\boldsymbol{\Lambda})=\begin{pmatrix}\varphi(\lambda_1) & & & \\ & \varphi(\lambda_2) & & \\ & & \ddots & \\ & & & \varphi(\lambda_n)\end{pmatrix}
$$

由此可方便地计算 $\boldsymbol{A}$ 的多项式 $\varphi(\boldsymbol{A})$.

数学实验基础知识

基本命令	功能
eig(A)	计算方阵 A 的所有特征值
trace(A)	计算方阵 A 的迹(所有特征值之和)
[V,D]=eig(A)	产生一个以 A 的全体特征值为对角线元素的对角阵 D,以及一个对应于 D 对角元素的特征向量为列组成的方阵 V,满足 AV=VD,当 A 不能相似对角化时,V 不可逆

例 1 求矩阵 $\boldsymbol{A}=\begin{pmatrix}-1 & 1 & 0\\ -4 & 3 & 0\\ 1 & 0 & 2\end{pmatrix}$ 的特征值与特征向量.

```
>>A=[-1 1 0;-4 3 0;1 0 2];
>>[V D]=eig(A)
```

输出结果:

```
V=
     0         0.4082   0.4082
     0         0.8165   0.8165
     1.0000  -0.4082  -0.4082

D=
  2    0    0
  0    1    0
  0    0    1
```

注意到, $\boldsymbol{V}$ 的第 2, 3 列相同, 可见对应于特征值 $\lambda=1$ 的线性无关的特征向量只有 1 个. 进

一步可知，对应于特征值 $\lambda=2$ 的全体特征向量为 $k_1(0, 0, 1)$ ($k_1 \neq 0$)，对应于特征值 $\lambda=1$ 的全体特征向量为 $k_2(1, 2, -1)$ ($k_2 \neq 0$).

4.3 方阵对角化的条件

现在讨论方阵的对角化问题，假设已经找到可逆矩阵 $\boldsymbol{P}$，使 $\boldsymbol{P}^{-1}\boldsymbol{AP}=\boldsymbol{\Lambda}$ 为对角阵，现在来看看 $\boldsymbol{P}$ 应满足什么条件.

把 $\boldsymbol{P}$ 用其列向量表示为 $\boldsymbol{P}=(\boldsymbol{p}_1, \boldsymbol{p}_2, \cdots, \boldsymbol{p}_n)$，由 $\boldsymbol{P}^{-1}\boldsymbol{AP}=\boldsymbol{\Lambda}$，得 $\boldsymbol{AP}=\boldsymbol{P\Lambda}$，即

$$\begin{aligned}\boldsymbol{A}(\boldsymbol{p}_1,\boldsymbol{p}_2,\cdots,\boldsymbol{p}_n)&=(\boldsymbol{p}_1,\boldsymbol{p}_2,\cdots,\boldsymbol{p}_n)\begin{pmatrix}\lambda_1 & & & \\ & \lambda_2 & & \\ & & \ddots & \\ & & & \lambda_n\end{pmatrix}\\&=(\lambda_1\boldsymbol{p}_1,\lambda_2\boldsymbol{p}_2,\cdots,\lambda_n\boldsymbol{p}_n)\end{aligned}$$

于是有 $\boldsymbol{Ap}_i=\lambda_i\boldsymbol{p}_i\ (i=1, 2, \cdots, n)$.

可见 λ_i 是 $\boldsymbol{A}$ 的特征值，而 $\boldsymbol{P}$ 的列向量 $\boldsymbol{p}_i$ 是 $\boldsymbol{A}$ 的对应于特征值 λ_i 的特征向量.

由上节知, $\boldsymbol{A}$ 恰好有 n 个特征值，并可对应地求得 n 个特征向量，这 n 个特征向量即可构成矩阵 $\boldsymbol{P}$，使 $\boldsymbol{AP}=\boldsymbol{P\Lambda}$.因特征向量不是唯一的，所以矩阵 $\boldsymbol{P}$ 也不是唯一的，并且 $\boldsymbol{P}$ 可能是复矩阵.

接下来的问题是: $\boldsymbol{P}$ 是否可逆？即 $\boldsymbol{p}_1, \boldsymbol{p}_2, \cdots, \boldsymbol{p}_n$ 是否线性无关？如果 $\boldsymbol{P}$ 可逆，那么有 $\boldsymbol{AP}=\boldsymbol{P\Lambda}$，便有 $\boldsymbol{P}^{-1}\boldsymbol{AP}=\boldsymbol{\Lambda}$，即 $\boldsymbol{A}$ 与对角阵相似.

由上面讨论即有如下基本定理.

定理 4.3.1 n 阶方阵 $\boldsymbol{A}$ 与对角阵相似(即 $\boldsymbol{A}$ 能对角化)的充要条件是 $\boldsymbol{A}$ 有 n 个线性无关的特征向量.

假设 $\boldsymbol{p}_1, \boldsymbol{p}_2, \cdots, \boldsymbol{p}_n$ 是 $\boldsymbol{A}$ 的 n 个线性无关的特征向量, $\boldsymbol{Ap}_i=\lambda_i\boldsymbol{p}_i$, $\boldsymbol{P}=(\boldsymbol{p}_1, \boldsymbol{p}_2, \cdots, \boldsymbol{p}_n)$，则

$$\boldsymbol{P}^{-1}\boldsymbol{AP}=\begin{pmatrix}\lambda_1 & & \\ & \ddots & \\ & & \lambda_n\end{pmatrix}$$

要注意，这时 $\lambda_1, \cdots, \lambda_n$ 的顺序是与 $\boldsymbol{p}_1, \cdots, \boldsymbol{p}_n$ 的顺序是相对应的，如果 $\lambda_1, \cdots, \lambda_n$ 的顺序改变，那么 $\boldsymbol{p}_1, \cdots, \boldsymbol{p}_n$ 的顺序也要相应地改变，因此这时的 $\boldsymbol{P}$ 也就不是原来的了.

由上面的讨论得知，假如 n 阶方阵 $\boldsymbol{A}$ 与对角矩阵相似，那么该对角矩阵的主对角线上的 n 个元素就是 $\boldsymbol{A}$ 的 n 个特征值，这个性质便是定理 4.2.1 的推论. 因此假如不计主对角线上的元素的顺序，则与 $\boldsymbol{A}$ 相似的对角矩阵就是唯一的.

例 4.3.1 试证 $\boldsymbol{A}=\begin{pmatrix}4 & 6 & 0\\ -3 & -5 & 0\\ -3 & -6 & 1\end{pmatrix}$ 与对角矩阵相似.

证 因为

$$|\lambda\boldsymbol{E}-\boldsymbol{A}|=\begin{vmatrix}\lambda-4 & -6 & 0\\ 3 & \lambda+5 & 0\\ 3 & 6 & \lambda-1\end{vmatrix}=(\lambda+2)(\lambda-1)^2$$

所以 $\boldsymbol{A}$ 的特征值为 $\lambda_1=-2, \lambda_2=\lambda_3=1$.

当 $\lambda_1=-2$ 时，解方程组 $(-2\boldsymbol{E}-\boldsymbol{A})\boldsymbol{x}=\boldsymbol{0}$，由

$$(-2\boldsymbol{E}-\boldsymbol{A})=\begin{pmatrix}-6 & -6 & 0\\ 3 & 3 & 0\\ 3 & 6 & -1\end{pmatrix}\to\begin{pmatrix}1 & 0 & 1\\ 0 & 1 & -1\\ 0 & 0 & 0\end{pmatrix}$$

得基础解系 $\boldsymbol{p}_1=\begin{pmatrix}-1\\ 1\\ 1\end{pmatrix}$. 所以对应于 $\lambda_1=-2$ 的全部特征向量为 $k_1\boldsymbol{p}_1\ (k_1\neq 0)$.

当 $\lambda_2=\lambda_3=1$ 时，解方程 $(\boldsymbol{E}-\boldsymbol{A})\boldsymbol{x}=\boldsymbol{0}$，由

$$\boldsymbol{E}-\boldsymbol{A}=\begin{pmatrix}-3 & -6 & 0\\ 3 & 6 & 0\\ 3 & 6 & 0\end{pmatrix}\to\begin{pmatrix}1 & 2 & 0\\ 0 & 0 & 0\\ 0 & 0 & 0\end{pmatrix}$$

得基础解系 $\boldsymbol{p}_2=\begin{pmatrix}-2\\ 1\\ 0\end{pmatrix}$，$\boldsymbol{p}_3=\begin{pmatrix}0\\ 0\\ 1\end{pmatrix}$. 所以对应于 $\lambda_2=\lambda_3=1$ 的全部特征向量为 $k_2\boldsymbol{p}_2+k_3\boldsymbol{p}_3(k_2^2+k_3^2\neq 0)$.

令 $\boldsymbol{P}=(\boldsymbol{p}_1,\boldsymbol{p}_2,\boldsymbol{p}_3)=\begin{pmatrix}-1 & -2 & 0\\ 1 & 1 & 0\\ 1 & 0 & 1\end{pmatrix}$，则 $|\boldsymbol{P}|=1\neq 0$, $\boldsymbol{P}$ 可逆，其逆矩阵为 $\boldsymbol{P}^{-1}=\begin{pmatrix}1 & 2 & 0\\ -1 & -1 & 0\\ -1 & -2 & 1\end{pmatrix}$，于是得

$$\boldsymbol{P}^{-1}\boldsymbol{A}\boldsymbol{P}=\begin{pmatrix}-2 & & \\ & 1 & \\ & & 1\end{pmatrix}$$

即 $\boldsymbol{A}$ 与对角阵相似.

若取 $\boldsymbol{P}=\begin{pmatrix}-1 & 0 & -2\\ 1 & 0 & 1\\ 1 & 1 & 0\end{pmatrix}$，则仍有 $\boldsymbol{P}^{-1}\boldsymbol{A}\boldsymbol{P}=\begin{pmatrix}-2 & & \\ & 1 & \\ & & 1\end{pmatrix}$. 由此可看出 $\boldsymbol{P}$ 不是唯一的.

例 4.3.2 设 $\boldsymbol{A}=\begin{pmatrix}4 & 6 & 0\\ -3 & -5 & 0\\ -3 & -6 & 1\end{pmatrix}$，求 $\boldsymbol{A}^{100}$.

解 由例 4.3.1，知

$$\boldsymbol{P}^{-1}\boldsymbol{A}\boldsymbol{P}=\boldsymbol{\Lambda}=\begin{pmatrix}-2 & & \\ & 1 & \\ & & 1\end{pmatrix}$$

因此 $\boldsymbol{A}=\boldsymbol{P}\boldsymbol{\Lambda}\boldsymbol{P}^{-1}$，这里

$$\boldsymbol{P}=\begin{pmatrix}-1 & -2 & 0\\ 1 & 1 & 0\\ 1 & 0 & 1\end{pmatrix},\quad \boldsymbol{P}^{-1}=\begin{pmatrix}1 & 2 & 0\\ -1 & -1 & 0\\ -1 & -2 & 1\end{pmatrix}$$

$$A^{100}=P\Lambda^{100}P^{-1}$$

$$=\begin{pmatrix}-1&-2&0\\1&1&0\\1&0&1\end{pmatrix}\begin{pmatrix}(-2)^{100}&&\\&1^{100}&\\&&1^{100}\end{pmatrix}\begin{pmatrix}1&2&0\\-1&-1&0\\-1&-2&1\end{pmatrix}$$

$$=\begin{pmatrix}-2^{100}+2&-2^{101}+2&0\\2^{100}-1&2^{101}-1&0\\2^{100}-1&2^{101}-2&1\end{pmatrix}$$

上面给出了方阵与对角矩阵相似的充要条件，并通过例子说明了方阵 $\boldsymbol{A}$ 化为对角矩阵的方法. 下面再来讨论一个矩阵的特征向量间的线性相关性，进一步把定理 4.3.1 具体化.

对于不同的特征值的特征向量之间的线性关系，有以下结论.

定理 4.3.2 设 $\lambda_1,\cdots,\lambda_m$ 是方阵 $\boldsymbol{A}$ 的互异特征值, $\boldsymbol{p}_1,\cdots,\boldsymbol{p}_m$ 是分别对应于它们的特征向量, 则 $\boldsymbol{p}_1,\cdots,\boldsymbol{p}_m$ 线性无关.

证 用数学归纳法证明，当 $m=1$ 时，定理显然成立.

假设对 $m-1$ 个互异特征值，定理成立；对 m 个互异特征值，设

$$k_1\boldsymbol{p}_1+k_2\boldsymbol{p}_2+\cdots+k_{m-1}\boldsymbol{p}_{m-1}+k_m\boldsymbol{p}_m=0$$

用 $\boldsymbol{A}$ 左乘上式，得

$$k_1\lambda_1\boldsymbol{p}_1+\cdots+k_{m-1}\lambda_{m-1}\boldsymbol{p}_{m-1}+k_m\lambda_m\boldsymbol{p}_m=0$$

从上两式中消去 $\boldsymbol{p}_m$，就得到

$$k_1(\lambda_1-\lambda_m)\boldsymbol{p}_1+\cdots+k_{m-1}(\lambda_{m-1}-\lambda_m)\boldsymbol{p}_{m-1}=0$$

根据归纳法假设 $\boldsymbol{p}_1,\cdots,\boldsymbol{p}_{m-1}$ 线性无关，又因为 $\lambda_i-\lambda_m\neq0$ $(i=1,2,\cdots,m-1)$，所以 $k_1=k_2=\cdots=k_{m-1}=0$，于是 $k_m=0$，这就是说 $\boldsymbol{p}_1,\cdots,\boldsymbol{p}_m$ 线性无关.

由定理 4.3.2，可得到矩阵与对角阵相似的一个重要的充分条件.

定理 4.3.3 若方阵 $\boldsymbol{A}$ 的特征值都是单根，则 $\boldsymbol{A}$ 与对角矩阵相似.

要注意，定理 4.3.3 的逆是不成立的，也就是说，与对角矩阵相似的方阵的特征值不一定都是单根. 如例 4.3.1 的方阵 $\boldsymbol{A}$ 与对角阵相似，但它有重特征值 $\lambda_2=\lambda_3=1$.

定理 4.3.4 设 λ_1,λ_2 是方阵 $\boldsymbol{A}$ 的两个相异特征值, $\boldsymbol{p}_1,\cdots,\boldsymbol{p}_s$ 与 $\boldsymbol{q}_1,\cdots,\boldsymbol{q}_t$ 分别为 $\boldsymbol{A}$ 对应 λ_1,λ_2 的线性无关的特征向量，则 $\boldsymbol{p}_1,\cdots,\boldsymbol{p}_s,\boldsymbol{q}_1,\cdots,\boldsymbol{q}_t$ 线性无关.

证 设

$$k_1\boldsymbol{p}_1+\cdots+k_s\boldsymbol{p}_s+l_1\boldsymbol{q}_1+\cdots+l_t\boldsymbol{q}_t=0$$

若 $k_1\boldsymbol{p}_1+\cdots+k_s\boldsymbol{p}_s\neq0$，则 $l_1\boldsymbol{q}_1+\cdots+l_t\boldsymbol{q}_t\neq0$. 因为 $k_1\boldsymbol{p}_1+\cdots+k_s\boldsymbol{p}_s\neq0$ 是对应于 λ_1 的特征向量，$l_1\boldsymbol{q}_1+\cdots+l_t\boldsymbol{q}_t\neq0$ 是对应于 λ_2 的特征向量，于是这两个分别对应于 λ_1,λ_2 的特征向量线性相关，这与定理 4.3.2 矛盾，因此只有

$$k_1\boldsymbol{p}_1+\cdots+k_s\boldsymbol{p}_s=0,\qquad l_1\boldsymbol{q}_1+\cdots+l_t\boldsymbol{q}_t=0$$

又因为 $\boldsymbol{p}_1,\cdots,\boldsymbol{p}_s$ 线性无关, $\boldsymbol{q}_1,\cdots,\boldsymbol{q}_t$ 也线性无关，所以 $k_1=\cdots=k_m=0$, $l_1=\cdots=l_t=0$. 这就是说 $\boldsymbol{p}_1,\cdots,\boldsymbol{p}_s,\boldsymbol{q}_1,\cdots,\boldsymbol{q}_t$ 线性无关.

结论可推广至任意多个相异特征值情形，证法也一样，于是有:

推论 4.3.1 由对应于各特征值的线性无关的特征向量组成的向量组线性无关.

观察与对角矩阵相似的方阵的特征值与特征向量的关系，有下面结论:

定理 4.3.5　n 阶方阵 $\boldsymbol{A}$ 与对角矩阵相似的充要条件是对于每个 k_i 重特征值 λ_i，恰有对应它的 k_i 个线性无关的特征向量.

由齐次线性方程组解的结构关系，定理 4.3.5 可叙述为:

定理 4.3.5′　n 阶方阵 $\boldsymbol{A}$ 与对角矩阵相似的充要条件是对于每个 k_i 重特征值 λ_i,

$$R(\lambda_i\boldsymbol{E}-\boldsymbol{A}) = n-k_i$$

例 4.3.3　判断矩阵 $\boldsymbol{A}=\begin{pmatrix} 0 & 1 & 1 & -1 \\ 1 & 0 & -1 & 1 \\ 1 & -1 & 0 & 1 \\ -1 & 1 & 1 & 0 \end{pmatrix}$ 可否与对角矩阵相似.

解　矩阵 $\boldsymbol{A}$ 的特征多项式为

$$|\lambda\boldsymbol{E}-\boldsymbol{A}|=\begin{vmatrix} \lambda & -1 & -1 & 1 \\ -1 & \lambda & 1 & -1 \\ -1 & 1 & \lambda & -1 \\ 1 & -1 & -1 & \lambda \end{vmatrix}=(\lambda+3)(\lambda-1)^3$$

得特征值 $\lambda_1=-3, \lambda_2=\lambda_3=\lambda_4=1$. 对于三重特征值 $\lambda=1$，它对应的特征矩阵为

$$\boldsymbol{E}-\boldsymbol{A}=\begin{pmatrix} 1 & -1 & -1 & 1 \\ -1 & 1 & 1 & -1 \\ -1 & 1 & 1 & -1 \\ 1 & -1 & -1 & 1 \end{pmatrix}$$

$R(\boldsymbol{E}-\boldsymbol{A})=1$，由定理 4.3.5′和定理 4.3.1 的推论知

$$\boldsymbol{A}\sim\begin{pmatrix} -3 & & & \\ & 1 & & \\ & & 1 & \\ & & & 1 \end{pmatrix}$$

定理 4.3.5 表明，若矩阵有重特征值而不满足定理 4.3.5 的条件，则矩阵就不能与对角矩阵相似. 如例 4.2.2 中的矩阵 $\boldsymbol{A}$ 就不能与对角矩阵相似. 这些不能对角化的矩阵仍可与一些很简单的矩阵(约当标准形)相似，这是个进一步的问题.

4.4　实对称矩阵的对角化

实对称矩阵是一类重要的特殊类型的矩阵，它的对角化问题有一些特殊的结论. 在讨论它之前，先引入向量的内积、正交等概念.

1. 向量的内积与正交

设有 n 维向量 $\boldsymbol{x}=(x_1, x_2, \cdots, x_n)'$, $\boldsymbol{y}=(y_1, y_2, \cdots, y_n)'$，令

$$[\boldsymbol{x}, \boldsymbol{y}]=\boldsymbol{x}'\boldsymbol{y}=x_1y_1+x_2y_2+\cdots+x_ny_n$$

则$[\boldsymbol{x}, \boldsymbol{y}]$称为向量 $\boldsymbol{x}$ 与 $\boldsymbol{y}$ 的内积.

内积是向量的一种运算，满足下列运算规律(其中 $\boldsymbol{x}, \boldsymbol{y}, \boldsymbol{z}$ 是 n 维向量, λ 为实数):

(1) $[\boldsymbol{x}, \boldsymbol{y}] = [\boldsymbol{y}, \boldsymbol{x}]$

(2) $[\lambda\boldsymbol{x}, \boldsymbol{y}] = [\boldsymbol{x}, \lambda\boldsymbol{y}] = \lambda[\boldsymbol{x}, \boldsymbol{y}]$

(3) $[\boldsymbol{x}+\boldsymbol{y}, \boldsymbol{z}] = [\boldsymbol{x}, \boldsymbol{z}] + [\boldsymbol{y}, \boldsymbol{z}]$

在解析几何中曾引进向量的数量积的概念:

$\boldsymbol{x}\cdot\boldsymbol{y} = |\boldsymbol{x}||\boldsymbol{y}|\cos\theta$, 且在直角坐标系中有

$$\boldsymbol{x}\cdot\boldsymbol{y} = (x_1, x_2, x_3)\cdot(y_1, y_2, y_3) = x_1y_1 + x_2y_2 + x_3y_3$$

可见, n 维向量的内积是数量积的一种推广. 但 n 维向量没有三维向量那样直观的长度和夹角的概念, 我们按照数量积的直角坐标计算公式, 把长度和夹角的概念推广到 n 维向量.

令 $\|\boldsymbol{x}\| = \sqrt{[\boldsymbol{x}, \boldsymbol{x}]} = \sqrt{x_1^2 + x_2^2 + \cdots + x_n^2}$, 则 $\|\boldsymbol{x}\|$ 称为 n 维向量 $\boldsymbol{x}$ 的**长度(或范数)**, 当 $\|\boldsymbol{x}\| = 1$ 时, 称 $\boldsymbol{x}$ 为**单位向量**.

向量的长度具有下述性质:

(1)非负性: $\|\boldsymbol{x}\| \geqslant 0$, 等号仅当 $\boldsymbol{x} = \boldsymbol{0}$ 时成立.

(2)齐次性: $\|\lambda\boldsymbol{x}\| = |\lambda|\,\|\boldsymbol{x}\|$.

(3)三角不等式: $\|\boldsymbol{x}+\boldsymbol{y}\| \leqslant \|\boldsymbol{x}\| + \|\boldsymbol{y}\|$.

向量的内积满足:

$$[\boldsymbol{x}, \boldsymbol{y}]^2 \leqslant [\boldsymbol{x}, \boldsymbol{x}][\boldsymbol{y}, \boldsymbol{y}]$$

上式称为**施瓦茨(Schwarz)不等式**, 这里不予证明, 由此可得

$$\left|\frac{[\boldsymbol{x}, \boldsymbol{y}]}{\|\boldsymbol{x}\|\|\boldsymbol{y}\|}\right| \leqslant 1 \quad (当\|x\|\|y\| \neq 0时)$$

当 $\|\boldsymbol{x}\| \neq 0$, $\|\boldsymbol{y}\| \neq 0$ 时, $\theta = \arccos\dfrac{[x, y]}{\|x\|\|y\|}$ 称为 n 维向量 $\boldsymbol{x}$ 与 $\boldsymbol{y}$ 的**夹角**.

若 $[\boldsymbol{x}, \boldsymbol{y}] = 0$, 则称向量 $\boldsymbol{x}$ 与 $\boldsymbol{y}$ **正交**. 显然, 若 $\boldsymbol{x} = \boldsymbol{0}$, 则 $\boldsymbol{x}$ 与任何向量都正交, 若 $\boldsymbol{x}, \boldsymbol{y}$ 都是非零向量, 且 $\boldsymbol{x}$ 与 $\boldsymbol{y}$ 正交, 则 $\boldsymbol{x}$ 与 $\boldsymbol{y}$ 的夹角 $\theta = \dfrac{\pi}{2}$.

定理 4.4.1 若 n 维向量 $\boldsymbol{a}_1, \boldsymbol{a}_2, \cdots, \boldsymbol{a}_r$ 是一组两两正交的非零向量(称为**正交向量组**), 则 $\boldsymbol{a}_1, \boldsymbol{a}_2, \cdots, \boldsymbol{a}_r$ 线性无关.

证 设有数 $\lambda_1, \lambda_2, \cdots, \lambda_r$ 使

$$\lambda_1\boldsymbol{a}_1 + \lambda_2\boldsymbol{a}_2 + \cdots + \lambda_r\boldsymbol{a}_r = 0$$

以 $\boldsymbol{a}_1'$ 左乘上式两端, 得

$$\lambda_1\boldsymbol{a}_1'\boldsymbol{a}_1 = 0$$

因 $\boldsymbol{a}_1 \neq 0$, 故 $\boldsymbol{a}_1'\boldsymbol{a}_1 = \|\boldsymbol{a}_1\|^2 \neq 0$, 从而必有 $\lambda_1 = 0$.类似可证 $\lambda_2 = 0, \cdots, \lambda_r = 0$.于是正交向量组 $\boldsymbol{a}_1, \cdots, \boldsymbol{a}_r$ 线性无关.

2. 向量组的标准正交化

由定理 4.4.1 知正交向量组是线性无关的, 我们常采用正交向量组作为向量空间的基, 称为向量空间的**正交基**. 例如, n 个两两正交的 n 维非零向量, 可构成 n 维向量空间 R^n 的一组正交基.

设 n 维向量 $\boldsymbol{e}_1, \boldsymbol{e}_2, \cdots, \boldsymbol{e}_r$ 是向量空间 $V(V \subset R^n)$ 的一组基, 若 $\boldsymbol{e}_1, \cdots, \boldsymbol{e}_r$ 两两正交, 且都是单位向量, 则称 $\boldsymbol{e}_1, \cdots, \boldsymbol{e}_r$ 是 V 的一组**标准正交基(或正交规范基)**. 例如,

$$\begin{pmatrix}1\\0\\0\end{pmatrix},\begin{pmatrix}0\\\frac{1}{\sqrt{2}}\\\frac{1}{\sqrt{2}}\end{pmatrix},\begin{pmatrix}0\\\frac{1}{\sqrt{2}}\\-\frac{1}{\sqrt{2}}\end{pmatrix}$$

是 R^3 的一组标准正交基.

设 $\boldsymbol{a}_1,\cdots,\boldsymbol{a}_r$ 是向量空间 V 的一组基, 要求 V 的一组标准正交基. 这也就是要找一组两两正交的单位向量 $\boldsymbol{e}_1,\cdots,\boldsymbol{e}_r$, 使 $\boldsymbol{e}_1,\cdots,\boldsymbol{e}_r$ 与 $\boldsymbol{a}_1,\cdots,\boldsymbol{a}_r$ 等价. 像这样的问题, 称为把基 $\boldsymbol{a}_1,\cdots,\boldsymbol{a}_r$ 标准正交化.

可以用以下方法把 $\boldsymbol{a}_1,\cdots,\boldsymbol{a}_r$ 标准正交化.

(1)正交化. 取

$$\boldsymbol{b}_1=\boldsymbol{a}_1$$

$$\boldsymbol{b}_2=\boldsymbol{a}_2-\frac{[\boldsymbol{b}_1,\boldsymbol{a}_2]}{[\boldsymbol{b}_1,\boldsymbol{b}_1]}\boldsymbol{b}_1$$

$$\cdots\cdots$$

$$\boldsymbol{b}_r=\boldsymbol{a}_r-\frac{[\boldsymbol{b}_1,\boldsymbol{a}_r]}{[\boldsymbol{b}_1,\boldsymbol{b}_1]}\boldsymbol{b}_1-\frac{[\boldsymbol{b}_2,\boldsymbol{a}_r]}{[\boldsymbol{b}_2,\boldsymbol{b}_2]}\boldsymbol{b}_2-\cdots-\frac{[\boldsymbol{b}_{r-1},\boldsymbol{a}_r]}{[\boldsymbol{b}_{r-1},\boldsymbol{b}_{r-1}]}\boldsymbol{b}_{r-1}$$

容易验证 $\boldsymbol{b}_1,\cdots,\boldsymbol{b}_r$ 两两正交, 且与 $\boldsymbol{a}_1,\cdots,\boldsymbol{a}_r$ 等价.

(2)标准化. 取

$$\boldsymbol{e}_1=\frac{\boldsymbol{b}_1}{\|\boldsymbol{b}_1\|},\boldsymbol{e}_2=\frac{\boldsymbol{b}_2}{\|\boldsymbol{b}_2\|},\cdots,\boldsymbol{e}_r=\frac{\boldsymbol{b}_r}{\|\boldsymbol{b}_r\|}$$

于是得一组与 $\boldsymbol{a}_1,\cdots,\boldsymbol{a}_r$ 等价的标准正交基.

上述从线性无关向量组 $\boldsymbol{a}_1,\cdots,\boldsymbol{a}_r$ 导出正交向量组 $\boldsymbol{b}_1,\cdots,\boldsymbol{b}_r$ 的过程称为**施密特(Schmidt)正交化过程**, 它不仅满足 $\boldsymbol{b}_1,\cdots,\boldsymbol{b}_r$ 与 $\boldsymbol{a}_1,\cdots,\boldsymbol{a}_r$ 等价, 还满足对任何 $k(1\leqslant k\leqslant r)$, 向量组 $\boldsymbol{b}_1,\cdots,\boldsymbol{b}_k$ 与 $\boldsymbol{a}_1,\cdots,\boldsymbol{a}_k$ 等价.

例 4.4.1 设 $\boldsymbol{a}_1=\begin{pmatrix}1\\1\\1\end{pmatrix},\boldsymbol{a}_2=\begin{pmatrix}1\\2\\3\end{pmatrix},\boldsymbol{a}_3=\begin{pmatrix}1\\4\\9\end{pmatrix}$, 试用施密特正交化过程把这组向量标准正交化.

解 取 $\boldsymbol{b}_1=\boldsymbol{a}_1$,

$$\boldsymbol{b}_2=\boldsymbol{a}_2-\frac{[\boldsymbol{b}_1,\boldsymbol{a}_2]}{[\boldsymbol{b}_1,\boldsymbol{b}_1]}\boldsymbol{b}_1=\begin{pmatrix}1\\2\\3\end{pmatrix}-\frac{6}{3}\begin{pmatrix}1\\1\\1\end{pmatrix}=\begin{pmatrix}-1\\0\\1\end{pmatrix}$$

$$\boldsymbol{b}_3=\boldsymbol{a}_3-\frac{[\boldsymbol{b}_1,\boldsymbol{a}_3]}{[\boldsymbol{b}_1,\boldsymbol{b}_1]}\boldsymbol{b}_1-\frac{[\boldsymbol{b}_2,\boldsymbol{a}_3]}{[\boldsymbol{b}_2,\boldsymbol{b}_2]}\boldsymbol{b}_2=\begin{pmatrix}1\\4\\9\end{pmatrix}-\frac{14}{3}\begin{pmatrix}1\\1\\1\end{pmatrix}-\frac{8}{2}\begin{pmatrix}-1\\0\\1\end{pmatrix}=\frac{1}{3}\begin{pmatrix}1\\-2\\1\end{pmatrix}$$

再把它们单位化, 取

$$\boldsymbol{e}_1=\frac{\boldsymbol{b}_1}{\|\boldsymbol{b}_1\|}=\frac{1}{\sqrt{3}}\begin{pmatrix}1\\1\\1\end{pmatrix},\quad \boldsymbol{e}_2=\frac{\boldsymbol{b}_2}{\|\boldsymbol{b}_2\|}=\frac{1}{\sqrt{2}}\begin{pmatrix}-1\\0\\1\end{pmatrix},\quad \boldsymbol{e}_3=\frac{\boldsymbol{b}_3}{\|\boldsymbol{b}_3\|}=\frac{1}{\sqrt{6}}\begin{pmatrix}1\\-2\\1\end{pmatrix}$$

则 e_1, e_2, e_3 即为所求.

例 4.4.2 已知 $a_1=(1,-1,1)'$, 求一组非零向量 a_2, a_3, 使 a_1, a_2, a_3 两两正交.

解 a_2, a_3 应满足方程 $a_1'x=0$, 即

$$x_1-x_2+x_3=0$$

它的基础解系为 $\xi_1=\begin{pmatrix}1\\1\\0\end{pmatrix}$, $\xi_2=\begin{pmatrix}-1\\0\\1\end{pmatrix}$. 把基础解系正交化, 即取

$$a_2=\xi_1=\begin{pmatrix}1\\1\\0\end{pmatrix},\quad a_3=\xi_2-\frac{[a_2,\xi_2]}{[a_2,a_2]}a_2=\begin{pmatrix}-1\\0\\1\end{pmatrix}-\frac{-1}{2}\begin{pmatrix}1\\1\\0\end{pmatrix}=\frac{1}{2}\begin{pmatrix}-1\\1\\2\end{pmatrix}$$

则 a_2, a_3 即为所求.

定理 4.4.2 方阵 A 为正交矩阵的充要条件是 A 的行(列)向量都是两两正交的单位向量.

由 2.6 节中正交矩阵元素间的性质及正交的定义即可得出结论成立. 由此可见, 正交矩阵 A 的 n 个列(行)向量构成向量空间 R^n 的一个标准正交基.

若 P 为正交阵, 则线性变换 $x=Py$ 称为**正交变换**. 设 $x=Py$ 为正交变换, 此时 $y=P'x$ 则有

$$\|y\|=\sqrt{y'y}=\sqrt{x'PP'x}=\sqrt{x'x}=\|x\|$$

可见向量经正交变换保持长度不变, 这是正交变换的优良特性.

3. 实对称矩阵的对角化

定理 4.4.3 实对称矩阵的特征值为实数.

证 设复数 λ 为实对称矩阵 A 的特征值, 复向量 x 为对应的特征向量, 即 $Ax=\lambda x, x\neq 0$.

用 $\bar{\lambda}$ 表示 λ 的共轭复数, $\bar{x}$ 表示 x 的共轭复向量, 则有

$$A\bar{x}=\bar{A}\bar{x}=\overline{(Ax)}=\overline{(\lambda x)}=\bar{\lambda}\bar{x}$$

于是有

$$\bar{x}'Ax=\bar{x}'(Ax)=\bar{x}'(\lambda x)=\lambda\bar{x}'x \quad 及 \quad \bar{x}'Ax=(\bar{x}'A')x=(A\bar{x})'x=(\bar{\lambda}\bar{x})'x=\bar{\lambda}\bar{x}'x$$

两式相减得 $(\lambda-\bar{\lambda})\bar{x}'x=0$, 因 $x\neq 0$, 所以

$$\bar{x}'x\sum_{i=1}^{n}\bar{x}_i x_i=\sum_{i=1}^{n}|x_i|^2\neq 0$$

于是 $\lambda-\bar{\lambda}=0$, 即 $\lambda=\bar{\lambda}$, 故 λ 是实数.

显然, 当特征值 λ_i 为实数时, 齐次线性方程组

$$(\lambda_i E-A)x=0$$

是实系数方程组, 由 $|\lambda_i E-A|=0$ 知必有实的基础解系, 所以对应的特征向量可以取实向量.

定理 4.4.4 设 λ_1, λ_2 是实对称矩阵 A 的两个相异特征值, p_1, p_2 是对应的实特征向量, 则 p_1 与 p_2 正交.

证 因为

$$\lambda_1 p_1'p_2=(\lambda_1 p_1)'p_2=(Ap_1)'p_2=p_1'Ap_2=p_1'(\lambda_2 p_2)=\lambda_2 p_1'p_2$$

所以

$$(\lambda_1-\lambda_2)p_1'p_2=0$$

但 $\lambda_1 \neq \lambda_2$, 故 $\boldsymbol{p}_1'\boldsymbol{p}_2 = 0$, 即 $\boldsymbol{p}_1$ 与 $\boldsymbol{p}_2$ 正交.

定理 4.4.5 设 $\boldsymbol{A}$ 是 n 阶实对称阵, λ_i 是 $\boldsymbol{A}$ 的 k_i 重特征值, 则 $R(\lambda_i \boldsymbol{E} - \boldsymbol{A}) = n - k_i$, 从而对应特征值 λ_i 的线性无关的特征向量恰有 k_i 个.

定理 4.4.5 的证明较烦琐, 这里不予证明. 由定理 4.4.5 容易推得如下推论.

推论 4.4.1 n 阶实对称矩阵有 n 个线性无关的特征向量, 因此它与对角矩阵相似.

定理 4.4.6 设 $\boldsymbol{A}$ 是 n 阶实对称矩阵, 则必有正交矩阵 $\boldsymbol{P}$, 使 $\boldsymbol{P}^{-1}\boldsymbol{AP} = \boldsymbol{\Lambda}$, 其中 $\boldsymbol{\Lambda}$ 是以 $\boldsymbol{A}$ 的 n 个特征值为对角元素的对角阵.

证 设 $\boldsymbol{A}$ 的互不相等的特征值为 $\lambda_1, \lambda_2, \cdots, \lambda_s$, 它们的重数分别为

$$k_1, k_2, \cdots, k_s (k_1 + k_2 + \cdots + k_s = n)$$

由定理 4.43 与定理 4.4.5 知, 对应特征值 $\lambda_i\ (i = 1, 2, \cdots, s)$, 恰有 k_i 个线性无关的特征向量, 把它们标准正交化, 即得 k_i 个单位正交的特征向量, 由 $k_1 + \cdots + k_s = n$ 知, 这样的特征向量共得 n 个.

由定理 4.4.4 知对应不同特征值的特征向量正交, 故这 n 个单位特征向量两两正交. 以它们为列向量构成矩阵 $\boldsymbol{P}$, 由定理 4.4.2 知 $\boldsymbol{P}$ 为正交阵. 于是有

$$\boldsymbol{P}^{-1}\boldsymbol{AP} = \boldsymbol{P}'\boldsymbol{AP} = \boldsymbol{\Lambda}$$

其中，对角阵 $\boldsymbol{\Lambda}$ 的对角元素含 k_1 个 $\lambda_1, \cdots, k_s$ 个 λ_s, 恰是 $\boldsymbol{A}$ 的 n 个特征值.

例 4.4.3 设 $\boldsymbol{A} = \begin{pmatrix} 4 & 0 & 0 \\ 0 & 3 & 1 \\ 0 & 1 & 3 \end{pmatrix}$, 求一个正交阵 $\boldsymbol{P}$, 使得 $\boldsymbol{P}^{-1}\boldsymbol{AP} = \boldsymbol{\Lambda}$ 为对角阵.

解

$$|\lambda \boldsymbol{E} - \boldsymbol{A}| = \begin{vmatrix} \lambda - 4 & 0 & 0 \\ 0 & \lambda - 3 & -1 \\ 0 & -1 & \lambda - 3 \end{vmatrix} = (\lambda - 4)(\lambda^2 - 6\lambda + 8)$$

$$= (\lambda - 2)(\lambda - 4)^2$$

所以 $\boldsymbol{A}$ 的特征值为 $\lambda_1 = 2, \lambda_2 = \lambda_3 = 4$.

当 $\lambda_1 = 2$ 时, 解方程组 $(2\boldsymbol{E} - \boldsymbol{A})\boldsymbol{x} = \boldsymbol{0}$, 由

$$(2\boldsymbol{E} - \boldsymbol{A}) = \begin{pmatrix} -2 & 0 & 0 \\ 0 & -1 & -1 \\ 0 & -1 & -1 \end{pmatrix} \rightarrow \begin{pmatrix} 1 & 0 & 0 \\ 0 & 1 & 1 \\ 0 & 0 & 0 \end{pmatrix}$$

解得基础解系 $\boldsymbol{\xi}_1 = \begin{pmatrix} 0 \\ 1 \\ -1 \end{pmatrix}$, 单位特征向量可取 $\boldsymbol{p}_1 = \begin{pmatrix} 0 \\ \frac{1}{\sqrt{2}} \\ -\frac{1}{\sqrt{2}} \end{pmatrix}$.

当 $\lambda_2 = \lambda_3 = 4$ 时, 解方程组 $(4\boldsymbol{E} - \boldsymbol{A})\boldsymbol{x} = \boldsymbol{0}$, 由

$$(4\boldsymbol{E} - \boldsymbol{A}) = \begin{pmatrix} 0 & 0 & 0 \\ 0 & 1 & -1 \\ 0 & -1 & 1 \end{pmatrix} \rightarrow \begin{pmatrix} 0 & 1 & -1 \\ 0 & 0 & 0 \\ 0 & 0 & 0 \end{pmatrix}$$

解得基础解系 $\boldsymbol{\xi}_2=\begin{pmatrix}1\\0\\0\end{pmatrix},\boldsymbol{\xi}_3=\begin{pmatrix}0\\1\\1\end{pmatrix}$. 两个特征向量刚好正交, 单位化即可, 得

$$\boldsymbol{p}_2=\begin{pmatrix}1\\0\\0\end{pmatrix},\quad \boldsymbol{p}_3=\begin{pmatrix}0\\\frac{1}{\sqrt{2}}\\\frac{1}{\sqrt{2}}\end{pmatrix}$$

于是得正交阵

$$\boldsymbol{P}=(\boldsymbol{p}_1,\boldsymbol{p}_2,\boldsymbol{p}_3)=\begin{pmatrix}0&1&0\\\frac{1}{\sqrt{2}}&0&\frac{1}{\sqrt{2}}\\-\frac{1}{\sqrt{2}}&0&\frac{1}{\sqrt{2}}\end{pmatrix}$$

可以验证确有

$$\boldsymbol{P}^{-1}\boldsymbol{A}\boldsymbol{P}=\boldsymbol{P}'\boldsymbol{A}\boldsymbol{P}=\begin{pmatrix}2&&\\&4&\\&&4\end{pmatrix}$$

此例中, 对应于 $\lambda=4$, 若取方程组 $(4\boldsymbol{E}-\boldsymbol{A})\boldsymbol{x}=\boldsymbol{0}$ 的基础解系为

$$\boldsymbol{\xi}_2=\begin{pmatrix}1\\1\\1\end{pmatrix},\quad \boldsymbol{\xi}_3=\begin{pmatrix}-1\\1\\1\end{pmatrix}$$

则需把它标准正交化, 得

$$\boldsymbol{p}_2=\begin{pmatrix}\frac{1}{\sqrt{3}}\\\frac{1}{\sqrt{3}}\\\frac{1}{\sqrt{3}}\end{pmatrix},\quad \boldsymbol{p}_3=\begin{pmatrix}-\frac{2}{\sqrt{6}}\\\frac{1}{\sqrt{6}}\\\frac{1}{\sqrt{6}}\end{pmatrix}$$

于是得正交阵

$$\boldsymbol{P}=\begin{pmatrix}0&\frac{1}{\sqrt{3}}&-\frac{2}{\sqrt{6}}\\\frac{1}{\sqrt{2}}&\frac{1}{\sqrt{3}}&\frac{1}{\sqrt{6}}\\-\frac{1}{\sqrt{2}}&\frac{1}{\sqrt{3}}&\frac{1}{\sqrt{6}}\end{pmatrix}$$

可以验证, 仍有 $\boldsymbol{P}^{-1}\boldsymbol{A}\boldsymbol{P}=\boldsymbol{P}'\boldsymbol{A}\boldsymbol{P}=\boldsymbol{\Lambda}$.

4.5 二 次 型

1. 二次型及标准形

二次型问题起源于解析几何，它在数学、力学、电学等方面都有重要的应用.

定义 4.5.1 n 个变量 $x_1, x_2, \cdots, x_n$ 的二次齐次函数

$$\begin{aligned} f(x) &= a_{11}x_1^2 + a_{22}x_2^2 + \cdots + a_{nn}x_n^2 + 2a_{12}x_1x_2 \\ &\quad + 2a_{13}x_1x_3 + \cdots + 2a_{n-1}x_{n-1}x_n \\ &= \sum_{i,j=1}^{n} a_{ij}x_ix_j \quad (\text{其中} a_{ij} = a_{ji}\ (i,j=1,2,\cdots,n)) \end{aligned} \tag{4.5.1}$$

称为**二次型**. 当 a_{ij} 为实数时, f 称为**实二次型**; 当 a_{ij} 是复数时, f 称为**复二次型**. 这里仅讨论实二次型.

二次型 f 可以表示为矩阵形式:

$$f(\boldsymbol{x}) = (x_1\ \ x_2\ \ \cdots x_n)\begin{pmatrix} a_{11} & a_{12} & \cdots & a_{1n} \\ a_{21} & a_{22} & \cdots & a_{2n} \\ \vdots & \vdots & & \vdots \\ a_{n1} & a_{n2} & \cdots & a_{nn} \end{pmatrix}\begin{pmatrix} x_1 \\ x_2 \\ \vdots \\ x_n \end{pmatrix} = \boldsymbol{x}'\boldsymbol{A}\boldsymbol{x} \tag{4.5.2}$$

矩阵 $\boldsymbol{A}$ 满足 $a_{ij} = a_{ji}\ (i, j = 1, 2, \cdots, n)$, 是对称矩阵. $\boldsymbol{A}$ 称为**二次型 f 的系数矩阵**. $\boldsymbol{A}$ 的秩称为**二次型 f 的秩**.

二次型 f 与对称矩阵 $\boldsymbol{A}$(f 的系数矩阵)之间有一一对应关系.

本节主要讨论的问题是: 在实数范围内寻求可逆的线性变换

$$\boldsymbol{x} = \boldsymbol{C}\boldsymbol{y} \tag{4.5.3}$$

即

$$\begin{cases} x_1 = c_{11}y_1 + c_{12}y_2 + \cdots + c_{1n}y_n \\ x_2 = c_{21}y_1 + c_{22}y_2 + \cdots + c_{2n}y_n \\ \quad\cdots\cdots \\ x_n = c_{n1}y_1 + c_{n2}y_2 + \cdots + c_{nn}y_n \end{cases} \tag{4.5.4}$$

使二次型 f 化为只含平方项的形式

$$f = k_1y_1^2 + k_2y_2^2 + \cdots + k_ny_n^2 \tag{4.5.5}$$

上式这种只含平方项的二次型, 称为**二次型 f 的标准形**(或法式).

把可逆变换式(4.5.3)代入二次型的矩阵形式(4.5.2), 有

$$f = \boldsymbol{x}'\boldsymbol{A}\boldsymbol{x} = (\boldsymbol{C}\boldsymbol{y})'\boldsymbol{A}(\boldsymbol{C}\boldsymbol{y}) = \boldsymbol{y}'(\boldsymbol{C}'\boldsymbol{A}\boldsymbol{C})\boldsymbol{y}$$

定义 4.5.2 设 $\boldsymbol{A}$ 和 $\boldsymbol{B}$ 是 n 阶矩阵, 若有可逆矩阵 $\boldsymbol{C}$, 使得 $\boldsymbol{B} = \boldsymbol{C}'\boldsymbol{A}\boldsymbol{C}$, 则称 $\boldsymbol{A}$ 与 $\boldsymbol{B}$ 合同, 记为 $\boldsymbol{A} \cong \boldsymbol{B}$.

显然, 合同关系是一个等价关系, 具有如下性质.

(1)反身性: $\boldsymbol{A} \cong \boldsymbol{A}$.

(2)对称性: 若 $\boldsymbol{A} \cong \boldsymbol{B}$, 则 $\boldsymbol{B} \cong \boldsymbol{A}$.

(3)传递性: 若 $\boldsymbol{A} \cong \boldsymbol{B}$, $\boldsymbol{B} \cong \boldsymbol{C}$, 则 $\boldsymbol{A} \cong \boldsymbol{C}$.

容易证明, 合同矩阵的秩相同.

定理 4.5.1 设 $\boldsymbol{C}$ 是可逆矩阵, $\boldsymbol{B}=\boldsymbol{C}'\boldsymbol{A}\boldsymbol{C}$, 即 $\boldsymbol{A}$ 与 $\boldsymbol{B}$ 合同, 若 $\boldsymbol{A}$ 是对称阵, 则 $\boldsymbol{B}$ 也是对称阵, 且 $R(\boldsymbol{B})=R(\boldsymbol{A})$.

证 若 $\boldsymbol{A}$ 是对称阵, 则 $\boldsymbol{A}'=\boldsymbol{A}$, 于是

$$\boldsymbol{B}'=(\boldsymbol{C}'\boldsymbol{A}\boldsymbol{C})'=\boldsymbol{C}'\boldsymbol{A}'(\boldsymbol{C}')'=\boldsymbol{C}'\boldsymbol{A}\boldsymbol{C}=\boldsymbol{B}$$

故 $\boldsymbol{B}$ 是对称阵.

因 $\boldsymbol{C}$ 是可逆阵, $\boldsymbol{B}=\boldsymbol{C}'\boldsymbol{A}\boldsymbol{C}$, 由推论 2.5.2 知, $\boldsymbol{B}\cong\boldsymbol{A}$. 再由定理 2.5.2 知, $R(\boldsymbol{B})=R(\boldsymbol{A})$.

定理说明, 经可逆变换 $\boldsymbol{x}=\boldsymbol{C}\boldsymbol{y}$, 二次型 f 的矩阵由 $\boldsymbol{A}$ 变成 $\boldsymbol{C}'\boldsymbol{A}\boldsymbol{C}$, 而二次型的秩保持不变.

要使二次型 f 经可逆变换 $\boldsymbol{x}=\boldsymbol{C}\boldsymbol{y}$ 变成标准形, 就是要使

$$f=\boldsymbol{y}'(\boldsymbol{C}'\boldsymbol{A}\boldsymbol{C})\boldsymbol{y}=k_1y_1^2+k_2y_2^2+\cdots+k_ny_n^2$$

$$=(y_1,y_2,\cdots,y_n)\begin{pmatrix}k_1&&&\\&k_2&&\\&&\ddots&\\&&&k_n\end{pmatrix}\begin{pmatrix}y_1\\y_2\\\vdots\\y_n\end{pmatrix}$$

即要使 $\boldsymbol{C}'\boldsymbol{A}\boldsymbol{C}$ 成为对角矩阵, 因此, 可将问题转化为: 对于实对称矩阵 $\boldsymbol{A}$, 寻求可逆矩阵 $\boldsymbol{C}$, 使 $\boldsymbol{C}'\boldsymbol{A}\boldsymbol{C}$ 为对角矩阵.

2. 用正交变换将二次型化为标准形

由定理 4.4.6 知, 任给实对称矩阵 $\boldsymbol{A}$, 总有正交矩阵 $\boldsymbol{P}$, 使 $\boldsymbol{P}^{-1}\boldsymbol{A}\boldsymbol{P}=\boldsymbol{\varLambda}$, 即 $\boldsymbol{P}'\boldsymbol{A}\boldsymbol{P}=\boldsymbol{\varLambda}$.将此结论应用于二次型, 即有

定理 4.5.2 对任意的二次型 $f=\sum\limits_{i,j=1}^{n}a_{ij}x_ix_j$ [其中, $a_{ij}=a_{ji}(i,j=1,2,\cdots,n)$], 总有正交变换 $\boldsymbol{x}=\boldsymbol{P}\boldsymbol{y}$, 使二次型 f 化为标准形 $f=\lambda_1y_1^2+\lambda_2y_2^2+\cdots+\lambda_ny_n^2$, 其中 $\lambda_1,\lambda_2,\cdots,\lambda_n$ 是 f 的系数矩阵 $\boldsymbol{A}=(a_{ij})$ 的 n 个特征值.

例 4.5.1 求一个正交变换 $\boldsymbol{x}=\boldsymbol{P}\boldsymbol{y}$, 使二次型 f 化为标准形. 其中

$$f=2x_1x_2+2x_1x_3-2x_1x_4-2x_2x_3+2x_2x_4+2x_3x_4$$

解 二次型的系数矩阵为

$$\boldsymbol{A}=\begin{pmatrix}0&1&1&-1\\1&0&-1&1\\1&-1&0&1\\-1&1&1&0\end{pmatrix}$$

它的特征多项式 $|\lambda\boldsymbol{E}-\boldsymbol{A}|=(\lambda+3)(\lambda-1)^3$, 由此得, $\boldsymbol{A}$ 的特征值为 $\lambda_1=-3,\lambda_2=\lambda_3=\lambda_4=1$.

当 $\lambda_1=-3$ 时, 解方程 $(-3\boldsymbol{E}-\boldsymbol{A})\boldsymbol{x}=\boldsymbol{0}$, 得基础解系 $\boldsymbol{\xi}=\begin{pmatrix}1\\-1\\-1\\1\end{pmatrix}$, 单位化, 即得

$$\boldsymbol{p}_1=\begin{pmatrix}\frac{1}{2}\\-\frac{1}{2}\\-\frac{1}{2}\\\frac{1}{2}\end{pmatrix}$$

当 $\lambda_2=\lambda_3=\lambda_4=1$, 解方程 $(\boldsymbol{E}-\boldsymbol{A})\boldsymbol{x}=\boldsymbol{0}$, 可得正交的基础解系

$$\boldsymbol{\xi}_2=\begin{pmatrix}1\\1\\0\\0\end{pmatrix},\quad \boldsymbol{\xi}_3=\begin{pmatrix}0\\0\\1\\1\end{pmatrix},\quad \boldsymbol{\xi}_4=\begin{pmatrix}1\\-1\\1\\-1\end{pmatrix}$$

单位化, 即得

$$\boldsymbol{p}_2=\begin{pmatrix}\frac{1}{\sqrt{2}}\\\frac{1}{\sqrt{2}}\\0\\0\end{pmatrix},\quad \boldsymbol{p}_3=\begin{pmatrix}0\\0\\\frac{1}{\sqrt{2}}\\\frac{1}{\sqrt{2}}\end{pmatrix},\quad \boldsymbol{p}_4=\begin{pmatrix}\frac{1}{2}\\-\frac{1}{2}\\\frac{1}{2}\\-\frac{1}{2}\end{pmatrix}$$

于是所求正交变换为

$$\begin{pmatrix}x_1\\x_2\\x_3\\x_4\end{pmatrix}=\begin{pmatrix}\frac{1}{2}&\frac{1}{\sqrt{2}}&0&\frac{1}{2}\\-\frac{1}{2}&\frac{1}{\sqrt{2}}&0&-\frac{1}{2}\\-\frac{1}{2}&0&\frac{1}{\sqrt{2}}&\frac{1}{2}\\\frac{1}{2}&0&\frac{1}{\sqrt{2}}&-\frac{1}{2}\end{pmatrix}\begin{pmatrix}y_1\\y_2\\y_3\\y_4\end{pmatrix}$$

而二次型的标准形为

$$f=-3y_1^2+y_2^2+y_3^2+y_4^2$$

3. 用配方法将二次型化为标准形

用正交变换化二次型为标准形, 具有保持几何形状不变的优点. 如果不限于用正交变换, 那么还可以有多种方法(对应地有多个可逆的线性变换)把二次型化为标准形, 这里只介绍拉格朗日(Lagrange)配方法. 下面举例说明这种方法.

例 4.5.2 化二次型 $f=x_1^2+3x_2^2+6x_3^2+2x_1x_2+4x_1x_3+8x_2x_3$ 为标准形, 并求所用的变换矩阵 $\boldsymbol{C}$.

解 因 f 中含变量 x_1 的平方项, 故把所有含 x_1 的项归并起来, 配方可得

$$
\begin{aligned}
f &= x_1^2 + 2x_1(x_2 + 2x_3) + 3x_2^2 + 6x_3^2 + 8x_2x_3 \\
&= x_1^2 + 2x_1(x_2 + 2x_3) + (x_2 + 2x_3)^2 + 2x_2^2 + 2x_3^2 + 4x_2x_3 \\
&= (x_1 + x_2 + 2x_3)^2 + 2x_2^2 + 4x_2x_3 + 2x_3^2
\end{aligned}
$$

上式右端除第一项外已不再含 x_1，继续配方，得

$$
f = (x_1 + x_2 + 2x_3)^2 + 2(x_2 + x_3)^2
$$

令$\begin{cases} y_1 = x_1 + x_2 + 2x_3 \\ y_2 = \quad\ \ x_2 + \ \ x_3 \\ y_3 = \qquad\qquad x_3 \end{cases}$，即$\begin{cases} x_1 = y_1 - y_2 - y_3 \\ x_2 = \qquad y_2 - y_3 \\ x_3 = \qquad\qquad y_3 \end{cases}$，就可把 f 化为标准形 $f = y_1^2 + 2y_2^2$. 所用可逆变换的矩阵为

$$
\boldsymbol{C} = \begin{pmatrix} 1 & -1 & -1 \\ 0 & 1 & -1 \\ 0 & 0 & 1 \end{pmatrix}
$$

例 4.5.3 化二次型 $f = 2x_1x_2 + 2x_1x_3 - 2x_1x_4 - 2x_2x_3 + 2x_2x_4 + 2x_3x_4$ 为标准形，并求所用可逆变换的变换矩阵.

解 在 f 中不含平方项，因含有 x_1x_2 乘积项，故可作可逆变换使之产生平方项.

令$\begin{cases} x_1 = y_1 + y_2, \\ x_2 = y_1 - y_2, \\ x_3 = \qquad\quad y_3, \\ x_4 = \qquad\quad y_4, \end{cases}$代入可得

$$
f = 2y_1^2 - 2y_2^2 + 4y_2y_3 - y_2y_4 + 2y_3y_4
$$

再配方，得

$$
\begin{aligned}
f &= 2y_1^2 - 2y_2^2 + 4y_2(y_3 - y_4) + 2y_3y_4 \\
&= 2y_1^2 - 2y_2^2 + 4y_2(y_3 - y_4) - 2(y_3 - y_4)^2 + 2y_3^2 + 2y_4^2 - 2y_3y_4 \\
&= 2y_1^2 - 2(y_2 - y_3 + y_4)^2 + 2\left(y_3 - \frac{1}{2}y_4\right)^2 + \frac{3}{2}y_4^2
\end{aligned}
$$

令$\begin{cases} z_1 = y_1, \\ z_2 = y_2 - y_3 + \ \ y_4, \\ z_3 = \qquad y_3 - \dfrac{1}{2}y_4, \\ z_4 = \qquad\qquad\ y_4, \end{cases}$即$\begin{cases} y_1 = z_1, \\ y_2 = \quad z_2 - z_3 + \ \ z_4, \\ y_3 = \qquad\quad z_3 - \dfrac{1}{2}z_4, \\ y_4 = \qquad\qquad\quad z_4, \end{cases}$即可将二次型化为标准形

$$
f = 2z_1^2 - 2z_2^3 + 2z_3^2 + \frac{3}{2}z_4^2
$$

所用变换矩阵为

$$
\boldsymbol{C} = \begin{pmatrix} 1 & 1 & 0 & 0 \\ 1 & -1 & 0 & 0 \\ 0 & 0 & 1 & 0 \\ 0 & 0 & 0 & 1 \end{pmatrix} \begin{pmatrix} 1 & 0 & 0 & 0 \\ 0 & 1 & 1 & -\dfrac{1}{2} \\ 0 & 0 & 1 & \dfrac{1}{2} \\ 0 & 0 & 0 & 1 \end{pmatrix} = \begin{pmatrix} 1 & 1 & 1 & -\dfrac{1}{2} \\ 1 & -1 & -1 & \dfrac{1}{2} \\ 0 & 0 & 1 & \dfrac{1}{2} \\ 0 & 0 & 0 & 1 \end{pmatrix}
$$

一般地，任何二次型都可用上面两例的方法找到可逆变换，把二次型化为标准形. 由定理 4.5.1 知，标准形中含有的项数就是二次型的秩.

4. 正定二次型

二次型的标准形显然不是唯一的，只是标准形中所含的项数是确定的(即是二次型的秩). 不仅如此，在限定变换为实变换时，标准形中正系数的个数也是不变的(从而负数的个数也不变)，也就是有：

定理 4.5.3 设有实二次型 $f=\boldsymbol{x}'\boldsymbol{A}\boldsymbol{x}$，它的秩为 r，有两个实的可逆变换 $\boldsymbol{x}=\boldsymbol{C}\boldsymbol{y}$ 及 $\boldsymbol{x}=\boldsymbol{P}\boldsymbol{z}$，使

$$f=k_1y_1^2+k_2y_2^2+\cdots+k_ry_r^2\ (k_1\neq 0)\quad 及\quad f=\lambda_1z_1^2+\lambda_2z_2^2+\cdots+\lambda_rz_r^2\ (\lambda_1\neq 0)$$

则 $k_1,k_2,\cdots,k_r$ 中正数的个数(称为**正惯性指数**)与 $\lambda_1,\lambda_2,\cdots,\lambda_r$ 中正数的个数相等.

定理 4.5.3 称为**惯性定理**，这里不予证明. 惯性定理反映在几何上是：当用可逆变换把二次曲线或曲面化为标准形时，曲线或曲面的类型不会因线性变换的不同而有所改变.

比较常用的二次型是标准形的系数全为正($r=n$)或全为负的情形. 有下述定义:

定义 4.5.3 设有实二次型 $f(\boldsymbol{x})=\boldsymbol{x}'\boldsymbol{A}\boldsymbol{x}$，若对任意 $\boldsymbol{x}\neq\boldsymbol{0}$，都有 $f(\boldsymbol{x})>0$[显然 $f(0)=0$]，则称 f 为**正定二次型**，并称对称矩阵 $\boldsymbol{A}$ 为**正定矩阵**，记为 $\boldsymbol{A}>0$；若对任意 $\boldsymbol{x}\neq\boldsymbol{0}$，都有 $f(\boldsymbol{x})<0$，则称 f 为**负定二次型**，并称对称矩阵 $\boldsymbol{A}$ 为**负定矩阵**，记为 $\boldsymbol{A}<0$.

定理 4.5.4 实二次型 $f(\boldsymbol{x})=\boldsymbol{x}'\boldsymbol{A}\boldsymbol{x}$ 为正定的充要条件是：它的标准形的 n 个系数全为正.

证 设可逆变换 $\boldsymbol{x}=\boldsymbol{C}\boldsymbol{y}$，使

$$f(\boldsymbol{x})=f(\boldsymbol{C}\boldsymbol{y})=\sum_{i=1}^{n}k_iy_i^2$$

充分性：设 $k_i>0\ (i=1,2,\cdots,n)$，任给 $\boldsymbol{x}\neq\boldsymbol{0}$，则 $\boldsymbol{y}=\boldsymbol{C}^{-1}\boldsymbol{x}\neq\boldsymbol{0}$，故有

$$f(\boldsymbol{x})=\sum_{i=1}^{n}k_iy_i^2>0$$

于是得 f 为正定二次型.

必要性：用反证法，假设有 $k_s\leqslant 0$，则当 $\boldsymbol{y}=\boldsymbol{\varepsilon}_s$(单位坐标向量)时，$f(\boldsymbol{C}\boldsymbol{\varepsilon}_s)=k_s\leqslant 0$，显然 $\boldsymbol{C}\boldsymbol{\varepsilon}_s\neq\boldsymbol{0}$，这与 f 是正定的相矛盾. 这就证明了 $k_i>0\ (i=1,2,\cdots,n)$.

推论 4.5.1 实对称矩阵 $\boldsymbol{A}$ 为正定矩阵的充要条件是：$\boldsymbol{A}$ 的特征值全为正.

定理 4.5.5 实对称矩阵 $\boldsymbol{A}$ 为正定矩阵的充要条件是：$\boldsymbol{A}$ 的各阶顺序主子式都为正，即

$$a_{11}>0,\begin{vmatrix}a_{11}&a_{12}\\a_{21}&a_{22}\end{vmatrix}>0,\cdots,\begin{vmatrix}a_{11}&\cdots&a_{1n}\\\vdots&&\vdots\\a_{n1}&\cdots&a_{nn}\end{vmatrix}>0$$

实对称阵 $\boldsymbol{A}$ 为负定矩阵的充要条件是：奇数阶顺序主子式为负，而偶数阶顺序主子式为正，即

$$(-1)^r\begin{vmatrix}a_{11}&a_{12}&\cdots&a_{1r}\\a_{21}&a_{22}&\cdots&a_{2r}\\\vdots&\vdots&&\vdots\\a_{r1}&a_{r2}&\cdots&a_{rr}\end{vmatrix}>0\quad(r=1,2,\cdots,n)$$

这个定理称为**霍尔维茨定理**，这里不予证明.

例 4.5.4 判别二次型 $f=-2x_1^2-6x_2^2-4x_3^2+2x_1x_2+2x_1x_3$ 的正定性.

解 f 的系数矩阵为 $A=\begin{pmatrix}-2&1&1\\1&-6&0\\1&0&-4\end{pmatrix}$. 因为

$$a_{11}=-2<0,\quad \begin{vmatrix}a_{11}&a_{12}\\a_{21}&a_{22}\end{vmatrix}=\begin{vmatrix}-2&1\\1&-6\end{vmatrix}=11>0,\quad |A|=-38<0$$

由定理 4.5.5 知, f 是负定的.

例 4.5.5 判别 $2x^2+4xy+4y^2=5$ 是何种类型的圆锥曲线.

解 设 $f=2x^2+4xy+4y^2$, 则 f 的系数矩阵为 $A=\begin{pmatrix}2&2\\2&4\end{pmatrix}$. 因为 $a_{11}=2>0$, $|A|=4>0$, 所以 f 是正定二次型. 于是有可逆变换

$$\begin{pmatrix}x\\y\end{pmatrix}=C\begin{pmatrix}x'\\y'\end{pmatrix}$$

可将二次型化为标准形 $f=a'x'^2+b'y'^2$. 其中 $a'>0, b'>0$. 相应地曲线方程化为 $a'x'^2+b'y'^2=5$, 故曲线 $2x^2+4xy+4y^2=5$ 是椭圆.

一般地, 若 $f(x,y)$ 是正定二次型, 则 $f(x,y)=C$ ($C>0$ 为常数)的图形是以原点为中心的椭圆. 当把 C 看成任意常数时, 则是一族椭圆, 这族椭圆随着 $C\to 0$ 而收缩到原点. 类似地, 若 $f(x,y,z)$ 是正定二次型, 则 $f(x,y,z)=C$ ($C>0$)的图形是一族椭球面.

数学实验基础知识

基本命令	功能
[V,D]=eig(A)	产生一个以 A 的全体特征值为对角线元素的对角阵 D,以及一个对应于 D 对角元素的特征向量为列组成的方阵 V. 当 A 为实对称阵时,有 $V^{-1}AV=D$,且 V 为正交阵

例 1 用正交变换将二次型 $f=2x_1x_2+2x_1x_3-2x_1x_4-2x_2x_3+2x_2x_4+2x_3x_4$ 化为标准形.

```
>> A=[0 1 1 -1;1 0 -1 1;1 -1 0 1;-1 1 1 0];
>> [V D]=eig(A)
```

输出结果:

```
V=
   -0.5000    -0.0788     0.2887    -0.8127
    0.5000     0.6644    -0.2887    -0.4746
    0.5000    -0.7432    -0.2887    -0.3381
   -0.5000     0         -0.8660     0
D=
   -3.0000     0          0          0
    0          1.0000     0          0
    0          0          1.0000     0
    0          0          0          1.0000
```

由此可得, 标准形为 $f=-3y_1^2+y_2^2+y_3^2+y_4^2$.所用正交变换为

$$\begin{cases} x_1 = -0.5y_1 - 0.0788y_2 + 0.2887y_3 - 0.8127y_4 \\ x_2 = \ \ 0.5y_1 + 0.6644y_2 - 0.2887y_3 - 0.4746y_4 \\ x_3 = \ \ 0.5y_1 - 0.7432y_2 - 0.2887y_3 - 0.3381y_4 \\ x_4 = -0.5y_1 \qquad\qquad\quad - 0.8660y_3 \end{cases}$$

本 章 小 结

本章讨论矩阵的相似对角化和二次型问题，它们都与矩阵的对角化有关，前者是寻求可逆矩阵 $\boldsymbol{P}$，使 $\boldsymbol{P}^{-1}\boldsymbol{AP}=\boldsymbol{\Lambda}$(在相似意义下化矩阵 $\boldsymbol{A}$ 为对角形)；后者是寻求可逆矩阵 $\boldsymbol{P}$，使 $\boldsymbol{P}'\boldsymbol{AP}=\boldsymbol{\Lambda}$(称为在合同意义下化对称矩阵 $\boldsymbol{A}$ 为对角形). 当 $\boldsymbol{P}$ 为正交矩阵时，二者是统一的.

n 阶矩阵 $\boldsymbol{A}$ 的相似对角化问题，是线性变换理论的一个重要基础，它归结为求 $\boldsymbol{A}$ 的特征值和特征向量. 若 $\boldsymbol{A}$ 有 n 个线性无关的特征向量，则 $\boldsymbol{A}$ 可以相似对角化，其相似对角形的对角线上的元素就是 $\boldsymbol{A}$ 的特征值. 用 $\boldsymbol{A}$ 乘特征向量相当于用特征值(数)乘特征向量，这使得特征值有重要的应用价值.

实对称矩阵是一类重要的矩阵，它的特征值都是实数，并必有 n 个线性无关的特征向量，采用施密特正交化方法可以得到 n 个两两正交的特征向量，从而能找到正交矩阵 $\boldsymbol{P}$，使 $\boldsymbol{P}^{-1}\boldsymbol{AP}=\boldsymbol{\Lambda}$，这个结果又可以直接用于二次型.

二次型问题，除应用前面结论用正交变换化二次型为标准形外，本章还介绍了用拉格朗日配方法化二次型为标准形，用配方法找出的变换通常是普通的可逆变换. 二次型的标准形中非零项数等于二次型的矩阵的秩和非零特征值的个数.

正(负)定二次型(对应正(负)定矩阵)是一类重要的二次型，判别二次型的正定性有两种方法：一是根据惯性定理，用全体特征值的符号；二是利用二次型的矩阵的顺序主子式的符号.

本章常用词汇中英文对照

相似	similar	合同	congruence
迹	trace	实对称矩阵	real symmetric matrix
内积	inner product	正交[的]	orthogonal
正交基	orthogonal basis	标准正交基	orthonormal basis
二次型	quadratic form	标准形	canonical form
正定的	positive definite	负定的	negative definite
特征值	characteristic value	特征矩阵	characteristic matrix
特征向量	characteristic vector	正交变换	orthogonal transformation
特征方程	characteristic equation	可逆变换	invertible transformation
特征多项式	characteristic polynomial		

习 题 4

1. 求下列矩阵的特征值和特征向量:

(1) $\begin{pmatrix} 1 & 2 & 3 \\ 2 & 1 & 3 \\ 3 & 3 & 6 \end{pmatrix}$; (2) $\begin{pmatrix} 1 & -1 \\ 2 & 4 \end{pmatrix}$;

(3) $\begin{pmatrix} 2 & -1 & 2 \\ 5 & -3 & 3 \\ -1 & 0 & -2 \end{pmatrix}$; (4) $\begin{pmatrix} 1 & 1 & 1 & 1 \\ 1 & 1 & -1 & -1 \\ 1 & -1 & 1 & -1 \\ 1 & -1 & -1 & 1 \end{pmatrix}$.

2. 设 $\boldsymbol{A}=\begin{pmatrix} 1 & -2 & -4 \\ -2 & x & -2 \\ -4 & -2 & 1 \end{pmatrix}$ 与 $\boldsymbol{\Lambda}=\begin{pmatrix} 5 & & \\ & y & \\ & & -4 \end{pmatrix}$ 相似, 求 x, y.

3. 设 $\boldsymbol{A}, \boldsymbol{B}$ 都是 n 阶方阵, 且$|\boldsymbol{A}|\neq 0$. 证明 $\boldsymbol{AB}$ 与 $\boldsymbol{BA}$ 相似.

4. 设 λ_1, λ_2 为 $\boldsymbol{A}$ 的特征值, 且 $\lambda_1\neq\lambda_2$, $\boldsymbol{x}_1, \boldsymbol{x}_2$ 分别为对应的特征向量, 试证 $\boldsymbol{x}_1+\boldsymbol{x}_2$ 不是 $\boldsymbol{A}$ 的特征向量.

5. 设三阶矩阵 $\boldsymbol{A}$ 的特征值为 1, −1, 2, 求 $\boldsymbol{A}^*+3\boldsymbol{A}-2\boldsymbol{E}$ 的特征值.

6. 设三阶方阵 $\boldsymbol{A}$ 的特征值为 $\lambda_1=1, \lambda_2=0, \lambda_3=-1$; 对应的特征向量依次为

$$\boldsymbol{p}_1=\begin{pmatrix} 1 \\ 2 \\ 2 \end{pmatrix},\quad \boldsymbol{p}_2=\begin{pmatrix} 2 \\ -2 \\ 1 \end{pmatrix},\quad \boldsymbol{p}_3\begin{pmatrix} -2 \\ -1 \\ 2 \end{pmatrix}$$

求 $\boldsymbol{A}$.

7. 设 $\boldsymbol{A}=\begin{pmatrix} -2 & 3 & -3 \\ -4 & 5 & -3 \\ -4 & 4 & -2 \end{pmatrix}$, 求 $\boldsymbol{A}^{10}$.

8. 设 $\boldsymbol{A}=\begin{pmatrix} 3 & 2 & -2 \\ k & 1 & -k \\ 4 & 2 & -3 \end{pmatrix}$, 证明: 无论 k 为何值, 矩阵 $\boldsymbol{A}$ 都不可对角化.

9. 证明:

(1)幂等方阵 $\boldsymbol{A}(\boldsymbol{A}^2=\boldsymbol{A})$的特征值只能是 0 或 1;

(2)对合方阵 $\boldsymbol{A}(\boldsymbol{A}^2=\boldsymbol{E})$的特征值只能是 1 或−1.

10. 试用施密特正交化方法把下列向量组正交化:

(1) $(\boldsymbol{a}_1,\boldsymbol{a}_2,\boldsymbol{a}_3)=\begin{pmatrix} 1 & -1 & 4 \\ 2 & 3 & -1 \\ -1 & 1 & 0 \end{pmatrix}$; (2) $(\boldsymbol{a}_1,\boldsymbol{a}_2,\boldsymbol{a}_3)=\begin{pmatrix} 1 & 1 & -1 \\ 0 & -1 & 1 \\ -1 & 0 & 1 \\ 1 & 1 & 0 \end{pmatrix}$.

11. 设三阶实对称阵 $\boldsymbol{A}$ 的特征值为 8, 2, 2, 与特征值 8 对应的特征向量为 $\boldsymbol{p}_1=(1, k, 1)'$, 与特征值 2 对应的一个特征向量为 $\boldsymbol{p}_2=(-1, 1, 0)'$, 求参数 k 和矩阵 $\boldsymbol{A}$.

12. 试求一个正交的相似的变换矩阵, 将下列对称阵化为对角阵:

(1) $\begin{pmatrix} 2 & -2 & 0 \\ -2 & 1 & -2 \\ 0 & -2 & 0 \end{pmatrix}$; (2) $\begin{pmatrix} 2 & 2 & -2 \\ 2 & 5 & -4 \\ -2 & -4 & 5 \end{pmatrix}$.

13. 用矩阵记号表示下列二次型:

(1) $f = x^2 + 4xy + 4y^2 + 2xz + z^2 + 4yz$

(2) $f = x^2 + y^2 - 7z^2 - 2xy - 4xz - 4yz$

(3) $f = x_1^2 + x_2^2 + x_3^2 + x_4^2 - 2x_1x_2 + 4x_1x_3 - 2x_1x_4 + 6x_2x_3 - 4x_2x_4$

14. 求一个正交变换使下列二次型化为标准形:

(1) $f = 2x_1^2 + 3x_2^2 + 3x_3^2 + 4x_2x_3$

(2) $f = x_1^2 + x_2^2 + x_3^2 + x_4^2 + 2x_1x_2 - 2x_1x_4 - 2x_2x_3 + 2x_3x_4$

15. 用配方法化下列二次型为标准形, 并给出可逆变换的变换矩阵:

(1) $f = {x_1}^2 + 4{x_2}^2 + 2{x_3}^2 - 4x_1x_2 + 2x_1x_3 - 4x_2x_3$

(2) $f = x_1x_2 + x_1x_3$

16. 证明: 二次型 $f = \boldsymbol{x}'\boldsymbol{A}\boldsymbol{x}$ 在 $\|\boldsymbol{x}\| = 1$ 时的最大值为方阵 $\boldsymbol{A}$ 的最大特征值.

17. 判别下列二次型的正定性:

(1) $f = -5x^2 - 6y^2 - 4z^2 + 4xy + 4xz$

(2) $f = x_1^2 + 3x_2^2 + 9x_3^2 + 19x_4^2 - 2x_1x_2 + 4x_1x_3 + 2x_1x_4 - 6x_2x_4 - 12x_3x_4$

18. 设 $\boldsymbol{P}$ 为可逆矩阵, $\boldsymbol{A} = \boldsymbol{P}'\boldsymbol{P}$, 证明: $f = \boldsymbol{x}'\boldsymbol{A}\boldsymbol{x}$ 为正定二次型.

19. 设对称阵 $\boldsymbol{A}$ 是正定阵, 证明: 存在可逆矩阵 $\boldsymbol{P}$, 使 $\boldsymbol{A} = \boldsymbol{P}'\boldsymbol{P}$.

20. 设 $\boldsymbol{A}$ 是 n 阶实对称阵, $\boldsymbol{E}$ 为 n 阶单位阵, 证明: 对于充分小的正数 ε, $\boldsymbol{E} + \varepsilon\boldsymbol{A}$ 是正定矩阵.

(提示: $\boldsymbol{E} + \varepsilon\boldsymbol{A} \sim \mathrm{diag}(1 + \varepsilon\lambda_1, \cdots, 1 + \varepsilon\lambda_n)$, $\lambda_1, \cdots, \lambda_n$ 是 $\boldsymbol{A}$ 的特征值)

21. 试证: 非零幂零矩阵 $\boldsymbol{A}$(存在正整数 m, 使 $\boldsymbol{A}^m = 0$)不能与对角矩阵相似.

(提示: 先证 $\boldsymbol{A}$ 的特征值 $\lambda = 0$)

第 5 章　线性空间与线性变换

在第 3 章中，把 n 个数的有序数组称为 n 维向量，并介绍了 n 维向量空间的概念. 本章要把这一重要而又基本的概念推广到更一般的情形，即在一般的集合上，用公理化的方法建立线性空间的概念，并在线性空间上讨论线性变换问题.

5.1　线性空间的定义与性质

定义 5.1.1　如果复数的一个非空集合 P 含有非零的数，且其中任意两数的和、差、积、商（除数不为零）仍属于该集合，则称数集 P 为一个数域.

所有有理数构成的集合 $\mathbf{Q}$. 所有实数构成的集合 $\mathbf{R}$，所有复数构成的集合 $\mathbf{C}$ 都是数域，分别称为有理数域，实数数域及复数域.

所有数域都包含有理数域作为它的一部分. 每个数域都包含整数 0 和 1.

定义 5.1.2　设 V 是一个以 $\boldsymbol{\alpha}, \boldsymbol{\beta}, \boldsymbol{\gamma}, \cdots$ 为元素的集合，K 是数域，在 V 中定义两种运算，一种称为**加法**：对任意的两个元素 $\boldsymbol{\alpha}$, $\boldsymbol{\beta} \in V$，有 $\boldsymbol{\alpha}+\boldsymbol{\beta} \in V$；另一种称为**数乘**：对于数 $k \in K$，有 $k\boldsymbol{\alpha} \in V$. 这两种运算称为线性运算，具有如下性质.

(1)加法交换律：$\boldsymbol{\alpha}+\boldsymbol{\beta}=\boldsymbol{\beta}+\boldsymbol{\alpha}$.

(2)加法结合律：$(\boldsymbol{\alpha}+\boldsymbol{\beta})+\boldsymbol{\gamma}=\boldsymbol{\alpha}+(\boldsymbol{\beta}+\boldsymbol{\gamma})$.

(3)存在零元：在 V 中存在零元 $\mathbf{0}$，对任意的 $\boldsymbol{\alpha} \in V$，都有 $\boldsymbol{\alpha}+\mathbf{0}=\mathbf{0}+\boldsymbol{\alpha}=\boldsymbol{\alpha}$.

(4)存在负元：对任意的 $\boldsymbol{\alpha} \in V$，都存在 $\boldsymbol{\beta} \in V$，使 $\boldsymbol{\alpha}+\boldsymbol{\beta}=\mathbf{0}$, $\boldsymbol{\beta}$ 称为 $\boldsymbol{\alpha}$ 的负元.

(5)恒等性：$1 \cdot \boldsymbol{\alpha}=\boldsymbol{\alpha}$.

(6)数乘结合律：$k(l\boldsymbol{\alpha})=(kl)\boldsymbol{\alpha}$.

(7)数乘分配律：$(k+l)\boldsymbol{\alpha}=k\boldsymbol{\alpha}+l\boldsymbol{\alpha}$.

(8)$k(\boldsymbol{\alpha}+\boldsymbol{\beta})=k\boldsymbol{\alpha}+k\boldsymbol{\beta}$.

则称集合 V 是数域 K 上的**线性空间(或向量空间)**. 当 K 为实数域时，称 V 是**实线性空间**；当 K 为复数域时，称 V 是**复线性空间**. V 中的元素仍称为**向量**. 当 V 是实线性空间时，称 V 中元素为**实向量**；当 V 是复线性空间时，称 V 中元素为**复向量**.

显然，第 3 章中定义的 n 维向量空间只是现在定义的线性空间的一个特例. 为了加深对这一抽象概念的理解，下面再举一些例子.

例 5.1.1　正实数的全体，记为 R^{+}，数域 K 取为实数域 $\mathbf{R}$，在 R^{+} 中定义加法 $\oplus$ 与数乘 $\circ$ 两种运算如下：

$$a \oplus b=ab(a, b \in \mathbf{R}^{+}), \qquad k \circ a=a^{k}(a \in \mathbf{R}^{+}, k \in \mathbf{R})$$

验证 $\mathbf{R}^{+}$ 对上述加法与数乘运算构成实线性空间.

证　首先，注意到集合 $\mathbf{R}^{+}$ 对加法和数乘的运算是封闭的，即对任意的 $a, b \in \mathbf{R}^{+}, k \in \mathbf{R}$，有

$$a \oplus b=ab \in \mathbf{R}^{+}, \qquad k \circ a=a^{k} \in \mathbf{R}^{+}$$

其次，容易验证，上述定义的线性运算满足线性空间中的 8 条公理:

(1)$a\oplus b=ab=ba=b\oplus a$.

(2)$(a\oplus b)\oplus c=(ab)\oplus c=abc=a(bc)=a\oplus(b\oplus c)$.

(3)在 $\mathbf{R}^+$中存在零元 1, 对任意的 $a\in\mathbf{R}^+$, 有 $a\oplus 1=a\cdot 1=a$.

(4)对任意的 $a\in\mathbf{R}^+$, 有负元 $a^{-1}\in\mathbf{R}^+$, 使得 $a\oplus a^{-1}=aa^{-1}=1$.

(5)$1\circ a=a^1=a$.

(6)$k\circ(l\circ a)=k\circ a^l=(a^l)^k=a^{kl}=(kl)\circ a$.

(7)$(k+l)\circ a=a^{k+l}=a^ka^l=a^k\oplus a^l=(k\circ a)\oplus(l\circ a)$.

(8)$k\circ(a\oplus b)=k\circ(ab)=(ab)^k=a^kb^k=a^k\oplus b^k=(k\circ a)\oplus(k\circ b)$.

因此, R^+对于所定义的线性运算构成实线性空间.

值得注意的是, 对于通常意义的加法和数乘, 集合 R^+不能构成实数域 R 上的线性空间. 这是因为它对通常意义的数乘运算不封闭且不存在负元. 可见, 非空集合 V 能否构成线性空间与在 V 上定义怎样的线性运算是直接相关的, 这也是我们将 n 维向量空间的概念推广后又称为线性空间的一个原因所在.

例 5.1.2 次数不超过 $n-1$ 次的实系数多项式的全体记为 $P_n[x]$, 即

$$P_n[x]=\{a_{n-1}x^{n-1}+a_{n-2}x^{n-2}+\cdots+a_1x+a_0|a_{n-1},a_{n-2},\cdots,a_1,a_0\in\mathbf{R}\}$$

对于通常的多项式加法、多项式乘实数的数乘构成实线性空间.

要证明这一事实并不困难, 读者不妨作为一个练习.

例 5.1.3 $n-1$ 次实系数多项式的全体所组成的集合

$$Q_n[x]=\{a_{n-1}x^{n-1}+\cdots+a_1x+a_0|a_{n-1},\cdots,a_1,a_0\in\mathbf{R},\text{ 且 }a_{n-1}\neq 0\}$$

对于通常的多项式加法个数乘运算不构成线性空间.

这是因为 $0P=0x^{n-1}+\cdots+0x+0\,\overline{\in}\,Q_n[x]$, 即 $Q_n[x]$对数乘运算不封闭, 故 $Q_n[x]$不构成线性空间.

例 5.1.4 $C^{m\times n}$ 表示 $m\times n$ 实(复)矩阵的集合, 在矩阵加法和数乘运算下, 构成一个实(复)线性空间, 称为 $m\times n$ 矩阵空间.

例 5.1.5 在闭区间$[a, b]$上的一元连续函数的全体 $C[a, b]$在通常意义的线性运算下构成一个实线性空间.

同样, 在$[a, b]$上定义的一元可微函数及可积函数都分别构成线性空间.

例 5.1.6 设 $V=\{\boldsymbol{\alpha}\}$是由一个元素 $\boldsymbol{\alpha}$ 组成的集合, K 是任一数域, 定义

$$\boldsymbol{\alpha}\oplus\boldsymbol{\alpha}=\boldsymbol{\alpha},\quad k\circ\boldsymbol{\alpha}=\boldsymbol{\alpha},\quad k\in K$$

则 V 是 K 上的线性空间. 显然, $\boldsymbol{\alpha}$ 就是 V 的零元. 这个线性空间称为**零空间**, 记为$\{\mathbf{0}\}$.

从定义 5.1.2 出发, 可以推出线性空间 V 的一些基本性质.

性质 5.1.1 V 的零元或零向量是唯一的.

证 设 $\mathbf{0}_1, \mathbf{0}_2$ 为 V 的两个零元, 则按零元的定义, 有

$$\mathbf{0}_1=\mathbf{0}_1+\mathbf{0}_2=\mathbf{0}_2+\mathbf{0}_1=\mathbf{0}_2$$

性质 5.1.2 V 中任一元素 $\boldsymbol{\alpha}$ 的负元或负向量是唯一的.

证 设 $\boldsymbol{\alpha}$ 有两个负元 $\boldsymbol{\beta},\boldsymbol{\gamma}$, 即有 $\boldsymbol{\alpha}+\boldsymbol{\beta}=\mathbf{0},\boldsymbol{\alpha}+\boldsymbol{\gamma}=\mathbf{0}$, 于是

$$\boldsymbol{\beta}=\boldsymbol{\beta}+\mathbf{0}=\boldsymbol{\beta}+(\boldsymbol{\alpha}+\boldsymbol{\gamma})=(\boldsymbol{\alpha}+\boldsymbol{\beta})+\boldsymbol{\gamma}=\mathbf{0}+\boldsymbol{\gamma}=\boldsymbol{\gamma}$$

把 $\boldsymbol{\alpha}$ 的负向量记为$-\boldsymbol{\alpha}$, 即有 $\boldsymbol{\alpha}+(-\boldsymbol{\alpha})=\mathbf{0}$. 容易得知, 对于任意 $\boldsymbol{\alpha},\boldsymbol{\beta}\in V$, 方程 $\boldsymbol{\alpha}+\boldsymbol{x}=\boldsymbol{\beta}$ 在 V 中有唯一解 $\boldsymbol{x}=\boldsymbol{\beta}+(-\boldsymbol{\alpha})$. 因此, 对于某一向量 $\boldsymbol{\alpha}$, 只要有 $\boldsymbol{\alpha}+\boldsymbol{\beta}=\boldsymbol{\alpha},\boldsymbol{\beta}$ 就是零向量.

这样, 利用负向量, 定义向量减法如下

$$\boldsymbol{\beta}-\boldsymbol{\alpha}=\boldsymbol{\beta}+(-\boldsymbol{\alpha})$$

性质 5.1.3 $0\boldsymbol{\alpha}=\mathbf{0}, k\mathbf{0}=\mathbf{0}$; $(-k)\boldsymbol{\alpha}=k(-\boldsymbol{\alpha})$.

证 因为

$$0\boldsymbol{\alpha}+0\boldsymbol{\alpha}=(0+0)\boldsymbol{\alpha}=0\boldsymbol{\alpha}, \qquad k\mathbf{0}+k\mathbf{0}=k(\mathbf{0}+\mathbf{0})=k\mathbf{0}$$

所以 $0\boldsymbol{\alpha}=\mathbf{0}, k\mathbf{0}=\mathbf{0}$. 又因为

$$k\boldsymbol{\alpha}+(-k)\boldsymbol{\alpha}=(k-k)\boldsymbol{\alpha}=0\boldsymbol{\alpha}=\mathbf{0}$$

所以$(-k)\boldsymbol{\alpha}$是 $k\boldsymbol{\alpha}$ 的负向量，即$(-k)\boldsymbol{\alpha}=-k\boldsymbol{\alpha}$.

性质 5.1.4 若 $k\boldsymbol{\alpha}=\mathbf{0}$, 则 $k=0$ 或 $\boldsymbol{\alpha}=\mathbf{0}$.

证 若 $k=0$, 则结论已经成立.

若 $k\neq0$, 则有 $\boldsymbol{\alpha}=k^{-1}(k\boldsymbol{\alpha})=k^{-1}\mathbf{0}=\mathbf{0}$. 结论也成立.

定义 5.1.3 设 V 是一个线性空间, L 是 V 的一个非空子集, 若 L 对于 V 中所定义的加法和数乘两种运算也构成一个线性空间, 则称 L 为 V 的**子空间**.

一个非空子集要满足什么条件才构成子空间？因 L 是 V 的一部分, V 中的运算对于 L 而言, 公理(1)、(2)、(5)、(6)、(7)、(8)显然是满足的, 所以只要 L 对运算封闭且满足公理(3)、(4)即可. 但由线性空间的性质知, 若 L 对运算封闭, 则必能满足(3)、(4). 于是, 有

定理 5.1.1 线性空间 V 的非空子集 L 构成 V 的子空间的充要条件是: L 对于 V 中的线性运算封闭.

例 5.1.7 $P_n[\boldsymbol{x}]$对于通常的多项式加法与数乘运算构成实向量空间. $P_r[\boldsymbol{x}](r<n)$, 因为对这两种线性运算封闭, 所以是 $P_n[\boldsymbol{x}]$的子空间.

5.2 基、维数与坐标

线性空间除零空间外, 一般都有无穷多个向量. 这些向量之间的关系怎样, 能否用有限个向量把无穷多个向量全部表示出来, 或者说, 线性空间的结构如何, 这是一个重要问题. 另外, 线性空间中的元素是抽象的, 如何使它与数发生联系, 并用比较具体的数学式子来表达, 这样才能方便地进行计算, 这是另一个重要问题. 本节主要讨论这两个问题.

为了研究线性空间的结构, 需要如同第 3 章中 n 维向量的线性组合、线性相关、线性无关等概念及有关的基本性质. 在第 3 章中给出这些概念及结论时, 都没有涉及向量的具体形式, 只是引用了加法与数乘这两种运算及其基本运算规律. 而现在这些都已列入线性空间的定义中, 因此可以把第 3 章中的这些概念与结论, 照样搬到一般的数域 K 上的线性空间 V 中来. 以后我们就直接引用这些概念与结论.

在第 3 章中已经提出了基与维数的概念, 这也适用于一般的线性空间.

定义 5.2.1 若线性空间 V 中的 n 个向量 $\boldsymbol{\alpha}_1, \boldsymbol{\alpha}_2,\cdots, \boldsymbol{\alpha}_n$ 满足:

(1)$\boldsymbol{\alpha}_1, \boldsymbol{\alpha}_2,\cdots, \boldsymbol{\alpha}_n$ 线性无关;

(2)V 中的任意元素 $\boldsymbol{\alpha}$ 都可以由 $\boldsymbol{\alpha}_1, \boldsymbol{\alpha}_2,\cdots, \boldsymbol{\alpha}_n$ 线性表示. 则 $\boldsymbol{\alpha}_1, \boldsymbol{\alpha}_2,\cdots, \boldsymbol{\alpha}_n$ 称为线性空间 V 的一组基, n 称为线性空间 V 的**维数**.

维数为 n 的线性空间称为 **n 维线性空间**, 记为 V_n.

若 $\boldsymbol{\alpha}_1, \boldsymbol{\alpha}_2,\cdots, \boldsymbol{\alpha}_n$ 为实线性空间 V_n 的一组基, 则 V_n 可表示为

$$V_n=\{k_1\boldsymbol{\alpha}_1+k_2\boldsymbol{\alpha}_2+\cdots+k_n\boldsymbol{\alpha}_n | k_1,\cdots,k_n\in\mathbf{R}\}$$

这就比较清楚地显示出线性空间 V_n 的结构.

零空间没有线性无关的向量，所以它没有基，规定零空间的维数为零.

若线性空间 V 中线性无关的向量有无穷多个，则 V 称为**无穷维线性空间**，例 5.1.5 中的线性空间就是无穷维线性空间. 无穷维线性空间与有限维的线性空间有较大的差别，它属于泛函分析讨论的内容，本章只讨论有限维的线性空间.

例 5.2.1 求 $m\times n$ 矩阵空间 $C^{m\times n}$ 的维数及一组基.

解 取

$$\boldsymbol{E}_{ij}=\begin{pmatrix}0 & \cdots & 0 & \cdots & 0\\ \vdots & & \vdots & & \vdots\\ 0 & \cdots & 1 & \cdots & 0\\ \vdots & & \vdots & & \vdots\\ 0 & \cdots & 0 & \cdots & 0\end{pmatrix} i \quad \begin{pmatrix}i=1,2,\cdots,m\\ j=1,2,\cdots,n\end{pmatrix}$$

$$j$$

即第 i 行第 j 列元素为 1，其余为 0. 显然有 $\sum\limits_{i=1}^{m}\sum\limits_{j=1}^{n}k_{ij}\boldsymbol{E}_{ij}=\boldsymbol{O}$，必有 $k_{ij}=0$，故 E_{ij} $(i=1,\cdots,m;$ $j=1,\cdots,n)$线性无关. 又 $C^{m\times n}$ 中任一矩阵 $\boldsymbol{A}=(a_{ij})$可表示为这些矩阵的线性组合

$$\boldsymbol{A}=a_{11}\boldsymbol{E}_{11}+a_{12}\boldsymbol{E}_{12}+\cdots+a_{1n}\boldsymbol{E}_{1n}+a_{21}\boldsymbol{E}_{21}+\cdots+a_{mn}\boldsymbol{E}_{mn}$$

故 $\boldsymbol{E}_{11},\boldsymbol{E}_{12},\cdots,\boldsymbol{E}_{1n},\boldsymbol{E}_{21},\cdots,\boldsymbol{E}_{mn}$ 是 $C^{m\times n}$ 的一组基，$C^{m\times n}$ 的维数为 mn 维.

若 $\boldsymbol{\alpha}_1,\boldsymbol{\alpha}_2,\cdots,\boldsymbol{\alpha}_n$ 为线性空间 V_n 的一组基，则对任何 $\boldsymbol{\alpha}\in V_n$，都有一组有序数 $x_1,x_2,\cdots,x_n$，使

$$\boldsymbol{\alpha}=x_1\boldsymbol{\alpha}_1+x_2\boldsymbol{\alpha}_2+\cdots+x_n\boldsymbol{\alpha}_n$$

并且这组数是唯一的.

反之，任给一组有序数$(x_1,x_2,\cdots,x_n)$，总有唯一的元素

$$\boldsymbol{\alpha}=x_1\boldsymbol{\alpha}_1+x_2\boldsymbol{\alpha}_2+\cdots+x_n\boldsymbol{\alpha}_n\in V_n$$

这样，V_n 的元素与有序数组$(x_1, x_2,\cdots, x_n)$之间存在着一一对应关系，因此可以用这组有序数来表示元素 $\boldsymbol{\alpha}$. 于是有

定义 5.2.2 设 $\boldsymbol{\alpha}_1,\boldsymbol{\alpha}_2,\cdots,\boldsymbol{\alpha}_n$ 是线性空间 V_n 的一组基. 对于任一元素 $\boldsymbol{\alpha}\in V_n$，总有且仅有一组有序数 $x_1,x_2,\cdots,x_n$，使

$$\boldsymbol{\alpha}=x_1\boldsymbol{\alpha}_1+x_2\boldsymbol{\alpha}_2+\cdots+x_n\boldsymbol{\alpha}_n$$

这组有序数 $x_1,x_2,\cdots,x_n$ 称为元素 $\boldsymbol{\alpha}$ 在 $\boldsymbol{\alpha}_1,\boldsymbol{\alpha}_2,\cdots,\boldsymbol{\alpha}_n$ 这组基下的坐标，并记为

$$\boldsymbol{\alpha}=(x_1,x_2,\cdots,x_n)$$

例 5.2.2 全体不超过 3 次的实多项式及零多项式构成的四维实线性空间 $P_4[x]$中，$P_1=1$，$P_2=x, P_3=x^2, P_4=x^3$ 就是它的一组基，任一不超过 3 次的多项式

$$P=a_3x^3+a_2x^2+a_1x+a_0$$

都可表示为 $P=a_0P_1+a_1P_2+a_2P_3+a_3P_4$. 因此，$P$ 在这组基下的坐标为(a_0, a_1, a_2, a_3).

建立了坐标以后，就把抽象的向量 $\boldsymbol{\alpha}$ 与我们所熟悉的数组向量$(x_1, x_2,\cdots, x_n)$联系起来了. 并且还可以把 V_n 中抽象的线性运算与数组向量的线性运算联系起来:

设 $\boldsymbol{\alpha},\boldsymbol{\beta}\in V_n$, $\boldsymbol{\alpha}=x_1\boldsymbol{\alpha}_1+x_2\boldsymbol{\alpha}_2+\cdots+x_n\boldsymbol{\alpha}_n$, $\boldsymbol{\beta}=y_1\boldsymbol{\alpha}_1+y_2\boldsymbol{\alpha}_2+\cdots+y_n\boldsymbol{\alpha}_n$，于是有

$$\boldsymbol{\alpha}+\boldsymbol{\beta}=(x_1+y_1)\boldsymbol{\alpha}_1+(x_2+y_2)\boldsymbol{\alpha}_2+\cdots+(x_n+y_n)\boldsymbol{\alpha}_n$$

$$k\boldsymbol{\alpha}=(kx_1)\boldsymbol{\alpha}_1+(kx_2)\boldsymbol{\alpha}_2+\cdots+(kx_n)\boldsymbol{\alpha}_n$$

即 $\boldsymbol{\alpha}+\boldsymbol{\beta}$ 的坐标是

$$(x_1+y_1, x_2+y_2, \cdots, x_n+y_n)=(x_1, x_2, \cdots, x_n)+(y_1, y_2, \cdots, y_n)$$

$k\boldsymbol{\alpha}$ 的坐标是$(kx_1, kx_2, \cdots, kx_n)=k(x_1, x_2, \cdots, x_n)$.

可见，在 n 维实线性空间 V_n 中取定一组基后，V_n 中的向量 $\boldsymbol{\alpha}$ 与 n 维数组向量空间 R^n 中的向量$(x_1, x_2, \cdots, x_n)$之间就有一个一一对应关系，且这个对应关系保持线性组合的对应. 因此，V_n 与 R^n 有相同的结构，称 V_n 与 R^n 同构.

一般地，设 V 与 U 是两个线性空间，如果它们的元素之间有一一对应关系，且这个对应关系保持线性组合的对应，那么就说线性空间 V 与 U **同构**.

显然，任何 n 为实线性空间都与 R^n 同构，于是，维数相同的实(复)线性空间都同构，从而可知线性空间的结构完全由它的维数决定.

同构保持线性运算的对应关系，因此，V_n 中的抽象的线性运算就可转化为 R^n 中的线性运算，并且 R^n 中凡是只涉及线性运算的性质也就都适用于 V_n.但 R^n 中超出线性运算的性质，在 V_n 中就不一定具备. 例如，R^n 中内积概念在 V_n 中就不一定有意义.

5.3 基变换与坐标变换

如例 5.2.2 中的线性空间 $P_4[x]$，若取基 $P_1=1, P_2=1+x, P_3=2x^2, P_4=x^3$，则向量

$$P=a_3x^3+a_2x^2+a_1x+a_0=(a_0-a_1)P_1+a_1P_2+\frac{1}{2}a_2P_3+a_3P_4$$

在这组基下的坐标为$\left(a_0-a_1, a_1, \frac{1}{2}a_2, a_3\right)$. 可见线性空间中的向量对于不同的基有不同的坐标，那么同一向量在不同的基下的坐标之间有怎样的关系呢？下面就来讨论这个问题.

设 $\boldsymbol{\alpha}_1, \boldsymbol{\alpha}_2, \cdots, \boldsymbol{\alpha}_n$ 与 $\boldsymbol{\beta}_1, \boldsymbol{\beta}_2, \cdots, \boldsymbol{\beta}_n$ 是线性空间 V_n 中的两组基，按基的定义，基向量 $\boldsymbol{\beta}_1, \boldsymbol{\beta}_2, \cdots, \boldsymbol{\beta}_n$ 可写成基向量 $\boldsymbol{\alpha}_1, \boldsymbol{\alpha}_2, \cdots, \boldsymbol{\alpha}_n$ 的线性组合

$$\begin{cases}\boldsymbol{\beta}_1=p_{11}\boldsymbol{\alpha}_1+p_{21}\boldsymbol{\alpha}_2+\cdots+p_{n1}\boldsymbol{\alpha}_n\\ \boldsymbol{\beta}_2=p_{12}\boldsymbol{\alpha}_1+p_{22}\boldsymbol{\alpha}_2+\cdots+p_{n2}\boldsymbol{\alpha}_n\\ \qquad\cdots\cdots\\ \boldsymbol{\beta}_n=p_{1n}\boldsymbol{\alpha}_1+p_{2n}\boldsymbol{\alpha}_2+\cdots+p_{nn}\boldsymbol{\alpha}_n\end{cases} \tag{5.3.1}$$

写成矩阵形式，为

$$(\boldsymbol{\beta}_1, \boldsymbol{\beta}_2, \cdots, \boldsymbol{\beta}_n)=(\boldsymbol{\alpha}_1, \boldsymbol{\alpha}_2, \cdots, \boldsymbol{\alpha}_n)\begin{pmatrix}p_{11} & p_{12} & \cdots & p_{1n}\\ p_{21} & p_{22} & \cdots & p_{2n}\\ \vdots & \vdots & & \vdots\\ p_{n1} & p_{n2} & \cdots & p_{nn}\end{pmatrix}$$

即

$$(\boldsymbol{\beta}_1, \boldsymbol{\beta}_2, \cdots, \boldsymbol{\beta}_n)=(\boldsymbol{\alpha}_1, \boldsymbol{\alpha}_2, \cdots, \boldsymbol{\alpha}_n)\boldsymbol{P} \tag{5.3.2}$$

矩阵

$$\boldsymbol{P}=\begin{pmatrix}p_{11} & p_{12} & \cdots & p_{1n}\\ p_{21} & p_{22} & \cdots & p_{2n}\\ \vdots & \vdots & & \vdots\\ p_{n1} & p_{n2} & \cdots & p_{nn}\end{pmatrix}$$

称为由基 $\boldsymbol{\alpha}_1, \boldsymbol{\alpha}_2, \cdots, \boldsymbol{\alpha}_n$ 到基 $\boldsymbol{\beta}_1, \boldsymbol{\beta}_2, \cdots, \boldsymbol{\beta}_n$ 的**过渡矩阵**, 式(5.3.1)或式(5.3.2)称为**基变换公式**. 因为 $\boldsymbol{\beta}_1, \boldsymbol{\beta}_2, \cdots, \boldsymbol{\beta}_n$ 线性无关, 所以过渡矩阵 $\boldsymbol{P}$ 是可逆的.

定理 5.3.1 设 V_n 中的元素 $\boldsymbol{\alpha}$ 在基 $\boldsymbol{\alpha}_1, \boldsymbol{\alpha}_2, \cdots, \boldsymbol{\alpha}_n$ 下的坐标为$(x_1, x_2, \cdots, x_n)$, 在基 $\boldsymbol{\beta}_1, \boldsymbol{\beta}_2, \cdots, \boldsymbol{\beta}_n$ 下的坐标为 $(x_1', x_2', \cdots, x_n')$. 若两个基满足关系式(5.3.2), 则有**坐标变换公式**:

$$\begin{pmatrix} x_1 \\ x_2 \\ \vdots \\ x_n \end{pmatrix} = \boldsymbol{P} \begin{pmatrix} x_1' \\ x_2' \\ \vdots \\ x_n' \end{pmatrix} \quad 或 \quad \begin{pmatrix} x_1' \\ x_2' \\ \vdots \\ x_n' \end{pmatrix} = \boldsymbol{P}^{-1} \begin{pmatrix} x_1 \\ x_2 \\ \vdots \\ x_n \end{pmatrix} \tag{5.3.3}$$

证 因为

$$\begin{aligned} \boldsymbol{\alpha} &= x_1'\boldsymbol{\beta}_1 + x_2'\boldsymbol{\beta}_2 + \cdots + x_n'\boldsymbol{\beta}_n \\ &= (\boldsymbol{\beta}_1, \boldsymbol{\beta}_2, \cdots, \boldsymbol{\beta}_n) \begin{pmatrix} x_1' \\ x_2' \\ \vdots \\ x_n' \end{pmatrix} = (\boldsymbol{\alpha}_1, \boldsymbol{\alpha}_2, \cdots, \boldsymbol{\alpha}_n)\boldsymbol{P} \begin{pmatrix} x_1' \\ x_2' \\ \vdots \\ x_n' \end{pmatrix} \end{aligned}$$

又因为

$$\boldsymbol{\alpha} = x_1\boldsymbol{\alpha}_1 + x_2\boldsymbol{\alpha}_2 + \cdots + x_n\boldsymbol{\alpha}_n = (\boldsymbol{\alpha}_1, \boldsymbol{\alpha}_2, \cdots, \boldsymbol{\alpha}_n) \begin{pmatrix} x_1 \\ x_2 \\ \vdots \\ x_n \end{pmatrix}$$

于是有 $\begin{pmatrix} x_1 \\ x_2 \\ \vdots \\ x_n \end{pmatrix} = \boldsymbol{P} \begin{pmatrix} x_1' \\ x_2' \\ \vdots \\ x_n' \end{pmatrix}$. 因 $\boldsymbol{P}$ 是可逆的, 所以又有 $\begin{pmatrix} x_1' \\ x_2' \\ \vdots \\ x_n' \end{pmatrix} = \boldsymbol{P}^{-1} \begin{pmatrix} x_1 \\ x_2 \\ \vdots \\ x_n \end{pmatrix}$.

例 5.3.1 在 $P_3[x]$ 中取两组基: $\boldsymbol{\alpha}_1 = 2x^2 - x$, $\boldsymbol{\alpha}_2 = -x^2 + x + 1$, $\boldsymbol{\alpha}_3 = 2x^2 + x + 1$; $\boldsymbol{\beta}_1 = x^2 + 1$, $\boldsymbol{\beta}_2 = x^2 + 2x + 2$, $\boldsymbol{\beta}_3 = x^2 + x + 2$. 求坐标变换公式.

解 先将两组基 $\boldsymbol{\alpha}_1, \boldsymbol{\alpha}_2, \boldsymbol{\alpha}_3$ 和 $\boldsymbol{\beta}_1, \boldsymbol{\beta}_2, \boldsymbol{\beta}_3$ 均用基 $x^2, x, 1$ 表示, 有

$$(\boldsymbol{\alpha}_1, \boldsymbol{\alpha}_2, \boldsymbol{\alpha}_3) = (x^2, x, 1)\boldsymbol{A} \qquad 和 \qquad (\boldsymbol{\beta}_1, \boldsymbol{\beta}_2, \boldsymbol{\beta}_3) = (x^2, x, 1)\boldsymbol{B}$$

由此可得

$$(\boldsymbol{\beta}_1, \boldsymbol{\beta}_2, \boldsymbol{\beta}_3) = (\boldsymbol{\alpha}_1, \boldsymbol{\alpha}_2, \boldsymbol{\alpha}_3)\boldsymbol{A}^{-1}\boldsymbol{B}$$

式中, $\boldsymbol{A} = \begin{pmatrix} 2 & -1 & 2 \\ -1 & 1 & 1 \\ 0 & 1 & 1 \end{pmatrix}$, $\boldsymbol{B} = \begin{pmatrix} 1 & 1 & 1 \\ 0 & 2 & 1 \\ 1 & 2 & 2 \end{pmatrix}$. 故坐标变换公式为

$$\begin{pmatrix} x_1' \\ x_2' \\ x_3' \end{pmatrix} = \boldsymbol{B}^{-1}\boldsymbol{A} \begin{pmatrix} x_1 \\ x_2 \\ x_3 \end{pmatrix}$$

可用矩阵的初等行变换求 $\boldsymbol{B}^{-1}\boldsymbol{A}$: 把矩阵$(\boldsymbol{B} \mid \boldsymbol{A})$中的 $\boldsymbol{B}$ 变成 $\boldsymbol{E}$, 则 $\boldsymbol{A}$ 即变成 $\boldsymbol{B}^{-1}\boldsymbol{A}$. 于是得

$$\begin{pmatrix} x_1' \\ x_2' \\ x_3' \end{pmatrix} = \begin{pmatrix} 4 & -3 & 3 \\ 1 & -1 & 2 \\ 2 & 3 & -3 \end{pmatrix} \begin{pmatrix} x_1 \\ x_2 \\ x_3 \end{pmatrix}$$

5.4 线性变换及其变换矩阵

1. 线性变换的定义与性质

如果线性空间 V 中的任一向量 $\boldsymbol{\alpha}$ 都按照一定的法则与 V 中的一个确定的向量 $\boldsymbol{\alpha}'$对应，可将这个对应法则 T 称为线性空间 V 上的一个**变换**，记为 $\boldsymbol{\alpha}\to\boldsymbol{\alpha}'=T(\boldsymbol{\alpha})$．并将 $\boldsymbol{\alpha}'$称为向量 $\boldsymbol{\alpha}$ 的像，$\boldsymbol{\alpha}$ 称为向量 $\boldsymbol{\alpha}'$的原像．

定义 5.4.1 n 维线性空间 V 上的变换$\mathcal{A}$，若满足下列条件：

(1) $T(\boldsymbol{\alpha}+\boldsymbol{\beta})=T(\boldsymbol{\alpha})+T(\boldsymbol{\beta})$，其中 $\boldsymbol{\alpha}\in V, \boldsymbol{\beta}\in V$;

(2) $T(k\boldsymbol{\alpha})=kT(\boldsymbol{\alpha})$，其中 $\boldsymbol{\alpha}\in V, k\in K, K$ 为某个数域．

则称变换 T 为向量空间 V 上的**线性变换**．

例如，平面坐标系的旋转变换，容易验证它满足定义的条件，所以是 R^2 上的一个线性变换．

把线性空间的任意向量都对应零向量的变换，称为**零变换**；把任意向量都与自身对应的变换，称为**恒等变换**．容易验证，零变换与恒等变换都是线性变换．

值得一提的是，变换的概念与熟知的函数的概念并无本质的区别，它们的差别仅仅在于变换的“定义域”与“值域”都是线性空间．

由线性变换的定义可以推知，若 $\boldsymbol{\alpha}_i\in V, k_i\in K\ (i=1,2,\cdots,n)$，则有

$$\begin{aligned}T(k_1\boldsymbol{\alpha}_1+k_2\boldsymbol{\alpha}_2+\cdots+k_n\boldsymbol{\alpha}_n)&=T(k_1\boldsymbol{\alpha}_1)+T(k_2\boldsymbol{\alpha}_2)+\cdots+T(k_n\boldsymbol{\alpha}_n)\\&=k_1T(\boldsymbol{\alpha}_1)+k_2T(\boldsymbol{\alpha}_2)+\cdots+k_nT(\boldsymbol{\alpha}_n)\end{aligned}$$

即线性变换保持向量的线性运算关系不变．由上述定义还可以推出线性变换的几个简单性质：

性质 5.4.1 变换把零向量变成零向量，即 $T(\mathbf{0})=\mathbf{0}$．

只需在 $T(k\boldsymbol{\alpha})=kT(\boldsymbol{\alpha})$ 中，令 $k=0$ 即可得出这个结论．

性质 5.4.2 线性变换把线性相关的向量组变成仍然线性相关的向量组．

证 若 $\boldsymbol{\alpha}_1,\boldsymbol{\alpha}_2,\cdots,\boldsymbol{\alpha}_m$ 线性相关，则存在不全为 0 的数 $k_1,k_2,\cdots,k_m$，使得

$$k_1\boldsymbol{\alpha}_1+k_2\boldsymbol{\alpha}_2+\cdots+k_m\boldsymbol{\alpha}_m=0$$

于是有

$$\begin{aligned}\mathbf{0}=T(\mathbf{0})&=T(k_1\boldsymbol{\alpha}_1+k_2\boldsymbol{\alpha}_2+\cdots+k_m\boldsymbol{\alpha}_m)\\&=k_1T(\boldsymbol{\alpha}_1)+k_2T(\boldsymbol{\alpha}_2)+\cdots+k_mT(\boldsymbol{\alpha}_m)\end{aligned}$$

因为 $k_1,k_2,\cdots,k_m$ 不全为 0，所以 $T(\boldsymbol{\alpha}_1),T(\boldsymbol{\alpha}_2),\cdots,T(\boldsymbol{\alpha}_m)$ 仍然是线性相关的．

但是注意，性质 5.4.2 的逆命题不成立，即若线性变换后的像是线性相关的，而它的原像不一定线性相关．例如，T 是零变换的情形．

性质 5.4.3 线性空间 V 的全部向量经过线性变换后所得的像，构成 V 的一个子空间．

证 设所有的像 $T(\boldsymbol{\alpha})$ 组合集合 S．若 $\boldsymbol{\alpha}'\in S, \boldsymbol{\beta}'\in S$，且 $\boldsymbol{\alpha}'=T(\boldsymbol{\alpha})$，$\boldsymbol{\beta}'=T(\boldsymbol{\beta})$．因为 $\boldsymbol{\alpha}+\boldsymbol{\beta}\in V$，$k\boldsymbol{\alpha}\in V$，所以有

$$\boldsymbol{\alpha}'+\boldsymbol{\beta}'=T(\boldsymbol{\alpha})+T(\boldsymbol{\beta})=T(\boldsymbol{\alpha}+\boldsymbol{\beta})\in S$$

$$k\boldsymbol{\alpha}'=kT(\boldsymbol{\alpha})=T(k\boldsymbol{\alpha})\in S$$

即 S 对于两种线性运算是封闭的，由定理 5.1.1 知，S 是 V 的一个子空间，称为**像空间**．

2. 线性变换的矩阵表示

若任意选定线性空间 V 的一组基 $\boldsymbol{\alpha}_1, \boldsymbol{\alpha}_2, \cdots, \boldsymbol{\alpha}_n$，则 V 中任一向量

$$\boldsymbol{\alpha} = x_1\boldsymbol{\alpha}_1 + x_2\boldsymbol{\alpha}_2 + \cdots + x_n\boldsymbol{\alpha}_n$$

的像为

$$T(\boldsymbol{\alpha}) = x_1 T(\boldsymbol{\alpha}_1) + x_2 T(\boldsymbol{\alpha}_2) + \cdots + x_n T(\boldsymbol{\alpha}_n)$$

可见，只要知道基向量在线性变换 T 作用下的像，就可推出任一向量 $\boldsymbol{\alpha}$ 的像 $T(\boldsymbol{\alpha})$.

因为 $T(\boldsymbol{\alpha}_1), T(\boldsymbol{\alpha}_2), \cdots, T(\boldsymbol{\alpha}_n)$ 仍是线性空间 V 中的向量，所以它们是基 $\boldsymbol{\alpha}_1$，$\boldsymbol{\alpha}_2, \cdots$，$\boldsymbol{\alpha}_n$ 的线性组合，即

$$\begin{cases} T(\boldsymbol{\alpha}_1) = a_{11}\boldsymbol{\alpha}_1 + a_{21}\boldsymbol{\alpha}_2 + \cdots + a_{n1}\boldsymbol{\alpha}_n \\ T(\boldsymbol{\alpha}_2) = a_{12}\boldsymbol{\alpha}_1 + a_{22}\boldsymbol{\alpha}_2 + \cdots + a_{n2}\boldsymbol{\alpha}_n \\ \qquad\qquad \cdots\cdots \\ T(\boldsymbol{\alpha}_n) = a_{1n}\boldsymbol{\alpha}_1 + a_{2n}\boldsymbol{\alpha}_2 + \cdots + a_{nn}\boldsymbol{\alpha}_n \end{cases} \tag{5.4.1}$$

不妨设 V 中向量为列向量，将上式改写成矩阵形式，即

$$\begin{aligned}(T(\boldsymbol{\alpha}_1), T(\boldsymbol{\alpha}_2), \cdots, T(\boldsymbol{\alpha}_n)) &= (\boldsymbol{\alpha}_1, \boldsymbol{\alpha}_2, \cdots, \boldsymbol{\alpha}_n)\begin{pmatrix} a_{11} & a_{12} & \cdots & a_{1n} \\ a_{21} & a_{22} & \cdots & a_{2n} \\ \vdots & \vdots & & \vdots \\ a_{n1} & a_{n2} & \cdots & a_{nn} \end{pmatrix} \\ &= (\boldsymbol{\alpha}_1, \boldsymbol{\alpha}_2, \cdots, \boldsymbol{\alpha}_n)\boldsymbol{A}\end{aligned} \tag{5.4.2}$$

于是有

$$\begin{aligned} T(\boldsymbol{\alpha}) &= x_1 T(\boldsymbol{\alpha}_1) + x_2 T(\boldsymbol{\alpha}_2) + \ldots + x_n T(\boldsymbol{\alpha}_n) \\ &= (T(\boldsymbol{\alpha}_1), T(\boldsymbol{\alpha}_2), \cdots, T(\boldsymbol{\alpha}_n))\begin{pmatrix} x_1 \\ x_2 \\ \vdots \\ x_n \end{pmatrix} = (\boldsymbol{\alpha}_1, \boldsymbol{\alpha}_2, \cdots, \boldsymbol{\alpha}_n)\boldsymbol{A}\begin{pmatrix} x_1 \\ x_2 \\ \vdots \\ x_n \end{pmatrix} \end{aligned} \tag{5.4.3}$$

设 $T(\boldsymbol{\alpha})$ 在基 $\boldsymbol{\alpha}_1, \boldsymbol{\alpha}_2, \cdots, \boldsymbol{\alpha}_n$ 下的坐标为 $x_1', x_2', \cdots, x_n'$，则又有

$$T(\boldsymbol{\alpha}) = x_1'\boldsymbol{\alpha}_1 + x_2'\boldsymbol{\alpha}_2 + \cdots + x_n'\boldsymbol{\alpha}_n = (\boldsymbol{\alpha}_1, \boldsymbol{\alpha}_2, \cdots, \boldsymbol{\alpha}_n)\begin{pmatrix} x_1' \\ x_2' \\ \vdots \\ x_n' \end{pmatrix} \tag{5.4.4}$$

比较式(5.4.3)和式(5.4.4)，得

$$\begin{pmatrix} x_1' \\ x_2' \\ \vdots \\ x_n' \end{pmatrix} = \boldsymbol{A}\begin{pmatrix} x_1 \\ x_2 \\ \vdots \\ x_n \end{pmatrix} = \begin{pmatrix} a_{11} & a_{12} & \cdots & a_{1n} \\ a_{21} & a_{22} & \cdots & a_{2n} \\ \vdots & \vdots & & \vdots \\ a_{n1} & a_{n2} & \cdots & a_{nn} \end{pmatrix}\begin{pmatrix} x_1 \\ x_2 \\ \vdots \\ x_n \end{pmatrix} \tag{5.4.5}$$

矩阵

$$A=\begin{pmatrix} a_{11} & a_{12} & \cdots & a_{1n} \\ a_{21} & a_{22} & \cdots & a_{2n} \\ \vdots & \vdots & & \vdots \\ a_{n1} & a_{n2} & \cdots & a_{nn} \end{pmatrix}$$

称为线性变换T在基$\boldsymbol{\alpha}_1, \boldsymbol{\alpha}_2, \cdots, \boldsymbol{\alpha}_n$下的**变换矩阵**. 式(5.4.5)称为线性变换T在基$\boldsymbol{\alpha}_1, \boldsymbol{\alpha}_2, \cdots, \boldsymbol{\alpha}_n$下的**线性变换公式**. 这里要注意, 矩阵$\boldsymbol{A}$的各列向量正好是基向量的像在基$\boldsymbol{\alpha}_1, \boldsymbol{\alpha}_2, \cdots, \boldsymbol{\alpha}_n$下的坐标, 即有

$$\boldsymbol{A}=(\gamma_1, \gamma_2, \cdots, \gamma_n) \tag{5.4.6}$$

式中

$$T(\boldsymbol{\alpha}_1)=(\boldsymbol{\alpha}_1,\boldsymbol{\alpha}_2,\cdots,\boldsymbol{\alpha}_n)\boldsymbol{\gamma}_1$$
$$T(\boldsymbol{\alpha}_2)=(\boldsymbol{\alpha}_1,\boldsymbol{\alpha}_2,\cdots,\boldsymbol{\alpha}_n)\boldsymbol{\gamma}_2$$
$$\cdots$$
$$T(\boldsymbol{\alpha}_n)=(\boldsymbol{\alpha}_1,\boldsymbol{\alpha}_2,\cdots,\boldsymbol{\alpha}_n)\boldsymbol{\gamma}_n$$

由上述讨论可知, 在线性空间V中选定一组基后, 线性空间V上的每一个线性变换T对应着唯一的一个(变换)矩阵$\boldsymbol{A}$; 反之可以证明, 一个矩阵$\boldsymbol{A}$由式(5.4.6)又确定了一个线性变换T. 因而, 在线性变换与n阶矩阵之间存在着一一对应关系.

若变换矩阵$\boldsymbol{A}$是满秩的, 由式(5.4.5)可得

$$\begin{pmatrix} x_1 \\ x_2 \\ \vdots \\ x_n \end{pmatrix}=\boldsymbol{A}^{-1}\begin{pmatrix} x_1' \\ x_2' \\ \vdots \\ x_n' \end{pmatrix} \tag{5.4.7}$$

用变换的语言来说: 存在着一个线性变换(变换矩阵为$\boldsymbol{A}^{-1}$)能把向量$T(\boldsymbol{\alpha})$变回$\boldsymbol{\alpha}$. 这个由矩阵$\boldsymbol{A}^{-1}$所对应的线性变换称为线性变换T的逆变换, 记为T^{-1}.

变换矩阵是满秩矩阵的线性变换称为**满秩线性变换**. 满秩线性变换存在逆变换, 是像与原像一一对应的线性变换.

例 5.4.1 求零变换, 恒等变换的变换矩阵.

解 对于线性空间V的基$\boldsymbol{\alpha}_1, \boldsymbol{\alpha}_2, \cdots, \boldsymbol{\alpha}_n$, 零变换恒有$T(\boldsymbol{\alpha}_1)=\mathbf{0}, T(\boldsymbol{\alpha}_2)=\mathbf{0}, \cdots, T(\boldsymbol{\alpha}_n)=\mathbf{0}$, 由式(5.4.6), 其变换矩阵为

$$\boldsymbol{A}=(T(\boldsymbol{\alpha}_1),T(\boldsymbol{\alpha}_2),\cdots,T(\boldsymbol{\alpha}_n))=\begin{pmatrix} 0 & 0 & \cdots & 0 \\ 0 & 0 & \cdots & 0 \\ \vdots & \vdots & & \vdots \\ 0 & 0 & \cdots & 0 \end{pmatrix}$$

恒等变换T的像与原像一样, 即有$T(\boldsymbol{\alpha}_1)=\boldsymbol{\alpha}_1, T(\boldsymbol{\alpha}_2)=\boldsymbol{\alpha}_2, \cdots, T(\boldsymbol{\alpha}_n)=\boldsymbol{\alpha}_n$, 由式(5.4.6), 其变换矩阵为

$$\boldsymbol{B}=(T(\boldsymbol{\alpha}_1),T(\boldsymbol{\alpha}_2),\cdots,T(\boldsymbol{\alpha}_n))=\begin{pmatrix} 1 & 0 & \cdots & 0 \\ 0 & 1 & \cdots & 0 \\ \vdots & \vdots & & \vdots \\ 0 & 0 & \cdots & 1 \end{pmatrix}$$

注意到，零变换在任一组基下的变换矩阵都是零矩阵，而恒等变换在任一组基下的变换矩阵都是单位矩阵. 恒等变换是满秩线性变换，而零变换不是.

例 5.4.2 若在三维线性空间 V 的基 $\boldsymbol{\alpha}_1, \boldsymbol{\alpha}_2, \boldsymbol{\alpha}_3$ 下

$$T(\boldsymbol{\alpha})=\boldsymbol{A}\begin{pmatrix}x_1\\x_2\\x_3\end{pmatrix}=\begin{pmatrix}2x_1 & +x_2 & -x_3\\x_1 & & +5x_3\\-x_1 & +2x_2 & +x_3\end{pmatrix}$$

求 T 的变换矩阵，并判断 $\boldsymbol{A}$ 是否是满秩矩阵.

解 根据式(5.4.5)可直接求出变换矩阵. 因

$$\boldsymbol{A}\begin{pmatrix}x_1\\x_2\\x_3\end{pmatrix}=\begin{pmatrix}2x_1 & +x_2 & -x_3\\x_1 & & +5x_3\\-x_1 & +2x_2 & +x_3\end{pmatrix}=\begin{pmatrix}2 & 1 & -1\\1 & 0 & 5\\-1 & 2 & 1\end{pmatrix}\begin{pmatrix}x_1\\x_2\\x_3\end{pmatrix}$$

故变换矩阵为 $\boldsymbol{A}=\begin{pmatrix}2 & 1 & -1\\1 & 0 & 5\\-1 & 2 & 1\end{pmatrix}$. 因

$$|\boldsymbol{A}|=\begin{vmatrix}2 & 1 & -1\\1 & 0 & 5\\-1 & 2 & 1\end{vmatrix}=-28\neq 0$$

故 $\boldsymbol{A}$ 是满秩变换.

3. 线性变换在不同基下的变换矩阵

n 维线性空间 V 上的线性变换在取定一组基后，它的变换矩阵也就被确定. 若在 V 上另取一组基，则由式(5.4.6)知，其变换矩阵要相应改变. 那么这些变换矩阵之间有什么关系呢？下面定理可回答这个问题.

定理 5.4.1 设 n 维线性空间 V 有两组基: (1)$\boldsymbol{\alpha}_1, \boldsymbol{\alpha}_2, \cdots, \boldsymbol{\alpha}_n$; (2)$\boldsymbol{\beta}_1, \boldsymbol{\beta}_2, \cdots, \boldsymbol{\beta}_n$，其基变换公式为

$$(\boldsymbol{\beta}_1, \boldsymbol{\beta}_2, \cdots, \boldsymbol{\beta}_n)=(\boldsymbol{\alpha}_1, \boldsymbol{\alpha}_2, \cdots, \boldsymbol{\alpha}_n)\boldsymbol{P}$$

若线性变换 T 在基(1)和基(2)下的变换矩阵分别为 $\boldsymbol{A}$ 和 $\boldsymbol{B}$，则 $\boldsymbol{B}=\boldsymbol{P}^{-1}\boldsymbol{A}\boldsymbol{P}$.

证 设 $\boldsymbol{\alpha}$ 为线性空间 V 中的向量，在两组基下

$$\boldsymbol{\alpha}=x_1\boldsymbol{\alpha}_1+x_2\boldsymbol{\alpha}_1+\cdots+x_n\boldsymbol{\alpha}_n=x_1'\boldsymbol{\beta}_1+x_2'\boldsymbol{\beta}_1+\cdots+x_n'\boldsymbol{\beta}_n$$

$$T(\boldsymbol{\alpha})=y_1\boldsymbol{\alpha}_1+y_2\boldsymbol{\alpha}_1+\cdots+y_n\boldsymbol{\alpha}_n=y_1'\boldsymbol{\beta}_1+y_2'\boldsymbol{\beta}_1+\cdots+y_n'\boldsymbol{\beta}_n$$

则由定理 5.3.1，有

$$\begin{pmatrix}y_1'\\y_2'\\\vdots\\y_n'\end{pmatrix}=\boldsymbol{P}^{-1}\begin{pmatrix}y_1\\y_2\\\vdots\\y_n'\end{pmatrix},\qquad\begin{pmatrix}x_1\\x_2\\\vdots\\x_n\end{pmatrix}=\boldsymbol{P}\begin{pmatrix}x_1'\\x_2'\\\vdots\\x_n'\end{pmatrix}$$

由式(5.4.5)，线性变换 T 在基(1)和基(2)下的线性变换公式分别为

$$\begin{pmatrix} y_1 \\ y_2 \\ \vdots \\ y_n \end{pmatrix} = \boldsymbol{A}\begin{pmatrix} x_1 \\ x_2 \\ \vdots \\ x_n \end{pmatrix}, \qquad \begin{pmatrix} y_1 \\ y_2 \\ \vdots \\ y_n \end{pmatrix} = B\begin{pmatrix} x_1 \\ x_2 \\ \vdots \\ x_n \end{pmatrix}$$

于是有

$$\begin{pmatrix} y_1' \\ y_2' \\ \vdots \\ y_n' \end{pmatrix} = \boldsymbol{P}^{-1}\begin{pmatrix} y_1 \\ y_2 \\ \vdots \\ y_n \end{pmatrix} = \boldsymbol{P}^{-1}\boldsymbol{A}\begin{pmatrix} x_1 \\ x_2 \\ \vdots \\ x_n \end{pmatrix} = \boldsymbol{P}^{-1}\boldsymbol{AP}\begin{pmatrix} x_1' \\ x_2' \\ \vdots \\ x_n' \end{pmatrix}$$

因线性变换与矩阵是一一对应的, 故 $\boldsymbol{B} = \boldsymbol{P}^{-1}\boldsymbol{AP}$.

例 5.4.3 设线性变换 T 在基 $\boldsymbol{\alpha}_1, \boldsymbol{\alpha}_2, \boldsymbol{\alpha}_3$ 下的变换矩阵为 $\boldsymbol{A} = \begin{pmatrix} 15 & -11 & 5 \\ 20 & -15 & 8 \\ 8 & -7 & 6 \end{pmatrix}$, 试求线性变换 T 在另一组基

$$\boldsymbol{\beta}_1 = 2\boldsymbol{\alpha}_1 + 3\boldsymbol{\alpha}_2 + \boldsymbol{\alpha}_3, \quad \boldsymbol{\beta}_2 = 3\boldsymbol{\alpha}_1 + 4\boldsymbol{\alpha}_2 + \boldsymbol{\alpha}_3, \quad \boldsymbol{\beta}_3 = \boldsymbol{\alpha}_1 + 2\boldsymbol{\alpha}_2 + 2\boldsymbol{\alpha}_3$$

下的变换矩阵.

解 由题设知

$$\begin{pmatrix} \boldsymbol{\beta}_1 \\ \boldsymbol{\beta}_2 \\ \boldsymbol{\beta}_3 \end{pmatrix} = \begin{pmatrix} 2\boldsymbol{\alpha}_1 + 3\boldsymbol{\alpha}_2 + \boldsymbol{\alpha}_3 \\ 3\boldsymbol{\alpha}_1 + 4\boldsymbol{\alpha}_2 + \boldsymbol{\alpha}_3 \\ \boldsymbol{\alpha}_1 + 2\boldsymbol{\alpha}_2 + 2\boldsymbol{\alpha}_3 \end{pmatrix} = \begin{pmatrix} 2 & 3 & 1 \\ 3 & 4 & 1 \\ 1 & 2 & 2 \end{pmatrix}\begin{pmatrix} \boldsymbol{\alpha}_1 \\ \boldsymbol{\alpha}_2 \\ \boldsymbol{\alpha}_3 \end{pmatrix}$$

可得 $\boldsymbol{P}' = \begin{pmatrix} 2 & 3 & 1 \\ 3 & 4 & 1 \\ 1 & 2 & 2 \end{pmatrix}$, 于是有

$$\boldsymbol{P} = \begin{pmatrix} 2 & 3 & 1 \\ 3 & 4 & 2 \\ 1 & 1 & 2 \end{pmatrix}, \qquad \boldsymbol{P}^{-1} = \begin{pmatrix} -6 & 5 & -2 \\ 4 & -3 & 1 \\ 1 & -1 & 1 \end{pmatrix}$$

由定理 5.4.1 可得, 所求变换矩阵为

$$\boldsymbol{B} = \boldsymbol{P}^{-1}\boldsymbol{AP} = \begin{pmatrix} -6 & 5 & -2 \\ 4 & -3 & 1 \\ 1 & -1 & 1 \end{pmatrix}\begin{pmatrix} 15 & -11 & 5 \\ 20 & -15 & 8 \\ 8 & -7 & 6 \end{pmatrix}\begin{pmatrix} 2 & 3 & 1 \\ 3 & 4 & 2 \\ 1 & 1 & 2 \end{pmatrix} = \begin{pmatrix} 1 & 0 & 0 \\ 0 & 2 & 0 \\ 0 & 0 & 3 \end{pmatrix}$$

定理 5.4.1 给出同一线性变换在不同基下的变换矩阵间的关系: 它们是相似的. 因此, 选择适当的基, 使得线性变换在该基下的变换矩阵具有较简单的形式, 如对角矩阵或其他形式简单的矩阵, 这在实际应用中是很有意义的.

本章小结

线性空间是线性代数的一个基本概念, 线性变换则是线性空间中元素间的一种基本联系, 因它们的高度抽象使它们具有极其广泛的应用. 本章对线性空间与线性变换作了初步的讨论.

在数域 K 上的线性空间的概念是解析几何中 V_2, V_3 以及第 3 章中介绍的 n 维(数组)向量空

间概念的推广. 我们采用公理化的方法定义线性空间, 仅仅讨论与线性运算有关的性质. 因此, n 维数组向量空间 R^n 中一切只与线性运算有关的概念和结论就自然地被引入线性空间. 通过在线性空间 V 上选定基, 使 V 中抽象的向量与 R^n 中具体的数组向量产生对应, 从而建立抽象的线性空间 V_n 与较具体的数组向量空间 R^n 的同构关系, 为在线性空间上研究线性变换打开方便之门.

线性变换 T 是线性空间 V_n 上元素间的一种对应法则, 它是函数概念的一种推广. 在 V_n 中选定一组基后, 线性变换 T 可以用矩阵 $\boldsymbol{A}$(变换矩阵)表示. 同一变换在不同的基下的矩阵是相似的, 反之, 相似矩阵可看成同一线性变换在不同基下的矩阵. 这意味着可以选择适当的基使线性变换 T 具有较简单的矩阵表示形式.

本章常用词汇中英文对照

线性空间	linear space	加法	addition
数乘	scalar multiplication	封闭的	closed
坐标	coordinate	同构	isomorphism
基变换	change of bases	坐标变换	coordinate transformation
过渡矩阵	transition matrix	线性变换	linear transformation
零变换	null transformation	恒等变换	identity transformation
逆变换	inverse transform	可逆变换	reversible change over
变换矩阵	transformation matrix		

习 题 5

1. 验证下列集合:

(1)二阶方阵的全体 S_1;

(2)主对角线上的元素之和等于 0 的二阶方阵的全体 S_2;

(3)二阶对称方阵的全体 S_3.

对于矩阵的加法和数乘运算构成线性空间, 并写出各个空间的一组基.

2. 验证: 与向量(0, 0, 1)不平行的全体三维数组向量, 对于数组向量的加法和数乘运算不构成线性空间.

3. 设 U 是线性空间 V 的一个子空间, 试证: 若 U 与 V 维数相等, 则 $U=V$.

4. 设 V_r 是 n 维线性空间 V_n 的一个子空间, $\boldsymbol{\alpha}_1,\cdots,\boldsymbol{\alpha}_r$ 是 V_r 的一组基. 试证: V_n 中存在元素 $\boldsymbol{\alpha}_{r+1},\cdots,\boldsymbol{\alpha}_n$, 使 $\boldsymbol{\alpha}_1,\cdots,\boldsymbol{\alpha}_r,\boldsymbol{\alpha}_{r+1},\cdots,\boldsymbol{\alpha}_n$ 成为 V_n 的一组基.

5. 在 R^3 中求向量 $\boldsymbol{\alpha}=(2,1,1)$在基 $\boldsymbol{\alpha}_1=(1,2,3), \boldsymbol{\alpha}_2=(1,3,4), \boldsymbol{\alpha}_3=(0,1,2)$下的坐标.

6. 在 R^3 中取两组基

$$\boldsymbol{\alpha}_1=(1,0,1),\quad \boldsymbol{\alpha}_2=(1,1,0),\quad \boldsymbol{\alpha}_3=(1,1,1)$$
$$\boldsymbol{\beta}_1=(1,3,1),\quad \boldsymbol{\beta}_2=(2,2,1),\quad \boldsymbol{\beta}_3=(4,1,1)$$

试求坐标变换公式.

7. 在 R^3 中取两组基,

$$\begin{cases}\boldsymbol{\varepsilon}_1=(1,0,0),\\ \boldsymbol{\varepsilon}_2=(0,1,0),\\ \boldsymbol{\varepsilon}_3=(0,0,1),\end{cases}\qquad \begin{cases}\boldsymbol{\alpha}_1=(1,-1,1)\\ \boldsymbol{\alpha}_2=(3,\ 1,0)\\ \boldsymbol{\alpha}_3=(2,\ 0,1)\end{cases}$$

(1)求由前一组基到后一组基的过渡矩阵;

(2)求向量(x_1, x_2, x_3)在后一组基下的坐标;

(3)求在两组基下有相同坐标的向量.

8. 说明 xOy 平面上的变换 $\mathscr{A}\begin{pmatrix}x\\y\end{pmatrix}=\boldsymbol{A}\begin{pmatrix}x\\y\end{pmatrix}$ 的几何意义, 其中

(1) $\boldsymbol{A}=\begin{pmatrix}-1&0\\0&1\end{pmatrix}$; (2) $\boldsymbol{A}=\begin{pmatrix}0&0\\0&1\end{pmatrix}$; (3) $\boldsymbol{A}=\begin{pmatrix}0&1\\1&1\end{pmatrix}$; (4) $\boldsymbol{A}=\begin{pmatrix}0&1\\-1&0\end{pmatrix}$.

9. 函数集合

$$V_3=\{\boldsymbol{\alpha}=(a_2x^2+a_1x+a_0)\mathrm{e}^x|a_2, a_1, a_0\in\mathbf{R}\}$$

对于函数的线性运算构成三维线性空间. 在 V_3 中取一组基

$$\boldsymbol{\alpha}_1=x^2\mathrm{e}^x,\quad \boldsymbol{\alpha}_2=x\mathrm{e}^x,\quad \boldsymbol{\alpha}_3=\mathrm{e}^x$$

求微分运算 $\mathscr{D}$ 在这组基下的矩阵.

10. 二阶对称矩阵的全体

$$V_3=\left\{\boldsymbol{A}=\begin{pmatrix}x_1&x_2\\x_2&x_3\end{pmatrix}\middle|x_1,x_2,x_3\in\mathbf{R}\right\}$$

对于矩阵的线性运算构成三维线性空间, 在 V_3 中取一组基

$$\boldsymbol{A}_1=\begin{pmatrix}1&0\\0&0\end{pmatrix},\quad \boldsymbol{A}_2=\begin{pmatrix}0&1\\1&0\end{pmatrix},\quad \boldsymbol{A}_3=\begin{pmatrix}0&0\\0&1\end{pmatrix}$$

在 V_3 中定义合同变换 $\mathscr{T}\boldsymbol{A}=\begin{pmatrix}1&0\\1&1\end{pmatrix}\boldsymbol{A}\begin{pmatrix}1&1\\0&1\end{pmatrix}$, 求 $\mathscr{T}$ 在基 $\boldsymbol{A}_1, \boldsymbol{A}_2, \boldsymbol{A}_3$ 下的矩阵.

11. 设 R^3 的线性变换 $\mathscr{T}$ 在基 $\boldsymbol{\alpha}_1=(-1,1,1), \boldsymbol{\alpha}_2=(1,0,-1), \boldsymbol{\alpha}_3=(0,1,1)$ 下的矩阵为 $A=\begin{pmatrix}1&0&-1\\1&1&0\\-1&2&3\end{pmatrix}$. 求 $\mathscr{T}$ 在基 $\boldsymbol{e}_1=(1,0,0), \boldsymbol{e}_2=(0,1,0), \boldsymbol{e}_3=(0,0,1)$ 下的矩阵.

12. V_3 中的线性变换 $\mathscr{A}$ 在基 $\boldsymbol{\alpha}_1, \boldsymbol{\alpha}_2, \boldsymbol{\alpha}_3$ 下的变换矩阵为 $\boldsymbol{A}=\begin{pmatrix}5&0&0\\0&3&-2\\0&-2&3\end{pmatrix}$, 求 V_3 的一组基 $\boldsymbol{\beta}_1, \boldsymbol{\beta}_2, \boldsymbol{\beta}_3$, 使 $\mathscr{A}$ 在该基下的变换矩阵为对角矩阵.

第二篇 概　率　论

随机现象广泛存在于自然界和人类的社会活动中，研究随机现象中的数量规律对于人类认识自身和自然界，有效地进行经济和社会活动十分重要，概率论就是研究随机现象数量规律的数学学科.

概率论最初是从研究掷骰子等赌博活动中的简单问题开始的，掷骰子是完全靠运气取胜的游戏，早在公元前 1200 年的埃及就已经出现，是一个典型的随机现象. 在玩骰子游戏的几千年的时间里，人们没有观察到赌博与数学之间的直接关系，概率论的思想一直没有出现. 直到文艺复兴时期，随着阿拉伯数字和计算技术的广泛传播，简单代数和组合数学的发展，概率的思想才开始逐渐浮出水面. 16 世纪，意大利数学家帕乔利(Pacioli)、卡尔达诺(Cardano)和塔塔利亚(Tartaglia)开始研究掷骰子赌博中的一些计算问题，出现了等可能性事件概率的思想萌芽，其中一个非常特别的问题是“赌注分配”问题. 所谓“赌注分配”问题是指当赌局中途终止时，怎样合理分配赌注的问题，但是他们当时的解法都是不正确的. 100 年以后的 1654 年，法国人梅雷(Mere)向数学家帕斯卡(Pascal)重提这一问题，引起了帕斯卡的兴趣，帕斯卡与费马(Fermat)之间开始了具有划时代意义的通信. 在通信中，两位法国著名数学家对这一问题进行了认真的讨论，并推广到一般情形. 他们引进了赌博的“值”的概念，还视为当然地使用了概率论的一些基本公式，这些信件奠定了概率论的基础，被认为是概率论诞生的标志. 随后荷兰数学家惠更斯(Huygens)加入了这场讨论，在 1657 年发表了《论赌博中的计算》一书，第一次把概率论建立在公理、命题和问题上而构成一个较完整的理论体系. 惠更斯将“值”改称为“期望”，并首次使用了“probability”一词，其意义与今天的概率几无差别. 惠更斯这一著作是历史上第一篇正式的概率论文献，也是概率论产生的标志之一. 因此可以说早期概率论的创立者是帕斯卡、费马和惠更斯，这一时期主要讨论古典概率.

18 世纪和 19 世纪是概率论的正式形成和发展时期. 1713 年，瑞士数学家伯努利(Bernoulli)在《推测术》中明确发现了概率论最重要的定律之一——“大数定律”，从此概率论从对特殊问题的求解，发展到了一般的理论概括，在概率论发展史上意义重大. 1718 年，法国数学家棣莫弗(De Moivre)在《机遇原理》一书中提出了概率乘法公式和“正态分布”的概念，为概率论的“中心极限定理”的建立奠定了基础. 1809 年，德国数学家高斯(Gauss)在研究误差理论时重新导出了正态分布，使正态分布同时有了“高斯分布”的名称. 1812 年，法国数学家拉普拉斯(Laplace)在《分析概率论》中全面总结了概率论的研究成果，并予以严密而又系统的表述. 这部著作开创了用分析方法研究随机现象的新阶段，包含了概率论的许多重要思想，是概率论发展进入分析概率时期的标志. 拉普拉斯建立了一些基本概念，如“事件”“概率”“随机变量”等，完善了古典概率论的结构. 1837 年，法国数学家泊松(Poisson)推广了伯努利大数定律，并于 1838 年研究得出了一种新的分布，就是泊松分布. 此后，概率论的中心研究课题便集中在推广和改进伯努利大数定律及中心极限定理.

19 世纪后期，俄国数学家切比雪夫(Chebyshev)对于极限理论成为概率论研究的中心课题，迈出了决定性的一步，发展了矩方法来严格证明极限定理，于 1866 年创立了切比雪夫不等式并用它建立了独立随机变量序列的大数定律. 切比雪夫同他的学生马尔可夫(Markov)和李雅普诺夫(Liapunov)等实现了概率论研究方法的变革，给出了大数定律及中心极限定理的一般形式，科学地解释了为什么实际中遇到的许多随机变量近似服从正态分布，开拓了概率论的现代化领域，将概率论推向了一个新的发展时期.

如何定义概率，如何把概率论建立在严格的逻辑基础上，是概率理论发展的困难所在，对这一问题的探索一直持续了 3 个世纪. 1933 年，数学家柯尔莫哥洛夫(Kolmogorov)在他的《概率论基础》一书中第一次给出了概率的公理化体系. 他的公理化方法成为现代概率论的基础，使概率论成为严谨的数学分支. 在公理化基础上，现代概率论取得了一系列理论突破，成为现代数学的重要组成部分.

概率论是一门非常有特色的学科，它有别开生面的研究课题，有独特的概念和方法，内容丰富，结论深刻. 应用的广泛性是概率论的一个重要特点，伴随着它的诞生和发展. 目前，概率论的理论与方法已广泛应用于工业、农业、军事和科学技术中，许多新兴的应用数学学科，如信息论、对策论、排队论等都是以概率论作为基础的. 概率论还广泛地应用于经济理论和企业管理等社会科学中，已经渗透到生活的方方面面. 最后，我们引用拉普拉斯的一段名言：我们发现概率论其实就是将常识问题归结为计算，它使我们能够精确地评价凭某种直观感受到的、往往又不能够解释清楚的见解……值得注意的是，概率论这门起源于机会游戏的科学，早就应该成为人类知识中最重要的组成部分……生活中那些最重要的问题绝大部分恰恰是概率问题.

第 6 章　随机事件及其概率

自然界和人类社会中发生的现象大体上可以分为两种类型. 一类是**确定性现象**, 这类现象的特点是在一定的条件下某一特定的结果必然发生, 或者已知它过去的状态, 它将来的发展状态就被完全确定. 例如, 在一个大气压下, 水加热到 100℃一定沸腾; 在没有外力作用的条件下, 做匀速直线运动的物体必然继续做匀速直线运动; 实系数奇次方程必定存在实根等. 在这些确定性现象中, 条件和结果之间的联系是属于必然性的. 人类在认识自然世界的过程中, 寻求这类必然现象的因果关系, 把握它们之间的数量规律, 形成了通常的自然科学各个学科, 促进了科学技术的发展.

但是在自然现象和社会现象中还广泛存在着另一类现象, 称为**不确定性现象**或**随机现象**, 它与确定性现象有本质的区别. 这类现象的特点是, 即使在相同的条件下, 每次试验或观察的结果也不会相同, 或者已知它过去的状态, 它将来的发展状态仍然无法确定. 例如: 抛掷一枚硬币, 可能出现正面, 也可能出现反面; 抛掷一颗骰子, 可能出现 $1, 2, \cdots, 6$ 点; 同一条生产线上生产的灯泡, 寿命总会有差异; 同一门火炮向同一目标发射多发同种炮弹, 弹着点不尽相同等等. 为什么会出现这种情况呢? 这是因为, 所说的“相同条件”是就一些主要条件来讲的, 但是, 除了这些主要条件外, 还会有许多次要条件和随机因素是人们无法事先一一掌握的. 例如, 制造炮弹时, 火药的重量和结构, 火炮发射时, 炮筒位置和弹道上各点的天气条件(温度、湿度、气压、风力)等许多因素都影响炮弹的弹着点. 这些次要因素和随机因素数量众多, 互相联系紧密, 不可能详尽分析清楚并完全控制, 因此炮弹的弹着点是无法完全确定的.

严格地讲, 任何自然现象都不可避免地受到随机因素的影响, 呈现出某些随机性. 但是在许多现象中这些随机因素影响不大, 这时候可以突出一些主要的、起决定性作用的因素, 忽略掉次要因素和随机因素. 把实际现象简化为确定性模型, 利用某种数学工具来处理, 如利用建立微分方程或线性代数方程组等方法进行研究. 但是在另外一些现象中, 随机因素起的作用显著, 不能被忽略, 不能简化为确定性模型, 如果简化为确定性模型就失去了现象的本质特征, 只能作为随机模型来讨论. 随机现象这种固有的不确定性、多因性和复杂性等特点使得原来的数学工具无能为力, 需要创造出特别的方法来研究这种现象.

随机现象从表面上看似乎是杂乱无章的, 难以捉摸, 不好把握. 但是这种表象的背后是否隐藏着某些固有的规律, 如何发现这些规律呢? 人们在经过长期的实践后发现, 如果同类的随机现象大量重复出现, 它的总体就会呈现出一定的规律性. 大量同类随机现象所呈现的这种规律性, 随着我们观察次数的增多而愈加明显. 比如抛掷一枚均匀硬币, 每一次投掷很难判断是哪一面朝上, 但是如果多次重复地投掷这枚硬币, 就会越来越清楚地发现正面朝上的次数约占总投掷次数的一半.

这种在大量重复试验或观察中所呈现出来的固有规律性, 称为统计规律性, 概率论和数理统计就是研究和揭示随机现象的统计规律性的数学学科.

6.1 随机试验、样本空间和随机事件

1. 随机试验

为了研究随机现象的统计规律性，人们需要对研究对象进行观察或试验. 例如：为了检验骰子是否均匀，可以安排试验，反复投掷；为了研究舰炮的命中率，可以安排实弹射击. 但是，要研究某地区降雨量的规律，要研究股票价格的涨跌规律，就只能进行观察. 在这些观察和试验中，人们关心的都是可能出现的结果及其发生规律. 所以，把这类观察、调查、试验和实验统称为试验. 概率论和数理统计研究的是随机现象的统计规律，因此要求试验具有下述三个性质.

(1)可以在相同的条件下重复进行.

(2)每次试验的可能结果不止一个，但在试验之前，能明确试验的所有可能结果.

(3)进行一次试验之前不能预知哪一个结果会出现.

满足以上三个特点的试验称为**随机试验**，概率论和数理统计讨论的就是这种随机试验，简称为**试验**.

下面是一些随机试验的例子.

E_1: 抛一枚硬币，观察正面 H，反面 T 出现的情况；

E_2: 将一枚硬币抛两次，观察正面 H，反面 T 出现的情况；

E_3: 掷一颗骰子，观察出现的点数；

E_4: 观察一门火炮对目标轰击 N 次而命中目标的次数；

E_5: 记录武汉市早上 7 点的气温.

这些试验都满足随机试验的三个性质，它们都是随机试验.

2. 样本空间

由随机试验的性质可知，一个试验的所有可能结果是预先知道的，我们将试验 E 的所有可能结果组成的集合称为 E 的**样本空间**，记为 S，这是我们进行数学研究的出发点. 样本空间的元素，即 E 的每个结果，称为**样本点**.

容易看出，上面提到的各个试验 E_i $(i=1,2,\cdots,5)$的样本空间 S_i 分别为

$S_1=\{H, T\}$;

$S_2=\{HH, HT, TH, TT\}$;

$S_3=\{1,2,3,4,5,6\}$;

$S_4=\{0,1,2,\cdots,N\}$;

$S_5=\{t: -30\leqslant t\leqslant 50\}$.

写出试验的样本空间是描述随机现象的第一步，试验的目的决定试验所对应的样本空间. 例如，对试验 E_6: 将一枚硬币抛两次，观察正面出现的次数，则此时的样本空间为 $S_6=\{0, 1, 2\}$. 同样是将一枚硬币抛两次的试验，但是，试验目的不同，它的样本空间 S_2 和 S_6 也截然不同. 样本空间可以相当简单，也可以相当复杂. 对一个实际问题，如何用一个恰当的样本空间来描述是很值得研究的，但这不是这里要讨论的问题. 在概率论的研究中，一般都假定样本空间是给定的，这是必要的抽象，这种抽象使我们能够更好地把握住随机现象的本质，使得到

的结果应用更广泛. 例如, 只包含两个样本点的样本空间既能作为抛硬币出现正面、反面的模型, 也能用于产品检验中出现正品和次品的模型, 还能用于射击是否命中目标的模型.

3. 随机事件

对于随机现象来说, 每一次试验都只能出现一个样本点, 即只能出现 S 中的一个结果 e, 各个结果在一次试验中是否出现是随机遇而定的. 在进行试验时, 人们不仅关心试验的单个结果是否出现, 常常对试验中的某类结果是否出现更为关心. 例如: 抛掷一颗骰子, 我们会关心抛出的点数是否为奇数; 记录某天早上7点的气温, 会关心它是不是超过35℃等. 这样一类结果, 是样本点的集合, 样本空间的子集, 它们在一次试验中可能发生也可能不发生. 例如, 前述两个事件 $A=\{1, 3, 5\}\subset S_3$, $B=\{t: 35\leqslant t\leqslant 50\}\subset S_5$, 在试验中可能出现, 也可能不出现.

设 E 为一个随机试验, S 是它的样本空间. 一般, S 的子集称为 E 的**随机事件**, 简称**事件**. 在一次试验中, 当且仅当子集中的一个样本点出现时, 称这一事件发生. 随机事件用大写的字母 A, B, C 等来表示.

特别地, 由一个样本点组成的单点集, 称为**基本事件**. 例如: 在 E_1 中有两个基本事件 $\{H\}$ 和 $\{T\}$; 在 E_3 中有 6 个基本事件 $\{1\}, \{2\}, \{3\}, \{4\}, \{5\}, \{6\}$; 在 E_5 中有无穷多个基本事件.

样本空间 S 包含所有的样本点, 它是自身的子集, 它在每次试验中都发生, 称为**必然事件**. 空集 $\varnothing$ 不包含任何样本点, 它也是样本空间的子集, 它在每次试验中都不发生, 称为**不可能事件**. 必然事件和不可能事件都没有不确定性, 可以说不是随机事件, 但为了今后研究的方便, 还是把它们作为随机事件的两个极端情形来统一处理.

4. 事件之间的关系与运算

随机事件是样本空间的一个子集, 一个事件发生, 是指试验出现的结果是这个子集中的一个元素(样本点). 集合之间是可以运算的, 因此随机事件之间也可以进行相应的运算. 从符号上看, 事件之间的关系与运算就是集合之间的关系与运算, 但是我们需要清楚这些关系与运算所代表的概率意义, 能正确地将集合论中的符号翻译成概率论的语言.

设 S 为随机试验 E 的样本空间, $A, B, A_i\ (i=1, 2, \cdots)$是随机事件, 也就是 S 的子集.

首先明确, 事件 A 在一次试验中发生当且仅当这次试验 E 的结果 $e\in A$.

(1)事件的包含: $A\subset B$. 若事件 A 的样本点都属于事件 B, 则称事件 B 包含事件 A, 记为 $A\subset B$ 或 $B\supset A$. 用集合论的语言就是若 $e\in A$, 则必有 $e\in B$.由事件发生的含义知道, 这表示若事件 A 发生, 则事件 B 必发生. 所以, $A\subset B$ 的概率意义是: 事件 A 发生必然导致事件 B 发生. 显然, 对任何事件 A, 必有 $S\supset A\supset\varnothing$.

(2)事件的相等: $A=B$. 若 $A\subset B$ 且 $B\subset A$, 则称事件 A 与事件 B 相等, 并记为 $A=B$.

(3)事件的并: $A\cup B$. $e\in A\cup B$ 当且仅当 $e\in A$ 或 $e\in B$. 所以它的概率意义是: $A\cup B$ 发生当且仅当 A 发生或 B 发生, 也即 A 与 B 至少有一个发生. $A\cup B$ 为 A, B 的**并事件**, 也称为 A, B 的和事件, 它表示"A 与 B 至少有一个发生"这一新的事件.

类似地, 将 $\bigcup\limits_{k=1}^{n} A_k$ 称为 n 个事件 $A_1, A_2, \cdots, A_n$ 的并事件, 它表示 $A_1, A_2, \cdots, A_n$ 至少有一个发生这一事件; 将 $\bigcup\limits_{k=1}^{\infty} A_k$ 称为可列个事件 $A_1, A_2, \cdots, A_n, \cdots$ 的并事件, 它表示 $A_1, A_2, \cdots, A_n, \cdots$ 至少有一个发生这一事件.

(4)事件的交：$A\bigcap B$．$e\in A\bigcap B$ 当且仅当 $e\in A$ 且 $e\in B$. 所以 $A\bigcap B$ 的概率意义是：$A\bigcap B$ 发生当且仅当 A 发生且 B 发生，也即 A 与 B 同时发生. 将 $A\bigcap B$ 称为 A, B 的**交事件**，也称为 A, B 的积事件，它表示 A 与 B 同时发生这一事件. $A\bigcap B$ 也简记为 AB.

类似地，将 $\bigcap_{k=1}^{n} A_k$ 称为 n 个事件 $A_1, A_2, \cdots, A_n$ 的交事件，它表示 $A_1, A_2, \cdots, A_n$ 同时发生这一事件；称 $\bigcap_{k=1}^{\infty} A_k$ 为可列个事件 $A_1, A_2, \cdots, A_n, \cdots$ 的交事件，它表示 $A_1, A_2, \cdots, A_n, \cdots$ 同时发生这一事件.

(5)事件的差：$A-B$. $e\in A-B$ 当且仅当 $e\in A$ 且 $e\notin B$. 所以 $A-B$ 的概率意义是：$A-B$ 发生当且仅当 A 发生但 B 不发生. 称 $A-B$ 为 A 与 B 的**差事件**，它表示事件 A 发生而事件 B 不发生这一事件.

(6)事件的互不相容：若 $A\bigcap B=\varnothing$，则称事件 A 与事件 B **互不相容**或互斥. 互不相容事件 A 与 B 不相交，也即没有公共部分，它表示事件 A 与 B 同时发生是不可能的.

(7)事件的逆 $\overline{A}$. 由所有不属于 A 的样本点所组成的事件称为 A 的**逆事件或对立事件**，记为 $\overline{A}$. 集合论中 $\overline{A}$ 是 A 的补集，容易看出

$$A\bigcup\overline{A}=S,\qquad A\bigcap\overline{A}=\varnothing$$

因此，任何试验结果必属于 A 与 $\overline{A}$ 之一，并且只属于其中的一个. 它的概率意义是：在任何时候 A 与 $\overline{A}$ 中都必有一个发生，而且只有一个发生.

显然，$\overline{\overline{A}}=A$，所以 A 与 $\overline{A}$ 互为对立事件. 必然事件和不可能事件互为对立事件.

事件的上述关系和运算可以用 Venn 图来形象地表示(图 6.1.1). 用正方形表示样本空间 S，用圆 A 与圆 B 分别表示事件 A 与 B.

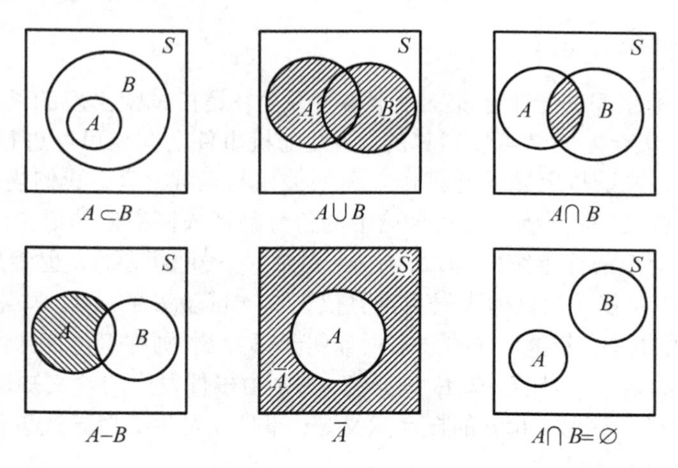

图 6.1.1　事件的关系与运算

可以看出事件的运算实际上就是集合的运算，因此，和集合的运算一样，事件的运算同样应该满足下面的几条规律.

交换律：$A\bigcup B=B\bigcup A,\quad A\bigcap B=B\bigcap A$

结合律：$A\bigcup(B\bigcup C)=(A\bigcup B)\bigcup C,\quad A\bigcap(B\bigcap C)=(A\bigcap B)\bigcap C$

分配律：$A\bigcup(B\bigcap C)=(A\bigcup B)\bigcap(A\bigcup C),\quad A\bigcap(B\bigcup C)=(A\bigcap B)\bigcup(A\bigcap C)$

德·摩根律：$\overline{A\bigcup B}=\overline{A}\bigcap\overline{B},\quad \overline{A\bigcap B}=\overline{A}\bigcup\overline{B}$

$$\overline{\bigcup_{n\geqslant1}A_n}=\bigcap_{n\geqslant1}\overline{A}_n,\qquad \overline{\bigcap_{n\geqslant1}A_n}=\bigcup_{n\geqslant1}\overline{A}_n$$

正确地用字母表示事件的关系与运算是相当重要的, 在很多时候往往成为解决问题的关键.

例 6.1.1 设试验 E 为抛掷一颗骰子观察出现的点数, 样本空间为 $S=\{1, 2, 3, 4, 5, 6\}$, 设事件 $A=\{1, 3, 5\}, B=\{4, 6\}, C=\{1, 4\}$, 求 $A\cup B, A\cap B, A-C, A\cup(B\cap C), \overline{A\cup B}$.

解

$$
\begin{aligned}
&A\cup B=\{1,3,4,5,6\}\\
&A\cap B=\{1,3,5\}\cap\{4,6\}=\varnothing\\
&A-C=\{3,5\}\\
&A\cup(B\cap C)=\{1,3,5\}\cup(\{4,6\}\cap\{1,4\})\\
&\qquad\qquad\quad=\{1,3,5\}\cup\{4\}=\{1,3,4,5\}\\
&\overline{A\cup B}=\overline{\{1,3,4,5,6\}}=\{2\}
\end{aligned}
$$

例 6.1.2 设 A, B, C 是三个事件, 试以 A, B, C 的运算关系表示下列各事件:

(1)A 与 B 发生, C 不发生;

(2)A, B, C 都不发生;

(3)A, B, C 中至少有一个发生;

(4)A, B, C 中恰有一个发生;

(5)A, B, C 中不多于一个发生;

(6)A, B, C 中不多于两个发生;

(7)A, B, C 中至少有两个发生.

解 首先注意到一个事件不发生, 即为它的对立事件发生, 如事件 A 不发生即为 $\overline{A}$ 发生.

(1)C 不发生, 意味着 $\overline{C}$ 发生, "A 与 B 发生, C 不发生" 意味着 $A, B, \overline{C}$ 都发生, 可以表示成 $\overline{A}\overline{B}\overline{C}$.

(2)A, B, C 都不发生, 即 $\overline{A},\overline{B},\overline{C}$ 都发生, 可以表示成 $\overline{A}\overline{B}\overline{C}$.

(3)由并事件的含义知, A, B, C 中至少有一个发生, 即事件 $A\cup B\cup C$.

(4)A, B, C 中恰有一个发生, 但未指定是哪一个发生, 于是可以是恰有 A 发生或恰有 B 发生或恰有 C 发生, 若恰有 A 发生则必须 B, C 均不发生, 因而 A, B, C 中恰有 A 发生可表示为 $A\overline{B}\overline{C}$, 类似的恰有 B 发生可表示为 $\overline{A}B\overline{C}$, 恰有 C 发生可表示为 $\overline{A}\overline{B}C$. 所以 A, B, C 中恰有一个发生可以表示成 $A\overline{B}\overline{C}\cup\overline{A}B\overline{C}\cup\overline{A}\overline{B}C$.

(5)A, B, C 中不多于一个发生表示 A, B, C 中至少有两个不发生, 即 $\overline{A}\overline{B},\overline{B}\overline{C},\overline{A}\overline{C}$ 中至少有一个发生, 可以表示成 $\overline{A}\overline{B}\cup\overline{B}\overline{C}\cup\overline{A}\overline{C}$.

又 A, B, C 中不多于一个发生表示 A, B, C 都不发生或恰有一个发生, 故又可以表示成 $\overline{A}\overline{B}\overline{C}\cup A\overline{B}\overline{C}\cup\overline{A}B\overline{C}\cup\overline{A}\overline{B}C$.

(6)A, B, C 中不多于两个发生表示 A, B, C 中至少有一个不发生, 即 $\overline{A}\cup\overline{B}\cup\overline{C}$, 亦即 $\overline{ABC}$.

(7)A, B, C 中至少有两个发生, 即事件 AB, BC, CA 中至少有一个发生, 所以可以表示为 $AB\cup BC\cup CA$. 也可以表示成恰有两个发生或者三个事件都发生, 即 $AB\overline{C}\cup A\overline{B}C\cup\overline{A}BC\cup ABC$.

6.2 频率与概率

在研究随机现象时, 不仅要讨论哪些事件可能发生, 而且要指出各个事件发生的可能性的大小. 为了对随机现象进行定量研究, 希望能用一个实数来度量事件在一次试验中发生的可能性的大小，这个数称为事件的概率．为此，首先引进频率的概念，它描述了事件发生的频繁程度，进而引出概率的定义．

1. 事件的频率

在相同的条件下将试验进行 n 次，在 n 次试验中事件 A 发生的次数 n_A 称为事件 A 在这 n 次试验中发生的频数，而比值

$$f_n(A)=\frac{n_A}{n}$$

称为事件 A 在这 n 次试验中发生的**频率**．

事件 A 发生的频率是它发生的次数和试验次数之比，其大小表示 A 发生的频繁程度．频率愈大，事件 A 发生愈频繁，这意味着 A 在一次试验中发生的可能性愈大．因而，直观的想法是用频率来表示事件在一次试验中发生的可能性的大小．但是否可行？下面来考察几个例子．

先看最简单的抛硬币试验．将一枚均匀硬币抛掷10次，完全有可能出现3次正面，这时正面出现的频率为 $\frac{3}{10}$；重新抛掷10次，完全有可能出现6次正面，这时正面出现的频率为 $\frac{6}{10}$．容易想象，试验的次数比较小时，频率的随机波动幅度是很大的．但是随着试验次数的增加，随机因素的影响被相互抵消，频率以微小的波动接近于常数 $\frac{1}{2}$，呈现出明显的稳定性．事实上，这也是一个非常有名的例子．为了验证这一点，历史上有不少人做过这个试验．表 6.2.1 所示是其中一些人的试验记录．

表 6.2.1　抛硬币试验数据表

实验者	抛硬币次数	出现正面次数	出现正面频率
德·摩根	2 048	1 061	0.518 1
蒲　丰	4 040	2 048	0.506 9
德·摩根	4 092	2 048	0.500 5
费　勒	10 000	4 979	0.497 9
皮尔逊	12 000	6 019	0.501 6
皮尔逊	24 000	12 012	0.500 5
维　尼	30 000	14 994	0.499 8
罗曼诺夫斯基	80 640	39 699	0.492 3

再举一个例子，对一个靶接连进行许多次射击，观察靶上弹着点的分布规律．在射击次数不大时，靶上的弹着点的分布完全没有规律．随着射击次数的增加，弹着点的分布开始变得有些规律，射击次数越大，规律越明显．弹着点的分布基本上关于某个中心点对称，越靠近中心越密，越远离中心越稀，减稀的程度遵循一条确定的分布律．

从上面的例子可以看出，频率具有如下一些特点：

(1)频率能体现事件发生的可能性的大小，频率大则事件发生的可能性也大，频率小则事件发生的可能性也小．事实上，很多实际问题中是用频率来衡量事件发生的可能性大小的．如中奖率、投篮命中率等．

(2)频率有随机波动性．从表 6.2.1 中可以看到，当抛掷硬币的次数不同时得到的频率也常

常不同. 这一缺陷说明频率不具有科学度量单位应有的客观性. 因此用频率来度量事件在一次试验中发生的可能性的大小是不理想的.

(3)频率稳定性. 当试验次数逐渐增大时, 频率逐渐稳定于某个常数. 对于每一个事件都有这样一个常数与之对应. 这种稳定性就是通常所说的统计规律性, 它揭示了隐藏在随机现象中的规律性. 它还说明概率是客观存在的, 是我们定义概率的基础.

实际上, 频率的这种稳定性最早是从人口统计的现象上发现的. 在古代就已经注意到, 对于整个国家来讲, 男婴出生数与全体出生婴儿数之比几乎是年年保持不变的. 17 世纪和 18 世纪出现了一系列人口统计研究的重要著作, 阐明了除男婴女婴出生率稳定外还有其他稳定规律, 如某年龄居民的死亡率, 某年龄居民的身高、体重等指标都有某种稳定的分布. 1814 年, 拉普拉斯出版了他的名著《概率论的哲学探讨》, 书中叙述了一个著名的例子: 根据伦敦、彼得堡、柏林和法国各城市的统计资料得出, 男婴的出生率 10 年间总在一个数左右摆动, 这个数大约是 $\frac{22}{43}=0.5116$. 但是, 根据巴黎 1745～1784 年 40 年间的统计资料得出, 巴黎男婴的出生率是另一数值 $\frac{25}{49}=0.5102$, 两者存在 1.4‰的差异. 拉普拉斯对如此显著的差异感兴趣, 并着手寻求合理解释. 经过对档案资料的详细研究, 发现巴黎的婴儿出生总数中包含了一些弃婴, 此外还知道了邻近某地区的居民有丢弃男婴的现象. 当拉普拉斯从出生总数中去掉弃婴数后, 则看出巴黎男婴的出生率也稳定地接近于 $\frac{22}{43}$, 与上述统计资料数据是一样的.

频率可以作为概率的近似值, 概率应该和频率具有类似的性质. 通过归纳总结, 频率具有如下三条最基本的性质.

(1)非负性: $f_n(A)\geqslant 0$.

(2)规范性: $f_n(S)=1$.

(3)有限可加性: 若 $A_1, A_2, \cdots, A_m$ 两两不相容, 则 $f_n\left(\bigcup_{i=1}^{m} A_i\right)=\sum_{i=1}^{m} f_n(A_i)$.

2. 事件的概率

通过上面的讨论, 我们可以相信事件的概率是客观存在的. 但是真正要给出一个严格的定义却是件非常困难的事情, 经历了一段曲折的历程.

概率论发展的早期, 所研究的随机现象比较简单. 拉普拉斯给出了概率的一个古典定义, 在整个 19 世纪被人们广泛接受. 到 20 世纪初, 概率论的应用在其他基础学科和工程技术的各个领域已经取得了巨大的成就. 但是直到那时概率论的一些基本概念还没有明确的定义, 这些不严格的概念常常引起怪诞的结论, 拉普拉斯的概率古典定义开始受到猛烈批评. 人们对概率论的概念和方法, 甚至它的可应用性都产生了怀疑. 在 1900 年的国际数学家大会上, 希尔伯特(Hilbert, 1862～1943)提出了 20 世纪应解决的 23 个数学问题, 就把这个问题列在其中. 不过希尔伯特是把它列在第 6 问题——物理学的公理化问题中的, 当时人们还不承认概率论是一个数学分支, 因为它还没有严密的数学理论基础.

这样, 无论是概率论的实际应用还是其自身发展, 都强烈要求完善概率论的理论基础. 许多数学家进行了这项工作, 其中, 俄罗斯数学家柯尔莫哥洛夫的研究最为成功, 他从 1920 年起开始探讨整个概率论的严格表述, 在 1933 年出版的德文版经典性著作《概率论基础》中给出了概率论的公理化体系. 从此“概率论”成为一门严格的演绎科学.

下面就是柯尔莫哥洛夫给出的概率的公理化定义.

定义 6.2.1 设 E 是随机试验, S 是它的样本空间. 对于 E 的每一个事件 A 赋予一个实数, 记为 $P(A)$, 如果集合函数 $P(\cdot)$满足下列条件.

(1)非负性: 对于每一个事件 A, $P(A)\geqslant 0$.

(2)规范性: 对于必然事件 S, $P(S)=1$.

(3)可列可加性: 若事件 $A_1, A_2, \cdots, A_n, \cdots$ 两两不相容, 即

$$P\left(\bigcup_{i=1}^{\infty} A_i\right)=\sum_{i=1}^{\infty} P(A_i) \tag{6.2.1}$$

则称 $P(A)$为事件 A 的概率.

这是一个抽象的定义, 只规定了概率所必须满足的最基本性质作为公理, 除此之外的任何命题必须严格证明. 由概率的定义可以推出概率的一些重要性质.

性质 6.2.1 不可能事件的概率为 0, 即 $P(\varnothing)=0$.

证 令 $A_i=\varnothing$, 则 $\left(\bigcup_{i=1}^{\infty} A_i\right)=\varnothing$, 且 $A_iA_j=\varnothing \ (i, j=1,2,\cdots; i\neq j)$.

由概率的可列可加性知

$$P(\varnothing)=P\left(\bigcup_{i=1}^{\infty} A_i\right)=\sum_{i=1}^{\infty} P(A_i)=\sum_{i=1}^{\infty} P(\varnothing)$$

再由概率的非负性 $P(\varnothing)\geqslant 0$, 必有 $P(\varnothing)=0$.

性质 6.2.2 (有限可加性)若 $A_iA_j=\varnothing \ (i, j=1,2,\cdots,n; i\neq j)$. 则

$$P(A_1\cup A_2\cup\cdots\cup A_n)=P(A_1)+P(A_2)+\cdots+P(A_n) \tag{6.2.2}$$

证 因为

$$A_1\cup A_2\cup\cdots\cup A_n=A_1\cup A_2\cup\cdots\cup A_n\cup\varnothing\cup\varnothing\cup\cdots$$

由可列可加性及性质 6.2.1, 有

$$P(A_1\cup A_2\cup\cdots\cup A_n)=P(A_1)+P(A_2)+\cdots+P(A_n)$$

性质 6.2.3 对任何事件 A, 有

$$P(\overline{A})=1-P(A) \tag{6.2.3}$$

证 因为 $A\cup\overline{A}=S$, $A\overline{A}=\varnothing$, 由概率的有限可加性和规范性, 得

$$1=P(S)=P(A\cup\overline{A})=P(A)+P(\overline{A})$$

所以

$$P(\overline{A})=1-P(A)$$

性质 6.2.4 若 $A\supset B$, 则

$$P(A-B)=P(A)-P(B) \tag{6.2.4}$$

证 因为当 $A\supset B$ 时, $A=B\cup(A-B), B\cap(A-B)=\varnothing$, 由性质 6.2.2, 得

$$P(A)=P(B)+P(A-B)$$

所以

$$P(A-B)=P(A)-P(B)$$

推论 6.2.1 若 $A\supset B$, 则 $P(A)\geqslant P(B)$.

由此即知, 对任意事件 A, 因 $A\subset S$, 有 $P(A)\leqslant 1$, 再注意到概率的非负性, 所以成立

$$0\leqslant P(A)\leqslant 1$$

性质 6.2.5 (加法公式) $P(A\cup B)=P(A)+P(B)-P(AB)$. (6.2.5)

证 因 $A\cup B=A\cup(B-AB)$，且 $A\cap(B-AB)=\varnothing$，故由概率的有限可加性 $P(A\cup B)=P(A)+P(B-AB)$，又 $AB\subset B$，由性质 6.2.4，得

$$P(A\cup B)=P(A)+P(B)-P(AB)$$

上式称为概率的加法公式，由它可得如下推论:

推论 6.2.2 (布尔不等式) $P(A\cup B)\leqslant P(A)+P(B)$

推论 6.2.3 (Bonferroni 不等式) $P(AB)\geqslant P(A)+P(B)-1$

利用归纳法不难把这两个不等式推广到 n 个事件的场合.

$$P(A_1\cup A_2\cup A_n)\leqslant P(A_1)+P(A_2)+\cdots+P(A_n)$$

$$P(A_1A_2\cdots A_n)\geqslant P(A_1)+P(A_2)+\cdots+P(A_n)-(n-1)$$

利用归纳法还可以证明概率的一般加法公式.

性质 6.2.6 (一般加法公式)若 $A_1,A_2,\cdots,A_n$ 为 n 个事件，则

$$P(A_1\cup A_2\cup A_n)=\sum_{i=1}^{n}P(A_i)-\sum_{i<j}P(A_iA_j)+\sum_{i<j<k}P(A_iA_jA_k)+\cdots+(-1)^{n-1}P(A_1A_2\cdots A_n) \quad (6.2.6)$$

特别地，当 $n=3$ 时，有

$$\begin{aligned}P(A\cup B\cup C)&=P(A)+P(B)+P(C)\\&\quad-P(AB)-P(AC)-P(BC)+P(ABC)\end{aligned} \quad (6.2.7)$$

当然，概率还有其他性质，上述列出的只是最重要的，以后经常要用到.

6.3 古典概型和几何概型

案例：①彩票中奖的概率
②情侣约会能成功吗

1. 古典概型

在概率论发展的早期，讨论的主要是一类简单的随机现象. 这类随机现象具有下述两个特点:

(1)试验可能的结果只有有限个，即试验的样本空间有限.

(2)试验中各样本点出现的可能性相同.

一般把这类随机现象的数学模型称为**古典概型**或**等可能概型**. 古典概型在概率论中占有非常重要的地位，一方面因为它比较简单，对它的讨论有助于直观地理解概率论的许多基本概念；另一方面生活中这样的随机现象极为多见，所以古典概型在许多实际问题中还有重要应用.

因古典概型的样本空间是有限集，设 $S=\{e_1,e_2,\cdots,e_n\}$. 每个样本点出现的可能性大小相同，故有 $P(\{e_1\})=P(\{e_2\})=\cdots=P(\{e_n\})$. 又因为基本事件是两两互不相容的，有

$$1=P(S)=P\left(\bigcup_{i=1}^{n}\{e_i\}\right)=\sum_{i=1}^{n}P(\{e_i\})=nP(\{e_i\})$$

所以 $P(\{e_i\})=\dfrac{1}{n}\ (i=1,2,\cdots,n)$.

对任一个事件 A，若 A 包含了 k 个样本点，即

$$A=(\{e_{i_1}\})\cup(\{e_{i_2}\})\cup\cdots\cup(\{e_{i_k}\}) \qquad (1\leqslant i_1<i_2<\cdots<i_k\leqslant n)$$

则有

$$P(A)=\sum_{j=1}^{k}P\{e_{i_j}\}=\frac{k}{n}=\frac{A\text{包含的样本点数}}{S\text{包含的样本点数}} \tag{6.3.1}$$

这就是拉普拉斯在1812年给出的概率的定义，当时拉普拉斯是将其作为概率的一般定义给出的．但是它只适用于古典概型的情形，不适用于一般的随机模型，所以现在通常把它称为概率的古典定义．

由上面的讨论知道，在古典概型中，要计算事件A发生的概率，只要计算出样本空间中的样本点总数和事件A所包含的样本点数即可．这些计算常常需要利用排列组合的知识，有些概率的计算是非常困难且富有技巧的．下面看一些具有典型意义的例题．

例 6.3.1 一部5本一套的文集按任意次序放在书架上，问各册自右向左或自左向右恰成1, 2, 3, 4, 5顺序的概率是多少？

解 用A表示这个事件．这是一个排列方式问题，有多少不同的排列方式，就有多少个样本点．若以x_i $(i=1, 2, 3, 4, 5)$分别表示自左向右排列的卷号，则上述文集的放置方式可与向量$(x_1, x_2, x_3, x_4, x_5)$建立一一对应．因$x_i$取值于1, 2, 3, 4, 5，故这种向量的总数相当于5个元素的全排列数$P_5=5!=120$．又因为文集是按任意的次序放置到书架上的，这120种排列中出现任意一种的可能性都相同，即为一古典概型．所求事件A包含的样本点数仅2个：(1, 2, 3, 4, 5), (5, 4, 3, 2, 1)．所以所求概率为

$$P(A)=\frac{2}{120}=\frac{1}{60}$$

例 6.3.2 (随机取数问题)设电话号码由0, 1,⋯, 9共10个数字中的任意7个组成(0可以打头)，现从号码簿中任取一号码，求后5位数字完全不相同的概率．

解 用A表示这个事件．这是一个可重复的选排列问题．因号码中每一位数字均可从0～9这10个数字中任选一个，故样本点总数为10^7．从0～9中取5个不同的数字排在后5位上，有A_{10}^5种排法，前2位数字可在0～9中任选，所以后5位数字完全不同．这一事件包含的样本点数为$10^2\cdot A_{10}^5$，故所求事件的概率为

$$P(A)=\frac{10^2\cdot A_{10}^5}{10^7}=\frac{10\times9\times8\times7\times6}{10^5}=0.3024$$

类似地还可考虑在0～9共10个数字中，每次取一个数字，假设每个数字被取到的可能性相同，取后放回，先后取出7个数字，则可求出下列事件A_i的概率：

A_1：首次抽取的数字不是0;

A_2：不包含数字0和9;

A_3：数字8恰好出现了3次;

A_4：数字6至少出现了4次．

从10个数字中先后取7个，因取后放回，每次都是从10个数字中抽取，所以样本点总数为$n=10^7$．

对于A_1，因首次抽取的数字不能是0，首次只能从1～9中抽取，而后6次没有限制，可在0～9中任选．故$k=\binom{9}{1}\cdot10^6$，所以

$$P(A_1)=\binom{9}{1}10^6/10^7=0.9$$

对于 A_2，因 7 次抽取只能在 1～8 共 8 个数字中任选，故 $k=8^7$，即

$$P(A_2)=8^7/10^7=0.2097$$

对于 A_3，因数字 8 可出现在任意的 3 次抽取中，故有 $\binom{7}{3}$ 种选择，而其余 4 次抽取应在 0～7 和 9 共 9 个数字中任选，故 $k=\binom{7}{3}9^4$，从而

$$P(A_3)=\binom{7}{3}9^4/10^7=0.023$$

对于 A_4，可理解为在 0～9 共 10 个数字中有放回地抽取 7 次，数字 6 恰好出现了 l 次($l=4, 5, 6, 7$)的 4 个事件的并事件，并且这 4 个事件两两不相容，故

$$P(A_4)=\sum_{t=4}^{7}\binom{7}{l}9^{7-l}\Big/10^7=0.0027$$

例 6.3.3 (抽样问题)如果某批产品有 a 件次品 b 件正品，现分别采用有放回抽样和不放回抽样的方式从中抽取 n 件产品，问正好有 k 件是次品的概率各有多少($0\leqslant k\leqslant a, k\leqslant n\leqslant a+b$)？

解 (1)有放回抽样的场合. 因抽取后放回，每次抽取都是在 $a+b$ 件产品中任意抽取，有 $a+b$ 种可能结果，抽取 n 次共有$(a+b)^n$种等可能的结果，所以样本点总数为$(a+b)^n$.

抽取的 n 件产品中恰好有 k 件次品，相当于在 n 次有放回的抽样中，次品正好出现了 k 次，正品正好出现了 $n-k$ 次. 从 a 件次品中抽取 k 件共有 a^k 种等可能情况，从 b 件正品中抽取 $n-k$ 件共有 b^{n-k} 种等可能情况. 而取到次品的 k 次抽取可以出现在 n 次抽样的任何次序上，所以这个事件包含的样本点数为 $\binom{n}{k}a^kb^{n-k}$. 故所求概率为

$$p_k=\binom{n}{k}a^kb^{n-k}\Big/(a+b)^n=\binom{n}{k}\left(\frac{a}{a+b}\right)^k\left(\frac{b}{a+b}\right)^{n-k}$$

因为 p_k 是二项式 $\left(\frac{a}{a+b}+\frac{b}{a+b}\right)^n$ 展开式中对应于 $\left(\frac{a}{a+b}\right)^k$ 的这一项，所以数列$\{p_k\}$称为**二项分布**.

(2)不放回抽样的场合. 因抽取后不放回，每次抽取时产品数都比上次少一个. 既然每次抽取不放回，抽取 n 次相当于从 $a+b$ 个产品中一次抽取 n 个产品，总共有 $\binom{a+b}{n}$ 种取法，所以样本点总数为 $\binom{a+b}{n}$. k 件产品取自 a 件次品有 $\binom{a}{k}$ 种取法，$n-k$ 件产品取自 b 件正品有 $\binom{b}{n-k}$ 种取法. 所以这个事件包含的样本点数为 $\binom{a}{k}\binom{b}{n-k}$. 故所求概率为

$$p_k=\binom{a}{k}\binom{b}{n-k}\Big/\binom{a+b}{n}$$

这个概率称为**超几何分布**.

例 6.3.4 (抽签问题)设箱子中盛有 a 只白球及 b 只黑球，它们除颜色不同外没有差别. 现将球随机地一个个摸出来，试求第 k 次摸出黑球的概率($1\leqslant k\leqslant a+b$).

解法 1 设想将摸出的球依次放在 $a+b$ 个位置上排列成一直线, 若把 b 个黑球的位置固定下来则其他位置必然是放白球. 所以黑白球的排列方式总共有$\binom{a+b}{b}$种, 即样本点总数为$\binom{a+b}{b}$. 用 A 表示第 k 次摸出黑球的事件, 它表示直线上第 k 个位置放黑球, 而剩下的$(b-1)$个黑球在余下的 $a+b-1$ 个位置上任取的 $b-1$ 个位置排放, 因此 A 所包含的样本点数为$\binom{a+b-1}{b-1}$. 所以

$$P(A)=\frac{\binom{a+b-1}{b-1}}{\binom{a+b}{b}}=\frac{b}{a+b}$$

解法 2 设想将 a 只白球及 b 只黑球编号后一一取出排成一列, 则所有可能的排法为$(a+b)!$ 种, 事件 A 发生当且仅当第 k 个位置上从 b 只黑球中取出一个放入, 其余 $a+b-1$ 个位置由剩下的 a 只白球和 $b-1$ 只黑球来排列, 于是 A 所含样本点数为

$$b\times(a+b-1)!$$

故

$$P(A)=\frac{b\times(a+b-1)!}{(a+b)!}=\frac{b}{a+b}$$

生活中经常遇到需要抽签的情况, 这个例子说明抽签这种方式是公平的, 中签的概率与抽签的先后次序无关.

例 6.3.5 (分房问题)设有 n 个人, 每人等可能地被分配到 N 个房间$(N\geqslant n)$中的每一间, 试求下列事件的概率:

A: 某指定的 n 个房间各有一人;

B: 任意 n 个房间各有一人;

C: 某指定的房间恰有 $m(m\leqslant n)$人.

解 因每个人可被分配到 N 个房间中的任一间, 故 n 个人共有 N^n 种可能的分配方法.

事件 A 所包含的样本点数就是 n 个人在指定的 n 个房间中的全排列数. 即第一个人可被分配到 n 间房中的任一间, 有 n 种方法, 第二个人可被分配到余下的 $n-1$ 间房中的任一间, 有 $n-1$ 种分法,$\cdots$. 因而所求概率为

$$P(A)=n!/N^n$$

对事件 B, 因这 n 个房间可以任意选择, 即可从 N 个房间中任选 n 间, 共有$\binom{N}{n}$种选法. 而对每一种选定的 n 个房间, 又如上述问题. 故所求概率为

$$P(A)=\binom{N}{n}n!\Big/N^n=\frac{N!}{N^n\cdot(N-n)!}$$

对事件 C, 因 m 个人可自 n 个人中任意选出, 共有$\binom{n}{m}$种选法. 而其余 $n-m$ 个人可以被任意地分配在剩余的 $N-1$ 个房间里, 共有$(N-1)^{n-m}$种分法. 所以

$$P(C)=\binom{n}{m}(N-1)^{n-m}\bigg/N^n=\binom{n}{m}\left(\frac{1}{N}\right)^m\left(\frac{N-1}{N}\right)^{n-m}$$

这是一个很典型的问题，许多实际问题可以归结为这个模型，例如，n 个球落到 N 个盒子中的问题，n 个粒子落到 N 个格子中的问题等.

这个模型还可以用来解决如下问题：把一年的 365 天视为房子，则 $N=365$，那么 $n(n\leqslant 365)$ 个人的班级，每个人生日各不相同的概率为

$$p=\frac{365!}{365^n(365-n)!}=\frac{365!\times 364\times\cdots\times(365-n+1)}{365^n}$$

因而，n 个人中至少有两个人的生日在同一天的概率为

$$p_{365}(n)=1-\frac{365!\times 364\times\cdots\times(365-n+1)}{365^n}$$

经计算可得下述结果

n	4	16	22	23	40	64	70	100
$p_{365}(n)$	0.0164	0.2836	0.4757	0.5073	0.8912	0.9971	0.9992	0.9999

这是一个有意思的结果，当一个班的人数不是太多，只有 23 人时，至少有两个人的生日在同一天的概率就已经达到 $\frac{1}{2}$. 当有 64 人时，这个概率达到 0.9971，即 64 人中至少有两个人的生日在同一天这个事件几乎是肯定发生的，比我们预想的可能性要大.

例 6.3.6 (多组合问题)设有 30 名新生，要随机地分配到 3 个班中. 这 30 名新生中，有 6 名党员. 试求下列事件的概率.

A: 6 名党员新生被平均分配到 3 个班中；

B: 6 名党员新生被分配在同一班中.

解 这是一个多组合问题. 样本点总数即为 30 名新生被平均分配到 3 个班中的分法数目：$\binom{30}{10}\binom{20}{10}\binom{10}{10}=\frac{30!}{10!10!10!}$.

事件 A 所包含的样本点数就是每个班中各分到 2 名党员新生和 8 名非党员新生的分法数目

$$\binom{24}{8}\cdot\binom{6}{2}\cdot\binom{16}{8}\cdot\binom{4}{2}\cdot\binom{8}{8}\cdot\binom{2}{2}=\frac{24!}{8!8!8!}=\frac{6!}{2!2!2!}$$

故

$$P(A)=\frac{24!}{8!8!8!}\frac{6!}{2!2!2!}\bigg/\frac{30!}{10!10!10!}=0.1535$$

事件 B 所包含的样本点数就是某个班级分到 6 名党员新生和 4 名非党员新生，且这个班级可以是 3 个班中的任一个，而其余 2 个班各分到 10 名非党员新生的分法数目

$$\binom{3}{1}\binom{6}{6}\binom{24}{4}\cdot\binom{20}{10}\binom{10}{10}=\frac{3\times 24!}{10!10!4!}$$

故

$$P(B)=\frac{3\times 24!}{10!10!4!}\bigg/\frac{30!}{10!10!10!}=0.0011$$

例 6.3.7 (德·梅雷问题)一颗骰子投 4 次至少得到一个 6 点，两颗骰子投 24 次至少得到一个双六，这两件事中哪一件有更多的机会遇到？

解 以 A 表示一颗骰子投 4 次至少得到一个 6 点这一事件，这类问题求 $P(\overline{A})$ 更为容易. 这时 $\overline{A}$ 表示投一颗骰子 4 次都没出现 6 点，因此

$$P(\overline{A})=\frac{5^4}{6^4}$$

从而得到

$$p_1=P(A)=1-\frac{5^4}{6^4}=0.5177$$

若以 B 表示两颗骰子投 24 次至少得到一个双 6 这一事件，则用同样的方法可以得到

$$p_2=P(B)=1-\frac{35^{24}}{36^{24}}=0.4914$$

所以前者的机会大于 $\frac{1}{2}$，而后者的机会小于 $\frac{1}{2}$.

这个问题在概率论发展史上颇有名气，因为它是德·梅雷向帕斯卡提出的问题之一，正是这些问题促进了帕斯卡的研究和他与费马的著名通信. 他们的研究标志着概率论的诞生.

例 6.3.8 一袋中装有 N–1 只黑球及 1 只白球，每次从袋中随机摸出一球，并换入一只黑球，如此延续下去，问第 k 次摸球摸到黑球的概率是多大？

解 令 A = {第 k 次摸球摸到黑球}. 则 $\overline{A}$ = {第 k 次摸到白球}.

由题设条件，$\overline{A}$ 发生当且仅当前 k–1 次都摸到黑球而第 k 次摸到白球，易得

$$P(\overline{A})=\frac{(N-1)^{k-1}}{N^k}=\left(1-\frac{1}{N}\right)^{k-1}\frac{1}{N}$$

$$P(A)=1-P(\overline{A})=1-\frac{1}{N}\left(1-\frac{1}{N}\right)^{k-1}$$

这两个例题提示我们，若直接计算 $P(A)$较为困难时，可以考虑先求 $P(\overline{A})$.

2. 几何概型

古典概型只限于讨论只有有限个基本结果的样本空间，现在研究一类样本空间可由图形表示，且含有无穷多个样本点的概率模型. 以平面图形为例，问题的提法如下：在一个平面上有一个区域 D, D 内包含另一区域 A，这两个区域的面积都是可求的. 在 D 内随机抛掷一点，求这点落在区域 A 内的概率 $P(A)$. 因为 D 和 A 两个区域内都有无穷多个点，不能用古典概型求这个概率. 但是，根据投掷的随机性，仍然可以假定点落在 D 内任何一点的可能性是相同的，即点落在 D 的任何部分的概率与这部分的面积成正比，而与其位置和几何形状无关. 因此，在区域 D 中任意抛掷一点而落在区域 A 内的概率为

$$P(A)=\frac{A\text{的度量}}{D\text{的度量}}$$

当 D 和 A 是平面区域时，其度量就是面积；当 D 和 A 是线段时，其度量就是长度；当 D 和 A 是空间区域时，其度量就是体积. 因为这种确定概率的方法对应几何图形，并对几何图形进行度量，故称为几何概型.

下面是两个典型的例子.

例 6.3.9 (会面问题)两人约定早上 9 点至 10 点在某地会面，先到者等 20 min 后就离去，试求两人能见面的概率.

解 这是一个几何概型(图 6.3.1)，因两人在 9 点至 10 点的任一时刻都可以到达会面地点，设 x, y 分别表示两人的到达时刻(9 时 x 分，9 时 y 分)，则 $0\leqslant x, y\leqslant 60$，从而两人能会面的充要条件是$|x-y|\leqslant 20$. 故可能结果的全体是边长为 60 的正方形里的点，而能会面的点形成区域中的阴影部分，所求的概率为

$$p=\frac{60^2-40^2}{60^2}=\frac{5}{9}$$

图 6.3.1 会面问题模型

例 6.3.10 (蒲丰投针问题)平面上画满间距为 a 的平行直线，向该平面随机投掷一枚长度为 l 的针($l<a$)，试求针与直线相交的概率. 这个问题称为蒲丰投针问题，是概率论中的一个著名问题.

解 以 A 表示针与直线相交的事件，针的位置可由它的中点到最近的直线的距离 ρ，以及它与直线的夹角 θ 决定(图 6.3.2(a)). 所以

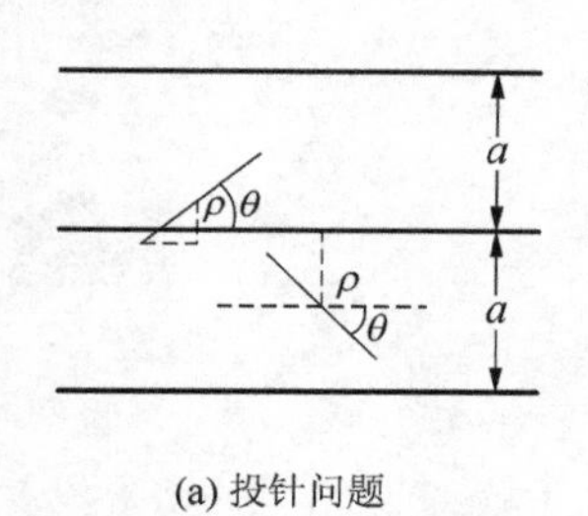

(a) 投针问题

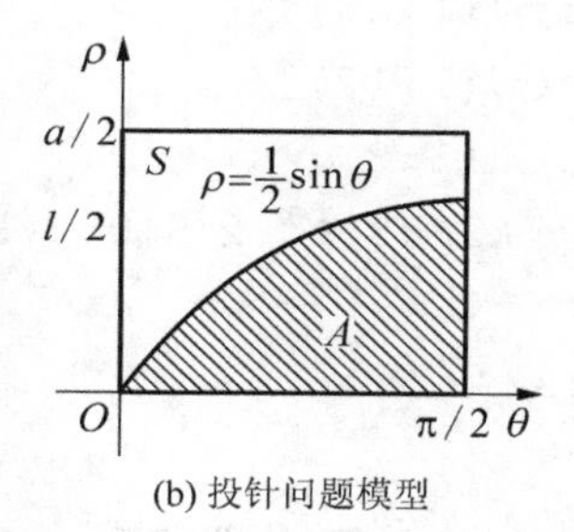

(b) 投针问题模型

图 6.3.2 蒲丰投针问题

$$S=\left\{(\rho,\theta)\middle|0\leqslant\rho\leqslant\frac{a}{2},0\leqslant\theta\leqslant\frac{\pi}{2}\right\}$$

而针与直线相交，当且仅当 $\rho\leqslant\frac{l}{2}\sin\theta$，所以

$$A=\left\{(\rho,\theta)\middle|(\rho,\theta)\in S,\rho\leqslant\frac{l}{2}\sin\theta\right\}$$

随机投掷意味着样本点(ρ, θ)在 S 中均匀分布，所以适用于几何模型(图 6.3.2(b)). 因为

$$L(S)=\frac{\pi a}{4},\qquad L(A)=\int_0^{\frac{\pi}{2}}\frac{l}{2}\sin\theta\mathrm{d}\theta=\frac{l}{2}$$

所以有

$$P(A)=\frac{L(A)}{L(S)}=\frac{2l}{\pi a}$$

若 l, a 为已知，则以 π 值代入上式即可计算得 $P(A)$的值. 反之，如果已知 $P(A)$的值，也可利用上式求 π，其方法是投针 N 次，记下针与平行线相交的次数 n，并以频率 $\frac{n}{N}$ 作 $P(A)$的近似值代入上式即得 π 的近似值

$$\pi\approx\frac{2Nl}{an}$$

历史上曾经有些学者亲自做过蒲丰投针试验，并得到了 π 的一些近似值. 实际上这是一个很有用的计算方法，如果想要计算一个感兴趣的量(上面这个量是 π)，那么可适当地设计一个随机试验，使试验下某个事件的概率与感兴趣的这个量有关，然后重复试验多次，以频率替代事件的概率便可求出这个量的近似值. 这种计算方法称为随机模拟法或蒙特卡罗(Monte Carlo)方法.

数学实验基础知识

基本命令	功能
prod(1:n)	计算排列数 n!

例 1 一批产品共 10000 件，其中一级品 8000 件，二级品 2000 件. 随机抽取 20 件，求恰有 8 件二级品的概率.

解 所求概率为 $p=\binom{20}{8}0.2^8 0.8^{12}=\dfrac{20!}{8!12!}0.2^8 0.8^{12}$.

```
>>k1=prod(1:20);
>>k2=prod(1:12);
>>k3=prod(1:8);
>>p=k1/(k2*k3)*0.2^8*0.8^12
```

输出结果:

```
p=0.0222
```

案例：疾病误诊问题
微课视频：①全概率公式
②贝叶斯公式

6.4 条件概率、全概率公式及贝叶斯公式

1. 条件概率

到目前为止，我们在计算某事件 A 发生的概率时一直没有考虑试验中其他有关事件的信息. 但是，如果我们获得了新的信息，例如已经知道另一个事件 B 已经发生，那么就可以利用这个信息来调整对事件 A 发生的可能性的认识. 这种在附加条件下求出的概率与无条件概率意义是不同的，称为**条件概率**，记为 $P(A|B)$. 先看一个例子.

例 6.4.1 投掷一颗均匀的骰子，求已知投出偶数点的条件下，得到 6 点的概率.

解 样本空间 $S=\{1, 2, 3, 4, 5, 6\}$. 用 B 表示投出偶数点，A 表示投出 6 点，则 $B=\{2, 4, 6\}$，$A=\{6\}$.

既然 B 已经发生，所投出的结果就只有 3 种不同可能，即 2 点、4 点和 6 点. 因此在 B 发生的前提下，所有可能结果的集合就是 B，可以将 B 作为样本空间看待. 此时 B 发生的条件下 A 发生的条件概率为

$$P(A|B)=\frac{1}{3}\neq P(A)$$

这恰好就是

$$P(A|B)=\frac{1}{3}=\frac{1/6}{1/2}=\frac{P(AB)}{P(B)}$$

定义 6.4.1 设 A, B 是两个事件，且 $P(B)>0$，称

$$P(A|B)=\frac{P(AB)}{P(B)} \tag{6.4.1}$$

为在事件 B 发生的条件下，事件 A 发生的**条件概率**.

定义中要求 $P(B)>0$ 是为了保证分母不为零，在通常的应用问题中这一条件一般都能够满足，今后出现条件概率时都假定 $P(B)>0$.

容易验证，条件概率也满足概率的三条基本性质.

(1)非负性：对于每一个事件 A, $P(A|B)\geqslant 0$.

(2)规范性：对于必然事件 S, $P(S|B)=1$.

(3)可列可加性：若事件 $A_1, A_2, \cdots, A_n, \cdots$ 两两不相容，则

$$P\left(\bigcup_{i=1}^{\infty}A_i|B\right)=\sum_{i=1}^{\infty}P(A_i|B)$$

所以条件概率也是概率，从而条件概率满足概率的所有性质. 例如

$$P(\varnothing|B)=0$$

$$P(\overline{A}|B)=1-P(A|B)$$

$$P(A_1\cup A_2|B)=P(A_1|B)+P(A_2|B)-P(A_1A_2|B)$$

当 $B=S$ 时，条件概率化为无条件概率. 条件概率 $P(A|B)$可根据具体情况选择下列两种方法之一来计算:

(1)在缩减的样本空间 B 中计算;

(2)在原来的样本空间 S 中按定义计算.

例 6.4.2 一个盒子装有 5 只产品，其中 3 只一等品，2 只二等品. 从中取产品两次，每次任取一只，取后不放回. 设事件 A 为“第一次取到的是一等品”，事件 B 为“第二次取到的是一等品”，试求条件概率 $P(B|A)$.

解法 1 在缩减后的样本空间 A 上计算. 用 1, 2, 3 表示一等品, 4, 5 表示二等品，则抽取产品两次这一试验的样本空间 S 为

$$\begin{aligned}S=\{&(1,2),(1,3),(1,4),(1,5),(2,1),(2,3),(2,4),\\&(2,5),(3,1),(3,2),(3,4),(3,5),(4,1),(4,2),\\&(4,3),(4,5),(5,1),(5,2),(5,3),(5,4)\}\end{aligned}$$

$$\begin{aligned}A=\{&(1,2),(1,3),(1,4),(1,5),(2,1),(2,3),\\&(2,4),(2,5),(3,1),(3,2),(3,4),(3,5)\}\end{aligned}$$

所以

$$P(B|A)=\frac{6}{12}=\frac{1}{2}$$

另外，也可以按照条件概率的含义直接计算，因为事件 A 为第一次取到一等品，A 已经发生，第二次取产品时，所有产品只有 4 只，而其中一等品只剩下 2 只，所以 $P(B|A)=\frac{1}{2}$.

解法 2 在原来的样本空间 S 中直接按定义计算.

因为是不放回抽样，所以有

$$P(A)=\frac{3\times 4}{5\times 4}=\frac{3}{5},\qquad P(AB)=\frac{3\times 2}{5\times 4}=\frac{3}{10}$$

由条件概率的定义，得

$$P(B|A)=\frac{P(AB)}{P(A)}=\frac{1}{2}$$

2. 乘法公式

由条件概率的定义, 可以直接得到下面的乘法公式:

概率乘法定理 设 $P(B)>0$, 则有 $P(AB)=P(B)P(A|B)$; 若 $P(A)>0$, 当然也有 $P(AB)=P(A)P(B|A)$.

利用乘法公式可以计算两个事件 A, B 的交事件的概率, 在概率计算中有重要作用. 乘法公式还可以推广到任意有限个事件的交事件的情形. 例如, 设 A, B, C 是三个事件, 且 $P(BC)>0$, 则

$$P(ABC)=P(BC)P(A|BC)=P(C)P(B|C)P(A|BC)$$

一般地, 可由归纳法证明, 若 $A_1, A_2, \cdots, A_n$ 为 n 个事件, 且 $P(A_1A_2\cdots A_{n-1})>0$, 则

$$P(A_1A_2\cdots A_n)=P(A_1)P(A_2 \mid A_1)\cdots P(A_n \mid A_1A_2\cdots A_{n-1})$$

例 6.4.3 设箱内有 $a(a\geqslant 3)$个白球, b 个黑球, 在其中连取 3 次, 每次取 1 球, 取后不放回, 求所取 3 个球全都是白球的概率.

解 以 A_i 表示第 i $(i=1,2,3)$次取出的是白球这一事件. 求 3 次均取白球的概率 $P(A_1A_2A_3)$. 因

$$P(A_1A_2)=\frac{\dbinom{a}{2}}{\dbinom{a+b}{2}}=\frac{a(a-1)}{(a+b)(a+b-1)}>0$$

而

$$P(A_1)=\frac{\dbinom{a}{1}}{\dbinom{a+b}{1}}=\frac{a}{a+b}, \qquad P(A_2 \mid A_1)=\frac{\dbinom{a-1}{1}}{\dbinom{a+b-1}{1}}=\frac{a-1}{a+b-1}$$

$$P(A_3 \mid A_1A_2)=\frac{\dbinom{a-2}{1}}{\dbinom{a+b-2}{1}}=\frac{a-2}{a+b-2}$$

故由乘法公式, 得

$$P(A_1A_2A_3)=P(A_1)P(A_2 \mid A_1)P(A_3 \mid A_1A_2)=\frac{a}{a+b}\cdot\frac{a-1}{a+b-1}\cdot\frac{a-2}{a+b-2}$$

例 6.4.4 某光学仪器厂生产的透镜, 第一次落地被打破的概率为 $\frac{3}{10}$, 第二次落地被打破的概率为 $\frac{4}{10}$, 第三次落地被打破的概率为 $\frac{9}{10}$. 求透镜落地不超过 3 次被打破的概率.

解 第二次落地被打破的概率, 实际上是在第一次落地未被打破的条件下, 第二次落地才被打破的条件概率; 同样, 第三次落地被打破的概率, 是在第一、二次落地都未被打破的条件下, 第三次落地才被打破的概率. 记事件 A_i 表示透镜第 i 次落地被打破, 事件 B 表示落地不超过 3 次透镜被打破. 依题意有, $\overline{B}=\overline{A}_1\overline{A}_2\overline{A}_3$, 故

$$P(B)=1-P(\overline{B})=1-P(\overline{A}_1\overline{A}_2\overline{A}_3)=1-P(\overline{A}_1)P(\overline{A}_2\mid\overline{A}_1)P(\overline{A}_3\mid\overline{A}_1\overline{A}_2)$$
$$=1-[1-P(A_1)][1-P(A_2\mid\overline{A}_1)][1-P(A_3\mid\overline{A}_1\overline{A}_2)]$$
$$=1-\left(1-\frac{3}{10}\right)\left(1-\frac{4}{10}\right)\left(1-\frac{9}{10}\right)=1-\frac{42}{1000}=0.958$$

3. 全概率公式

在计算事件的概率时，一个自然的想法是能够通过简单事件的概率推出复杂事件的概率. 为此我们经常把一个复杂事件分解成若干个互不相容的简单事件之和，再分别计算出这些简单事件的概率，最后利用概率的可加性得到最终的结果，这就是全概率公式的思想. 全概率公式是一个计算复杂事件概率的重要工具. 为了给出全概率公式，先介绍样本空间的划分的概念.

设 S 是随机试验 E 的样本空间, $A_1, A_2, \cdots, A_n$ 为 E 的一组事件，若满足:

(1) $A_iA_j=\varnothing\ (i,j=1,2,\cdots,n;i\neq j)$;

(2) $\bigcup\limits_{i=1}^{n}A_i=S$,

则称 $A_1, A_2, \cdots, A_n$ 是样本空间 S 的一个划分(图 6.4.1).

显然样本空间 S 的划分不是唯一的，若 $A_1, A_2, \cdots, A_n$ 是 S 的一个划分，则在每次试验中，事件 $A_1, A_2, \cdots, A_n$ 中必有且仅有一个事件发生.

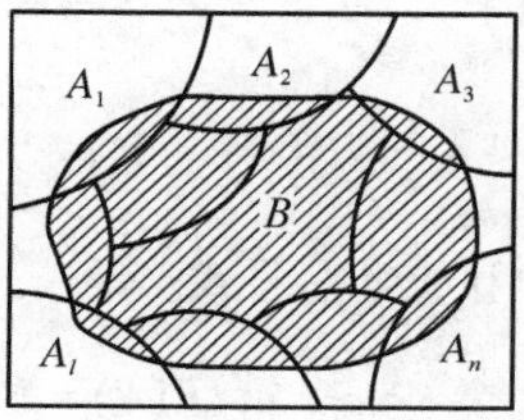

图 6.4.1　样本空间的划分

定理 6.4.1　设试验 E 的样本空间为 S, $A_1, A_2, \cdots, A_n$ 是 S 的一个划分，且 $P(A_i)>0\ (i=1, 2, \cdots, n)$. 则对 E 的任一个事件 $B\subset S$，都有

$$P(B)=\sum_{i=1}^{n}P(A_i)P(B\mid A_i) \tag{6.4.2}$$

式(6.4.2)称为**全概率公式**，它是概率论的一个基本公式.

证　因为 $A_1, A_2, \cdots, A_n$ 是 S 的一个划分，$\bigcup\limits_{i=1}^{n}A_i=S$，故

$$B=BS=B(A_1\cup A_2\cup\cdots\cup A_n)=BA_1\cup BA_2\cup\cdots\cup BA_n$$

又因为 $A_iA_j=\varnothing\ (i\neq j)$，且

$$(BA_i)(BA_j)=B(A_iA_j)=B\varnothing=\varnothing\quad(i\neq j;i,j=1,2,\cdots,n)$$

即事件 $BA_i\ (i=1, 2, \cdots, n)$也两两不相容. 由概率的有限可加性，得

$$P(B)=\sum_{i=1}^{n}P(BA_i)=\sum_{i=1}^{n}P(A_1)P(B\mid A_i)$$

由这个定理可知，若某个事件 B 的概率不易求得，但却容易找到样本空间 S 的一个划分 $A_1, A_2, \cdots, A_n$，且 $P(A_i)$及 $P(B|A_i)$都已知或容易求得，则依据式(6.4.2)可求得 $P(B)$.

例 6.4.5　设有一批同类型产品，它由 3 家工厂生产. 第 1, 2, 3 家工厂的产量各占总产量的$\frac{1}{2}$，$\frac{1}{4}$和$\frac{1}{4}$，次品率分别为 2%, 2%和 4%, 现从这批产品中任取一件，求取到的恰是次品的概率.

解 设事件 A_i 表示取到的产品是第 i 家($i=1, 2, 3$)工厂生产的事件, B 表示取到的产品是次品的事件. 则 A_1, A_2, A_3 构成样本空间 S 的一个划分, 并且

$$P(A_1)=\frac{1}{2},\quad P(A_2)=\frac{1}{4},\quad P(A_3)=\frac{1}{4}$$

$$P(B\mid A_1)=\frac{2}{100},\quad P(B\mid A_2)=\frac{2}{100},\quad P(B\mid A_3)=\frac{4}{100}$$

由全概率公式, 得

$$P(B)=\sum_{i=1}^{3}P(A_i)P(B\mid A_i)=\frac{1}{2}\times\frac{2}{100}+\frac{1}{4}\times\frac{2}{100}+\frac{1}{4}\times\frac{4}{100}=\frac{1}{40}$$

下面再举一个利用全概率公式求解的例子.

例 6.4.6 设有甲、乙两个袋子, 甲袋中装有 a 只白球, b 只红球; 乙袋中装有 c 只白球, d 只红球. 现从甲袋中任取一只球放入乙袋, 再从乙袋中任意取一只球. 求取到白球的概率.

解 从乙袋中取球之前, 要先从甲袋中任取一只球放入乙袋, 而从甲袋中取球的结果影响从乙袋中取球的结果, 所以, 不能用古典概型公式求解. 因为从甲袋中取球放入乙袋只有两种可能, 用 A 表示从甲袋中取往乙袋的球是白球, 则 $\overline{A}$ 表示从甲袋中取往乙袋的球是红球, 且 A 和 $\overline{A}$ 构成一个划分. 用 B 表示从乙袋中取得白球的事件. 显然有

$$P(A)=\frac{a}{a+b},\qquad P(\overline{A})=\frac{b}{a+b}$$

$$P(B\mid A)=\frac{c+1}{c+d+1},\qquad P(B\mid \overline{A})=\frac{c}{c+d+1}$$

由全概率公式, 得

$$\begin{aligned}P(B)&=P(A)P(B\mid A)+P(\overline{A})P(B\mid \overline{A})=\frac{a}{a+b}\times\frac{c+1}{c+d+1}+\frac{b}{a+b}\times\frac{c}{c+d+1}\\&=\frac{a(c+1)+bc}{(a+b)(c+d+1)}\end{aligned}$$

4. 贝叶斯公式

设 $A_1, A_2,\cdots, A_n$ 为样本空间 S 的一个划分, B 为一个事件, 且 $P(B)>0$, $P(A_i)>0$ $(i=1, 2,\cdots, n)$. 由乘法公式, 有

$$P(A_iB)=P(B)P(A_i|B)=P(A_i)P(B|A_i)$$

所以

$$P(A_i\mid B)=\frac{P(A_i)P(B\mid A_i)}{P(B)}$$

再利用全概率公式, 得

$$P(A_i\mid B)=\frac{P(A_i)P(B\mid A_i)}{\sum_{i=1}^{n}P(A_i)P(B\mid A_i)}\tag{6.4.3}$$

这个公式由英国统计学家贝叶斯(Bayes, 1702～1761)提出, 称为**贝叶斯公式**. 从形式上看, 它只是条件概率定义的一个简单推论, 但却包含了归纳推理的一种思想. 大家可以这样来理解这个公式, 假设某个过程有 $A_1, A_2,\cdots, A_n$ 这样 n 个可能的前提(原因), $\{P(A_i), i=1, 2,\cdots, n\}$ 是人们对这 n 个前提的可能性大小的一种事前估计, 称为**先验概率**. 当这个过程有了一个结

果B后，人们便会通过条件概率$\{P(A_i|B), i=1,2,\cdots,n\}$对这$n$个前提的可能性的大小做出一种新的认识，所以将这些条件概率称为**后验概率**. 贝叶斯公式就是计算这种后验概率的工具. 例如，炮兵通常需要进行试射，其目的就在于确定关于射击的一些条件(瞄准的正确性等). 后来从这种先验概率和后验概率的理念中发展出一整套统计理论和方法，形成了概率统计中的贝叶斯学派.

例 6.4.7 设有一批同类型产品，它由 3 家工厂生产. 第 1, 2, 3 家工厂的产量各占总产量的$\dfrac{1}{2}$，$\dfrac{1}{4}$和$\dfrac{1}{4}$，次品率分别为 2%, 2%和 4%, 现从这批产品中任取一件，发现是次品，问它是第 1, 2, 3 家工厂生产的概率各为多少？

解 沿用例 6.4.5 的记号.

$$P(A_1)=\frac{1}{2},\quad P(A_2)=\frac{1}{4},\quad P(A_3)=\frac{1}{4}$$

$$P(B\mid A_1)=\frac{2}{100},\quad P(B\mid A_2)=\frac{2}{100},\quad P(B\mid A_3)=\frac{4}{100}$$

由贝叶斯公式，有

$$P(A_1\mid B)=\frac{P(A_1)P(B\mid A_1)}{\sum\limits_{i=1}^{n}P(A_i)P(B\mid A_i)}=\frac{\dfrac{1}{2}\times\dfrac{2}{100}}{\dfrac{1}{2}\times\dfrac{2}{100}+\dfrac{1}{4}\times\dfrac{2}{100}+\dfrac{1}{4}\times\dfrac{4}{100}}=\frac{2}{5}$$

也可以先求$P(B)$，再由下面的公式得

$$P(A_2\mid B)=\frac{P(A_2)P(B\mid A_2)}{P(B)}=\frac{\dfrac{1}{4}\times\dfrac{2}{100}}{\dfrac{1}{40}}=\frac{1}{5}$$

$$P(A_3\mid B)=\frac{P(A_3)P(B\mid A_3)}{P(B)}=\frac{\dfrac{1}{4}\times\dfrac{4}{100}}{\dfrac{1}{40}}=\frac{2}{5}$$

结果表明，该次品由第 2 家工厂生产的可能性最小，由第 2 家和第 3 家工厂生产的可能性相同.

例 6.4.8 发报台分别以概率 0.6 和 0.4 发出信号“·”和“–”，由于通信系统受到干扰，当发出信号为“·”时，收报台未必收到信号“·”，而是分别以概率 0.8 和 0.2 收到信号“·”和“–”；当发出信号为“–”时，收报台分别以概率 0.9 和 0.1 收到信号“–”和“·”. 现求当收报台收到信号“·”时，发报台确实发出信号“·”的概率.

解 设A为发出信号“·”的事件，B为收到信号“·”的事件. 则

$$P(A)=0.6,\qquad P(\overline{A})=0.4,\qquad P(B\mid A)=0.8,\qquad P(B\mid \overline{A})=0.1$$

由贝叶斯公式知，所求概率为

$$P(A\mid B)=\frac{P(AB)}{P(B)}=\frac{P(A)P(B\mid A)}{P(A)P(B\mid A)+P(\overline{A})P(B\mid \overline{A})}$$

$$=\frac{0.6\times 0.8}{0.6\times 0.8+0.4\times 0.1}=0.923$$

6.5 事件的独立性

独立性是概率论中最重要的概念之一，许多实际问题中的概率计算都需要独立性的假设. 在此先从两个事件的独立性开始讨论，然后推广到一般的情形.

1. 两个事件的独立性

先考察一个古典概型的例子.

例 6.5.1 一口袋中装有 a 只白球和 b 只黑球，采用有放回摸球，求：

(1)在已知第 1 次摸得白球的条件下，第 2 次摸出白球的概率；

(2)第 2 次摸出白球的概率.

解 以事件 A 表示第 1 次摸得白球，事件 B 表示第 2 次摸得白球，则

$$P(A)=\frac{a}{a+b},\qquad P(AB)=\frac{a^2}{(a+b)^2},\qquad P(\bar{A}B)=\frac{ba}{(a+b)^2}$$

所以

$$P(B\mid A)=\frac{P(AB)}{P(A)}=\frac{a}{a+b}$$

而

$$P(B)=P(AB)+P(\bar{A}B)=\frac{a^2}{(a+b)^2}+\frac{ba}{(a+b)^2}=\frac{a}{a+b}$$

还可以算得

$$P(A\mid B)=\frac{P(AB)}{P(B)}=\frac{a}{a+b}$$

在这个例子中，$P(B|A)=P(B)$, $P(A|B)=P(A)$. 这个结果说明事件 A 发生与否对事件 B 发生的概率没有影响，事件 B 发生与否对事件 A 发生的概率也没有影响. 从直观上讲，这很自然，因为这里采用的是有放回摸球，所以第 2 次摸球时袋中球的组成与第 1 次摸球时完全相同，当然第 1 次摸球的结果实际上不影响第 2 次摸球，在这种场合可以说，事件 A 的发生与事件 B 的发生有某种“独立性”. 由概率的乘法公式容易证明，如果 $P(B|A)=P(B)$，就有

$$P(AB)=P(A)P(B|A)=P(A)P(B)$$

反之，如果 $P(AB)=P(A)P(B)$，就有

$$P(B|A)=P(B),\qquad P(A|B)=P(A)$$

同时成立. 因为条件概率的定义中还有 $P(A)>0$ 的要求，我们采用下面的独立性定义.

定义 6.5.1 对事件 A 及 B，若 $P(AB)=P(A)P(B)$，则称事件 A 与事件 B **相互独立**，简称**独立**.

按照这个定义，必然事件 S 和不可能事件 $\varnothing$ 与任何事件独立. 此外，因 A 与 B 的位置对称，若 A 与 B 相互独立，则 B 与 A 相互独立.

推论 6.5.1 若事件 A, B 独立，且 $P(B)>0$，则 $P(A|B)=P(A)$.

证 由条件概率定义及独立性定义，得

$$P(A\mid B)=\frac{P(AB)}{P(B)}=\frac{P(A)P(B)}{P(B)}=P(A)$$

因此, 若事件 A, B 相互独立, 则 A 关于 B 的条件概率 $P(A|B)$等于无条件概率 $P(A)$, 这表示事件 B 的发生对于事件 A 是否发生没有提供任何信息, 独立性就是把这种关系从数学上加以严格定义.

推论 6.5.2 若事件 A, B 独立, 则下列各对事件也相互独立:

$$A 与 \overline{B}, \quad \overline{A} 与 B, \quad \overline{A} 与 \overline{B}$$

证 因为

$$\begin{aligned} P(A\overline{B}) &= P(A-AB) = P(A)-P(AB) = P(A)-P(A)P(B) \\ &= P(A)[1-P(B)] = P(A)P(\overline{B}) \end{aligned}$$

所以 A 与 $\overline{B}$ 相互独立. 类似地, 可以推出 $\overline{A}$ 与 $\overline{B}$ 相互独立, $\overline{A}$ 与 B 相互独立, 在此给读者留作练习.

上面给出了两个事件的独立性概念, 但一般来讲, 一个事件的发生对另外一个事件的发生概率是可能有影响的, 也就是说两个事件是不独立的. 不放回摸球模型就是不独立的一个简单例子.

例 6.5.2 在例 6.5.1 中, 若采取不放回摸球, 求:

(1)在已知第 1 次摸得白球的条件下, 第 2 次摸出白球的概率;

(2)第 2 次摸出白球的概率.

解 这时

$$P(A)=\frac{a}{a+b}, \quad P(AB)=\frac{a(a-1)}{(a+b)(a+b-1)}, \quad P(\overline{A}B)=\frac{ba}{(a+b)(a+b-1)}$$

所以

$$P(B\,|\,A)=\frac{P(AB)}{P(A)}=\frac{a-1}{a+b-1}$$

而

$$\begin{aligned} P(B) &= P(AB)+P(\overline{A}B) \\ &= \frac{a(a-1)}{(a+b)(a+b-1)}+\frac{ba}{(a+b)(a+b-1)}=\frac{a}{a+b} \end{aligned}$$

这里 $P(B|A)\neq P(B)$, 即事件 A 与 B 不是相互独立的. 这也是很自然的, 因为摸球后不放回, 第 1 次摸到的白球已经使袋中球的组成成分改变了, 必然会影响第 2 次摸到白球的概率. 而 $P(A)=P(B)$则再次证明抽签与顺序无关.

2. 多个事件的独立性

先定义三个事件的独立性. 当考虑三个事件之间是否相互独立时, 除了必须考虑任意两事件的相互关系外, 还要考虑到三个事件的乘积的概率问题. 基于这样的原因, 给出下面的定义:

定义 6.5.2 设 A, B, C 为三个事件, 若下列 4 个等式同时成立, 则称它们相互独立.

$$\begin{cases} P(AB)=P(A)P(B) \\ P(BC)=P(B)P(C) \\ P(AC)=P(A)P(C) \end{cases} \tag{6.5.1}$$

$$P(ABC)=P(A)P(B)P(C) \tag{6.5.2}$$

从式(6.5.1)可以看出, 若 A, B, C 相互独立, 则 A 与 B、B 与 C、C 与 A 都相互独立, 即 A, B, C 两两独立. 自然会产生这样一个问题: 三个事件 A, B, C 两两独立, 能否保证它们相互独立呢？即由式(6.5.1)能否推出式(6.5.2)？回答是否定的，这可以从下面的例子看出.

例 6.5.3 (伯恩斯坦反例)一个均匀的正四面体，其第 1, 2, 3 面分别染上红、白、黑色，而第 4 面同时染上红、白、黑 3 种颜色. 现在以 A, B, C 分别表示投掷一次四面体，向上的一面出现红、白、黑颜色的事件. 因在四面体中有两面红色，故

$$P(A)=\frac{1}{2}$$

同理，$P(B)=P(C)=\frac{1}{2}$，得

$$P(AB)=P(BC)=P(AC)=\frac{1}{4}$$

所以式(6.5.1)成立，即 A, B, C 两两独立. 但是

$$P(ABC)=\frac{1}{4}\neq\frac{1}{8}=P(A)P(B)P(C)$$

所以式(6.5.2)不成立，从而 A, B, C 不相互独立.

下面一个例子说明由式(6.5.2)也不能推出式(6.5.1)，所以 A, B, C 相互独立的定义中要求式(6.5.1)及式(6.5.2)同时成立.

例 6.5.4 设有一个均匀正八面体，其第 1, 2, 3, 4 面染上红色，第 1, 2, 3, 5 面染上白色，第 1, 6, 7, 8 面染上黑色. 现在以 A, B, C 表示投掷一次正八面体，向上的一面出现红、白、黑的事件，则

$$P(A)=P(B)=P(C)=\frac{4}{8}=\frac{1}{2},\qquad P(ABC)=\frac{1}{8}=P(A)P(B)P(C)$$

但是

$$P(AB)=\frac{3}{8}\neq\frac{1}{4}=P(A)P(B)$$

类似地，可以定义 n 个事件的独立性.

定义 6.5.3 设 $A_1, A_2, \cdots, A_n$ 为 n 个事件，若对于所有可能的组合 $1\leqslant i<j<k\cdots\leqslant n$,

$$\begin{cases} P(A_iA_j)=P(A_i)P(A_j) \\ P(A_iA_jA_k)=P(A_i)P(A_j)P(A_k) \\ \qquad\cdots\cdots \\ P(A_1,A_2,\cdots,A_n)=P(A_1)P(A_2)\cdots P(A_n) \end{cases} \tag{6.5.3}$$

成立，则称 $A_1, A_2, \cdots, A_n$ 相互独立.

这里，第 1 行有 $\binom{n}{2}$ 个式子，第 2 行有 $\binom{n}{3}$ 个式子，因此满足

$$\binom{n}{2}+\binom{n}{3}+\cdots+\binom{n}{n}=2^n-n-1$$

个等式. 由三个事件的场合可看出同时满足这些关系式是必须的.

关于多个事件的独立性，有如下结论:

(1)若 n 个事件 $A_1, A_2, \cdots, A_n$ 相互独立，则它们中的任何 $m(2\leqslant m<n)$ 个事件也相互独立.

(2)若 n 个事件 $A_1, A_2, \cdots, A_n$ 相互独立，则将其中任意一个事件换成它们的对立事件后仍然相互独立.

需要说明的是，在实际应用中，独立性的定义不是用来判断事件间的独立性的，而是用来计算事件乘积的概率的．事件间的独立性常常是根据问题的实际意义和性质来判断或者假设的．若事件是独立的，则许多概率的计算就可以大为简化．例如，设 A_1，$A_2,\cdots$，A_n 是 n 个相互独立的事件，因为

$$\overline{A_1 \cup A_2 \cup \cdots \cup A_n} = \overline{A}_1 \cap \overline{A}_2 \cap \cdots \cap \overline{A}_n$$

至少有一个事件发生的概率为

$$P(A_1 \cup A_2 \cup \cdots \cup A_n) = 1 - P(\overline{A}_1\overline{A}_2\cdots\overline{A}_n) = 1 - P(\overline{A}_1)P(\overline{A}_2)\cdots P(\overline{A}_n)$$

如果 A_1，$A_2,\cdots$，A_n 不相互独立，这个概率的计算就要用概率的一般加法公式，是比较复杂的．

例 6.5.5 对同一目标进行 3 次独立的射击，命中率分别为 0.5、0.6、0.8．对目标的 3 次射击中，求恰有 1 次命中目标和至少有 1 次命中目标的概率．

解 记事件 A_i 表示第 i 次射击时命中目标，事件 B 表示 3 次射击中恰有 1 次命中目标，事件 C 表示 3 次射击中至少有 1 次命中目标．则有

$$B = A_1\overline{A}_2\overline{A}_3 \cup \overline{A}_1A_2\overline{A}_3 \cup \overline{A}_1\overline{A}_2A_3, \qquad C = A_1 \cup A_2 \cup A_3$$

由题意知事件 A_1, A_2, A_3 相互独立，利用概率的性质，得

$$\begin{aligned}
P(B) &= P(A_1\overline{A}_2\overline{A}_3 \cup \overline{A}_1A_2\overline{A}_3 \cup \overline{A}_1\overline{A}_2A_3) \\
&= (A_1\overline{A}_2\overline{A}_3) + P(\overline{A}_1A_2\overline{A}_3) + P(\overline{A}_1\overline{A}_2A_3) \\
&= P(A_1)P(\overline{A}_2)P(\overline{A}_3) + P(\overline{A}_1)P(A_2)P(\overline{A}_3) + P(\overline{A}_1)P(\overline{A}_2)P(A_3) \\
&= 0.5 \times (1-0.6) \times (1-0.8) + (1-0.5) \times 0.6 \times (1-0.8) \\
&\quad + (1-0.5) \times (1-0.6) \times 0.8 \\
&= 0.26
\end{aligned}$$

$$\begin{aligned}
P(C) &= 1 - P(\overline{C}) = 1 - P(\overline{A_1 \cup A_2 \cup A_3}) \\
&= 1 - P(\overline{A}_1\overline{A}_2\overline{A}_3) = 1 - P(\overline{A}_1)P(\overline{A}_2)P(\overline{A}_3) \\
&= 1 - (1-0.5) \times (1-0.6) \times (1-0.8) \\
&= 0.96
\end{aligned}$$

例 6.5.6 设有电路如图 6.5.1 所示，其中 1, 2, 3, 4 为继电器接点，假设每一继电器接点闭合的概率均为 p，且各继电器接点闭合与否相互独立，求 L 至 R 成通路的概率．

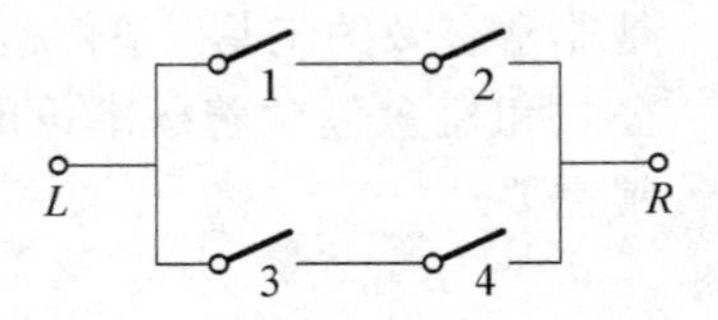

图 6.5.1 继电器连接方式

解 设

$A_i = \{$第 i 个继电器闭合$\}(i = 1, 2, 3, 4)$

$A = \{L$ 至 R 是通路$\}$

于是 $A = A_1A_2 \cup A_3A_4$．由 A_1, A_2, A_3, A_4 的独立性和加法公式，得

$$\begin{aligned}
P(A) &= P(A_1A_2) + P(A_3A_4) - P(A_1A_2A_3A_4) \\
&= P(A_1)P(A_2) + P(A_3)P(A_4) - P(A_1)P(A_2)P(A_3)P(A_4) \\
&= p^2 + p^2 - p^4 \\
&= 2p^2 - p^4
\end{aligned}$$

例 6.5.7 一个元件能正常工作的概率称为该元件的可靠性．由元件组成的系统能正常工作的概率称为该系统的可靠性．

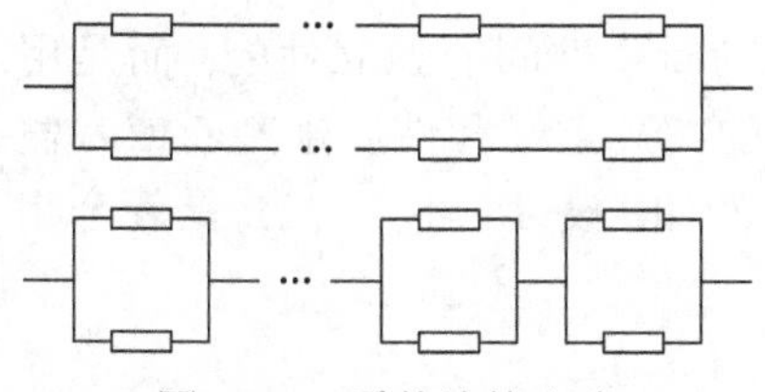
图 6.5.2　系统连接方式

设构成系统的每个元件的可靠性均为 $r(0<r<1)$, 且各元件的正常工作与否是相互独立的. 设有 $2n$ 个元件, 按图 6.5.2 所示的两种连接方式构成系统 I(并串联系统)与系统 II(串并联系统). 试求它们的可靠性.

解　对系统 I, 它有两条通路, 每条通路要能正常工作当且仅当通路上各元件都正常工作, 故其可靠性为 r^n, 即每条通路发生故障的概率为 $1-r^n$, 因系统由两条通路并联而成, 故系统发生故障, 即两通路同时发生故障的概率为 $(1-r^n)^2$, 从而系统 I 的可靠性为

$$R_1 = 1-(1-r^n)^2 = r^n(2-r^n)$$

对系统 II, 每对并联元件的可靠性为 $1-(1-r)^2$, 又系统由 n 对并联元件串联而成, 故其可靠性为

$$R_2 = [1-(1-r)^2]^n = r^n(2-r)^n$$

利用数学归纳法不难证明当 $n\geqslant 2$ 时, $(2-r)^n>2-r^n$. 因此虽然上面两个系统同样由 $2n$ 个元件构成, 作用也相同, 但是系统 II 的可靠性比系统 I 的可靠性来得大, 寻找可靠性较大的构成方式也是以概率论为基础的可靠性理论的研究课题之一.

本 章 小 结

随机现象中的规律要通过大量的试验才能呈现出来, 称为统计规律. 为了研究这种规律, 我们定义了随机试验、样本空间、样本点和随机事件等基本概念. 随机事件发生的可能性的大小是客观存在的, 是可以度量的, 度量的数量指标就是概率.

柯尔莫哥洛夫从古典概率、几何概率和频率的有关性质中概括出三条公理, 指出凡是满足这三条公理的集合函数都可以作为概率, 并给出了概率的公理化定义, 极大地推动了概率论的发展, 是概率论发展史上一个里程碑事件.

古典概型和几何概型是概率论发展早期所研究的随机模型, 对解决许多实际问题仍然是非常有效的工具. 条件概率、乘法公式、全概率公式、贝叶斯公式和事件的独立性等重要公式和概念包含着概率论的基本思想, 对于理解概率论的基本概念和学习进一步的内容非常重要.

本章常用词汇中英文对照

随机试验	random experiment	试验结果	outcomes
样本空间	sample space	随机事件	random event
事件的并	union of events	事件的交	intersection of events
频率	relative frequency	概率	probability
加法公式	addition rule	条件概率	conditional probability
乘法公式	multiplication rule	全概率公式	total probability formula
独立	independent	贝叶斯公式	Bayes formula

习 题 6

1. 写出下列随机试验的样本空间.

(1)将一枚硬币抛掷 3 次, 观察正面 H、反面 T 出现的情况;

(2)将一枚硬币抛掷 3 次, 观察正面出现的次数;

(3)同时掷 3 颗骰子, 记录 3 颗骰子出现的点数之和;

(4)采用百分制记分, 记录某区队一次高等数学测验的平均分数;

(5)将长为 L 的棒任意折成 3 段, 观察各段的长度;

(6)生产的产品直到得到 8 件正品为止, 记录生产产品的总件数;

(7)接连不断地掷一枚硬币直到出现正面为止, 观察正面 H、反面 T 出现的情况;

(8)在单位圆内任取一点, 记录它的坐标.

2. 写出下列等式成立的条件:

(1)$AB=A$　(2) $A\cup B=A$　(3) $A\cup B\cup C=A$　(4)$ABC=A$

3. 用作图的方法验证下列等式.

(1) $(A\cup B)C=AC\cup BC$　(2) $(AB)\cup C=(A\cup C)(B\cup C)$

(3) $\overline{A\cup B}=\overline{A}\overline{B}$　(4) $A-B=A\overline{B}$

4. 试问下列命题是否成立?

(1) $A-(B-C)=(A-B)\cup C$;

(2)若 $AB=\varnothing$ 且 $C\subset A$, 则 $BC=\varnothing$;

(3) $(A\cup B)-B=A$;

(4) $(A-B)\cup B=A$.

5. 设 A, B, C 是三个事件, 试以 A, B, C 的运算关系表示下列各事件.

(1)A 发生, 而 B 与 C 不发生;

(2)A, B, C 不都发生;

(3)A 不发生, 而 B, C 中至少有一个发生;

(4)仅仅 A 发生;

(5)A, B, C 至多有两个发生;

6. 任取两个正整数, 求它们的和为偶数的概率.

7. 10 个人分别佩戴 1 号到 10 号的纪念章. 在其中任选 3 人并记录其纪念章编号. 求:

(1)最小号码为 5 的概率;

(2)最大号码为 5 的概率.

8. 袋中有白球 5 只, 黑球 6 只, 从中接连不放回地取出 3 球, 求顺序为黑白黑的概率.

9. 将 3 个球随机地放入 4 个杯子中去, 求杯子中球的最大个数分别为 1, 2, 3 的概率.

10. 100 件产品中有 20 件次品, 80 件正品, 从中任取 10 件. 求:

(1)恰有 2 件次品的概率;

(2)至少有 2 件次品的概率.

11. 考虑一元二次方程 $x^2+Bx+C=0$, 其中 B, C 分别是将一颗骰子接连掷两次先后出现的点数, 求该方程有实根的概率 p 和有重根的概率 q.

12. 已知 $P(\overline{A})=0.3,\ P(B)=0.4,\ P(A\overline{B})=0.5$，求 $P(B\mid A\cup\overline{B})$.

13. 已知 $P(A)=\dfrac{1}{4},\ P(B\mid A)=\dfrac{1}{3},\ P(A\mid B)=\dfrac{1}{2}$，求 $P(A\cup B)$.

14. 某人忘记了电话号码的最后一个数字，因而随意地拨号. 求他拨号不超过 3 次而接通所需电话的概率. 若已知最后一位数字是奇数，此概率又是多少？

15. 两批相同的产品各有 12 件和 10 件，在每批产品中都有一件废品，今从第 1 批产品中任意抽出一件放入第 2 批中，然后再从第 2 批中任取一件，求从第 2 批中取出的是废品的概率.

16. 掷两颗骰子，已知两颗骰子点数之和为 7，求其中有一颗为 1 点的概率.

17. 某工厂机器甲、乙、丙各生产产品总数的 25%、35%和 40%，它们生产的产品中分别有 5%、4%、2%的次品，将这些产品混在一起.

(1)从中任取一只产品，求取到的是次品的概率；

(2)现任取一只产品，发现是次品，问这只次品是机器甲生产的概率是多少？

18. 将两信息分别编码为 0 和 1 传递出去，接收站收到时，0 被误收作 1 的概率为 0.02，而 1 被误收作 0 的概率为 0.01，信息 0 与 1 传送的频繁程度为 2∶1，若接收站收到的信息是 0，问原发信息是 0 的概率是多少？

19.(1)已知 $P(B\mid A)=P(B\mid\overline{A})$，试证：$A$ 与 B 相互独立；

(2)试证：若 $P(B|A)>P(B)$，则 $P(A|B)>P(A)$.

20. 三人独立地破译一个密码，他们能译出的概率分别是 $\dfrac{1}{5},\dfrac{1}{3},\dfrac{1}{4}$，问能将此密码译出的概率是多少？

21. 设 A, B 是两事件，且 $P(A)=0.6, P(B)=0.8$，问：

(1)在什么条件下 $P(AB)$取到最大值，最大值是多少？

(2)在什么条件下 $P(AB)$取得最小值，最小值是多少？

22. 证明：

(1) $P(AB)\geqslant P(A)+P(B)-1$；

(2) $P(A_1A_2\cdots A_n)\geqslant P(A_1)+P(A_2)+\cdots+P(A_n)-(n-1)$.

23. 一架电梯开始载有 6 位乘客，每位乘客等可能地从 10 层楼房的每一层离去. 求下列事件的概率：

(1)某一层有两位乘客离开；

(2)没有两位及两位以上乘客从同一层离开；

(3)恰有两位乘客从同一层离开；

(4)至少有两位乘客从同一层离开.

24. 从 5 双不同的鞋子中任取 4 只，求这 4 只鞋中至少有两只配成一双的概率.

25. 50 只铆钉随机地取来用在 10 个部件上，其中有 3 只铆钉强度太弱. 每个部件用 3 只铆钉，若 3 只强度太弱的铆钉都装在一个部件上，则该部件强度太弱. 问发生一个部件强度太弱的概率是多少？

26. 从(0, 1)中随机地取两个数，求下列事件的概率.

(1)两数之和小于 $\dfrac{6}{5}$；

(2)两数之积小于 $\dfrac{1}{4}$；

(3)以上两个条件同时满足.

27. 设 $0<P(B)<1$，试证：事件 A 与 B 独立的充要条件是 $P(A\mid B)=P(A\mid\overline{B})$.

28. 根据以往记录的数据分析，某船只运输的某种物品损坏的情况共有 3 种：损坏 2%(这一事件记为 A_1)、

损坏 10%(事件 A_2)、损坏 90%(事件 A_3). 且知 $P(A_1) = 0.8, P(A_2) = 0.15, P(A_3) = 0.05$. 现从已被运输的物品中随机地抽取 3 件, 发现这三件都是好的(事件 B), 试求 $P(A_2|B)$.

29. 假设 m 部雷达独立地追踪一目标, 各雷达一次扫描发现目标的概率为 p, 且在长为 T 的时间内各扫描 n 次, 求在长为 T 的时间内:

(1)至少有一部雷达发现目标的概率;

(2)各部雷达均能发现目标的概率.

30. 设 A, B, C 三事件相互独立, 证明: $A\cup B$, $A-B$ 分别与 C 相互独立.

第 7 章　随机变量及其概率分布

在研究随机现象时，会发现许多随机试验的结果可以用数值表示. 例如：抛骰子试验中出现的结果是点数；火炮对目标轰击时，关心的是命中目标的次数；考察气温时，记录气温的度数. 测量物理量时的误差，检测灯泡的寿命等，也与数值有关.

还有一些随机试验的结果虽然表面上和数值无关，但是可以将试验的结果与一个实数集建立一一对应关系，使得试验的结果与数值发生联系. 例如，抛一枚均匀硬币，试验的两个结果为正面 H 和反面 T，这和数值没有关系. 如果约定用“1”表示出现正面，用“0”表示出现反面，抛一枚均匀硬币的试验结果就可以用数值表示了.

一般地，对一个随机事件 A，一定可以通过如下的示性函数使它与数值发生联系：

$$I_A=\begin{cases}1, & \text{如果}A\text{发生}\\0, & \text{如果}A\text{不发生}\end{cases}$$

这些例子说明，试验的结果都能用一个数来表示，这个数是随着试验结果的不同而变化的，也即它是样本点的一个函数，这种变量称为随机变量.

随机变量概念的引入将随机试验的结果用实数表示，使我们可以利用高等数学等工具来研究随机试验，更深刻地揭示随机现象的统计规律. 随机变量的概念虽然在概率论发展的初期已经被引入，但是最早认识到这个概念重要意义的是俄罗斯数学家切比雪夫. 他利用随机变量的概念对极限定理给出了严格的叙述和证明，标志着概率论现代化的开始，是概率论发展史上的一个重大事件.

7.1　随机变量与分布函数

定义 7.1.1　设 E 是随机试验，$S=\{e\}$为其样本空间，若对每一个 $e\in S$，都有一个实数 $X(e)$与之对应，则得到一个定义在集合 S 上，取值于实数集 $\mathbf{R}$ 上的单值实值函数 $X=X(e)$，称其为**随机变量**.

在本书中，一般用大写的英文字母 $X, Y, Z, \cdots$ 表示随机变量，小写字母 $x, y, z, \cdots$ 表示实数.

从定义可以看出，随机变量就是样本空间到实数空间的一个映射（图 7.1.1），这与高等数学中的函数概念本质上是一样的. 但因为随机变量的定义域为样本空间，它是样本点的函数，所以在试验之前，只能知道它可能取哪些值，而不能预先知道它取什么值. 因为试验结果的出现有一定的概率，所以随机变量的取值也有一定的概率. 我们关心的正是随机变量以多大的概率取什么样的数值. 为此引入分布函数的概念.

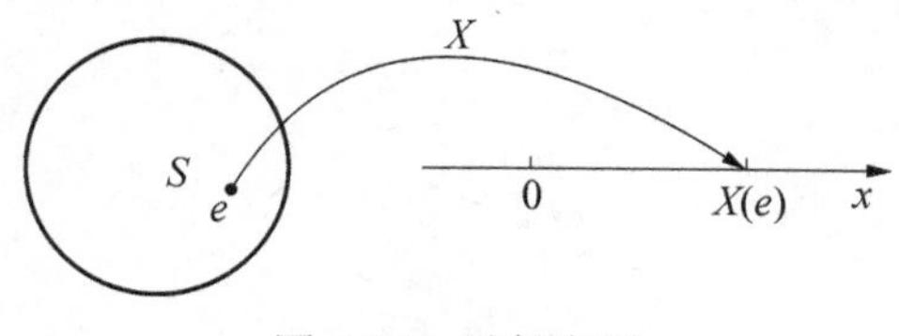

图 7.1.1　随机变量

定义 7.1.2　设 X 为随机变量，称函数

$$F(x)=P(X\leqslant x),\quad -\infty<x<+\infty$$

为随机变量 X 的**分布函数**.

上式中的 $P(X\leqslant x)$表示事件$\{e:\ e\in S,\ X(e)\leqslant x\}$的概率. 从分布函数的定义可知，若将 X 所

有可能的取值看成是数轴上的随机点的坐标，则分布函数 $F(x)$在点 x 处的函数值等于 X 取值于$(-\infty, x]$内的概率. 从而对任意的实数 $a<b$，有

$$P(a<X\leqslant b)=P(X\leqslant b)-P(X\leqslant a)=F(b)-F(a)$$

可以证明，随机变量落入任何区间的概率都可以用分布函数来表示，进一步还可以证明随机变量落入任何一个“常见”集合的概率都可以用分布函数来表示. 从这个意义上讲，分布函数完整地描述了随机变量的统计特征，知道了一个随机变量的分布函数就掌握了这个随机变量的统计特征. 当 X 的分布函数为 $F(x)$时，称 X 服从分布 $F(x)$，记为 $X\sim F(x)$.

由概率的定义和性质容易证明，分布函数具有如下基本性质.

(1)单调性：若 $x_1<x_2$，则 $F(x_1)\leqslant F(x_2)$.

(2)规范性：$F(-\infty)=\lim\limits_{x\to-\infty}F(x)=0$，$F(+\infty)=\lim\limits_{x\to+\infty}F(x)=1$.

(3)右连续性：$F(x+0)=F(x)$，即 $\lim\limits_{x\to x_0^+}F(x)=F(x_0)$.

还可以证明，满足上述三条基本性质的函数 $F(x)$必是某个随机变量的分布函数. 分布函数是概率论中一个非常重要的概念，每一个随机变量都有一个分布函数，利用它可以求出随机变量取各种不同值的概率. 分布函数既能完整地描述随机变量的分布规律，又具有较好的分析性质，是研究随机变量的重要工具. 显然，分布函数满足

$$0\leqslant F(x)\leqslant 1$$

例 7.1.1 设随机变量 X 的分布函数为 $F(x)=\begin{cases}a+\dfrac{1}{3}\mathrm{e}^x, & x<0,\\ b-\dfrac{1}{3}\mathrm{e}^{-2x}, & x\geqslant 0,\end{cases}$ 求常数 a, b 和概率 $P(-1<X\leqslant 2)$.

解 由分布函数的性质，有

$$\lim_{x\to-\infty}F(x)=\lim_{x\to-\infty}\left(a+\frac{1}{3}\mathrm{e}^x\right)=a=0$$

$$\lim_{x\to+\infty}F(x)=\lim_{x\to+\infty}\left(b-\frac{1}{3}\mathrm{e}^{-2x}\right)=b=1$$

得 $a=0, b=1$. 所以 X 的分布函数为

$$F(x)=\begin{cases}\dfrac{1}{3}\mathrm{e}^x, & x<0\\ 1-\dfrac{1}{3}\mathrm{e}^{-2x}, & x\geqslant 0\end{cases}$$

$$P(-1<X\leqslant 2)=F(2)-F(-1)=1-\frac{1}{3}(\mathrm{e}^{-4}+\mathrm{e}^{-1})$$

常见的随机变量，根据它取值的特点分为两大类：离散型随机变量和连续型随机变量. 当然还有一些其他类型的随机变量，例如，两者的混合型. 这里只讨论离散型随机变量和连续型随机变量. 因为它们的分布特点有很大的不同，以下分别讨论.

案例：品酒师的真假
微课视频：①二项分布
②伯努利概型

7.2 离散型随机变量及其分布律

定义 7.2.1 设 X 为一个随机变量，若 X 所有可能取的值为有限个或可列个，则称 X 为**离散型随机变量**.

日常生活中碰到的很多随机变量都是离散型的. 例如, 掷一枚硬币, 用“1”表示出现正面, 用“0”表示出现反面, 则可定义随机变量 X 来描述这个试验, X 可能的取值为{0, 1}. 掷一骰子, 观察其出现的点数, 则可定义一随机变量, 其可能的取值为{1, 2, 3, 4, 5, 6}. 对一目标进行射击, 命中目标所需炮弹的数目也是一随机变量, 其可能的取值为{1, 2, 3, ⋯}等. 这些都是离散型随机变量的例子. 那么怎样才能全面地掌握离散型随机变量的特性呢？如果把它可能取的值一一列举出来, 并确定它取这些值的概率, 则它的概率特征就完全确定了.

例 7.2.1 学员队进行手枪射击训练, 每人射击 3 次, 命中目标 1 次得 1 分. 现有一学员, 每次射击中靶的概率均为 0.4, 求其射击 3 次所得总分分别为 0, 1, 2, 3 分的概率.

解 以 X 表示该学员所得分数, 显然它是一个离散型随机变量, 其可能的取值为{0, 1, 2, 3}. 设 A_k $(k=1, 2, 3)$为第 i 次射击中靶的事件, 则 $P(A_k)$=0.4. 记

$$p_k = P(X=k) = P(\{e: X(e)=k\}) \quad (k=0, 1, 2, 3)$$

则有

$$p_0 = P(X=0) = P(\overline{A}_1\overline{A}_2\overline{A}_3) = P(\overline{A}_1)P(\overline{A}_2)P(\overline{A}_3) = 0.6^3 = 0.216$$

$$p_1 = P(X=1) = P\ (\text{事件}A_1, A_2, A_3\text{恰好有一个发生})$$

$$= \binom{3}{1}[P(A_i)]^1[P(\overline{A}_i)]^{3-1} = \binom{3}{1}0.4\times 0.6^2 = 0.432$$

$$p_2 = P(X=2) = P\ (\text{事件}A_1, A_2, A_3\text{恰好有两个发生})$$

$$= \binom{3}{2}[P(A_i)]^2[P(A-_i)]^1 = \binom{3}{2}0.4^2\times 0.6 = 0.288$$

$$p_3 = P(X=3) = P(A_1A_2A_3) = P(A_1)P(A_2)P(A_3) = 0.4^3 = 0.064$$

这些结果用表格表示出来更为清楚

X	0	1	2	3
p_k	0.216	0.432	0.288	0.064

一般地, 设$\{x_k\}$为离散型随机变量 X 的所有可能的取值, 而 p_k 为 X 取 x_k 的概率, 则称

$$p_k = P(X=x_k) \quad (k=1,2,3,\cdots) \tag{7.2.1}$$

为离散型随机变量 X 的**概率分布律**或**概率分布列**, 也简称为 X 的**分布律**或**分布列**.

式(7.2.1)中的 $P(X=x_k)$ 是事件的概率 $P(\{e:X(e)=x_k\})$ 的简写形式. 由概率的性质, 离散型随机变量 X 的分布律满足下面的关系:

(1)非负性

$$p_k \geqslant 0 \qquad (k=1, 2, 3, \cdots) \tag{7.2.2}$$

(2)完备性

$$\sum_{k=1}^{\infty} p_k = 1 \tag{7.2.3}$$

反之, 可以证明, 任给一个满足式(7.2.2)和式(7.2.3)的数列$\{p_k, k=1,2,3,\cdots\}$, 必存在一个随机变量 X, 使得 X 的概率分布律正好就是$\{p_k, k=1,2,3,\cdots\}$. 也就是说式(7.2.2)和式(7.2.3)就是判断一个实数列是否为某个随机变量 X 的分布律的条件.

式(7.2.1)也可以用下面的表格或者矩阵形式表示

X	x_1	x_2	$\cdots$	x_k	$\cdots$
p_k	p_1	p_2	$\cdots$	p_k	$\cdots$

或

$$\begin{pmatrix} x_1 & x_2 & \cdots & x_k & \cdots \\ p_1 & p_2 & \cdots & p_k & \cdots \end{pmatrix}$$

在这里, X 取些什么样的值及以多大的概率取这些值一目了然.

例 7.2.2 有 5 件产品, 其中 2 件次品, 3 件正品. 现从中任取 2 件, 以 X 表示抽取的 2 件产品中的次品数, 求随机变量 X 的分布律和分布函数.

解 随机变量 X 可能的取值为 0, 1, 2, 且取各个值的概率为

$$P(X=0)=\binom{3}{2}\bigg/\binom{5}{2}=\frac{3}{10} \qquad P(X=1)=\binom{2}{1}\binom{3}{1}\bigg/\binom{5}{2}=\frac{6}{10}$$

$$P(X=3)=\binom{2}{2}\bigg/\binom{5}{2}=\frac{1}{10}$$

所以 X 的分布律为

X	0	1	2
p_k	0.3	0.6	0.1

由分布函数的定义, 对任意的实数 x:

当 $x<0$ 时, $F(x)=P(X\leqslant x)=0$;

当 $0\leqslant x<1$ 时, $F(x)=P(X\leqslant x)=P(X=0)=\dfrac{3}{10}$;

当 $1\leqslant x<2$ 时,

$$F(x)=P(X\leqslant x)=P(X=0)+P(X=1)=\frac{3}{10}+\frac{6}{10}=\frac{9}{10}$$

当 $x\geqslant 2$ 时,

$$F(x)=P(X\leqslant x)=P(X=0)+P(X=1)+P(X=2)=\frac{3}{10}+\frac{6}{10}+\frac{1}{10}=1$$

因此

$$F(x)=\begin{cases} 0, & x<0 \\ \dfrac{3}{10}, & 0\leqslant x<1 \\ \dfrac{9}{10}, & 1\leqslant x<2 \\ 1, & x\geqslant 2 \end{cases}$$

其图形如图 7.2.1 所示, 它是一条阶梯形曲线, 在 $x=0, 1, 2$ 处有跳跃点, 跳跃值分别为 $\dfrac{3}{10},\dfrac{6}{10},\dfrac{1}{10}$.

此外, 还可求得下面的概率

$$P\left(X \leqslant \frac{1}{2}\right)=F\left(\frac{1}{2}\right)=\frac{3}{10}$$

$$P\left(\frac{3}{2}<X \leqslant \frac{5}{2}\right)=F\left(\frac{5}{2}\right)-F\left(\frac{3}{2}\right)=1-\frac{9}{10}=\frac{1}{10}$$

$$\begin{aligned} P(1 \leqslant X \leqslant 2) &= P(X=1)+P(1<X \leqslant 2) \\ &= P(X=1)+F(2)-F(1)=1-\frac{9}{10}+\frac{6}{10}=\frac{7}{10} \end{aligned}$$

离散型随机变量X的分布律和它的分布函数$F(x)$是相互唯一决定的, 实际上, 分布律和分布函数有下列关系

$$F(x)=P(X \leqslant x)=\sum_{x_k \leqslant x} P(X=x_k)=\sum_{x_k \leqslant x} p_k$$

$$\begin{aligned} p_k &= P(X=x_k)=P(X \leqslant x_k)-P(X<x_k) \\ &= F(x_k)-F(x_k-0)=F(x_k)-\lim_{x \to x_k-0} F(x) \end{aligned}$$

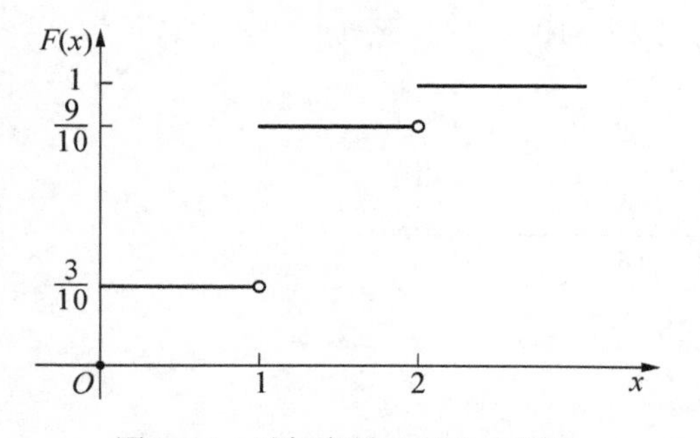

图 7.2.1　随机变量 X 的分布函数

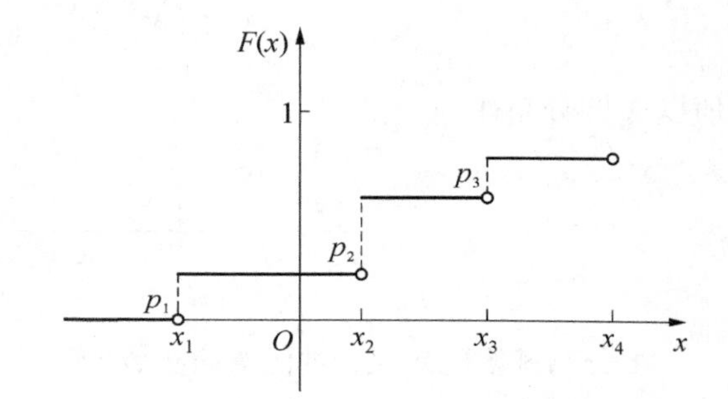

图 7.2.2　离散型随机变量的分布函数

容易看出, 离散型随机变量的分布函数(图 7.2.2)是一个阶梯函数, 它在每个 x_k 处有跳跃, 其跃度为 $p_k=P(X=x_k)$.

由上面的关系知道, 对于离散型随机变量, 掌握它的分布函数和掌握它的分布律是等价的, 都可以掌握它的统计规律. 但是分布律比分布函数更直观、更简单, 更便于应用. 所以对离散型随机变量, 一般先求出它的分布律, 利用分布律进行进一步的讨论.

下面介绍几种重要的离散型随机变量.

1. 0-1 分布

若随机变量 X 只能取 0, 1 两个值, 其概率分布为

$$P(X=1)=p, \quad P(X=0)=1-p \ (0<p<1)$$

则称 X 服从 **0-1 分布**. 其分布律也可写成表格形式

X	0	1
p_k	$1-p$	p

这是一类最简单的分布, 适用于描述只有两种可能结果的随机试验. 如对目标射击命中

与否，抽检产品合格与否，观察系统运行状况正常与否等随机试验，都可以用服从 0-1 分布的随机变量来描述.

事实上，对某个随机试验 E，若它的样本空间只包含两个样本点 $S=\{e_1, e_2\}$，则可以用如下方式在 S 上定义一个具有 0-1 分布的随机变量 X 来描述这个随机试验

$$X = X(e) = \begin{cases} 1, & \text{当} e = e_1 \text{时} \\ 0, & \text{当} e = e_2 \text{时} \end{cases}$$

0-1 分布也称为伯努利分布或两点分布.

2. 二项分布

将试验 E 重复进行 n 次，若各次试验的结果互不影响，即每次试验结果出现的概率都不依赖于其他各次试验的结果，则称这 n 次试验是相互独立的.

若试验 E 只有两个可能结果 A 和 $\overline{A}$，则称 E 为**伯努利试验**. 将 E 独立地重复进行 n 次，则称这一串重复的独立试验为 ***n* 重伯努利试验**.

在 n 重伯努利试验中，设每次试验中事件 A 发生的概率为 p，则 $\overline{A}$ 发生的概率为 $q=1-p$，即 $P(A)=p$，$P(\overline{A})=1-p=q$. 以 X 表示 n 重伯努利试验中事件 A 发生的次数，则 X 是一个离散型随机变量，它可能的取值为 $0, 1, 2, \cdots, n$，且其分布律为

$$b(n,p;k) = P(X=k) = \binom{n}{k} p^k q^{n-k} \qquad (k=0,1,\cdots,n) \tag{7.2.4}$$

式(7.2.4)的右端恰为二项式$(p+q)^n$的展开式中的一般项，所以这个分布称参数为 n, p 的**二项分布**，记作 $X \sim B(n,p)$. 特别的，$n=1$ 时就化为 0-1 分布

$$P(X=k) = p^k(1-p)^{1-k} \quad (k=0, 1)$$

显然，二项分布满足分布律的两个条件，即：

(1)$P(X=k) \geqslant 0$

(2)$\sum_{k=0}^{n} P(X=k) = \sum_{k=0}^{n} \binom{n}{k} p^k q^{n-k} = (p+q)^n = 1$

如果把事件 A 发生视为成功，$\overline{A}$ 发生视为失败，那么 X 就表示在 n 重伯努利试验中成功的次数.

二项分布是概率论中最重要的离散型分布之一，它以 n 重伯努利试验为背景，具有很广泛的应用. 如在 n 次独立射击中有 k 次击中目标；抛掷 n 次硬币有 k 次正面向上；在一大批产品中任意抽取 n 件，次品数为 k 件等在现实生活中常见的试验模型都可以用二项分布来描述.

例 7.2.3 设有 8 枚岸防导弹独立地打击同一海上目标，当有不少于 2 枚导弹命中目标时，目标就被击毁. 设岸防导弹的命中率为 0.6，求能击毁目标的概率.

解 设 A 表示“8 枚岸防导弹能击毁目标”，B_i 表示“第 i 枚岸防导弹击中目标”. 则 $B_i(i=1,2,\cdots,8)$ 相互独立，且 $P(B_i)=0.6$，$P(\overline{B}_i)=0.4$，故 8 枚岸防导弹命中目标的次数 X 服从 $n=8, p=0.6$ 的二项分布. 从而能击毁目标的概率为

$$\begin{aligned} P(A) = P(X \geqslant 2) &= \sum_{k=2}^{8} P(X=k) = 1 - P(X=0) - P(X=1) \\ &= 1 - \binom{8}{0}(0.6)^0(0.4)^8 - \binom{8}{1}(0.6)^1(0.4)^7 \approx 0.991 \end{aligned}$$

例 7.2.4 现有一大批某型电台的主要配件，其一级品率为0.8，二级品率为0.2. 从中随机地抽取 20 只，问其中恰有 k 只($k=0, 1, 2,\cdots, 20$)为二级品的概率是多少？

解 这是一个不放回抽样. 但考虑到这批产品的总数很大，而抽查的 20 只相对于总数又很少，故可当作有放回抽样来处理，虽然这样做会产生误差，但不会太大，且计算简单许多. 将抽检产品是否为二级品看成一次试验的结果，则抽查 20 只相当于作 20 重伯努利试验. 设 X 表示这 20 只产品中二级品的数目，则 $X\sim B(20, 0.2)$，从而所求概率为

$$P(X=k)=\binom{20}{k}0.2^k 0.8^{20-k} \quad (k=0,1,2,\cdots,20)$$

对于不同的 k 可将计算结果列表如下

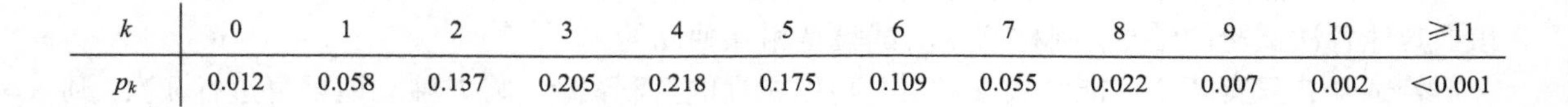

k	0	1	2	3	4	5	6	7	8	9	10	≥11
p_k	0.012	0.058	0.137	0.205	0.218	0.175	0.109	0.055	0.022	0.007	0.002	<0.001

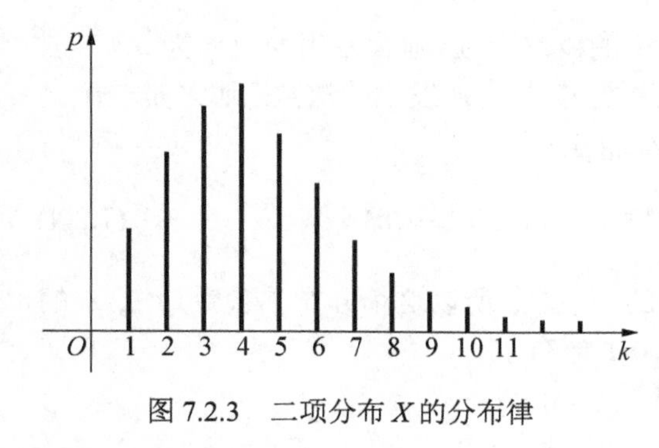

图 7.2.3 二项分布 X 的分布律

以此数据可作出概率分布律图形(图 7.2.3).

由图 7.2.3 可见，$p(X=k)$随着 k 的增大而增大，直至达到最大值，然后再下降.

一般地，对固定的 n 和 p，二项分布 $B(n, p)$都具有上述性质. 此外，对于固定的 $p(0<p<1)$，随着 n 的增大，$B(n, p)$的图形还趋于对称. 且若$(n+1)p$ 不是整数，则图形在 $k=[(n+1)p]=m$ 处取得最大值；若$(n+1)p=m$ 是整数，则图形在 $k=m$ 和 $k=m-1$ 处同时取得最大值. 称$[(n+1)p]$为二项分布 $B(n, p)$的最可能值或最可能出现的次数，这里$[\cdot]$是取整函数.

3. 泊松分布

设随机变量 X 所有可能的取值为 $0, 1, 2,\cdots$，取各个值的概率为

$$P(X=k)=\frac{\lambda^k}{k!}\mathrm{e}^{-\lambda} \quad (k=0,1,2,\cdots) \tag{7.2.5}$$

式中，$\lambda>0$ 为常数. 则称 X 服从参数为 λ 的**泊松分布**，记为 $X\sim\pi(\lambda)$.

易知: $P(X=k)\geqslant 0 \ (k=0, 1, 2,\cdots)$

$$\sum_{k=0}^{\infty}P(X=k)=\sum_{k=0}^{\infty}\frac{\lambda^k}{k!}\mathrm{e}^{-\lambda}=\mathrm{e}^{-\lambda}\cdot\mathrm{e}^{\lambda}=1$$

即满足分布律的两个基本性质.

历史上，泊松分布是作为二项分布的近似，由泊松于 1837 年引进，后来泊松分布日益显示出它的重要性，成为概率论中最重要的分布之一. 现在，已经发现许多随机现象服从泊松分布，特别集中在如下一些重要领域：①通信和网络等信息技术领域，如卫星信号的接收传递数、计算机网络信息传输数、网站的访问数等. ②社会和经济生活中的服务领域，如电话交换台收到的呼叫数、在公共汽车站等候乘车的乘客数、到某商店购物的顾客数、某纺织车间大量纱锭的断头数等. ③物理和生物学领域，如落到某区域的质点数、某区域的微生物数等.

一般地，来到某个“服务机构”要求服务的“顾客流”可以用泊松分布来描述，因此它在许多学科中有广泛的应用. 泊松分布在理论上也占有重要地位.

关于泊松分布的计算，可对不同的参数 λ 及 k 查阅书后的附录 2.

泊松分布对不同的参数 λ 图形亦不同(图 7.2.4).

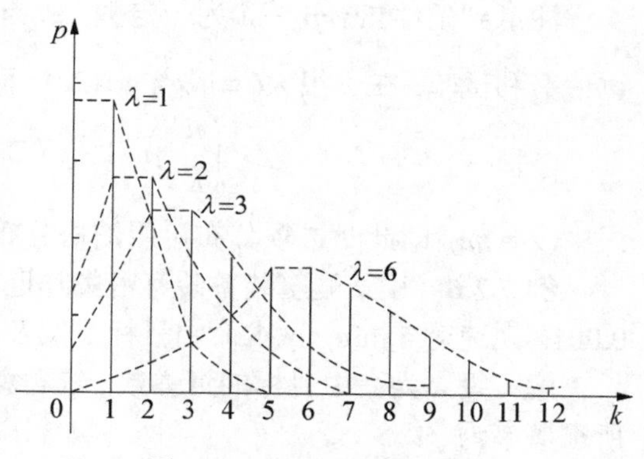

图 7.2.4　泊松分布的分布律

例 7.2.5　由仓库的出库记录可知，某产品每月的出库数可用参数 $\lambda=5$ 的泊松分布来描述，为了有 99%以上的把握保证不短缺，问此仓库在月底进货时至少应储进多少件该产品？

解　设仓库下月该产品的出库件数为 X，本月月底储备 N 件，则当 $X\leqslant N$ 时就不会发生短缺. 我们的问题是求最小的整数 N，使得 $P(X\leqslant N)\geqslant 0.99$. 因为 $X\sim\pi(5)$，

$$P(X\leqslant N)=\sum_{k=0}^{N}\frac{5^k}{k!}\mathrm{e}^{-5}$$

应有 $\sum\limits_{k=0}^{N}\frac{5^k}{k!}\mathrm{e}^{-5}\geqslant 0.99$ 或 $\sum\limits_{k=N+1}^{\infty}\frac{5^k}{k!}\mathrm{e}^{-5}<0.01$，查泊松分布表(见附录 2)中可得 $N+1=12$，即 $N=11$. 所以仓库在月底进货补充时，该产品至少应储备 11 件，这样才有 99%以上的把握保证该产品在下个月不短缺.

泊松分布可以通过查表计算，但二项分布当 n 较大时，计算往往很困难，有时甚至不可能. 下面给出二项分布的一个近似计算公式.

4. 泊松定理——二项分布的泊松逼近

在 n 次重复试验中，假设事件 A 出现的概率为 p_n (它与试验的总次数有关)，若 $\lim\limits_{n\to\infty}np_n=\lambda>0$，则对任一固定的非负整数 k，有

$$\lim_{n\to\infty}\binom{n}{k}p_n^k(1-p_n)^{n-k}=\frac{\lambda^k}{k!}\mathrm{e}^{-\lambda} \tag{7.2.6}$$

事实上，记 $np_n=\lambda_n$，则 $p_n=\frac{\lambda_n}{n}$. 因为

$$\begin{aligned}\binom{n}{k}p_n^k(1-p_n)^{n-k}&=\frac{n(n-1)\cdots(n-k+1)}{k!}\left(\frac{\lambda_n}{n}\right)^k\left(1-\frac{\lambda_n}{n}\right)^{n-k}\\&=\frac{\lambda_n^k}{k!}\left(1-\frac{1}{n}\right)\left(1-\frac{2}{n}\right)\cdots\left(1-\frac{k-1}{n}\right)\left(1-\frac{\lambda_n}{n}\right)^{n-k}\end{aligned}$$

因对固定的 k 有 $\lim\limits_{n\to\infty}\lambda_n^k=\lambda^k$，故 $\lim\limits_{n\to\infty}\left(1-\frac{\lambda_n}{n}\right)^{n-k}=\mathrm{e}^{-\lambda}$，又

$$\lim_{n\to\infty}\left(1-\frac{1}{n}\right)\left(1-\frac{2}{n}\right)\cdots\left(1-\frac{k-1}{n}\right)=1$$

从而

$$\lim_{n\to\infty}\binom{n}{k}p_n^k(1-p_n)^{n-k}=\frac{\lambda^k}{k!}e^{-\lambda}$$

注意到条件 $\lim\limits_{n\to\infty}np_n=\lambda$ 为一定数，故当 n 很大时，p_n 必定很小. 所以由泊松定理可知，对 n 重伯努利试验，在 n 很大(一般当 $n\geqslant 20$)，而 p 很小(一般 $p\leqslant 0.05$)时有近似计算公式:

$$\binom{n}{k}p^k(1-p)^{n-k}\approx\frac{\lambda^k}{k!}e^{-\lambda}\quad (k=0,1,2,\cdots)$$

式中，$\lambda=np$，即此时二项分布可用泊松分布来近似.

例 7.2.6 设某舰艇装备装有密集阵近程防空系统，其射速为 1000 发/min，每发命中率为 0.001. 现速射 5 min，试求命中目标 2 发及 2 发以上的概率.

解 设 X 为命中目标的炮弹数，依题意易知 X 服从参数为 $n=5000, p=0.001$ 的二项分布，所求概率为

$$p'=P(X\geqslant 2)=\sum_{k=2}^{5000}\binom{5000}{k}(0.001)^k(0.999)^{5000-k}=1-P(X=0)-P(X=1)$$

$$=1-0.999^{5000}-5000\times 0.001\times 0.999^{4999}\approx 0.95964$$

若用泊松定理，由 $\lambda=np=5000\times 0.001=5$ 知所求概率为

$$p'=1-\frac{\lambda^0}{0!}e^{-\lambda}-\frac{\lambda^1}{1!}e^{-\lambda}=1-(1+\lambda)e^{-\lambda}=1-6e^{-5}=0.959\,57$$

在此例中，单发命中概率很小($p=0.001$)，但在多次重复试验中却几乎必然会命中($n=5000$ 时，$p'=0.95957$ 接近于 1)，这说明小概率事件(发生概率 $p<0.05$ 的事件)在个别试验时往往不会发生，但在大量重复试验中却几乎必然发生.

例 7.2.7 为保证设备正常工作，需要配备适量的维修人员，现有同类型设备 300 台，每台发生故障的概率均为 0.01，且各台设备的工作是相互独立的. 通常情况下，若一台设备发生故障需一名维修人员去处理，现问至少需要配备多少维修人员，才能保障设备发生故障而不能及时修理的概率小于 0.01.

解 设需要配备 N 人，同一时刻发生故障的设备台数为 X，则 $X\sim B(300, 0.01)$，故要解决的问题是确定 N，使 $P(X>N)<0.01$. 由泊松定理，取 $\lambda=np=300\times 0.01=3$，得

$$P(X>N)=1-P(X\leqslant N)=1-\sum_{k=0}^{N}\binom{300}{k}(0.01)^k(0.99)^{300-k}$$

$$=1-\sum_{k=0}^{N}\frac{3^k}{k!}e^{-3}=\sum_{k=N+1}^{\infty}\frac{3^k}{k!}e^{-3}<0.01$$

查泊松分布表（附表 2）得 $N+1=9$，即 $N=8$.因此至少应配备 8 个维修人员，才能保证设备发生故障而不能及时修理的概率小于 0.01.

类似的问题在现实生活中还常常会遇到，如修造军港时码头的长度、建设通信站时长途线路预留的条数等.

5. 其他几个常用的离散型分布

超几何分布 设有一批产品共 N 件，其中有 M 件次品. 对这批产品进行不放回抽样检查，现从整批产品中随机地抽取 n 件产品，用 X 表示这 n 件产品中的次品数，则 X 是一个离散型随机变量，可能取的值为 $\{0, 1, 2, \cdots, n\}$，X 服从的分布称为**超几何分布**. 其分布律为

$$P(X=k)=\frac{\dbinom{M}{k}\dbinom{N-M}{n-k}}{\dbinom{N}{n}} \quad (k=0,1,2,\cdots,n)$$

超几何分布是产品不放回抽样检查的数学模型, 计算比较复杂, 当抽样对象总量 N 很大, 抽样数 n 相对很小时, 可以用有放回抽样检查的模型二项分布来近似, 误差很小 .

几何分布　在多重伯努利试验中, 设每次成功的概率为 p, 失败的概率为 $q=1-p$. 以 X 记首次成功出现时的试验次数, 则 X 是一个离散型随机变量, 可能取的值为$\{1, 2, 3,\cdots\}$, 其分布律为

$$P(X=k)=pq^{k-1} \quad (k=1, 2, 3,\cdots)$$

这是一个公比为 q 的几何级数的通项. 称 X 服从参数为 p 的**几何分布**.

几何分布在可靠性理论和排队论等应用概率领域有广泛应用. 它是可列重伯努利试验中等待首次成功出现的试验次数的分布.

帕斯卡分布　在多重伯努利试验中, 以 X 记第 r 次成功出现时的试验次数, 则 X 是一个离散型随机变量, 可能取的值为$\{r, r+1, r+2,\cdots\}$, 其分布律为

$$P(X=k)=\binom{k-1}{r-1}p^r q^{k-r} \quad (k=r,r+1,r+2,\cdots)$$

这个分布称为参数为 p 和 r 的**帕斯卡分布或负二项分布**.

易见, 参数为 p 和 1 的帕斯卡分布就是几何分布. 帕斯卡分布与历史上著名的“赌注分配”问题有关.

例 7.2.8　(赌注分配问题)甲、乙两位赌友赌技相当, 各押 32 枚金币为赌注, 双方约定如果谁先赢得 3 局, 就可以把赌金全部拿走. 但因故赌局中途中断, 此时甲已经赢了 2 局, 乙赢了 1 局. 问如何合理分配赌注?

解　合理的方案应该是按照“若赌局继续进行, 甲、乙双方各自获胜概率”的比例分配赌注. 因为甲已经赢得 2 局, 乙已经赢了 1 局, 甲需要在接下来的两局中赢 1 局就可获胜. 用 X 表示甲赢得 1 局所需要局数, 则 X 服从参数为 $\frac{1}{2}$ 和 1 的帕斯卡分布, 即几何分布. 所以甲获胜的概率为

$$P(X\leqslant 2)=P(X=1)+P(X=2)=\frac{1}{2}+\frac{1}{2}\cdot\frac{1}{2}=\frac{3}{4}$$

乙获胜的概率为 $\frac{1}{4}$. 所以应该按 3∶1 的比例分配赌注, 即甲得 48 枚金币, 乙得 16 枚金币.

1651 年夏天, 法国贵族德·梅雷在旅途中偶遇著名数学家帕斯卡, 德·梅雷喜欢赌博和数学, 他向帕斯卡提出了上面的问题, 引起帕斯卡的兴趣. 帕斯卡与费马在 1654 年 7 月至 10 月间进行了频繁的通信讨论, 他们用不同的方法给出了上面的答案, 并推广到一般情形. 数学史上称这些通信为最早的概率论文献, 标志着概率论的诞生.

数学实验基础知识

基本命令	功能
binocdf(x,n,p)	参数为 n,p 的二项分布的分布函数值
binopdf(x,n,p)	参数为 n,p 的二项分布的分布律值

续表

基本命令	功能
poisscdf(x,λ)	参数为 λ 的泊松分布的分布函数值
poisspdf(x,λ)	参数为 λ 的泊松分布的分布律值

例 1 $X \sim B(10, 0.5)$，求 $P(X=5)$, $P(X \leqslant 4)$.

```
≫p1=binopdf(5,10,0.5)
≫p2=binocdf(4,10,0.5)
```

即得所求概率

```
p1=0.2461
p2=0.3770
```

也可这样计算 p2:

```
≫p2=sum(binopdf(0:4,10,0.5))
```

例 2 绘制参数为 $n=10, p=0.5$ 的二项分布的分布律图形(图 7.2.5).

```
≫x=0:10;
≫y=binopdf(x,10,0.5);
≫plot(x,y,'+')
```

例 3 绘制参数 $\lambda=5$ 的泊松分布(前 16 项)的分布律图形(图 7.2.6).

```
≫x=0:15;
≫y=poisspdf(x,5);
≫plot(x,y,'+')
```

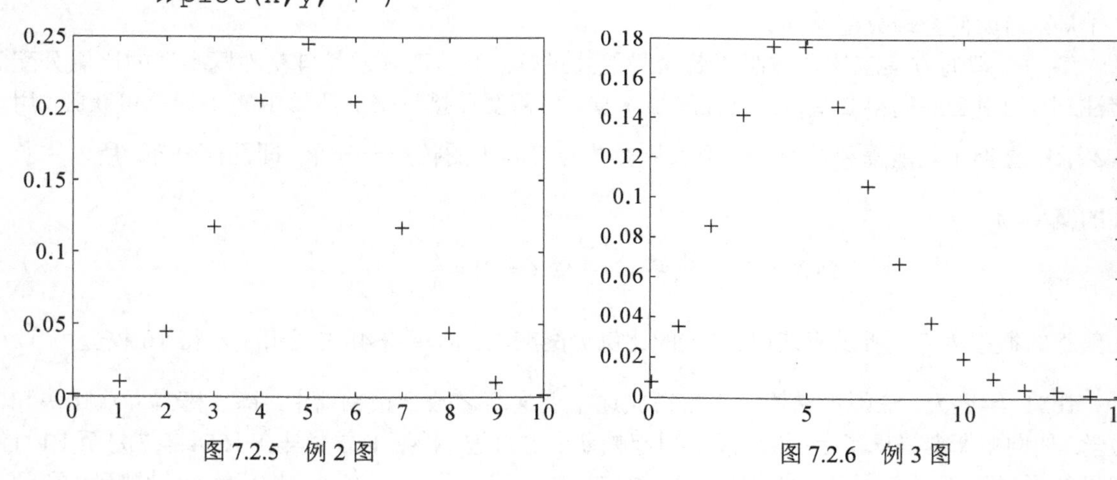

图 7.2.5 例 2 图　　图 7.2.6 例 3 图

案例：潜艇隔舱门的设计

7.3 连续型随机变量及其概率密度

除了离散型随机变量之外，还有一类重要的随机变量——连续型随机变量，比如某地区成人的身高、公共汽车站顾客的等待时间、某批产品的寿命等. 这种随机变量的取值充满一个区间，不能一一列举出来，因而不能用分布律来描述它的概率特征. 我们需要寻求一种相应的方式来研究连续型随机变量.

定义 7.3.1 设随机变量 X 的分布函数为 $F(x)$，若存在非负函数 $f(x)$，使对任意实数 x，有

$$F(x)=\int_{-\infty}^{x} f(t)\mathrm{d}t \tag{7.3.1}$$

则称 X 为**连续型随机变量**，称 $f(x)$ 为 X 的**概率密度函数**，简称为**概率密度**或**密度函数**.

由分布函数的性质，概率密度应满足下列两个条件:

(1)非负性: $f(x)\geqslant 0$;

(2)完备性: $\int_{-\infty}^{+\infty} f(x)\mathrm{d}x=1$.

可以证明，满足这两个条件的函数 $f(x)$ 必是某个随机变量的概率密度，即这两个条件刻画了概率密度的特征.

除此之外，概率密度还具有如下性质:

(3)对任意的实数 $x_1\leqslant x_2$，有

$$P(x_1<X\leqslant x_2)=F(x_2)-F(x_1)=\int_{x_1}^{x_2} f(t)\mathrm{d}t$$

(4)若 $f(x)$ 在 x 连续，则 $F'(x)=f(x)$.

注意到

$$\lim_{\Delta x\to 0^+}\frac{P(x<X\leqslant x+\Delta x)}{\Delta x}=\lim_{\Delta x\to 0^+}\frac{F(x+\Delta x)-F(x)}{\Delta x}=F'(x)=f(x)$$

有

$$P(x<X\leqslant x+\Delta x)\approx f(x)\Delta x$$

这说明概率密度 $f(x)$ 的数值大小反映了随机变量 X 取 x 邻近值的概率的大小. 这与物理学中线密度的定义相似，这就是“概率密度函数”这一名称的来源.

(5)连续型随机变量取任何特定值的概率为零. 即对任意常数 c，有 $P(X=c)=0$.

事实上，设 X 的分布函数为 $F(x)$, $h>0$，则由

$$(X=c)\subset(c-h<X\leqslant c)$$

得

$$0\leqslant P(X=c)\leqslant P(c-h<X\leqslant c)=F(c)-F(c-h)$$

令 $h\to 0$，并注意到 X 为连续型随机变量，其分布函数 $F(x)$ 连续，因此

$$P(X=c)=0$$

这是与离散型随机变量不同的地方.

上述结果还表明: 一个事件的概率等于零，此事件并不一定是不可能事件. 同样地，一个事件的概率为 1，此事件也不一定就是必然事件. 由此可知，若 X 是连续型随机变量，则对于任意的实数 $a<b$，有

$$P(a<X<b)=P(a\leqslant X<b)=P(a<X\leqslant b)=P(a\leqslant X\leqslant b)$$

进一步还可以证明，对于实数轴上任意的“常见”集合 D，有

$$P(X\in D)=\int_{D} f(x)\mathrm{d}x \tag{7.3.2}$$

所以，对于连续型随机变量，知道了 X 的概率密度，就能够求出它落在集合 D 中的概率，即掌握了它在实数轴上的分布规律，也就是说概率密度可以完全刻画连续型随机变量的概率特征. 分布函数和概率密度都可以完全刻画的分布规律，但是概率密度比分布函数更直观，更便于应用.

下面介绍几种重要的连续型随机变量.

1. 均匀分布

若随机变量 X 的概率密度为

$$f(x)=\begin{cases}\dfrac{1}{b-a}, & a\leqslant x\leqslant b\\ 0, & 其他\end{cases} \tag{7.3.3}$$

式中, $a<b$, 且均为常数, 则称 X 服从区间$[a, b]$上的**均匀分布**, 记为 $X\sim U[a, b]$, 其分布函数为

$$F(x)=\begin{cases}0, & x<a\\ \dfrac{x-a}{b-a}, & a\leqslant x<b\\ 1, & x\geqslant b\end{cases} \tag{7.3.4}$$

$f(x)$, $F(x)$的图形如图 7.3.1 所示.

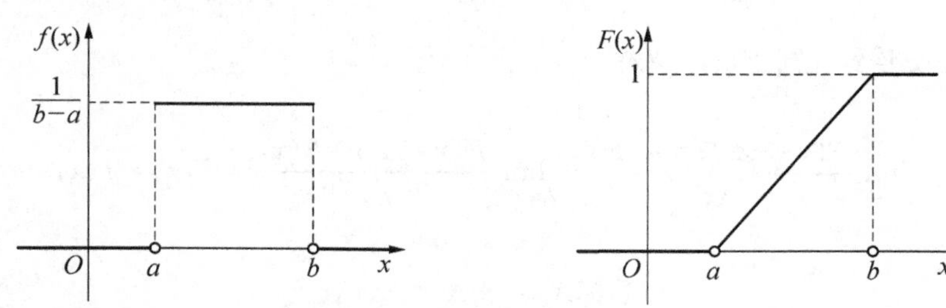

图 7.3.1 均匀分布的概率密度与分布函数

若随机变量 $X\sim U[a, b]$, 则 X 的取值落在其任一子区间$[c, d]\subset[a, b]$内的概率为

$$P(c\leqslant X\leqslant d)=\int_c^d f(x)\mathrm{d}x=\int_c^d \frac{1}{b-a}\mathrm{d}x=\frac{d-c}{b-a}$$

实际上, 可以证明随机变量 X 在$[a, b]$上服从均匀分布的充要条件是: X 的取值落在$[a, b]$的任一子区间的概率只与子区间的长度成正比, 而与子区间的位置无关. 形象地说, X 在$[a, b]$上服从均匀分布就是指 X 在$[a, b]$上取值是等可能的. 这就是均匀分布的概率意义.

均匀分布一般用来描述在某个区间上具有等可能结果的随机试验. 例如: 四舍五入近似处理后的数字, 其小数点后第一位小数所引起的误差 X, 可以认为服从$[-0.5, 0.5]$上的均匀分布; 在公共汽车始发站, 每间隔一定时间就有一辆车发出, 乘客在车站等车的时间也服从均匀分布.

例 7.3.1 某公共汽车始发站从上午 7: 00 起每 15 分钟发一班车, 若乘客在 8: 00～9: 00 任一时刻到达汽车站是等可能的, 求他候车时间不超过 8 min 的概率.

解 设 X 表示乘客于 8:00 过后到达车站的时刻(单位: min), 则 $X\sim U[0, 60]$. 现要使候车时间不超过 8 min, 则 X 必须落在区间: $[7, 15)$, $[22, 30)$, $[37, 45)$, $[52, 60)$之一, 因此所求概率为

$$\begin{aligned}p&=P(7\leqslant X<15)+P(22\leqslant X<30)+P(37\leqslant X<45)+P(52\leqslant X<60)\\&=\int_7^{15}\frac{1}{60}\mathrm{d}t+\int_{22}^{30}\frac{1}{60}\mathrm{d}t+\int_{37}^{45}\frac{1}{60}\mathrm{d}t+\int_{52}^{60}\frac{1}{60}\mathrm{d}t=\frac{32}{60}=\frac{8}{15}\end{aligned}$$

2. 指数分布

若随机变量 X 的概率密度为

$$f(x)=\begin{cases}\lambda e^{-\lambda x}, & x\geqslant 0\\ 0, & x<0\end{cases} \tag{7.3.5}$$

式中，$\lambda>0$ 为常数，则称 X 服从参数为 λ 的**指数分布**记为 $X\sim E(\lambda)$.

易证 $f(x)$ 满足概率密度的两个基本条件，且不难求得其分布函数为

$$F(x)=\begin{cases}1-e^{-\lambda x}, & x\geqslant 0\\ 0, & x<0\end{cases} \tag{7.3.6}$$

$f(x)$, $F(x)$ 的图形见图 7.3.2.

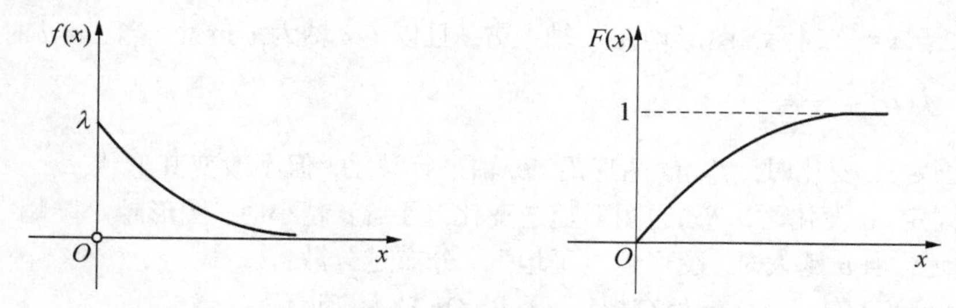

图 7.3.2　指数分布的概率密度与分布函数

指数分布在排队论和可靠性理论中有广泛的应用，常用它作为各种“寿命”的分布．例如：电子元件的寿命、电话的通话时间、机器的修理时间、顾客的服务时间等都常常假定服从指数分布.

指数分布具有一个非常重要的性质，就是“无记忆性”，并且是唯一具有这种性质的连续型分布．设随机变量 X 服从参数为 λ 的指数分布，则对任意实数 $s>0, t>0$，有

$$\begin{aligned}P(X>s+t\mid X>s)&=\frac{P(X>s+t,X>s)}{P(X>s)}=\frac{P(X>s+t)}{P(X>s)}\\&=\frac{1-P(X\leqslant s+t)}{1-P(X\leqslant s)}=\frac{e^{-\lambda(s+t)}}{e^{-\lambda s}}=e^{-\lambda t}\\&=1-F(t)=1-P(X\leqslant t)=P(X>t)\end{aligned}$$

若把 X 解释为某动物的寿命，则上式表明，该动物在已经活了 s 年的条件下，还能再活 t 年以上的概率与已经活过的 s 年无关．或者说，它剩余寿命的概率分布与它刚出生时寿命的概率分布是相同的，也就是“永远年轻”.

3．正态分布

若随机变量 X 的概率密度为

$$f(x)=\frac{1}{\sqrt{2\pi}\sigma}e^{-\frac{(x-\mu)^2}{2\sigma^2}},\quad -\infty<x<+\infty \tag{7.3.7}$$

其中，$-\infty<\mu<+\infty$, $\sigma>0$，且均为常数，则称 X 服从参数为 μ, σ^2 的**正态分布**(**或高斯分布**)，记为 $X\sim N(\mu,\sigma^2)$．它的分布函数为

$$F(x)=\frac{1}{\sqrt{2\pi}\sigma}\int_{-\infty}^{x}e^{-\frac{(t-\mu)^2}{2\sigma^2}}dt,\quad -\infty<x<+\infty \tag{7.3.8}$$

正态分布的概率密度 $f(x)$ 的图形见图 7.3.3，它具有如下特性:

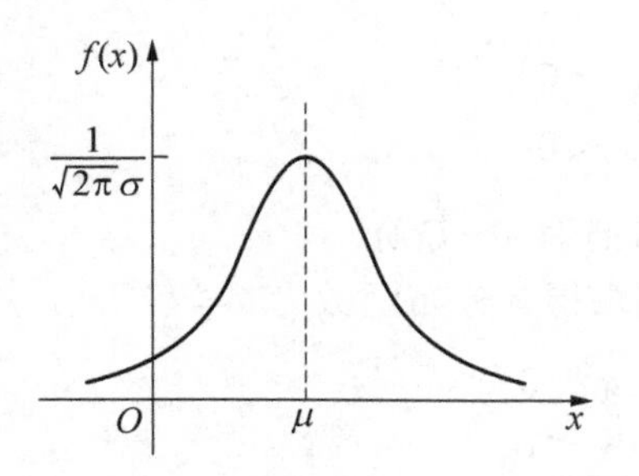

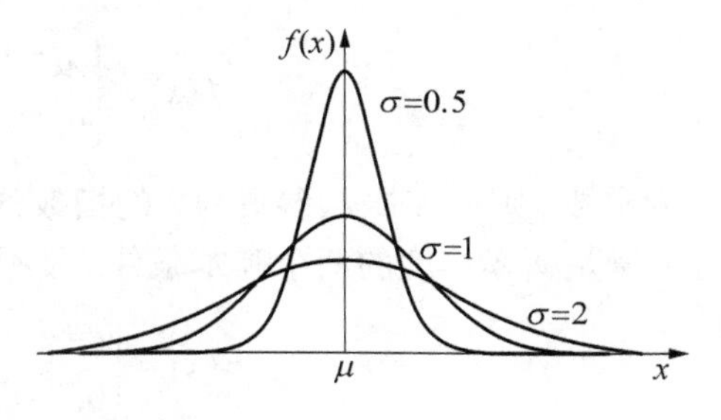

图 7.3.3　正态分布的概率密度

(1)$f(x)$关于 $x=\mu$ 对称，图形均在 x 轴上方，且以 Ox 轴为渐近线. 当 $x=\mu$ 时，$f(x)$达到最大值 $f_{\max}(x)=f(\mu)=\dfrac{1}{\sqrt{2\pi}\sigma}$.

(2)当 σ 固定, μ 变化时，$f(x)$的图形沿 Ox 轴平行移动，但不改变其形状.

(3)当 μ 固定，σ 变化时，$f(x)$的图形随之变化，且当 σ 越小时，图形越“陡峭”，分布越集中在 $x=\mu$ 附近；当 σ 越大时，图形越“平坦”，分布越分散.

(4)曲线 $y=f(x)$在 $x=\mu\pm\sigma$ 处有拐点，且以 Ox 轴为渐近线.

上述性质说明，正态分布概率密度的图形，其位置由 μ 确定，其形状由 σ 确定.

特别地，当 $\mu=0$, $\sigma=1$ 时，称 X 服从**标准正态分布**，记为 $X\sim N(0,1)$，它起着特别重要的作用. 此时 X 的概率密度和分布函数分别记为

$$\varphi(x)=\frac{1}{\sigma\sqrt{2\pi}}\mathrm{e}^{-\frac{x^2}{2}},\quad -\infty<x<+\infty \tag{7.3.9}$$

$$\Phi(x)=\frac{1}{\sigma\sqrt{2\pi}}\int_{-\infty}^{x}\mathrm{e}^{-\frac{t^2}{2}}\mathrm{d}t,\quad -\infty<x<+\infty \tag{7.3.10}$$

其图形如图 7.3.4 所示.

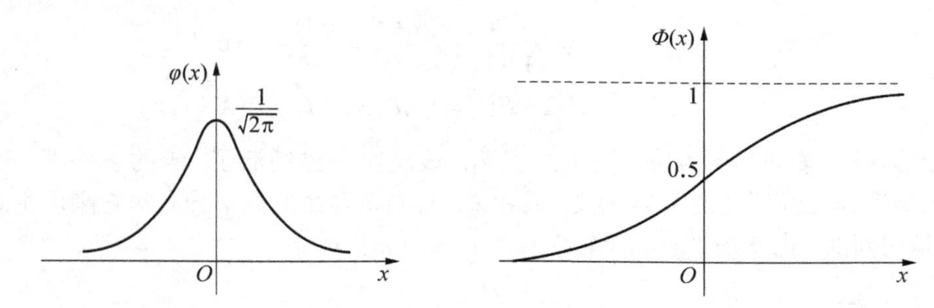

图 7.3.4　标准正态分布的概率密度和分布函数

习惯上，把服从正态分布的随机变量称为正态随机变量. 如果知道随机变量 X 服从正态分布 $N(\mu,\sigma^2)$，那么由正态分布概率密度的定义, X 落在一个区间$(a,b]$中的概率为

$$P(a<X\leqslant b)=\frac{1}{\sqrt{2\pi}\sigma}\int_{a}^{b}\mathrm{e}^{-\frac{(t-\mu)^2}{2\sigma^2}}\mathrm{d}t$$

这个积分(被积函数的原函数不能用初等函数表示)是不容易计算的，因正态分布在理论上的重要性和应用上的广泛性，人们专门编制了正态分布表以备查用. 但是正态分布中含有参数 μ, σ，对所有不同的 μ, σ 值的正态分布都编制对应的正态分布表是不实际的. 事实上，人

们只编制了一张标准正态分布 $N(0, 1)$表(见附录 3). 对于一般的正态分布 $N(\mu, \sigma^2)$的计算问题, 可以通过变量代换变换为标准正态分布 $N(0, 1)$来进行计算. 于是有下面的结果:

若 $X\sim N(\mu, \sigma^2)$, 则 $Y=\dfrac{X-\mu}{\sigma}\sim N(0,1)$.

事实上, Y 的分布函数为

$$P(Y\leqslant x)=P\left(\frac{X-\mu}{\sigma}\leqslant x\right)=P(X\leqslant \mu+\sigma x)$$

$$=\frac{1}{\sqrt{2\pi}\sigma}\int_{-\infty}^{\mu+\sigma x}\mathrm{e}^{-\frac{(t-\mu)^2}{2\sigma^2}}\mathrm{d}t=\frac{1}{\sqrt{2\pi}}\int_{-\infty}^{x}\mathrm{e}^{-\frac{u^2}{2}}\mathrm{d}u=\Phi(x)$$

即 $Y=\dfrac{X-\mu}{\sigma}\sim N(0,1)$.

所以, 若 $X\sim N(\mu, \sigma^2)$, 其分布函数

$$F(x)=P(X\leqslant x)=P\left(\frac{X-\mu}{\sigma}\leqslant\frac{x-\mu}{\sigma}\right)=\Phi\left(\frac{x-\mu}{\sigma}\right)$$

从而对任意的 $x_1<x_2$, 有

$$P(x_1<X\leqslant x_2)=P\left(\frac{x_1-\mu}{\sigma}<\frac{X-\mu}{\sigma}\leqslant\frac{x_2-\mu}{\sigma}\right)=\Phi\left(\frac{x_2-\mu}{\sigma}\right)-\Phi\left(\frac{x_1-\mu}{\sigma}\right)$$

无论从理论还是应用上看, 正态分布在概率论与数理统计中都占有中心的地位, 是最重要的一种分布. 高斯曾经用它来研究误差理论, 所以又称为高斯分布. 长期的实践经验表明, 自然现象和社会现象中, 大量随机变量都服从或近似服从正态分布. 例如: 测量的误差, 弹着点的分布, 海面定点处的海浪高度, 农作物的收获量, 学生的考试成绩, 电子器件中热噪声电流和电压等都服从或近似服从正态分布. 一般说来, 若影响某一数量指标的随机因素很多, 这些因素相互独立, 每个因素所起的作用又不太大, 则这个指标可认为是服从或近似服从正态分布的. 这一点可以用中心极限定理来证明(见第 10 章). 此外, 正态分布还具有良好的性质, 许多分布可用正态分布来近似, 另一些分布又可以通过正态分布来导出. 因此在概率论与数理统计的理论研究和实际应用中, 正态分布都起着特别重要的作用.

因标准正态分布的概率密度及分布函数具有如下性质:

$$\varphi(-x)=\varphi(x)\ (-\infty<x<+\infty),\qquad \Phi(-x)=1-\Phi(x)\ (-\infty<x<+\infty)$$

所以只需对 $x\geqslant 0$ 给出标准正态分布函数 $\Phi(x)=\dfrac{1}{\sqrt{2\pi}}\displaystyle\int_{-\infty}^{x}\mathrm{e}^{-\frac{u^2}{2}}\mathrm{d}u$ 的数值表就够了, 对 $x<0$ 的函数值可以由对称性得到, 对一般正态分布 $N(\mu, \sigma^2)$, 经过代换再利用标准正态分布表来计算.

例 7.3.2 设随机变量 $X\sim N(2, 4)$, 求 $P(1<X\leqslant 6.2)$.

解 这里 $\mu=2, \sigma=2$, 由上面的讨论有 $\dfrac{X-2}{2}\sim N(0,1)$. 所以

$$P(1<X\leqslant 6.2)=P\left(\frac{1-2}{2}<\frac{X-2}{2}\leqslant\frac{6.2-2}{2}\right)$$

$$=\Phi\left(\frac{6.2-2}{2}\right)-\Phi\left(\frac{1-2}{2}\right)=\Phi(2.1)-\Phi(-0.5)$$

$$=\Phi(2.1)+\Phi(0.5)-1=0.9821+0.6915-1$$

$$=0.6736$$

另设 $X \sim N(\mu, \sigma^2)$, 则对自然数 k, 有

$$
\begin{aligned}
P(|X-\mu|<k\sigma) &= P(\mu-k\sigma<X<\mu+k\sigma) \\
&= F(\mu+k\sigma)-F(\mu-k\sigma)=\Phi\left(\frac{\mu+k\sigma-\mu}{\sigma}\right)-\Phi\left(\frac{\mu-k\sigma-\mu}{\sigma}\right) \\
&= \Phi(k)-\Phi(-k)=2\Phi(k)-1
\end{aligned}
$$

得

$$P(|X-\mu|<\sigma)=2\Phi(1)-1=0.6826$$
$$P(|X-\mu|<2\sigma)=2\Phi(2)-1=0.9544$$
$$P(|X-\mu|<3\sigma)=2\Phi(3)-1=0.9974$$

这说明 X 取值于区间$(\mu-3\sigma, \mu+3\sigma)$中的概率为 0.9974, 也就是说 X 偏离中心 μ 的距离超过 3σ 几乎是不可能的, 这就是“3σ”原则的含义. 3σ 原则在产品质量管理等方面有广泛应用.

例 7.3.3 某部队接到命令, 需从当前所在的甲地去往乙地. 设从甲地到乙地有两条路可走. 第一条路程较短, 但交通比较拥挤, 所需时间(单位: min)服从正态分布 $N(50, 10^2)$; 第二条路程较长, 但意外阻塞较少, 所需时间服从正态分布 $N(60, 4^2)$. 现有 70 min 可用, 问应选择走哪一条路? 若仅有 65 min 可用, 结果又如何?

解 依题意, 显然应该走在允许时间内有较大的概率能及时到达乙地的路线. 若以 X 表示所需时间, 则

(1)当有 70 min 可用时, 走第一条路能及时赶到的概率为

$$
\begin{aligned}
p_{11} &= P(0<X\leqslant 70)=F(70)-F(0)=\Phi\left(\frac{70-50}{10}\right)-\Phi\left(\frac{0-50}{10}\right) \\
&= \Phi(2)-\Phi(-5)=\Phi(2)=0.9772
\end{aligned}
$$

而走第二条路能及时赶到的概率为

$$
\begin{aligned}
p_{12} &= P(0<X\leqslant 70)=F(70)-F(0)=\Phi\left(\frac{70-60}{4}\right)-\Phi\left(\frac{0-60}{4}\right) \\
&= \Phi(2.5)-\Phi(-15)=\Phi(2.5)=0.9938
\end{aligned}
$$

因此, 当有 70 min 可用时应选择走第二条路线.

(2)当有 65 min 可用时, 走第一条路线能及时赶到的概率为

$$
\begin{aligned}
p_{21} &= P(0<X\leqslant 65)=F(65)-F(0)=\Phi\left(\frac{65-50}{10}\right)-\Phi\left(\frac{0-50}{10}\right) \\
&= \Phi(1.5)-\Phi(-5)=\Phi(1.5)=0.9332
\end{aligned}
$$

而走第二条路能及时赶到的概率为

$$
\begin{aligned}
p_{22} &= P(0<X\leqslant 65)=F(65)-F(0)=\Phi\left(\frac{65-60}{4}\right)-\Phi\left(\frac{0-60}{4}\right) \\
&= \Phi(1.25)-\Phi(-15)=\Phi(1.25)=0.8944
\end{aligned}
$$

因此, 只有 65 min 可用时应选择走第一条路线.

数学实验基础知识

基本命令	功能
unifpdf(x,a,b)	[a,b]上均匀分布概率密度在 X=x 处的函数值
exppdf(x,Lambda)	参数为 λ 的指数分布概率密度函数值

续表

基本命令	功能
normpdf(x,mu,sigma)	参数为μ,σ的正态分布概率密度函数值
unifcdf(x,a,b)	[a,b]上均匀分布分布函数值
expcdf(x,Lambda)	参数为λ的指数分布分布函数值
normcdf(x,mu,sigma)	参数为μ,σ的正态分布分布函数值

例 1 计算正态分布 $N(0, 1)$的随机变量 X 在点 0.6578 的概率密度值.

```
≫normpdf(0.6578,0,1)
```

也可输入以下语句进行计算:

```
≫pdf('norm',0.6578,0,1)
```

输出结果:

```
ans=0.3213
```

例 2 设 $X\sim N(3, 2^2)$.

(1)求 $P(2<X<5), P(-4<X<10), P(|X|>2), P(X>3)$;

(2)确定 c, 使得 $P(X>c) = P(X<c)$.

解 (1)$p_1 = P(2<X<5)$, $p_2 = P(-4<X<10)$

$p_3 = P(|X|>2) = 1-P(|X|\leqslant 2)$, $p_4 = P(X>3) = 1-P(X\leqslant 3)$

则有:

```
≫p1=normcdf(5,3,2)-normcdf(2,3,2)
≫p2=normcdf(10,3,2)-normcdf(-4,3,2)
≫p3=1-normcdf(2,3,2)-normcdf(-2,3,2)
≫p4=1-normcdf(3,3,2)
```

输出结果为:

```
p1=0.5328
p2=0.9995
p3=0.6853
p4=0.5000
```

(2)≫c=norminv(0.5,3,2)

输出结果为:

```
c=3
```

7.4 随机变量的函数及其分布

案例：军火生产的产量问题

在许多实际问题中, 我们往往对随机变量的函数更感兴趣, 需要计算随机变量函数的分布. 例如, 在统计物理中, 已知气体分子的速度 V 的分布, 要求分子的动能 $\frac{1}{2}mV^2$ 的分布. 又如, 想知道圆截面的面积 $A=\frac{1}{4}\pi D^2$ 的分布, 但是不能直接测量面积, 只能测量圆周截面的直

径 D，所以就需要由直径 D 的分布求出截面面积 $A=\frac{1}{4}\pi D^2$ 的分布. 可以证明，若 X 是随机变量，$g(x)$为一个(分段)连续函数，则 $Y=g(X)$也是一个随机变量. 本节的任务是：已知 X 的概率分布(分布函数、分布律、概率密度)和函数 $g(x)$，求 X 的函数 $Y=g(X)$的分布.

1. 离散型随机变量函数的分布

若 X 为离散型随机变量，则 $Y=g(X)$也为离散型随机变量，它的分布律可以直接从 X 的分布律得到. 方法是先确定 Y 可能取的值，再求出它取每个值的概率. 我们有下面的定理.

定理 7.4.1 若 X 是离散型随机变量，$y=g(x)$为连续函数，则 $Y=g(X)$也是离散型随机变量. 设 X 的分布律为 $P(X=x_k)=p_k(k=1,2,\cdots)$, $y_k=g(x_k)$. 则:

(1)当 y_k 的值互不相等时，Y 的分布律为

$$P(Y=y_k)=P(X=x_k)=p_k \quad (k=1,2,\cdots)$$

(2)当 y_k 的值有相等的情形时，应把相等的值合并，并依照事件运算法则和概率的加法公式，把相应的概率相加而得 Y 的分布律. 如 y_k 中有

$$y_k=g(x_{k_1})=g(x_{k_2})=\cdots=g(x_{k_l})$$

则事件$(Y=y_k)$等价于事件 $(X=x_{k_1})\cup(X=x_{k_2})\cup\cdots\cup(X=x_{k_l})$，故

$$P(Y=y_k)=P(X=x_{k_1})+P(X=x_{k_2})+\cdots+P(X=x_{k_l})=p_{k_1}+p_{k_2}+\cdots+p_{k_l}$$

例 7.4.1 已知随机变量 X 的分布律为

X	0	1	2	3	4	5
$P(X=x_k)$	$\frac{1}{12}$	$\frac{1}{6}$	$\frac{1}{3}$	$\frac{1}{12}$	$\frac{2}{9}$	$\frac{1}{9}$

试求: (1)$Y=2X+1$ 的分布律; (2)$Y=(X-2)^2$ 的分布律.

解 (1)因为 $y=2x+1$ 为单调函数，所以直接可得 $Y=2X+1$ 的分布律为

Y	1	3	5	7	9	11
$P(Y=y_k)$	$\frac{1}{12}$	$\frac{1}{6}$	$\frac{1}{3}$	$\frac{1}{12}$	$\frac{2}{9}$	$\frac{1}{9}$

(2)$y=(x-2)^2$ 不是单调函数，可以先确定 Y 可能取的值，再求出它取每个值的概率. $Y=(X-2)^2$ 的所有可能取值为 0, 1, 4, 9, 且

$$P(Y=0)=P(X=2)=\frac{1}{3}$$

$$\begin{aligned}P(Y=1)&=P\{(X=1)\cup(X=3)\}\\&=P(X=1)+P(X=3)=\frac{1}{6}+\frac{1}{12}=\frac{1}{4}\end{aligned}$$

$$\begin{aligned}P(Y=4)&=P\{(X=0)\cup(X=4)\}=P(X=0)+P(X=4)\\&=\frac{1}{12}+\frac{2}{9}=\frac{11}{36}\end{aligned}$$

$$P(Y=9)=P(X=5)=\frac{1}{9}$$

得 Y 的分布律为

Y	0	1	4	9
$P(Y=y_k)$	$\frac{1}{3}$	$\frac{1}{4}$	$\frac{11}{36}$	$\frac{1}{9}$

2. 连续型随机变量函数的分布

对连续型随机变量函数的分布，有如下的结论:

定理 7.4.2 设 X 为连续型随机变量，其概率密度为 $f(x)$，若函数 $g(x)$ 处处可导，且对任意的 x 有 $g'(x)>0$(或 $g'(x)<0$)，则 $Y=g(X)$ 是一个连续型随机变量，其概率密度为

$$\psi(y)=\begin{cases}f[h(y)]\,|h'(y)|, & \alpha<y<\beta\\ 0, & \text{其他}\end{cases} \tag{7.4.1}$$

式中，$h(y)$ 是 $g(x)$ 的反函数，

$$\alpha=\min\{g(-\infty),g(+\infty)\},\qquad \beta=\max\{g(-\infty),g(+\infty)\}$$

证 不妨设对于任意 x 有 $g'(x)>0$，此时 $g(x)$ 严格单调增加，它的反函数 $h(y)$ 存在，在 (α,β) 内也严格单调增加，且可导.

设随机变量 Y 的分布函数为 $F_Y(y)$. 因为 $Y=g(X)$ 在 (α,β) 取值，

当 $y<\alpha$ 时，$F_Y(y)=P(Y\leqslant y)=0$;

当 $y\geqslant\beta$ 时，$F_Y(y)=P(Y\leqslant y)=1$;

当 $\alpha\leqslant y<\beta$ 时，

$$F_Y(y)=P(Y\leqslant y)=P\{g(X)\leqslant y\}=P\{X\leqslant h(y)\}=\int_{-\infty}^{h(y)}f(x)\mathrm{d}x$$

于是可得 Y 的概率密度

$$\psi(y)=F_Y'(y)=\begin{cases}f[h(y)]h'(y), & \alpha<y<\beta\\ 0, & \text{其他}\end{cases}$$

当 $g'(x)<0$ 时，用同样方法可得

$$\psi(y)=F_Y'(y)=\begin{cases}f[h(y)][-h'(y)], & \alpha<y<\beta\\ 0, & \text{其他}\end{cases}$$

综合上面两式，即得证定理.

由上述定理的证明可知，若 $f(x)$ 在有限区间 $[a,b]$ 以外取值为零，则只需假设在 $[a,b]$ 上有 $g'(x)>0$(或 $g'(x)<0$)，此时

$$\alpha=\min\{g(a),g(b)\},\qquad \beta=\max\{g(a),g(b)\}$$

例 7.4.2 设随机变量 X 具有概率密度 $f(x)$，求线性函数 $Y=aX+b$(a,b 为常数且 $a\neq0$)的概率密度.

解 设 $y=g(x)=ax+b$，则其反函数 $x=h(y)=\dfrac{y-b}{a}$，$h'(y)=\dfrac{1}{a}$，由定理 7.4.2 知，$Y=aX+b$ 的概率密度为

$$\psi(y)=\frac{1}{|a|}f\left(\frac{y-b}{a}\right)\quad(-\infty<y<+\infty)$$

特别地，若 $X\sim N(\mu,\ \sigma^2)$，即 $f(x)=\frac{1}{\sqrt{2\pi}\sigma}e^{-\frac{(x-\mu)^2}{2\sigma^2}}(-\infty<x<+\infty)$，则根据例 7.4.2 的结论可知, Y 的概率密度为

$$\psi(y)=\frac{1}{|a|}\frac{1}{\sqrt{2\pi}\sigma}e^{-\frac{\left(\frac{y-b}{a}-\mu\right)^2}{2\sigma^2}}$$

$$=\frac{1}{\sqrt{2\pi}\sigma|a|}e^{-\frac{[y-(b+a\mu)]^2}{2a^2\sigma^2}}\quad(-\infty<y<+\infty)$$

即 $Y\sim N(b+a\mu,|a|^2\sigma^2)$. 这说明正态随机变量 X 的线性函数仍服从正态分布.

进一步, 若取 $a=\frac{1}{\sigma}$，$b=-\frac{\mu}{\sigma}$，则得 $Y=\frac{X-\mu}{\sigma}\sim N(0,1)$.

例 7.4.3 设随机变量 X 的概率密度为 $f(x)$, 求 $Y=X^3$ 的概率密度.

解 因 X 的概率密度为 $f(x)$, $y=g(x)=x^3$, $g'(x)=3x^2>0$ (仅 $x=0$ 时为 0), 其反函数存在并可导，$x=h(y)=\sqrt[3]{y}$，$h'(y)=\frac{1}{3}y^{-\frac{2}{3}}(y\neq 0)$. 从而由定理 7.4.2 知, $Y=X^3$ 的概率密度为

$$\psi(y)=f\left(y^{\frac{1}{3}}\right)\frac{1}{3}y^{-\frac{2}{3}}=\frac{1}{3}y^{-\frac{2}{3}}f\left(y^{\frac{1}{3}}\right)\quad(y\neq 0)$$

特别地, 若已知随机变量 X 服从参数为 λ 的指数分布, 即其概率密度为

$$f(x)=\begin{cases}\lambda e^{-\lambda x}, & x\geqslant 0\\ 0, & x<0\end{cases}$$

则 $Y=X^3$ 的概率密度为

$$\psi(y)=\begin{cases}\frac{1}{3}\lambda y^{-\frac{2}{3}}e^{-\lambda y^{\frac{1}{3}}}, & y\geqslant 0\\ 0, & y<0\end{cases}$$

当 $g(x)$ 不是单调函数时, 定理 7.2.4 的条件不满足.但若能从“$g(X)\leqslant Y$”中解出 X, 则可以利用 X 的概率密度求出 Y 的分布函数, 从而通过求导得到 Y 的概率密度.

例 7.4.4 设随机变量 X 具有概率密度 $f(x)(-\infty<x<+\infty)$, 求 $Y=X^2$ 的概率密度.

解 因 $y=g(x)=x^2$ 不是单调函数, 不满足定理 7.4.2 的条件, 故不能直接用公式求 Y 的概率密度. 则先求 Y 的分布函数 $F_Y(y)$.

因 $Y=X^2\geqslant 0$, 当 $y<0$ 时, $F_Y(y)=0$;

当 $y\geqslant 0$ 时, 有

$$F_Y(y)=P(Y\leqslant y)=P(X^2\leqslant y)=P(-\sqrt{y}\leqslant X\leqslant\sqrt{y})=\int_{-\sqrt{y}}^{\sqrt{y}}f(x)dx$$

于是得 $Y=X^2$ 的概率密度为

$$\psi(y)=F_Y'(y)=\begin{cases}\frac{1}{2\sqrt{y}}[f(\sqrt{y})+f(-\sqrt{y})], & y\geqslant 0\\ 0, & y<0\end{cases}$$

特别地, 当 $X\sim N(0,1)$时, $Y=X^2$ 的概率密度为

$$\psi(y)=\begin{cases}\frac{1}{\sqrt{2\pi}}y^{-\frac{1}{2}}e^{-\frac{y}{2}}, & y\geqslant 0\\ 0, & y<0\end{cases}$$

此时称 Y 服从自由度为 1 的 χ^2 **分布**.

实际上，定理 7.2.4 可以做如下推广：

若 $g(x)$在不相重叠的区间 $I_1, I_2, \cdots$ 上逐段严格单调，其反函数分别为 $h_1(y), h_2(y), \cdots$，且 $h_1'(y), h_2'(y), \cdots$ 均为连续函数，则 $Y=g(X)$也是连续型随机变量，且其概率密度为

$$\psi(y)=\begin{cases}\sum\limits_i f[h_i(y)]\,|\,h_i'(y)|, & \text{当}h_i'(y)\text{均存在时}\\ 0, & \text{其他}\end{cases}$$

本 章 小 结

随机变量和分布函数的引入在概率论的发展中意义重大，将随机试验的结果用实数表示，通过随机变量表示随机事件，用实值函数描述随机变量的概率分布，使我们可以利用高等数学等强有力的工具来研究随机试验，更深刻地揭示随机现象的统计规律.

分布函数能够完整地描述随机变量的统计规律，同时又有较好的分析性质，是研究随机变量的重要工具. 离散型随机变量和连续型随机变量是最重要的两类随机变量，分布律完整地描述了离散型随机变量的统计规律，概率密度完整地描述了连续型随机变量的统计规律，使用分布律和概率密度方便、直观.

0-1 分布、二项分布、泊松分布、均匀分布、指数分布、正态分布是概率统计中的重要分布，它们都有直观的概率背景，许多随机现象可以用这些模型描述，实际中有广泛应用. 并且正态分布占有中心地位.

本章常用词汇中英文对照

随机变量	random variable	二项分布	binomial distribution
泊松分布	Poisson distribution	均匀分布	uniform distribution
指数分布	exponential distribution	正态分布	normal distribution
离散型随机变量	discrete random variable		
连续型随机变量	continuous random variable		
概率密度函数	probability density function		
分布函数	cumulative distribution function		
随机变量的函数	function of random variable		

习 题 7

1. 一袋中装有 5 只球，编号为 1, 2, 3, 4, 5. 现从袋中同时取 3 只，以 X, Y 分别表示取出的 3 只球中的最大与最小号码，分别写出随机变量 X 与 Y 的分布律.

2. 判断下面表中列出的是否为某个随机变量的概率分布律.

(1)

X	1	4	9
p_k	0.1	0.6	0.2

(2)

X	1	2	3	$\cdots$	n	$\cdots$
p_k	$\frac{1}{2}$	$\left(\frac{1}{2}\right)^2$	$\left(\frac{1}{2}\right)^3$	$\cdots$	$\left(\frac{1}{2}\right)^n$	$\cdots$

(3)

X	0	1	2	$\cdots$	n	$\cdots$
p_k	$\frac{1}{2}$	$\frac{1}{2}\left(\frac{1}{3}\right)$	$\frac{1}{2}\left(\frac{1}{3}\right)^2$	$\cdots$	$\frac{1}{2}\left(\frac{1}{3}\right)^n$	$\cdots$

3. 掷一枚不均匀的硬币, 每次出现正面的概率为 $p(0<p<1)$. 设 X 为一直掷到正、反面都出现时所需的投掷次数, 试求 X 的分布律.

4. 某大楼装有 5 个同类型的应急供电设备, 调查表明在任一时刻 t 每个设备被使用的概率为 0.1, 求在同一时刻:

(1)恰有 2 个设备被使用的概率;

(2)至少有 3 个设备被使用的概率;

(3)至多有 3 个设备被使用的概率.

5. 设火炮命中目标的概率为 0.2, 共发射了 14 发炮弹.

(1)试求命中目标的最可能次数与概率;

(2)若至少有两发炮弹命中目标, 目标才能被击毁, 试求能击毁目标的概率.

6. 设 X 服从泊松分布, 且已知 $P(X=1)=P(X=2)$, 求 $P(X=4)$.

7. 一本 500 页的书中共有 500 个错别字, 每个错别字等可能地出现在每页书上. 试求在指定的某页上至少有 3 个错别字的概率.

8. 设随机变量 X 的分布函数为 $F(x)=\begin{cases}0, & x\leqslant 1,\\ a\ln x, & 1<x\leqslant \mathrm{e},\\ b, & x>\mathrm{e}.\end{cases}$

(1)试确定常数 a, b;

(2)求 $f(x)$;

(3)求 $P(X<2)$及 $P(0<X\leqslant 3)$.

9. 设随机变量 X 的概率密度为 $f(x)=a\mathrm{e}^{-|x|}(-\infty<x<+\infty)$. 试求:

(1)常数 a; (2)$P(0<X<1)$; (3)$F(x)$及其图形.

10. 设连续性随机变量 X 服从瑞利分布, 其分布函数为 $F(x)=\begin{cases}A+B\mathrm{e}^{-\frac{x^2}{2}}, & x>0,\\ 0, & x\leqslant 0.\end{cases}$

试求: (1)试确定常数 A, B; (2) $f(x)$;

11. 设 X 是取正值的随机变量, 若 $\ln X\sim N(\mu,\sigma^2)$, 则称 X 服从参数为 μ 和 σ^2 的对数正态分布, 试证 X 的概率密度函数为

$$f(x)=\begin{cases}\dfrac{1}{\sigma x\sqrt{2\pi}}\mathrm{e}^{-\frac{(\ln x-\mu)^2}{2\sigma^2}}, & x>0\\ 0, & x\leqslant 0.\end{cases}$$

12. 若随机变量X的分布函数为 $F(x)=\begin{cases}1-\mathrm{e}^{-\lambda x^{\alpha}}, & x>0,\\ 0, & x\leqslant 0,\end{cases}$ 则称X服从参数为 α 和 λ 的威布尔分布. 威布尔分布在可靠性研究中有广泛应用. 试求 X 的概率密度函数, 并说明其参数为何值时可退化为指数分布和瑞利分布.

13. 设 K 在[0, 5]上服从均匀分布，求方程 $4x^2+4Kx+K+2=0$ 有实根的概率.

14. 设 $X\sim N(3,2^2)$.

(1)求 $P(2<X\leqslant 5)$, $P(-4<X\leqslant 10)$, $P(|X|>2)$, $P(X>3)$;

(2)确定 c，使 $P(X>c)=P(X\leqslant c)$.

15. 一工厂生产的电子管的寿命 X(以小时计)服从参数 $\mu=160$，σ^2 的正态分布，若要求 $P(120<X\leqslant 200)\geqslant 0.80$，允许 σ 最大为多少？

16. 直线上有一质点，每经过一个单位时间，它分别以概率 p 及 $1-p$ 向右或向左移动一格，若该质点在时刻 0 时从原点出发，而且每次移动是相互独立的，试求在 n 次移动中向右移动次数 X 的概率分布.

17. 设随机变量 X 的概率分布律为 $P(X=k)=a\dfrac{\lambda^k}{2^k\cdot k!}$ $(k=1,2,\cdots)$，$\lambda>0$ 为常数，试确定常数 a.

18. 甲、乙二人投篮，投中的概率分别为 0.6 和 0.7，现各投篮 3 次，试求:

(1)两人投中的次数相等的概率;

(2)甲比乙投中次数多的概率.

19. 甲、乙两位赌友赌技相当，各押 32 枚金币为赌注，双方约定如果谁先赢得 3 局，就可以把赌金全部拿走. 但甲赢了第一局后赌局因故中断. 问如何合理分配赌注？

20. 设某种型号的电子管的寿命(以小时计)服从 $N(160,20^2)$分布. 现随机地选取 4 只，求其中没有一只寿命小于 180 的概率.

21. 设随机变量 X 的分布律为

X	-2	-1	0	1	3
p_k	$\frac{1}{5}$	$\frac{1}{6}$	$\frac{1}{5}$	$\frac{1}{15}$	$\frac{11}{30}$

试求 $Y=X^2$ 的分布律.

22. 设随机变量 X 服从(0, 1)上的均匀分布. 试求:

(1)$Y=\mathrm{e}^X$ 的概率密度;

(2)$Y=-2\ln X$ 的概率密度.

23. 设 $X\sim N(0,1)$. 试求:

(1)$Y=2X^2+1$ 的概率密度;

(2)$Y=|X|$的概率密度;

(3)$Y=\mathrm{e}^X$的概率密度.

24. 设随机变量 X 的概率密度为 $f(x)=\begin{cases}\dfrac{2x}{\pi^2}, & 0<x<\pi,\\ 0, & 其他.\end{cases}$ 求 $Y=\sin X$ 的概率密度.

第 8 章　多维随机变量及其分布

在第 7 章中，所讨论的随机现象只涉及一个随机变量. 但是一个随机现象常常是许多随机因素共同作用的结果，有时其试验的结果不能由一个随机变量来描述，而需要用两个或者更多个随机变量描述，这些随机变量之间还常常存在着某种联系. 例如，弹着点的位置，需要用横坐标和纵坐标来描述，它们是定义在同一个样本空间上的两个随机变量. 单独讨论它们各自的分布是不全面的，应该掌握它们整体的概率性质. 再如，一个人的身高和体重是有联系的，仅仅研究它们各自的分布也是不够的，还需要讨论它们的相互影响关系. 如果用 X 和 Y 表示父亲和儿子的身高，从遗传学的角度讲，也需要研究 X 和 Y 之间的相关关系，即需要研究向量(X, Y)整体的概率性质. 一般地，设有定义在同一个样本空间上的 n 个随机变量 $X_1, X_2, \cdots, X_n$，把它们记为向量的形式$(X_1, X_2, \cdots, X_n)$，称为 $\boldsymbol{n}$ **维随机向量**或 $\boldsymbol{n}$ **维随机变量**. 本章主要讨论二维随机向量. 二维随机向量的结论可以平行推广到 n 维随机向量，这种推广只是形式上的，没有实质性困难.

8.1　二维随机向量及其概率分布

1. 二维随机向量及其分布函数

设 E 是一个随机试验，$S=\{e\}$为其样本空间，X 和 Y 是定义在 S 上的两个随机变量，则由它们构成的向量(X, Y)称为**二维随机向量**或**二维随机变量**.

对二维随机向量，需要将(X, Y)作为一个整体进行研究，这样不但能研究分量 X 和 Y 的性质，还可以研究它们之间的相互联系. 为了描述二维随机向量(X, Y)整体的概率特征，引入二维随机向量的分布函数的概念，并将事件 $\{(X\leqslant x)\cap(Y\leqslant y)\}$ 简记为$(X\leqslant x, Y\leqslant y)$.

定义 8.1.1　设(X, Y)是二维随机向量，x, y 为任意实数，称二元函数

$$F(x, y)=P(X\leqslant x, Y\leqslant y)$$

为二维随机向量(X, Y)的**分布函数**，也称为随机变量 X 和 Y 的**联合分布函数**. 显然，对任意给定的 x, y，联合分布函数满足

$$0\leqslant F(x, y)\leqslant 1$$

根据定义，二维随机向量(X, Y)实际上是样本空间 S 到平面 R^2 上的一个映射，所以(X, Y)可以看成是平面上随机点的坐标. 分布函数 $F(x, y)$在点(x, y)处的函数值就是随机点(X, Y)落入以(x, y)为顶点的左下方无穷矩形内的概率，如图 8.1.1 所示.

对任意的 $x_1<x_2, y_1<y_2$，(X,Y) 落在矩形 $(x_1,x_2]\times(y_1,y_2]$ 内的概率为

$$\begin{aligned}&P(x_1<X\leqslant x_2, y_1<Y\leqslant y_2)\\&=F(x_2,y_2)-F(x_2,y_1)-F(x_1,y_2)+F(x_1,y_1)\end{aligned}$$

这个结果容易从图 8.1.2 看出.

类似于一维随机变量的场合，可以证明二维随机向量的分布函数 $F(x, y)$具有如下的基本性质:

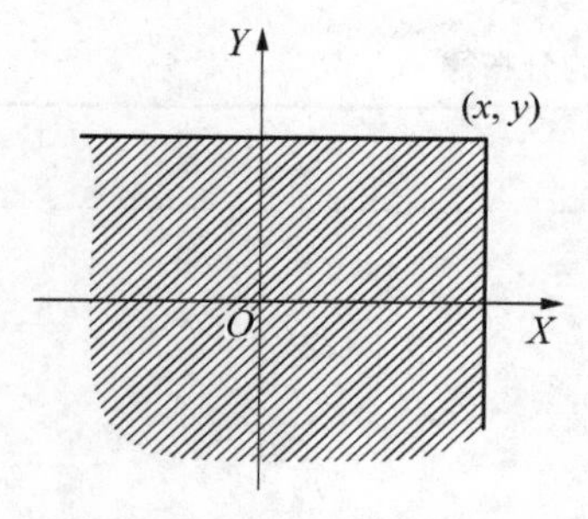

图 8.1.1　$F(x, y)$的概率意义

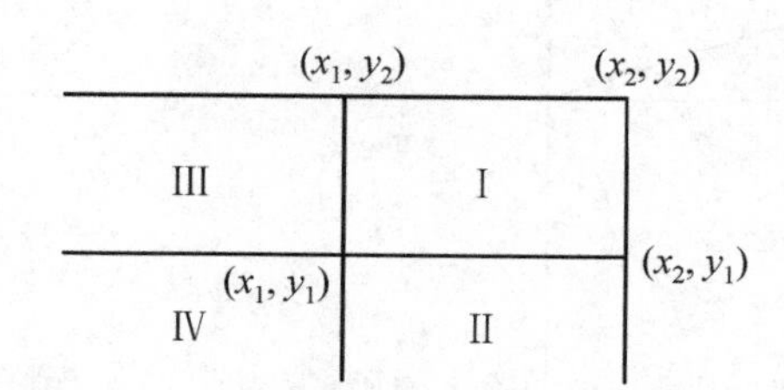

图 8.1.2　(X, Y)落在矩形内的概率计算

(1)单调性. $F(x, y)$关于每个变量都是单调不减函数, 即若 $x_1 < x_2$, 则对任意固定的 y, 有 $F(x_1, y) \leqslant F(x_2, y)$; 若 $y_1 < y_2$, 则对任意固定的 x, 有 $F(x, y_1) \leqslant F(x, y_2)$成立.

(2)规范性. 对任意给定的 y,

$$F(-\infty, y) = \lim_{x \to -\infty} F(x, y) = 0$$

对任意给定的 x,

$$F(x, -\infty) = \lim_{y \to -\infty} F(x, y) = 0$$

$$F(-\infty, -\infty) = \lim_{\substack{x \to -\infty \\ y \to -\infty}} F(x, y) = 0, \quad F(+\infty, +\infty) = \lim_{\substack{x \to +\infty \\ y \to +\infty}} F(x, y) = 1$$

(3)右连续性. $F(x, y)$关于每个变量都是右连续的, 即对任意给定的 x, y, 有

$$F(x+0, y) = F(x, y), \qquad F(x, y+0) = F(x, y)$$

除了上述三条性质之外, 对二维随机向量的分布 $F(x, y)$还具有一个特别的性质:

(4)相容性. 对于任意 $x_1 < x_2, y_1 < y_2$, 有

$$F(x_2, y_2) - F(x_2, y_1) - F(x_1, y_2) + F(x_1, y_1) \geqslant 0$$

反之, 可以证明, 满足这 4 个条件的二元函数必是某二维随机向量的分布函数. 所以, 这 4 个条件是一个二元函数成为某个二维随机向量的分布函数的充分必要条件. 联合分布函数完整地描述了随机向量的概率特征.

与一维的情形类似, 常见的二维随机向量也有离散型和连续型两种类型. 以下将分别进行讨论.

2. 二维离散型随机向量

若二维随机向量(X, Y)的所有可能的取值为有限或可列个数对, 则称(X, Y)为**二维离散型随机向量**. 对二维离散型随机向量, 我们关心的也是它取些什么值及取每个值的概率, 所以有如下联合分布律的概念.

设二维离散型随机向量(X, Y)的一切可能的取值为(x_i, y_j) $(i, j = 1, 2, \cdots)$, 且取这些值的概率记为

$$p_{ij} = P(X = x_i, Y = y_j) \quad (i, j = 1, 2, \cdots) \tag{8.1.1}$$

则称式(8.1.1)为离散型变量(X, Y)的**分布律**, 也称为随机变量 X 和 Y 的**联合分布律**.

和一维情形类似, X 和 Y 的联合分布律也可以写成表 8.1.1 所示的表格形式.

表 8.1.1　二维离散型随机变量的分布律

$X \backslash Y$	y_1	y_2	$\cdots$	y_j	$\cdots$
x_1	p_{11}	p_{12}	$\cdots$	p_{1j}	$\cdots$
x_2	p_{21}	p_{22}	$\cdots$	p_{2j}	$\cdots$
$\vdots$	$\vdots$	$\vdots$		$\vdots$	
x_i	p_{i1}	p_{i2}	$\cdots$	p_{ij}	$\cdots$
$\vdots$	$\vdots$	$\vdots$		$\vdots$	

容易验证，二维离散型随机向量的分布律具有如下性质:

(1)非负性: $p_{ij}\geqslant 0\ \ (i, j=1, 2, \cdots)$

(2)完备性: $\sum\limits_{i}\sum\limits_{j}p_{ij}=1$

反之，可以证明任意满足这两个条件的有限或者可列个实数 $\{p_{ij}, i, j=1,2,\cdots\}$ 必为某个二维离散型随机向量的分布律.

容易看出，二维离散型随机向量(X, Y)的联合分布函数为

$$\begin{aligned}F(x,y)&=P(X\leqslant x,Y\leqslant y)\\&=\sum_{x_i\leqslant x}\sum_{y_j\leqslant y}P(X=x_i,Y=y_j)=\sum_{x_i\leqslant x}\sum_{y_j\leqslant y}p_{ij}\end{aligned} \tag{8.1.2}$$

这里的和式表示对一切满足 $x_i\leqslant x, y_j\leqslant y$ 的 i, j 求和. 反之，联合分布函数也可以求出联合分布律. 因此，联合分布函数和联合分布律是相互唯一确定的，它们都可以完全刻画二维离散型随机向量的概率特征.

例 8.1.1　设袋中装有 2 只白球和 3 只黑球，现采用有放回和不放回两种摸球方式，各摸两次，每次仅摸出一球，定义随机变量:

$$X=\begin{cases}0, & \text{第一次摸出黑球,}\\1, & \text{第一次摸出白球,}\end{cases}\qquad Y=\begin{cases}0, & \text{第二次摸出黑球}\\1, & \text{第二次摸出白球}\end{cases}$$

试求(X, Y)的分布律.

解　(1)有放回情形. 此时第一次取球和第二次取球是相互独立的,

$$p_{00}=P(X=0,Y=0)=P(X=0)P(Y=0)=\frac{3}{5}\times\frac{3}{5}$$

类似地，可以求得其他概率 p_{ij}，得联合分布律如表 8.1.2 所示.

表 8.1.2　有放回情形的(X, Y)的分布律

$X \backslash Y$	0	1
0	$\frac{9}{25}$	$\frac{6}{25}$
1	$\frac{6}{25}$	$\frac{4}{25}$

(2)不放回情形. 此时第一次取球和第二次取球不相互独立, 计算概率需用乘法公式:

$$\begin{aligned} p_{00} &= P(X=0,Y=0) \\ &= P(X=0)P(Y=0\mid X=0)=\frac{3}{5}\times\frac{2}{4}=\frac{3}{10} \end{aligned}$$

类似地, 可以求得其他概率 p_{ij}, 得联合分布律如表 8.1.3 所示.

表 8.1.3　不放回情形的(*X*, *Y*)的分布律

X \ Y	0	1
0	$\frac{3}{10}$	$\frac{3}{10}$
1	$\frac{3}{10}$	$\frac{1}{10}$

3. 二维连续型随机向量

设二维随机变量(X, Y)的分布函数为$F(x, y)$, 如果存在非负函数$f(x, y)$, 使得对任意实数x, y, 有

$$F(x,y)=\int_{-\infty}^{x}\int_{-\infty}^{y} f(u,v)\mathrm{d}u\mathrm{d}v \tag{8.1.3}$$

则称(X, Y)为**二维连续型随机向量**, 称$f(x, y)$为二维随机向量(X, Y)的**概率密度函数**或**概率密度**, 也称为随机变量X和Y的**联合概率密度**.

由联合分布函数的性质可知, 联合概率密度$f(x, y)$具有如下性质:

(1)非负性: $f(x, y)\geqslant 0$

(2)完备性: $\int_{-\infty}^{+\infty}\int_{-\infty}^{+\infty} f(x,y)\mathrm{d}x\mathrm{d}y=1$

与一维的情形类似, 如果某个二元函数$f(x, y)$满足上面两个条件, 它必为某个二维连续型随机向量的概率密度. 联合概率密度还有下面几个常用的性质:

(3)若$f(x, y)$在点(x, y)处连续, 则有$\dfrac{\partial^2 F(x,y)}{\partial x\partial y}=f(x,y)$.

(4)对任意$x_1<x_2, y_1<y_2$,

$$P(x_1<X\leqslant x_2, y_1<Y\leqslant y_2)=\int_{x_1}^{x_2}\int_{y_1}^{y_2} f(u,v)\mathrm{d}u\mathrm{d}v \tag{8.1.4}$$

更一般地, 设G为xOy平面上一区域, 则(X, Y)的取值落在G内的概率为

$$P\{(X,Y)\in G\}=\iint_G f(x,y)\mathrm{d}x\mathrm{d}y \tag{8.1.5}$$

这是一个非常重要的公式, 将事件的概率计算转化为一个二重积分的计算问题. 其几何意义是(X, Y)落在G内的概率在数值上等于以曲面$z=f(x, y)$为顶, 以区域G为底, 以G的边界为准线的曲顶柱体的体积(图 8.1.3).

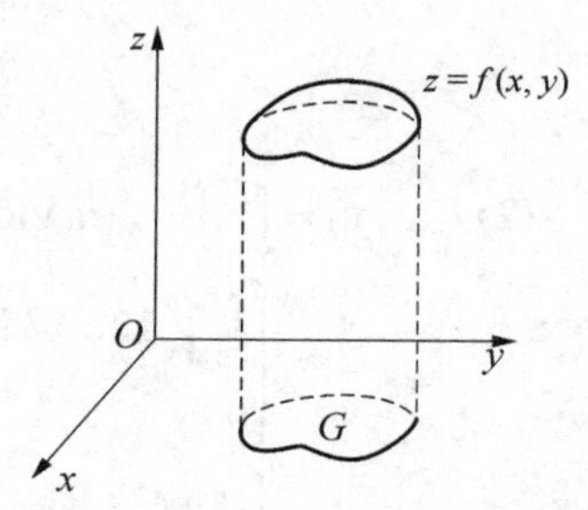

图 8.1.3　(X, Y)落在 G 内的概率计算

由式(8.1.5)可知, 若D是一个面积为零的平面集合(如曲线等), 则

$$P\{(X, Y)\in D\}=0$$

联合分布函数和联合概率密度都可以完整描述二维连

续型随机变量的概率特征，但是使用联合概率密度较为方便、直观.

例 8.1.2 (二维均匀分布)设 G 是平面上的一个有限区域，$S>0$ 为 G 的面积，若随机向量(X, Y)的概率密度函数为

$$f(x,y)=\begin{cases}\dfrac{1}{S}, & \text{当}(x,y)\in G\\ 0, & \text{当}(x,y)\overline{\in} G\end{cases}$$

则称(X, Y)服从区域 G 上的二维均匀分布. 此定义与一维随机变量的均匀分布的定义类似.

例 8.1.3 (二维正态分布)如果随机向量(X, Y)的概率密度为

$$f(x,y)=\frac{1}{2\pi\sigma_1\sigma_2\sqrt{1-\rho^2}}$$
$$\exp\left\{-\frac{1}{2(1-\rho^2)}\left[\frac{(x-\mu_1)^2}{\sigma_1^2}-2\rho\frac{(x-\mu_1)(y-\mu_2)}{\sigma_1\sigma_2}+\frac{(y-\mu_2)^2}{\sigma_2^2}\right]\right\}$$
$$(-\infty<x<+\infty,-\infty<y<+\infty)$$

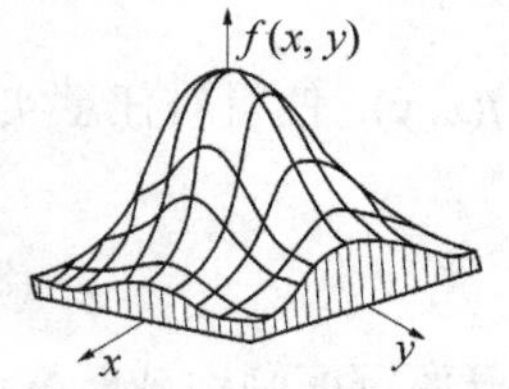

图 8.1.4 二维正态分布的概率密度

这里，μ_1, μ_2, σ_1, σ_2, ρ 为常数，$-\infty<\mu_1<+\infty$, $-\infty<\mu_2<+\infty$, $\sigma_1>0$, $\sigma_2>0$, $|\rho|<1$. 则称(X, Y)服从参数为 μ_1, μ_2, σ_1, σ_2, ρ 的二维正态分布，其图形如图 8.1.4 所示. 记为

$$(X,Y)\sim N(\mu_1,\mu_2,\sigma_1^2,\sigma_2^2,\rho)$$

二维均匀分布和二维正态分布是最常见的两种二维连续型分布.

例 8.1.4 设随机向量(X, Y)的概率密度为

$$f(x,y)=\begin{cases}k\mathrm{e}^{-(3x+4y)}, & x>0,y>0\\ 0, & \text{其他}\end{cases}$$

(1)确定常数 k;

(2)求分布函数 $F(x, y)$;

(3)求概率 $P(0<X<1, 0\leqslant Y\leqslant 2)$;

(4)求概率 $P(Y\leqslant X)$.

解 (1)由概率密度的性质

$$1=\int_{-\infty}^{+\infty}\int_{-\infty}^{+\infty}f(x,y)\mathrm{d}x\mathrm{d}y=\int_0^{+\infty}\int_0^{+\infty}k\mathrm{e}^{-(3x+4y)}\mathrm{d}x\mathrm{d}y$$
$$=k\int_0^{+\infty}\mathrm{e}^{-3x}\mathrm{d}x\int_0^{+\infty}\mathrm{e}^{-4y}\mathrm{d}y=\frac{k}{12}$$

得 $k=12$. 即

$$f(x,y)=\begin{cases}12\mathrm{e}^{-(3x+4y)}, & x>0,y>0\\ 0, & \text{其他}\end{cases}$$

(2) $$F(x,y)=\int_{-\infty}^{x}\int_{-\infty}^{y}f(u,v)\mathrm{d}u\mathrm{d}v$$
$$=\begin{cases}\int_0^x\int_0^y 12\mathrm{e}^{-(3u+4v)}\mathrm{d}u\mathrm{d}v, & x>0,y>0\\ 0, & \text{其他}\end{cases}$$
$$=\begin{cases}(1-\mathrm{e}^{-3x})(1-\mathrm{e}^{-4y}), & x>0,y>0\\ 0, & \text{其他}\end{cases}$$

(3) $P(0<X<1,0\leqslant Y\leqslant 2)=F(1,2)-F(0,2)-F(1,0)+F(0,0)$

$$=(1-\mathrm{e}^{-3})(1-\mathrm{e}^{-8})$$

(4)由式(8.1.5)知，$P(Y\leqslant X)=P\{(X,\ Y)\in G\}$，其中 G 为 xOy 平面上直线 $y=x$ 下方部分(图 8.1.5). 于是

$$\begin{aligned}P(Y\leqslant X)&=P\{(X,Y)\in G\}\\&=\iint_G f(x,y)\mathrm{d}x\mathrm{d}y\\&=\int_0^{+\infty}\int_y^{+\infty}12\mathrm{e}^{-(3x+4y)}\mathrm{d}x\mathrm{d}y\\&=\int_0^{+\infty}4\mathrm{e}^{-7y}\mathrm{d}y=\frac{4}{7}\end{aligned}$$

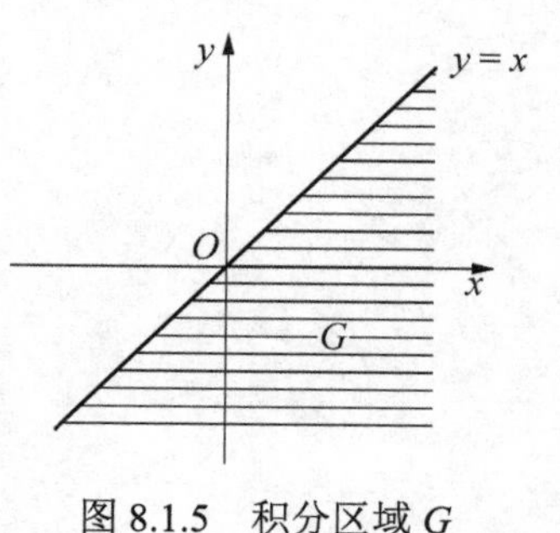

图 8.1.5　积分区域 G

上述对二维随机向量的讨论，可平行地推广到 n 维随机向量的情形，即可以定义 n 维随机向量$(X_1, X_2,\cdots, X_n)$，n 维随机向量的分布函数、分布律、概率密度等概念. 例如，n 维随机向量的分布函数定义为

$$F(x_1,x_2,\cdots,x_n)=P(X_1\leqslant x_1,X_2\leqslant x_2,\cdots,X_n\leqslant x_n)$$

它具有类似于二维随机向量分布函数的性质.

8.2　边 缘 分 布

1. 边缘分布函数

设(X, Y)为二维随机向量，则其两个分量 X 和 Y 都是一维随机变量，它们都有各自的概率分布，此概率分布就分别称为(X, Y)关于 X 和 Y 的边缘分布. 设(X, Y)的联合分布函数为 $F(x, y)$，X 和 Y 的分布函数分别为 $F_X(x)$和 $F_Y(y)$，$F_X(x)$和 $F_Y(y)$分别称为(X, Y)关于 X 和 Y 的边缘分布函数. 容易看出

$$F_X(x)=P(X\leqslant x)=P(X\leqslant x, Y\leqslant +\infty)=F(x,+\infty)\tag{8.2.1}$$

$$F_Y(y)=P(Y\leqslant y)=P(X\leqslant +\infty, Y\leqslant y)=F(+\infty, y)\tag{8.2.2}$$

上面的关系说明，边缘分布函数可由联合分布函数确定. 但反之，仅知道边缘分布函数，并不能由此确定联合分布函数. 对二维离散型随机向量和连续型随机向量还分别有边缘分布律和边缘概率密度，下面分别讨论.

2. 二维离散型随机向量的边缘分布律

设(X, Y)为二维离散型随机向量，其分布律为

$$P(X=x_i,Y=y_j)=p_{ij}\quad (i,j=1,2,\cdots)$$

或写成表格形式

X \ Y	y_1	y_2	$\cdots$	y_j	$\cdots$
x_1	p_{11}	p_{12}	$\cdots$	p_{1j}	$\cdots$
x_2	p_{21}	p_{22}	$\cdots$	p_{2j}	$\cdots$
$\vdots$	$\vdots$	$\vdots$		$\vdots$	
x_i	p_{i1}	p_{i2}	$\cdots$	p_{ij}	$\cdots$
$\vdots$	$\vdots$	$\vdots$		$\vdots$	

此时 X 和 Y 必为一维离散型随机变量，它们的分布律分别记为$\{p_{i\cdot}\}$和$\{p_{\cdot j}\}$. $\{p_{i\cdot}\}$和$\{p_{\cdot j}\}$分别称为(X, Y)关于 X 和 Y 的边缘分布律. 于是有

$$\begin{aligned} p_{i\cdot} = P(X = x_i) &= P\left\{X = x_i, \bigcup_{j=1}^{\infty}(Y = y_j)\right\} \\ &= \sum_{j=1}^{\infty} P(X = x_i, Y = y_j) = \sum_{j=1}^{\infty} p_{ij} \quad (i = 1, 2, \cdots) \end{aligned} \tag{8.2.3}$$

$$\begin{aligned} p_{\cdot j} = P(Y = y_j) &= P\left\{\bigcup_{i=1}^{\infty}(X = x_i, Y = y_j)\right\} \\ &= \sum_{i=1}^{\infty} P(X = x_i, Y = y_j) = \sum_{i=1}^{\infty} p_{ij} \quad (i = 1, 2, \cdots) \end{aligned} \tag{8.2.4}$$

所以，边缘分布律可以由联合分布律确定. 还可以看出，$p_{i\cdot}$ 实际上就是表中第 i 行所有概率之和，$p_{\cdot j}$ 实际上就是表中第 j 列所有概率之和.

例 8.2.1 求例 8.1.1 中的(X, Y)关于随机变量 X 和 Y 的边缘分布律.

解 边缘分布律可由联合分布律表方便地给出，在两种不同摸球方式下，关于随机变量 X 和 Y 的边缘分布律可直接按行和按列求和得到，由表 8.2.1 和表 8.2.2 分别给出.

表 8.2.1 有放回的情形

X \ Y	0	1	$p_{i\cdot}$
0	$\frac{9}{25}$	$\frac{6}{25}$	$\frac{3}{5}$
1	$\frac{6}{25}$	$\frac{4}{25}$	$\frac{2}{5}$
$p_{\cdot j}$	$\frac{3}{5}$	$\frac{2}{5}$	

表 8.2.2 不放回的情形

X \ Y	0	1	$p_{i\cdot}$
0	$\frac{3}{10}$	$\frac{3}{10}$	$\frac{3}{5}$
1	$\frac{3}{10}$	$\frac{1}{10}$	$\frac{2}{5}$
$p_{\cdot j}$	$\frac{3}{5}$	$\frac{2}{5}$	

在上面两个表中，中间部分都是 X 和 Y 的联合分布律，而边缘部分则分别是关于 X 与 Y 的分布律，它们由联合分布律经同一行或同一列相加而得到，分别位于表的最右边和最下边，因此称为“边缘分布”.

从这个例子还可看到，对有放回和无放回两种摸球方式，(X, Y)关于 X 和 Y 的边缘分布律是相同的，但它们的联合分布律却不相同. 这说明联合分布律一般不能由边缘分布律确定.

例 8.2.2 某学员进行射击训练，每次击中目标的概率恒为 p $(0<p<1)$，射击到击中目标两次为止. 以 X 表示首次击中目标所进行的射击次数，以 Y 表示总共进行的射击次数. 试求(X, Y)的分布律及关于 X 和 Y 的边缘分布律.

解 依题意，$(Y = n)$表示“总共射击了 n 次，且第二次击中目标发生在第 n 次射击时”，因此前 $n-1$ 次射击中仅击中目标一次. $(X = m)$则表示“首次击中目标发生在第 m 次射击时”. 显然 $n\geqslant 2$，$1\leqslant m\leqslant n-1$. 因为各次射击是相互独立的，且每次击中目标的概率均为 p，故不论 m 是多少，事件$(X = m, Y = n)$发生的概率都应等于

$$pp\underbrace{qq\cdots q}_{n-2}=p^2q^{n-2}\quad (0<p<1,q=p-1)$$

从而可得 X 和 Y 的联合分布律为

$$P(X=m,Y=n)=p^2q^{n-2}\quad (n=2,3,\cdots;m=1,2,\cdots,n-1;n\geqslant m+1)$$

(X, Y)关于 X 的边缘分布律为

$$P_{m\cdot}=P(X=m)=\sum_{n=m+1}^{\infty}P(X=m,Y=n)=\sum_{n=m+1}^{\infty}p^2q^{n-2}$$
$$=p^2q^{m-1}\frac{1}{1-q}=pq^{m-1}\quad (m=1,2,\cdots)$$

(X, Y)关于 Y 的边缘分布律为

$$P_{\cdot n}=P(Y=n)=\sum_{m=1}^{n-1}P(X=m,Y=n)$$
$$=\sum_{m=1}^{n-1}p^2q^{n-2}=(n-1)p^2q^{n-2}\quad (n=2,3,\cdots)$$

3. 二维连续型随机向量的边缘概率密度

设(X, Y)为二维连续型随机向量，$F(x, y)$为其分布函数，$f(x, y)$为其概率密度，因为

$$F_X(x)=F(x,+\infty)=\int_{-\infty}^{x}\int_{-\infty}^{+\infty}f(u,v)\mathrm{d}u\mathrm{d}v=\int_{-\infty}^{x}\left[\int_{-\infty}^{+\infty}f(u,v)\mathrm{d}v\right]\mathrm{d}u$$

所以 X 是一个连续型随机变量，其概率密度函数为

$$f_X(x)=F_X'(x)=\int_{-\infty}^{+\infty}f(x,v)\mathrm{d}v=\int_{-\infty}^{+\infty}f(x,y)\mathrm{d}y \tag{8.2.5}$$

称 $f_X(x)$为(X, Y)关于 X 的**边缘概率密度函数**或者**边缘概率密度**.

同理可得(X, Y)关于 Y 的边缘概率密度函数为

$$f_Y(y)=\int_{-\infty}^{+\infty}f(x,y)\mathrm{d}x \tag{8.2.6}$$

例 8.2.3 求二维正态分布的边缘概率密度.

证 设$(X,Y)\sim N(\mu_1,\mu_2,\sigma_1^2,\sigma_2^2,\rho)$，则其概率密度为

$$f(x,y)=\frac{1}{2\pi\sigma_1\sigma_2\sqrt{1-p^2}}$$
$$\exp\left\{-\frac{1}{2(1-\rho^2)}\cdot\left[\frac{(x-\mu_1)^2}{\sigma_1^2}-2\rho\frac{(x-\mu_1)(y-\mu_2)}{\sigma_1\sigma_2}+\frac{(y-\mu_2)^2}{\sigma_2^2}\right]\right\}$$

令 $\dfrac{x-\mu_1}{\sigma_1}=u,\dfrac{y-\mu_2}{\sigma_2}=v$，则上式可化为

$$f(x,y)=\frac{1}{2\pi\sigma_1\sigma_2\sqrt{1-\rho^2}}\exp\left\{-\frac{1}{2(1-\rho^2)}(u^2-2\rho uv+v^2)\right\}$$

又 $\sigma_2>0$，且 $\mathrm{d}y=\sigma_2\mathrm{d}v$，从而

$$
\begin{aligned}
f_X(x) &= \int_{-\infty}^{+\infty} f(x,y)\mathrm{d}y \\
&= \int_{-\infty}^{+\infty} \frac{1}{2\pi\sigma_1\sigma_2\sqrt{1-\rho^2}} \exp\left\{-\frac{1}{2(1-\rho^2)}(u^2 - 2\rho uv + v^2)\right\}\sigma_2 \mathrm{d}v \\
&= \frac{1}{\sqrt{2\pi}\sigma_1}\mathrm{e}^{-\frac{u^2}{2}} \int_{-\infty}^{+\infty} \frac{1}{\sqrt{2\pi}\sqrt{1-\rho^2}} \exp\left\{-\frac{\rho^2u^2 - 2\rho uv + v^2}{2(1-\rho^2)}\right\}\mathrm{d}v \\
&= \frac{1}{\sqrt{2\pi}\sigma_1}\mathrm{e}^{-\frac{u^2}{2}} \int_{-\infty}^{+\infty} \frac{1}{\sqrt{2\pi}\sqrt{1-\rho^2}} \exp\left\{-\frac{(v-\rho u)^2}{2(1-\rho^2)}\right\}\mathrm{d}v \\
&= \frac{1}{\sqrt{2\pi}\sigma_1}\mathrm{e}^{-\frac{u^2}{2}} \frac{1}{\sqrt{2\pi}} \int_{-\infty}^{+\infty} \exp\left\{-\frac{1}{2}\left(\frac{v-\rho u}{\sqrt{1-\rho^2}}\right)^2\right\}\mathrm{d}\left(\frac{v-\rho u}{\sqrt{1-\rho^2}}\right) \\
&= \frac{1}{\sqrt{2\pi}\sigma_1}\mathrm{e}^{-\frac{u^2}{2}} = \frac{1}{\sqrt{2\pi}\sigma_1}\mathrm{e}^{-\frac{(x-\mu_1)^2}{2\sigma_1^2}} \quad (-\infty < x < +\infty)
\end{aligned}
$$

即 $f_X(x)$ 是正态分布 $N(\mu_1,\sigma_1^2)$ 的概率密度. 同理可证

$$
f_Y(y) = \frac{1}{\sqrt{2\pi}\sigma_2}\mathrm{e}^{-\frac{(y-\mu_2)^2}{2\sigma_2^2}} \quad (-\infty < x < +\infty)
$$

即若 $(X,Y) \sim N(\mu_1,\mu_2,\sigma_1^2,\sigma_2^2,\rho)$，则 $X \sim N(\mu_1,\sigma_1^2)$，$Y \sim N(\mu_2,\sigma_2^2)$. 因此, 二维正态分布的边缘分布仍为正态分布, 且与参数 ρ 无关. 这一事实也说明, 边缘概率密度一般不能完全决定它们的联合概率密度. 综合例 8.2.1、例 8.2.2 以及边缘分布函数的定义可以看到, 二维随机向量的性质, 不能仅由它的两个分量的性质来确定, 单独研究分量的分布是不够的, 必须把它们作为一个整体来研究.

还需要说明, 两个边缘分布都是正态分布的二维随机向量可以不是二维正态的.

例 8.2.4 设

$$
f(x,y) = \frac{1}{2\pi}\mathrm{e}^{-\frac{x^2-y^2}{2}}(1+\sin x\sin y) \quad (-\infty < x < +\infty, -\infty < y < +\infty)
$$

容易验证 $f(x, y)$ 是一个二维概率密度, 它显然不是正态分布, 但它的两个边缘分布都是标准正态分布.

例 8.2.5 设 (X, Y) 服从区域 G 上的均匀分布, G 为直线 $2x + y = 2$, x 轴及 y 轴所围的三角形平面区域, 求关于 X 和 Y 的边缘概率密度.

解 因例 8.1.2 知 $f(x,y) = \begin{cases} 1, & (x,y) \in G, \\ 0, & (x,y) \overline{\in} G. \end{cases}$ 故

$$
f_X(x) = \int_{-\infty}^{+\infty} f(x,y)\mathrm{d}y = \begin{cases} \int_0^{2-2x} 1\mathrm{d}y, & 0 < x < 1 \\ 0, & \text{其他} \end{cases} = \begin{cases} 2(1-x), & 0 < x < 1 \\ 0, & \text{其他} \end{cases}
$$

$$
f_Y(y) = \int_{-\infty}^{+\infty} f(x,y)\mathrm{d}x = \begin{cases} \int_0^{1-\frac{y}{2}} 1\mathrm{d}x, & 0 < y < 2 \\ 0, & \text{其他} \end{cases} = \begin{cases} 1-\frac{y}{2}, & 0 < y < 2 \\ 0, & \text{其他} \end{cases}
$$

此例也说明了二维均匀分布的边缘分布不一定是均匀分布.

8.3 条件分布

1. 条件分布函数

设 X 和 Y 为两个随机变量，对某个固定的 y，如果 $P(Y=y)>0$，下面的条件概率有意义

$$P(X\leqslant x\mid Y=y)=\frac{P(X\leqslant x,Y=y)}{P(Y=y)}\quad(-\infty<x<+\infty)$$

它是一个 x 的函数，称为 $Y=y$ 条件下 X 的**条件分布函数**，简记为 $F_{X|Y}(x\mid y)$.

当 $P(Y=y)=0$ 时，不能再用条件概率直接定义条件分布函数，需要使用极限的方法. 于是给出如下定义.

定义 8.3.1 设 X 和 Y 为两个随机变量, y 为给定的实数，对任意给定的 $\varepsilon>0$，有

$$P(y-\varepsilon<Y\leqslant y+\varepsilon)>0$$

若对任意实数 x，极限

$$\lim_{\varepsilon\to0^+}P(X\leqslant x\mid y-\varepsilon<Y\leqslant y+\varepsilon)=\lim_{\varepsilon\to0^+}=\frac{P(X\leqslant x,y-\varepsilon<Y\leqslant y+\varepsilon)}{P(y-\varepsilon<Y\leqslant y+\varepsilon)}$$

存在，则称此极限为在随机变量 $Y=y$ 的条件下，随机变量 X 的条件分布函数，记为 $F_{X|Y}(x|y)$ 或 $P(X\leqslant x|Y=y)$. 即

$$F_{X|Y}(x\mid y)=\lim_{\varepsilon\to0^+}\frac{P(X\leqslant x,y-\varepsilon<Y\leqslant y+\varepsilon)}{P(y-\varepsilon<Y\leqslant y+\varepsilon)}$$

条件分布函数确是分布函数，容易验证它满足分布函数的三个基本条件. 对离散型随机向量和连续型随机向量分别有条件分布律和条件概率密度，后面将分别讨论.

2. 离散型随机变量的条件分布律

设 (X, Y) 是离散型二维随机向量, X 和 Y 的联合分布律为

$$P(X=x_i,Y=y_j)=p_{ij}\quad(i,j=1,2,\cdots)$$

(X, Y) 关于 X 和 Y 的边缘分布律为

$$P(X=x_i)=p_{i\cdot}=\sum_{j=1}^{\infty}p_{ij}\ \ (i=1,2,\cdots),\quad P(Y=y_j)=p_{\cdot j}=\sum_{i=1}^{\infty}p_{ij}\ \ (j=1,2,\cdots)$$

若 $p_{\cdot j}=P(Y=y_j)>0$，则称

$$P(X=x_i\mid Y=y_j)=\frac{P(X=x_i,Y=y_j)}{P(Y=y_j)}=\frac{p_{ij}}{p_{\cdot j}}\quad(i=1,2,\cdots)$$

为在 $Y=y_j$ 条件下，随机变量 X 的**条件分布律**或**条件分布列**.

若 $p_{i\cdot}=P(X=x_i)>0$，则称

$$P(Y=y_j\mid X=x_i)=\frac{P(X=x_i,Y=y_j)}{P(X=x_i)}=\frac{p_{ij}}{p_{i\cdot}}\quad(j=1,2,\cdots)$$

为在 $X=x_i$ 条件下，随机变量 Y 的条件分布律.

容易证明条件分布律满足分布律的两个基本条件:

(1) $P(X=x_i\mid Y=y_j)\geqslant0,P(Y=y_j\mid X=x_i)\geqslant0$；

(2) $\sum_{i=1}^{\infty} P(X=x_i \mid Y=y_j)=1$, $\sum_{j=1}^{\infty} P(Y=y_j \mid X=x_i)=1$.

例 8.3.1 求例 8.2.2 中的条件分布律, 特别地, 求 $P(X=m|Y=5)$ 及 $P(Y=n|X=2)$.

解 由例 8.2.2 知, (X, Y)的联合分布律为

$$p_{m,n}=P(X=m,Y=n)=p^2q^{n-2} \quad (m=1,2,\cdots,n-1;n=2,3,\cdots;n\geqslant m+1)$$

(X, Y)关于 X 和 Y 的边缘分布律分别为

$$p_{m\cdot}=P(X=m)=\sum_{n=m+1}^{\infty} p_{m,n}=pq^{m-1} \quad (m=1,2,\cdots)$$

$$p_{\cdot n}=P(Y=n)=\sum_{m=1}^{n-1} p_{m,n}=(n-1)p^2q^{n-2} \quad (n=2,3,\cdots)$$

由条件分布律的定义知, 当 $n=2, 3,\cdots$ 时

$$P(X=m \mid Y=n)=\frac{p_{m,n}}{p_{\cdot n}}=\frac{p^2q^{n-2}}{(n-1)p^2q^{n-2}}=\frac{1}{n-1} \quad (m=1,2,\cdots,n-1)$$

当 $m=1, 2,\cdots$ 时

$$P(Y=n \mid X=m)=\frac{p_{m,n}}{p_{m\cdot}}=\frac{p^2q^{n-2}}{pq^{m-1}}=pq^{n-m-1} \quad (n=m+1,m+2,\cdots)$$

特别地,

$$P(X=m \mid Y=5)=\frac{1}{4} \quad (m=1,2,3,4)$$

$$P(Y=n|X=2)=pq^{n-3} \quad (n=3, 4,\cdots)$$

3. 连续型随机变量的条件概率密度

设(X, Y)为二维连续型随机向量, 它的分布函数为$F(x, y)$, 概率密度为$f(x, y)$, (X, Y)关于 Y 的边缘概率密度为$f_Y(y)$, $f(x, y)$和$f_Y(y)$均连续, 且$f_Y(y)>0$. 则由条件分布函数的定义, 得

$$\begin{aligned}
&F_{X|Y}(x \mid y)\\
&=\lim_{\varepsilon\to0^+}\frac{P(X\leqslant x; y-\varepsilon<Y\leqslant y+\varepsilon)}{P(y-\varepsilon<Y\leqslant y+\varepsilon)}=\lim_{\varepsilon\to0^+}\frac{F(x,y+\varepsilon)-F(x,y-\varepsilon)}{F_Y(y+\varepsilon)-F_Y(y-\varepsilon)}\\
&=\lim_{\varepsilon\to0^+}\frac{[F(x,y+\varepsilon)-F(x,y-\varepsilon)]/2\varepsilon}{[F_Y(y+\varepsilon)-F_Y(y-\varepsilon)]/2\varepsilon}=\frac{\partial F(x,y)/\partial y}{\mathrm{d}F_Y(y)/\mathrm{d}y}
\end{aligned}$$

因为

$$F(x,y)=\int_{-\infty}^{x}\int_{-\infty}^{y} f(u,v)\mathrm{d}u\mathrm{d}v, \quad \frac{\partial F(x,y)}{\partial y}=\int_{-\infty}^{x} f(u,y)\mathrm{d}u$$

$$F_Y(y)=\int_{-\infty}^{y} f_Y(t)\mathrm{d}t, \quad \frac{\mathrm{d}F_Y(y)}{\mathrm{d}y}=f_Y(y)$$

从而

$$F_{X|Y}(x \mid y)=\frac{\int_{-\infty}^{x} f(u,y)\mathrm{d}u}{f_Y(y)}$$

求导可得, 在 $Y=y$ 条件下, 随机变量 X 的**条件概率密度**为

$$f_{X|Y}(x \mid y)=\frac{f(x,y)}{f_Y(y)}$$

类似地，可以定义在随机变量 $X=x$ 的条件下，随机变量 Y 的条件分布函数 $F_{Y|X}(y|x)$及条件概率密度 $f_{Y|X}(y|x)$，且

$$F_{Y|X}(y\mid x)=\int_{-\infty}^{y}\frac{f(x,v)}{f_X(x)}\mathrm{d}v,\qquad f_{Y|X}(y\mid x)=\frac{f(x,y)}{f_X(x)}$$

这里当然要求 $f_X(x)>0$.

例 8.3.2 设二维随机向量(X, Y)的概率密度为 $f(x,y)=\begin{cases}1, & 0<x<1,|y|<x\\ 0, & 其他\end{cases}$. 求条件概率密度 $f_{X|Y}(x|y)$和 $f_{Y|X}(y|x)$.

解 由式(8.2.1)、式(8.2.2)可知，(X, Y)关于 X 与 Y 的边缘概率密度为

$$f_X(x)=\int_{-\infty}^{+\infty}f(x,y)\mathrm{d}y=\begin{cases}\int_{-x}^{x}1\mathrm{d}y=2x, & 0<x<1\\ 0, & 其他\end{cases}$$

$$f_Y(y)=\int_{-\infty}^{+\infty}f(x,y)\mathrm{d}x=\begin{cases}\int_{y}^{1}1\mathrm{d}x, & 0\leqslant y<1\\ \int_{-y}^{1}1\mathrm{d}x, & -1<y<0\\ 0, & 其他\end{cases}$$

$$=\begin{cases}1-y, & 0\leqslant y<1\\ 1+y, & -1<y<0\\ 0, & 其他\end{cases}=\begin{cases}1-|y|, & |y|<1\\ 0, & 其他\end{cases}$$

故当$|y|<1$ 时，$f_Y(y)>0$,

$$f_{X|Y}(x\mid y)=\frac{f(x,y)}{f_Y(y)}=\begin{cases}\dfrac{1}{1-|y|}, & |y|<x<1\\ 0, & 其他\end{cases}$$

当 $0<x<1$ 时，$f_X(x)>0$,

$$f_{Y|X}(y\mid x)=\frac{f(x,y)}{f_X(x)}=\begin{cases}\dfrac{1}{2x}, & |y|<x\\ 0, & 其他\end{cases}$$

例 8.3.3 设在 $Y=y$ 的条件下，随机变量 X 的条件概率密度为 $f_{X|Y}(x\mid y)=\begin{cases}\dfrac{3x^2}{y^3}, & 0<x<y\\ 0, & 其他\end{cases}$. Y 的概率密度为 $f_Y(y)=\begin{cases}5y^4, & 0<y<1\\ 0, & 其他\end{cases}$. 求 $P\left(X>\dfrac{1}{2}\right)$.

解 由条件概率密度的定义，(X, Y)的联合概率密度为

$$f(x,y)=f_Y(y)f_{X|Y}(x\mid y)=\begin{cases}15x^2y, & 0<x<y,0<y<1\\ 0, & 其他\end{cases}$$

从而(X, Y)关于 X 的边缘概率密度为

$$f_X(x)=\int_{-\infty}^{+\infty}f(x,y)\mathrm{d}y=\begin{cases}\int_x^1 15x^2y\mathrm{d}y, & 0<x<1\\ 0, & 其他\end{cases}$$

$$=\begin{cases}7.5x^2(1-x^2), & 0<x<1\\ 0, & 其他\end{cases}$$

所以

$$P\left(X>\frac{1}{2}\right)=\int_{\frac{1}{2}}^{1}7.5x^2(1-x^2)\mathrm{d}x=\frac{47}{64}$$

例 8.3.4 设二维随机向量 $(X,Y)\sim N(\mu_1,\mu_2,\sigma_1^2,\sigma_2^2,\rho)$，求条件概率密度 $f_{X|Y}(x|y), f_{Y|X}(y|x)$.

解 由例 8.1.3, 例 8.2.3 及条件概率密度的定义可知

$$f_{X|Y}(x\mid y)=\frac{f(x,y)}{f_Y(y)}$$

$$=\frac{\dfrac{1}{2\pi\sigma_1\sigma_2\sqrt{1-\rho^2}}\exp\left\{-\dfrac{1}{2(1-\rho^2)}\left[\left(\dfrac{x-\mu_1}{\sigma_1}\right)^2-2\rho\left(\dfrac{x-\mu_1}{\sigma_1}\right)\left(\dfrac{y-\mu_2}{\sigma_2}\right)+\left(\dfrac{y-\mu_2}{\sigma_2}\right)^2\right]\right\}}{\dfrac{1}{\sqrt{2\pi}\sigma_2}\exp\left\{-\dfrac{(y-\mu_2)^2}{2\sigma_2^2}\right\}}$$

$$=\frac{1}{\sqrt{2\pi}\sigma_1\sqrt{1-\rho^2}}\exp\left\{-\frac{1}{2(1-\rho^2)}\left[\left(\frac{x-\mu_1}{\sigma_1}\right)^2-2\rho\left(\frac{x-\mu_1}{\sigma_1}\right)\left(\frac{y-\mu_2}{\sigma_2}\right)+\rho^2\left(\frac{y-\mu_2}{\sigma_2}\right)^2\right]\right\}$$

$$=\frac{1}{\sqrt{2\pi}\sigma_1\sqrt{1-\rho^2}}\exp\left\{-\frac{1}{2(1-\rho^2)}\left[\left(\frac{x-\mu_1}{\sigma_1}\right)-\rho\left(\frac{y-\mu_2}{\sigma_2}\right)\right]^2\right\}$$

$$=\frac{1}{\sqrt{2\pi}\sigma_1\sqrt{1-\rho^2}}\exp\left\{-\frac{1}{2(1-\rho^2)\sigma_1^2}\left[x-\left(\mu_1+\rho\frac{\sigma_1}{\sigma_2}(y-\mu_2)\right)\right]^2\right\}$$

同理可知

$$f_{Y|X}(y\mid x)=\frac{f(x,y)}{f_X(x)}$$

$$=\frac{1}{\sqrt{2\pi}\sigma_2\sqrt{1-\rho^2}}\exp\left\{-\frac{1}{2(1-\rho^2)\sigma_2^2}\left[y-\left(\mu_2+\rho\frac{\sigma_2}{\sigma_1}(x-\mu_1)\right)\right]^2\right\}$$

这说明二维正态分布的条件分布仍然是正态分布.

容易验证, 条件概率密度也满足概率密度的两个基本条件:

(1) $f_{X|Y}(x|y)\geqslant 0, f_{Y|X}(y|x)\geqslant 0$

(2) $\int_{-\infty}^{+\infty}f_{X|Y}(x,y)\mathrm{d}x=1,\int_{-\infty}^{+\infty}f_{Y|X}(x,y)\mathrm{d}y=1$

8.4 随机变量的独立性

与随机事件独立性的概念一样, 随机变量的独立性在概率论与数理统计中也起着十分重

要的作用，是概率论与数理统计中最重要的概念之一. 本节先给出两个随机变量的独立性定义，类似可以给出 n 个随机变量独立性定义.

1. 两个随机变量的独立性

定义 8.4.1 设(X, Y)是二维随机向量，若对任意的实数 x, y，均有

$$P(X \leqslant x, Y \leqslant y) = P(X \leqslant x)P(Y \leqslant y) \tag{8.4.1}$$

成立，则称随机变量 X 和 Y **相互独立**.

若(X, Y)的联合分布函数为 $F(x, y)$，(X, Y)关于 X 和 Y 的边缘分布函数分别为 $F_X(x)$和 $F_Y(y)$，依分布函数的定义可知，X 和 Y 相互独立等价于对任意的实数 x, y，有

$$F(x,y) = F_X(x)F_Y(y) \tag{8.4.2}$$

因为分布函数完全刻画了随机变量的概率特征，X 和 Y 相互独立表明，此时由两个边缘分布可唯一确定其联合分布. 还表明两个分量 X 和 Y 间没有任何联系，互不影响. 再由条件分布的定义可知，若两个随机变量相互独立，则条件分布即为无条件分布.

由分布函数和分布律的关系可以证明，当(X, Y)为离散型随机向量时，式(8.4.1)等价于

$$\begin{aligned} p_{ij} &= P(X = x_i, Y = y_j) \\ &= P(X = x_i)P(Y = y_j) = p_{i\cdot}p_{\cdot j} (i, j = 1, 2, \cdots) \end{aligned} \tag{8.4.3}$$

同样由分布函数和概率密度的关系可以证明，当(X, Y)为连续型随机向量时，式(8.4.1)等价于

$$f(x,y) = f_X(x)f_Y(y) \tag{8.4.4}$$

这里，$f(x, y), f_X(x), f_Y(y)$分别是(X, Y)的概率密度及(X, Y)关于 X 和 Y 的边缘概率密度.

例 8.4.1 设二维离散型随机向量(X, Y)的分布律如下

X \ Y	1	2	3
1	$\frac{1}{6}$	$\frac{1}{9}$	$\frac{1}{18}$
2	$\frac{1}{3}$	a	b

试问要使 X 和 Y 相互独立，a, b 应取何值？

解 容易求得(X, Y)关于 X 和 Y 的边缘分布律分别为

$$p_{1\cdot} = P(X = 1) = \frac{1}{3}, \quad p_{2\cdot} = P(X = 2) = \frac{1}{3} + a + b$$

$$p_{\cdot 1} = P(Y = 1) = \frac{1}{2}, \quad p_{\cdot 2} = P(Y = 2) = \frac{1}{9} + a, \quad p_{\cdot 3} = P(Y = 3) = \frac{1}{18} + b$$

要使 X 和 Y 相互独立，应有

$$p_{12} = \frac{1}{9} = p_{1\cdot} \cdot p_{\cdot 2} = \frac{1}{3} \cdot \left(\frac{1}{9} + a\right)$$

即 $\frac{1}{9} + a = \frac{1}{3}$，$a = \frac{2}{9}$.

还应有

$$p_{13}=\frac{1}{18}=p_{1\cdot}\cdot p_{\cdot 3}=\frac{1}{3}\cdot\left(\frac{1}{18}+b\right)$$

即 $\frac{1}{18}+b=\frac{1}{6}$，$b=\frac{1}{9}$.

例 8.4.2 设(X, Y)服从椭圆$\frac{x^2}{a^2}+\frac{y^2}{b^2}\leqslant 1$上的均匀分布，其概率密度为$f(x,y)=\begin{cases}\frac{1}{\pi ab}, & \frac{x^2}{a^2}+\frac{y^2}{b^2}\leqslant 1\\ 0, & \text{其他}\end{cases}$.
问随机变量 X 和 Y 是否相互独立？

解 因为$f_X(x)=\int_{-\infty}^{+\infty}f(x,y)\mathrm{d}y$，当$|x|\leqslant a$时，令$k=b\sqrt{1-\frac{x^2}{a^2}}$，则

$$f_X(x)=\int_{-k}^{k}\frac{1}{\pi ab}\mathrm{d}y=\frac{2k}{\pi ab}=\frac{2}{\pi a}\sqrt{1-\frac{x^2}{a^2}}$$

当$|x|>a$时，$f_X(x)=0$．所以

$$f_X(x)=\begin{cases}\frac{2}{\pi a}\sqrt{1-\frac{x^2}{a^2}}, & |x|\leqslant a\\ 0, & |x|>a\end{cases}$$

同理可得

$$f_Y(y)=\begin{cases}\frac{2}{\pi b}\sqrt{1-\frac{y^2}{b^2}}, & |y|\leqslant b\\ 0, & |y|>b\end{cases}$$

显然，$f_X(x)f_Y(y)\neq f(x,y)$，X 和 Y 不相互独立.

例 8.4.3 设$(X,Y)\sim N(\mu_1,\mu_2,\sigma_1^2,\sigma_2^2,\rho)$，证明：随机变量 X 和 Y 相互独立的充要条件是参数$\rho=0$.

证 因为$(X,Y)\sim N(\mu_1,\mu_2,\sigma_1^2,\sigma_2^2,\rho)$，(X, Y)的概率密度为

$$f(x,y)=\frac{1}{2\pi\sigma_1\sigma_2\sqrt{1-\rho^2}}\exp\left\{\left[\left\{\frac{-1}{2(1-\rho^2)}\left[\frac{(x-\mu_1)^2}{\sigma_1^2}-2\rho\frac{(x-\mu_1)(y-\mu_2)}{\sigma_1\sigma_2}+\frac{(y-\mu_2)^2}{\sigma_2^2}\right]\right]\right\}$$

由例 8.2.3 知，(X, Y)关于 X 和 Y 的边缘概率密度$f_X(x)$和$f_Y(y)$的乘积为

$$f_X(x)f_Y(y)=\frac{1}{2\pi\sigma_1\sigma_2}\exp\left\{-\frac{1}{2}\left[\frac{(x-\mu_1)^2}{\sigma_1^2}+\frac{(y-\mu_2)^2}{\sigma_2^2}\right]\right\}$$

因此，若参数$\rho=0$，则对一切 x, y 均有$f(x, y)=f_X(x)f_Y(y)$，X 和 Y 相互独立.

反之，若 X 和 Y 相互独立，则对一切 x, y 应有$f(x, y)=f_X(x)f_Y(y)$成立．特别令$x=\mu_1$，$y=\mu_2$也应成立，故有

$$\frac{1}{2\pi\sigma_1\sigma_2\sqrt{1-\rho^2}}=\frac{1}{2\pi\sigma_1\sigma_2}$$

即$\frac{1}{\sqrt{1-\rho^2}}=1$，从而得$\rho=0$.

2. 多个随机变量的相互独立性

上面关于两个随机变量相互独立性的讨论，可以平行地推广到 n 个随机变量的情形.

定义 8.4.2 设$(X_1, X_2, \cdots, X_n)$为 n 维随机向量，若对于任意的实数 $x_1, x_2, \cdots, x_n$，有

$$
\begin{aligned}
&P(X_1 \leqslant x_1, X_2 \leqslant x_2, \cdots, X_n \leqslant x_n) \\
&= P(X_1 \leqslant x_1)P(X_2 \leqslant x_2)\cdots P(X_n \leqslant x_n)
\end{aligned}
\tag{8.4.5}
$$

成立，则称 n 个随机变量 $X_1, X_2, \cdots, X_n$ 相互独立.

若 n 维随机向量$(X_1, X_2, \cdots, X_n)$的分布函数为 $F(x_1, x_2, \cdots, x_n)$，$(X_1, X_2, \cdots, X_n)$ 关于 X_i 的边缘分布函数为 $F_{X_i}(x_i)$ $(i = 1, 2, \cdots, n)$，则式(8.4.5)等价于对一切 $x_1, x_2, \cdots, x_n$，有

$$F(x_1, x_2, \cdots, x_n) = F_{X_1}(x_1)F_{X_2}(x_2)\cdots F_{X_n}(x_n) \tag{8.4.6}$$

对于离散型随机向量$(X_1, X_2, \cdots, X_n)$，式(8.4.6)等价于对一切 $x_1, x_2, \cdots, x_n$，有

$$
\begin{aligned}
&P(X_1 = x_1, X_2 = x_2, \cdots, X_n = x_n) \\
&= P(X_1 = x_1)P(X_2 = x_2)\cdots P(X_n = x_n)
\end{aligned}
\tag{8.4.7}
$$

对于连续型随机变量$(X_1, X_2, \cdots, X_n)$，式(8.4.6)等价于对一切 $x_1, x_2, \cdots, x_n$，有

$$f(x_1, x_2, \cdots, x_n) = f_{X_1}(x_1)f_{X_2}(x_2)\cdots f_{X_n}(x_n) \tag{8.4.8}$$

这里，$f(x_1, x_2, \cdots, x_n)$, $f_{X_i}(x_i)$ $(i = 1, 2, \cdots, n)$分别是$(X_1, X_2, \cdots, X_n)$的联合概率密度和$(X_1, X_2, \cdots, X_n)$关于 X_i 的边缘概率密度.

容易看出，当 $X_1, X_2, \cdots, X_n$ 相互独立时，由 n 个边缘分布可唯一确定其联合分布，且其中任意 $r(2 \leqslant r < n)$个随机变量也相互独立.

一般地，设随机变量 $X_1, X_2, \cdots, X_n$ 相互独立，$f_i(x)$ $(i = 1, 2, \cdots, n)$为连续函数，则随机变量 $f_1(X_1), \cdots, f_n(X_n)$ 也相互独立.

若随机向量$(X_1, \cdots, X_m)$和$(Y_1, \cdots, Y_n)$相互独立，$g(x_1, \cdots, x_m)$ 和 $h(y_1, \cdots, y_n)$ 为连续函数，则 $X_i(i = 1, 2, \cdots, m)$和 $Y_j(j = 1, 2, \cdots, n)$相互独立，且 $g(X_1, X_2, \cdots, X_m)$与 $h(Y_1, Y_2, \cdots, Y_n)$也相互独立.

注意，这些结论在数理统计中是很有用的.

8.5 随机向量函数的分布

微课视频：随机变量和的分布

与一维随机变量的情况相同，在许多实际问题中，不仅要研究随机向量的概率分布，而且还要研究随机向量函数的概率分布．例如，在射击训练中，不仅对弹着点(X, Y)的分布感兴趣，对弹着点(X, Y)到靶心(坐标原点)的距离 $Z = \sqrt{X^2 + Y^2}$ 的分布也感兴趣．这就需要求随机向量的函数 Z 的分布．一般随机向量函数的分布比较复杂，在此，主要讨论几个常用函数的分布.

1. 离散型随机向量函数的分布

当(X, Y)为离散型随机向量时，它的函数 $Z = g(X, Y)$是(一维)离散型随机变量，其分布律的求法与前面讨论过的一维离散型随机变量的情形是一样的．即先确定 $Z = g(X, Y)$所可能取的值，再求出它取每个值的概率．我们以求和的分布来说明.

若 X 和 Y 是相互独立的离散型随机变量，它们的分布律分别为

$$P(X = k) = p_k (k = 0, 1, 2, \cdots) \quad 和 \quad P(Y = r) = q_r (r = 0, 1, 2, \cdots)$$

则 $Z = X + Y$ 也为离散型随机变量，其可能取的值为

$$\{k + r : k, r = 0, 1, 2, \cdots\} = \{0, 1, 2, \cdots\}$$

事件

$$(Z=i)=(X+Y=i)=\bigcup_{k=0}^{i}(X=k,\ Y=i-k)$$

因为 X 和 Y 是相互独立的, 可得其分布律为

$$P(Z=i)=\sum_{k=0}^{i}P(X=k)P(Y=i-k)=\sum_{k=0}^{i}p_k q_{i-k}\quad (i=0,1,2,\cdots)$$

例 8.5.1 设 X 和 Y 是相互独立的随机变量, 它们分别服从参数为 n_1, p 和 n_2, p 的二项分布, 求 $Z=X+Y$ 的分布律.

解 因为 $X\sim B(n_1,p)$, $Y\sim B(n_2,p)$, $Z=X+Y$ 的分布律为

$$\begin{aligned}P(Z=i)&=\sum_{k=0}^{i}P(X=k)P(Y=i-k)\\&=\sum_{k=0}^{i}\binom{n_1}{k}p^k q^{n_1-k}\cdot\binom{n_2}{i-k}p^{i-k}q^{n_2-i+k}\\&=\sum_{k=0}^{i}\binom{n_1}{k}\cdot\binom{n_2}{i-k}p^i q^{n_1+n_2-i}\\&=\binom{n_1+n_2}{i}p^i q^{n_1+n_2-i}\quad (i=0,1,2,\cdots)\end{aligned}$$

即 $Z\sim B(n_1+n_2,\ p)$, Z 也服从二项分布, 这个性质称为**再生性**. 可以证明泊松分布和正态分布也具有再生性.

2. 连续型随机向量函数的分布

设(X, Y)为连续型随机向量, $g(x, y)$为分块连续的实值函数, 则 $Z=g(X, Y)$也为连续型随机变量. 求 Z 的概率密度的方法与一维随机变量函数的情形类似, 即先求 Z 的分布函数, 再求它的概率密度.

设(X, Y)的概率密度为$f(x, y)$, 记 $Z=g(X, Y)$的分布函数为 $F_Z(z)$, 则

$$F_Z(z)=P(Z\leqslant z)=P\{g(X,Y)\leqslant z\}=\iint\limits_{g(x,y)\leqslant z}f(x,y)\mathrm{d}x\mathrm{d}y$$

Z 的概率密度为

$$f_Z(z)=\begin{cases}F_Z'(z), & \text{若}F_Z'(z)\text{存在}\\0, & \text{若}F_Z'(z)\text{不存在}\end{cases}$$

下面讨论几个具体的函数的分布.

· **和的分布**

设二维连续型随机向量(X, Y)的概率密度为 $f(x, y)$, 则随机变量 $Z=X+Y$ 的分布函数为

$$\begin{aligned}F_Z(z)&=P(Z\leqslant z)=P(X+Y\leqslant z)\\&=\iint\limits_{x+y\leqslant z}f(x,y)\mathrm{d}x\mathrm{d}y=\int_{-\infty}^{+\infty}\int_{-\infty}^{z-y}f(x,y)\mathrm{d}x\mathrm{d}y\end{aligned}$$

这里, 积分区域 $G=\{(x, y)|x+y\leqslant z\}$是直线 $x+y=z$ 左下方的半平面(图 8.5.1).

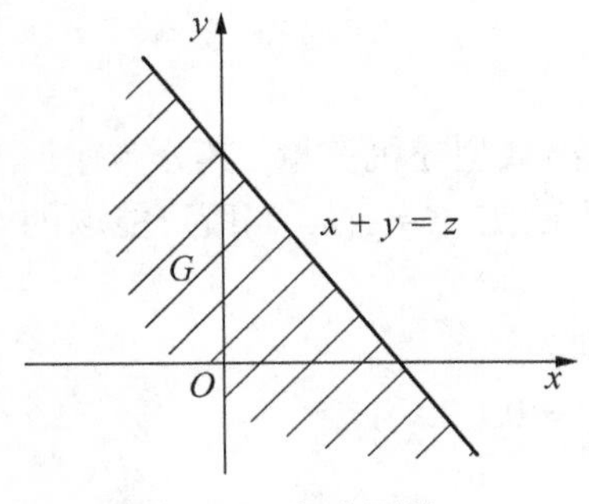

图 8.5.1 积分区域 G

固定 z 和 y, 对积分 $\int_{-\infty}^{z-y} f(x,y)\mathrm{d}x$ 作变量代换, 令 $x=u-y$, 可得

$$\int_{-\infty}^{z-y} f(x,y)\mathrm{d}x=\int_{-\infty}^{z} f(u-y,y)\mathrm{d}u$$

再交换积分次序即可得

$$\begin{aligned}F_Z(z)&=\int_{-\infty}^{+\infty}\int_{-\infty}^{z} f(u-y,y)\mathrm{d}u\mathrm{d}y\\&=\int_{-\infty}^{z}\left[\int_{-\infty}^{+\infty} f(u-y,y)\mathrm{d}y\right]\mathrm{d}u\end{aligned}$$

由概率密度的定义, 可得 $Z=X+Y$ 的概率密度为

$$f_Z(z)=F_Z'(z)=\int_{-\infty}^{+\infty} f(z-y,y)\mathrm{d}y \tag{8.5.1}$$

再由 X 与 Y 的对称性, $f_Z(z)$又可写成

$$f_Z(z)=\int_{-\infty}^{+\infty} f(x,z-x)\mathrm{d}x \tag{8.5.2}$$

上述两式即为两个连续型随机变量和的概率密度的一般公式.

如果 X 与 Y 是相互独立的, $f(x,y)=f_X(x)f_Y(y)$, 这里 $f_X(x)$和 $f_Y(y)$分别为(X, Y)关于 X 和 Y 的边缘概率密度, 代入式(8.5.1)和式(8.5.2), 得

$$f_Z(z)=\int_{-\infty}^{+\infty} f_X(z-y)f_Y(y)\mathrm{d}y \tag{8.5.3}$$

$$f_Z(z)=\int_{-\infty}^{+\infty} f_X(x)f_Y(z-x)\mathrm{d}x \tag{8.5.4}$$

式(8.5.3)和式(8.5.4)给出的运算称为**卷积**, 因而这两个公式又称为**卷积公式**, 记为 $f_Z=f_X*f_Y$, 即

$$f_Z(z)=f_X*f_Y(z)=\int_{-\infty}^{+\infty} f_X(z-y)f_Y(y)\mathrm{d}y=\int_{-\infty}^{+\infty} f_X(x)f_Y(z-x)\mathrm{d}x$$

例 8.5.2 设随机变量 X 和 Y 相互独立, 且均服从标准正态分布, 求 $Z=X+Y$ 的概率密度.

解 因 X 和 Y 服从同一分布 $N(0, 1)$,

$$f_X(x)=\frac{1}{\sqrt{2\pi}}\mathrm{e}^{-\frac{x^2}{2}}\,(-\infty<x<+\infty),\quad f_Y(y)=\frac{1}{\sqrt{2\pi}}\mathrm{e}^{-\frac{y^2}{2}}\,(-\infty<y<+\infty)$$

又 X 和 Y 相互独立, 所以由卷积公式, 得

$$\begin{aligned}f_Z(z)&=\int_{-\infty}^{+\infty} f_X(x)f_Y(z-x)\mathrm{d}x\\&=\frac{1}{2\pi}\int_{-\infty}^{+\infty}\mathrm{e}^{-\frac{x^2}{2}}\mathrm{e}^{-\frac{(z-x)^2}{2}}\mathrm{d}x=\frac{1}{2\pi}\mathrm{e}^{-\frac{z^2}{4}}\int_{-\infty}^{+\infty}\mathrm{e}^{-\left(x-\frac{z}{2}\right)^2}\mathrm{d}x\end{aligned}$$

令 $t=x-\dfrac{z}{2}$, 则 $\mathrm{d}t=\mathrm{d}x$, 且

$$\begin{aligned}f_Z(z)&=\frac{1}{2\pi}\mathrm{e}^{-\frac{z^2}{4}}\int_{-\infty}^{+\infty}\mathrm{e}^{-t^2}\mathrm{d}t=\frac{1}{2\pi}\mathrm{e}^{-\frac{z^2}{4}}\cdot\sqrt{\pi}\\&=\frac{1}{2\sqrt{\pi}}\mathrm{e}^{-\frac{z^2}{4}}\quad(-\infty<z<+\infty)\end{aligned}$$

即 Z 服从 $N(0, 2)$分布.

类似地，可以证明，若 $X \sim N(\mu_1, \sigma_1^2)$，$Y \sim N(\mu_2, \sigma_2^2)$，且 X 和 Y 相互独立，则 $Z = X + Y$ 也服从正态分布，且 $Z \sim N(\mu_1 + \mu_2, \sigma_1^2 + \sigma_2^2)$. 进一步可以推出，若 $X_i \sim N(\mu_i, \sigma_i^2)$ $(i = 1, 2, \cdots, n)$，且 $X_1, X_2, \cdots, X_n$ 相互独立. 则它们的和 $Z = \sum_{i=1}^{n} X_i$ 也服从正态分布，且

$$Z = \sum_{i=1}^{n} X_i \sim N\left(\sum_{i=1}^{n} \mu_i, \sum_{i=1}^{n} \sigma_i^2\right)$$

一般地，可以证明有限个相互独立的正态随机变量的线性组合仍然服从正态分布，即设 $X_i \sim N(\mu_i, \sigma_i^2)$ $(i = 1, 2, \cdots, n)$，且 $X_1, X_2, \cdots, X_n$ 相互独立，c_i 为常数，则

$$Z = \sum_{i=1}^{n} c_i X_i \sim N\left(\sum_{i=1}^{n} c_i \mu_i, \sum_{i=1}^{n} c_i^2 \sigma_i^2\right)$$

例 8.5.3 设随机变量 X 和 Y 相互独立，且分别服从参数为 $\lambda_1=2$ 和 $\lambda_2=3$ 的指数分布，求 $Z = X + Y$ 的概率密度.

解 由题意知，X 和 Y 的概率密度分别为

$$f_X(x) = \begin{cases} 2\mathrm{e}^{-2x}, & x \geqslant 0 \\ 0, & x < 0 \end{cases}; \qquad f_Y(y) = \begin{cases} 3\mathrm{e}^{-3x}, & y \geqslant 0 \\ 0, & y < 0 \end{cases}$$

又 X 和 Y 相互独立，所以由卷积公式，得

$$f_Z(z) = \int_{-\infty}^{+\infty} f_X(x) f_Y(z - x) \mathrm{d}x$$

显然，被积函数 $f_X(x) f_Y(z-x)$，只在 $\begin{cases} x \geqslant 0, \\ z - x \geqslant 0, \end{cases}$ 即 $0 \leqslant x \leqslant z$ 时才不为零. 而当 $z < 0$ 时，上述不等式组无解. 故

$$f_Z(z) = \begin{cases} \int_0^z f_X(x) f_Y(z - x), & z \geqslant 0 \\ 0, & z < 0 \end{cases}$$

将 $f(x)$ 的表达式代入，得

$$f_Z(z) = \begin{cases} \int_0^z 2\mathrm{e}^{-2x} \cdot 3\mathrm{e}^{-3(z-x)} \mathrm{d}x, & z \geqslant 0 \\ 0, & z < 0 \end{cases}$$

计算得

$$f_Z(z) = \begin{cases} 6(\mathrm{e}^{-2z} - \mathrm{e}^{-3z}), & z \geqslant 0 \\ 0, & z < 0 \end{cases}$$

需要说明的是，为了求 $Z = X + Y$ 的概率密度，还可以仿照 7.4 节求一维随机变量函数分布的方法，利用分布函数的定义及其计算公式

$$F_Z(z) = P(Z \leqslant x + y) = \iint_{x+y \leqslant z} f(x, y) \mathrm{d}x\mathrm{d}y$$

先求出 Z 的分布函数，再求导得到其概率密度. 这种方法也是求随机变量函数分布的更一般

方法．其中 $f(x,y)$ 表示 X 和 Y 的联合概率密度，在本例中，因为 X 和 Y 相互独立，所以 $f(x,y)=f_X(x)\cdot f_Y(y)$．

例 8.5.4 设二维随机变量(X, Y)的联合概率密度为 $f(x,y)=\begin{cases}2-x-y, & 0<x<1, 0<y<1\\ 0, & \text{其他}\end{cases}$，求 $Z=X+Y$ 的概率密度.

解 由式(8.5.2)知, Z 的概率密度为

$$f_Z(z)=\int_{-\infty}^{+\infty} f(x,z-x)\mathrm{d}x$$

显然，被积函数 $f(x,z-x)$，只在 $\begin{cases}0<x<1,\\ 0<z-x<1,\end{cases}$ 即 $\begin{cases}0<x<1,\\ z-1<x<z\end{cases}$ 时才不为零. 而当 $z\leqslant 0$ 或 $z\geqslant 2$ 时，上述不等式组无解；当 $0<z<1$ 时，上述不等式组的解为 $0<x<z$；当 $1\leqslant z<2$ 时，上述不等式组的解为 $z-1<x<1$，故

$$f_Z(z)=\begin{cases}\int_0^z f(x,z-x)\mathrm{d}x, & 0<z<1\\ \int_{z-1}^1 f(x,z-x)\mathrm{d}x, & 1\leqslant z<2\\ 0, & \text{其他}\end{cases}$$

将 $f(x)$ 的表达式代入，得

$$f_Z(z)=\begin{cases}\int_0^z [2-x-(z-x)]\mathrm{d}x, & 0<z<1\\ \int_{z-1}^1 [2-x-(z-x)]\mathrm{d}x, & 1\leqslant z<2\\ 0, & \text{其他}\end{cases}$$

计算得

$$f_Z(z)=\begin{cases}z(2-z), & 0<z<1\\ (2-z)^2, & 1\leqslant z<2\\ 0, & \text{其他}\end{cases}$$

· 商的分布

设二维连续型随机向量(X, Y)的概率密度为 $f(x, y)$，则 $Z=\dfrac{X}{Y}$ 的分布函数为

$$\begin{aligned}F_Z(z)&=P(Z\leqslant z)=P\left(\frac{X}{Y}\leqslant z\right)=\iint\limits_{x/y\leqslant z} f(x,y)\mathrm{d}x\mathrm{d}y\\ &=\int_0^{+\infty}\int_{-\infty}^{yz} f(x,y)\mathrm{d}x\mathrm{d}y+\int_{-\infty}^0\int_{yz}^{+\infty} f(x,y)\mathrm{d}x\mathrm{d}y\\ &=\int_0^{+\infty}\int_{-\infty}^{z} yf(yu,y)\mathrm{d}u\mathrm{d}y+\int_{-\infty}^0\int_{z}^{-\infty} yf(yu,y)\mathrm{d}u\mathrm{d}y\\ &=\int_{-\infty}^{z}\left[\int_0^{+\infty} yf(yu,y)\mathrm{d}y-\int_{-\infty}^0 yf(yu,y)\mathrm{d}y\right]\mathrm{d}u\\ &=\int_{-\infty}^{z}\left[\int_{-\infty}^{+\infty} |y| f(yu,y)\mathrm{d}y\right]\mathrm{d}u\end{aligned}$$

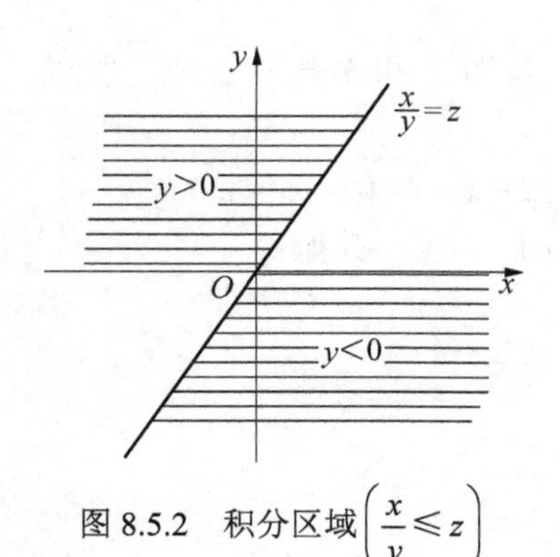

图 8.5.2 积分区域$\left(\frac{x}{y}\leqslant z\right)$

这里，积分区域$G=\left\{(x,y)\left|\frac{x}{y}\leqslant z\right.\right\}$由两部分组成(图 8.5.2).

由定义即可得$Z=\dfrac{X}{Y}$的概率密度为

$$\begin{aligned} f_Z(z)&=\int_{-\infty}^{+\infty}|y|f(yz,y)\mathrm{d}y \\ &=\int_0^{+\infty}yf(yz,y)\mathrm{d}y-\int_{-\infty}^{0}yf(yz,y)\mathrm{d}y \end{aligned} \tag{8.5.5}$$

特别地，当X和Y相互独立时，式(8.5.5)可化为

$$f_Z(z)=\int_{-\infty}^{+\infty}|y|f_X(yz)f_Y(y)\mathrm{d}y \tag{8.5.6}$$

式中，$f_X(x)$和$f_Y(y)$分别为(X, Y)关于X和Y的边缘概率密度.

例 8.5.5 设随机变量X和Y分别表示两个不同的电子器件的寿命. X和Y相互独立，且服从同一分布，其概率密度为

$$f(x)=\begin{cases}\dfrac{1000}{x^2}, & x>1000\\ 0, & \text{其他}\end{cases}$$

求$Z=X/Y$的概率密度.

解 由式(8.5.6), Z的概率密度为

$$f_Z(z)=\int_{-\infty}^{+\infty}|y|f_X(yz)f_Y(y)\mathrm{d}y$$

要使被积函数不为零，则必须有$\begin{cases}yz>1000,\\ y>1000.\end{cases}$而当$z\leqslant 0$时，这个不等式组无解，$f_Z(z)=0$.

当$0<z<1$时，上述不等式组等价于$yz>1000$，即$y>\dfrac{1000}{z}$，此时

$$f_Z(z)=\int_{\frac{1000}{z}}^{+\infty}\frac{1000}{(yz)^2}\cdot\frac{1000}{y^2}\mathrm{d}y=\frac{1000^2}{z^2}\int_{\frac{1000}{z}}^{+\infty}\frac{\mathrm{d}y}{y^3}=\frac{1}{2}$$

当$z\geqslant 1$时，上述不等式组等价于$y>1000$，故此时

$$f_Z(z)=\int_{1000}^{+\infty}y\frac{1000}{(yz)^2}\cdot\frac{1000}{y^2}\mathrm{d}y=\frac{1}{z^2}\int_{1000}^{+\infty}\frac{\mathrm{d}y}{y^3}=\frac{1}{2z^2}$$

所以$Z=X/Y$的概率密度为$f_Z(z)=\begin{cases}0, & z\leqslant 0,\\ \dfrac{1}{2}, & 0<z<1,\\ \dfrac{1}{2z^2}, & z\geqslant 1.\end{cases}$

•$Z=\sqrt{X^2+Y^2}$的分布

考虑下面特殊情况，设随机变量X和Y相互独立，服从同一分布$N(0, \sigma^2)$，求随机变量$Z=\sqrt{X^2+Y^2}$的分布函数和概率密度. 因为

$$f_X(x)=\frac{1}{\sqrt{2\pi}\sigma}\mathrm{e}^{-\frac{x^2}{2\sigma^2}}(-\infty<x<+\infty),\qquad f_Y(x)=\frac{1}{\sqrt{2\pi}\sigma}\mathrm{e}^{-\frac{y^2}{2\sigma^2}}(-\infty<y<+\infty)$$

又X和Y相互独立，故二维随机向量(X, Y)的概率密度为

$$f(x,y)=f_X(x)f_Y(y)=\frac{1}{2\pi\sigma^2}\mathrm{e}^{-\frac{x^2+y^2}{2\sigma^2}}\quad(-\infty<x<+\infty,-\infty<y<+\infty)$$

因 Z 为非负函数，当 $z<0$ 时，分布函数 $F_Z(z)=P(Z\leqslant z)=0$；当 $z\geqslant 0$ 时

$$F_Z(z)=P(Z\leqslant z)=P\left(\sqrt{X^2+Y^2}\leqslant z\right)$$

$$=\iint_{\sqrt{x^2+y^2}\leqslant z}f(x,y)\mathrm{d}x\mathrm{d}y=\iint_{x^2+y^2\leqslant z^2}\frac{1}{2\pi\sigma^2}\mathrm{e}^{-\frac{x^2+y^2}{2\sigma^2}}\mathrm{d}x\mathrm{d}y$$

$$=\frac{1}{2\pi\sigma^2}\int_0^{2\pi}\int_0^z\mathrm{e}^{-\frac{r^2}{2\sigma^2}}\cdot r\mathrm{d}r\mathrm{d}\theta=1-\mathrm{e}^{-\frac{z^2}{2\sigma^2}}$$

于是 $Z=\sqrt{X^2+Y^2}$ 的分布函数为

$$F_Z(z)=\begin{cases}1-\mathrm{e}^{-\frac{z^2}{2\sigma^2}}, & z\geqslant 0\\ 0, & z<0\end{cases}$$

从而 $Z=\sqrt{X^2+Y^2}$ 的概率密度为

$$f_Z(z)=\begin{cases}\dfrac{z}{\sigma^2}\mathrm{e}^{-\frac{z^2}{2\sigma^2}}, & z\geqslant 0\\ 0, & z<0\end{cases}$$

此时也称随机变量 Z 服从参数为 $\sigma(\sigma>0)$的**瑞利分布**.

·$M=\max(X, Y)$及 $N=\min(X, Y)$的分布

设 X 和 Y 是两个相互独立的随机变量，其分布函数分别为 $F_X(x)$和 $F_Y(y)$，现求 $M=\max(X, Y)$ 和 $N=\min(X, Y)$的分布函数.

因 $M=\max(X, Y)\leqslant z$ 等价于 $X\leqslant z$ 和 $Y\leqslant z$ 同时成立，故有

$$P(M\leqslant z)=P(X\leqslant z, Y\leqslant z)$$

又因 X 和 Y 相互独立，所以可得随机变量 $M=\max(X, Y)$的分布函数为

$$F_{\max}(z)=P(M\leqslant z)=P\{\max(X,Y)\leqslant z\}$$
$$=P(X\leqslant z,Y\leqslant z)=P(X\leqslant z)P(Y\leqslant z)$$

即

$$F_{\max}(z)=F_X(z)F_Y(z)\tag{8.5.7}$$

对于 $N=\min(X, Y)$，因为 $N>z$ 等价于 $X>z$ 和 $Y>z$ 同时成立，可得随机变量 N 的分布函数为

$$F_{\min}(z)=P(N\leqslant z)=1-P(N>z)$$
$$=1-P\{\min(X,Y)>z\}$$
$$=1-P(X>z,Y>z)=1-P(X>z)P(Y>z)$$
$$=1-[1-P(X\leqslant z)][1-P(Y\leqslant z)]$$

即

$$F_{\min}(z)=1-[1-F_X(z)][1-F_Y(z)]\tag{8.5.8}$$

以上结果可以推广到 n 个随机变量的情形，设 $X_1, X_2,\cdots, X_n$ 是 n 个相互独立的随机变量，它们的分布函数分别为 $F_{X_i}(x_i)\ (i=1,2,\cdots,n)$，则 $M=\max(X_1, X_2,\cdots,X_n)$和 $N=\min(X_1, X_2,\cdots,X_n)$的分布函数分别为

$$F_{\max}(z)=F_{X_1}(z)=F_{X_2}(z)\cdots F_{X_n}(z)\tag{8.5.9}$$

和

$$F_{\min}(z)=1-[1-F_{X_1}(z)][1-F_{X_2}(z)]\cdots[1-F_{X_n}(z)] \tag{8.5.10}$$

特别地，当 $X_1, X_2, \cdots, X_n$ 相互独立且具有相同的分布函数 $F(x)$时，有

$$F_{\max}(z)=[F(z)]^n \tag{8.5.11}$$

$$F_{\min}(z)=1-[1-F(z)]^n \tag{8.5.12}$$

例 8.5.6 设系统 L 是由两个相互独立的子系统连接而成，连接的方式分别为(1)串联；(2)并联；(3)备用(当系统 L_1 损坏时，系统 L_2 开始工作)，如图 8.5.3 所示. 设 L_1 和 L_2 的寿命分别是 X 和 Y，其概率密度分别为

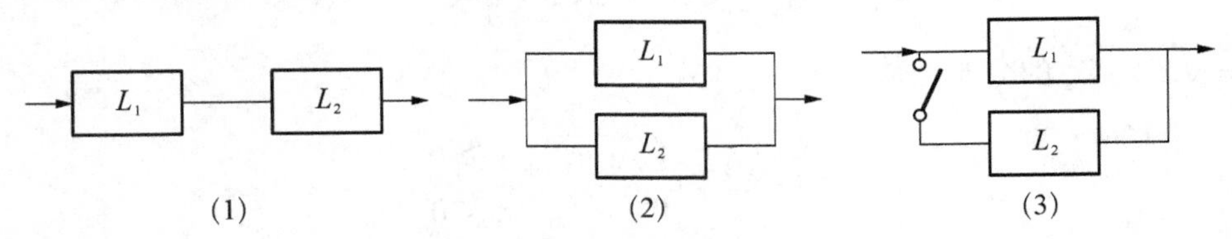

图 8.5.3 三种连接方式

$$f_X(x)=\begin{cases}\alpha e^{-\alpha x}, & x>0\\ 0, & x\leqslant 0\end{cases} \quad 和 \quad f_Y(y)=\begin{cases}\beta e^{-\beta y}, & y>0,\\ 0, & y\leqslant 0.\end{cases}$$

其中，$\alpha>0, \beta>0$ 且 $\alpha\neq\beta$. 分别就以上 3 种连接方式求系统 L 的寿命 Z 的概率密度.

解 易得 X 和 Y 的分布函数分别为

$$F_X(x)=\begin{cases}1-e^{-\alpha x}, & x>0\\ 0, & x\leqslant 0\end{cases} \quad 和 \quad F_Y(y)=\begin{cases}1-e^{-\beta y}, & y>0\\ 0, & y\leqslant 0\end{cases}$$

(1)串联的情况. 此时系统 L 停止工作的条件是系统 L_1 和 L_2 中有一个损坏，故 L 的寿命 $Z=\min(X, Y)$，故由式(8.5.8)知 Z 的分布函数为

$$F_{\min}(z)=\begin{cases}1-e^{-(\alpha+\beta)z}, & z>0\\ 0, & z\leqslant 0\end{cases}$$

于是 $Z=\min(X, Y)$的概率密度为

$$f_{\min}(z)=\begin{cases}(\alpha+\beta)e^{-(\alpha+\beta)z}, & z>0\\ 0, & z\leqslant 0\end{cases}$$

(2)并联的情况. 此时系统 L 停止工作的条件是系统 L_1 和 L_2 都损坏，故 L 的寿命 $Z=\max(X, Y)$，由式(8.5.7)知 Z 的分布函数为

$$F_{\max}(z)=F_X(z)F_Y(z)=\begin{cases}(1-e^{-\alpha z})(1-e^{-\beta z}), & z>0\\ 0, & z\leqslant 0\end{cases}$$

于是 $Z=\max(X, Y)$的概率密度为

$$f_{\max}(z)=\begin{cases}\alpha e^{-\alpha z}+\beta e^{-\beta z}-(\alpha+\beta)e^{-(\alpha+\beta)z}, & z>0\\ 0, & z\leqslant 0\end{cases}$$

(3)备用的情况. 此时整个系统的寿命 Z 是子系统 L_1 和 L_2 两者的寿命之和，即 $Z=X+Y$. 由式(8.5.3)求 Z 的概率密度：

当 $z>0$ 时，

$$f_Z(z)=\int_{-\infty}^{+\infty} f_X(z-y)f_Y(y)\mathrm{d}y=\int_0^z \alpha\mathrm{e}^{-\alpha(z-y)}\cdot\beta\mathrm{e}^{-\beta y}\mathrm{d}y$$
$$=\alpha\beta\mathrm{e}^{-\alpha z}\int_0^z \mathrm{e}^{-(\beta-\alpha)y}\mathrm{d}y=\frac{\alpha\beta}{\beta-\alpha}[\mathrm{e}^{-\alpha z}-\mathrm{e}^{-\beta z}]$$

当 $z\leqslant 0$ 时, $f(z)=0$. 于是 $Z=X+Y$ 的概率密度为

$$f(z)=\begin{cases}\dfrac{\alpha\beta}{\beta-\alpha}[\mathrm{e}^{-\alpha z}-\mathrm{e}^{-\beta z}], & z>0\\ 0, & z\leqslant 0\end{cases}$$

本 章 小 结

随机向量的引进扩展了对随机现象的研究内容. 对随机向量作为整体进行讨论, 不但能研究各分量的性质, 还可以研究它们之间的相互联系. 最常见的随机向量为离散型随机向量和连续型随机向量.

联合分布函数完整地描述了随机向量的统计特征, 联合分布律可以完全刻画离散型随机向量的统计特征, 联合密度函数可以完整描述连续型随机向量的统计特征, 使用联合分布律和联合密度函数较为方便、直观. 联合分布可以决定边缘分布, 边缘分布一般不能决定联合分布. 随机变量的独立性是概率论中的一个重要概念.

研究随机向量函数的分布非常重要, 使我们可以把随机向量的统计规律扩展到它的函数, 在数理统计中有重要应用.

本章常用词汇中英文对照

随机向量	random vector
边缘分布	marginal distribution
多维随机变量	multivariate random variable
多维离散型随机变量	multivariate discrete random variable
多维连续型随机变量	multivariate continuous random variable
二维随机变量	bivariate random vector
二维离散型随机向量	bivariate discrete random vector
二维连续型随机向量	bivariate continuous random vector
二维联合分布函数	joint cumulative distribution function
二维联合分布律	joint probability mass function
二维联合概率密度函数	joint probability density function
边缘分布律	marginal probability mass function
边缘概率密度函数	marginal probability density function
二维正态分布	bivariate normal distribution
多维正态分布	multivariate normal distribution
独立随机变量	independent random variables

习 题 8

1. 设盒内有3只红球，1只白球，从中不放回地抽取两次，每次抽一球，以X表示第1次抽到的红球数，以Y表示两次共抽到的红球数，求X与Y的联合分布律及各自的边缘分布律.

2. 盒子里装有3只黑球，2只红球，2只白球，在其中任取4只球，以X表示取得黑球的只数，以Y表示取得红球的只数，求X与Y的联合分布律及各自的边缘分布律.

3. 随机变量(X, Y)的概率密度为$f(x,y)=\begin{cases}\alpha\sin(x+y), & 0\leqslant x\leqslant\dfrac{\pi}{2},\ 0\leqslant y\leqslant\dfrac{\pi}{2},\\ 0, & \text{其他}.\end{cases}$求:

(1)常数a;

(2)(X, Y)的分布函数;

(3)X的边缘概率密度.

4. 设随机变量(X, Y)的概率密度为$f(x,y)=\begin{cases}\mathrm{e}^{-(x+y)}, & x>0,y>0,\\ 0, & \text{其他}.\end{cases}$求概率$P(X<Y)$.

5. 设随机变量(X, Y)的概率密度为$f(x,y)=\begin{cases}4xy, & 0<x<1,\ 0<y<1,\\ 0, & \text{其他}.\end{cases}$求:

(1) $P\left(0<X<\dfrac{1}{4},\dfrac{1}{4}<Y<1\right)$;　　(2)$P(X=Y)$;

(3)$P(X<Y)$;　　(4)$P(X+Y\geqslant1)$.

6. 设随机变量(X, Y)的分布函数为$F(x,y)=a\left(b+\arctan\dfrac{x}{2}\right)\left(c+\arctan\dfrac{y}{3}\right)$，试求常数$a$, b, c及(X, Y)的概率密度.

7. 以X记某医院一天诞生的婴儿数，以Y表示其中男婴的个数，设X和Y的联合分布律为

$$P(X=n,Y=m)=\frac{\mathrm{e}^{-14}(7.14)^m(6.86)^{n-m}}{m!(n-m)!}(m=0,1,2,\cdots,n;n=0,1,2,\cdots)$$

求X和Y的边缘分布律及条件分布律.

8. 设随机向量(X, Y)的概率密度为$f(x,y)=\begin{cases}\dfrac{6}{7}\left(x^2+\dfrac{xy}{2}\right), & 0<x<1,\ 0<y<2,\\ 0, & \text{其他}.\end{cases}$求:

(1)随机变量X的概率密度$f_X(x)$;

(2)概率$P(X>Y)$;

(3)概率$P(Y>1|X<0.5)$.

9. 已知随机变量(X, Y)的概率密度为$f(x, y)$，求条件概率密度$f_{X|Y}(x|y)$及$f_{Y|X}(y|x)$.

(1) $f(x,y)=\begin{cases}\dfrac{1}{2x^2y}, & 1\leqslant x<+\infty,\dfrac{1}{x}<y<x\\ 0, & \text{其他}\end{cases}$;　(2) $f(x,y)=\begin{cases}\mathrm{e}^{-y}, & 0<x<y\\ 0, & \text{其他}\end{cases}$.

10. 求第5题中X和Y的边缘概率密度；问X和Y是否相互独立.

11. 求第6题中随机变量X的边缘概率密度，并判定X与Y是否相互独立.

12. 设(X, Y)服从单位圆$D=\{(x, y): x^2+y^2\leqslant1\}$上的均匀分布. (1)求$X$和$Y$的边缘概率密度；(2)问$X$和$Y$是否相互独立.

13. 设 X 和 Y 相互独立，且 X 在(0, 1)上服从均匀分布，Y 的概率密度为 $f(y)=\begin{cases}\frac{1}{2}e^{-\frac{y}{2}}, & y>0\\ 0, & y\leqslant 0\end{cases}$. (1)求 X 与 Y 的联合概率密度; (2)设含有 a 的二次方程为 $a^2+2Xa+Y=0$，求 a 有实根的概率.

14. 设 X 和 Y 是相互独立的随机变量，它们分别服从参数为 λ_1 和 λ_2 的泊松分布. 证明: $Z=X+Y$ 服从参数为 $\lambda_1+\lambda_2$ 的泊松分布.

15. 设 X 和 Y 是两个相互独立的随机变量，其概率密度分别为

$$f_X(x)=\begin{cases}1, & 0\leqslant x\leqslant 1,\\ 0, & 其他;\end{cases}\qquad f_Y(y)=\begin{cases}e^{-y}, & y>0\\ 0, & 其他.\end{cases}$$

求随机变量 $Z=X+Y$ 的概率密度.

16. 某装备修理厂设有某型装备的两个维修机位. 现有三台该型装备 A、B、C 同时进厂需要维修，假设 A、B 首先开始维修，当其中一台维修结束后立即开始维修第三台 C. 已知各台装备的维修时间相互独立，且都服从参数为 λ 的指数分布. 求: (1)第三台装备 C 在修理厂等待维修的时间 T 的概率密度; (2)第三台装备 C 在修理厂度过的时间 S 的概率密度.

17. 设(X, Y)的概率密度为 $f(x,y)=\begin{cases}4xy, & 0<x<1, 0<y<1,\\ 0, & 其他.\end{cases}$ 求 $Z=\dfrac{X}{Y}$ 的概率密度.

18. 设 X 和 Y 是相互独立的随机变量，且都服从标准正态分布. 求随机变量 $Z=X^2+Y^2$ 的概率密度.

19. 设某种商品一周的需要量是一个随机变量，其概率密度为 $f(x)=\begin{cases}te^{-t}, & t>0,\\ 0, & t\leqslant 0.\end{cases}$ 设各周的需要量是相互独立的. 试求: (1)两周的需要量的概率密度; (2)三周的需要量的概率密度.

20. 设随机变量(X, Y)的概率密度为 $f(x,y)=\begin{cases}3x, & 0<x<1,\ 0<y<x,\\ 0, & 其他.\end{cases}$ 求 $Z=X-Y$ 的概率密度.

21. 设随机变量(X, Y)的概率密度为 $f(x,y)=\begin{cases}6x^2y, & 0<x<1, 0<y<1,\\ 0, & 其他.\end{cases}$ 求 $Z=XY$ 的概率密度.

22. 设随机变量(X, Y)的分布律为

Y \ X	1	3	4	5
0	0.03	0.14	0.15	0.14
1	0.03	0.09	0.06	0.08
2	0.07	0.10	0.05	0.06

求: (1)$M=\max(X, Y)$的分布律; (2)$N=\min(X, Y)$的分布律; (3)$Z=X+Y$ 的分布律; (4)$W=X-Y$ 的分布律; (5)$U=XY$ 的分布律; (6) $V=\dfrac{Y}{X}$ 的分布律.

第 9 章　随机变量的数字特征

由前面关于随机变量分布函数的讨论可知，分布函数能完整描述随机变量的统计特性. 掌握一个随机变量的分布函数，不仅能知道这个随机变量取些什么值，还能知道它以什么概率取这些值. 但在许多实际问题中，求出随机变量的分布函数往往是比较困难的，而且很多情况下，也并不需要知道随机变量的分布规律，只需知道它的某些特征就够了. 例如：评定一个射手的技术，我们只关心射手的平均命中环数和他射击的稳定性. 即只需要根据他多次射击的情况，考察他的平均命中环数和他各次射击的命中环数与平均命中环数的偏差. 平均命中环数大，说明射击的准确性好；偏差小，说明命中点集中，射击技术的稳定性好. 所以，需要引进一些表示平均值和分散程度等特征的量，这些量能够刻画随机变量的主要特性，称为随机变量的数字特征，其中最重要的是平均值、方差及一些低阶矩. 前两章学过的一些重要分布，如二项分布、泊松分布、指数分布和正态分布等都依赖于某些参数，本章将会看到这些参数有些就是随机变量的数字特征，有些则可以通过数字特征的简单运算得到. 随机变量的数字特征及其运算在概率统计中起着重要的作用. 本章主要介绍随机变量的几个常用的数字特征.

案例：车站平均等待时间

9.1　随机变量的数学期望

1. 离散型随机变量的数学期望

例 9.1.1　设有甲、乙两人在同样的条件下进行射击，他们的命中环数分别是随机变量 X 和 Y，分布律如下

环数 k	8	9	10
$P(X=k)$	0.3	0.1	0.6
$P(Y=k)$	0.2	0.5	0.3

试比较二人的命中率.

解　仅仅从分布律很难马上作出甲、乙二人谁的命中率较高的判断，但是根据分布律的概率意义可知，如果甲射击 100 次，约有 30 次命中 8 环，约有 10 次命中 9 环，约有 60 次命中 10 环. 因此 100 次射击，“平均”命中的环数约为

$$\frac{1}{100}(8\times30+9\times10+10\times60)=8\times\frac{30}{100}+9\times\frac{10}{100}+10\times\frac{60}{100}=9.3(\text{环})$$

这个平均命中的环数实际上是随机变量 X 的取值 k 与 $(X=k)$ 出现的频率 $f_k=\frac{n_k}{n}$ 的乘积之和，即

$$\text{平均命中环数}=\sum_{k=1}^{3}k\times f_k$$

频率f_k需要试验后才能确定，因而平均命中环数也必须到试验后才能求出. 因为f_k具有随机性，故各次试验后所得到的平均命中的环数也不尽相同. 这样求平均命中环数虽然直观，但是作为一种方法是有缺点的. 注意到随着试验次数的增多，频率 f_k 将稳定于概率 $p_k=P(X=k)$，因此可以用概率 p_k 代替上式中频率 f_k，这样得到的平均命中环数才是理论上的平均命中环数，也是真正的平均命中环数. 这实际上就是随机变量 X 的数学期望. 现在，再来比较甲、乙二人的平均命中环数

$$甲: 8\times 0.3+9\times 0.1+10\times 0.6=9.3(环)$$

$$乙: 8\times 0.2+9\times 0.5+10\times 0.3=9.1(环)$$

即甲平均每枪命中 9.3 环，乙平均每枪命中 9.1 环，甲的命中率高一些.

下面给出离散型随机变量数学期望的严格定义.

定义 9.1.1 设离散型随机变量X的分布律为

$$P(X=x_k)=p_k \quad (k=1,2,\cdots)$$

若级数$\sum_{k=1}^{\infty} x_k p_k$ 绝对收敛，即

$$\sum_{k=1}^{\infty} |x_k| p_k < +\infty$$

则称X的**数学期望**存在，并称$\sum_{k=1}^{\infty} x_k p_k$ 为X的数学期望，简称为**期望**或**均值**，记为$E(X)$或EX，即

$$EX=\sum_{k=1}^{\infty} x_k p_k \tag{9.1.1}$$

当$\sum_{k=1}^{\infty} |x_k| p_k$ 发散时，称X的数学期望不存在.

对只取有限个值的离散型随机变量，其数学期望一定存在，此时

$$EX=\sum_{k=1}^{n} x_k p_k$$

定义中要求$\sum_{k=1}^{\infty} x_k p_k$ 绝对收敛，是为了保证该级数的和不会因为级数中各项次序的变化而不同，即保证了数学期望 EX 与 X 所取的值的排列次序无关，这显然是合理的. 因为随机变量的取值并无次序，分布律中的$\{x_k, k=1,2,\cdots\}$是人为排列的，因此任意改变$\{x_k, k=1,2,\cdots\}$的次序不应该影响数学期望的值，这在数学上就相当于要求级数绝对收敛.离散型随机变量的期望由其分布律唯一确定，以后也称其为相应分布律的数学期望.

从定义可以看出，数学期望就是X所有可能取的值$\{x_k, k=1,2,\cdots\}$的加权平均，各个值的权重就是 X 取这个值的概率. 数学期望是一个实数，它反映了这个随机变量平均取值的大小，所以数学期望也称为均值.

下面计算一些重要的离散型分布的数学期望.

例 9.1.2 (二项分布)设随机变量 $X\sim B(n,p)$，则

$$\begin{aligned}EX&=\sum_{k=0}^{n} kP(X=k)=\sum_{k=0}^{n} k\binom{n}{k}p^k q^{n-k}\\&=np\sum_{k=1}^{n}\binom{n-1}{k-1}p^{k-1}q^{n-k}=np(p+q)^{n-1}=np\end{aligned}$$

特别地，若 X 服从 0-1 分布，即 $X \sim B(1, p)$，则 $EX = p$.

例 9.1.3 (泊松分布)设随机变量 $X \sim \pi(\lambda)$，则

$$EX = \sum_{k=0}^{\infty} kP(X=k) = \sum_{k=0}^{\infty} k \frac{\lambda^k}{k!} \mathrm{e}^{-\lambda}$$
$$= \lambda \mathrm{e}^{-\lambda} \sum_{k=1}^{\infty} \frac{\lambda^{k-1}}{(k-1)!} = \lambda \mathrm{e}^{-\lambda} \mathrm{e}^{\lambda} = \lambda$$

例 9.1.4 设随机变量 X 取值为 $x_k = (-1)^k \frac{2^k}{k}$，对应的概率为 $p_k = \frac{1}{2^k}\ (k=1,2,\cdots)$. 因为 $p_k \geqslant 0$，且 $\sum_{k=1}^{\infty} p_k = 1$，所以它是一个分布律. 而且

$$\sum_{k=1}^{\infty} x_k p_k = \sum_{k=1}^{\infty} (-1)^k \frac{1}{k} = -\ln 2$$

但是

$$\sum_{k=1}^{\infty} |x_k| p_k = \sum_{k=1}^{\infty} \frac{1}{k} = \infty$$

所以 X 的数学期望不存在.

例 9.1.5 在一个人数很多的单位中普查某种疾病，N 个人去验血.有两种化验方法：

(1)每个人的血都分别化验，共需 N 次.

(2)按 k 个人一组分组，并把这 k 个人的血混在一起化验.如果结果是阴性，这 k 个人只需化验一次即可；如果结果是阳性，对这 k 个人还需逐个分别化验，此时 k 个人共要化验 $k+1$ 次.

假定对所有人来说化验呈阳性的概率都是 p，且这些人的反应是独立的. 试说明方法(2)可减少化验次数.

解 记 $q = 1-p$，则 k 个人的混血呈阳性反应的概率为 $1-q^k$. 用方法(2)验血时，每个人的血需要化验的次数 X 是一个随机变量，其分布律为

X	$\frac{1}{k}$	$1+\frac{1}{k}$
p_k	q^k	$1-q^k$

因此

$$EX = \frac{1}{k} \cdot q^k + \left(1 + \frac{1}{k}\right)(1-q^k) = 1 - q^k + \frac{1}{k}$$

N 个人需要化验次数的期望值为 $N\left(1 - q^k + \frac{1}{k}\right)$. 当 $q^k - \frac{1}{k} > 0$ 时，就能减少验血次数. 例如，当 $p = 0.1$ 时，取 $k = 4$，则 $q^k - \frac{1}{k} = 0.4061$. 用方法(2)平均能减少 40%的工作量. 显然 p 愈小用这种方法愈有利，且当 p 已知时，还可选定整数 $k_0 \left[k_0 = \min\limits_{k} \left(1 - q^k + \frac{1}{k}\right) \right]$，使 EX 达到最小，把 k_0 个人分为一组就最能节省化验次数.

2. 连续型随机变量的数学期望

设 X 是一个连续型随机变量，其概率密度为 $f(x)$，在实数轴上取分点 $-\infty < x_0 < x_1 < \cdots < x_n < x_{n+1} < +\infty$，则 X 落在区间 $(x_k, x_{k+1}]$ 中的概率为

$$P(x_k < X \leqslant x_{k+1}) = \int_{x_k}^{x_{k+1}} f(x)\mathrm{d}x \quad (k=1,2,\cdots,n)$$

将 n 取得足够大并适当选取分点 $x_1, x_2, \cdots, x_{n-1}, x_n$，使得 $\Delta x_k = x_{k+1} - x_k$，$\int_{-\infty}^{x_0} f(x)\mathrm{d}x$ 及 $\int_{x_{n+1}}^{+\infty} f(x)\mathrm{d}x$ 充分小，则任取 $y_k \in (x_k, x_{k+1}]$，有

$$P(x_k < X \leqslant x_{k+1}) = \int_{x_k}^{x_{k+1}} f(x)\mathrm{d}x \approx f(y_k)\Delta x_k$$

这时，X 与以概率 $P(x_k < X \leqslant x_{k+1})$ 取值 y_k 的离散型随机变量很近似，而这个离散型随机变量的数学期望为

$$\sum_{k=0}^{n} y_k P(x_k < X \leqslant x_{k+1}) \approx \sum_{k=0}^{n} y_k f(y_k)\Delta x_k$$

它当然可以作为 X 的数学期望的近似值. 当分点越来越密且 $x_0 \to -\infty$，$x_{n+1} \to +\infty$ 时，这个近似值的极限为 $\int_{-\infty}^{+\infty} xf(x)\mathrm{d}x$. 于是有如下定义:

定义 9.1.2 设 X 为连续型随机变量，$f(x)$ 为其概率密度，若积分 $\int_{-\infty}^{+\infty} xf(x)\mathrm{d}x$ 绝对收敛，即

$$\int_{-\infty}^{+\infty} |x| f(x)\mathrm{d}x < +\infty$$

则称随机变量 X 的数学期望存在，并称 $\int_{-\infty}^{+\infty} xf(x)\mathrm{d}x$ 为 X 的数学期望，简称为期望或均值，记为 EX. 即

$$EX = \int_{-\infty}^{+\infty} xf(x)\mathrm{d}x \tag{9.1.2}$$

当 $\int_{-\infty}^{+\infty} |x| f(x)\mathrm{d}x = +\infty$ 时，则称 X 的数学期望不存在.

这里要求积分绝对收敛与离散型场合要求级数绝对收敛的道理是一样的. 显然，这里定义的数学期望也只与分布有关，所以也称为相应分布的数学期望. 连续随机变量 X 的数学期望也是 X 可能取的值(关于概率)的平均，若把单位质量分布于坐标轴上，则其重心坐标就是这个分布密度对应的数学期望.

下面计算一些重要的连续型分布的数学期望.

例 9.1.6 (均匀分布)设随机变量 $X \sim U[a, b]$，则

$$EX = \int_{-\infty}^{+\infty} xf(x)\mathrm{d}x = \int_a^b \frac{x}{b-a}\mathrm{d}x = \frac{1}{b-a} \times \frac{b^2 - a^2}{2} = \frac{a+b}{2}$$

X 在 $[a, b]$ 上服从均匀分布，它的取值的平均值当然就是区间的中点之值.

例 9.1.7 (指数分布)设随机变量服从参数为 λ 的指数分布，即 X 的概率密度为

$$f(x) = \begin{cases} \lambda \mathrm{e}^{-\lambda x}, & x > 0 \\ 0, & x \leqslant 0 \end{cases}$$

$$\begin{aligned} EX &= \int_{-\infty}^{+\infty} xf(x)\mathrm{d}x = \int_0^{+\infty} x\lambda \mathrm{e}^{-\lambda x}\mathrm{d}x = -\int_0^{+\infty} x\mathrm{d}\mathrm{e}^{-\lambda x} \\ &= -(x\mathrm{e}^{\lambda x})_0^{+\infty} + \int_0^{+\infty} \mathrm{e}^{-\lambda x}\mathrm{d}x = \frac{1}{\lambda} \end{aligned}$$

例 9.1.8 (正态分布)设随机变量 $X \sim N(\mu, \sigma^2)$, 则

$$
\begin{aligned}
EX &= \int_{-\infty}^{+\infty} x f(x)\mathrm{d}x = \frac{1}{\sqrt{2\pi}\sigma}\int_{-\infty}^{+\infty} x\mathrm{e}^{-\frac{1}{2}\left(\frac{x-\mu}{\sigma}\right)^2}\mathrm{d}x \\
&\xlongequal{t=\frac{x-\mu}{\sigma}} \frac{1}{\sqrt{2\pi}}\int_{-\infty}^{+\infty}(\sigma t+\mu)\mathrm{e}^{-\frac{t^2}{2}}\mathrm{d}t \\
&= \frac{\sigma}{\sqrt{2\pi}}\int_{-\infty}^{+\infty} t\mathrm{e}^{-\frac{t^2}{2}}\mathrm{d}t + \frac{\mu}{\sqrt{2\pi}}\int_{-\infty}^{+\infty}\mathrm{e}^{-\frac{t^2}{2}}\mathrm{d}t \\
&= \frac{\mu}{\sqrt{2\pi}}\sqrt{2\pi} = \mu
\end{aligned}
$$

说明 $N(\mu, \sigma^2)$中的参数 μ 正是它的数学期望.

例 9.1.9 设随机变量 X 服从柯西分布, 其概率密度为

$$
f(x) = \frac{1}{\pi(1+x^2)} \quad (-\infty < x < +\infty)
$$

因

$$
\begin{aligned}
\int_{-\infty}^{+\infty}|x|\frac{1}{\pi(1+x^2)}\mathrm{d}x &= \frac{2}{\pi}\int_0^{+\infty}\frac{x}{1+x^2}\mathrm{d}x = \frac{1}{\pi}(1+x^2)\Big|_0^{+\infty} \\
&= \lim_{x\to\infty}\frac{1}{\pi}(1+x^2) = +\infty.
\end{aligned}
$$

柯西分布的数学期望不存在.

例 9.1.10 设有 5 个相互独立工作的电子装置, 它们的寿命 X_k $(k=1, 2, 3, 4, 5)$服从同一指数分布, 其概率密度为 $f(x)=\begin{cases}\lambda\mathrm{e}^{-\lambda x}, & x>0\\ 0, & x\leqslant 0\end{cases}$. $\lambda>0$ 为常数. 现将这 5 个装置分别以串联和并联方式组成系统, 求系统的平均寿命.

解 X_k 服从参数为 λ 的指数分布, 其分布函数为

$$
F(x) = \begin{cases}1-\mathrm{e}^{-\lambda x}, & x>0\\ 0, & x\leqslant 0\end{cases}
$$

(1)串联的情形. 此时系统寿命 $N=\min(X_1, X_2, X_3, X_4, X_5)$的分布函数为

$$
F_{\min}(x) = 1-[1-F(x)]^5 = \begin{cases}1-\mathrm{e}^{-5\lambda x}, & x>0\\ 0, & x\leqslant 0\end{cases}
$$

其概率密度为

$$
f_{\min}(x) = \begin{cases}5\lambda\mathrm{e}^{-5\lambda x}, & x>0\\ 0, & x\leqslant 0\end{cases}
$$

于是系统的平均寿命, 即寿命的数学期望为

$$
EN = \int_{-\infty}^{+\infty} x f_{\min}(x)\mathrm{d}x = \int_0^{+\infty} x5\lambda\mathrm{e}^{-5\lambda x}\mathrm{d}x = \frac{1}{5\lambda}
$$

(2)并联的情形. 此时系统寿命 $M=\max(X_1, X_2, X_3, X_4, X_5)$的分布函数为

$$
F_{\max}(x) = [F(x)]^5 = \begin{cases}(1-\mathrm{e}^{\lambda x})^5, & x>0\\ 0, & x\leqslant 0\end{cases}
$$

其概率密度为

$$f_{\max}(x)=\begin{cases}5\lambda[1-e^{-\lambda x}]^4 e^{-\lambda x}, & x>0\\ 0, & x\leqslant 0\end{cases}$$

于是系统的平均寿命为

$$EM=\int_{-\infty}^{+\infty} x f_{\max}(x)\mathrm{d}x=\int_0^{+\infty} x5\lambda[1-e^{-\lambda x}]^4 e^{-\lambda x}\mathrm{d}x=\frac{137}{60\lambda}$$

由 $\dfrac{EM}{EN}=\dfrac{137/60\lambda}{1/5\lambda}\approx 11.4$ 可以看出，5 个装置并联所构成系统的平均寿命是串联所构成系统时的 11.4 倍.

3. 随机变量函数的数学期望

实际问题中，经常需要求随机变量函数的期望，如分子运动速度是一个随机变量，而分子的动能是分子运动速度的函数，求平均动能就相当于要求分子运动速度函数的期望.

设 X 为一个随机变量，$y=g(x)$ 是一个连续函数，$Y=g(X)$ 是随机变量 X 的函数，也是一个随机变量. 如何求随机变量 Y 的数学期望？当然，可以先求 Y 的概率分布，然后根据数学期望的定义再求 Y 的期望. 但是要求出随机变量函数的分布通常不太容易. 下面的定理表明，不需要求 Y 的分布，直接由 X 的分布就可以得到它的函数 $Y=g(X)$ 的期望. 这个定理的证明超出了我们所学内容的范围，省略不证，但是定理本身是很重要的.

定理 9.1.1 设 $y=g(x)$ 为连续函数，$Y=g(X)$ 为随机变量 X 的函数.

(1)若 X 为离散型随机变量，分布律为 $p_k=P(X=x_k)\ (k=1,2,\cdots)$，且级数 $\sum\limits_{k=1}^{\infty} g(x_k)p_k$ 绝对收敛，则

$$EY=E[g(X)]=\sum_{k=1}^{\infty} g(x_k)p_k \tag{9.1.3}$$

(2)若 X 为连续型随机变量，其概率密度为 $f(x)$，且积分 $\int_{-\infty}^{+\infty} g(x)f(x)\mathrm{d}x$ 绝对收敛，则

$$EY=E[g(x)]=\int_{-\infty}^{+\infty} g(x)f(x)\mathrm{d}x \tag{9.1.4}$$

例 9.1.11 设随机变量 $X\sim\pi(\lambda)$，求 $E\left(\dfrac{1}{1+X}\right)$.

解 由式(9.1.3)，知

$$E\left(\frac{1}{1+X}\right)=\sum_{k=0}^{\infty}\frac{1}{1+k}p_k=\sum_{k=0}^{\infty}\frac{1}{1+k}\cdot\frac{\lambda^k}{k!}e^{-\lambda}$$

$$=\frac{e^{-\lambda}}{\lambda}\sum_{k=0}^{\infty}\frac{\lambda^{k+1}}{(k+1)!}=\frac{e^{-\lambda}}{\lambda}(e^{\lambda}-1)=\frac{1-e^{-\lambda}}{\lambda}$$

例 9.1.12 设随机变量 $X\sim U(-\pi,\pi)$，试求 $Y=\cos^2 X$ 的数学期望.

解 由式(9.1.4)，知

$$EY=E(\cos^2 X)=\int_{-\pi}^{\pi}\cos^2 x\cdot\frac{1}{2\pi}\mathrm{d}x=\frac{1}{2\pi}\int_{-\pi}^{\pi}\frac{1}{2}(1+\cos 2x)\mathrm{d}x$$

$$=\frac{1}{2\pi}\left(\frac{x}{2}+\frac{1}{4}\sin 2x\right)\Big|_{-\pi}^{\pi}=\frac{1}{2}$$

上述定理还可推广到两个及两个以上随机变量函数的情形. 例如:

定理 9.1.2 设 $z=g(x,y)$为二元连续函数, $Z=g(X,Y)$是二维随机向量(X,Y)的函数.

(1)当(X,Y)为二维离散型随机向量, 设其分布律为

$$p_{ij}=P(X=x_i,Y=y_j)\quad (i,j=1,2,\cdots)$$

且级数$\sum_{i=1}^{\infty}\sum_{j=1}^{\infty}g(x_i,y_j)p_{ij}$绝对收敛, 则

$$EZ=E[g(X,Y)]=\sum_{i=1}^{\infty}\sum_{j=1}^{\infty}g(x_i,y_j)p_{ij}\tag{9.1.5}$$

(2)当(X,Y)为二维连续型随机向量, 设其概率密度为$f(x,y)$, 且$\int_{-\infty}^{+\infty}\int_{-\infty}^{+\infty}g(x,y)f(x,y)\mathrm{d}x\mathrm{d}y$绝对收敛, 则

$$EZ=E[g(X,Y)]=\int_{-\infty}^{+\infty}\int_{-\infty}^{+\infty}g(x,y)f(x,y)\mathrm{d}x\mathrm{d}y\tag{9.1.6}$$

例 9.1.13 设二维随机向量(X,Y)的概率密度为$f(x,y)=\begin{cases}x+y, & 0\leqslant x\leqslant 1,0\leqslant y\leqslant 1\\ 0, & \text{其他}\end{cases}$. 求$X+Y^2$的期望.

解
$$\begin{aligned}E(X+Y^2)&=\int_{-\infty}^{+\infty}\int_{-\infty}^{+\infty}(x+y^2)f(x,y)\mathrm{d}x\mathrm{d}y\\&=\int_0^1\int_0^1(x+y^2)(x+y)\mathrm{d}x\mathrm{d}y=1\end{aligned}$$

利用随机变量函数的期望, 还可作出某种最优决策.

例 9.1.14 按季节出售的某种时令商品, 每售出 1 kg 可获利 3 元, 如到季末尚有剩余, 则每公斤净亏 1 元, 设在季度内这种商品的需求量 X(以 kg 计)是一个随机变量, 在[2000, 4000]上服从均匀分布.为使商店所获利润的期望最大, 商店应进多少货?

解 以 y 表示进货数, 应有 $2000\leqslant y\leqslant 4000$, 商店的收益(单位: 元)为一随机变量 Z, 且

$$Z=H(X)=\begin{cases}3y, & \text{当}X\geqslant y\text{时}\\ 3X-(y-X), & \text{当}X<y\text{时}\end{cases}$$

又 X 的概率密度为

$$f(x)=\begin{cases}\dfrac{1}{2000}, & 2000\leqslant x\leqslant 4000\\ 0, & \text{其他}\end{cases}$$

利用式(9.1.4), 有

$$\begin{aligned}EZ&=\int_{-\infty}^{+\infty}H(x)f(x)\mathrm{d}x=\frac{1}{2000}\int_{2000}^{4000}H(x)\mathrm{d}x\\&=\frac{1}{2000}\int_{2000}^{y}(4x-y)\mathrm{d}x+\frac{1}{2000}\int_{y}^{4000}3y\mathrm{d}x\\&=\frac{1}{1000}[-y^2+7000y-4\times 10^6]\end{aligned}$$

求极值可得, 当 $y=3500$ 时可使 EZ 达到最大, 故商店应进此种货物 3500 kg 才可使所获得利润的期望最大.

4. 数学期望的性质

数学期望具有以下几条重要性质, 我们假设所遇到的随机变量的数学期望均存在.

性质 9.1.1 设 X 是一随机变量, 且 $a \leqslant X \leqslant b$, 则

$$a \leqslant EX \leqslant b$$

特别有

$$Ec = c$$

这里 a, b, c 均为常数.

性质 9.1.2 设 X, Y 是随机变量, 则对任意常数 a, b, c, 有

$$E(aX + bY + c) = aEX + bEY + c$$

特别地, $E(aX) = aEX$, $E(X + Y) = EX + EY$.

此性质可以推广到有限个随机变量的情形.

上面两个性质对离散型或者连续型随机变量是容易证明的, 对一般随机变量这两个性质也成立. 性质 9.1.2 称为线性性, 对计算数学期望很重要.

性质 9.1.3 设 X 和 Y 是相互独立的随机变量, 则有

$$E(XY) = EXEY$$

证 我们仅对连续型随机变量给出证明, 离散型随机变量的证明类似, 对一般的随机变量这个性质也成立. 设 X 的概率密度为 $f(x)$, Y 的概率密度为 $g(y)$. 因为 X 和 Y 相互独立, (X, Y) 的联合概率密度为 $f(x)g(y)$, 由式(9.1.6), 有

$$\begin{aligned} E(XY) &= \int_{-\infty}^{+\infty}\int_{-\infty}^{+\infty} xyf(x)g(y)\mathrm{d}x\mathrm{d}y \\ &= \int_{-\infty}^{+\infty} xf(x)\mathrm{d}x\int_{-\infty}^{+\infty} yg(y)\mathrm{d}x\mathrm{d}y = EXEY \end{aligned}$$

这一性质也可以推广到任意有限多个相互独立的随机变量之积的情形.

性质 9.1.4 设 X 是随机变量, 则 $|EX| \leqslant E|X|$.

这个性质对离散型或者连续型随机变量也容易证明, 对一般随机变量这个性质也成立.

例 9.1.15 将 n 只球放入 M 只盒子中去, 设每只球落入各个盒子是等可能的, 求有球的盒子数 X 的数学期望.

解 如果先求 X 的分布将是非常困难的, 而利用数学期望的性质则很容易求解. 引入随机变量

$$X_i = \begin{cases} 1, & \text{第 } i \text{ 只盒子中有球} \\ 0, & \text{第 } i \text{ 只盒子中无球} \end{cases} \quad (i = 1, 2, \cdots, M)$$

则 $X = \sum_{i=1}^{M} X_i$. 而 X_i 的分布律为

$$P(X_i = 0) = \frac{(M-1)^n}{M^n}, \qquad P(X_i = 1) = 1 - \frac{(M-1)^n}{M^n}$$

容易求得

$$\begin{aligned} EX_i &= 1 \cdot P(X_i = 1) + 0 \cdot P(X_i = 0) \\ &= P(X_i = 1) = 1 - \left(1 - \frac{1}{M}\right)^n \end{aligned}$$

从而得

$$EX = \sum_{i=1}^{M} EX_i = \sum_{i=1}^{M}\left[1 - \left(1 - \frac{1}{M}\right)^n\right] = M\left[1 - \left(1 - \frac{1}{M}\right)^n\right]$$

9.2 随机变量的方差

1. 方差的定义

数学期望反映了随机变量平均取值的大小，此外，还需要定义一个反映随机变量取值的分散程度的量. 判断一个随机变量取值的分散程度虽然可以用它关于平均值的绝对偏离来度量，即用$|X-EX|$的平均值$E|X-EX|$来度量，但在数学上绝对值的运算很不方便，因此改用具有相同效果而又便于运算的$E(X-EX)^2$来代替.

定义 9.2.1 设X为随机变量，若$E(X-EX)^2$存在，则称$E(X-EX)^2$为X的**方差**，记为DX或$\mathrm{Var}X$. 即

$$DX=E(X-EX)^2 \tag{9.2.1}$$

方差的平方根$\sqrt{DX}$称为X的**标准差**或**均方差**.

DX与$\sqrt{DX}$都反映了X关于EX的偏离程度，但DX与X的量纲不一致，而$\sqrt{DX}$与随机变量X及EX有相同的量纲，所以实际问题中常采用$\sqrt{DX}$.

由定义 9.2.11 可知，方差DX是随机变量X的函数$(X-EX)^2$的数学期望，它由X的概率分布完全确定，也称为相应分布的方差. 方差的计算公式和性质都可以从数学期望的性质导出.

(1)若X为离散型随机变量，分布律为$p_k=P(X=x_k)\ (k=1,2,\cdots)$，则

$$DX=\sum_{k=1}^{\infty}(x_k-EX)^2p_k \tag{9.2.2}$$

(2)若X为连续型随机变量，概率密度为$f(x)$，则

$$DX=\int_{-\infty}^{+\infty}(x-EX)^2f(x)\mathrm{d}x \tag{9.2.3}$$

关于方差的计算，常利用下面的公式:

$$DX=E(X^2)-(EX)^2 \tag{9.2.4}$$

事实上，这个公式由期望的性质很容易证明

$$\begin{aligned}DX&=E(X-EX)^2=E[X^2-2XEX+(EX)^2]\\&=E(X^2)-2EXEX+(EX)^2=E(X^2)-(EX)^2\end{aligned}$$

2. 几种常见分布的方差

例 9.2.1 (泊松分布)设随机变量$X\sim\pi(\lambda)$，则

$$EX=\lambda$$

$$\begin{aligned}E(X^2)&=\sum_{k=0}^{\infty}k^2P(X=k)=\lambda\mathrm{e}^{-\lambda}\sum_{k=0}^{\infty}k\frac{\lambda^{k-1}}{(k-1)!}\\&=\lambda\mathrm{e}^{-\lambda}\sum_{i=0}^{\infty}\frac{i+1}{i\,!}\lambda^i=\lambda^2\mathrm{e}^{-\lambda}\sum_{i=1}^{\infty}\frac{\lambda^{i-1}}{(i-1)!}+\lambda\mathrm{e}^{-\lambda}\sum_{i=0}^{\infty}\frac{\lambda^i}{i\,!}=\lambda^2+\lambda\end{aligned}$$

所以

$$DX=E(X^2)-(EX)^2=\lambda^2+\lambda-\lambda^2=\lambda$$

这表明泊松分布中的参数λ既是它的期望又是它的方差.

例 9.2.2 (均匀分布)设随机变量$X\sim U[a,b]$，则

$$EX=\frac{b+a}{2}$$

$$E(X^2)=\int_{-\infty}^{+\infty}x^2f(x)\mathrm{d}x=\int_a^b x^2\frac{1}{b-a}\mathrm{d}x=\frac{b^3-a^3}{3(b-a)}$$

所以

$$DX=E(X^2)-(EX)^2=\frac{(b-a)^2}{12}$$

这表明均匀分布的方差只与区间长度有关，而与区间位置无关.

例 9.2.3 (指数分布)设随机变量服从参数为 λ 的指数分布，即 X 的概率密度为

$$f(x)=\begin{cases}\lambda\mathrm{e}^{-\lambda x}, & x\geqslant 0\\ 0, & x<0\end{cases}$$

$$EX=\frac{1}{\lambda}$$

$$\begin{aligned}E(X^2)&=\int_{-\infty}^{+\infty}x^2f(x)\mathrm{d}x=\int_0^{+\infty}x^2\lambda\mathrm{e}^{-\lambda x}\mathrm{d}x=-\int_0^{+\infty}x^2\mathrm{d}\mathrm{e}^{-\lambda x}\\&=-(x^2\mathrm{e}^{-\lambda x})_0^{+\infty}+2\int_0^{+\infty}x\mathrm{e}^{-\lambda x}\mathrm{d}x\\&=\frac{2}{\lambda}\int_0^{+\infty}x\lambda\mathrm{e}^{-\lambda x}\mathrm{d}x=\frac{2}{\lambda^2}\end{aligned}$$

所以

$$DX=E(X^2)-(EX)^2=\frac{2}{\lambda^2}-\frac{1}{\lambda^2}=\frac{1}{\lambda^2}$$

指数分布的期望和标准差都等于其参数 λ 的倒数.

例 9.2.4 (正态分布)设随机变量 $X\sim N(\mu,\sigma^2)$，则

$$EX=\mu$$

$$\begin{aligned}DX&=E(X-EX)^2=\int_{-\infty}^{+\infty}(x-\mu)^2f(x)\mathrm{d}x\\&=\frac{1}{\sqrt{2\pi}\sigma}\int_{-\infty}^{+\infty}(x-\mu)^2\mathrm{e}^{-\frac{(x-\mu)^2}{2\sigma^2}}\mathrm{d}x\overset{t=\frac{x-\mu}{\sigma}}{=\!=}\frac{\sigma^2}{\sqrt{2\pi}}\int_{-\infty}^{+\infty}t^2\mathrm{e}^{-\frac{t^2}{2}}\mathrm{d}t\\&=\frac{\sigma^2}{\sqrt{2\pi}}\left[-t\,\mathrm{e}^{-\frac{t^2}{2}}\Big|_{-\infty}^{+\infty}+\int_{-\infty}^{+\infty}\mathrm{e}^{-\frac{t^2}{2}}\mathrm{d}t\right]=\frac{\sigma^2}{\sqrt{2\pi}}\sqrt{2\pi}=\sigma^2\end{aligned}$$

正态分布的两个参数分别是它的期望和方差，说明正态分布由其期望和方差唯一确定.

3. *方差的性质*

方差具有如下性质，假设下面随机变量的方差均存在.

性质 9.2.1 设 c 为常数，则 $D(c)=0$.

性质 9.2.2 设 c 为常数，X 为随机变量，则 $D(cX)=c^2DX$.

性质 9.2.3 若随机变量 $X_1,X_2,\cdots,X_n$ 相互独立，则

$$D(X_1+X_2+\cdots+X_n)=DX_1+DX_2+\cdots+DX_n \tag{9.2.5}$$

特别地，若 X 和 Y 相互独立，则

$$D(X+Y)=DX+DY \tag{9.2.6}$$

上面几个性质由方差的定义容易证明.

性质 9.2.4 $DX=0$ 的充要条件是 X 以概率 1 取常数 c, 即

$$P(X=c)=1, \text{ 且 } c=EX$$

这个性质的证明要用到著名的**切比雪夫不等式**.

定理 9.2.1 (切比雪夫不等式)设随机变量 X 的方差存在, 则对任意的 $\varepsilon>0$, 有

$$P(|X-EX|\geqslant\varepsilon)\leqslant\frac{DX}{\varepsilon^2} \tag{9.2.7}$$

或等价地

$$P(|X-EX|<\varepsilon)\geqslant 1-\frac{DX}{\varepsilon^2} \tag{9.2.8}$$

证 在此只对连续型随机变量给出证明, 离散型随机变量的证明类似. 设 X 为连续型随机变量, 概率密度为 $f(x)$, 则

$$P(|X-EX|\geqslant\varepsilon)=\int\limits_{|x-EX|\geqslant\varepsilon} f(x)\mathrm{d}x\leqslant\int\limits_{|x-EX|\geqslant\varepsilon}\frac{(x-EX)^2}{\varepsilon^2}f(x)\mathrm{d}x$$
$$\leqslant\frac{1}{\varepsilon^2}\int_{-\infty}^{+\infty}(x-EX)^2 f(x)\mathrm{d}x=\frac{DX}{\varepsilon^2}$$

切比雪夫不等式给出了 X 落在以 EX 为中心的对称区间上概率的一个估计, 这个估计式中只需要知道随机变量的期望和方差, 不需要知道随机变量的分布函数, 使用比较方便. 也正是因为它没有用到分布的信息, 一般得到的估计是不很精确的. 例如, 由切比雪夫不等式, 有

$$P(|X-EX|\geqslant 3\sigma)\leqslant\frac{\sigma^2}{(3\sigma)^2}=\frac{1}{9}$$

这个式子虽然成立, 但精确度不够, 因为在正态分布的场合, 这个概率小于 0.003.

但是, 切比雪夫不等式的意义不在于计算概率, 而在于它极其重要的理论价值, 切比雪夫由此给出了大数定律的严格证明, 是概率论研究方法上的重要变革, 标志着概率论现代化的开始, 对此柯尔莫哥洛夫给出了很高的评价.

性质 9.2.4 的证明

充分性显然.

下证必要性: 设 $DX=0$, 则

$$0\leqslant P(|X-EX|>0)=P\left\{\bigcup_{n=1}^{\infty}\left(|X-EX|\geqslant\frac{1}{n}\right)\right\}$$
$$\leqslant\sum_{n=1}^{\infty}\left(P(|X-EX|\geqslant\frac{1}{n}\right)\leqslant\sum_{n=1}^{\infty}\frac{DX}{\left(\frac{1}{n}\right)^2}=0$$

所以

$$P(|X-EX|>0)=0$$

得

$$P(|X-EX|=0)=1$$

即

$$P(X=EX)=1$$

例 9.2.5 设 X 服从二项分布 $B(n,p)$, 求 DX.

解 直接计算较为麻烦. 考虑 n 重伯努利试验, 令

$$X_i=\begin{cases}1, & \text{若第}i\text{次试验成功}\\0, & \text{若第}i\text{次试验不成功}\end{cases}$$

则随机变量 $X_1, X_2, \cdots, X_n$ 相互独立, 且 $X=\sum_{i=1}^{n} X_i$. 而 X_i 的分布律为

$$P(X_i=0)=q \quad P(X_i=1)=p$$

容易算得

$$EX_i=p$$

$$DX_i=E(X_i^2)-(EX_i)^2=p-p^2=p(1-p)=pq$$

所以

$$DX=\sum_{i=1}^{n} DX_i=npq$$

特别地, 若 X 服从 0-1 分布, 则 $DX=pq$.

数学实验基础知识

基本命令	功能
`[M,V]=binostat(n,p)`	参数为 n,p 的二项分布的期望和方差,M 为期望,V 为方差
`[M,V]=poisstat(Lambda)`	参数为 λ 的泊松分布的期望和方差
`[M,V]=unifstat(a,b)`	均匀分布的期望和方差
`[M,V]=expstat(p,Lambda)`	参数为 λ 的指数分布的期望和方差
`[M,V]=normstat(mu,sigma)`	参数为 μ,σ 的正态分布的期望和方差

例 1 求二项分布 $B(20, 0.2)$的期望和方差.

```
>>[M,V]=binostat(20,0.2)
```

输出结果为:

期望 M=4,方差 V=3.2000

例 2 求参数为 $\lambda=4$ 的泊松分布的期望和方差.

```
>>[M,V]=poisstat(4)
```

输出结果为:

期望 M=4,方差 V=4

例 3 求参数为 2 的指数分布的期望和方差.

```
>>[M,V]=expstat(4)
```

输出结果为:

期望 M=4,方差 V=16

9.3 协方差和相关系数

微课视频：相关系数

对于一个二维随机向量(X, Y), EX, EY, DX 和 DY 仅反映 X 和 Y 各自的部分特征. 但是, 二维随机向量中还包含有 X 和 Y 之间相互关系的信息, 我们希望有相应的数字特征来反映这种联系.

1. 协方差

若 X 和 Y 相互独立，且 $E[(X-EX)(Y-EY)]$存在，则有

$$E[(X-EX)(Y-EY)] = 0$$

因此，若 $E[(X-EX)(Y-EY)]\neq 0$，则 X 和 Y 肯定不相互独立，也即有某种相依关系．这说明 $E[(X-EX)(Y-EY)]$的数值能在一定程度上反映 X 和 Y 之间的相互联系，因此有如下定义．

定义 9.3.1 设(X, Y)为二维随机向量，若 $E[(X-EX)(Y-EY)]$存在，则称为随机变量 X 与 Y 的**协方差**，记为 $\mathrm{Cov}(X, Y)$，即

$$\mathrm{Cov}(X, Y) = E[(X-EX)(Y-EY)] \tag{9.3.1}$$

若(X, Y)是二维离散型随机向量，分布律为

$$p_{ij} = P(X = x_i, Y = y_j) \quad (i, j = 1, 2, \cdots)$$

则

$$\mathrm{Cov}(X,Y) = \sum_{i=1}^{\infty}\sum_{j=1}^{\infty}(x_i - EX)(y_j - EY)p_{ij} \tag{9.3.2}$$

若(X, Y)为二维连续型随机向量，概率密度为 $f(x, y)$，则

$$\mathrm{Cov}(X,Y) = \int_{-\infty}^{+\infty}\int_{-\infty}^{+\infty}(x - EX)(y - EY)f(x,y)\mathrm{d}x\mathrm{d}y \tag{9.3.3}$$

可以证明，若随机变量 X 和 Y 的方差均存在，则它们的协方差 $\mathrm{Cov}(X, Y)$一定存在．由协方差的定义容易证明，协方差具有下列性质．

性质 9.3.1

(1)对称性：$\mathrm{Cov}(X, Y) = \mathrm{Cov}(Y, X)$

(2)线性性：若 a, b 为常数，则

$$\mathrm{Cov}(aX, bY) = ab\mathrm{Cov}(X, Y)$$

$$\mathrm{Cov}(X + Y, Z) = \mathrm{Cov}(X, Z) + \mathrm{Cov}(Y, Z)$$

性质 9.3.2

(1)$\mathrm{Cov}(X, Y) = E(XY)-EXEY$ (9.3.4)

(2)$D(X + Y) = DX + DY + 2\mathrm{Cov}(X, Y)$ (9.3.5)

(3)$D(X-Y) = DX + DY-2\mathrm{Cov}(X, Y)$ (9.3.6)

例 9.3.1 设二维随机向量(X, Y)具有概率密度 $f(x,y) = \begin{cases} 1, & 0 < x < 1, |y| < x \\ 0, & 其他 \end{cases}$．求 $\mathrm{Cov}(X, Y)$．

解 $E(XY) = \int_{-\infty}^{+\infty}\int_{-\infty}^{+\infty}xyf(x,y)\mathrm{d}x\mathrm{d}y = \int_0^1\int_{-x}^{x}xy\mathrm{d}x\mathrm{d}y = 0$

$$E(X) = \int_{-\infty}^{+\infty}\int_{-\infty}^{+\infty}xf(x,y)\mathrm{d}x\mathrm{d}y = \int_0^1\int_{-x}^{x}x\mathrm{d}x\mathrm{d}y = \int_0^1 2x^2\mathrm{d}x = \frac{2}{3}$$

$$E(Y) = \int_{-\infty}^{+\infty}\int_{-\infty}^{+\infty}yf(x,y)\mathrm{d}x\mathrm{d}y = \int_0^1\int_{-x}^{x}y\mathrm{d}x\mathrm{d}y = 0$$

所以

$$\mathrm{Cov}(X,Y) = E(XY) - EXEY = 0 - \frac{2}{3}\times 0 = 0$$

2. 相关系数

协方差虽然一定程度上反映了 X 与 Y 之间的相互联系，但它与 X 及 Y 本身的数值大小有

关, 还与 X 和 Y 的量纲有关. 为了更准确地刻画 X 和 Y 的相关程度, 下面引入相关系数的概念.

定义 9.3.2 设 (X, Y) 为二维随机向量, 称

$$r_{XY}=\frac{\operatorname{Cov}(X,Y)}{\sqrt{DX}\sqrt{DY}} \tag{9.3.7}$$

为随机变量 X 与 Y 的**相关系数**.

下面来研究相关系数到底反映了两个随机变量之间什么样的联系, 先证明**柯西–施瓦茨(Cauchy-Schwartz)不等式**.

定理 9.3.1 (柯西–施瓦茨不等式)设 X 和 Y 为随机变量, 若 $E(X^2)$ 和 $E(Y^2)$ 存在, 则 $E(XY)$ 存在, 且

$$[E(XY)]^2\leqslant E(X^2)E(Y^2) \tag{9.3.8}$$

证 考察实变量 t 的函数

$$f(t)=E[(tX-Y)^2]=t^2E(X^2)-2tE(XY)+E(Y^2)$$

这是一个一元二次多项式, 且 $f(t)\geqslant 0$, 其判别式小于等于 0, 即

$$[2E(XY)]^2-4E(X^2)E(Y^2)\leqslant 0$$

整理, 得

$$[E(XY)]^2\leqslant E(X^2)E(Y^2)$$

性质 9.3.3 对任意的随机变量 X 和 Y, 有

(1)$|r_{XY}|\leqslant 1$

(2)$|r_{XY}|=1$ 的充要条件是存在常数 a, b 使 $P(Y=aX+b)=1$.

证 (1)令 $X_1=X-EX$, $Y_1=Y-EY$, 则

$$EX_1=0,\quad EY_1=0,\quad DX_1=E(X_1^2)=DX,\quad DY_1=E(Y_1^2)=DY$$

对随机变量 X_1 和 Y_1, 应用柯西–施瓦茨不等式, 有

$$r_{XY}^2=\left[\frac{E(X-EX)(Y-EY)}{\sqrt{DX}\sqrt{DY}}\right]^2=\frac{[E(X_1Y_1)]^2}{E(X_1^2)E(Y_1^2)}\leqslant 1$$

所以, $|r_{XY}|\leqslant 1$.

(2)若 $|r_{XY}|=1$, 则由(1)知 $[E(X_1Y_1)]^2-E(X_1^2)E(Y_1^2)=0$, 也即在定理(9.3.1)的证明中, 二次方程 $f(t)=E(tX_1-Y_1)^2=0$ 的判别式等于 0, 方程只有一个重根, 不妨设为 t_0, 也就是

$$E(t_0X_1-Y_1)^2=0$$

又 $E(t_0X_1-Y_1)=t_0EX_1-EY_1=0$. 故由方差的定义知

$$D(t_0X_1-Y_1)=0$$

由性质 9.2.4 知, $D(t_0X_1-Y_1)=0$ 成立当且仅当

$$P\{t_0X_1-Y_1=E(t_0X_1-Y_1)\}=1$$

即

$$P(t_0X_1-Y_1=0)=1$$

又 $X_1=X-EX$, $Y_1=Y-EY$, 代入上式整理后得

$$P(Y=aX+b)=1$$

式中, $a=t_0$, $b=EY-t_0EX$ 均为常数.

由性质 9.3.3 可知: 当 $|r_{XY}|=1$ 时, 随机变量 X 与 Y 之间以概率 1 存在线性关系; 当 $|r_{XY}|<1$ 时, 这种线性关系随 $|r_{XY}|$ 的值的减小而减弱; 当 $|r_{XY}|$ 减小到极端 $r_{XY}=0$ 时, X 与 Y 之间不存在线性关系. 当 $r_{XY}>0$ 时, 称 X 与 Y 正相关; 当 $r_{XY}<0$ 时, 称 X 与 Y 负相关. 正相关表示两个随机

变量有同时增加或同时减少的变化趋势，而负相关表示两个随机变量有相反的变化趋势. 因此，相关系数是描述随机变量之间线性关系的一个数字特征，确切地讲，应称为线性相关系数，是一个无量纲的指标. $r_{XY}=0$ 的极端情形也很重要，现在引入下面的概念.

定义 9.3.3 若随机变量 X 与 Y 的相关系数 $r_{XY}=0$，则称 X 与 Y **不相关**.

由相关系数的定义及性质 9.3.2 容易得如下结论.

定理 9.3.2 对随机变量 X 与 Y，下列命题等价:

(1)X 与 Y 不相关;

(2)$\mathrm{Cov}(X, Y)=0$;

(3)$E(XY)=EXEY$;

(4)$D(X+Y)=DX+DY$.

若 X 和 Y 相互独立，且 $\mathrm{Cov}(X, Y)$ 存在，则有 $\mathrm{Cov}(X, Y)=0$ 或者等价的 $r_{XY}=0$，即 X 与 Y 不相关. 反之，若已知 X 与 Y 不相关，即 $r_{XY}=0$，X 和 Y 是否相互独立呢？答案是否定的，因为 X 与 Y 不相关只说明 X 和 Y 之间不存在线性关系，但是它们之间还可能存在别的相依关系，不一定就是独立的.

例 9.3.2 设二维随机向量 (X, Y) 的概率密度为

$$f(x,y)=\begin{cases}\dfrac{1}{\pi}, & x^2+y^2\leqslant 1\\ 0, & \text{其他}\end{cases}$$

X 和 Y 的边缘概率密度分别为

$$f_X(x)=\begin{cases}\displaystyle\int_{-\sqrt{1-x^2}}^{\sqrt{1-x^2}}\frac{1}{\pi}\mathrm{d}y, & -1\leqslant x\leqslant 1\\ 0, & \text{其他}\end{cases}=\begin{cases}\dfrac{2}{\pi}\sqrt{1-x^2}, & -1\leqslant x\leqslant 1\\ 0, & \text{其他}\end{cases}$$

和

$$f_Y(y)=\begin{cases}\dfrac{2}{\pi}\sqrt{1-y^2}, & -1\leqslant y\leqslant 1\\ 0, & \text{其他}\end{cases}$$

显然，$f(x, y)\neq f_X(x)f_Y(y)$，即 X 和 Y 不相互独立.

因被积函数是奇函数，积分区间关于坐标轴都是对称的，有

$$EX=\int_{-\infty}^{+\infty}xf_X(x)\mathrm{d}x=\frac{2}{\pi}\int_{-1}^{1}x\sqrt{1-x^2\mathrm{d}x}=0$$

$$EY=\int_{-\infty}^{+\infty}yf_Y(y)\mathrm{d}y=\frac{2}{\pi}\int_{-1}^{1}y\sqrt{1-y^2\mathrm{d}y}=0$$

$$E(XY)=\int_{-\infty}^{+\infty}\int_{-\infty}^{+\infty}xyf(x,y)\mathrm{d}x\mathrm{d}y=\frac{1}{\pi}\iint\limits_{x^2+y^2\leqslant 1}xy\mathrm{d}x\mathrm{d}y=0$$

所以 $\mathrm{Cov}(X, Y)=E(XY)-EXEY=0$, X 与 Y 不相关.

例 9.3.2 表明，仅知道两个随机变量不相关时，并不能保证两者是相互独立的，但反过来，有下面的性质:

性质 9.3.4 若随机变量 X 和 Y 相互独立，则 X 与 Y 不相关.

性质 9.3.4 的逆命题不成立，即 X 与 Y 不相关时，X 和 Y 未必相互独立. 但是有一个重要的分布例外，它具有特殊的性质，这就是二维正态随机向量. 设 (X, Y) 服从二维正态分布

$N(\mu_1,\mu_2,\sigma_1^2,\sigma_2^2,\rho)$，可以求得 X 与 Y 的相关系数就是分布的第 5 个参数 ρ，即 $r_{XY}=\rho$. 这个结果的推导比较复杂，在此略去. 在第 8 章中已经证明了，对于二维正态随机向量$(\boldsymbol{X}, \boldsymbol{Y})\sim N(\mu_1,\mu_2,\sigma_1^2,\sigma_2^2,\rho)$，$X$ 和 Y 相互独立的充要条件是 $\rho=0$. 所以得到如下结论:

若(X, Y)服从二维正态分布，则 X 与 Y 不相关等价于 X 和 Y 相互独立.

9.4 矩、协方差矩阵

1. 矩

数学期望、方差和协方差等是最常用的随机变量的数字特征，它们都是随机变量的某种矩. 还有一些其他类型的数字特征，但是矩应用最广泛，在概率论和数理统计中占有重要的地位. 最常用的矩有两种: 一种是原点矩，一种是中心矩.

定义 9.4.1 设 X 是随机变量，k 为正整数，若 $E(X^k)$存在，则称 $E(X^k)$为 X 的 k 阶**原点矩**，记为 m_k，即

$$m_k=E(X^k)\quad(k=1,2,\cdots)$$

定义 9.4.2 设 X 是随机变量，若 $E(X-EX)^k$ 存在，则称 $E(X-EX)^k$ 为 X 的 k 阶**中心矩**，记为 c_k，即

$$c_k=E(X-EX)^k\quad(k=1,2,\cdots)$$

显然，数学期望是一阶原点矩，方差是二阶中心矩.

定义 9.4.3 设 X 和 Y 是随机变量，若 $E(X^kY^l)$存在，则称其为 X 与 Y 的 $k+l$ 阶**混合原点矩**.

定义 9.4.4 设 X 和 Y 是随机变量，若 $E[(X-EX)^k(Y-EY)^l]$存在，则称其为 X 与 Y 的 $k+1$ 阶**混合中心矩**.

由定义可知，协方差 $\mathrm{Cov}(X, Y)$是随机变量 X 与 Y 的二阶中心混合矩.

2. 协方差矩阵

对于多维随机向量，不仅要关心每个分量的特征，还要考虑各分量之间的相互联系，下面引进的协方差矩阵就是描述各分量之间的相互联系的数字特征.先考虑二维随机向量.

设二维随机向量(X_1, X_2)的 4 个二阶中心矩都存在，分别记为

$$c_{11}=E(X_1-EX_1)^2=DX_1$$
$$c_{12}=E[(X_1-EX_1)(X_2-EX_2)]=\mathrm{Cov}(X_1,X_2)$$
$$c_{21}=E[(X_2-EX_2)(X_1-EX_1)]=\mathrm{Cov}(X_2,X_1)$$
$$c_{22}=E(X_2-EX_2)^2=DX_2$$

由它们所构成的矩阵

$$\begin{pmatrix} c_{11} & c_{12} \\ c_{21} & c_{22} \end{pmatrix}$$

称为随机向量(X_1, X_2)的**协方差矩阵**.

一般地，对 n 维随机向量 $\boldsymbol{X}=(X_1, X_2,\cdots, X_n)$，设其所有的二阶中心矩都存在，且记为

$$c_{ij}=\mathrm{Cov}(X_i, X_j)=E[(X_i-EX_i)(X_j-EX_j)]\quad(i,j=1,2,\cdots,n)$$

称矩阵

$$C=\begin{pmatrix} c_{11} & c_{12} & \cdots & c_{1n} \\ c_{21} & c_{22} & \cdots & c_{2n} \\ \vdots & \vdots & & \vdots \\ c_{n1} & c_{n2} & \cdots & c_{nn} \end{pmatrix}$$

为 n 维随机向量 $\boldsymbol{X}=(X_1, X_2,\cdots, X_n)$的协方差矩阵.

显然，协方差矩阵是一个对称矩阵，进一步还可证明 $\boldsymbol{C}$ 是一个非负定矩阵，所以若用$|\boldsymbol{C}|$表示 $\boldsymbol{C}$ 的行列式，则有$|\boldsymbol{C}|\geqslant 0$.

因为 n 维随机向量的分布一般是不知道的，或者是过于复杂而不便使用，这时利用协方差矩阵可以描述随机向量的部分特征. 特别地，协方差矩阵在多维正态随机向量的概率密度表示中起着重要作用. 在此，先将二维正态随机向量的概率密度改写成矩阵形式，然后再给出 n 维正态分布的定义.

设$(X_1,X_2)\sim N(\mu_1,\mu_2,\sigma_1^2,\sigma_2^2,\rho)$，则其概率密度为

$$f(x_1,x_2)=\frac{1}{2\pi\sigma_1\sigma_2\sqrt{1-\rho^2}}\cdot\exp\left\{-\frac{1}{2(1-\rho^2)}\left[\frac{(x_1-\mu_1)^2}{\sigma_1^2}\right.\right.$$
$$\left.\left.-2\rho\frac{(x_1-\mu_1)(x_2-\mu_2)}{\sigma_1\sigma_2}+\frac{(x_2-\mu_2)^2}{\sigma_2^2}\right]\right\}$$

引入列矩阵

$$\boldsymbol{X}=\begin{pmatrix} x_1 \\ x_2 \end{pmatrix}, \qquad \boldsymbol{\mu}=\begin{pmatrix} \mu_1 \\ \mu_2 \end{pmatrix}$$

及(X_1, X_2)的协方差矩阵

$$\boldsymbol{C}=\begin{pmatrix} c_{11} & c_{12} \\ c_{21} & c_{22} \end{pmatrix}=\begin{pmatrix} \sigma_1^2 & \rho\sigma_1\sigma_2 \\ \rho\sigma_1\sigma_2 & \sigma_2^2 \end{pmatrix}$$

$\boldsymbol{C}$ 的行列式为$|\boldsymbol{C}|=\sigma_1^2\sigma_2^2(1-\rho^2)$，$\boldsymbol{C}$ 的逆矩阵为

$$\boldsymbol{C}^{-1}=\frac{1}{|\boldsymbol{C}|}\begin{pmatrix} \sigma_2^2 & -\rho\sigma_1\sigma_2 \\ -\rho\sigma_1\sigma_2 & \sigma_1^2 \end{pmatrix}$$

经过计算可知

$$\begin{aligned}
&(\boldsymbol{X}-\boldsymbol{\mu})'\boldsymbol{C}^{-1}(\boldsymbol{X}-\boldsymbol{\mu}) \\
&=\frac{1}{|\boldsymbol{C}|}(x_1-\mu_1,x_2-\mu_2)\begin{pmatrix} \sigma_2^2 & -\rho\sigma_1\sigma_2 \\ -\rho\sigma_1\sigma_2 & \sigma_1^2 \end{pmatrix}\begin{pmatrix} x_1-\mu_1 \\ x_2-\mu_2 \end{pmatrix} \\
&=\frac{1}{1-\rho^2}\left[\frac{(x_1-\mu_1)^2}{\sigma_1^2}-2\rho\frac{(x_1-\mu_1)(x_2-\mu_2)}{\sigma_1\sigma_2}+\frac{(x_2-\mu_2)^2}{\sigma_2^2}\right]
\end{aligned}$$

式中，$(\boldsymbol{X}-\boldsymbol{\mu})'$是$(\boldsymbol{X}-\boldsymbol{\mu})$的转置矩阵.于是，$(X_1, X_2)$的概率密度可以表示成

$$f(x_1,x_2)=\frac{1}{2\pi|\boldsymbol{C}|^{\frac{1}{2}}}\exp\left\{-\frac{1}{2}(\boldsymbol{X}-\boldsymbol{\mu})'C^{-1}(\boldsymbol{X}-\boldsymbol{\mu})\right\}$$

上式容易推广到 n 维随机向量的情形. 引入列矩阵

$$X=\begin{pmatrix}x_1\\x_2\\\vdots\\x_n\end{pmatrix},\qquad \boldsymbol{\mu}=\begin{pmatrix}\mu_1\\\mu_2\\\vdots\\\mu_n\end{pmatrix}$$

定义 9.4.5 若 n 维随机向量$(X_1, X_2,\cdots, X_n)$的概率密度为

$$f(x_1,x_2,\cdots,x_n)=\frac{1}{(2\pi)^{\frac{n}{2}}|\boldsymbol{C}|^{\frac{1}{2}}}\exp\left\{-\frac{1}{2}(\boldsymbol{X}-\boldsymbol{\mu})'\boldsymbol{C}^{-1}(\boldsymbol{X}-\boldsymbol{\mu})\right\}$$

式中, $\boldsymbol{C}$ 是 $n\times n$ 对称正定矩阵, 则称$(X_1, X_2,\cdots, X_n)$是 n 维**正态随机向量**, 或称$(X_1, X_2,\cdots, X_n)$服从 n 维**正态分布**, 记为$(X_1, X_2,\cdots, X_n)\sim N(\boldsymbol{\mu}, \boldsymbol{C})$.

n 维正态分布是最重要的多维分布, 具有许多良好的性质, 在随机过程和数理统计中有重要应用.

下面给出 n 维正态分布的 4 个常用性质.

性质 9.4.1 服从 n 维正态分布的随机变量$(X_1, X_2, \cdots, X_n)$的每个分量 X_i 都服从正态分布; 反之, 若 $X_1, X_2, \cdots, X_n$ 都服从正态分布且相互独立, 则$(X_1, X_2, \cdots, X_n)$服从 n 维正态分布.

性质 9.4.2 n 维随机变量$(X_1, X_2, \cdots, X_n)$服从 n 维正态分布的充分必要条件是 $X_1, X_2, \cdots, X_n$ 的任意线性组合 $l_1X_1 + l_2X_2 + \cdots + l_nX_n$ 服从一维正态分布, (其中 $l_1, l_2, \cdots, l_n$ 不全为零).

性质 9.4.3 若$(X_1, X_2, \cdots, X_n)$服从 n 维正态分布, 设 $Y_1, Y_2, \cdots, Y_k$ 是 X_j 的线性函数, 则$(Y_1, Y_2, \cdots, Y_k)$也服从多维正态分布.

性质 9.4.4 设$(X_1, X_2, \cdots, X_n)$服从 n 维正态分布, 则"$X_1, X_2, \cdots, X_n$ 相互独立"与"$X_1, X_2, \cdots, X_n$ 两两不相关"是等价的.

本章小结

数字特征以数值的形式描述了随机变量取值的部分重要特点, 它们虽然不像分布函数那样能够完整地描述随机变量的分布规律, 但是简单、直观, 在实际中有着广泛的应用.

最常用的数字特征是数学期望、方差、协方差、相关系数及一些低阶矩. 其中数学期望又是最重要的, 它是一个实数, 反映了随机变量平均取值的大小. 其他数字特征都可以视为随机变量函数的数学期望, 它们的性质都可以从数学期望的性质导出. 概率统计中的许多重要分布都依赖于某些参数, 这些参数都和它们的数字特征有关. 数字特征都有明确的概率意义, 在概率统计的理论和应用中都起着重要的作用.

切比雪夫不等式和柯西-施瓦茨不等式是最基本的理论工具, 在概率统计中有普遍应用. 多维正态分布在数理统计和随机过程中起重要的作用.

本章常用词汇中英文对照

期望	expectation	均值	mean
方差	variance	标准差	standard deviation
协方差	covariance	相关系数	correlation coefficient
不相关	uncorrelated	矩	moment

协方差矩阵	covariance matrix
柯西-施瓦茨不等式	Cauchy-Schwarz inequality
切比雪夫不等式	Chebyshev inequality

习 题 9

1. 一整数等可能地在 1 到 10 中取值, 以 X 记除得尽这一整数的正整数的个数, 求 EX.

2. 设随机变量 X 的分布律为

X	-1	0	1	2
p_k	0.2	0.1	0.3	0.4

求 EX, $E(X^2)$, $E(3X^2+5)$.

3. 在反潜战中, 已知水面舰艇在$[0, t]$时间内发现敌潜艇的概率为 $P(t)=1-e^{-\alpha t}$($\alpha>0$ 为常数). 求为了发现该潜艇所必需的平均搜索时间.

4. 设随机变量 X 的概率密度为 $f(x)=\begin{cases} ae^{-2x}, & x>0 \\ 0, & x\leqslant 0 \end{cases}$, 求: (1)常数 a; (2)$E(2X)$; (3)$E(e^{-2X})$.

5. 设(X, Y)的分布律为

Y \ X	-3	1	2	3
-1	$\frac{1}{30}$	$\frac{3}{30}$	$\frac{4}{30}$	$\frac{3}{30}$
0	$\frac{4}{30}$	0	$\frac{3}{30}$	$\frac{2}{30}$
2	$\frac{3}{30}$	$\frac{2}{30}$	$\frac{5}{30}$	0

求: (1)EY; (2)$E(Y/X)$; (3)$E(X-Y)^2$.

6. 假设有 10 只同种电子元件, 其中有 2 只废品, 装配仪器时, 从这 10 只元件中任取一只, 如是废品, 则扔掉后再重新任取一只; 如仍是废品, 则扔掉后再任取一只, 求在取到正品之前, 已取出的废品只数的数学期望和方差.

7. 设(X, Y)的概率密度为 $f(x,y)=\begin{cases} 12y^2, & 0\leqslant x\leqslant 1, 0\leqslant y\leqslant x, \\ 0, & \text{其他}. \end{cases}$ 求:

(1)EY;　　(2)$E(XY)$;　　(3)$E(X^2+Y^2)$.

8. 某工厂生产某型设备, 其寿命(以年计)服从指数分布, 且概率密度为

$$f(x)=\begin{cases} \frac{1}{4}e^{-\frac{x}{4}}, & x>0 \\ 0, & x\leqslant 0 \end{cases}$$

若工厂出售的设备在一年内可调换, 且售出一台工厂可赢利 100 元, 而调换一台则需花费 300 元, 试求工厂出售一台设备净赢利的期望值.

9. 设随机变量 X 的分布函数为 $F(x)=\begin{cases} 0, & x\leqslant -1, \\ a+b\arcsin x, & -1<x\leqslant 1, \\ 1, & x>1. \end{cases}$ 试确定常数 a, b, 并求 EX 及 DX.

10. 气体分子的速度服从Maxwell分布, 其密度函数为 $f(x)=\begin{cases} bx^2\mathrm{e}^{-\left(\frac{x}{\alpha}\right)^2}, & x\geqslant 0, \\ 0, & x<0. \end{cases}$ $\alpha>0$ 为已知常数. 求: (1)系数 b; (2)气体分子速度的均值和方差.

11. 设随机变量 X 服从参数为 p 的几何分布, 试求 DX.

12. 设随机向量(X, Y)的概率密度为 $f(x,y)=\begin{cases} \frac{1}{8}(x+y), & 0\leqslant x\leqslant 2, 0\leqslant y\leqslant 2, \\ 0, & \text{其他}. \end{cases}$ 试求 $\mathrm{Cov}(X, Y)$, r_{XY} 及 $D(X+Y)$.

13. 设随机变量 X 和 Y 的方差分别为 25 和 36, 相关系数为 0.4, 求 $D(X+Y)$及 $D(X-Y)$.

14. 设随机变量 X 和 Y 相互独立, 且同服从于标准正态分布. 令 $U=2X$, $V=\frac{X}{2}-aY$, 求 a 之值使 $DV=1$, 并求 r_{UV}.

15. 一卡车装运水泥, 设各袋水泥的重量(以 kg 计)是相互独立的随机变量, 且均服从 $N(50, 2.5^2)$. 问最多装多少袋水泥才能使总重量超过 2000 kg 的概率小于等于 0.05.

16. 设 X, Y, Z 为随机变量, 已知 $EX=EY=1, EZ=-1, DX=DY=DZ=1, r_{XY}=0, r_{XZ}=-r_{YZ}=1$. 令 $W=X+Y+Z$, 求 EW, DW.

17. 设随机变量 (X,Y) 服从二维正态分布, 且 $X\sim N(0,3)$, $Y\sim N(0,4)$, 相关系数 $\rho_{XY}=-\frac{1}{4}$, 试写出 X 和 Y 的联合概率密度.

18. 设随机变量 X 取非负整数 n 的概率 $P(X=n)=a\frac{b^n}{n!}$, 已知 $EX=\mu$, 试决定常数 a 与 b 之值.

19. 现有 n 把看上去样子相同的钥匙, 其中只有一把能打开门. 用它们去试开门上的锁, 设选取每一把钥匙都是等可能的, 且试开一次后除去, 求试开次数 X 的数学期望.

20. 若 X 和 Y 都是只能取两个值的随机变量, 试证如果它们不相关, 则必相互独立.

21. 设 X 和 Y 相互独立, 且同服从正态分布 $N(\mu, \sigma^2)$, 试求 $aX+bY$ 与 $\alpha X+\beta Y$ 的相关系数.

22. 设 X 为连续型随机变量, $g(x)$是定义在$[0, +\infty)$上的非负非降函数, 如果 $E[g(|X|)]$存在, 证明: 对任意的 $\varepsilon>0$, 有

$$P(|X|\geqslant\varepsilon)\leqslant\frac{E[g(|X|)]}{g(\varepsilon)}$$

23. 设随机变量 X 的数学期望为 EX, 方差为 $D(X)>0$. 引入新的随机变量 $X^*=\frac{X-EX}{\sqrt{DX}}$ (称 X^*为标准化的随机变量).

(1)验证 $EX^*=0, DX^*=1$;

(2)已知随机变量 X 的概率密度为 $f(x)=\begin{cases} 1-|1-x|, & 0<x<2, \\ 0, & \text{其他}. \end{cases}$ 求 X^*的概率密度.

第 10 章　大数定律和中心极限定理

概率论与数理统计是研究随机现象统计规律性的学科，随机现象的统计规律只有在相同条件下进行大量重复试验才能呈现出来，研究大量随机试验就需要采用极限的方法，概率论极限理论就是使用极限方法研究随机现象统计规律性的理论. 柯尔莫哥洛夫在评论概率论极限理论时曾说："概率论的认识论的价值只有通过极限定理才能被揭示，没有极限定理就不可能去理解概率论的基本概念的真正含义." 经典极限理论是概率论发展史上的重要成果，也是概率论的主要分支之一，内容十分丰富，也是概率论其他分支和数理统计的重要基础. 其中最重要的是大数定律和中心极限定理，它们揭示了随机现象的重要统计规律. 这里仅作简单的介绍.

微课视频：大数定律

10.1 大数定律

我们曾经指出，事件发生的频率具有稳定性，即随着试验次数的增加，随机事件的频率逐渐稳定于某个常数. 人们在实践中还发现，大量测量结果的平均值也具有稳定性，关于大量重复试验的平均结果具有稳定性的一系列定律都称为大数定律. 大数定律是概率论的基本命题之一，这种规律一般需要用随机变量的某种收敛性来刻画，先给出两个定义.

定义 10.1.1　设 $X_1, X_2, \cdots, X_n, \cdots$ 为一随机变量序列，若对于任何 $n \geqslant 2$，随机变量 $X_1, X_2, \cdots, X_n$ 都相互独立，则称 $X_1, X_2, \cdots, X_n, \cdots$ 是**相互独立的随机变量序列**.

定义 10.1.2　设 $X_1, X_2, \cdots, X_n, \cdots$ 为一随机变量序列，X 为一随机变量，若对任意的 $\varepsilon > 0$，有

$$\lim_{n\to\infty} P(|X_n - X| < \varepsilon) = 1 \tag{10.1.1}$$

则称随机变量序列 $X_1, X_2, \cdots, X_n, \cdots$ **依概率收敛**于 X，记为 $X_n \xrightarrow{P} X$.

1866 年，切比雪夫建立了一个重要的不等式，称为切比雪夫不等式，并利用这个不等式证明了一个相当普遍的结果，称为切比雪夫大数定律. 切比雪夫的方法开创了概率论极限理论研究的新时代，也使概率论的发展进入了一个新的阶段.

定理 10.1.1　(切比雪夫大数定律)设 $X_1, X_2, \cdots, X_n, \cdots$ 是两两不相关的随机变量序列，方差一致有界，即存在常数 c，对一切 $k \geqslant 1$，有 $DX_k \leqslant c$，则对任意的 $\varepsilon > 0$，有

$$\lim_{n\to\infty} P\left(\left|\frac{1}{n}\sum_{k=1}^{n} X_k - \frac{1}{n}\sum_{k=1}^{n} EX_k\right| < \varepsilon\right) = 1 \tag{10.1.2}$$

证　由数学期望的性质，有

$$E\left(\frac{1}{n}\sum_{k=1}^{n} X_k\right) = \frac{1}{n}\sum_{k=1}^{n} EX_k$$

因为 $X_1, X_2, \cdots, X_n, \cdots$ 两两不相关，所以

$$D\left(\frac{1}{n}\sum_{k=1}^{n} X_k\right) = \frac{1}{n^2} DX_k \leqslant \frac{1}{n^2}\sum_{k=1}^{n} c = \frac{c}{n}$$

由切比雪夫不等式可得, 对任意的 $\varepsilon>0$, 有

$$P\left(\left|\frac{1}{n}\sum_{k=1}^{n}X_k-\frac{1}{n}\sum_{k=1}^{n}EX_k\right|<\varepsilon\right)\geqslant 1-\frac{1}{\varepsilon^2}D\left(\frac{1}{n}\sum_{k=1}^{n}X_k\right)\geqslant 1-\frac{c}{n\varepsilon^2}$$

令 $n\to\infty$, 有

$$\lim_{n\to\infty}P\left(\left|\frac{1}{n}\sum_{k=1}^{n}X_k-\frac{1}{n}\sum_{k=1}^{n}EX_k\right|<\varepsilon\right)=1$$

在概率论中, 若随机变量序列 $X_1, X_2, \cdots, X_n, \cdots$ 满足式(10.1.2), 则称它满足**大数定律**.

切比雪夫大数定律表明, 当 n 趋于无穷大时, 两两不相关随机变量序列的算术平均值 $\frac{1}{n}\sum_{k=1}^{n}X_k$ 依概率收敛于它的期望 $\frac{1}{n}\sum_{k=1}^{n}EX_k$. 即当 n 充分大时, 算术平均值与它的期望之差以接近 1 的概率任意小, 算术平均值紧密地聚集在其期望附近.

由切比雪夫大数定律可以得下面的定理:

定理 10.1.2 设随机变量 $X_1, X_2, \cdots, X_n, \cdots$ 相互独立, 且具有相同的数学期望和方差, $E(X_k)=\mu, D(X_k)=\sigma^2(k=1,2,\cdots)$, 则对任意的 $\varepsilon>0$, 有

$$\lim_{n\to\infty}P\left(\left|\frac{1}{n}\sum_{k=1}^{n}X_k-\mu\right|<\varepsilon\right)=1 \tag{10.1.3}$$

即随机变量序列 $X_1, X_2, \cdots, X_n, \cdots$ 服从大数定律.

定理 10.1.2 给出了算术平均值稳定性的确切含义. 要测量某个物理量 μ, 在相同的条件下测量 n 次, 得 n 个测量值 $X_1, X_2, \cdots, X_n$, 它们可以看成是 n 个独立同分布的随机变量, 有相同的数学期望 μ 和方差 σ^2. 当 n 充分大时, 用算术平均值 $\frac{1}{n}\sum_{k=1}^{n}X_k$ 作为 μ 的近似值误差很小.

历史上最早的大数定律是由雅格布・伯努利建立的, 1713 年发表在《推测术》一书中, 这本书是作者去世 8 年后由他同为数学家的侄子尼古拉斯・伯努利整理出版的. 伯努利大数定律是切比雪夫大数定律的特例, 很容易由切比雪夫大数定律推出. 但是, 要知道当时切比雪夫不等式还没有建立, 直接估计二项分布尾部概率的计算非常复杂, 当然伯努利的证明非常严格.

定理 10.1.3 (伯努利大数定律)设 n_A 为 n 重伯努利试验中事件 A 发生的次数, p 为事件 A 在每次试验中发生的概率, 则对任意的 $\varepsilon>0$, 有

$$\lim_{n\to\infty}\left(\left|\frac{n_A}{n}-p\right|<\varepsilon\right)=1$$

证 令 $X_k=X_k=\begin{cases}1, & \text{若}A\text{在第}k\text{次试验中发生}\\0, & \text{若}A\text{在第}k\text{次试验中不发生}\end{cases}$ $(k=1, 2,\cdots)$, 则 $X_1, X_2, \cdots, X_n, \cdots$ 是相互独立的同服从于 $B(1,p)$分布的随机变量,

$$EX_k=p, \qquad DX_k=p(1-p) \quad (k=1,2,\cdots)$$

且

$$n_A=X_1+X_2+\cdots+X_n=\sum_{k=1}^{n}X_k$$

故由定理 10.1.2, 有

$$\lim_{n\to\infty}P\left(\left|\frac{n_A}{n}-p\right|<\varepsilon\right)=\lim_{n\to\infty}P\left(\left|\frac{1}{n}\sum_{k=1}^{n}X_k-p\right|<\varepsilon\right)=1$$

伯努利大数定律给出频率稳定于概率的确切含义，即事件的频率依概率收敛于事件的概率. 从理论上证明了概率的客观存在性，为概率论的公理化体系奠定了理论基础，意义重大.

第二个大数定律是泊松在 19 世纪初给出的，推广了伯努利大数定律. 泊松大数定律也是切比雪夫大数定律的特例，证明与伯努利大数定律类似.

定理 10.1.4 (泊松大数定律)若在一个独立随机试验序列中，事件 A 在第 k 次试验中发生的概率为 p_k, n_A 表示在前 n 次试验中事件 A 发生的次数，则对任意的 $\varepsilon>0$，有

$$\lim_{n\to\infty}P\left(\left|\frac{n_A}{n}-\frac{1}{n}\sum_{k=1}^{n}p_k\right|<\varepsilon\right)=1$$

利用切比雪夫的思想和方法还可以建立更一般的大数定律. 注意到前面几个大数定律的证明利用了切比雪夫不等式，所以要求随机变量的方差存在，但是这个条件并不是必需的. 1928 年，辛钦证明了一个重要结论，对于独立同分布的随机变量序列，方差存在这个条件是不必要的.

定理 10.1.5 (辛钦大数定律)设 $X_1, X_2, \cdots, X_n, \cdots$ 是相互独立服从同一分布的随机变量序列，且 $E(X_k)=\mu$，则对于任意正数 $\varepsilon>0$，有

$$\lim_{n\to\infty}P\left(\left|\frac{1}{n}\sum_{k=1}^{n}X_k-\mu\right|<\varepsilon\right)=1$$

显然，伯努利大数定律也是辛钦大数定律的特殊情况.

案例：复杂装备系统的可靠性

10.2 中心极限定理

大数定律表明当 n 无限增大时频率稳定于概率，有重要的理论意义，但是当 n 充分大时概率 $P\left(\left|\frac{n_A}{n}-p\right|<\varepsilon\right)$ 到底等于多少呢？大数定律解决不了这个问题. 我们知道，求概率需要用到分布函数，因此需要考虑随机变量序列部分和的分布函数有没有极限的问题，其中一类收敛于正态分布的定理最为重要，有广泛的实际应用背景，在历史上的相当长时间里成为讨论的中心，因此称为**中心极限定理**.

设随机变量序列 $X_1, X_2, \cdots, X_n, \cdots$ 的数学期望和方差存在，若对任意实数 x 有

$$\lim_{n\to\infty}P\left(\frac{\sum_{k=1}^{n}X_k-E\left(\sum_{k=1}^{n}X_k\right)}{\sqrt{D\sum_{k=1}^{n}X_k}}\leqslant x\right)=\frac{1}{\sqrt{2\pi}}\int_{-\infty}^{x}\mathrm{e}^{-\frac{t^2}{2}}\mathrm{d}t$$

则称随机变量序列 $X_1, X_2, \cdots, X_n, \cdots$ 服从中心极限定理. 下面给出几个最常用的中心极限定理.

定理 10.2.1 (林德贝格-勒维中心极限定理)设 $X_1, X_2, \cdots, X_n, \cdots$ 是独立同分布的随机变量序列，且具有有限的数学期望和方差，$EX_k=\mu$, $DX_k=\sigma^2>0$，则随机变量

$$Y_n=\frac{\sum_{k=1}^{n}X_k-E\left(\sum_{k=1}^{n}X_k\right)}{\sqrt{D\left(\sum_{k=1}^{n}X_k\right)}}=\frac{\sum_{k=1}^{n}X_k-n\mu}{\sqrt{n}\sigma}$$

的分布函数 $F_n(x)$对任意的 x，有

$$\lim_{n\to\infty}F_n(x)=\lim_{n\to\infty}P\left(\frac{\sum_{k=1}^{n}X_k-n\mu}{\sqrt{n}\sigma}\leqslant x\right)=\int_{-\infty}^{x}\frac{1}{\sqrt{2\pi}}\mathrm{e}^{-\frac{t^2}{2}}\mathrm{d}t$$

定理的证明超出了本书的范围. 定理 10.2.1 又称为独立同分布中心极限定理, 它是最常用的中心极限定理之一. 在实际工作中, 只要 n 足够大, 就可以将独立同分布的随机变量的规范和近似为正态随机变量. 这种做法在数理统计中使用很普遍, 当处理大样本问题时, 定理 10.2.1 是重要的理论依据和处理方法.

历史上最早的中心极限定理是棣莫佛-拉普拉斯积分极限定理. 1730 年, 棣莫佛先证明了 $p=\frac{1}{2}$ 的情形, 后来拉普拉斯推广到了任何 p 值的场合. 定理的原始证明非常复杂, 但它是定理 10.2.1 的特殊情况.

定理 10.2.2 (棣莫弗-拉普拉斯中心极限定理)设 n_A 为 n 重伯努利试验中事件 A 发生的次数, $p(0<p<1)$为事件 A 在每次试验中发生的概率, 则对任意 x, 有

$$\lim_{n\to\infty}P\left(\frac{n_A-np}{\sqrt{np(1-p)}}\leqslant x\right)=\varPhi(x)=\int_{-\infty}^{x}\frac{1}{\sqrt{2}}\mathrm{e}^{-\frac{t^2}{2}}\mathrm{d}t$$

证 令 $X_k=\begin{cases}1, & \text{若}A\text{在第}k\text{次试验中发生}\\ 0, & \text{若}A\text{在第}k\text{次试验中不发生}\end{cases}$ $(k=1, 2,\cdots)$, 则 $X_1, X_2,\cdots, X_n,\cdots$ 是相互独立的同服从于 $B(1,p)$分布的随机变量,

$$EX_k=p \qquad DX_k=p(1-p) \quad (k=1,2,\cdots)$$

且

$$n_A=\sum_{k=1}^{n}X_k$$

由定理 10.2.1 知, 对任意 x, 有

$$\lim_{n\to\infty}P\left(\frac{n_A-np}{\sqrt{np(1-p)}}\leqslant x\right)=\lim_{n\to\infty}P\left(\frac{\sum_{k=1}^{n}X_k-np}{\sqrt{np(1-p)}}\leqslant x\right)=\int_{-\infty}^{x}\frac{1}{\sqrt{2\pi}}\mathrm{e}^{-\frac{t^2}{2}}\mathrm{d}t$$

定理 10.2.2 说明, 二项分布的极限分布是正态分布. 因此, 当 n 充分大时, 可利用正态分布来近似计算二项分布的概率. 棣莫佛-拉普拉斯中心极限定理可以写成如下的形式

$$\begin{aligned}P(k_1\leqslant n_A\leqslant k_2)&=P\left(\frac{k_1-np}{\sqrt{np(1-p)}}\leqslant\frac{n_A-np}{\sqrt{np(1-p)}}\leqslant\frac{k_2-np}{\sqrt{np(1-p)}}\right)\\&\approx\int_{\frac{k_1-np}{\sqrt{np(1-p)}}}^{\frac{k_2-np}{\sqrt{np(1-p)}}}\frac{1}{\sqrt{2\pi}}\mathrm{e}^{-\frac{t^2}{2}}\mathrm{d}t\\&=\varPhi\left(\frac{k_2-np}{\sqrt{np(1-p)}}\right)-\varPhi\left(\frac{k_1-np}{\sqrt{np(1-p)}}\right)\end{aligned}$$

式中, $\varPhi(x)$是标准正态分布函数.

例 10.2.1 设某部队有 200 部电话机, 每部电话机是否使用外线通话是相互独立的, 且每时刻每个分机有 5%的概率要使用外线通话, 问该部队总机至少需要安装多少条外线, 才能以

90%以上的概率保证每部电话机需要使用外线通话时就可以打通.

解 把每部电话是否使用外线看作一次独立试验, 令

$$X_k = X_k \begin{cases} 1, & 第k部电话机使用外线 \\ 0, & 第k部电话机不使用外线 \end{cases}$$

则 $n_A = \sum_{k=1}^{n} X_k$ 表示同时使用外线的电话机数目, 由定理 10.2.2 知, 要寻找最小的 k, 使

$$P(0 \leqslant n_A \leqslant k) = P\left(\frac{0-np}{\sqrt{np(1-p)}} < \frac{Y_n - np}{\sqrt{np(1-p)}} \leqslant \frac{k-np}{\sqrt{np(1-p)}} \right)$$

$$\approx \Phi\left(\frac{k-np}{\sqrt{np(1-p)}} \right) - \Phi\left(\frac{-np}{\sqrt{np(1-p)}} \right) \geqslant 90\%$$

这里, $n = 200, p = 0.05$. 即要使

$$\Phi\left(\frac{k-10}{\sqrt{9.5}} \right) - \Phi\left(\frac{-10}{\sqrt{9.5}} \right) \geqslant 0.9$$

而 $\Phi\left(-\frac{10}{\sqrt{9.5}} \right) \approx 0$, 故只需 $\Phi\left(\frac{k-10}{\sqrt{9.5}} \right) \geqslant 0.9$, 查附录 3 标准正态分布表, 可知

$$\frac{k-10}{\sqrt{9.5}} \geqslant 1.3$$

解得 $k \geqslant 14$. 故该部队应至少配 14 条外线, 才能以 90%以上的概率保证每一部电话机需要外线通话时就可以打通.

例 10.2.2 一加法器同时收到 20 个噪声电压 V_k $(k = 1, 2, \cdots, 20)$. 设它们是相互独立的随机变量, 且都服从[0, 10]上的均匀分布. 记 $V = \sum_{k=1}^{20} V_k$, 求 $P(V > 150)$的近似值.

解 因 V_k 相互独立, 且 $V_k \sim U[0, 10]$, 故

$$EV_k = \frac{10+0}{2} = 5, \qquad DV_k = \frac{(10-0)^2}{12} = \frac{100}{12} \quad (k = 1, 2, \cdots, 20)$$

由定理 10.2.1 知, 随机变量

$$Z = \frac{\sum_{k=1}^{20} V_k - E\left(\sum_{k=1}^{20} V_k \right)}{\sqrt{D\left(\sum_{k=1}^{20} V_k \right)}} = \frac{V - 20 \times 5}{\sqrt{20 \times \frac{100}{12}}}$$

近似服从正态分布 $N(0, 1)$, 于是

$$P(V > 105) = P\left(\frac{V - 20 \times 5}{\sqrt{20 \times \frac{100}{12}}} > \frac{105 - 20 \times 5}{\sqrt{20 \times \frac{100}{12}}} \right) = P\left(\frac{V - 20 \times 5}{\sqrt{20 \times \frac{100}{12}}} > 0.387 \right)$$

$$= 1 - P\left(\frac{V - 20 \times 5}{\sqrt{20 \times \frac{100}{12}}} \leqslant 0.387 \right) \approx 1 - \Phi(0.387) = 0.348$$

即有

$$P(V > 105) \approx 0.348$$

例 10.2.3 对某一目标进行多次同等规模的轰炸，每次轰炸命中目标的炸弹数目是随机变量，假设其期望值为 2，标准差是 1.3，计算在 100 次轰炸中有 180 颗到 220 颗炸弹命中目标的概率.

解 设第 i 次轰炸中命中目标的炸弹数为 X_i，100 次轰炸中命中目标的炸弹总数为 X，则 $X = X_1 + X_2 + \cdots + X_{100}$，且 $X_1, X_2, \cdots, X_{100}$ 相互独立同分布.

易知 $EX_i = 2,\ DX_i = 1.3^2,\ EX = 200,\ DX = 169$.

应用独立同分布中心极限定理，X 近似服从正态分布 $N(200,169)$，则有

$$P(180 < X < 220) = P(|X - 200| < 20) = P\left(\left|\frac{X-200}{13}\right| < \frac{20}{13}\right)$$

$$\approx 2\varPhi(1.54) - 1 = 0.876$$

关于非同分布情形的中心极限定理，下面给出一个比较容易验证的定理，这是李雅普诺夫在 1900 年证明的.

定理 10.2.3 (李雅普诺夫中心极限定理)设 $X_1, X_2, \cdots, X_n, \cdots$ 是相互独立的随机变量序列，且 $EX_k = \mu_k,\ DX_k = \sigma_k^2$ 存在，$B_n^2 = \sum_{k=1}^{n} \sigma_k^2$. 若存在 $\delta > 0$，使得

$$\lim_{n\to\infty} \frac{1}{B_n^{2+\delta}} \sum_{k=1}^{n} E(|X_k - \mu_k|^{2+\delta}) = 0$$

则对任意的 x，有

$$\lim_{n\to\infty} P\left(\frac{1}{B_n}\sum_{k=1}^{n}(X_k - \mu_k) \leqslant x\right) = \frac{1}{\sqrt{2\pi}}\int_{-\infty}^{x} \mathrm{e}^{-\frac{t^2}{2}}\mathrm{d}t$$

由李雅普诺夫中心极限定理的条件容易证明，对任意的 $\tau > 0$，有

$$\lim_{n\to\infty} P\left(\max_{1\leqslant k\leqslant n} \frac{|X_k - \mu_k|}{B_n} \geqslant \tau\right) = 0$$

所以，李雅普诺夫中心极限定理表明，若参与构成总和式 $\frac{1}{B_n}\sum_{k=1}^{n}(X_k - \mu_k)$ 的每一项 $\frac{X_k - \mu_k}{B_n}$ 都依概率均匀地小，则总和的分布函数收敛于正态分布，即随机变量序列服从中心极限定理. 也就是说，如果现实生活中的某个量是由许多独立的随机因素的综合影响而形成的，而其中每个因素在总的影响中所起的作用又很小，那么可以断定这个量近似地服从正态分布. 这就从数学上解释了自然界和社会现象中许多随机变量服从或者近似地服从正态分布的原因.

本章小结

极限理论是概率论发展史上的重要成果，也是概率论的主要分支之一，内容十分丰富，结果相当深刻. 大数定律和中心极限定理是其中的重要部分，它们揭示了随机现象的重要统计规律. 大数定律讨论随机变量序列的算术平均值依概率收敛于它的数学期望值的条件，中心极限定理研究随机变量序列规范和的分布函数收敛于正态分布的条件. 二者的结论是不同的.

大数定律是概率论与数理统计学的基本定律之一，它揭示了自然界和社会现象中的一个基本规律，即随机现象具有统计规律性，以“定律”冠名显示出它的重要性. 大数定律是数理统计中参数估计的理论基础.

中心极限定理是概率论中最著名的结果之一，它不仅提供了计算独立随机变量之和的近似概率的简单方法，同时也解释了现实世界中许多随机现象近似服从正态分布的原因，中心极限定理的这个结论使正态分布在数理统计中具有很重要的地位.

本章常用词汇中英文对照

极限定理	limit theorem	大数定律	law of large numbers
伯努利	Bernoulli	中心极限定理	central limit theorem
泊松	Poisson	切比雪夫	Chebyshev
柯尔莫哥洛夫	Kolmogorov	辛钦	Khintchine
林德贝格	Lindeberg	勒维	Levi
棣莫弗	De Moivre	拉普拉斯	Laplace
李雅普诺夫	Lyapanov	帕斯卡	Pascal
费马	Fermat	高斯	Gauss

习 题 10

1. 将一颗骰子连续重复投掷 4 次，以 X 表示 4 次掷出的点数之和，则根据切比雪夫不等式，$P(10 < X < 18) \geqslant$ ________.

2. 设随机变量序列 $X_1, X_2, \cdots, X_n, \cdots$ 相互独立，根据辛钦大数定律，当 $n \to \infty$ 时 $\frac{1}{n}\sum_{i=1}^{n} X_i$ 依概率收敛于其数学期望，只要 $(X_n, n \geqslant 1)$ 具备下列哪个条件？(　　)

A. 有相同的数学期望　　B. 有相同的方差

C. 服从同一分布　　D. 服从同一连续分布，$f(x) = \frac{1}{\pi(1+x^2)} (-\infty < x < +\infty)$

3. 一批种子中优良种子占 $\frac{1}{6}$，现从中任取 6000 粒，问能以 0.99 的概率保证其中优良种子的比例与 $\frac{1}{6}$ 相差多少？这时相应的优良种子粒数落在哪个范围？

4. 一舰艇在海上执行巡逻任务，已知每遭受一次波浪的冲击，纵摇角大于 3°的概率为 $\frac{1}{3}$，若舰艇在一次航行中共遭受了 90 000 次波浪冲击，问其中有 29 500～30 500 次纵摇角大于 3°的概率是多少？

5. 某电视机厂每月生产 10 000 台电视机，但它的显像管车间的正品率为 0.8，为了以 0.997 的概率保证出厂的电视机都能装上正品的显像管，问该车间每月应生产多少只显像管？

6. 设各零件的重量都是随机变量，且服从相同分布，其期望为 0.5 kg，均方差为 0.1 kg，问 5000 个零件的总重量超过 2510 kg 的概率是多少？

7. 一家保险公司有 10 000 人参加保险，每人每年付保险费 12 元. 假设在一年内一个人死亡的概率为 0.006，死亡时其家属可以从保险公司领得 1000 元. 试求：

(1)保险公司亏本的概率；

(2)保险公司一年的利润不少于 60 000 元的概率.

第三篇

数理统计

随机现象是通过随机变量来描述的，要完全把握一个随机变量就必须知道它的概率分布(分布律、概率密度函数或分布函数)，至少要知道它的部分数字特征(数学期望、方差等). 怎样才能得知一个随机变量的概率分布或数字特征呢？这在实际应用中是一个非常重要的问题，也是数理统计理论着力解决的核心问题.

例如，有一批灯泡，要从使用寿命这个指标来衡量它的质量. 若规定，寿命不超过 1000 小时者为次品，那么如何确定这批灯泡的次品率？显然，这个问题可归结为求灯泡寿命 X 这个随机变量的分布函数 $F(x)$. 若已求得 $F(x)$，则 $P(X\leqslant 1000)=F(1000)$ 就是所求的次品率. 若未知 $F(x)$，就必须对每只灯泡的使用寿命进行测量，但这是不允许的，因为寿命试验是破坏性的，一旦获得试验的所有结果，这批灯泡也就报废了. 通常只能从整批灯泡中选取一些灯泡做寿命试验并记录其结果，然后根据记录数据来推断整批灯泡的寿命情况，以解决所提出的问题.

再如有一批晶体管，共 10 万只，要了解它的某个指标(如直流放大系数等)的情况，虽测试不会损坏合格的晶体管，但要逐一测试需耗费大量的人力、物力和时间. 所以，也只能选取一部分晶体管进行测试，然后分析所得的结果，以了解整批晶体管中该指标的情况.

由上可知，解决这类问题的基本思想是从所研究对象的全体中抽取一小部分来进行观察和研究，从而对整体进行推断，也就是从局部来推断整体. 因为局部是整体的一部分，所以局部的特性在某种程度上应能反映整体的特征，但又不能完全精确无误地反映整体的特性.

因此就存在着如何从整体中抽出一小部分，抽多少，怎样抽的问题，这就是抽样方法的问题. 另一方面还要研究如何合理地分析抽查的结果，并作出科学的推断，这就是数据处理问题，即所谓的统计推断问题. 对上述两个数学方面的随机问题的研究构成了数理统计的基本内容.

数量统计和概率论一样，都是研究大量随机现象统计规律性的一门数学学科，但它们的研究方法不尽相同. 一般地，数理统计是以概率论为理论基础，研究如何有效地收集、整理和分析受到随机性影响的数据，并对所考察的问题作出推断或预测，为采取决策和行动提供依据和建议的一门学科.

数理统计从其发展的一开始就与实际应用问题的解决有着紧密的联系. 20 世纪初，以皮尔逊(Pearson)和费歇(Fisher)为首的英国学者大力从事生物学、数量遗传学、优生学和农业科学方面的研究，开始逐渐形成和建立了数理统计这门学科. 特别是费歇在本学科的发展中起了独特的作用，目前许多常用的统计方法以及教科书中的内容，都与他有关. 其他一些著名的学者，如科萨德(Gosset)、奈曼(Neyman)、小皮尔逊[(Pearson)，皮尔逊的儿子]、瓦尔德(Wald)等，都做出了根本性的贡献，他们提出了一系列有重要应用价值的基本概念、统计方法和重要理论问题，为数理统计许多分支的建立奠定了基础. 二战以后，许多在战前开始形成的统计分支，在战后得到深入研究，还取得了若干根本性的新发展，如瓦尔德的统计判决理论与贝叶斯(Bayes)学派的兴起. 特别是计算机这一有力工具的出现，使得许多统计方法在应用上发挥了重大的作用.

数理统计的应用十分广泛，几乎遍及所有科学技术领域、工农业生产和国民经济的各个部门中. 例如：使用数理统计方法可进行气象预报、水文预报以及地震预报；在研制、生产产品时，可用于试验方案的设计、验收方案的制订；在可靠性工程中，使用统计方法可以估计元件或系统的使用可靠性及平均寿命；在自动控制中，可用于给出数学模型以便通过计算机控制工业生产；在通信工程中，可用于提高信号的分辨率和抗干扰能力等；在医药卫生方面，可用于分析某种疾病的发生是否与某特定因素有关等. 数理统计方法在社会、经济领域中也有很多应用，甚至比其在自然科学和技术领域中的作用更为显著. 例如抽样调查，其效果可以达到甚至超过全面调查的水平. 因为在全面调查中，工作量过大，易于产生一些遗漏、重复和误记等错误，而且费钱费时；在人口学中，确定一个合适的人口发展动态模型，需要掌握大量的观察资料，而这些资料的处理和分析要使用包括统计方法在内的科学分析方法；在经济学中，早在 20 世纪 30 年代，时间序列的统计分析方法就用于市场预测. 数理统计还向其他学科渗透，产生了许多边缘学科，如金融统计、计量经济、统计物理、生物统计、气象统计和地质数学等.

数理统计研究的范围随着生产和科学技术的不断发展而逐步扩大，新的理论与方法也在不断涌现. 本篇仅介绍数理统计的一些基础内容，着重讨论与统计推断有关的理论与方法，主要包括抽样分布、参数估计、假设检验、回归分析以及较简单的方差分析知识等.

第 11 章　样本与抽样分布

本章介绍总体、样本、直方图、经验分布函数及统计量等基本概念，并着重介绍抽样分布及后面几章中经常要用到的几个重要定理.

11.1　数理统计的基本概念

1. 总体与总体的分布

在数理统计中，把所研究的全部元素组成的全体称为**总体**(或母体)，而把组成总体的每个元素称为**个体**. 例如：在研究某批灯泡的平均寿命时，该批灯泡的全体就组成了总体，而其中每个灯泡就是个体；又如，在研究某地区学龄前儿童的身高和体重时，该地区全体学龄前儿童构成了总体，而其中每个儿童就是个体.

在统计问题中，我们关心的不是每个个体的种种具体特征，而是它的某一项或某几项数量指标 X(可以是向量)和该数量指标的分布状况. 在上述例子中，X 是表示灯泡的寿命或学龄前儿童的身高和体重. 因个体的抽取是随机的，所以个体数量指标的取值也是随机的，从而可以把数量指标视为一个随机变量(或随机向量)，而 X 的分布就完全描述了我们所关心的数量指标的分布状况. 因为关心的正是这个数量指标，所以以后就把总体和数量指标 X 可能取值的全体等同起来. 所谓总体的分布也就是指数量指标 X 的分布. 这样，X 的分布函数和数字特征分别称为总体的分布函数和数字特征. 今后将不区分总体和相应的随机变量.

2. 抽样与样本

在实际问题中，人们事先并不知道总体服从的分布和具有的各种数字特征. 为了推断总体的分布及其各种特征，便通过个体来研究总体. 这种研究最理想的办法是对所有的个体逐个进行研究. 但是在实际问题中，这是不大可能的，即使是可能的也是不经济的. 因此，为了推断总体的分布及其特征，只能也只需从总体中，按一定的规则，抽取若干个个体进行观测或试验，以获取有关总体的信息. 常用的抽取法则是：在相同的条件下，每次从总体中抽取一个个体，独立地进行 n 次. 我们把在相同条件下，对总体随机变量 X 进行 n 次独立观测，称为 n 次简单随机抽样，简称为**抽样**，把抽取到的 n 个个体，或者说 n 次观测所得的结果 $X_1, X_2,\cdots, X_n$ 称为来自总体 X 的**简单随机样本**，简称为**样本**或**子样**. 观测次数 n 称为**样本容量**. 当 n 次观测一经完成，就得到一组实数 $x_1, x_2,\cdots, x_n$，它们依次是随机变量 $X_1, X_2,\cdots, X_n$ 的观测值，称为**样本值**. 容量为 n 的样本可视为 n 维随机向量$(X_1, X_2,\cdots, X_n)$，它的一切可能取值的全体$\{(x_1, x_2,\cdots, x_n)\}$称为样本空间，它是 n 维空间或者 n 维空间的子集，其中任一个元素$(x_1, x_2,\cdots, x_n)$是样本$(X_1, X_2,\cdots, X_n)$的一个观测值.

对于由有限个个体组成的总体，采用放回抽样就能得到简单随机样本. 当个体的总数 N 比要得到的样本的容量 n 大得多时$\left(一般\dfrac{N}{n}\geqslant 10时\right)$，在实际中可将不放回抽样近似地作为放回抽样来处理.

需要强调指出，简单随机样本必然满足下列两点要求.

(1)代表性．总体中每个个体都有同等机会(等可能性)被抽取，而且是在相同条件下抽取个体，这意味着样本的每个分量 X_i $(i=1,2,\cdots,n)$与所考察的总体 X 具有相同的分布.

(2)独立性．由于 n 次观测是独立进行的，这意味着样本中的分量 $X_1,X_2,\cdots,X_n$ 是相互独立的随机变量.

由此可见，样本的各个分量是独立同分布的随机变量．若总体 X 的分布函数为 $F(x)$，则样本 $X_1,X_2,\cdots,X_n$ 的联合分布函数为 $\prod_{i=1}^{n}F(x_i)$，若总体 X 具有概率密度 $f(x)$，则样本 $X_1,X_2,\cdots,X_n$ 的联合概率密度为 $\prod_{i=1}^{n}f(x_i)$.

例 11.1.1　设 $X_1,X_2,\cdots,X_n$ 为来自总体 $N(\mu,\sigma^2)$的一个样本，则 $X_1,X_2,\cdots,X_n$ 的联合概率密度为

$$f(x_1,x_2,\cdots,x_n)=\left(\frac{1}{\sqrt{2\pi}\sigma}\right)^n\exp\left(-\sum_{i=1}^{n}\frac{(x_i-\mu)^2}{2\sigma^2}\right)$$

例 11.1.2　设总体 $X\sim B(1,p)$，即 $P(X=x)=p^x(1-p)^{1-x}$，其中 $x=0$ 或 1；又设 X_1,X_2,X_3 是 X 的一个样本．试写出(1)它的样本空间；(2)X_1,X_2,X_3 的联合分布律.

解　(1)样本 X_1,X_2,X_3 的观测值(x_1,x_2,x_3)是一个三维向量，其中 $x_i=0$ 或 $1(i=1,2,3)$，所以样本空间由 8 个三维向量组成，即

$$\{(0,0,0),(1,0,0),(0,1,0),(0,0,1),$$
$$(1,1,0),(1,0,1),(0,1,1),(1,1,1)\}$$

(2) X_1,X_2,X_3 的联合分布律为

$$P((x_1,x_2,x_3)=(x_1,x_2,x_3))=\prod_{i=1}^{3}P(X_i=x_i)=\prod_{i=1}^{3}p^{x_i}(1-p)^{1-x_i}=p^{\sum_{i=1}^{3}x_i}(1-p)^{3-\sum_{i=1}^{3}x_i}.$$

3. 直方图

先通过一个例子说明直方图的作法.

例 11.1.3　下面列出了 84 个伊特拉斯坎(Etruscan)人男子的头颅的最大宽度(mm)：

141	148	132	138	154	142	150	146	155	158	150	140
147	148	144	150	149	145	149	158	143	141	144	144
126	140	144	142	141	140	145	135	147	146	141	136
140	146	142	137	148	154	137	139	143	140	131	143
141	149	148	135	148	152	143	144	141	143	147	146
150	132	142	142	143	153	149	146	149	138	142	149
142	137	134	144	146	147	140	142	140	137	152	145

大致浏览上述数据，可以发现数据的最小值、最大值分别为 126、158，此外若还想得到更多的信息，那就需对数据作进一步的加工分析了．取区间[124.5, 159.5]，它能覆盖数据所落的区间[126, 158]．将区间[124.5, 159.5]等分为 7 个小区间，小区间的长度 $\varDelta=(159.5-124.5)/7=5$. $\varDelta$ 称为组距，小区间的端点称为组限．数出落在每个小区间的数据的频数 f_i，算出频率 $f_i/n(n=84;\ i=1,2,\cdots,7)$，如表 11.1.1 所示.

表 11.1.1　样本数据的组限划分、频数与频率

组　限	频　数 f_i	频　率 f_i/n
124.5～129.5	1	0.0119
129.5～134.5	4	0.0476
134.5～139.5	10	0.1191
139.5～144.5	33	0.3929
144.5～149.5	24	0.2857
149.5～154.5	9	0.1071
154.5～159.5	3	0.0357

现在, 自左至右依次在各个区间上作以 $f_i/(n\Delta)$为高, Δ 为宽的小矩形, 如图 11.1.1 所示. 这样的图形称为**直方图**. 显然, 这种小矩形的面积就等于数据落在该小区间的频率 f_i/n.

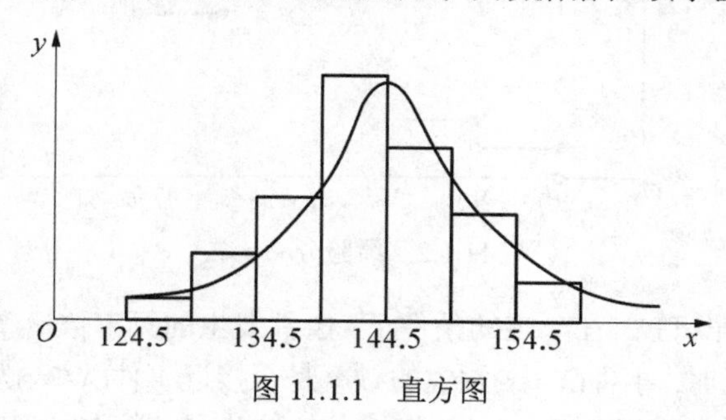

图 11.1.1　直方图

一般地, 作直方图时, 先取一个区间, 其下限比最小的数据稍小, 其上限比最大的数据稍大, 然后将这一区间分为 k 个小区间(这种小区间的长度可以不相等, 此时, 记第 i 个小区间的长度为 Δ_i, 则第 i 个小矩形的高取为 $f_i/(n\Delta_i)$, 通常当 n 较大时, k 取 10～20; k 的取值应适度, k 取得过大会出现某些小区间内频数为零的情况, 一般应设法避免. 分点的选取通常比数据精度高一位, 以免数据落在分点上.

当 n 很大时, 频率接近于概率, 因而每个小区间上的小矩形面积接近于概率密度曲线之下该小区间上的曲边梯形的面积. 因此, 一般来说, 直方图的外轮廓曲线接近于总体 X(连续型随机变量)的概率密度曲线, 而且, 样本容量 n 越大, 则直方图的外轮廓曲线越接近于总体的概率密度曲线.

从图 11.1.1 上看, 不难发现这条曲线有些像正态分布的概率密度曲线, 那么 X 是否服从正态分布呢？在第 13 章中我们将介绍针对分布类型的假设检验方法, 即根据已有的观测资料(样本观测值)来检验总体所服从的分布类型.

4. 经验分布函数

根据样本值去估计总体的分布函数是实际应用中常常要解决的一个重要问题, 为此引进经验分布函数.

定义 11.1.1　设总体 X 的样本观测值为 $x_1, x_2, \cdots, x_n$, 将这些值按从小到大的顺序排列为 $x_{(1)} \leqslant x_{(2)} \leqslant \cdots \leqslant x_{(n)}$, 作函数

$$F_n(x)=\begin{cases}0, & x < x_{(1)} \\ \dfrac{k}{n}, & x_{(k)} \leqslant x < x_{(k+1)} \quad (k=1,2,\cdots,n-1) \\ 1, & x \geqslant x_{(n)}\end{cases}$$

称 $F_n(x)$为总体 X 的**经验分布函数**(也称样本分布函数).

经验分布函数 $F_n(x)$的图形呈跳跃上升的阶梯形，如图 11.1.2 所示. 事实上, $F_n(x)$是一个分布函数，它具有以下性质:

(1)$0\leqslant F_n(x)\leqslant 1$, $\lim\limits_{x\to-\infty}F_n(x)=0$, $\lim\limits_{x\to+\infty}F_n(x)=1$;

(2)$F_n(x)$是非降函数;

(3)$F_n(x)$右连续.

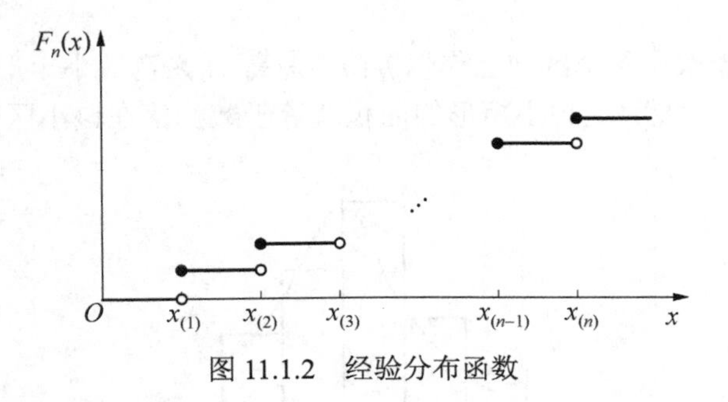

图 11.1.2　经验分布函数

由概率论中大数定律可知，在一定的条件下，事件发生的频率依概率收敛于这个事件发生的概率. 那么，当 n 足够大时，事件$(X\leqslant x)$发生的频率是否接近事件$(X\leqslant x)$发生的概率呢？亦即当 n 足够大时，总体 X 的经验分布函数 $F_n(x)$是否接近总体的分布函数 $F(x)$呢？对此，有下面的定理:

定理 11.1.1　当 $n\to\infty$时，经验分布函数 $F_n(x)$依概率收敛于总体 X 的分布函数 $F(x)$，即对任意的实数 $\varepsilon>0$，有

$$\lim_{n\to\infty}P(|F_n(x)-F(x)|<\varepsilon)=1$$

证　记 $v_n(x)$为 n 个样本观测值 $x_1, x_2,\cdots, x_n$ 中不超过 x 的个数. 抽得样本观测值的过程相当于对总体X进行了 n 重独立观测，可认为完成了一次 n 重独立试验，每次试验中单个观测值不超过 x 的概率为 $F(x)$，从而

$$P(v_n(x)=k)=C_n^k[F(x)]^k[1-F(x)]^{n-k}$$

其中, $k=0, 1, 2,\cdots, n$. 即 $v_n(x)\sim B(n, F(x))$.

根据概率论中的伯努利大数定律，对任意 $\varepsilon>0$，有

$$\lim_{n\to\infty}P\left(\left|\frac{v_n(x)}{n}-p\right|<\varepsilon\right)=\lim_{n\to\infty}(|F_n(x)-F(x)|<\varepsilon)=1$$

由定理 11.1.1 可知，当 n 充分大时，就如可用事件的频率近似它的概率一样，可以用经验分布函数 $F_n(x)$近似总体 X 的理论分布函数 $F(x)$. 还有比这更深刻的结果，1933 年，格里汶科(Glivenko)给出了更深刻的结论，见下面的定理.

定理 11.1.2　(Glivenko 定理)总体 X 的经验分布函数 $F_n(x)$依概率 1 一致收敛于它的理论分布函数 $F(x)$，即对任何实数 x，有

$$P\left(\lim_{n\to\infty}\sup_{-\infty<x<\infty}|F_n(x)-F(x)|=0\right)=1$$

定理 11.1.2 表明，当样本容量 n 足够大时，对一切实数 x，总体 X 的经验分布函数 $F_n(x)$与它的理论分布函数 $F(x)$之间差异的最大值也会足够小. 即 n 相当大时，$F_n(x)$是 $F(x)$的很好的近似. 这是数理统计中用样本估计和推断总体的重要理论根据.

5. 统计量

样本是进行统计分析和统计推断的依据，但是样本往往是一堆“杂乱无章”的原始数据，不经过一定的整理、加工和提炼，很难从样本中直接获得有用的信息，从而难以推断总体的分布及其特征. 常用的整理加工方法有两类：一类是画直方图和写出经验分布函数；另一类是根据所研究问题的需要，构造样本的某个函数，即统计量.

定义 11.1.2 设 $X_1, X_2, \cdots, X_n$ 为总体 X 的样本，若样本的函数 $g(X_1, X_2, \cdots, X_n)$是一个随机变量，并且不包含任何未知参数，则称 $g(X_1, X_2, \cdots, X_n)$为**统计量**.

下面给出几个常用的统计量. 设 $X_1, X_2, \cdots, X_n$ 是来自总体 X 的样本，$x_1, x_2, \cdots, x_n$ 是这一样本的观测值，定义：

样本均值 $$\bar{X}=\frac{1}{n}\sum_{i=1}^{n}X_i$$

样本方差 $$S^2=\frac{1}{n}\sum_{i=1}^{n}(X_i-\bar{X})^2=\frac{1}{n}\left(\sum_{i=1}^{n}X_i^2-n\bar{X}^2\right)$$

修正样本方差 $$S^{*2}\frac{1}{n-1}\sum_{i=1}^{n}(X_i-\bar{X})^2=\frac{1}{n-1}\left(\sum_{i=1}^{n}X_i^2-n\bar{X}^2\right)$$

样本均方差(标准差) $$S=\sqrt{S^2}=\sqrt{\frac{1}{n}\sum_{i=1}^{n}(X_i-\bar{X})^2}$$

修正样本均方差(标准差) $$S^*=\sqrt{S^{*2}}=\sqrt{\frac{1}{n-1}\sum_{i=1}^{n}(X_i-\bar{X})^2}$$

样本 k 阶原点矩 $$A_k=\frac{1}{n}\sum_{i=1}^{n}X_i^k \quad (k=1,2,\cdots)$$

样本 k 阶中心矩 $$B_k=\frac{1}{n}\sum_{i=1}^{n}(X_i-\bar{X})^k \quad (k=1,2,\cdots)$$

由样本方差 S^2 和样本 k 阶原点矩 A_k 的定义，可知

$$S^2=\frac{1}{n}\left(\sum_{i=1}^{n}X_i^2-n\bar{X}^2\right)=\frac{1}{n}\sum_{i=1}^{n}X_i^2-\bar{X}^2=A_2-A_1^2$$

将样本 $X_1, X_2, \cdots, X_n$ 的观测值 $x_1, x_2, \cdots, x_n$ 代入上述统计量，得统计量的观测值，它们仍分别称为样本均值、样本方差等，记号分别改用小写字母，如

$$\bar{x}=\frac{1}{n}\sum_{i=1}^{n}x_i \qquad s^2=\frac{1}{n}\sum_{i=1}^{n}(x_i-\bar{x})^2=\frac{1}{n}\left(\sum_{i=1}^{n}x_i^2-n\bar{x}^2\right)$$

由大数定律知识，只要总体的 k 阶矩存在，则样本的 k 阶矩依概率收敛于总体的 k 阶矩，即对任意 $\varepsilon>0$，$\lim\limits_{n\to\infty}P(|A_k-E(X^k)|<\varepsilon)=1$.

定义 11.1.3 设$(x_1, x_2, \cdots, x_n)$为样本$(X_1, X_2, \cdots, X_n)$的一个观测值，将各个分量 x_i 按由小到大的次序排列起来，得到

$$x_{(1)}\leqslant x_{(2)}\leqslant\cdots\leqslant x_{(n)}$$

定义 $X_{(k)}$ 取值为 $x_{(k)}$. 由此得到的 $X_{(1)}, X_{(2)}, \cdots, X_{(n)}$ 称为 $X_1, X_2, \cdots, X_n$ 的**顺序统计量**. 其中, $X_{(1)} = \min(X_1, \cdots, X_n)$ 称为**最小顺序统计量**, $X_{(n)} = \max(X_1, \cdots, X_n)$ 称为**最大顺序统计量**. 若 n 为奇数, 称 $X_{\left(\frac{n+1}{2}\right)}$ 为样本的**中位数**; 若 n 为偶数, 称 $X_{\left(\frac{n}{2}\right)}$ 为样本的中位数. 统计量 $D_n = X_{(n)} - X_{(1)}$ 称为样本的**极差**, 类似于样本方差, 它也是反映观测值离散程度的数量指标.

设总体 X 是连续型随机变量, 其分布函数是 $F(x)$, 概率密度函数为 $f(x)$, 则对顺序统计量有如下定理.

定理 11.1.3 设 $X_1, X_2, \cdots, X_n$ 是来自总体 X 的一个样本, $X_{(1)}, X_{(2)}, \cdots, X_{(n)}$ 是顺序统计量, 则有:

(1) $X_{(k)}$ 的概率密度函数为

$$f_{X_{(k)}}(x) = n\mathrm{C}_{n-1}^{k-1}[F(x)]^{k-1}[1-F(x)]^{n-k} f(x)$$

(2) 最大顺序统计量 $X_{(n)}$ 的概率密度函数为

$$f_{X_{(n)}}(x) = n[F(x)]^{n-1} f(x)$$

(3) 最小顺序统计量 $X_{(1)}$ 的概率密度函数为

$$f_{X_{(1)}}(x) = n[1-F(x)]^{n-1} f(x)$$

(4) $(X_{(1)}, X_{(2)}, \cdots, X_{(n)})$ 的概率密度函数为

$$f_{(X_{(1)}, X_{(2)}, \cdots, X_{(n)})}(x_{(1)}, x_{(2)}, \cdots, x_{(n)}) = \begin{cases} n!\prod_{i=1}^{n} f(x_{(i)}), & x_{(1)} < x_{(2)} < \cdots < x_{(n)} \\ 0, & \text{其他} \end{cases}$$

数学实验基础知识

基本命令	功能
[n,y]=hist(x,k)	频数表, x:原始数据行向量;k:等分区间数,默认值为 10; n:频数行向量;y:区间中点行向量
bar(x,y,width)	以向量 x 的元素作为直方图的中心,y 作为直方图的高,width 作为直方图的宽作图
mean(x)	样本均值,x:样本值作为分量构成的向量
var(x)	修正样本方差,x:样本值作为分量构成的向量

下面的程序演示了一个制作频率直方图的过程:

```
>>x=randn(1,1000);              %产生样本数据
>>[n,y]=hist(x,20);             %将数据分为等间隔的 20 组
>>f=n/100/(y(2)-y(1));          %直方图的高
>>bar(y,f,1)                    %作直方图
```

11.2 抽样分布

统计推断是根据统计量来推断总体的分布特征(分布类型、分布参数和数字特征等). 人们通常关注推断的准确性与可信程度, 即推断的质量. 要正确评价推断质量, 就必须知道统计

量的分布，因此求统计量的分布是数理统计的关键问题. 统计量的分布又称为**抽样分布**.

一般来说，在样本容量一定的条件下，求统计量的精确分布很不容易，只有在一些特殊情形(如总体服从正态分布)才能求出统计量的精确分布. 因此，这里只讨论与正态总体有关，特别是与正态总体的样本均值和样本方差有关的各种统计量的分布. 对于非正态总体的情形，在样本容量较大时，可以借助于中心极限定理求各种统计量的极限分布，利用统计量的渐近性质去近似分析统计推断的质量.

在数理统计基础理论研究中，正态总体处于特别显著的地位，这一方面是因与其有关的部分统计量的精确分布相对来说比较容易求得，另一方面则是在许多领域的统计研究中所遇到的总体，正态分布是其分布的一个很好的近似.

1. χ^2 分布

定义 11.2.1 设 $X_1, X_2, \cdots, X_n$ 是相互独立，且均服从于标准正态分布 $N(0, 1)$分布的随机变量，则称随机变量

$$\chi^2 = X_1^2 + X_2^2 + \cdots + X_n^2 \tag{11.2.1}$$

所服从的分布为自由度是 n 的 **χ^2 分布**，记为 $\chi^2 \sim \chi^2(n)$.

此处，自由度是指式(11.2.1)右端包含的独立变量的个数.

χ^2 分布是 1900 年由数理统计的创始人、英国统计学家皮尔逊提出的，这是数理统计发展史上出现的第一个小样本分布.

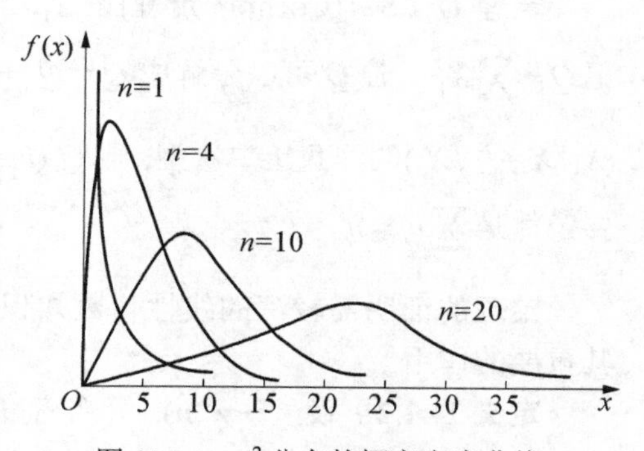

图 11.2.1 χ^2 分布的概率密度曲线

χ^2 分布具有如下性质：

定理 11.2.1 $\chi^2(n)$分布的概率密度为

$$f(x)=\begin{cases}\dfrac{1}{2^{\frac{n}{2}}\Gamma\left(\dfrac{n}{2}\right)}x^{\frac{n}{2}-1}\mathrm{e}^{-\frac{x}{2}}, & x>0\\ 0, & x\leqslant 0\end{cases}$$

χ^2 分布概率密度图形见图 11.2.1，它随 n 取不同数值而不同.

χ^2 分布概率密度函数中的 $\Gamma(x)$为伽玛(Gamma)函数，是含参数的广义积分

$$\Gamma(x)=\int_0^{+\infty} t^{x-1}\mathrm{e}^{-t}\mathrm{d}t, \quad x>0$$

一般求 Γ 函数值需查 Γ 函数表. 对自然数 n，有

$$\Gamma(n+1)=n!, \quad \Gamma\left(n+\frac{1}{2}\right)=\frac{(2n-1)!!}{2^n}\sqrt{\pi}, \quad \Gamma\left(\frac{1}{2}\right)=\sqrt{\pi}$$

定理 11.2.2 $E(\chi^2)=n, D(\chi^2)=2n$.

证

$$E\chi^2 = E\left(\sum_{i=1}^n X_i^2\right)=\sum_{i=1}^n E(X_i^2)=\sum_{i=1}^n D(X_i)=n$$

$$D(\chi^2)=D\left(\sum_{i=1}^n X_i^2\right)=\sum_{i=1}^n D(X_i^2)=2n$$

上式最后一个等号用到

$$D(X_i^2)=E(X_i^4)-[E(X_i^2)]^2=\frac{1}{\sqrt{2\pi}}\int_{-\infty}^{+\infty}x^4\mathrm{e}^{-\frac{x^2}{2}}\mathrm{d}x-1=2$$

定理 11.2.3 设 χ_1^2 和 χ_2^2 相互独立，$\chi_1^2\sim\chi^2(n_1)$，$\chi_2^2\sim\chi^2(n_2)$，则

$$\chi_1^2+\chi_2^2\sim\chi^2(n_1+n_2)$$

这个性质称为 χ^2 分布的**独立可加性**. 进一步可以证明 n 个相互独立的服从 χ^2 分布的随机变量之和仍服从 χ^2 分布，其自由度等于 n 个 χ^2 分布的自由度之和.

定理 11.2.4 设 $X\sim\chi^2(n)$, 则对任意 x, 有

$$\lim_{n\to\infty}P\left(\frac{X-n}{\sqrt{2n}}\leqslant x\right)=\frac{1}{\sqrt{2\pi}}\int_{-\infty}^{x}\mathrm{e}^{-\frac{t^2}{2}}\mathrm{d}t$$

定理 11.2.4 说明 χ^2 分布的极限分布为正态分布. 读者可由中心极限定理完成其证明(留作习题).

独立正态随机变量的线性函数仍然服从正态分布，但是，独立正态随机变量的二次型函数与 χ^2 分布有着密切的联系，1934 年，科克伦(Cochran)提出了 Cochran 定理.

定理 11.2.5 (Cochran 定理)设 $X_1, X_2,\cdots, X_n$ 是 n 个相互独立的服从标准正态的随机变量，记 $Q=\sum_{i=1}^{n}X_1^2$. 若 Q 可以分解成 $Q=Q_1+Q_2+\cdots+Q_k$，其中 Q_i $(i=1, 2,\cdots, k)$是秩为 n_i 的关于$(X_1, X_2,\cdots, X_n)$的非负定二次型，则 $Q_i\,(i=1, 2,\cdots, k)$相互独立，且 $Q_i\sim\chi^2(n_i)$ $(i=1, 2,\cdots, k)$的充要条件是 $\sum_{i=1}^{k}n_i=n$.

定理的证明需较深的线性代数知识，这里从略. 该定理在回归分析和方差分析中具有极其重要的作用.

定义 11.2.2 设 $\chi^2\sim\chi^2(n)$, 分布密度为 $f(x)$, 对给定的 $\alpha(0<\alpha<1)$, 称满足条件

$$P\{\chi^2>\chi_\alpha^2(n)\}=\int_{\chi_\alpha^2(n)}^{\infty}f(x)\mathrm{d}x=\alpha$$

的数 $\chi_\alpha^2(n)$ 为 $\chi^2(n)$分布的上 α **分位数**(或分位点). 如图 11.2.2 所示.

对于不同的 α, n, $\chi^2(n)$分布的上 α 分位数的值已制成表，可以查用见附录 5. 例如，对 $\alpha=0.1, n=25$, 查表得 $\chi_{0.1}^2(25)=34.382$.

定义 11.2.3 设 $U\sim N(0, 1)$, 概率密度函数为 $\varphi(x)$, 对给定的 $\alpha(0<\alpha<1)$, 称满足条件

$$P(U>u_\alpha)=\int_{u_\alpha}^{\infty}\varphi(x)\mathrm{d}x=\alpha$$

的数 u_α 为标准正态分布 $N(0, 1)$的上 α 分位数(或分位点). 如图 11.2.3 所示.

u_α 的值可以通过标准正态分布表(见附录 3)来求得. 例如，对 $\alpha=0.05$, $u_{0.05}=1.645$.

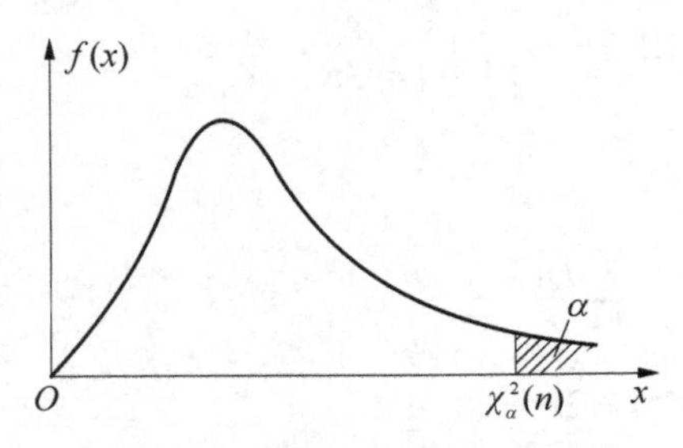

图 11.2.2 $\chi^2(n)$分布的上 α 分位数

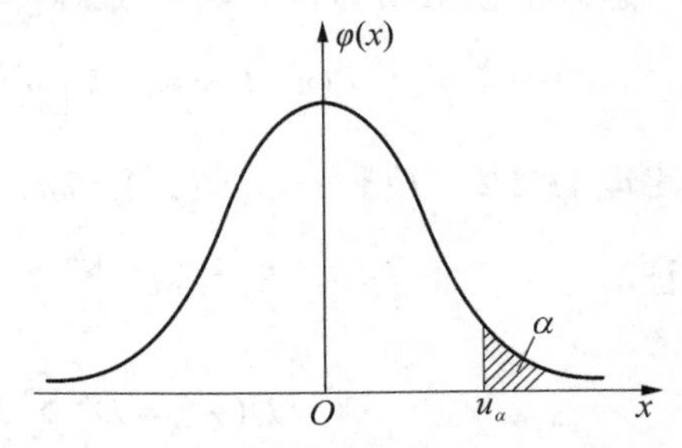

图 11.2.3 标准正态分布的上 α 分位数

在附录 5 中，当 $n>45$ 时，查不到上 α 分位数 $\chi_{\alpha}^{2}(n)$ 的数值. 此时，可以利用定理 11.2.4 进行近似计算.

事实上，若设 $X\sim\chi^2(n)$，由定义 11.2.2，$P[X>\chi_{\alpha}^{2}(n)]=\alpha$，因而

$$P\left(\frac{X-n}{\sqrt{2n}}>\frac{\chi_{\alpha}^{2}(n)-n}{\sqrt{2n}}\right)=\alpha \tag{11.2.2}$$

令 $Y=\dfrac{X-n}{\sqrt{2n}}$，由定理 11.2.4，有

$$P(Y>u_{\alpha})\approx\alpha \tag{11.2.3}$$

比较式(11.2.2)与式(11.2.3)，有 $\dfrac{\chi_{\alpha}^{2}(n)-n}{\sqrt{2n}}\approx u_{\alpha}$，所以

$$\chi_{\alpha}^{2}(n)\approx n+\sqrt{2n}u_{\alpha} \tag{11.2.4}$$

例如，求 $\chi_{0.05}^{2}(120)$ 的数值，由 $\alpha=0.05$，查附录 3，得 $u_{0.05}=1.645$，利用式(11.2.4)，得

$$\chi_{0.05}^{2}(120)\approx 120+\sqrt{2\times 120}\times 1.645=145.5$$

2. *t* 分布

定义 11.2.4 设 $X\sim N(0,1)$, $Y\sim\chi^2(n)$，且 X 与 Y 相互独立，则称随机变量

$$T=\frac{X}{\sqrt{Y/n}}$$

所服从的分布为自由度是 n 的 ***t* 分布**，记为 $T\sim t(n)$.

自从皮尔逊提出 χ^2 分布以及更早的高斯提出正态分布后，人们不论 n 的大小，都套用这些分布，但发现样本较少时误差很大. 1908 年，英国一啤酒厂的统计员科萨德，他也是皮尔逊的学生，在生物统计杂志 *Biometrika* 上以笔名“Student”发表论文，提出了 t 分布，因而有些统计书上称 t 分布为Student 分布. t 分布的发现，其意义远远超过其结果本身的含义，它是研究小样本问题的精确理论分布中一系列重要结论的开端，为数理统计的另一分支——多元统计分析奠定了理论基础.

t 分布具有如下性质:

定理 11.2.6 $t(n)$分布的概率密度为

$$f(t)=\frac{\Gamma\left(\frac{n+1}{2}\right)}{\sqrt{n\pi}\,\Gamma\left(\frac{n}{2}\right)}\left(1+\frac{t^2}{n}\right)^{-\frac{n+1}{2}}\quad(-\infty<t<\infty)$$

t 分布概率密度函数图形见图 11.2.4，它随 n 取不同数值而不同. 因为 $f(t)$是偶函数，所以 t 分布密度曲线关于纵轴对称，且当 n 较大时，其图形类似于标准正态分布密度函数的图形. 事实上，有如下性质:

定理 11.2.7 设 $T\sim t(n)$，概率密度函数为 $f(t)$，则

$$\lim_{n\to\infty}f(t)=\frac{1}{\sqrt{2\pi}}\mathrm{e}^{-\frac{t^2}{2}}$$

当 n 较小时，t 分布与 $N(0,1)$分布之间有较大的差异，并有

$$P(|T|\geqslant t_0)\geqslant P(|U|\geqslant t_0)$$

式中，$U\sim N(0,1)$. 这就是说，在 t 分布的尾部比在标准正态分布的尾部有更大概率(见附录 3 与附录 4).

定义 11.2.5　设 $T\sim t(n)$，概率密度函数为 $f(t)$，对给定的 $\alpha(0<\alpha<1)$，称满足条件

$$P\{T>t_\alpha(n)\}=\int_{t_\alpha(n)}^{\infty}f(t)\mathrm{d}t=\alpha$$

的数 $t_\alpha(n)$为 $t(n)$分布的上 α 分位数(或分位点)，如图 11.2.5 所示.

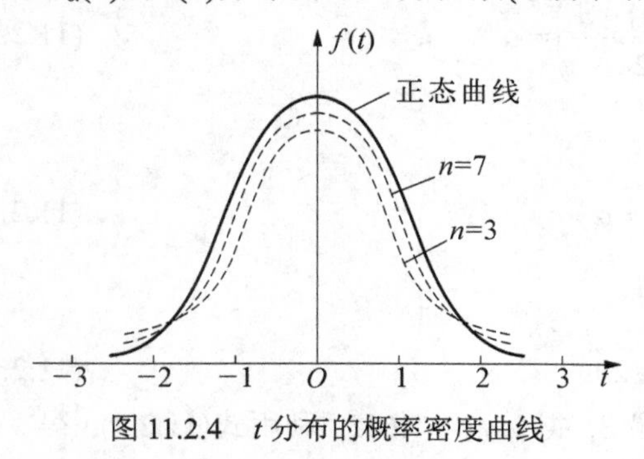

图 11.2.4　t 分布的概率密度曲线

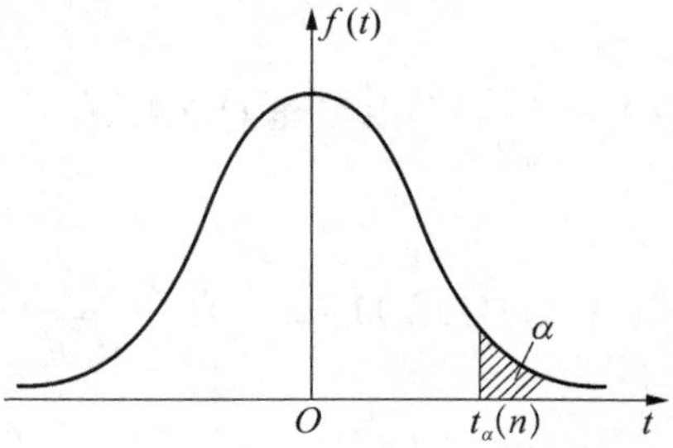

图 11.2.5　$t(n)$分布的上 α 分位数

由 t 分布概率密度函数图形的对称性，易知

$$t_{1-\alpha}(n)=-t_\alpha(n)$$

对 $n\leqslant45$, t 分布的上 α 分位数可由附录 4 查得. 对 $n>45$，由定理 11.2.7，有近似公式

$$t_\alpha(n)\approx u_\alpha \tag{11.2.5}$$

3. F 分布

定义 11.2.6　设 $X\sim\chi^2(n_1)$, $Y\sim\chi^2(n_2)$，且 X 与 Y 相互独立，则称随机变量

$$F=\frac{X/n_1}{Y/n_2}$$

所服从的分布为自由度是(n_1,n_2)的 ***F* 分布**，记为 $F\sim F(n_1,n_2)$.

F 分布是英国统计学家费歇提出的. 作为近代统计学的奠基者，费歇在理论方面的文章至今仍然是近代统计学大部分内容的基础，现在成为标准统计方法的很大一部分来源于他的研究成果.

F 分布具有如下性质:

定理 11.2.8　$F(n_1,n_2)$分布的概率密度为

$$f(z)=\begin{cases}\dfrac{\Gamma\left(\dfrac{n_1+n_2}{2}\right)}{\Gamma\left(\dfrac{n_1}{2}\right)\Gamma\left(\dfrac{n_2}{2}\right)}\left(\dfrac{n_1}{n_2}\right)\left(\dfrac{n_1}{n_2}z\right)^{\frac{n_1}{2}-1}\left(1+\dfrac{n_1}{n_2}z\right)^{-\frac{n_1+n_2}{2}}, & z>0\\ 0, & z\leqslant0\end{cases}$$

F 分布的概率密度函数图形如图 11.2.6 所示，它随 n_1,n_2 取不同数值而不同.

定理 11.2.9　设 $X\sim F(n_1,n_2)$，则

$$\frac{1}{X}\sim F(n_2,n_1)$$

事实上，设 $X=\dfrac{U/n_1}{V/n_2}$，其中 $U\sim\chi^2(n_1)$, $V\sim\chi^2(n_2)$，且 U 与 V 相互独立，于是由 F 分布的定义，有

$$\frac{1}{X}=\frac{V/n_2}{U/n_1}\sim F(n_2,n_1)$$

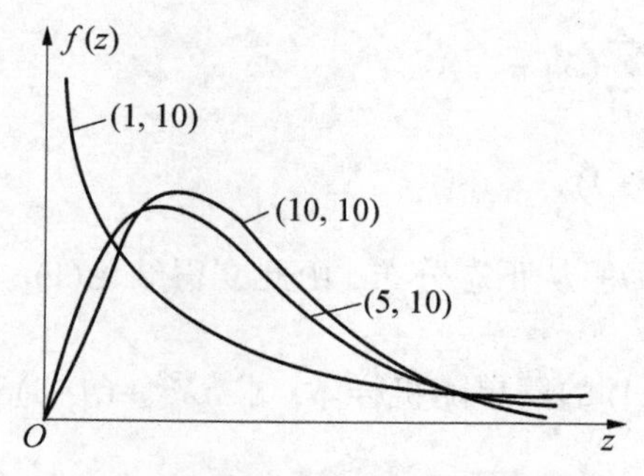

图 11.2.6 F 分布的概率密度曲线

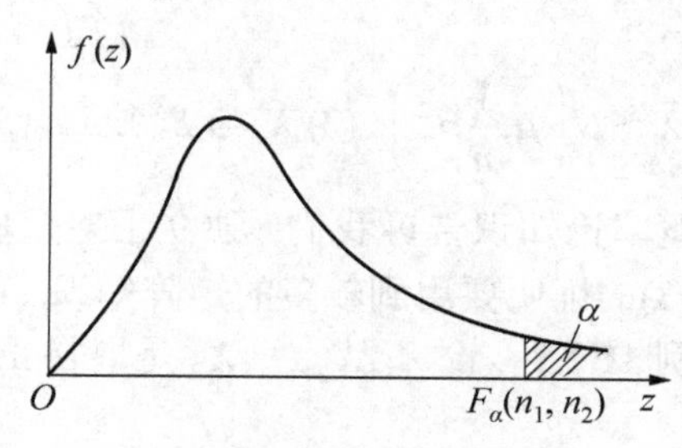

图 11.2.7 F 分布的上 α 分位数

定理 11.2.10 设 $X\sim t(n)$, 则 $X^2\sim F(1,n)$.

(证明留作习题)

定义 11.2.7 设 $F\sim F(n_1,n_2)$, 概率密度为 $f(z)$, 以给定的 α, $0<\alpha<1$, 称满足条件

$$P\{F>F_\alpha(n_1,n_2)\}=\int_{F_\alpha(n_1,n_2)}^{\infty}f(z)\mathrm{d}z=\alpha$$

的数 $F_\alpha(n_1,n_2)$为 $F(n_1,n_2)$分布的上 α 分位数(或分位点), 如图 11.2.7 所示.

F 分布的上 α 分位数可查附录 6. F 分布的上 α 分位数有如下性质:

$$F_{1-\alpha}(n_1,n_2)=\frac{1}{F_\alpha(n_2,n_1)} \tag{11.2.6}$$

事实上, 若 $F\sim F(n_1,n_2)$, 按定义

$$\begin{aligned}1-\alpha&=P\{F>F_{1-\alpha}(n_1,n_2)\}\\&=P\left\{\frac{1}{F}<\frac{1}{F_{1-\alpha}(n_1,n_2)}\right\}=1-P\left\{\frac{1}{F}\geqslant\frac{1}{F_{1-\alpha}(n_1,n_2)}\right\}\\&=1-P\left(\frac{1}{F}>\frac{1}{F_{1-\alpha}(n_1,n_2)}\right)\end{aligned}$$

于是

$$P\left\{\frac{1}{F}>\frac{1}{F_{1-\alpha}(n_1,n_2)}\right\}=\alpha \tag{11.2.7}$$

再由定理 11.2.9 的$\dfrac{1}{F}\sim F(n_2,n_1)$, 所以

$$P\left\{\frac{1}{F}>F_\alpha(n_2,n_1)\right\}=\alpha \tag{11.2.8}$$

比较式(11.2.7)与式(11.2.8), 得

$$\frac{1}{F_{1-\alpha}(n_1,n_2)}=F_\alpha(n_2,n_1)$$

即 $F_{1-\alpha}(n_1,n_2)=\dfrac{1}{F_\alpha(n_2,n_1)}$.

例如, $F_{0.95}(12,9)=\dfrac{1}{F_{0.05}(9,12)}=\dfrac{1}{2.80}=0.357$.

4. 正态总体的样本均值与样本方差的分布

定理 11.2.11 设 $X_1,X_2,\cdots,X_n$, 是取自正态总体 $N(\mu,\sigma^2)$的样本, 记

$$\bar{X}=\frac{1}{n}\sum_{k=1}^{n}X_k,\qquad S^2=\frac{1}{n}\sum_{k=1}^{n}(X_k-\bar{X})^2$$

则(1) $\bar{X}\sim N\left(\mu,\frac{1}{n}\sigma^2\right)$; (2) $\bar{X}$ 与 S^2 独立; (3) $\frac{nS^2}{\sigma^2}\sim\chi^2(n-1)$.

概率论知识告诉我们, 独立正态随机变量的和仍服从正态分布, 由此立得结论(1). 结论(2)、(3)的证明要用到较多的矩阵知识, 在此从略.

例 11.2.1 设 $X_1,X_2,\cdots,X_n$ 是取自正态总体 $N(0,1)$ 的简单随机样本, 求 $n\bar{X}^2+(n-1)S^{*2}$ 的分布.

解 因为 $X_i\sim N(0,1)$, 由定理 11.2.11 结论(1), 可知 $\bar{X}\sim N\left(0,\frac{1}{n}\right)$, 则 $\frac{\bar{X}-0}{\sqrt{\frac{1}{n}}}=\sqrt{n}\bar{X}\sim N(0,1)$, 所以 $n\bar{X}^2\sim\chi^2(1)$.

又由定理 11.2.11 结论(2)和(3), 可知

$$\frac{(n-1)S^{*2}}{1^2}=(n-1)S^{*2}\sim\chi^2(n-1)$$

$\bar{X}$ 与 S^2 相互独立. 根据 χ^2 分布的可加性, 得

$$n\bar{X}^2+(n-1)S^{*2}\sim\chi^2(n).$$

定理 11.2.12 设 $X_1, X_2,\cdots, X_n$ 是取自正态总体 $N(\mu,\sigma^2)$的样本, 则

$$T=\frac{(\bar{X}-\mu)\sqrt{n-1}}{S}=\frac{(\bar{X}-\mu)\sqrt{n}}{S^*}\sim t(n-1)$$

证 因为 $\bar{X}\sim N\left(\mu,\frac{1}{n}\sigma^2\right)$, 所以 $\frac{(\bar{X}-\mu)\sqrt{n}}{\sigma}\sim N(0,1)$.

又 $\frac{nS^2}{\sigma^2}\sim\chi^2(n-1)$, 且 $\bar{X}$ 与 S^2 相互独立, 所以

$$T=\frac{\frac{(\bar{X}-\mu)\sqrt{n}}{\sigma}}{\sqrt{\frac{nS^2}{\sigma^2(n-1)}}}=\frac{(\bar{X}-\mu)\sqrt{n-1}}{S}\sim t(n-1)$$

定理 11.2.13 设 $X_1, X_2,\cdots, X_m$ 和 $Y_1, Y_2,\cdots, Y_n$ 分别是取自正态总体 $N(\mu_1,\sigma^2)$和 $N(\mu_2,\sigma^2)$的样本, 它们相互独立, 记

$$\bar{X}=\frac{1}{m}\sum_{i=1}^{m}X_i,\qquad S_1^2=\frac{1}{m}\sum_{i=1}^{m}(X_i-\bar{X})^2$$

$$\bar{Y}=\frac{1}{n}\sum_{i=1}^{n}Y_i,\qquad S_2^2=\frac{1}{n}\sum_{i=1}^{n}(Y_i-\bar{Y})^2$$

则

$$T=\frac{(\bar{X}-\bar{Y})-(\mu_1-\mu_2)}{\sqrt{mS_1^2+nS_2^2}}\sqrt{\frac{mn(m+n-2)}{m+n}}\sim t(m+n-2)$$

证 易知

$$\bar{X}-\bar{Y}\sim N\left(\mu_1-\mu_2,\frac{\sigma^2}{m}+\frac{\sigma^2}{n}\right)$$

即$U=\dfrac{\overline{X}-\overline{Y}-(\mu_1-\mu_2)}{\sqrt{\dfrac{1}{m}+\dfrac{1}{n}}\sigma}\sim N(0,1)$.

由给定的条件知

$$\frac{mS_1^2}{\sigma^2}\sim\chi^2(m-1),\qquad \frac{nS_2^2}{\sigma^2}\sim\chi^2(n-1)$$

并且它们相互独立，故由χ^2分布的可加性知

$$V=\frac{mS_1^2}{\sigma^2}+\frac{nS_2^2}{\sigma^2}\sim\chi^2(m+n-2)$$

易见U和V相互独立，所以

$$T=\frac{U}{\sqrt{V/(m+n-2)}}=\frac{\overline{X}-\overline{Y}-(\mu_1-\mu_2)}{\sqrt{mS_1^2+nS_2^2}}\sqrt{\frac{mn(m+n-2)}{m+n}}\sim t(m+n-2)$$

定理 11.2.14 设$X_1,X_2,\cdots,X_m$和$Y_1,Y_2,\cdots,Y_n$分别是取自正态总体$N(\mu_1,\sigma_1^2)$和$N(\mu_2,\sigma_2^2)$的样本，它们相互独立，记

$$\overline{X}=\frac{1}{m}\sum_{i=1}^m X_i,\qquad S_1^2=\frac{1}{m}\sum_{i=1}^m (X_i-\overline{X})^2$$

$$\overline{Y}=\frac{1}{n}\sum_{i=1}^n Y_i,\qquad S_2^2=\frac{1}{n}\sum_{i=1}^n (Y_i-\overline{Y})^2$$

则

$$F=\frac{S_1^{*2}\sigma_2^2}{S_2^{*2}\sigma_1^2}=\frac{mS_1^2}{nS_2^2}\cdot\frac{(n-1)\sigma_2^2}{(m-1)\sigma_1^2}\sim F(m-1,n-1)$$

(证明留作习题)

值得注意的是，定理 11.2.13 要求两个正态总体的方差相等，定理 11.2.14 并不要求这点.

定理 11.2.11～11.2.14 是正态总体非常重要的性质，熟练掌握这些性质是理解正态总体下参数的区间估计、假设检验等后续内容的关键所在.

数学实验基础知识

基本命令	功能
chi2cdf(x,v)	χ^2分布函数在 x 处的值，v 为自由度；
fcdf(x,v1,v2)	F分布函数在 x 处的值，v1,v2 为自由度；
tcdf(x,v)	t分布函数在 x 处的值，v 为自由度；
x=norminv(p,mu,sigma)	正态分布函数的反函数，p 为概率，mu 为期望，sigma 为标准差；当 p 用 1 p 取代时得到的 x 即为上 p 分位数；
x=chi2inv(p,v)	χ^2分布函数的反函数，p 为概率，v 为自由度；
x=finv(p,v1,v2)	F分布函数的反函数，p 为概率，v1,v2 为自由度；
x=tinv(p,v)	t分布函数的反函数，p 为概率，v 为自由度.

下面给出了求自由度为(10, 12)的F分布的上α分位数的命令:

```
>> alpha=0.05;
>> x=finv(1-alpha,10,12)
```

本 章 小 结

本章介绍了数理统计的基本概念及常用的抽样分布.

为了对总体的分布规律或数字特征进行统计推断，必须采用随机抽样的方法从总体获取个体数据即样本数据. 随机抽样获取的样本具有代表性和独立性，样本具有观测前的随机性和观测后的确定性.

直方图和经验分布函数是通过样本了解总体分布的两个基本方法. 从本质上来说，直方图是总体(连续性随机变量)概率密度函数图形的近似描述，经验分布函数是总体分布函数的经验公式.

统计量是样本的函数，不含任何未知参数，是随机变量. 本章介绍的各种统计量及其分布是今后进行统计推断的有力工具. 熟练掌握正态总体下导出的各种抽样分布是学习后续章节的必备基本功.

本章常用词汇中英文对照

数理统计	mathematical statistics	统计量	statistic
总体	population	样本均值	sample mean
样本	sample	样本方差	sample variance
样本容量	sample size	样本中心矩	sample central moment
样本值	sample value	样本原点矩	sample origin moment
顺序统计量	order statistic	分位数	quantile
抽样分布	sample distribution		

习 题 11

1. 为什么说总体可用一个随机变量(向量)来表述？

2. 直方图是否具有随机性？为什么？

3. 从一个总体中抽取容量为 5 的样本，数据为−2.8, −1.0, 1.5, 2.1, 3.4，试求经验分布函数 $F_5(x)$，并画出 $F_5(x)$的图形.

4. 设 $X_1, X_2, \cdots, X_n$ 为来自泊松分布 $P(\lambda)$的样本，$\bar{X}$，S^2 分别为样本均值与样本方差，求 $E(\bar{X}), D(\bar{X}), E(S^2)$.

5. 设总体 X 的概率密度函数为 $f(x)=\begin{cases}|x|, & |x|<1,\\ 0, & \text{其他},\end{cases}$ 又 $\bar{X}$ 与 S^2 分别为取自总体 X 的容量为 n 的样本均值与样本方差，求 $E(\bar{X}), D(\bar{X}), E(S^{*2})$.

6. 设总体 X 服从分布 $N(12, 2^2)$，今抽取容量为 5 的样本 $X_1, X_2, \cdots, X_5$，试求:

(1)样本均值 $\bar{X}$ 大于 13 的概率;

(2)样本的最小顺序统计量小于 10 的概率;

(3)样本的最大顺序统计量大于 15 的概率.

7. 在总体 $N(52, 6.3^2)$中随机抽取容量为 36 的样本，求样本均值 $\bar{X}$ 落在 50.8～53.8 之间的概率.

8. 从总体 $N(3.4, 6^2)$中抽取容量为 n 的样本，若要求其样本均值 $\bar{X}$ 位于区间(1.4, 5.4)内的概率不小于 0.95，则样本容量 n 至少应取多大？

9. 设 $X_1, X_2, \cdots, X_n$ 和 $Y_1, Y_2, \cdots, Y_n$ 均是取自正态总体 $N(\mu, \sigma^2)$ 的容量为 n 的样本，且这两个样本相互独立，$\bar{X}$，$\bar{Y}$ 分别表示它们对应的样本均值. 试求最小的样本容量 n，使得

$$P(|\bar{X}-\bar{Y}|>\sigma)\leqslant 0.01$$

10. 设总体 $X\sim\chi^2(n)$，样本为 $X_1, X_2, \cdots, X_n$，求样本均值 $\bar{X}$ 的数学期望和方差.

11. 证明定理 11.2.4.

12. 证明定理 11.2.10.

13. 证明：$\left[t_{\frac{\alpha}{2}}(n)\right]^2=F_\alpha(1,n)$.

14. 已知总体 X 的数学期望 $E(X)=\mu$，方差 $D(X)=\sigma^2$，$X_1, X_2, \cdots, X_{2n}$ 是来自正态总体 X 容量为 $2n$ 的简单随机样本，样本均值为 $\bar{X}$，统计量 $Y=\sum_{i=1}^{n}(X_i+X_{n+i}-2\bar{X})^2$，求 $E(Y)$.

15. 设 $X_1, X_2, \cdots, X_{10}$ 为总体 $N(0, 0.3^2)$ 的样本，求 $P\left(\sum_{i=1}^{10}X_i^2>1.44\right)$.

16. 设总体 $X\sim N(0, 1)$, X_1, X_2, X_3 是取自该总体的一个样本，试求样本点 (X_1, X_2, X_3) 到原点的距离不超过 1 的概率.

17. 设在总体 $N(\mu, \sigma^2)$ 中抽一容量为 16 的样本, μ, σ^2 均为未知，修正样本方差为 S^{*2}，求:

$$P\left(\frac{S^{*2}}{\sigma^2}\leqslant 2.041\right)$$

18. 设 $X_1, X_2, \cdots, X_n$ 是取自总体 $N(\mu, \sigma^2)$ 的一个样本，$\bar{X}$ 与 S_n^2 分别为其样本均值与样本方差. 当 $n=17$ 时，求常数 k，使得 $P(\bar{X}>\mu+kS_n)=0.95$.

19. 设 X_1, X_2, X_3 为取正态总体 $N(0, \sigma^2)$ 的一个样本，试求常数 a, b，使得统计量

$$\frac{aX_1-X_2+X_3}{b|X_1+X_2-X_3|}$$

服从 t 分布.

20. 已知总体 X 与 Y 相互独立且都服从标准正态分布，$X_1, X_2, \cdots, X_8$ 和 $Y_1, Y_2, \cdots, Y_9$ 是分别来自总体 X 与 Y 的两个简单随机样本，其均值分别为 $\bar{X}$，$\bar{Y}$，记 $Q=\sum_{i=1}^{8}(X_i-\bar{X})^2+\sum_{j=1}^{9}(Y_i-\bar{Y})^2$，求证：$T=3\bar{Y}\sqrt{\frac{15}{Q}}$ 服从参数为 15 的 t 分布.

21.(1)设随机变量 X 与 Y 相互独立，且 $X\sim N(5,15)$，$Y\sim\chi^2(5)$，求概率 $P(X-5>3.5\sqrt{Y})$；

(2) 设总体 $X\sim N(2.5,6^2)$, X_1, X_2, X_3, X_4, X_5 是来自 X 的简单随机样本，求概率 $P\{(1.3<\bar{X}<3.5)\cap(6.3<S^2<9.6)\}$.

22. 设 $X_1, X_2, \cdots, X_n, X_{n+1}, \cdots, X_{n+m}$ 是取自总体 $N(0, \sigma^2)$ 的容量为 $n+m$ 的样本，求统计量 $\dfrac{\sqrt{m}\sum_{i=1}^{n}X_i}{\sqrt{n}\sqrt{\sum_{i=n+1}^{n+m}X_i^2}}$ 的分布.

23. 证明定理 11.2.14.

24. 设总体 $X\sim N(0, \sigma^2)$，样本为 X_1, X_2，试求 $\left(\frac{X_1-X_2}{X_1+X_2}\right)^2$ 的分布.

25. 设总体 $X\sim N(\mu, \sigma^2)$，样本为 $X_1, X_2, \cdots, X_n$，$\bar{X}$ 及 S^2 分别为其样本均值及样本方差，又设 X_{n+1} 也来自总体 $N(\mu, \sigma^2)$，且与 $X_1, X_2, \cdots, X_n$ 相互独立，试求统计量

$$Y=\frac{X_{n+1}-\bar{X}}{S}\sqrt{\frac{n-1}{n+1}}$$

的分布.

26. 设 $X_1, X_2, \cdots, X_m$ 和 $Y_1, Y_2, \cdots, Y_n$ 分别是从总体 $N(\mu_1, \sigma^2)$ 和 $N(\mu_2, \sigma^2)$ 中抽取的样本，$\bar{X}, S_1^2$ 和 $\bar{Y}, S_2^2$ 分别表示它们的样本均值和样本方差, α, β 是两个固定的实数. 试求

$$\frac{\alpha(\bar{X}-\mu_1)+\beta(\bar{Y}-\mu_2)}{\sqrt{\frac{mS_1^2+nS_2^2}{m+n-2}}\sqrt{\frac{\alpha^2}{m}+\frac{\beta^2}{n}}}$$

的分布.

27. 设总体 X 服从 $(0, 1)$ 上的均匀分布, $X_1, X_2, \cdots, X_n$ 是取自该总体的一个样本. 证明:

(1)随机变量 $-2\ln X$ 的概率密度函数为

$$f(y)=\begin{cases}\frac{1}{2}e^{-\frac{1}{2}y}, & y>0\\ 0, & y\leqslant 0\end{cases}$$

即 $-2\ln X$ 服从分布 $\chi^2(2)$;

(2) $-\ln\left(\prod_{i=1}^{n}X_i^2\right)\sim\chi^2(2n)$.

28. 设总体 X 服从 0-1 分布 $B(1, p)$, $0<p<1$, X_1, X_2 为取自总体 X 的一个样本, $\bar{X}=\frac{1}{2}\sum_{i=1}^{2}X_i$, $S^2=\frac{1}{2}\sum_{i=1}^{2}(X_i-\bar{X})^2$.

(1)当 $p=\frac{1}{2}$ 时, 求随机向量 $(X_1+X_2, (X_1-X_2)^2)$ 的联合分布律;

(2)证明: 当 $p\neq\frac{1}{2}$ 时, $\mathrm{Cov}(X_1+X_2, (X_1-X_2)^2)\neq 0$;

(3)证明: $\bar{X}$ 与 S^2 不是相互独立的.

第 12 章　参 数 估 计

如何利用样本数据对总体的种种特征作出统计推断是数理统计的核心问题. 统计推断理论在情报资料的分析与综合、试验数据的处理、信号去噪、图像处理以及工农业生产等方面都有广泛的应用. 统计推断的主要内容包括参数估计和假设检验两方面知识. 本章将讨论参数估计的理论与方法.

12.1　参数估计的意义及种类

在处理实际问题时, 常常根据经验或理论(如中心极限定理等)认为总体的分布函数类型是已知的, 但依赖于一个或多个未知参数. 在这些场合, 估计总体分布函数的问题就归结为根据样本估计总体分布中的一个或多个未知参数的问题, 此即**参数估计**问题. 下面三个例子均属于这一类参数估计问题.

例 12.1.1　设战地医院在单位时间间隔内收到的伤员人数 X 服从泊松分布 $P\{X=k\}=\frac{\lambda^k}{k!}e^{-\lambda}\ (k=0,1,2,\cdots)$, 但参数 λ 未知, 要求估计 λ.

例 12.1.2　永暑岛一水文站年最高水位 X 服从 Γ 分布

$$f(x;\alpha,\beta)=\frac{\beta^\alpha}{\Gamma(\alpha)}x^{\alpha-1}e^{-\beta x},\quad x>0$$

但参数 α,β 未知, 要求估计 α,β.

例 12.1.3　产品的某质量指标(如钢筋强度)服从正态分布

$$f(x;\mu,\sigma^2)=\frac{1}{\sqrt{2\pi}\sigma}e^{-\frac{(x-\mu)^2}{2\sigma^2}}$$

但参数 μ,σ^2 未知, 要求估计 μ,σ^2.

另一类参数估计问题是, 在总体的分布函数类型未知的条件下, 要求估计总体的某些数字特征, 如数学期望、方差等, 由于数字特征和分布参数之间通常有一定的联系, 从而习惯上把这类问题也称为**参数估计**.

例 12.1.4　已知某种电子元件的寿命 X 是随机的, 主要关心的是元件的平均寿命及 X 的波动情况, 即要求估计总体 X 的数学期望 $E(X)$ 和方差 $D(X)$.

参数估计是用样本统计量去估计总体的参数, 例如总体的均值 μ, 或者总体的方差 σ^2 等等. 如果将总体的参数笼统的用一个符号 θ 来表示, 那么用于估计该参数的统计量就用符号 $\hat{\theta}$ 来表示. 参数估计就用如何构造统计量 $\hat{\theta}$ 来估计总体参数 θ.

总的说来, 参数估计分为**点估计**和**区间估计**两类.

点估计问题的一般提法如下: 考察一个包含待估参数 θ 的总体 X, 其分布函数不妨设为 $F(x;\theta)$ 且形式已知. $X_1,X_2,\cdots,X_n$ 是 X 的样本, $x_1,x_2,\cdots,x_n$ 是相应的样本观测值. 点估计问题就是要构造一个适当的统计量 $\hat{\theta}(X_1,X_2,\cdots,X_n)$, 用它的观测值 $\hat{\theta}(x_1,x_2,\cdots,x_n)$ 来估计未知参数

θ, 称 $\hat{\theta}(X_1,X_2,\cdots,X_n)$ 为 θ 的**估计量**, 称 $\hat{\theta}(x_1,x_2,\cdots,x_n)$ 为 θ 的**估计值**. 在不致混淆的情况下统称估计量和估计值为**估计**, 并都简记为 $\hat{\theta}$. 由于估计量是样本的函数, 从而对于不同的样本值, θ 的估计值往往是不同的.

除了点估计外, 还有一类估计是在一定概率意义下, 用随机区间 $(\hat{\theta}_1,\hat{\theta}_2)$ 包含未知参数 θ 的一种估计, 其中 $\hat{\theta}_1,\hat{\theta}_2$ 为适当的统计量. 这种估计称为区间估计.

案例：师徒打猎问题
微课视频：极大似然估计

12.2 点 估 计

参数点估计有许多方法, 常用的有矩估计法、极大似然估计法、贝叶斯估计法及最小二乘估计法等. 这里只介绍矩估计法和极大似然估计法.

1. 矩估计法

总体分布中的参数往往是一些原点矩或者是一些原点矩的函数, 例如, 泊松分布 $P(\lambda)$ 中参数 λ 就是数学期望, 即一阶原点矩; 正态分布 $N(\mu, \sigma^2)$中参数 μ 就是一阶原点矩, 而参数 $\sigma^2=E(X^2)-[E(X)]^2$, 即为一、二阶原点矩的函数. 另外, 由概率论中大数定律可知, 当样本容量 n 无限增大时, 样本矩依概率收敛于相应的总体矩. 因此, 要想估计总体的某些参数, 很自然就会想到用样本的 k 阶原点矩去估计总体相应的 k 阶原点矩, 用样本的一些原点矩的函数去估计总体相应的一些原点矩的函数, 从而得到总体分布的未知参数的估计. 这种估计方法称为**矩估计法**, 也称数字特征法.

例 12.2.1 设总体 $X\sim N(\mu,\sigma^2)$, μ,σ^2 未知, 样本为 $X_1,X_2,\cdots,X_n$, 试求参数 μ,σ^2 的矩估计量.

解 由

$$\begin{cases} m_1=E(X)=\mu \\ m_2=E(X^2)=D(X)+[(EX)]^2=\sigma^2+\mu^2 \end{cases}$$

得 $\begin{cases} \mu=m_1, \\ \sigma^2=m_2-m_1^2. \end{cases}$

用一阶样本矩 $\dfrac{1}{n}\sum\limits_{i=1}^n X_i=\bar{X}$ 作为 m_1 的估计, 即取 $\hat{m}_1=\bar{X}$; 用二阶样本矩 $\dfrac{1}{n}\sum\limits_{i=1}^n X_i^2$ 作为 m_2 的估计, 即取 $\hat{m}_2=\dfrac{1}{n}\sum\limits_{i=1}^n X_i^2$, 从而得到 μ 和 σ^2 的矩估计量分别为

$$\hat{\mu}=\hat{m}_1=\bar{X}$$

$$\hat{\sigma}^2=\hat{m}_2-\hat{m}_1^2=\frac{1}{n}\sum_{i=1}^n X_i^2-\bar{X}^2=\frac{1}{n}\sum_{i=1}^n (X_i-\bar{X})^2=S^2$$

可见, 总体均值 μ 的矩估计量为样本均值 $\bar{X}$, 总体方差 σ^2 的矩估计量为样本方差 S^2. 事实上对任何总体, 只要期望与方差存在, 结论也成立.

例 12.2.2 设总体 X 在$[a, b]$上服从均匀分布, a, b 未知, 样本为 $X_1,X_2,\cdots,X_n$, 试求 a, b 的矩估计量.

解 由

$$\begin{cases} m_1 = E(X) = \dfrac{a+b}{2} \\ m_2 = E(X^2) = D(X) + [(EX)]^2 = \dfrac{(b-a)^2}{12} + \dfrac{(a+b)^2}{4} \end{cases}$$

得 $\begin{cases} a = m_1 - \sqrt{3(m_2 - m_1^2)}, \\ b = m_1 + \sqrt{3(m_2 - m_1^2)}. \end{cases}$

将 $\frac{1}{n}\sum_{i=1}^{n} X_i, \frac{1}{n}\sum_{i=1}^{n} X_i^2$ 分别作为 m_1, m_2 的估计量代入上式，得到 a, b 的矩估计量分别为

$$\hat{a} = \bar{X} - \sqrt{\frac{3}{n}\sum_{i=1}^{n}(X_i - \bar{X})^2} = \bar{X} - \sqrt{3}S$$

$$\hat{b} = \bar{X} + \sqrt{\frac{3}{n}\sum_{i=1}^{n}(X_i - \bar{X})^2} = \bar{X} + \sqrt{3}S$$

下面总结一下对于多个参数的总体，用矩估计法估计参数的一般过程. 设总体 X 的分布函数为 $F(x;\theta_1, \theta_2, \cdots, \theta_l)$. 下面给出求未知参数 $\theta = (\theta_1, \theta_2, \cdots, \theta_l)$ 的矩估计的一般方法:

设 X 的 l 阶矩存在，并记

$$E(X^k) = g_k(\theta_1, \theta_2, \cdots, \theta_l)$$

式中，$k = 1, 2, \cdots, l$. 即

$$\begin{cases} g_1(\theta_1, \theta_2, \cdots, \theta_l) = E(X) \\ g_2(\theta_1, \theta_2, \cdots, \theta_l) = E(X^2) \\ \quad \cdots\cdots \\ g_l(\theta_1, \theta_2, \cdots, \theta_l) = E(X^l) \end{cases}$$

若该方程组关于 $\theta_1, \theta_2, \cdots, \theta_l$ 有唯一解

$$\begin{cases} \theta_1 = \theta_1(E(X), E(X^2), \cdots, E(X^l)) \\ \theta_2 = \theta_2(E(X), E(X^2), \cdots, E(X^l)) \\ \quad \cdots\cdots \\ \theta_l = \theta_l(E(X), E(X^2), \cdots, E(X^l)) \end{cases}$$

则根据矩估计法，得各参数的矩估计量

$$\begin{cases} \hat{\theta}_1 = \theta_1(A_1, A_2, \cdots, A_l) \\ \hat{\theta}_2 = \theta_2(A_1, A_2, \cdots, A_l) \\ \quad \cdots\cdots \\ \hat{\theta}_l = \theta_l(A_1, A_2, \cdots, A_l) \end{cases}$$

式中，A_k 为样本 k 阶原点矩，$k = 1, 2, \cdots, l$.

应该注意的是，这里讨论的只是一般性的方法，有些特殊情形需作特殊处理. 例如，分布函数中只含有一个未知参数，但总体的一阶矩与该参数无关，这时用矩估计法估计该参数就可能要用到总体的二阶矩.

矩估计法最早由皮尔逊于 1894 年引入，其优点是直观简便，适用性广. 采用矩估计法估计总体的均值和方差，不需要知道总体的分布形式，只要求总体的一阶及二阶原点矩存在. 但矩估计法也有不足，首先它要求总体矩存在，因此不能适应于总体矩不存在的分布，例如

柯西分布，它的一阶原点矩就不存在；其次，样本矩的表达式 $A_k=\frac{1}{n}\sum_{i=1}^{n}X_i^k$ 与总体 X 的分布 $F(x;\theta)$ 无关，没有充分利用 $F(x;\theta)$ 提供的信息. 由于有以上两点不足，对一些特定的分布，用其他的估计法得到的估计量可能更好.

2. 极大似然估计法

极大似然估计法最早由高斯提出，后来费竭在1912年重新提出. 这个方法是利用总体X的概率密度 $f(x;\theta)$ 或分布函数 $F(x;\theta)$ 以及样本提供的信息构造估计量. 下面举例说明其统计思想.

例 12.2.3 设有甲、乙两个布袋，甲袋装有 99 个白球、1 个黑球，乙袋装有 1 个白球、99 个黑球. 现在从这两个袋子中任取一个袋子，要估计所取得的这个袋中白球数与黑球数之比 θ 是 99 还是 $\frac{1}{99}$. 为了估计 θ，允许从这个袋中任意抽出一个球，看看球的颜色. 如果抽出的是白球，应取 θ 的估计值 $\hat{\theta}$ 为多少？

解 甲袋抽得白球的概率 $P(白|甲)=\frac{99}{100}$；乙袋抽得白球的概率 $P(白|乙)=\frac{1}{100}$.

由此可知，从甲袋中抽出白球的概率远大于从乙袋中抽出白球的概率. 现在既然在一次抽样中抽得白球，很自然地会认为是从抽得白球概率大的甲袋子中抽得的，也就是说，应取 θ 的估计值 $\hat{\theta}=99$.

根据同样的想法，若抽得的球是黑球，应取 θ 的估计值 $\hat{\theta}=\frac{1}{99}$.

上述处理方法的基本思想是：当试验中得到一个结果(该例指球的颜色)时，若某个 θ 值使这个结果的出现具有最大概率，那么这个 θ 值看起来最像是可能的结果，应该取该值作为 θ 的估计值，“看起来最像”的英文是“maximum likelihood”，所以这种估计法叫作“maximum likelihood estimate”(简记为 MLE)，中文名称“极大似然估计”，其思想出发点是“概率最大的事件在一次试验中最可能出现”.

下面根据总体的不同类型介绍极大似然估计法.

若总体 X 属离散型，其分布律 $P(X=x)=P(x;\theta)(\theta\in\Theta)$ 的形式为已知，θ 为待估参数，Θ 是 θ 可能取值的范围(称为参数空间). 设 $X_1,X_2,\cdots,X_n$ 为来自总体X的样本，则 $X_1,X_2,\cdots,X_n$ 的联合分布律为

$$\prod_{i=1}^{n}P(x_i;\theta) \tag{12.2.1}$$

又设 $x_1,x_2,\cdots,x_n$ 为对应于 $X_1,X_2,\cdots,X_n$ 的样本观测值. 易知样本 $X_1,X_2,\cdots,X_n$ 取得观测值 $x_1,x_2,\cdots,x_n$ 的概率，亦即事件$(X_1=x_1, X_2=x_2,\cdots, X_n=x_n)$发生的概率为

$$L(\theta)=L(x_1,x_2,\cdots,x_n;\theta)=\prod_{i=1}^{n}P(x_i;\theta)\quad(\theta\in\Theta) \tag{12.2.2}$$

这一概率随 θ 的取值变化而变化，它是 θ 的函数. $L(\theta)$称为**似然函数**.

固定样本观测值 $x_1,x_2,\cdots,x_n$，在参数空间 Θ 内选择使似然函数 $L(x_1, x_2,\cdots, x_n;\theta)$达到最大的参数值 $\hat{\theta}$ 作为参数 θ 的估计值，即取 $\hat{\theta}$，使

$$L(x_1,x_2,\cdots,x_n;\hat{\theta})=\max_{\theta\in\Theta}L(x_1,x_2,\cdots,x_n;\theta) \tag{12.2.3}$$

这样得到的 $\hat{\theta}$ 与样本值 $x_1,x_2,\cdots,x_n$ 有关，记为 $\hat{\theta}(x_1,x_2,\cdots,x_n)$，称为参数 θ 的**极大似然估计**

值, 而相应的统计量 $\hat{\theta}(X_1, X_2, \cdots, X_n)$ 称为参数 θ 的**极大似然估计量**.

下面再来看连续型总体的极大似然估计.

若总体 X 属连续型, 其概率密度 $f(x;\theta)(\theta \in \Theta)$ 的形式已知, θ 为待估参数, Θ 是参数空间. 设 $X_1, X_2, \cdots, X_n$ 是来自总体 X 的样本, 则 $X_1, X_2, \cdots, X_n$ 的联合概率密度为

$$\prod_{i=1}^{n} f(x_i;\theta) \tag{12.2.4}$$

设 $x_1, x_2, \cdots, x_n$ 是相应于样本 $X_1, X_2, \cdots, X_n$ 的样本值, 则随机向量($X_1, X_2, \cdots, X_n$)落在含点($x_1, x_2, \cdots, x_n$)的边长分别为 $\mathrm{d}x_1, \mathrm{d}x_2, \cdots, \mathrm{d}x_n$ 的 n 维立方体内的概率近似地为

$$\prod_{i=1}^{n} f(x_i;\theta)\mathrm{d}x_i \tag{12.2.5}$$

其值随 θ 的取值变化而变化. 与离散型的情况一样, 取 θ 的估计值 $\hat{\theta}$, 使式(12.2.5)取得最大值. 因因子 $\prod_{i=1}^{n} \mathrm{d}x_i$ 不随 θ 而变化, 故只需考虑函数

$$L(\theta) = L(x_1, x_2, \cdots, x_n;\theta) = \prod_{i=1}^{n} f(x_i;\theta) \quad (\theta \in \Theta) \tag{12.2.6}$$

的最大值. 这里, $L(\theta)$称为似然函数, 若

$$L(x_1, x_2, \cdots, x_n;\hat{\theta}) = \max_{\theta \in \Theta} L(x_1, x_2, \cdots, x_n;\theta) \tag{12.2.7}$$

则称 $\hat{\theta}(x_1, x_2, \cdots, x_n)$为 θ 的极大似然估计值, 称 $\hat{\theta}(X_1, X_2, \cdots, X_n)$ 为 θ 的极大似然估计量.

在很多情形, $P(x;\theta)$ 和 $f(x;\theta)$ 关于 θ 可微, 可以通过求驻点的方法来求最大值点, 即由方程

$$\frac{\mathrm{d}}{\mathrm{d}\theta} L(\theta) = 0 \tag{12.2.8}$$

解得. 该方程称为似然方程.

一般似然函数 $L(\theta)$ 是连乘积的形式, 求导比较复杂, 一般会先取对数再求导, 取对数不会改变最大值点, 同时也简化了计算。因此 θ 的极大似然估计 $\hat{\theta}$ 也可以由方程

$$\frac{\mathrm{d}}{\mathrm{d}\theta} \ln L(\theta) = 0 \tag{12.2.9}$$

求得, 在此将这一方程称为对数似然方程.

例 12.2.4 设总体 X 服从泊松分布

$$P(X = k) = \frac{\lambda^k}{k!}\mathrm{e}^{-\lambda} \quad (k = 0, 1, 2, \cdots)$$

样本为 $X_1, X_2, \cdots, X_n$. 求 λ 的极大似然估计量.

解 设样本 $X_1, X_2, \cdots, X_n$ 的观测值为 $x_1, x_2, \cdots, x_n$, 则似然函数

$$\begin{aligned} L(\lambda) &= \prod_{i=1}^{n} P(x_i;\lambda) = \frac{\lambda^{x_1}}{x_1!}\mathrm{e}^{-\lambda} \cdot \frac{\lambda^{x_2}}{x_2!}\mathrm{e}^{-\lambda} \cdot \cdots \cdot \frac{\lambda^{x_n}}{x_n!}\mathrm{e}^{-\lambda} \\ &= \mathrm{e}^{-n\lambda} \prod_{i=1}^{n} \frac{\lambda^{x_i}}{x_i!} \end{aligned}$$

取对数

$$\ln L(\lambda) = -n\lambda + \sum_{i=1}^{n} \ln \frac{\lambda^{x_i}}{x_i!} = -n\lambda + \ln\lambda \cdot \sum_{i=1}^{n} x_i - \sum_{i=1}^{n} \ln(x_i!)$$

令

$$\frac{\mathrm{d}\ln L(\lambda)}{\mathrm{d}\lambda}=-n+\frac{1}{\lambda}\sum_{i=1}^{n}x_i=0$$

得到 λ 的极大似然估计值为

$$\hat{\lambda}=\frac{1}{n}\sum_{i=1}^{n}x_i$$

对应的极大似然估计量为

$$\hat{\lambda}=\frac{1}{n}\sum_{i=1}^{n}X_i=\bar{X}$$

极大似然估计法也适用于分布中含多个未知参数 $\theta_1,\theta_2,\cdots,\theta_k$ 的情况. 这时, 似然函数 L 是这些未知参数的函数, 分别令 $\frac{\partial}{\partial\theta_i}L=0\ (i=1,2,\cdots,k)$, 或令 $\frac{\partial}{\partial\theta_i}\ln L=0\ (i=1,2,\cdots,k)$, 解上述 k 个方程组成的方程组, 即可得到各未知参数 $\theta_i\ (i=1,2,\cdots,k)$ 的极大似然估计 $\hat{\theta}_i\ (i=1,2,\cdots,k)$.

例 12.2.5 设总体 $X\sim N(\mu,\sigma^2)$, μ,σ^2 未知, $x_1,x_2,\cdots,x_n$ 为来自 X 的样本观测值. 求 μ,σ^2 的极大似然估计.

解 X 的概率密度是

$$f(x;\mu,\sigma^2)=\prod_{i=1}^{n}\frac{1}{\sqrt{2\pi}\sigma}\mathrm{e}^{-\frac{(x_i-\mu)^2}{2\sigma^2}}$$

似然函数为

$$L(\mu,\sigma^2)=\prod_{i=1}^{n}f(x_i;\lambda)=\prod_{i=1}^{n}\frac{1}{\sqrt{2\pi}\sigma}\mathrm{e}^{-\frac{(x_i-\mu)^2}{2\sigma^2}}$$

对数似然函数为

$$\ln L(\mu,\sigma^2)=-\frac{n}{2}\ln(2\pi)-\frac{n}{2}\ln\sigma^2-\frac{1}{2\sigma^2}\sum_{i=1}^{n}(x_i-\mu)^2$$

令

$$\begin{cases}\dfrac{\partial}{\partial\mu}\ln L=\dfrac{1}{\sigma^2}\left[\displaystyle\sum_{i=1}^{n}x_i-n\mu\right]=0\\[2ex]\dfrac{\partial}{\partial(\sigma^2)}\ln L=-\dfrac{n}{2\sigma^2}+\dfrac{1}{2(\sigma^2)^2}\displaystyle\sum_{i=1}^{n}(x_i-\mu)^2=0\end{cases}$$

解得 μ,σ^2 的极大似然估计值为

$$\hat{\mu}=\frac{1}{n}\sum_{i=1}^{n}x_i=\bar{x},\qquad\hat{\sigma}^2=\frac{1}{n}\sum_{i=1}^{n}(x_i-\bar{x})^2=s^2$$

因此得 μ,σ^2 的极大似然估计量分别为

$$\hat{\mu}=\bar{X},\qquad\hat{\sigma}^2=\frac{1}{n}\sum_{i=1}^{n}(X_i-\bar{X})^2=S^2$$

例 12.2.4 和例 12.2.5 中, 极大似然估计的结果与矩估计法获得的估计量是相同的, 但并不是所有的分布两种估计法得到的估计量都相同.

例 12.2.6 设总体 X 在 $[a,\ b]$ 上服从均匀分布, $a,\ b$ 未知, $x_1,x_2,\cdots,x_n$ 为样本观测值, 试求 a,b 的极大似然估计值.

解 记 $x_{(1)}=\min\{x_1,x_2,\cdots,x_n\}$，$x_{(n)}=\max\{x_1,x_2,\cdots,x_n\}$，$X$ 的概率密度为

$$f(x;a,b)=\begin{cases}\dfrac{1}{b-a}, & a\leqslant x\leqslant b\\ 0, & 其他\end{cases}$$

因为 $a\leqslant x_1,x_2,\cdots,x_n\leqslant b$ 等价于 $a\leqslant x_{(1)}, x_{(n)}\leqslant b$，作为 a, b 的函数的似然函数为

$$L(a,b)=\begin{cases}\dfrac{1}{(b-a)^n}, & a\leqslant x_{(1)}, b\geqslant x_{(n)}\\ 0, & 其他\end{cases}$$

所以，对于满足条件 $a\leqslant x_{(1)}, b\geqslant x_{(n)}$ 的任意 a, b，有

$$L(a,b)=\frac{1}{(b-a)^n}\leqslant\frac{1}{(x_{(n)}-x_{(1)})^n}$$

即 $L(a, b)$ 在 $a=x_{(1)}, b=x_{(n)}$ 时取得最大值 $(x_{(n)}-x_{(1)})^{-n}$，故 a, b 的极大似然估计值为

$$\hat{a}=x_{(1)}=\min_{1\leqslant i\leqslant n}x_i,\qquad \hat{b}=x_{(n)}=\max_{1\leqslant i\leqslant n}x_i$$

例 12.2.6 中根据样本值的取值范围直接求出了似然函数的最大值点，并不是所有分布都是采用求驻点的方法去求似然函数的最大值点；另一方面，均匀分布极大似然估计法和矩估计法获得的结果并不相同.

极大似然估计具有如下性质(称为不变性)：

设 θ 的函数 $u=u(\theta)$，$\theta\in\Theta$ 具有单值反函数 $\theta=\theta(u)$，$u\in U$，又设 $\hat{\theta}$ 是 X 的概率密度函数 $f(x;\theta)$ 或分布律 $P(x;\theta)$ 中参数 θ 的极大似然估计，则 $\hat{u}=u(\hat{\theta})$ 是 $u(\theta)$ 的极大似然估计.

事实上，因为 $\hat{\theta}$ 是 θ 的极大似然估计，于是有

$$L(x_1,x_2,\cdots,x_n;\hat{\theta})=\max_{\theta\in\Theta}L(x_1,x_2,\cdots,x_n;\theta)$$

式中，$x_1,x_2,\cdots,x_n$ 是总体 X 的样本值. 由于 $u=u(\theta)$ 具有单值反函数 $\theta=\theta(u)$，$u\in U$，上式可改写为

$$L(x_1,x_2,\cdots,x_n;\theta(\hat{u}))=\max_{\theta\in\Theta}L(x_1,x_2,\cdots,x_n;\theta(u))$$

这就证明了 $\hat{u}=u(\hat{\theta})$ 是 $u(\theta)$ 的极大似然估计.

当总体分布中含有多个未知参数时，也具有上述性质.

例如，在例 12.2.5 中已得到 σ^2 的极大似然估计量为

$$\hat{\sigma}^2=\frac{1}{n}\sum_{i=1}^{n}(X_i-\bar{X})^2$$

根据上述性质，得到标准差 σ 的极大似然估计量为

$$\hat{\sigma}=\sqrt{\hat{\sigma}^2}=\sqrt{\frac{1}{n}\sum_{i=1}^{n}(X_i-\bar{X})^2}$$

极大似然估计充分利用了总体分布所提供的信息，因而具有很多优良的性质. 一般来说，如果总体的分布类型给定，我们总是先求参数的极大似然估计. 当然，有时估计式不能由解似然方程的方法得到(如例 12.2.6)，有时似然方程不易求解，有时似然方程的解不一定使得似然函数取最大值等，这些都增加了求极大似然估计的困难. 在实际工作中，通常采用统计软件求得极大似然估计的近似数值解. 尽管如此，极大似然估计法仍是最重要和最好的方法之一，也是最常用的估计方法.

下面是一个极大似然估计的应用实例.

例 12.2.7 设计公共汽车的车厢高度为 h 时，需考虑乘客在车厢内碰到头顶的概率，假定要求这一概率不超过 0.005，又设人的身高 $X \sim N(\mu,\sigma^2)$，而 μ,σ^2 皆未知. 试对车厢的最低高度 h 作出估计.

解 为了确定车厢的高度 h，从总体 X 抽取一个样本 $X_1,X_2,\cdots,X_n$，其样本值为 $x_1,x_2,\cdots,x_n$. 根据设计要求，应有 $P(X>h)\leqslant 0.005$，即

$$P\left(\frac{X-\mu}{\sigma}>\frac{h-\mu}{\sigma}\right)\leqslant 0.005$$

因为 $\frac{X-\mu}{\sigma}\sim N(0,1)$ 由分位数定义，从上式可得 $\frac{h-\mu}{\sigma}\geqslant u_{0.005}$，即

$$h\geqslant u_{0.005}\sigma+\mu$$

又 μ,σ 的极大似然估计值分别为 $\bar{x}$，s，从而车厢最低高度 h 可设计为

$$\hat{h}=u_{0.005}\hat{\sigma}+\hat{\mu}=2.58s+\bar{x}$$

本例代表了运用数理统计知识解决实际问题的一种形式，它有以下步骤.

(1)从现实世界中搜集所关心问题的某个数量指标 X 的一批数据，得样本值 $x_1,x_2,\cdots,x_n$.

(2)确定数量指标 X 所服从的分布，并估计其分布参数.

(3)根据所确定的分布及分布参数，作有关的概率计算.

(4)运用计算结果所提供的信息，为决策或设计提出意见或建议.

12.3 估计量的评价标准

从上一节可知，对于同一参数，用不同的估计方法求出的估计量可能不相同，那么，采用哪一种估计量为好呢？这就涉及用什么样的标准来评价估计量的问题. 统计学家给出过评价估计量的一些标准，下面介绍几个常用的评价标准.

1. 无偏性

估计量是随机变量，对于不同的样本值会得到不同的估计值. 我们希望估计值在未知参数真值附近，它的数学期望等于未知参数的真值，这就导致无偏性这个标准.

定义 12.3.1 设 $\hat{\theta}(X_1,X_2,\cdots,X_n)$ 是未知参数 θ 的估计量，若

$$E(\hat{\theta})=\theta \tag{12.3.1}$$

则称 $\hat{\theta}$ 是 θ 的**无偏估计量**.

例 12.3.1 设 $X_1,X_2,\cdots,X_n$ 是来自具有有限数学期望 μ 的总体的样本，则 $\bar{X}=\frac{1}{n}\sum_{i=1}^{n}X_i$ 是 μ 的无偏估计.

证 因为

$$E(\bar{X})=E\left(\frac{1}{n}\sum_{i=1}^{n}X_i\right)=\frac{1}{n}\sum_{i=1}^{n}E(X_i)=\mu$$

所以 $\bar{X}$ 是 μ 的无偏估计.

例 12.3.2 设样本 $X_1,X_2,\cdots,X_n$ 来自数学期望为 μ 、方差为 σ^2 的总体 X, 则样本方差 $S^2=\frac{1}{n}\sum_{i=1}^{n}(X_i-\overline{X})^2$ 不是 σ^2 的无偏估计.

证 易知 $S^2=\frac{1}{n}\sum_{i=1}^{n}X_i^2-\overline{X}^2$, 故

$$
\begin{aligned}
E(S^2)&=\frac{1}{n}\sum_{i=1}^{n}E(X_i^2)-E(\overline{X}^2)=\frac{1}{n}\sum_{i=1}^{n}\{D(X_i)+[(EX_i)]^2\}-\{D(\overline{X})+[(E\overline{X})]^2\}\\
&=\frac{1}{n}\sum_{i=1}^{n}(\sigma^2+\mu^2)-\left(\frac{1}{n}\sigma^2+\mu^2\right)=\frac{n-1}{n}\sigma^2\neq\sigma^2
\end{aligned}
$$

即 S^2 不是 σ^2 的无偏估计.

由上述证明易知, 估计量 $S^{*2}=\frac{1}{n-1}\sum_{i=1}^{n}(X_i-\overline{X})^2$ 是 σ^2 的无偏估计. 因此, 一般取 S^{*2} 为 σ^2 的估计量. 事实上, 修正样本方差 S^{*2} 的引入正是为了使它成为总体方差 $D(X)$的无偏估计量. 一般地, 如果 $\hat{\theta}$ 是参数 θ 的有偏估计量, 并且有 $E\hat{\theta}=a\theta+b$, 其中 a, b 是常数, 且 $a\neq0$, 那么, 可以通过纠偏得到 θ 的一个无偏估计量

$$\hat{\theta}=\frac{1}{a}(\hat{\theta}-b)$$

虽然 S^2 不是总体方差 $D(X)$的无偏估计量, 但是有

$$\lim_{n\to\infty}E(S^2)=\lim_{n\to\infty}\frac{n-1}{n}D(X)=D(X)$$

那么称 S^2 为 $D(X)$的渐近无偏估计量. 一般地, 有下面的定义:

定义 12.3.2 若参数 θ 的估计量 $\hat{\theta}_n=T_n(X_1,X_2,\cdots,X_n)$满足关系式

$$\lim_{n\to\infty}E(\hat{\theta}_n)=\theta\quad(对一切\theta\in\Theta)$$

则称 $\hat{\theta}_n$ 为 θ 的渐近无偏估计量.

在样本容量 n 充分大时, 可把渐近无偏估计量近似地作为无偏估计量来使用.

无偏性是对估计量的一个基本而又常见的要求, 一般都把无偏性放在很显著的地位. 从实际应用的角度看, 无偏估计的意义在于: 当这个估计量经常地使用时, 它保证了在多次重复的平均意义下, 给出接近于真值的估计. 设想这样一个例子, 某工厂生产一种产品, 其废品率从较长期看, 大体稳定在一个数 p_0 上. 现在每天在所生产的产品中作抽样检验, 以对 p_0 作一估计. 就逐日的结果而言, 估计可能偏高或偏低, 如果估计量是无偏的, 在使用了几个月, 将全部结果平均, 就能得出很接近于 p_0 的估计. 所以, 如果该厂每日将全部产品卖给一家商店, 而该店是按每日抽样废品率的大小来付款的, 则就某一日而言, 两方中有一方可能吃一点亏, 但从较长时期看, 无偏性保证了此办法是公平的. 在这里, 无偏性无疑是一个很有用、很合理而且是必须的准则. 然而, 在不少应用中, 不仅问题没有这种经常性, 而且正负偏差所带来的影响并不能抵消. 例如, 某厂每周进原料一批, 在投入使用前, 由工厂实验室对原料中某种成分含量的百分比 p 作一估计. 根据估计值 $\hat{p}$ 采用相应的工艺调整措施. 无论 $\hat{p}$ 比真正的 p 偏高或偏低, 都会使所采取的措施不理想而有损于产品质量. 在此, 即使 $\hat{p}$ 是 p 的无偏估计, 在长期使用中, 各周的估计偏差造成的损失也不能正负抵消. 在这里, 无偏性就没有多大实际意义.

例 12.3.3 设总体X服从泊松分布$\pi(\lambda)$，未知参数$\lambda>0$，X_1为X的一个样本. 试证$(-2)^{X_1}$是待估函数$e^{-3\lambda}$的无偏估计量.

证
$$E[(-2)^{X_1}]=\sum_{k=0}^{n}(-2)^k\frac{\lambda^k}{k!}e^{-\lambda}=e^{-\lambda}\sum_{k=0}^{\infty}\frac{(-2\lambda)^k}{k!}=e^{-\lambda}\cdot e^{-2\lambda}=e^{-3\lambda}$$
这就证明了$(-2)^{X_1}$是$e^{-3\lambda}$的无偏估计量.

显然$e^{-3\lambda}>0$，而它的无偏估计量$(-2)^{X_1}$当X_1取奇数值时，估计值为负数，用一个负数来估计$e^{-3\lambda}$显然是不合理的，可见这是一个有明显弊病的无偏估计量.

总而言之，估计量的无偏性对现实问题的意义必须根据具体情况去考察. 不过，在目前点估计的理论和应用中，无偏性仍占很重要的地位. 除了有悠久的历史因素外，还有两个原因：一是无偏性的要求只涉及一阶矩(数学期望)，在数学处理上比较方便；二是在没有其他合理的评判标准时，人们心理上觉得一个具有无偏性的估计量总比没有这种性质的估计量好些.

2. *有效性*

一般地，对同一参数θ可以有很多的无偏估计量，而对于未知参数θ的两个不相同的无偏估计量$\hat{\theta}_1$与$\hat{\theta}_2$，怎样比较估计的好坏呢？显然，对于相同样本容量n，与总体参数的离散程度较小的，也就是方差(或标准差)较小的估计量较好.

定义 12.3.3 设$\hat{\theta}_1$与$\hat{\theta}_2$都是θ的无偏估计量，若对任意样本容量n，有
$$D(\hat{\theta}_1)<D(\hat{\theta}_2) \tag{12.3.2}$$
则称$\hat{\theta}_1$比$\hat{\theta}_2$有效.

考察θ的所有无偏估计量(要求二阶矩存在)，如果其中存在一个估计量$\hat{\theta}_0$，它的方差达到最小，从有效性标准来看，这样的估计量应当最好.

定义 12.3.4 若在θ的所有二阶矩存在的无偏估计量中，存在一个估计量$\hat{\theta}_0$，使对任意其中无偏估计$\hat{\theta}$，有
$$D(\hat{\theta}_0)<D(\hat{\theta}) \tag{12.3.3}$$
则称$\hat{\theta}_0$是θ的**最小方差无偏估计量**.

在参数 θ 或参数函数 $g(\theta)$的无偏估计类中，最小方差无偏估计是否存在？怎样去寻找最小方差无偏估计？最小方差无偏估计的方差是否可以任意小？可以小到怎样的程度？这些问题属于数理统计理论中较深入的内容. 这里介绍一下著名的 Cramer-Rao（简称 C-R）不等式，它是由罗(C. R. Rao)和克拉默(Cramer)分别于 1945 年和 1946 年独立地得到的. 它精辟地回答了后一个问题，即这个方差不能任意地小，而是有一个下界；它也部分地解决了前一问题，即提供了验证最小方差无偏估计的一个方法.

定理 12.3.1 (Cramer-Rao)设总体 X 是连续型随机变量，密度函数为 $f(x;\ \theta)$，未知参数$\theta\in\Theta$，参数空间Θ为一个开区间，$X_1,X_2,\cdots,X_n$为取自 X 的样本，$T(X_1,X_2,\cdots,X_n)$为待估函数 $g(\theta)$的无偏估计，记
$$I(\theta)=E\left[\frac{\partial}{\partial\theta}\ln f(X;\theta)\right]^2 \tag{12.3.4}$$

若

(1)集合$\{x \mid f(x;\theta)>0\}$与θ无关，即密度为正值的x组成的集合与θ值无关；

(2)$g'(\theta)$与$\dfrac{\partial}{\partial\theta}f(x;\theta)$均存在，且对一切$\theta\in\Theta$，有

$$\frac{\mathrm{d}}{\mathrm{d}\theta}\int_{-\infty}^{+\infty}f(x;\theta)\mathrm{d}x=\int_{-\infty}^{+\infty}\frac{\partial}{\partial\theta}f(x;\theta)\mathrm{d}x \tag{12.3.5}$$

$$\begin{aligned}&\frac{\mathrm{d}}{\mathrm{d}\theta}\int_{-\infty}^{+\infty}\cdots\int_{-\infty}^{+\infty}T(x_1,x_2,\cdots,x_n)\prod_{i=1}^{n}f(x_i;\theta)\mathrm{d}x_1\cdots\mathrm{d}x_0\\&=\int_{-\infty}^{+\infty}\cdots\int_{-\infty}^{+\infty}T(x_1,x_2,\cdots,x_n)\frac{\partial}{\partial\theta}\left[\prod_{i=1}^{n}f(x_i;\theta)\right]\mathrm{d}x_1\cdots\mathrm{d}x_n\end{aligned} \tag{12.3.6}$$

则当$I(\theta)>0$时，有

$$D(T)\geqslant\frac{[g'(\theta)]^2}{nI(\theta)} \tag{12.3.7}$$

特别地，当$g(\theta)=\theta$时，式(12.3.7)可简化为

$$D(T)\geqslant\frac{1}{nI(\theta)} \tag{12.3.8}$$

上面不等式称为 C-R 不等式，该不等式的右边就是方差的下界，称为 C-R 下界. 还可以证明$I(\theta)$的另一计算式：

$$I(\theta)=-E\left[\frac{\partial^2\ln f(X;\theta)}{\partial\theta^2}\right] \tag{12.3.9}$$

该式有时比式(12.3.4)易于计算.

对于离散型随机变量，则只需将定理中的密度函数用概率分布替代，积分用求和替代，结论仍然成立.

例 12.3.4 设总体X服从 0-1 分布$B(1,p)$，其中$0<p<1$，样本为$X_1,X_2,\cdots,X_n$. 试求p的无偏估计$\bar{X}$的 C-R 下界.

解 对于 0-1 分布$B(1,p)$，

$$P(x;p)=p^x(1-p)^{1-x}\quad(x=0,1)$$

$$\begin{aligned}\frac{\partial}{\partial p}(\ln P(x;p))&=\frac{\partial}{\partial p}[x\ln p+(1-x)\ln(1-p)]\\&=\frac{x}{p}-\frac{1-x}{1-p}\end{aligned}$$

从而

$$\begin{aligned}I(p)&=E\left[\frac{\partial}{\partial p}\ln P(X;p)\right]^2=\sum_{x=0,1}\left(\frac{x}{p}-\frac{1-x}{1-p}\right)^2p^x(1-p)^{1-x}\\&=\frac{1}{(1-p)^2}(1-p)+\frac{1}{p^2}p=\frac{1}{p(1-p)}\end{aligned}$$

所以 C-R 下界为$\dfrac{p(1-p)}{n}$.

对于p的无偏估计$\hat{p}=\bar{X}=\dfrac{1}{n}\sum_{i=1}^{n}X_i$，则有

$$D(\hat{p})=D(\bar{X})=\frac{1}{n}p(1-p)$$

可见式(12.3.8)中等号成立. 因此 $\hat{p}=\bar{X}$ 是最小方差无偏估计.

应用这个方法, 可以验证 $\bar{X}$ 是泊松分布 $\pi(\lambda)$中参数 λ、二项分布中参数 np 的最小方差无偏估计.

定义 12.3.5 设 $\hat{\theta}$ 是参数 θ 的无偏估计, 记

$$\mathrm{e}(\hat{\theta})=\frac{1/(nI(\theta))}{D(\hat{\theta})} \tag{12.3.10}$$

称 $\mathrm{e}(\hat{\theta})$ 为无偏估计 $\hat{\theta}$ 的效率, 当 $\mathrm{e}(\hat{\theta})=1$ 时, 称 $\hat{\theta}$ 为有效估计.

例 12.3.5 设总体 X 的分布为 $N(\mu,\sigma^2)$, 样本为 $X_1,X_2,\cdots,X_n$.证明 $\bar{X}$ 为 μ 的有效估计.

证

$$f(x:\mu,\sigma^2)=\frac{1}{\sqrt{2\pi}\sigma}\exp\left\{-\frac{1}{2\sigma^2}(x-\mu)^2\right\}$$

$$\ln f(x:\mu,\sigma^2)=-\frac{1}{2}\ln(2\pi\sigma^2)-\frac{1}{2\sigma^2}(x-\mu)^2$$

故

$$\frac{\partial}{\partial\mu}\ln f(x;\mu,\sigma^2)=\frac{x-\mu}{\sigma^2},\qquad \frac{\partial^2}{\partial\mu^2}\ln f(x;\mu,\sigma^2)=-\frac{1}{\sigma^2}$$

于是

$$I(\mu)=-E\left(\frac{\partial^2\ln f(X;\mu,\sigma^2)}{\partial\mu^2}\right)=\frac{1}{\sigma^2}$$

故得 μ 的 C-R 下界为 $\frac{\sigma^2}{n}$, 又

$$D(\bar{X})=\frac{\sigma^2}{n}$$

所以 $\bar{X}$ 为 μ 的有效估计.

由例 12.3.3 看到, 对 0-1 分布 $B(1, p)$, 频率 $\bar{X}$ 是其对应的概率 p 的有效估计. 而例 12.3.4 说明, 对于正态总体 $N(\mu,\sigma^2)$, 样本均值 $\bar{X}$ 是总体均值 μ 的有效估计, 当然也是最小方差无偏估计.

前面已指出, 在估计量为无偏时, 其方差愈小愈好. 直观上这表示估计值有更多的机会出现在 θ 的附近, 从而导致较小的误差. 为说明方便, 暂时认为 C-R 不等式所提供的下界 $\frac{1}{nI(\theta)}$ 可以达到. 这时, $nI(\theta)$愈大, 则表示参数 θ 可以估得愈精确, $nI(\theta)$与 n 和 $I(\theta)$都成正比. n 是样本大小, 这意味着若以估计量方差的倒数作为估计量精度的指标, 则该精度与 n 成正比. 比例因子, 即 $I(\theta)$, 反映总体分布的一种特性. 就是说, 某总体分布的 $I(\theta)$愈大, 意味着该总体的参数愈容易估计, 或者说, 该总体模型本身提供的信息量愈多. 因此, 有理由把 $I(\theta)$视为一种衡量总体模型所含信息的量——信息量. 费歇早在 20 世纪 20 年代关于点估计理论的研究中就定义了 $I(\theta)$这个量, 故后人称 $I(\theta)$为费歇信息量. 有趣的是, 这个量与后来的 C-R 不等式发生了联系.

3. 相合性

前面讲的无偏性与有效性都是在样本容量 n 固定的前提下讨论的. 一般来说, 大样本给

出的估计量应当比小样本给出的估计量更接近总体的参数. 当样本容量 n 无限增加时，$\hat{\theta}$ 应在某种意义下收敛于被估计的参数 θ. 这就是所谓的相合性要求.

定义 12.3.6 若当 $n\to\infty$ 时，$\hat{\theta}$ 依概率收敛于 θ，即对任意 $\varepsilon>0$，有

$$\lim_{n\to\infty}P(|\hat{\theta}-\theta|<\varepsilon)=1 \tag{12.3.11}$$

则称 $\hat{\theta}$ 是 θ 的**相合估计量**.

"相合"一词可形象地理解为 $\hat{\theta}$ "合"于 θ. 相合性可以说是对估计量的一个起码而合理的要求. 试想：若不论作多少次试验，也不能把 θ 估计到任意指定的精确程度，则这个估计量是否合理是值得怀疑的.

定理 12.3.2 若总体 X 的原点矩存在，则样本原点矩是相应的总体原点矩的相合估计量.

证 由样本定义知 $X_1,X_2,\cdots,X_n,\cdots$ 相互独立且与总体 X 同分布，于是 $X_1^k,X_2^k,\cdots,X_n^k,\cdots$ 也相互独立且与 X^k 同分布，因 EX^k 存在，根据概率论中的辛钦大数定律，对任意 $\varepsilon>0$，有

$$\lim_{n\to\infty}P\left\{\left|\frac{1}{n}\sum_{i=1}^{n}X_i^k-EX^k\right|<\varepsilon\right\}=1$$

实际上，可以证明比定理 12.3.2 更为一般的结论：只要待估参数 θ 可以表示为总体原点矩的连续函数 $f(E(X),E(X^2),\cdots,E(X^l))$，则估计 $\hat{\theta}=f(A_1,A_2,\cdots,A_l)$ 便是参数 θ 的相合估计量，其中 $A_k=\dfrac{1}{n}\sum\limits_{i=1}^{n}X_i^k$ 表示样本的 k 阶原点矩. 还可以证明，只要满足相当一般的条件，极大似然估计量也是相合的.

讨论一个估计量无偏性与有效性，相对地说比较容易，可以分别根据定义进行. 但是相合性的定义涉及依概率收敛问题，因此，除了矩估计量之外，若想用相合性的定义来讨论一个估计量的相合性，往往不那么简单. 下面的定理对检验相合性是有用的.

定理 12.3.3 设 $\hat{\theta}=T(X_1,X_2,\cdots,X_n)$ 是 θ 的估计量，若有 $\lim\limits_{n\to\infty}E(\hat{\theta})=\theta$，且 $\lim\limits_{n\to\infty}D(\hat{\theta})=\theta$，则 $\hat{\theta}$ 是 θ 的相合估计量.

证 不难证明，对任意 $\varepsilon>0$，有

$$P(|\hat{\theta}-\theta|\geqslant\varepsilon)\leqslant\frac{E(\hat{\theta}-\theta)^2}{\varepsilon^2}$$

又

$$E[(\hat{\theta}-\theta)^2]=E(\hat{\theta}^2-2\hat{\theta}\theta+\theta^2)=E(\hat{\theta}^2)-2\theta E(\hat{\theta})+\theta^2=D(\hat{\theta})+[(E\hat{\theta})]^2-2\theta E(\hat{\theta})+\theta^2$$

由定理的条件，得

$$\lim_{n\to\infty}E(\hat{\theta}-\theta)^2=0+\theta^2-2\theta^2+\theta^2=0$$

于是得

$$\lim_{n\to\infty}P(|\hat{\theta}-\theta|\geqslant\varepsilon)=0$$

即 $\hat{\theta}$ 是 θ 的相合估计量.

12.4 区间估计

案例：①炮弹的检测
②硝化棉用途的确定

前面讨论的是参数的点估计. 用一个数值去估计参数 θ，优点是简单、明确，缺点是没有给出精度的概念. 例如，用 $\bar{X}$ 去估计 $E(X)$，由于 $\bar{X}$ 是随机变量，它不会总是恰巧与 $E(X)$ 相等，

而会有些偏差．对于一次抽样而言，只能得到 $\bar{X}$ 的一个取值，那么，$\bar{X}$ 离 $E(X)$值有多“远”？由概率论可知，$\bar{X}$ 与 $E(X)$的偏差是有概率分布的，那么有多大的把握预言偏差不超过某个范围？基于这一考虑，我们希望给出两个端点值(一般都是随机变量)，以此二端点所构成的区间(是随机区间)来估计参数 θ，使这个随机区间以比较大的概率含有 θ 的真值．这就是区间估计的问题．

定义 12.4.1 设总体X的分布函数为$F(x;\theta)$，θ为未知参数，样本为$X_1,X_2,\cdots,X_n$．构造统计量$\theta_1(X_1,X_2,\cdots,X_n)$和$\theta_2(X_1,X_2,\cdots,X_n)$，若

$$P(\theta_1(X_1,X_2,\cdots,X_n)<\theta<\theta_2(X_1,X_2,\cdots,X_n))=1-\alpha \tag{12.4.1}$$

则称(θ_1, θ_2)为θ的**置信水平**为$1-\alpha$的**置信区间**，θ_1和θ_2分别称为θ的置信水平为$1-\alpha$的**置信下限**和**置信上限**．常取$\alpha=0.01, 0.05, 0.10$等．

由上面定义可见，评价区间估计优劣有两个指标，一是可靠度，二是精度．置信水平$1-\alpha$表示估计的可靠度(又名置信度)，它是判断随机区间(θ_1, θ_2)有多大的可能性包含未知参数θ．区间估计可能犯错误，α表示犯错误的概率．可用区间的长度$\theta_2-\theta_1$表示区间估计的精度，它表示了估计的误差范围．人们总希望区间估计的可靠度越大，精度越高越好．但是当样本容量n一定时，两者往往既是相互联系又是相互矛盾的．

例 12.4.1 设总体$X\sim N(\mu,\sigma^2)$，σ^2为已知，μ为未知，样本为$X_1,X_2,\cdots,X_n$，求μ的置信水平为$1-\alpha$的置信区间．

解 当$\bar{X}$是μ的最小方差无偏估计，且有

$$\frac{\bar{X}-\mu}{\sigma/\sqrt{n}}\sim N(0,1) \tag{12.4.2}$$

$\dfrac{\bar{X}-\mu}{\sigma/\sqrt{n}}$所服从的分布$N(0,1)$不依赖于任何未知参数，按标准正态分布的分位数的定义，有(图 12.4.1)

$$P\left(\left|\frac{\bar{X}-\mu}{\sigma/\sqrt{n}}\right|<u_{\frac{\alpha}{2}}\right)=1-\alpha \tag{12.4.3}$$

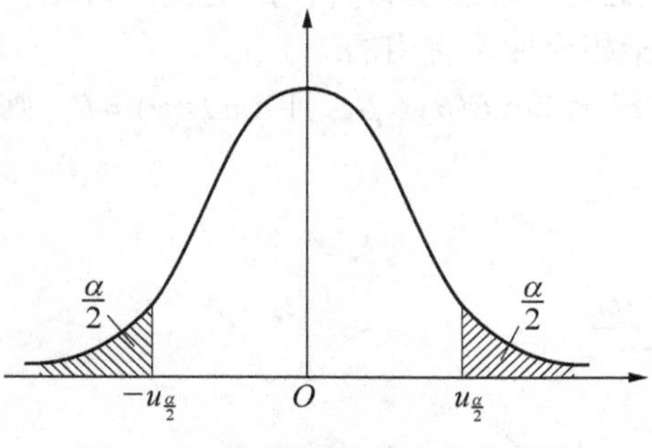

即

$$P\left(\bar{X}-\frac{\sigma}{\sqrt{n}}u_{\frac{\alpha}{2}}<\mu<\bar{X}+\frac{\sigma}{\sqrt{n}}u_{\frac{\alpha}{2}}\right)=1-\alpha \tag{12.4.4}$$

$\frac{\alpha}{2}$ $\frac{\alpha}{2}$ $-u_{\frac{\alpha}{2}}$ O $u_{\frac{\alpha}{2}}$

图 12.4.1　标准正态分布的分位数

这样，就得到了μ的置信水平为$1-\alpha$的置信区间

$$\left(\bar{X}-\frac{\sigma}{\sqrt{n}}u_{\frac{\alpha}{2}},\qquad \bar{X}+\frac{\sigma}{\sqrt{n}}u_{\frac{\alpha}{2}}\right) \tag{12.4.5}$$

注意，置信水平为$1-\alpha$的置信区间并不是唯一的．以例 12.3.5 来说，如果在式(12.4.3)中$\dfrac{\bar{X}-\mu}{\sigma/\sqrt{n}}$的取值范围改为关于原点不对称的区间，即取$z_1$和$z_2$，使

$$P\left(z_1<\frac{\bar{X}-\mu}{\sigma/\sqrt{n}}<z_2\right)=1-\alpha$$

即

$$P\left(\bar{X}-z_2\frac{\sigma}{\sqrt{n}}<\mu<\bar{X}-z_1\frac{\sigma}{\sqrt{n}}\right)=1-\alpha$$

这样获得μ的置信区间为$\left(\bar{X}-z_2\frac{\sigma}{\sqrt{n}},\quad \bar{X}-z_1\frac{\sigma}{\sqrt{n}}\right)$. 因为$z_2-z_1>2u_{\alpha/2}$，所以此法得到的置信区间长度$(z_2-z_1)\frac{\sigma}{\sqrt{n}}$大于用前法得到的置信区间长度$2u_{\alpha/2}\frac{\sigma}{\sqrt{n}}$，这说明前法得到的置信区间为好，因而前法较为合理.

哪些因素影响置信区间长度$2u_{\alpha/2}\frac{\sigma}{\sqrt{n}}$呢？当样本容量$n$一定时，若置信度$1-\alpha$愈大，则$u_{\alpha/2}$愈大，即置信区间愈长. 直观上看，抽取一定容量的样本，要求估计可靠程度愈高，估计的范围当然愈大；反过来，要求估计范围小就要冒一定风险. 当α一定时，如果n愈大，置信区间愈短. 这与直观也一致，取样愈多，估计当然愈精确. 当n,α一定时，σ愈小，置信区间愈短. 这与直观也是相符的，σ愈小，说明作为所研究对象的总体的稳定性愈好，估计也就愈精确.

归纳本例处理问题的过程，寻求未知参数θ的置信区间通常有如下几个步骤.

(1)构造样本$X_1,X_2,\cdots,X_n$的一个函数$h(X_1,X_2,\cdots,X_n;\theta)$，使它满足两个条件：①其含有待估的未知参数$\theta$，而不含其他未知参数；②$h(X_1,X_2,\cdots,X_n;\theta)$的分布为已知，且其分布不依赖于任何未知参数. 在很多情形下，函数$h(X_1,X_2,\cdots,X_n;\theta)$是由未知参数$\theta$的点估计量适当变换所得.

(2)对于给定的置信度$1-\alpha$，确定分位数. 事实上，构造函数$h(X_1,X_2,\cdots,X_n;\theta)$时，往往是使随机变量$h(X_1,X_2,\cdots,X_n;\theta)$的分布为有表可查的常用分布. 因此，分位数常由查表得到.

(3)将上一步中描述概率为$1-\alpha$的随机事件的不等式作等价变形，从而求得未知参数θ的置信区间.

定义 12.4.1 给出的置信限是双侧的，但对许多实际问题，需要的是单侧置信限. 例如，对于设备、元件的使用寿命来说，平均寿命过长没有什么问题，平均寿命过短就有问题，对于这种情况，可将置信上限取为$+\infty$，而只着眼于置信下限；又如，对于产品的次品率，其过小就没有问题，过大是不允许的，这时可将置信下限取作 0，而只着眼于置信上限. 一般地，对于总体的未知参数θ给出如下定义：

定义 12.4.2 设总体X的分布函数为$F(x;\theta)$，θ为未知参数，样本为$X_1,X_2,\cdots,X_n$. 若对事先给定的$\alpha(0<\alpha<1)$，有

$$P(\theta_1(X_1,X_2,\cdots,X_n)<\theta<c_1)=1-\alpha$$

其中，$\theta_1(X_1,X_2,\cdots,X_n)$为统计量，$c_1$为常数或$+\infty$，则称$(\theta_1(X_1,X_2,\cdots,X_n),c_1)$为$\theta$的置信度为$1-\alpha$的**单侧置信区间**，称$\theta_1(X_1,X_2,\cdots,X_n)$为$\theta$的$1-\alpha$**单侧置信下限**.

类似地，若有

$$P(c_2<\theta<\theta_2(X_1,X_2,\cdots,X_n))=1-\alpha$$

其中，$\theta_2(X_1,X_2,\cdots,X_n)$为统计量，$c_2$为常数或$-\infty$，则称$(c_2,\theta_2(X_1,X_2,\cdots,X_n))$为$\theta$的置信度为$1-\alpha$的单侧置信区间，称$\theta_2(X_1,X_2,\cdots,X_n)$为$\theta$的$1-\alpha$**单侧置信上限**.

因求参数的单侧置信区间在本质上与求定义 12.4.1 提出的双侧置信区间没有什么不同. 故除非特别指明，下面涉及的置信区间均指双侧置信区间.

12.5 正态总体均值与方差的区间估计

研究一个总体时，其均值和方差也是非常重要的指标，而正态总体的均值和方差恰好是

它的参数，所以对正态总体均值和方差的区间估计有着重要意义.

1. 单个总体 $N(\mu,\sigma^2)$ 的情形

设总体 $X\sim N(\mu,\sigma^2)$，样本为 $X_1,X_2,\cdots,X_n,\bar{X},S^{*2}$ 分别为样本均值和修正样本方差，设已给定置信水平为 $1-\alpha$.

1)均值 μ 的置信区间

(1)σ^2 为已知的情况. 此时，由例 12.4.1 得 μ 的置信水平为 $1-\alpha$ 的置信区间为

$$\left(\bar{X}-\frac{\sigma}{\sqrt{n}}u_{\frac{\alpha}{2}},\quad \bar{X}+\frac{\sigma}{\sqrt{n}}u_{\frac{\alpha}{2}}\right) \tag{12.5.1}$$

例 12.5.1 包糖机器某日开工包了 12 包糖，称重得到的质量(单位: g)分别 506, 500, 495, 488, 504, 486, 505, 513, 521, 520, 512, 485. 假设重量服从正态分布，且标准差为 $\sigma=10$，试求糖包的平均重量 μ 的 $1-\alpha$ 置信区间(分别取 $\alpha=0.05$ 和 $\alpha=0.10$).

解 $\sigma=10$，$n=12$，计算得 $\bar{x}=502.92$

(1)当 $\alpha=0.10$ 时，$1-\dfrac{\alpha}{2}=0.95$, 查表得 $u_{\alpha/2}=u_{0.05}=1.645$，则

$$\bar{x}-\frac{\sigma}{\sqrt{n}}u_{\alpha/2}=502.92-\frac{10}{\sqrt{12}}\times1.645=498.17$$

$$\bar{x}+\frac{\sigma}{\sqrt{n}}u_{\alpha/2}=502.92+\frac{10}{\sqrt{12}}\times1.645=507.67$$

即 μ 的置信度为 90%的置信区间为(498.17, 507.67).

(2)当 $\alpha=0.05$ 时，$1-\dfrac{\alpha}{2}=0.975$, 查表得 $u_{\alpha/2}=u_{0.025}=1.96$，同理可得 μ 的置信度为 95%的置信区间为 (497.26, 508.58) .

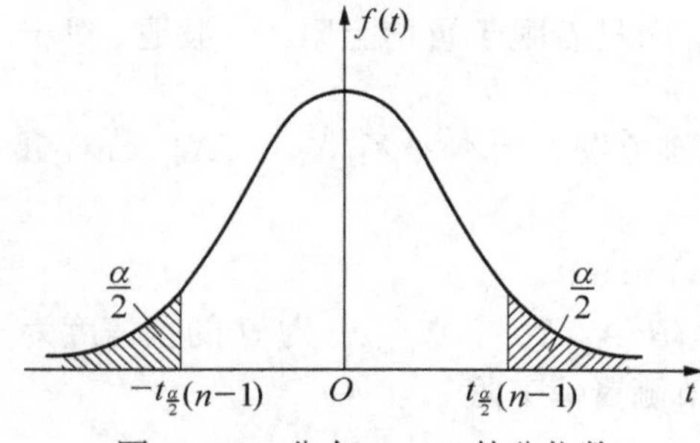

图 12.5.1 分布 $t(n-1)$ 的分位数

(2)σ^2 为未知的情况. 此时不能使用式(12.5.1)给出的区间，因为其中含有未知参数 σ. 一个很自然的想法是将式(12.4.2)中的 σ 换成 $S^*=\sqrt{S^{*2}}$，由定理 11.2.12 知

$$\frac{\bar{X}-\mu}{S^*/\sqrt{n}}\sim t(n-1) \tag{12.5.2}$$

并且右边分布 $t(n-1)$不依赖于任何未知参数，可得(图 12.5.1)

$$P\left(-t_{\frac{\alpha}{2}}(n-1)<\frac{\bar{X}-\mu}{S^*/\sqrt{n}}<t_{\frac{\alpha}{2}}(n-1)\right)=1-\alpha \tag{12.5.3}$$

$$P\left(\bar{X}-t_{\frac{\alpha}{2}}(n-1)\frac{S^*}{\sqrt{n}}<\mu<\bar{X}+t_{\frac{\alpha}{2}}(n-1)\frac{S^*}{\sqrt{n}}\right)=1-\alpha \tag{12.5.4}$$

于是得 μ 的置信水平为 $1-\alpha$ 的置信区间为

$$\left(\bar{X}-t_{\frac{\alpha}{2}}(n-1)\frac{S^*}{\sqrt{n}},\quad \bar{X}+t_{\frac{\alpha}{2}}(n-1)\frac{S^*}{\sqrt{n}}\right) \tag{12.5.5}$$

例 12.5.2 某厂生产的一种塑料茶杯的重量 X 被认为服从正态分布，今随机抽取 9 个，测得其质量(单位: g)为: 21.1, 21.3, 21.4, 21.5, 21.3, 21.7, 21.4, 21.3, 21.6，试以 95%的置信度估计全部茶杯的平均质量.

解　依题意 $X \sim N(\mu,\sigma^2)$, σ^2 为未知, $E(X)=\mu$，计算得

$$\overline{x}=21.4,\quad s^*=0.18$$

因置信度$1-\alpha=0.95$，故 $\alpha=0.05$, 查 t 分布表得 $t_{\frac{\alpha}{2}}(8)=t_{0.025}(8)=2.306$，故 95%的置信限为

$$\overline{x}-t_{\frac{\alpha}{2}}(n-1)\frac{s^*}{\sqrt{n}}=21.4-2.306\times\frac{0.18}{\sqrt{9}}=21.261$$

$$\overline{x}-t_{\frac{\alpha}{2}}(n-1)\frac{s^*}{\sqrt{n}}=21.4+2.306\times\frac{0.18}{\sqrt{9}}=21.539$$

即以 95%的可靠程度认为全部茶杯的平均质量在 21.261 g～21.539 g.

实际问题中, 总是以 σ^2 未知的情形为多. 因此, σ^2 为未知时 μ 的区间估计更有实用价值.

2)方差 σ^2 的置信区间

根据问题的实际应用背景需要, 只介绍 μ 未知的情形.

我们知道, s^{*2} 为 σ^2 的无偏估计(而且还可以证明 s^{*2} 为 σ^2 的最小方差无偏估计), 由定理 11.2.11 知

$$\frac{(n-1)s^{*2}}{\sigma^2}\sim\chi^2(n-1) \tag{12.5.6}$$

并且式(12.5.6)右边的分布不依赖于任何未知参数, 故有(图 12.5.2)

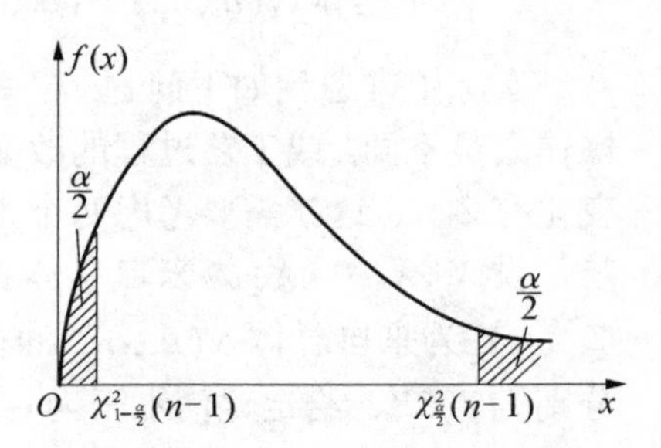

图 12.5.2　分布 $\chi^2(n-1)$ 的分位数

$$P\left(\chi^2_{1-\frac{\alpha}{2}}(n-1)<\frac{(n-1)s^{*2}}{\sigma^2}<\chi^2_{\frac{\alpha}{2}}(n-1)\right)=1-\alpha \tag{12.5.7}$$

即

$$P\left(\frac{(n-1)s^{*2}}{\chi^2_{\frac{\alpha}{2}}(n-1)}<\sigma^2<\frac{(n-1)s^{*2}}{\chi^2_{1-\frac{\alpha}{2}}(n-1)}\right)=1-\alpha \tag{12.5.8}$$

于是得 σ^2 的置信水平为$1-\alpha$ 的置信区间为

$$\left(\frac{(n-1)s^{*2}}{\chi^2_{\frac{\alpha}{2}}(n-1)},\ \frac{(n-1)s^{*2}}{\chi^2_{1-\frac{\alpha}{2}}(n-1)}\right) \tag{12.5.9}$$

由式(12.5.9), 还可得 σ 的置信水平为$1-\alpha$ 的置信区间为

$$\left(\frac{\sqrt{(n-1)}s^*}{\sqrt{\chi^2_{\frac{\alpha}{2}}(n-1)}},\ \frac{\sqrt{(n-1)}s^*}{\sqrt{\chi^2_{1-\frac{\alpha}{2}}(n-1)}}\right) \tag{12.5.10}$$

注意, 在密度函数不对称时, 如 χ^2 分布和 F 分布, 习惯上仍取对称的分位数(如图 12.5.2 中的分位数 $\chi^2_{1-\frac{\alpha}{2}}(n-1)$ 与 $\chi^2_{\frac{\alpha}{2}}(n-1)$ 来确定置信区间. 但这样确定的置信区间的长度并不是最短的, 实际上由于求最短区间计算过于麻烦, 一般是不去求的.

例 12.5.3　从一批火箭推力装置中随机抽取 10 个进行试验, 它们的燃烧时间(单位: s)如下:

50.7　54.9　54.3　44.8　42.2　69.8　53.4　66.1　48.1　34.5

假设燃烧时间服从正态分布，试求总体方差 σ^2 和标准差 σ 的置信区间(取 $\alpha=0.10$).

解 经过计算，得 $s^*=10.55$，又 $n=10,\alpha=0.10$，查 χ^2 分布表得

$$\chi^2_{0.95}(10-1)=3.325,\qquad \chi^2_{0.05}(10-1)=16.919$$

于是

$$\frac{(n-1)s^{*2}}{\chi^2_{\frac{\alpha}{2}}(n-1)}=\frac{9\times 10.55^2}{16.919}=59.21,\qquad \frac{(n-1)s^{*2}}{\chi^2_{1-\frac{\alpha}{2}}(n-1)}=\frac{9\times 10.55^2}{3.325}=301.27$$

得 σ^2 的置信水平为 0.90 的置信区间为(59.21，301.27)，σ 的置信水平为 0.90 的置信区间为 $(\sqrt{59.21},\sqrt{301.27})$，即(7.69, 17.36).

2. 两个总体 $N(\mu_1,\sigma_1^2),N(\mu_2,\sigma_2^2)$ 的情形

实际中常遇到如下问题：已知产品的某一质量指标服从正态分布，由于原料、设备条件、操作人员不同，或工艺过程的改变等因素，引起总体均值、总体方差有所改变. 需要知道这些变化有多大，这就需要考虑两个正态总体均值差或方差比的估计问题.

设 $X_1,X_2,\cdots,X_n$ 为来自总体 $N(\mu_1,\sigma_1^2)$ 的样本，样本均值、修正样本方差分别为 $\bar{X},S_1^{*2}$; $Y_1,Y_2,\cdots,Y_n$ 为来自总体 $N(\mu_2,\sigma_2^2)$ 的样本，且与 $X_1,X_2,\cdots,X_n$ 相互独立，样本均值、修正样本方差分别为 $\bar{Y},S_2^{*2}$，给定置信水平为 $1-\alpha$.

1)两个总体均值差 $\mu_1-\mu_2$ 的置信区间

(1) σ_1^2,σ_2^2 均为已知. 因 $\bar{X},\bar{Y}$ 分别为 μ_1,μ_2 的无偏估计，故 $\bar{X},\bar{Y}$ 是 $\mu_1-\mu_2$ 的无偏估计，由 $\bar{X},\bar{Y}$ 的独立性及 $\bar{X}\sim N\left(\mu_1,\frac{\sigma_1^2}{n_1}\right)$，$\bar{Y}\sim N\left(\mu_2,\frac{\sigma_2^2}{n_2}\right)$，得

$$\bar{X}-\bar{Y}\sim N\left(\mu_1-\mu_2,\frac{\sigma_1^2}{n_1}+\frac{\sigma_2^2}{n_2}\right) \tag{12.5.11}$$

即

$$\frac{\bar{X}-\bar{Y}-(\mu_1-\mu_2)}{\sqrt{\frac{\sigma_1^2}{n_1}+\frac{\sigma_2^2}{n_2}}}\sim N(0,1)$$

从而得 $\mu_1-\mu_2$ 的一个置信水平为 $1-\alpha$ 的置信区间为

$$\left(\bar{X}-\bar{Y}-u_{\frac{\alpha}{2}}\sqrt{\frac{\sigma_1^2}{n_1}+\frac{\sigma_2^2}{n_2}},\qquad \bar{X}-\bar{Y}+u_{\frac{\alpha}{2}}\sqrt{\frac{\sigma_1^2}{n_1}+\frac{\sigma_2^2}{n_2}}\right) \tag{12.5.12}$$

(2) σ_1^2,σ_2^2 均为未知. 此时，只要 n_1,n_2 都很大(实用上一般大于 50 即可)，则可用

$$\left(\bar{X}-\bar{Y}-u_{\frac{\alpha}{2}}\sqrt{\frac{S_1^{*2}}{n_1}+\frac{S_2^{*2}}{n_2}},\quad \bar{X}-\bar{Y}+u_{\frac{\alpha}{2}}\sqrt{\frac{S_1^{*2}}{n_1}+\frac{S_2^{*2}}{n_2}}\right) \tag{12.5.13}$$

作为 $\mu_1-\mu_2$ 的一个置信水平近似为 $1-\alpha$ 的置信区间.

(3) $\sigma_1^2=\sigma_2^2=\sigma^2$，但 σ^2 未知. 此时，由定理 11.2.13 知

$$\frac{\bar{X}-\bar{Y}-(\mu_1-\mu_2)}{S_w\sqrt{\frac{1}{n_1}+\frac{1}{n_2}}}\sim t(n_1+n_2-2) \tag{12.5.14}$$

从而可得 $\mu_1-\mu_2$ 的一个置信水平为 $1-\alpha$ 的置信区间为

$$\left(\overline{X}-\overline{Y}-t_{\frac{\alpha}{2}}(n_1+n_2-2)S_w\sqrt{\frac{1}{n_1}+\frac{1}{n_2}},\quad \overline{X}-\overline{Y}+t_{\frac{\alpha}{2}}(n_1+n_2-2)S_w\sqrt{\frac{1}{n_1}+\frac{1}{n_2}}\right) \tag{12.5.15}$$

其中,

$$S_w^2=\frac{(n_1-1)S_1^{*2}+(n_2-1)S_2^{*2}}{n_1+n_2-2},\qquad S_w=\sqrt{S_w^2}\ .$$

例 12.5.4 为比较 I, II 两种型号步枪子弹的枪口速度, 随机地取 I 型子弹 10 发, 得到枪口速度的平均值 $\overline{x}_1=500(\mathrm{m/s})$, 修正标准差 $s_1^*=1.10(\mathrm{m/s})$, 随机地取 II 型子弹 20 发, 得到枪口速度的平均值为 $\overline{x}_2=469(\mathrm{m/s})$, 修正标准差 $s_2^*=1.20(\mathrm{m/s})$. 假定两总体都近似地服从正态分布, 且由生产过程可认为它们的方差相等, 求两总体均值差 $\mu_1-\mu_2$ 的一个置信水平为 0.95 的置信区间.

解 按实际情况, 可以认为分别来自两个总体的样本是相互独立的, 又两总体的方差相等, 但数值未知, 故可用式(12.5.15)求均值差的置信区间. 计算得

$$1-\alpha=0.95,\quad \frac{\alpha}{2}=0.025,\quad n_1=10,\quad n_2=20$$

$$n_1+n_2-2=28,\quad t_{0.025}(28)=2.0484$$

$$s_w^2=(9\times1.10^2+19\times1.20^2)/28=1.3661,\quad s_W=\sqrt{s_w^2}=1.1688$$

于是

$$\overline{x}_1-\overline{x}_2-t_{0.025}(28)s_w\sqrt{\frac{1}{n_1}+\frac{1}{n_2}}=500-496-2.0484\times1.1688\sqrt{\frac{1}{10}+\frac{1}{20}}=3.07$$

$$\overline{x}_1-\overline{x}_2-t_{0.025}(28)s_w\sqrt{\frac{1}{n_1}+\frac{1}{n_2}}=500-496+2.0484\times1.1688\sqrt{\frac{1}{10}+\frac{1}{20}}=4.93$$

得 $\mu_1-\mu_2$ 的置信水平为 0.95 的置信区间为(3.07, 4.93).

2)两个总体方差比 σ_1^2/σ_2^2 的置信区间

在此仅讨论总体均值 μ_1,μ_2 为未知的情况. 由定理 11.2.14 知

$$\frac{S_1^{*2}/\sigma_1^2}{S_2^{*2}/\sigma_2^2}\sim F(n_1-1,n_2-1) \tag{12.5.16}$$

并且右边的分布不依赖于任何未知参数. 由此得

$$P\left\{F_{1-\frac{\alpha}{2}}(n_1-1,\ n_2-1)<\frac{S_1^{*2}/\sigma_1^2}{S_2^{*2}/\sigma_2^2}<F_{\frac{\alpha}{2}}(n_1-1,\ n_2-1)\right\}=1-\alpha \tag{12.5.17}$$

$$P\left\{\frac{S_1^{*2}}{S_2^{*2}}\frac{1}{F_{\frac{\alpha}{2}}(n_1-1,n_2-1)}<\frac{\sigma_1^2}{\sigma_2^2}<\frac{S_1^{*2}}{S_2^{*2}}\frac{1}{F_{1-\frac{\alpha}{2}}(n_1-1,n_2-1)}\right\}=1-\alpha \tag{12.5.18}$$

于是得 σ_1^2/σ_2^2 的一个置信水平为 $1-\alpha$ 的置信区间为

$$\left(\frac{S_1^{*2}}{S_2^{*2}}\frac{1}{F_{\frac{\alpha}{2}}(n_1-1,n_2-1)},\quad \frac{S_1^{*2}}{S_2^{*2}}\frac{1}{F_{1-\frac{\alpha}{2}}(n_1-1,n_2-1)}\right) \tag{12.5.19}$$

为了便于使用, 把正态总体的均值与方差的区间估计的公式列成表 12.5.1.

表 12.5.1　正态总体参数的区间估计

待估参数		样本函数	分布	置信区间
一个总体	μ	$\dfrac{\bar{X}-\mu}{\sigma/\sqrt{n}}$ (σ 已知)	$N(0,1)$	$\left(\bar{X}\pm\dfrac{\sigma}{\sqrt{n}}u_{\frac{\alpha}{2}}\right)$
		$\dfrac{\bar{X}-\mu}{S^*/\sqrt{n}}$ (σ 未知)	$t(n-1)$	$\left(\bar{X}\pm\dfrac{S^*}{\sqrt{n}}t_{\frac{\alpha}{2}}(n-1)\right)$
	σ^2	$\dfrac{(n-1)S^{*2}}{\sigma^2}$ (μ 未知)	$\chi^2(n-1)$	$\left(\dfrac{(n-1)S^{*2}}{\chi^2_{\frac{\alpha}{2}}(n-1)},\dfrac{(n-1)S^{*2}}{\chi^2_{1-\frac{\alpha}{2}}(n-1)}\right)$
两个总体	$\mu_1-\mu_2$	$\dfrac{\bar{X}-\bar{Y}-(\mu_1-\mu_2)}{\sqrt{\dfrac{\sigma_1^2}{n_1}+\dfrac{\sigma_2^2}{n_2}}}$ (σ_1^2,σ_2^2已知)	$N(0,1)$	$\left(\bar{X}-\bar{Y}\pm u_{\frac{\alpha}{2}}\sqrt{\dfrac{\sigma_1^2}{n_1}+\dfrac{\sigma_2^2}{n_2}}\right)$
		$\dfrac{\bar{X}-\bar{Y}-(\mu_1-\mu_2)}{S_W\sqrt{\dfrac{1}{n_1}+\dfrac{1}{n_2}}}$ ($\sigma_1^2=\sigma_2^2$未知)	$t(n_1+n_2-2)$	$\left(\bar{X}-\bar{Y}\pm t_{\frac{\alpha}{2}}(n_1+n_2-2)S_w\sqrt{\dfrac{1}{n_1}+\dfrac{1}{n_2}}\right)$
两个总体	$\dfrac{\sigma_1^2}{\sigma_2^2}$	$\dfrac{S_1^{*2}/\sigma_1^2}{S_2^{*2}/\sigma_2^2}$	$F(n_1-1,n_2-1)$	$\left[\dfrac{1}{F_{\frac{\alpha}{2}}(n_1-1,n_2-1)}\dfrac{S_1^{*2}}{S_2^{*2}},\dfrac{1}{F_{1-\frac{\alpha}{2}}(n_1-1,n_2-1)}\dfrac{S_1^{*2}}{S_2^{*2}}\right]$

例 12.5.5　有两位化验员 A, B 独立地对某种聚合物的含氯量用同样的方法分别作了 10 次和 11 次测定, 测定值的修正样本方差分别为 $s_1^{*2}=0.5419$, $s_2^{*2}=0.6065$. 设 A, B 两位化验员测定值都服从正态分布, 方差分别为 σ_1^2 和 σ_2^2, 试求方差比 σ_1^2/σ_2^2 的置信水平为 0.90 的置信区间.

解　按题意,

$$n_1=10,\quad n_2=11,\quad s_1^{*2}=0.5419,\quad s_2^{*2}=0.6065,\quad 1-\alpha=0.90,\quad \frac{\alpha}{2}=0.05$$

通过查 F 分布表, 得

$$F_{0.05}(9,10)=3.02,\qquad F_{0.95}(9,10)=\frac{1}{F_{0.05}(10,9)}=\frac{1}{3.14}$$

于是

$$\frac{s_1^{*2}}{s_2^{*2}}\frac{1}{F_{\frac{\alpha}{2}}(n_1-1,n_2-1)}=\frac{0.5419}{0.6065}\times\frac{1}{3.02}=0.296$$

$$\frac{s_1^{*2}}{s_2^{*2}}\frac{1}{F_{1-\frac{\alpha}{2}}(n_1-1,n_2-1)}=\frac{0.5419}{0.6065}\times 3.14=2.806$$

得 σ_1^2/σ_2^2 的置信水平为 0.90 的置信区间为(0.296, 2.806).

数学实验基础知识

基本命令	功能
`[mu,sigma,muci,sigmaci]=normfit(x,alpha)`	正态总体均值、标准差的点估计和区间估计 x:样本数据构成的数组(向量或矩阵);alpha:显著性水平(1-alpha 为置信度),默认值为 0.05;mu,muci:均值的点估计和区间估计;sigma,sigmaci:标准差的点估计和区间估计
`expfit`	指数分布参数的点估计和区间估计
`poissfit`	泊松分布参数的点估计和区间估计

下面给出了一个求标准正态总体均值、标准差的点估计和区间估计的例程, 可用来验证参数估计方法:

```
>>alpha=0.10;
>>x=randn(50,5);
>>[mu,sigma,muci,sigmaci]=normfit(x,alpha)
```

本章小结

参数估计是统计推断的基本方法之一, 包括参数的点估计和区间估计.

未知参数的点估计就是构造一个统计量作为参数的估计, 我们讨论了两种点估计方法: 矩估计法和极大似然估计法. 矩估计法简单直观, 但优良性不如极大似然估计; 而极大似然估计的计算较为复杂. 正态分布中的参数 μ 和 σ^2 及泊松分布中的参数 λ, 其矩估计和极大似然估计是一致的.

衡量估计量好坏的标准有无偏性、有效性和相合性等, 估计量的优劣还与估计的实际意义相关.

参数的区间估计常常通过参数的点估计及其分布来得到. 评价区间估计优劣的标准是: 置信度(可靠度), 精度(区间长度).

本章常用词汇中英文对照

参数估计	parameter estimation	矩估计	moment estimation
极大似然估计	maximum likelihood estimation	无偏估计	unbiased estimation
有效估计	efficient estimation	相合估计	consistent estimation
区间估计	interval estimation	置信区间	confidence interval
置信度	confidence level		

习 题 12

1. 设 $X_1, X_2, \cdots, X_n$ 为总体 X 的样本, 求下列各题概率密度函数或分布律中未知参数的矩估计量和极大似然估计量.

(1) $f(x;\theta)=\begin{cases}\theta x^{\theta-1}, & 0<x<1,\\ 0, & \text{其他,}\end{cases}$ 其中 $\theta>0$, θ为未知参数.

(2) $f(x;\theta,\mu)=\begin{cases}\dfrac{1}{\theta}\mathrm{e}^{-\frac{x-\mu}{\theta}}, & x\geqslant\mu,\\ 0, & \text{其他,}\end{cases}$ 其中 $\theta>0$, θ, μ为未知参数.

(3) $f(x;\theta)=\begin{cases}1, & \theta-\dfrac{1}{2}\leqslant x\leqslant\theta+\dfrac{1}{2},\\ 0, & \text{其他,}\end{cases}$ 其中 θ为未知参数.

(4) $P(X=k)=\dbinom{m}{k}p^k(1-p)^{m-k}(k=0,1,2,\cdots,m)$, 其中 $0<p<1$, p 为未知参数.

2. (1)设总体 X 服从泊松分布 $\pi(\lambda)$, 样本为 $X_1, X_2, \cdots, X_n$, 求 $P(X=0)$的极大似然估计.

(2)某铁路局证实一个扳道员在 5 年内所引起的严重事故的次数服从泊松公布, 使用下面 122 个观测值. 表中, r 表示一板道员某 5 年中引起严重事故的次数, s 表示观测到的板道员人数.

r	0	1	2	3	4	5
s	44	42	21	9	4	2

求一个扳道员在 5 年内未引起严重事故的概率 p 的极大似然估计.

3. 为检验某种自来水消毒设备的效果, 现从消毒后的水中随机抽取 50 L 化验每升水中大肠杆菌的个数, 化验结果如下:

大肠杆菌数	0	1	2	3	4	5	6
升数/L	17	20	10	2	1	0	0

设一升水中大肠杆菌个数服从泊松分布. 试问平均每升水中大肠杆菌个数为多少时, 才能使上述情况的概率为最大?

4. 设罐中普通硬币数目与全体硬币数目之比为 p, 其中普通硬币掷出正面与反面的概率各为 1/2, 而非普通硬币则两面皆为正面, 从罐中随机地取出一枚硬币, 将它连掷两次, 记录正面出现的次数, 而不去查看该硬币是普通硬币还是非普通硬币, 并把它放回罐中. 如此重复取 n 次, 将其中掷出 0 次, 1 次, 2 次正面的次数分别记为 N_0, N_1, N_2(显然 $N_1+N_2+N_3=n$). 证明:

(1)p 的矩估计量为 $\frac{1}{n}(2N_0+N_1)$;

(2)p 的极大似然估计量为 $\frac{4}{3n}(N_0+N_1)$.

5. 已知总体 $X\sim N(0, \sigma^2)$, 记其概率密度函数为 $f(x;\sigma^2)$, $X_1, X_2, \cdots, X_n$ 是取自 X 的一个容量为 n 的样本, 求使得

$$\int_{\alpha}^{+\infty} f(x;\sigma^2)\mathrm{d}x = 0.05$$

的点 α 的极大似然估计.

6. 设总体 $X\sim N(\mu, \sigma^2)$, 样本为 $X_1, X_2, \cdots, X_n$, 试确定常数 C, 使 $C\sum_{i=1}^{n-1}(X_{i+1}-X_i)^2$ 为 σ^2 的无偏估计.

7. 设 $X_1, X_2, \cdots, X_n$ 是来自总体 $N(\mu, \sigma^2)$的一个容量为 n 的样本, 试确定常数 C, 使得

$$\hat{\sigma} = \frac{C}{\sqrt{n(n-1)}}\sum_{i=1}^{n}|X_i-\bar{X}|$$

是 σ 的无偏估计.

8. 设 $\hat{\theta}$ 是参数 θ 的无偏估计, 且有 $D(\hat{\theta})>0$, 证明 $\hat{\theta}^2$ 不是 θ^2 的无偏估计.

9. 设总体X的概率密度为 $f(x)=\begin{cases}\mathrm{e}^{-(x-\theta)}, & x\geqslant\theta,\\ 0, & x<\theta,\end{cases}$ 其中 θ 为未知参数, $X_1, X_2, \cdots, X_n$ 是取自总体的样本. 求:

(1)θ 的矩估计 $\hat{\theta}_1$ 并证明 $\hat{\theta}_1$ 是 θ 的无偏估计;

(2)θ 的极大似然估计 $\hat{\theta}_2$, 并证明 $\hat{\theta}_2$ 不是 θ 的无偏估计.

10. 设总体 X 服从参数为 λ 的泊松分布, $X_1, X_2, \cdots, X_n$ 是来自总体 X 的一个样本, $\lambda>0$ 为未知参数.

(1)设A_1, A_2分别表示样本的一阶、二阶原点矩，试确定常数c_1, c_2，使得对任意的$\lambda>0$, $c_1A_1+c_2A_2$均为λ^2的无偏估计;

(2)求λ^2的极大似然估计量$\hat{\lambda}^2$，并证明$\hat{\lambda}^2$不是λ^2的无偏估计.

11. 设总体X服从$[0, \theta]$上的均匀分布，$\theta>0$为未知参数，$X_1, X_2, \cdots, X_n$为取自总体X的样本.

(1)求θ的矩估计$\hat{\theta}_1$，并证明$\hat{\theta}_1$是θ的无偏估计;

(2)θ求的极大似然估计$\hat{\theta}_2$，并证明$\hat{\theta}_2$是θ的渐近无偏估计.

(3)证明：$\hat{\theta}_2$是θ的相合估计.

12. 设X_1, X_2, X_3为总体X的样本，试证

$$\hat{\theta}_1=\frac{2}{5}X_1+\frac{1}{5}X_2+\frac{2}{5}X_3$$

$$\hat{\theta}_2=\frac{1}{6}X_1+\frac{1}{3}X_2+\frac{1}{2}X_3, \quad \hat{\theta}_3=\frac{1}{7}X_1+\frac{3}{14}X_2+\frac{9}{14}X_3$$

都是总体均值$E(X)$(假设其存在)的无偏估计量，并判定哪一个方差最小.

13. 设从均值为μ，方差为$\sigma^2>0$的总体中，分别抽取容量为n_1, n_2的两独立样本，$\overline{X}_1$和$\overline{X}_2$分别是两样本均值. 试证：对于任意常数$a, b(a+b=1)$，$Y=a\overline{X}_1+b\overline{X}_2$都是$\mu$的无偏估计，并确定常数$a, b$使$D(Y)$达到最小.

14. 设$X_1, X_2, \cdots, X_m$和$Y_1, Y_2, \cdots, Y_n$分别是来自正态总体$N(\mu_1, \sigma_1^2)$和$N(\mu_2, \sigma_2^2)$的两个样本，且这两个样本相互独立，σ_1^2, σ_2^2均为已知，μ_1, μ_2均为未知，$\overline{X}, \overline{Y}$分别表示样本$X_1, X_2, \cdots, X_m$和$Y_1, Y_2, \cdots, Y_n$的样本均值.

(1)证明：$\hat{\delta}=\overline{X}-\overline{Y}$是$\mu_1-\mu_2$的无偏估计.

(2)若给定总的样本容量N，即$N=m+n$固定不变，为了使$\hat{\delta}$的方差最小，则应如何在两个总体中分配样本容量.

15. 设总体X服从$[0, \theta]$上的均匀分布，$\theta>0$为未知参数，X_1, X_2, X_3为取自总体X的一个样本，证明

$$\hat{\theta}_1=\frac{4}{3}\max_{1\leqslant i\leqslant 3}X_i, \qquad \hat{\theta}_2=4\min_{1\leqslant i\leqslant 3}X_i$$

均是θ的无偏估计，并比较这两个估计量的有效性.

16. 设$X_1, X_2, \cdots, X_n$是总体$N(0, \sigma^2)$的一个样本，试证$\hat{\sigma}^2=\frac{1}{n}\sum_{i=1}^{n}X_i^2$是$\sigma^2$的一个有效估计量.

17. 设总体X服从指数分布，即概率密度函数为$f(x;\theta)=\begin{cases}\frac{1}{\theta}e^{-\frac{1}{\theta}x}, & x>0,\\ 0, & x\leqslant 0,\end{cases}$其中，未知参数$\theta>0$，$X_1, X_2, \cdots, X_n$是取自$X$的一个样本.

(1)求待估参数θ的C-R下界;

(2)证明θ的极大似然估计量是θ的一个有效估计.

18. 设总体X的概率密度为$f(x)=\frac{1}{2\sigma}e^{-\frac{1}{\sigma}|x|}$，其中未知参数$\sigma>0$. (1)求$\sigma$的极大似然估计量$\hat{\sigma}$；(2)证明：$\hat{\sigma}$是$\sigma$的无偏估计; (3)证明：$\hat{\sigma}$是$\sigma$的相合估计.

19. 从下面题目中给出的四个结论中选出一个正确的结论.

(1)在参数估计中，要求通过样本的统计量来估计总体参数，评价统计量的标准之一是使它与总体参数的离散越小越好，这种评价标准称为(　　)

A. 无偏性　　B. 有效性　　C. 相合性　　D. 充分性

(2)当样本量一定时，置信区间的宽度(　　)

A. 随着置信水平的增大而减小　　B. 随着置信水平的增大而增大

C. 与置信水平的大小无关　　D. 与置信水平的平方成反比

(3)当样置信水平一定时，置信区间的宽度(　　)

A. 随着样本量的增大而减小　　B. 随着样本量的增大而增大

C. 与样本量的大小无关　　D. 与样本量的平方成反比

20. 已知一批产品的长度指标 $X \sim N(\mu, 0.5^2)$，问至少应抽取多大容量的样本，才能使样本均值与总体期望值的绝对误差在置信度为95%的条件下小于1/10.

21. 设某种清漆的9个样品的干燥时间(以小时计)分别为: 6.0, 5.7, 5.8, 6.5, 7.0, 6.3, 5.6, 6.1, 5.0. 设干燥时间总体服从正态分布 $N(\mu, \sigma^2)$，求下述两种情况下 μ 的置信水平为0.95的置信区间:

(1)由以往经验知 $\sigma = 0.6$(小时);

(2)σ 未知.

22. 随机地取某种炮弹9发作试验，得炮口速度的修正样本标准差 $s^* = 11$(m/s). 设炮口速度服从正态分布. 求这种炮弹速度的标准差 σ 的置信水平为0.95的置信区间.

23. 研究两种固体燃料火箭推进器的燃烧率. 设两者都服从正态分布，并且已知燃烧率的标准差均近似地为0.05 cm/s. 取样本容量为 $n_1 = n_2 = 20$，得燃烧率的样本均值分别为 $\overline{x}_1 = 18\ \text{cm/s}$，$\overline{x}_2 = 24\ \text{cm/s}$，求两燃烧率总体均值差 $\mu_1 - \mu_2$ 的置信水平为0.99的置信区间.

24. 设 $X_1, X_2, \cdots, X_n$ 和 $Y_1, Y_2, \cdots, Y_n$ 分别是取自正态总体 $N(\mu_1, \sigma^2)$ 和 $N(\mu_2, \sigma^2)$ 的容量均为 n 的两个样本，且这两个样本相互独立，σ^2 为已知，为使 $\mu_1 - \mu_2$ 的置信水平为95%的置信区间长度不超过 $\frac{1}{2}\sigma$，样本容量 n 至少应取多大？

25. 随机地从 A 批导线中抽取4根，从 B 批导线中抽取5根，测得其电阻(Ω)为

A: 0.140　0.142　0.143　0.137

B: 0.140　0.142　0.136　0.138　0.140

设测试数据分别服从分布 $N(\mu_1, \sigma^2)$ 和 $N(\mu_2, \sigma^2)$，并且它们相互独立，又 μ_1, μ_2 及 σ^2 均为未知，试求 $\mu_1 - \mu_2$ 的95%的置信区间.

26. 某自动机床加工同类型套筒，假设套筒的直径服从正态分布，现在从两个不同班次的产品中各抽验了5个套筒，测定它们的直径，得如下数据:

A 班: 2.066　2.063　2.068　2.060　2.067

B 班: 2.058　2.057　2.063　2.059　2.060

试求两班所加工的套筒直径的方差之比 σ_A^2 / σ_B^2 的0.90的置信区间.

27. 已知总体 X 服从指数分布，即其概率密度为 $f(x) = \begin{cases} \lambda e^{-\lambda x}, & x > 0, \\ 0, & x \leqslant 0, \end{cases}$ 其中参数 $\lambda > 0$, $X_1, X_2, \cdots, X_n$ 是取自总体 X 的一个样本.

(1)证明: 当参数 $\lambda = \frac{1}{2}$ 时, X 所服从的分布也是自由度为2的 χ^2 分布;

(2)利用 χ^2 分布的独立可加性证明 $2n\lambda\overline{X} \sim \chi^2(2n)$；

(3)求参数 λ 的置信水平为 $1-\alpha$ 的单侧置信上限.

第 13 章　假设检验

参数估计与假设检验是统计推断中两个主要研究的问题. 上一章讨论了参数估计问题, 即研究如何利用样本数据计算总体参数或数字特征的点估计与区间估计. 本章研究假设检验问题, 即利用样本数据推断总体分布是否具有某种特征. 假设检验问题大致分为两大类: 一是总体的分布形式已知, 但总体分布依赖于未知参数, 对有关未知参数的假设进行检验, 这类问题称为参数假设检验问题; 二是总体的分布形式未知, 要检验总体是否服从某种类型的分布, 这类问题称为非参数假设检验问题. 本章首先介绍假设检验的基本概念, 然后给出正态总体下参数假设检验的几种简单类型及检验方法, 最后简要讨论了关于总体分布类型的拟合优度检验方法.

13.1　假设检验的基本概念

1. 假设检验问题的提出

下面通过例子说明假设是如何提出的.

例 13.1.1　某电器零件的电阻服从正态分布 $N(\mu, \sigma^2)$, 其中平均电阻 $\mu_0 = 2.64\ \Omega$, 均方差 $\sigma = 0.60\ \Omega$. 改变工艺后, 假设均方差保持不变. 为检验平均电阻有无显著变化, 在按新工艺制造的零件中随机抽取 100 个, 测得其平均电阻为 $2.62\ \Omega$. 问新工艺对此零件的平均电阻有无显著影响?

关于这个问题, 存在两种可能性: 一种是新工艺对该零件的电阻无显著影响, 另一种是有显著影响. 在统计检验中, 常以下述方式提出: 针对前一种可能性, 引入一个假设

$$H_0 : \mu = \mu_0 = 2.64$$

该假设称为原假设或零假设. 另一种可能性对应的假设则为

$$H_1 : \mu \neq \mu_0$$

称为备择假设或对立假设.

统计检验的目的是要利用样本数据决定接受 H_0, 还是拒绝 H_0, 假设一般以成对的形式写成

$$H_0 : \mu = \mu_0 = 2.64, \qquad H_1 : \mu \neq \mu_0$$

在该描述中, H_0 是检验的对象, 处在问题的中心位置, H_0 与 H_1 的位置不可颠倒, 在后续的讨论中会进行进一步说明.

通过该例, 可将假设检验问题的提出一般化:

设总体 X 的分布为 $F(x; \theta)$, $\theta \in \Theta$, 其中 Θ 为参数空间, 在不作任何限制时, Θ 通常表示参

数 θ 允许取值的范围. 又设 $X_1, X_2, \cdots, X_n$ 是取自总体 X 的简单随机样本. 在参数假设检验问题中, 关心的是未知参数 θ 是否属于参数空间 Θ 的某个非空真子集 Θ_0, 这时假设 $H_0: \theta \in \Theta_0$ 称为原假设或零假设. 记与 Θ_0 不相交的非空子集为 Θ_1, 则假设 $H_1: \theta \in \Theta_1$ 称为原假设 H_0 对应的备择假设或对立假设. 从而假设检验问题的一般描述形式为

$$H_0: \theta \in \Theta_0; \qquad H_1: \theta \in \Theta_1 \tag{13.1.1}$$

在式(13.1.1)中, 若 Θ_0 或 Θ_1 只包含参数空间 Θ 的一个点, 则相应的假设称为简单假设, 否则称为复合假设. 例如, 例 13.1.1 中原假设为简单假设, 备择假设为复合假设. 又如, 样本取自总体 $N(\mu, \sigma^2)$, σ^2 已知, 则未知参数 μ 对应的参数空间 $\Theta = (-\infty, +\infty)$, 考虑假设检验问题

$$H_0: \mu = \mu_0, \qquad H_1: \mu = \mu_1$$

式中, μ_0 为已知常数, 则 H_0 与 H_1 均为简单假设.

若考虑假设检验问题

$$H_0: \mu \leqslant \mu_0, \qquad H_1: \mu > \mu_0$$

则 H_0 与 H_1 均为复合假设.

2. 拒绝域与检验统计量

下面通过例子说明拒绝域与检验统计量这两个概念.

对例 13.1.1 中的问题进行检验, 其直观做法是: 先找 μ 的一个较好的估计量, 由第 12 章知识可知, 样本均值 $\bar{X}$ 是 μ 的一个无偏估计. 对于一次抽样得到的样本值的平均值 $\bar{x}$, 若 $|\bar{x}-\mu_0|$ 较大, 就倾向于拒绝原假设 H_0; 反之, 若 $|\bar{x}-\mu_0|$ 较小, 就倾向于接受 H_0, 考虑到当 H_0 为真时 $U = \dfrac{\bar{X}-\mu_0}{\sigma/\sqrt{n}} \sim N(0,1)$, 衡量 $|\bar{x}-\mu_0|$ 的大小归结为衡量 $u = \dfrac{\bar{x}-\mu_0}{\sigma/\sqrt{n}}$ 的大小. 因此, 需要确定一个数 C, 当 $|u| \geqslant C$ 时, 拒绝 H_0, 反之则接受 H_0. 若已找到这样的数 C, 则称集合

$$D = \{(x_1, x_2, \cdots, x_n) \| u| \geqslant C\} \tag{13.1.2}$$

为拒绝域, 即若由样本数据$(x_1, x_2, \cdots, x_n)$计算出来的统计量的值 u 落入 D, 则拒绝原假设 H_0, C 称为临界值, U 称为检验统计量.

一般地, 假设检验问题的拒绝域 D 通常用某个统计量 $T = T(X_1, X_2, \ldots, X_n)$满足一定的条件来描述, 具体形式如下

$$D = \{(x_1, x_2, \cdots, x_n) \mid T\text{满足的条件}\} \tag{13.1.3}$$

此时 $T = T(X_1, X_2, \cdots, X_n)$称为检验统计量, T 满足的条件常以不等式形式表示.

拒绝域的意义在于, 通过验证统计量 T 的值 $T(x_1, x_2, \cdots, x_n)$是否满足给定的条件, 判断样本数据$(x_1, x_2, \cdots, x_n)$是否落入拒绝域 D 中, 由此得出是接受原假设还是拒绝原假设的统计推断. 这一方面说明了统计量 T 在这里称为检验统计量的原因; 同时也说明, 假设检验方法的关键在于确定拒绝域, 有了拒绝域, 就有了检验方法.

一般说来, 要确定拒绝域就必须选取合适的检验统计量并给出检验统计量满足的条件. 检验统计量的选取本身就是一个非常复杂的问题, 对比较简单的参数假设检验问题, 如例 13.1.1, 在其解决思路中提出了一种直观处理方式, 即可以尝试从参数的无偏估计量出发, 寻找相应的检验统计量; 同时, 从后续的讨论中可以体会到, 选取的检验统计量的分布应该容

易求得或其极限分布容易求得. 至于拒绝域的属性描述, 即检验统计量满足的条件, 首先必须具有可验证性, 只要给定样本数据, 就可明确得出其是否落入拒绝域的结论; 其次还与接下来要介绍的两类错误及显著性水平有关.

值得说明的是, 从式(13.1.2)或式(13.1.3)可以看出, 对于给定的样本容量 n, 拒绝域 D 实际上也是由 n 维随机变量$(X_1, X_2, \cdots, X_n)$描述的随机事件, 拒绝原假设 H_0 当且仅当随机事件 D 发生.

3. 两类错误与显著性水平

样本数据的随机性, 无论原假设 H_0 是否为真, 拒绝域 D 对应的随机事件都有可能发生, 也可能不发生, 因而不能保证假设检验结论的绝对正确性, 而只能以一定的概率保证推断的可信程度. 因此, 在假设检验中可能出现下列两类错误.

(1)原假设 H_0 为真时, 由于样本数据的随机性, 拒绝域 D 对应的随机事件发生了, 即观察值落入拒绝域 D, 从而错误地拒绝原假设 H_0, 称为弃真, 这时犯的错误称为第 I 类错误.

(2)原假设 H_0 为假时, 观察值未落入拒绝域 D, 错误地接受原假设 H_0, 称为取伪, 这时犯的错误称为第 II 类错误.

应当注意, 在每一具体场合, 要么不犯错误, 要么只犯两类错误中的一类; 对给定的拒绝域, 我们当然希望犯两类错误的概率都非常小, 非常遗憾的是, 除极例外情形, 一般说来, 在固定样本容量的大小时, 任何检验方法都办不到. 原因在于: 要减少犯第 I 类错误的概率, 就必须使拒绝域 D 对应的随机事件发生的概率变小, 使得观察值不落入拒绝域 D 的概率增大, 即导致犯第 II 类错误的概率增大, 反之亦然.

既然很难使得犯两类错误的概率都非常小, 很自然的想法是选择后果更为严重的一类错误作为控制对象, 通常在设置原假设与备择假设时将这类错误设定为第 I 类错误. 只控制犯第 I 类错误概率不超过 α 的检验方法称为显著性假设检验, 简称显著性检验, 其中 α 称为显著性水平, 即 P(拒绝 $H_0 | H_0$ 为真)$\leqslant \alpha$, 因允许犯第一类错误的概率最大为 α, 则取等号确定常数 C.

对例 13.1.1, 在 H_0 为真的条件下 $U = \dfrac{\bar{X} - \mu_0}{\sigma / \sqrt{n}} \sim N(0,1)$, 由 $P(|U| \geqslant C) = \alpha$ 结合标准正态分布分位点的定义得 $C = u_{\alpha/2}$, 若取 $\alpha = 0.01$, 则 $C = u_{0.005} = 2.58$, 即给定显著性水平下假设检验问题的拒绝域为 $D = \{(x_1, x_2, \cdots, x_n) \| u | \geqslant 2.58\}$.

习惯上, 显著性水平 α 取得比较小且标准化, 如 $\alpha = 0.01, 0.05$ 或 0.10 等, 标准化的目的在于便于制表.

在实际问题中, 原假设被否定, 常常意味着推翻一种理论或用新方法代替一直使用的标准或方法, 大多数情况下, 人们希望这样做有充足的依据, 这也说明在显著性检验中, 何种假设作为原假设非常重要, 原假设的选择必须慎重. 若对已给的检验问题, 犯第 II 类错误的后果比第 I 类错误的后果要严重, 则应先调整假设的地位, 即将原来的原假设调整为新的备择假设, 原来的备择假设调整为新的原假设, 再讨论显著性检验方法.

显著性水平的选择通常与检验问题的实际背景有关, 以下因素会影响显著性水平的选取.

(1)当一个检验问题涉及双方利益时, 显著性水平的选择通常是双方协议的结果. 如对某批次待交货产品进行检验, 要求次品率不超过 0.02, 则其假设为

$$H_0: 0 < p \leqslant 0.02, \qquad H_1: 0.02 < p < 1$$

该假设检验问题中，生产方与使用方关注的错误类型是不一样的，使用方希望不要将不合格的产品当作合格品接收，生产方希望不要将合格品当作不合格品拒绝，即使用方关心的是第Ⅱ类错误，生产方关心的是第Ⅰ类错误. 此时进行显著性检验，生产方的利益有了保证，但使用方可能并不同意较小的显著性水平，因此双方协议商定是可能的.

(2)犯两类错误的后果一般在性质上有很大的区别，如果犯第一错误的后果非常严重，则显著性水平就应取得更低一些. 例如，制药厂要生产一种新药代替旧药治疗某种疾病，若旧药经过长期的临床使用证实有一定的疗效，而新药未经临床使用，效果不好的话可能危及病人的生命安全，则在进行检验时，宜将原假设 H_0 设为"旧药不比新药差"，且显著性水平宜取较小值.

(3)若试验者对问题已经有了一定的了解，对原假设是否为真有了一定的看法，这种看法可能影响其对显著性水平的选取. 例如，一个试验者根据某种理论推断随机变量 X 应该服从分布 F，并且认为只有当很有力的证据出现时才会否定这一推断，相应地，显著性水平就可能会取得偏低一些.

最后说明一点，在显著性水平很小时，原假设不会轻易被否定，若根据样本数据否定了原假设，则结论比较可靠，因为此时犯第Ⅰ类错误的概率较小；反过来，若接受原假设，则结论未必可靠，因为犯第Ⅱ类错误的概率可能很大.

4. 实际推断原理

显著性水平反映了假设检验中犯Ⅰ类错误的概率，即原假设 H_0 为真时，拒绝原假设 H_0 的概率，该概率值非常小. 具体说来，就是当原假设 H_0 为真时，拒绝域 D 对应的随机事件是一个小概率事件，其发生的概率不超过显著性水平 α. 如例 13.1.1 中，在 H_0 为真的条件下，拒绝域 $D=\{(x_1,x_2,\cdots,x_n)\,\|\,u\,|\geqslant C\}$ 为小概率事件. 这就为在显著性检验中如何构造拒绝域提供了行动指南：寻找原假设 H_0 为真时的一个小概率事件 D，其发生的概率不超过显著性水平 α，而该小概率事件是通过统计量描述的，一旦获得样本数据，即可判断其发生与否.

对于例 13.1.1 代入样本值，计算得到 $u=\dfrac{\overline{x}-\mu_0}{\sigma/\sqrt{n}}=3.33$，计算结果落入拒绝域 $D=\{(x_1,x_2,\cdots,x_n)\,\|\,u\,|\geqslant 2.58\}$ 中，从而拒绝原假设 H_0，因此在显著性水平 $\alpha=0.01$ 下，认为原假设不真，新工艺对此零件的平均电阻有显著的影响.

若样本值得到的统计量值落入拒绝域 D，则拒绝原假设 H_0，这里依据的是实际推断原理：小概率事件在一次试验中虽说有可能发生，但因发生的概率非常小，在实际推断中就简单地认为一次试验中该事件不可能发生，如果发生了，就反过来认为不是小概率事件. 即认为该事件是小概率事件的说法有误，进而认为原假设 H_0 有误，因此拒绝原假设 H_0.当然，这种做法是有风险的，风险是有可能犯两类错误.

5. 处理假设检验问题的一般步骤

(1)根据问题的要求，明确提出原假设 H_0 和备择假设 H_1.

(2)确定显著性水平 α.

(3)导出拒绝域 D.

(4)由样本数据是否落入拒绝域作出拒绝或接受原假设 H_0 的结论.

13.2 正态总体参数的假设检验

正态分布是最常见的分布类型，关于正态总体参数的假设检验是最重要的假设检验问题. 本节从三个方面讨论正态总体参数的假设检验方法：单个正态总体均值与方差的检验；两个正态总体均值差与方差比的检验；以二项分布为例简单介绍极限分布为正态分布的大样本检验.

1. 单个正态总体均值的检验

设 $X_1, X_2, \cdots, X_n$ 是取自正态总体 $N(\mu, \sigma^2)$ 的简单随机样本，研究下列三类假设检验问题：

(1) $H_0: \mu = \mu_0, H_1: \mu \neq \mu_0$

(2) $H_0: \mu \leqslant \mu_0, H_1: \mu > \mu_0$

(3) $H_0: \mu \geqslant \mu_0, H_1: \mu < \mu_0$

其中，μ_0 与显著性水平 α 给定.

检验问题(1)称为双边检验，检验问题(2)称为右边检验，检验问题(3)称为左边检验，右边检验和左边检验统称为单边检验.

可以证明检验问题(2)与检验问题

$$H_0: \mu = \mu_0, \qquad H_1: \mu > \mu_0$$

有相同的拒绝域.

检验问题(3)与检验问题

$$H_0: \mu = \mu_0, \qquad H_1: \mu < \mu_0$$

有相同的拒绝域.

在总体方差 σ^2 已知的条件下，对于检验问题(1)，已知在例 13.1.1 中进行了详细讨论，对于检验问题(2)和(3)检验统计量不变，其拒绝域的处理方式与接下来讨论的总体方差 σ^2 未知的情形类似，在此不作详细讨论，结果见表 13.2.1. 这种检验方法称为 u-检验法.

在实际问题中，总体方差 σ^2 通常是未知的，首先研究检验问题(1)，即

$$H_0: \mu = \mu_0, \qquad H_1: \mu \neq \mu_0$$

构造拒绝域的一个直观想法是：样本均值 $\bar{X}$ 是总体均值 μ 的无偏估计量，当原假设 H_0 为真时，由样本计算得到的样本均值 $\bar{X}$ 与 μ_0 的偏差应该不会太大，即若 $|\bar{X}-\mu_0|$ 越大，则越倾向于认为 H_0 不成立.

在 H_0 为真的条件下，$U = \dfrac{\bar{X}-\mu_0}{\sigma/\sqrt{n}} \sim N(0,1)$，由于总体方差 σ^2 未知，在获得样本值后不能计算出统计量 U 的确切值，进而无法验证样本数据是否落入拒绝域中. 这也提醒读者，在构造统计量时统计量中不能含未知参数且分布已知.

为了解决这一问题，根据第 11 章定理 11.2.12 知，原假设 H_0 为真时，统计量

$$T = \frac{\sqrt{n}(\bar{X}-\mu_0)}{S^*} \sim t(n-1) \tag{13.2.1}$$

从而有

$$P\left(|T| \geqslant t_{\frac{\alpha}{2}}(n-1)\right)=\alpha \tag{13.2.2}$$

式中，$t_{\frac{\alpha}{2}}(n-1)$ 为分布 $t(n-1)$ 的上 $\dfrac{\alpha}{2}$ 分位数.

自然地，拒绝域可取为

$$D=\left\{(x_1,x_2,\cdots,x_n) \| t | \geqslant t_{\frac{\alpha}{2}}(n-1)\right\} \tag{13.2.3}$$

式中，$t=\dfrac{\sqrt{n}(\overline{x}-\mu_0)}{s^*}$.

下面研究检验问题(2)，即

$$H_0: \mu \leqslant \mu_0, \qquad H_1: \mu > \mu_0$$

统计量为

$$T=\frac{\sqrt{n}(\overline{X}-\mu_0)}{S^*} \tag{13.2.4}$$

构造拒绝域的直观想法是：当样本均值 $\overline{x}$ 不超过设定均值 μ_0 时应倾向于接受 H_0，当样本均值 $\overline{x}$ 超过 μ_0 时应倾向于拒绝 H_0. 可是，在有随机性影响的场合，如果 $\overline{x}$ 比 μ_0 大一点就拒绝 H_0 似乎不合适，只有当 $\overline{x}$ 比 μ_0 大到一定程度时拒绝 H_0 才是恰当的.

因此拒绝域可取为

$$D=\left\{(x_1,\ x_2,\ \cdots,\ x_n) \middle| t \geqslant C\right\} \tag{13.2.5}$$

式中，C 是待定常数，$t=\dfrac{\sqrt{n}(\overline{X}-\mu_0)}{S^*}$.

因 $\dfrac{\sqrt{n}(\overline{X}-\mu)}{S^*} \sim t(n-1)$，从而

$$P\left(\frac{\sqrt{n}(\overline{X}-\mu)}{S^*} \geqslant t_\alpha(n-1)\right)=\alpha \tag{13.2.6}$$

其中，$t_\alpha(n-1)$为分布 $t(n-1)$的上 α 分位数.

为了寻找临界值 C，需注意，在原假设 $H_0: \mu \leqslant \mu_0$ 为真时，成立下列概率关系

$$P\left(\frac{\sqrt{n}(\overline{X}-\mu_0)}{S^*} \geqslant t_\alpha(n-1)\right) \leqslant P\left(\frac{\sqrt{n}(\overline{X}-\mu)}{S^*} \geqslant t_\alpha(n-1)\right)=\alpha \tag{13.2.7}$$

因此，若取临界值 $C=t_\alpha(n-1)$，则拒绝域满足要求，即原假设 H_0 为真时，拒绝域对应的随机事件发生的概率不超过显著性水平 α，确实满足控制犯第 I 类错误的概率的要求.

故检验问题(2)的拒绝域可取为

$$D=\{(x_1, x_2,\ \cdots, x_n) \mid t \geqslant t_\alpha(n-1)\} \tag{13.2.8}$$

类似地，可导出检验问题(3)的拒绝域可取为

$$D=\{(x_1, x_2,\ \cdots, x_n) \mid t \leqslant -t_\alpha(n-1)\} \tag{13.2.9}$$

这种基于检验统计量与 t 分布关系的检验方法称为 t-检验法.

单个正态总体方差已知或未知情形下均值的假设检验见表 13.2.1 所示.

表 13.2.1　单个正态总体参数的假设检验

检验参数	条件	H_0	H_1	检验统计量	使用的分布	拒绝域
μ	σ^2 已知	$\mu=\mu_0$	$\mu\neq\mu_0$	$U=\dfrac{\sqrt{n}(\bar{X}-\mu_0)}{\sigma}$	$N(0,1)$	$\lvert u\rvert\geqslant u_{\frac{\alpha}{2}}$
		$\mu\leqslant\mu_0$	$\mu>\mu_0$			$u\geqslant u_\alpha$
		$\mu\geqslant\mu_0$	$\mu<\mu_0$			$u\leqslant -u_\alpha$
	σ^2 未知	$\mu=\mu_0$	$\mu\neq\mu_0$	$T=\dfrac{\sqrt{n}(\bar{X}-\mu_0)}{S^*}$	$t(n-1)$	$\lvert t\rvert\geqslant t_{\frac{\alpha}{2}}(n-1)$
		$\mu\leqslant\mu_0$	$\mu>\mu_0$			$t\geqslant t_\alpha(n-1)$
		$\mu\geqslant\mu_0$	$\mu<\mu_0$			$t\leqslant -t_\alpha(n-1)$
σ^2	μ 未知	$\sigma^2=\sigma_0^2$	$\sigma^2\neq\sigma_0^2$	$\chi^2=\dfrac{(n-1)S^{*2}}{\sigma_0^2}$	$\chi^2(n-1)$	$\chi^2\geqslant\chi^2_{\frac{\alpha}{2}}(n-1)$或 $\chi^2\leqslant\chi^2_{1-\frac{\alpha}{2}}(n-1)$
		$\sigma^2\leqslant\sigma_0^2$	$\sigma^2>\sigma_0^2$			$\chi^2\geqslant\chi^2_\alpha(n-1)$
		$\sigma^2\geqslant\sigma_0^2$	$\sigma^2<\sigma_0^2$			$\chi^2\leqslant\chi^2_{1-\alpha}(n-1)$

例 13.2.1　食品厂用自动装罐机装罐头食品，每罐标准重量为 500 g，每隔一定时间需要检查机器工作情况. 现抽得 10 罐，测得其重量(单位: g)为

495　510　505　498　503　492　502　512　497　506

假定重量 X 服从正态分布 $N(\mu,\sigma^2)$，试问机器是否工作正常?(显著性水平 $\alpha=0.02$)

解　检验问题为

$$H_0: \mu=\mu_0=500,\qquad H_1: \mu\neq\mu_0$$

总体方差 σ^2 未知，则在 H_0 为真时，检验统计量为

$$T=\frac{\sqrt{n}(\bar{X}-\mu_0)}{S^*}\sim t(n-1)$$

拒绝域为 $|t|=\left|\dfrac{\sqrt{n}(\bar{x}-\mu_0)}{s^*}\right|\geqslant t_{\frac{\alpha}{2}}(n-1)$.

由样本观测值得,

$$n=10,\qquad \bar{x}=\frac{1}{10}\sum_{i=1}^{10}x_i=502,\quad s^*=\sqrt{\sum_{i=1}^{10}(x_i-\bar{x})^2/9}=6.5$$

则

$$t=\frac{\sqrt{n}(\bar{x}-\mu_0)}{s^*}=\frac{502-500}{6.5}\sqrt{10}=0.97$$

查 t 分布表(见附录 4)得 $t_{0.01}(9)=2.82$，因此，$|t|=0.97<2.82$，故接受原假设，认为机器工作是正常的.

例 13.2.2　若某个试验所控制的温度值 X(单位: 度)服从正态分布，正常情况下温度均值

约为 1262, 试由随机观测到的温度值 1250, 1245, 1260, 1275, 1265. 检验温度的均值是否偏高?(显著性水平 $\alpha = 0.05$)

解 这里认为温控维持在正常情况是有保障的, 故如果样本数据对否定情况正常的结论不是特别支持的话, 则应依然认为情况正常, 故检验问题的原假设与备择假设应设定为

$$H_0: \mu \leqslant \mu_0 = 1262, \qquad H_1: \mu > \mu_0$$

当 $\mu = \mu_0$ 时, 检验统计量为 $T = \dfrac{\sqrt{n}(\bar{X} - \mu_0)}{S^*} \sim t(n-1)$.

拒绝域为 $T \geqslant t_\alpha(n-1)$.

由已知数据得 $n = 5, \mu_0 = 1262, \ \bar{x} = 1259, s^* = 11.9373$, 所以

$$t = \frac{\sqrt{n}(\bar{x} - \mu_0)}{s^*} = \frac{\sqrt{5}(1259 - 1262)}{11.9373} = -0.5620$$

由 $\alpha = 0.05$ 查 t 分布表(见附录 4)得 $t_{0.05}(4) = 2.13$, $t < t_{0.05}(4)$, 因此接受原假设 H_0, 认为温度的平均值正常.

2. 单个正态总体方差的检验

设 $X_1, X_2, \cdots, X_n$ 是取自正态总体 $N(\mu, \sigma^2)$的简单随机样本, 研究下列三类假设检验问题:

(4)H_0: $\sigma^2 = \sigma_0^2$, H_1: $\sigma^2 \neq \sigma_0^2$

(5)H_0: $\sigma^2 \leqslant \sigma_0^2$, H_1: $\sigma^2 > \sigma_0^2$

(6)H_0: $\sigma^2 \geqslant \sigma_0^2$, H_1: $\sigma^2 < \sigma_0^2$

其中, σ_0^2 与显著性水平 α 给定.

根据问题应用的广泛性, 重点讨论总体均值未知时总体方差的检验方法.

首先研究检验问题(4), 即

$$H_0: \ \sigma^2 = \sigma_0^2, \qquad H_1: \ \sigma^2 \neq \sigma_0^2$$

构造拒绝域的想法是: 因为总体均值未知时, 修正样本方差 S^{*2} 是总体方差 σ^2 的无偏估计. 直观来看, $\dfrac{s^{*2}}{\sigma_0^2}$ 偏大或偏小时, 都倾向于认为原假设 H_0 不成立. 所以, 可考虑将拒绝域构造为如下形式

$$D = \left\{ (x_1, x_2, \cdots, x_n) \left| \frac{s^{*2}}{\sigma_0^2} \geqslant A_1 \text{或} \frac{s^{*2}}{\sigma_0^2} \leqslant A_2 \right. \right\} \tag{13.2.10}$$

式中, A_1, A_2 为待定常数.

根据第 11 章定理 11.2.12, 当原假设 H_0 为真时,

$$\frac{(n-1)S^{*2}}{\sigma_0^2} \sim \chi^2(n-1) \tag{13.2.11}$$

故取检验统计量 $\chi^2 = \dfrac{(n-1)S^{*2}}{\sigma_0^2}$, 拒绝域的等价形式为

$$D=\{(x_1, x_2, \ldots, x_n)|\chi^2 \geqslant C_1 \text{或} \chi^2 \leqslant C_2\} \tag{13.2.12}$$

式中, C_1, C_2 的选择应满足: 原假设 H_0 为真时,

$$P(\chi^2 \geqslant C_1 \text{或} \chi^2 \leqslant C_2)=\alpha \tag{13.2.13}$$

显然满足该式的 C_1 与 C_2 非常多, 作为一种简单方式, 在原假设 H_0 为真的条件下, 选择 C_1 与 C_2, 使得

$$P(\chi^2 \geqslant C_1)=\frac{\alpha}{2}, \qquad P(\chi^2 \leqslant C_2)=\frac{\alpha}{2} \tag{13.2.14}$$

从而 $C_1=\chi^2_{\frac{\alpha}{2}}(n-1), C_2=\chi^2_{1-\frac{\alpha}{2}}(n-1)$, 即 C_1 与 C_2 均取分布 $\chi^2(n-1)$相应的上分位数.

因此, 检验问题(4)的拒绝域为

$$D=\left\{(x_1,x_2,\cdots,x_n)\middle|\chi^2 \geqslant \chi^2_{\frac{\alpha}{2}}(n-1)\text{或}\chi^2 \leqslant \chi^2_{1-\frac{\alpha}{2}}(n-1)\right\} \tag{13.2.15}$$

式中, $\chi^2=\dfrac{(n-1)s^{*2}}{\sigma_0^2}$.

用完全类似于本节解决检验问题(2)与(3)的方法可分别求得检验问题(5)的拒绝域为

$$D=\{(x_1,x_2,\cdots,x_n) \mid \chi^2 \geqslant \chi^2_{\alpha}(n-1)\} \tag{13.2.16}$$

检验问题(6)的拒绝域为

$$D=\{(x_1,x_2,\cdots,x_n) \mid \chi^2 \leqslant \chi^2_{1-\alpha}(n-1)\} \tag{13.2.17}$$

这种基于检验统计量与 χ^2 分布关系的检验法称为 χ^2 检验法.

单个正态总体方差的假设检验见表 13.2.1 所示.

例 13.2.3 已知某种棉花的纤度服从 $N(\mu, 0.048^2)$, 现从棉花收购站收购的棉花中任取 8 个样品, 测得其纤度为 1.32, 1.40, 1.38, 1.44, 1.32, 1.36, 1.42, 1.36, 问这个收购站所收棉花纤度的方差与该种棉花纤度的方差是否相同?(显著性水平 $\alpha=0.10$)

解 这是 μ 未知的情况下检验方差的问题, 其假设为

$$H_0: \sigma^2=\sigma_0^2=0.048^2, \qquad H_1: \sigma^2 \neq \sigma_0^2$$

在 H_0 为真时, 检验统计量为

$$\chi^2=\frac{(n-1)S^{*2}}{\sigma_0^2} \sim \chi^2(n-1)$$

拒绝域为 $\chi^2 \geqslant \chi^2_{\frac{\alpha}{2}}(n-1)$或$\chi^2 \leqslant \chi^2_{1-\frac{\alpha}{2}}(n-1)$.

据题意计算出 $\bar{x}=1.375$, $\sum\limits_{i=1}^{n}(x_i-\bar{x})^2=0.0134$, 由样本值计算出统计量的观测值

$$\chi^2=\frac{1}{\sigma_0^2}\sum_{i=1}^{8}(x_i-\bar{x})^2=\frac{1}{0.048^2}\times 0.0134=5.816$$

$\alpha=0.10$, 其自由度为 $n-1=8-1=7$ 时, 查表(见附录 5)得

$$\chi^2_{0.05}(7) = 14.067, \quad \chi^2_{0.95}(7) = 2.167$$

因为 $\chi^2_{1-\frac{\alpha}{2}}(n-1) < \chi^2 < \chi^2_{\frac{\alpha}{2}}(n-1)$，所以接受 H_0，认为所收棉花纤度的方差与该种棉花纤度的方差基本相同.

3. 两个正态总体均值差的检验

设总体 $X \sim N(\mu_1, \sigma_1^2)$，$X_1, X_2, \cdots, X_{n_1}$ 为其样本，总体 $Y \sim N(\mu_2, \sigma_2^2)$，$Y_1, Y_2, \cdots, Y_{n_2}$ 为其样本，假定两个样本相互独立. 记它们的样本均值和修正样本方差分别为 $\overline{X}$，$\overline{Y}$，S_1^{*2}，S_2^{*2}. 研究下列假设检验问题:

(7)H_0: $\mu_1-\mu_2 = \mu_0$, H_1: $\mu_1-\mu_2 \neq \mu_0$

(8)H_0: $\mu_1-\mu_2 \leqslant \mu_0$, H_1: $\mu_1-\mu_2 > \mu_0$

(9)H_0: $\mu_1-\mu_2 \geqslant \mu_0$, H_1: $\mu_1-\mu_2 < \mu_0$

其中, μ_0 与显著性水平 α 给定.

这些检验问题只在几种特殊情形下得到圆满的解决. 这里分三种情形介绍.

1) σ_1^2 与 σ_2^2 已知时均值差的检验

由正态分布的可加性知：$\overline{X}$，$\overline{Y}$ 分别服从正态分布且相互独立，$\overline{X}-\overline{Y}$ 也服从正态分布，且

$$E(\overline{X}-\overline{Y}) = E(\overline{X}) - E(\overline{Y}) = \mu_1 - \mu_2 \tag{13.2.18}$$

$$D(\overline{X}-\overline{Y}) = D(\overline{X}) + D(\overline{Y}) = \frac{\sigma_1^2}{n_1} + \frac{\sigma_2^2}{n_2} \tag{13.2.19}$$

对于检验问题(7)，当 H_0: $\mu_1-\mu_2 = \mu_0$ 为真时,

$$U = \frac{\overline{X}-\overline{Y}-\mu_0}{\sqrt{\dfrac{\sigma_1^2}{n_1} + \dfrac{\sigma_2^2}{n_2}}} \sim N(0,1) \tag{13.2.20}$$

取检验统计量为 U，参照本节解决检验问题(1)的方法，可得检验问题(7)的拒绝域为

$$D = \left\{(x_1, \cdots, x_{n_1}; y_1, \cdots, y_{n_2}) \middle| |u| \geqslant u_{\frac{\alpha}{2}}\right\} \tag{13.2.21}$$

式中，$u = \dfrac{\overline{x}-\overline{y}-\mu_0}{\sqrt{\dfrac{\sigma_1^2}{n_1} + \dfrac{\sigma_2^2}{n_2}}}$.

同样可得检验问题(8)的拒绝域为

$$D = \{(x_1, \cdots, x_{n_1}; y_1, \cdots, y_{n_2}) \mid u \geqslant u_\alpha\} \tag{13.2.22}$$

检验问题(9)的拒绝域为

$$D = \{(x_1, \cdots, x_{n_1}; y_1, \cdots, y_{n_2}) \mid u \leqslant -u_\alpha\} \tag{13.2.23}$$

例 13.2.4 生产某种产品可用第 1、第 2 两种操作法. 以往经验表明，这两种操作法生产

的产品抗折强度都服从正态分布，两种方法对应的标准差分别为 6 kg 和 8 kg. 今从第 1 生产法的产品中随机抽取一容量为 12 的样本，抗折强度的样本均值为 40 kg，从第 2 生产法的产品中抽取容量为 16 的随机样本；抗折强度的样本均值为 34 kg.需要检验两种方法生产的产品的平均抗折强度是否有显著的差异(显著性水平 $\alpha = 0.05$).

解 检验问题为 $H_0: \mu_1-\mu_2 = 0, H_1: \mu_1-\mu_2\neq 0$.

在 H_0 为真时，检验统计量

$$U = \frac{\overline{X}-\overline{Y}}{\sqrt{\dfrac{\sigma_1^2}{n_1}+\dfrac{\sigma_2^2}{n_2}}} \sim N(0,1)$$

拒绝域为 $|u| \geqslant u_{\frac{\alpha}{2}}$.

对给定的 $\alpha = 0.05$ 查标准正态分布表可得临界值 $u_{\frac{\alpha}{2}} = 1.96$，由样本值计算出统计量的观测值

$$u = \frac{\overline{x}-\overline{y}}{\sqrt{\dfrac{\sigma_1^2}{n_1}+\dfrac{\sigma_2^2}{n_2}}} = \frac{40-34}{\sqrt{\dfrac{36}{12}+\dfrac{64}{16}}} = 2.27$$

因为 $|U| > u_{\frac{\alpha}{2}}$，所以拒绝 H_0，认为两个总体的平均抗折强度有显著的差异.

2) $\sigma_1^2 = \sigma_2^2 = \sigma^2$ 未知时检验均值差的检验

由正态分布的可加性知：$\overline{X}$，$\overline{Y}$ 分别服从正态分布且相互独立，据正态分布的可加性知 $\overline{X}-\overline{Y}$ 也服从正态分布. 而

$$E(\overline{X}-\overline{Y}) = E(\overline{X}) - E(\overline{Y}) = \mu_1 - \mu_2 \tag{13.2.24}$$

$$D(\overline{X}-\overline{Y}) = D(\overline{X}) + D(\overline{Y}) = \frac{\sigma^2}{n_1} + \frac{\sigma^2}{n_2} \tag{13.2.25}$$

所以

$$\frac{\overline{X}-\overline{Y}-(\mu_1-\mu_2)}{\sqrt{\dfrac{\sigma^2}{n_1}+\dfrac{\sigma^2}{n_2}}} \sim N(0,1) \tag{13.2.26}$$

式(13.2.27)中含有未知参数 σ^2，不能构成统计量.

由抽样分布定理知

$$\frac{(n_1-1)S_1^{*2}}{\sigma^2} \sim \chi^2(n_1-1), \qquad \frac{(n_2-1)S_2^{*2}}{\sigma^2} \sim \chi^2(n_2-1) \tag{13.2.27}$$

利用 χ^2 分布的可加性，可得

$$\frac{(n_1-1)S_1^{*2}}{\sigma^2} + \frac{(n_2-1)S_2^{*2}}{\sigma^2} \sim \chi^2(n_1+n_2-2) \tag{13.2.28}$$

由 t 分布的定义知

$$T=\frac{\bar{X}-\bar{Y}-(\mu_1-\mu_2)}{\sqrt{\frac{\sigma^2}{n_1}+\frac{\sigma^2}{n_2}}}\Bigg/\sqrt{\frac{(n_1-1)S_1^{*2}+(n_2-1)S_2^{*2}}{\sigma^2(n_1+n_2-2)}}$$

$$=\frac{\bar{X}-\bar{Y}-(\mu_1-\mu_2)}{\sqrt{(n_1-1)S_1^{*2}+(n_2-1)S_2^{*2}}}\sqrt{\frac{n_1n_2(n_1+n_2-2)}{n_1+n_2}}\sim t(n_1+n_2-2) \tag{13.2.29}$$

所以对检验问题(7), 当 H_0 为真时

$$T=\frac{\bar{X}-\bar{Y}-\mu_0}{\sqrt{(n_1-1)S_1^{*2}+(n_2-1)S_2^{*2}}}\sqrt{\frac{n_1n_2(n_1+n_2-2)}{n_1+n_2}}\sim t(n_1+n_2-2) \tag{13.2.30}$$

据此不难得到检验问题(7)的拒绝域. 类似于本节解决检验问题(2)、(3)的方法, 同样可得检验问题(8)、(9)的拒绝域. 详细结果见表 13.2.2.

表 13.2.2　两个正态总体均值差的假设检验

条件	H_0	H_1	检验统计量	使用的分布	拒绝域
σ_1^2,σ_2^2 已知	$\mu_1-\mu_2=\mu_0$	$\mu_1-\mu_2\neq\mu_0$	$U=\frac{\bar{X}-\bar{Y}-\mu_0}{\sqrt{\frac{\sigma_1^2}{n_1}+\frac{\sigma_2^2}{n_2}}}$	$N(0, 1)$	$\lvert u\rvert\geqslant u_{\frac{\alpha}{2}}$
	$\mu_1-\mu_2\leqslant\mu_0$	$\mu_1-\mu_2>\mu_0$			$u\geqslant u_\alpha$
	$\mu_1-\mu_2\geqslant\mu_0$	$\mu_1-\mu_2<\mu_0$			$u\leqslant -u_\alpha$
$\sigma_1^2=\sigma_2^2$ 未知	$\mu_1-\mu_2=\mu_0$	$\mu_1-\mu_2\neq\mu_0$	$T=\frac{\bar{X}-\bar{Y}-\mu_0}{\sqrt{(n_1-1)S_1^{*2}+(n_2-1)S_2^{*2}}}\cdot\sqrt{\frac{n_1n_2(n_1+n_2-2)}{n_1+n_2}}$	$t(n_1+n_2-2)$	$\lvert t\rvert\geqslant t_{\frac{\alpha}{2}}(n_1+n_2-2)$
	$\mu_1-\mu_2\leqslant\mu_0$	$\mu_1-\mu_2>\mu_0$			$t\geqslant t_\alpha(n_1+n_2-2)$
	$\mu_1-\mu_2\geqslant\mu_0$	$\mu_1-\mu_2<\mu_0$			$t\leqslant -t_\alpha(n_1+n_2-2)$

例 13.2.5　在针织品的漂白工艺过程中, 要考察温度对针织品断裂强力的影响. 为了比较 70℃与 80℃的影响有无差别, 分别重复做了 8 次试验得数据如下(单位: kg)

70℃时的强力: 20.5　18.8　19.8　20.9　21.5　19.5　21.0　21.2

80℃时的强力: 17.7　20.3　20.0　18.8　19.0　20.1　20.2　19.1

已知断裂强力分别服从方差相同的正态分布 $N(\mu_1, \sigma^2)$, $N(\mu_2, \sigma^2)$, 问两种温度下的强力是否有差异?(显著性水平 $\alpha=0.05$)

解　提出原假设 H_0: $\mu_1-\mu_2=0$, H_1: $\mu_1-\mu_2\neq 0$.

在 H_0 为真时, 检验统计量

$$T=\frac{\bar{X}-\bar{Y}}{\sqrt{(n_1-1)S_1^{*2}+(n_2-1)S_2^{*2}}}\sqrt{\frac{n_1n_2(n_1+n_2-2)}{n_1+n_2}}\sim t(n_1+n_2-2).$$

拒绝域为 $\lvert t\rvert\geqslant t_{\frac{\alpha}{2}}(n_1+n_2-2)$.

因为 $n_1=n_2=8$, 经过计算, 得

$$\bar{x}=20.4,\quad \bar{y}=19.4,\quad (n_1-1)s_1^{*2}=6.20,\quad (n_2-1)s_2^{*2}=5.80$$

对给定的 $\alpha=0.05$ 可得临界值为 $t_{0.025}(14)=2.145$.

由样本值可计算出统计量 T 的观测值

$$t=\frac{\overline{x}-\overline{y}}{\sqrt{(n_1-1)s_1^{*2}+(n_2-1)s_2^{*2}}}\sqrt{\frac{n_1n_2(n_1+n_2-2)}{n_1+n_2}}$$

$$=\frac{20.4-19.4}{\sqrt{6.20+5.80}}\sqrt{\frac{8\times 8(8+8-2)}{8+8}}=2.160$$

因为$|t|=2.160>2.145=t_{0.025}(14)$，所以拒绝$H_0$，认为在温度70℃下的强力与80℃下的强力有显著的差异.

3)Fisher-Behrens 问题

在很多情况下两总体的方差不仅未知，还可能不相等. 方差不相等时两总体均值差的检验问题也称 Fisher-Behrens 问题，目前尚无精确的解决方法，只有几种近似方法可以使用，下面对这些方法作简要的介绍.

·Satterthewait 方法

当两总体方差不相等时，统计量

$$T=\frac{\overline{X}-\overline{Y}-(\mu_1-\mu_2)}{\sqrt{\dfrac{S_1^{*2}}{n_1}+\dfrac{S_2^{*2}}{n_2}}}$$

不服从自由度为 n_1+n_2-2 的 t 分布，Satterthewait 研究得出在正态总体的情况下 $T=\dfrac{\overline{X}-\overline{Y}-(\mu_1-\mu_2)}{\sqrt{\dfrac{S_1^{*2}}{n_1}+\dfrac{S_2^{*2}}{n_2}}}$ 近似服从自由度为 υ'的 t 分布，即

$$T=\frac{\overline{X}-\overline{Y}-(\mu_1-\mu_2)}{\sqrt{\dfrac{S_1^{*2}}{n_1}+\dfrac{S_2^{*2}}{n_2}}}\sim t(\upsilon') \tag{13.2.31}$$

式中

$$\upsilon'=\frac{\left(\dfrac{S_1^{*2}}{n_1}+\dfrac{S_2^{*2}}{n_2}\right)^2}{\dfrac{1}{n_1-1}\left(\dfrac{S_1^{*2}}{n_1}\right)^2+\dfrac{1}{n_2-1}\left(\dfrac{S_2^{*2}}{n_2}\right)^2} \tag{13.2.32}$$

按式(13.2.32)算出的数值不是整数时，通常取其四舍五入后的近似整数值作为自由度. 知道了分布，其他步骤与假设检验的基本步骤相同.

·Weir 方法

1960 年 Weir 给出了在显著水平 $\alpha=0.05$ 时，检验原假设 H_0: $\mu_1-\mu_2=0$ 的一个简便方法，即由样本计算出 $\overline{X},\overline{Y},\overline{S}_1^{*2},\overline{S}_2^{*2}$.

$$|T|=\frac{|\overline{X}-\overline{Y}|}{\sqrt{\dfrac{(n_1-1)S_1^{*2}+(n_2-1)S_2^{*2}}{n_1+n_2-4}\left(\dfrac{1}{n_1}+\dfrac{1}{n_2}\right)}}\geqslant 2 \tag{13.2.33}$$

若$|t|\geqslant 2$，则拒绝原假设 H_0，认为差异显著.

例 13.2.6 甲、乙两煤矿坑道日常产煤中含矸率(%)指标服从正态分布. 今分别从两坑道所产煤中各抽取 7 个样品，测得含矸率指标如下

甲坑:	5.9	3.8	6.5	18.3	18.2	16.1	7.6
乙坑:	7.6	0.4	1.1	3.2	6.5	4.1	4.7

能否判断出它们的含矸率有显著差异?(显著性水平 $\alpha = 0.05$)

解 假设 $H_0: \mu_1-\mu_2 = 0, H_1: \mu_1-\mu_2\neq 0$.

因为S_1^{*2}和S_2^{*2}相差很大，说明总体的方差可能不等. 可用 Satterthewait 方法来检验：

在 H_0为真时，检验统计量$T=\dfrac{\overline{X}-\overline{Y}}{\sqrt{\dfrac{S_1^{*2}}{n_1}+\dfrac{S_2^{*2}}{n_2}}}\sim t(v')$，自由度$v'$由式(13.2.32)计算. 拒绝域为

$|t|\geqslant t_{\frac{\alpha}{2}}(v')$. 计算得

$$\overline{x}=10.91,\quad s_1^{*2}=40.12,\quad \overline{y}=3.94,\quad s_2^{*2}=6.95$$

由样本值计算出统计量的观测值为

$$t=\frac{\overline{x}-\overline{y}}{\sqrt{\dfrac{s_1^{*2}}{n_1}+\dfrac{s_2^{*2}}{n_2}}}=\frac{10.91-3.94}{\sqrt{\dfrac{40.12}{7}+\dfrac{6.95}{7}}}=2.69$$

$$v'=\frac{\left(\dfrac{s_1^{*2}}{n_1}+\dfrac{s_2^{*2}}{n_2}\right)^2}{\dfrac{1}{n_1-1}\left(\dfrac{S_1^{*2}}{n_1}\right)^2+\dfrac{1}{n_2-1}\left(\dfrac{S_2^{*2}}{n_2}\right)^2}=\frac{\left(\dfrac{40.12}{7}+\dfrac{6.95}{7}\right)^2}{\dfrac{1}{7-1}\left(\dfrac{40.12}{7}\right)^2+\dfrac{1}{7-1}\left(\dfrac{6.95}{7}\right)^2}=8.02\approx 8$$

对给定的 $\alpha = 0.05$ 可得临界值为 $t_{0.025}(8) = 2.31$.因为$|t| = 2.69>2.31 = t_{\frac{\alpha}{2}}(v')$，所以拒绝 H_0，认为两坑道的含矸率有显著的差异.

4)成对比较问题

前面在讨论两个正态总体时，基本上都是假定两个总体相互独立，但情况并非总是这样. 可能这两个正态总体的样本是来自同一个总体上的重复观测，其观测数据是成对出现的，而且是相关的.

例如，为了观察一种安眠药的效果，记录 n 个失眠病人不服用安眠药时每晚的睡眠时间 $X_1, X_2, \cdots, X_n$，服用安眠药后每晚的睡眠时间 $Y_1, Y_2, \cdots, Y_n$，其中 X_i, Y_i 是第 i 个病人不服用安眠药和服用安眠药每晚的睡眠时间，这二者是有关系的，不会相互独立；$X_1, X_2, \cdots, X_n$ 是 n 个不同失眠病人的睡眠时间，因个人体质等方面的不同，这 n 个观测值不能认为是来自同一个正态总体，$Y_1, Y_2, \cdots, Y_n$ 也是同样的. 这样的数据称为成对数据. 在考虑安眠药效果时，通常引入数据 $Z_i = Y_i-X_i$，这样的数据被认为消除了人的体质差异的因素的影响，仅余下安眠药的效果，Z_i 的差异仅由随机误差引起，故可假定 $Z_1, Z_2, \cdots, Z_n$ 是取自正态分布 $N(\mu, \sigma^2)$的简单随机样本，μ 表征药物效果. 安眠药是否有效的问题可以转化为如下假设检验问题

$$H_0: \mu = 0, \qquad H_1: \mu\neq 0$$

这就回到了本节单个正态总体均值检验问题(1)的情形.

例 13.2.7 今有两台测量材料中某种金属含量的光谱仪 A 和 B，为鉴定它们的质量有无显

著差异，对该金属含量不同的 9 件材料样品进行测量，得到 9 对测量值如下

A_i/%	0.20	0.30	0.40	0.50	0.60	0.70	0.80	0.90	1.00
B_i/%	0.10	0.21	0.52	0.32	0.78	0.59	0.68	0.77	0.89

根据实验结果，在显著性水平 $\alpha=0.01$ 下，能否判断这两台光谱仪的质量存在显著差异？

解 考虑数据 $X_i=A_i-B_i\ (i=1,\ 2,\ \cdots,\ 9)$，以此作为取自总体 $N(\mu,\ \sigma^2)$的样本数据，处理如下检验问题

$$H_0: \mu=0, \qquad H_1: \mu\neq 0$$

在 H_0 为真时，检验统计量 $T=\dfrac{\sqrt{n}\bar{X}}{S^*}\sim t(n-1)$，可得拒绝域为 $|t|\geqslant t_{0.005}(8)$.

查表得 $t_{0.005}(8)=3.3554$，代入样本数据计算得 $|t|=1.47<3.3554$，因此无法接受原假设，认为两台仪器无明显差异.

4. 两个正态总体方差比的检验

设总体 $X\sim N(\mu_1,\sigma_1^2)$, $X_1, X_2, \cdots, X_{n_1}$ 为其样本，设总体 $Y\sim N(\mu_2,\sigma_2^2)$, $Y_1, Y_2, \cdots, Y_{n_2}$ 为其样本，实际中总体的方差通常未知，假定两个样本相互独立. 记它们的样本均值和修正样本方差分别为 $\bar{X},\bar{Y},S_1^{*2},S_2^{*2}$.

下面只以两总体均值均为未知的情形下的双边检验问题为例说明检验方法.

检验问题如下

$$H_0:\ \sigma_1^2=\sigma_2^2, \qquad H_1:\ \sigma_1^2\neq\sigma_2^2$$

由 11.2 节中的定理知

$$\frac{(n_1-1)S_1^{*2}}{\sigma^2}\sim\chi^2(n_1-1), \qquad \frac{(n_2-1)S_2^{*2}}{\sigma^2}\sim\chi^2(n_2-1)$$

且它们相互独立. 因此

$$F=\frac{(n_1-1)S_1^{*2}/\sigma_1^2(n_1-1)}{(n_2-1)S_2^{*2}/\sigma_2^2(n_2-1)}=\frac{S_1^{*2}/\sigma_1^2}{S_2^{*2}/\sigma_2^2}\sim F(n_1-1,\ n_2-1) \tag{13.3.34}$$

在原假设 $H_0:\ \sigma_1^2=\sigma_2^2$ 为真时，有

$$F=\frac{S_1^{*2}}{S_2^{*2}}\sim F(n_1-1,\ n_2-1) \tag{13.3.35}$$

选择检验统计量为 $F=\dfrac{S_1^{*2}}{S_2^{*2}}$，用类似于本节检验问题(4)的处理思想可得拒绝域如下

$$D=\left\{(x_1,\cdots,x_{n_1};y_1,\cdots,y_{n_2})\middle| F\geqslant F_{\frac{\alpha}{2}}(n_1-1,n_2-1) \quad 或 \quad F\leqslant F_{1-\frac{\alpha}{2}}(n_1-1,n_2-1)\right\} \tag{13.3.36}$$

式中，$F=\dfrac{s_1^{*2}}{s_2^{*2}}$.

这种基于检验统计量与 F 分布关系的检验方法称为 F-检验.

关于正态总体方差比的检验问题的其他情形参见表 13.2.3，具体推导过程由读者自己完成.

表 13.2.3　两个正态总体方差比的假设检验

	H_0	H_1	检验统计量	使用的分布	拒绝域
μ_1,μ_2 已知	$\sigma_1^2=\sigma_2^2$	$\sigma_1^2\neq\sigma_2^2$	$F_*=\dfrac{S_{1*}^2}{S_{2*}^2}$	$F(n_1,n_2)$	$F_*>F_{\frac{\alpha}{2}}(n_1,n_2)$ 或 $F_*<F_{1-\frac{\alpha}{2}}(n_1,n_2)$
	$\sigma_1^2\leqslant\sigma_2^2$	$\sigma_1^2>\sigma_2^2$			$F_*>F_\alpha(n_1,n_2)$
	$\sigma_1^2\geqslant\sigma_2^2$	$\sigma_1^2<\sigma_2^2$			$F_*<F_{1-\alpha}(n_1,n_2)$
μ_1,μ_2 未知	$\sigma_1^2=\sigma_2^2$	$\sigma_1^2\neq\sigma_2^2$	$F=\dfrac{S_1^{*2}}{S_2^{*2}}$	$F(n_1-1,n_2-1)$	$F>F_{\frac{\alpha}{2}}(n_1-1,n_2-1)$ 或 $F<F_{1-\frac{\alpha}{2}}(n_1-1,n_2-1)$
	$\sigma_1^2\leqslant\sigma_2^2$	$\sigma_1^2>\sigma_2^2$			$F>F_\alpha(n_1-1,n_2-1)$
	$\sigma_1^2\geqslant\sigma_2^2$	$\sigma_1^2<\sigma_2^2$			$F<F_{1-\alpha}(n_1-1,n_2-1)$

注：$S_{1*}^2=\frac{1}{n_1}\sum_{i=1}^{n_1}(X_i-\mu_1)^2, S_{1*}^2=\frac{1}{n_2}\sum_{i=1}^{n_2}(Y_i-\mu_2)^2$.

例 13.2.8　有种植玉米的甲、乙两个农业试验区，平日玉米产量(单位: kg)服从正态分布. 现各区都分成 10 个小区，每个小区的面积相同，除甲区施磷肥外，其他试验条件均相同，试验结果玉米产量(单位: kg)如下

甲区: 62　57　65　60　63　58　57　60　60　58

乙区: 56　59　56　57　58　57　60　55　57　55

试检验两区玉米产量的方差是否相同?(显著性水平 $\alpha=0.1$)

解　检验问题为

$$H_0:\ \sigma_1^2=\sigma_2^2,\qquad H_1:\ \sigma_1^2\neq\sigma_2^2$$

在 H_0 为真时，检验统计量为

$$F=\frac{s_1^{*2}}{s_2^{*2}}\sim F(n_1-1,n_2-1)$$

拒绝域为

$$F\geqslant F_{\frac{\alpha}{2}}(n_1-1,n_2-1)\qquad 或\qquad F\leqslant F_{1-\frac{\alpha}{2}}(n_1-1,n_2-1)$$

经计算得 $s_1^{*2}=\dfrac{64}{10-1}=7.1,\ s_2^{*2}=\dfrac{24}{10-1}=2.7$，所以

$$F=\frac{s_1^{*2}}{s_2^{*2}}=\frac{7.1}{2.7}=2.63$$

对给定的显著水平 $\alpha=0.1$，查自由度为(10−1, 10−1)的 F 分布表(见附录 6)，求得

$$F_{\frac{\alpha}{2}}(n_1-1,n_2-1)=F_{0.05}(10-1,10-1)=3.18$$

而

$$F_{1-\frac{\alpha}{2}}(n_1-1,n_2-1)=\frac{1}{F_{\frac{\alpha}{2}}(n_2-1,n_1-1)}=\frac{1}{F_{0.05}(10-1,10-1)}=0.314$$

$$0.314 < F < 3.18$$

故接受原假设 H_0, 认为两区玉米产量的方差是相同的.

5. 二项分布参数的大样本检验

所谓大样本检验, 指的是当样本容量足够大时, 可借助统计量的极限分布构造拒绝域, 从而完成检验规则的制定.

例 13.2.9 某工厂生产的一大批同型号的产品要卖给某使用单位, 按规定次品率 p 不得超过 0.02, 现抽取 100 件, 经检验有 4 件次品, 问使用单位是否可以接收这批产品?

解 检验问题为

$$H_0: 0 < p \leqslant 0.02, \qquad H_1: 0.02 < p < 1$$

设显著性水平 α 取定. 记 $p_0 = 0.02, n = 100$.

将产品抽样近似看作有放回的抽样, 则次品数 $T \sim B(n, p)$. 由定理 10.2.2 知, $\frac{T - np}{\sqrt{np(1-p)}}$ 近似地服从分布 $N(0, 1)$; 又 T 是 np 的无偏估计, 故当原假设 H_0 为真时, $\frac{T - np}{\sqrt{np(1-p)}}$ 不大可能太大, 否则就拒绝 H_0.

当

$$P\left(\frac{T - np}{\sqrt{np(1-p)}} \geqslant u_\alpha\right) \approx \alpha \tag{13.3.37}$$

即

$$P(T \geqslant np + u_\alpha\sqrt{np(1-p)}) \approx \alpha$$

而当原假设 $H_0: 0 < p \leqslant 0.02$ 为真时, 显然有

$$P(T \geqslant np_0 + u_\alpha\sqrt{np_0(1-p_0)}) \leqslant P(T \geqslant np + u_\alpha\sqrt{np(1-p)}) \approx \alpha$$

即当原假设 $H_0: 0 < p \leqslant 0.02$ 为真时, 近似地有

$$P\left(\frac{T - np_0}{\sqrt{np_0(1-p_0)}} \geqslant u_\alpha\right) \leqslant \alpha$$

因此拒绝域可粗略表示为

$$D = \left\{t \left| \frac{t - np_0}{np_0(1-p_0)} \geqslant u_\alpha \right.\right\} \tag{13.3.38}$$

式中, t 为实际检测的次品数.

若取 $\alpha = 0.05$, 查表得 $u_\alpha = 1.645$, 而

$$\frac{t - np_0}{\sqrt{np_0(1-p_0)}} = 1.4286 < 1.645$$

故接受原假设, 即从生产方来看, 该批产品可以出厂.

数学实验基础知识

基本命令	功能
[h,sig,ci,zval]=ztest(x,mu,sigma,alpha,tail)	单个正态总体均值的检验(方差已知情形),x:样本数据构成的向量,mu:原假设 H_0 中的 μ_0,sigma:总体的标准差,alpha:显著性水平(默认值为 0.05),tail:检验问题的标识,0 表示双侧检验,1 表示左侧检验, 1 表示右侧检验;h=0 表示接受原假设 H_0,h=1 表示拒绝原假设 H_0,sig 是假设 H_0 成立的条件下的概率,$P(\|Z\|\geq\|z\|)$,$Z\sim N(0,1)$,$z=\dfrac{\overline{x}-\mu_0}{\sigma/\sqrt{n}}$,ci 给出 μ_0 的置信区间,zval 是样本统计量 z 的值
[h,sig,ci]=ttest(x,mu,alpha,tail)	单个正态总体均值的检验(方差未知情形)
[h,sig,ci]=ttest2(x,y,alpha,tail)	两个正态总体均值比较的检验(方差相等但未知情形),x,y:两个总体的样本数据向量

下面先用 $N(5, 1^2)$产生容量为 1000 的随机数(样本), 在总体方差已知的情形下检验总体均值 $\mu = 5$:

```
>> lpha=0.05;
>> =normrand(5,1,1000,1);                          %产生随机数
>> u=5;sigma=1;tail=0;
>> [h,sig,ci,zval]=ztest(x,mu,sigma,alpha,tail)      %调用检验程序
```

13.3　分布拟合优度检验

前面的假设检验问题中均假定已知总体的分布类型, 然后对总体的未知参数进行有关结论的检验. 但在实际工作中, 某个总体是否服从特定的分布是需要检验的, 也就是要对总体的分布函数进行假设检验, 这是一种特殊的且应用广泛的非参数检验问题, 其具体描述如下:

设 $F_0(x)$是一种已知的分布类型, 如正态分布、指数分布或泊松分布等, 可能含有一定数目的未知参数, 又设总体X的分布函数$F(x)$未知, $X_1, X_2, \cdots, X_n$是取自总体X的简单随机样本, 在显著性水平取 α 时, 研究如下检验问题

$$H_0: F(x) = F_0(x), \quad H_1: F(x)\neq F_0(x)$$

这类检验过程又简称为分布拟合优度检验.

在具体的检验中, 一般是根据皮尔逊定理, 构造一个服从χ^2分布的检验统计量, 所以又称χ^2-拟合优度检验.

皮尔逊定理　当样本容量 n 充分大($n\geqslant 50$)时, 无论 $F_0(x)$是什么分布, 只要原假设 H_0: $F(x) = F_0(x)$为真, 统计量

$$\chi^2=\sum_{i=1}^{k}\frac{(n_i-np_i)^2}{np_i} \tag{13.3.1}$$

都近似地服从自由度为$k-r-1$ 的χ^2分布, 其中 r 是分布 $F_0(x)$中待估计的参数的个数, n_i 为实际的频数, np_i 为理论频数, k 为划分的组数, k, n_i 以及 p_i 的具体含义将在下面的叙述中详细说明.

χ^2-拟合优度检验的具体步骤如下:

(1)将样本的范围划分为 k 个互不相交的区间

$$(a_0, a_1], (a_1, a_2], \cdots, (a_{i-1}, a_i], \cdots, (a_{k-1}, a_k]$$

其中, $-\infty \leqslant a_0 < a_1 < \cdots < a_{i-1} < a_i < \cdots a_{k-1} < a_k \leqslant +\infty$.

(2)数出样本观测值落入各区间$(a_{i-1}, a_i]$的个数 n_i, 这里 n_i 称为实际的频数.

(3)求出总体 X 服从分布 $F_0(x)$即原假设 H_0 为真时总体 X 取值落入$(a_{i-1}, a_i]$内的概率 p_i, 从而得出落在$(a_{i-1}, a_i]$内的理论频数 np_i. 显然

$$p_i = P\{a_{i-1} < X \leqslant a_i\} = F_0(a_i) - F_0(a_{i-1})$$

(4)取检验统计量 $\chi^2 = \sum_{i=1}^{k} \frac{(n_i - np_i)^2}{np_i}$, 根据皮尔逊定理, 该统计量近似地服从自由度为 $k-r-1$ 的 χ^2 分布.

(5)对给定的显著性水平 α, 由 χ^2 分布表查得临界值 $\chi_\alpha^2(k-r-1)$.

(6)当 $\chi^2 \geqslant \chi_\alpha^2(k-r-1)$ 时, 拒绝原假设 H_0, 认为 $F(x)$与 $F_0(x)$不相符合; 当 $\chi^2 < \chi_\alpha^2(k-r-1)$时, 接受原假设 H_0, 认为 $F(x)$与 $F_0(x)$是相符合的(同分布).

在对总体分布作 χ^2-拟合优度检验时, 要注意以下几点.

(1)χ^2 拟合检验要求样本容量较大, 一般样本容量超过 50($n \geqslant 50$), 且容量越大越好.

(2)理论分布落入各区间的概率值应较小, 也就是说分区间要适当多, 即为划分的组数 k 应较大.

(3)$F_0(x)$应是完全确定的. 若 $F_0(x)$中还有 r 个待估计的参数未确定, 则将样本数据看作取自分布为$F_0(x)$的总体求未知参数的极大似然估计值, 将估计值代入 $F_0(x)$, 从而使得 $F_0(x)$是完全确定的, 此时检验统计量 $\chi^2 = \sum_{i=1}^{k} \frac{(n_i - np_i)^2}{np_i}$ 中的 p_i 用其估计值 $\hat{p}_i$ 替代.

(4)一般限制落在$(a_{i-1}, a_i]$的理论频数 np_i 的值大于 5, 若出现不大于 5 的情形, 则此区间应与邻近的区间合并.

例 13.3.1 1988 年对某市居民当年的家庭收入进行抽样调查, 获得 100 户家庭每户月人均收入数据如下:

每户月人均收入/元	<40	[40, 60)	[60, 80)	[80, 100)	>100
户数	5	16	40	27	12

将每户月人均收入作为样本值, 计算得样本均值 $\bar{x} = 72.3$, 样本方差 $s^2 = 20^2$. 问该市居民每户的月人均收入是否服从正态分布?(显著性水平 $\alpha = 0.05$)

解 令每户的月人均收入为 X, 则检验问题为

$$H_0: X \text{服从正态分布} N(\mu, \sigma^2), \quad H_1: X \text{不服从正态分布} N(\mu, \sigma^2)$$

此处分布参数 μ 与 σ^2 均未知.

为了进行 χ^2-拟合优度检验, 先在正态总体下求参数 μ 与 σ^2 的极大似然估计值. 根据第 12 章知识, $\bar{x} = 72.3$ 和 $s^2 = 20^2$ 分别是 μ 和 σ^2 的极大似然估计值.

将收入水平划分为题设数据表中的 5 个区间, 相应的 $\hat{p}_i$ 计算如下

$$F(y_1) = \Phi\left(\frac{40 - 72.3}{20}\right) = \Phi(-1.615) = 0.0532$$

$$F(y_2) = \Phi\left(\frac{60 - 72.3}{20}\right) = \Phi(-0.615) = 0.2693$$

$$F(y_3) = \Phi\left(\frac{80 - 72.3}{20}\right) = \Phi(0.385) = 0.6499$$

$$F(y_4)=\Phi\left(\frac{100-72.3}{20}\right)=\Phi(1.385)=0.9170$$

$$\hat{p}_1=F(y_1)=0.0532$$
$$\hat{p}_2=F(y_2)-F(y_1)=0.2161$$
$$\hat{p}_3=F(y_3)-F(y_2)=0.3806$$
$$\hat{p}_4=F(y_4)-F(y_3)=0.2671$$
$$\hat{p}_5=1-F(y_4)=0.0830$$

从而有

频数	区间				
	<40	[40, 60)	[60, 80)	[80, 100)	>100
实际频数 n_i	5	16	40	27	12
理论频数 $n\hat{p}_i$	5.32	21.61	38.06	26.71	8.30

$$\chi^2=\sum_{i=1}^{5}\frac{(n_i-n\hat{p}_i)^2}{np_i}=3.226$$

对显著性水平 $\alpha=0.05$，查自由度为 5–2–1 = 2 的 χ^2 分布表，得临界值

$$\chi^2_\alpha(k-r-1)=\chi^2_{0.05}(5-2-1)=5.991$$

因 $\chi^2=3.226<5.991=\chi^2_\alpha(k-r-1)$，故接受原假设 H_0，认为该市居民每户的月人均收入服从正态分布.

数学实验基础知识

基本命令	功能
h=chi2gof(X)	χ^2-拟合(优度)检验，X：样本数据向量或矩阵，h：h=0 表示可接受原假设(总体服从正态分布)，h=1 则拒绝原假设，显著性水平取 0.05

下面的程序是一个 χ^2-拟合优度检验的示例：

```
>> x=normrnd(50,5,100,1);
>> h=chi2gof(x)
```

本 章 小 结

对总体中的未知参数或总体的分布形式作出原假设(对应的是备择假设)，根据样本的信息并按一定的规则对原假设作出拒绝或接受的推断，这便是假设检验问题. 假设检验的统计思想是实际推断原理.

显著性假设检验的基本步骤为：根据问题的要求，明确提出原假设 H_0 和备择假设 H_1；确定显著性水平 α；导出拒绝域 D(给出原假设为真时通过样本数据可以判定是否发生的一个小概率事件)；由样本数据是否落入拒绝域作出拒绝或接受原假设 H_0 的结论.

对于正态总体的检验分为：单个正态总体均值的检验，当方差已知时用 u-检验法，当方

差未知时用 t-检验法；单个正态总体方差的检验用 χ^2-检验法；两个正态总体的均值差检验分两种情况，当方差均已知时用 u-检验法来检验，当方差均未知但相等时，用 t-检验法；两个正态总体方差比较的检验用 F-检验法.

分布拟合优度检验是根据样本的信息对总体分布类型进行检验，一般采用 χ^2-拟合优度检验法，即通过构造一个原假设为真时近似服从 χ^2 分布的统计量进行检验.

本章常用词汇中英文对照

假设检验	hypothesis testing	原假设	null hypothesis
备择假设	alternative hypothesis	显著性水平	significance level
拒绝域	rejection region	临界值	critical value
双侧检验	two-sided test	单侧检验	one-sided test
u-检验法	u-test method	t-检验法	t-test method
χ^2-检验法	chi-square test method	F-检验法	F-test method
χ^2-拟合优度检验	chi-square test for goodness fit		

习　题 13

1. 对下面成对的命题，请指出哪些可为统计假设检验问题.

(1)H_0: $\mu=100$, H_1: $\mu>100$

(2)H_0: $\sigma=20$, H_1: $\sigma\leqslant 20$

(3)H_0: $p\neq 0.25$, H_1: $p=0.25$

(4)H_0: $\mu_1-\mu_2=25$, H_1: $\mu_1-\mu_2>25$

2. 在假设检验问题中，若检验结果是接受原假设，则检验可能犯哪一类错误？若检验结果是拒绝原假设，则又可能犯哪一类错误？

3. 设 $x_1,x_2,\cdots,x_{20}$ 是来自两点分布 $b(1,p)$ 的样本，记 $T=\sum_{i=1}^{20}x_i$，对检验问题 H_0: $p=0.2$，H_1: $p=0.6$，取拒绝域 $D=\{T\geqslant 8\}$，求该检验犯两类错误的概率.

4. 设 $x_1,x_2,\cdots,x_n$ 是来自 $N(\mu,1)$ 的样本，考虑如下假设检验问题 H_0: $\mu=2$，H_1: $\mu=3$．若拒绝域为 $D=\{\bar{x}\geqslant 2.6\}$，(1)当 $n=20$ 时求检验犯两类错误的概率；(2)如果要使得检验犯第二类错误的概率 $\beta\leqslant 0.01$，n 最小应取多少？

5. 有一批枪弹，出厂时初速率 $v\sim N(950,100)$ (单位: m/s).经过较长时间储存，取 9 发进行测试，得样本值如下:

914　920　910　934　953　945　912　924　940

据经验，枪弹经储存后初速率仍服从正态分布，且标准差保持不变，问是否可认为这批枪弹的初速率有显著降低?(显著性水平 $\alpha=0.05$)

6. 一批轴承的钢珠直径 $X\sim N(\mu, 2.6^2)$．现从中抽取 100 粒钢珠，测得样本平均值 $\bar{x}=9.2$ cm．问这些钢珠的平均直径 μ 能否认为是 10cm?(显著性水平 $\alpha=0.05$)

7. 在正常条件下，某厂的每台织布机每小时平均断经根数为 0.973 根，标准差为 0.162，今在厂内进行革新试验，革新方法在 400 台织机上试用，结果平均每台每小时平均断经根数为 0.952 根，标准差不变. 问革新方法能不能推广?(显著性水平 $\alpha = 0.05$)

8. 要求一种元件平均使用寿命不得低于 1000 h，生产者从一批这种元件中随机抽取 25 件，测得其寿命的平均值为 950 h. 已知该种元件寿命服从标准差为 100 h 的正态分布，判断这批元件是否合格?(显著性水平 $\alpha = 0.05$)

9. 某钢丝车间生产的钢丝从长期的生产经验看，可以认为其折断力服从 $N(570, 8^2)$(单位: kg). 今换了一批原材料，从性能上看，估计折断力的方差不会有什么变化，现抽取容量为 10 的样本，测得折断力为: 578, 578, 572, 570, 568, 572, 570, 572, 596, 584，试判断折断力大小有无显著变化?(显著性水平 $\alpha = 0.05$)

10. 某器材厂生产一种铜片，其厚度服从均值为 0.15 mm 的正态分布，某日随机检查 10 片，发现平均厚度为 0.166 mm，标准差为 0.015 mm，问该铜片质量有无显著变化?(显著性水平 $\alpha = 0.05$)

11. 某校学生长期以来唾液组织胺水平(单位: μg/g)的总体均值为 29.76，今从一批新生中随机抽取 8 人，测得唾液组织胺水平(单位: μg/g)为: 31.03, 31.87, 30.84, 29.66, 30.00, 31.64, 32.56, 31.62，设某校学生的唾液组织胺水平服从正态分布，试问这批新生的唾液组织胺水平是否比以往学生的唾液组织胺水平高?(显著性水平 $\alpha = 0.05$)

12. 已知某针织品纤度在正常条件下服从正态分布 $N(\mu, 0.048^2)$，某日抽取 5 个样品，测得其纤度为: 1.55, 1.32, 1.40, 1.44, 1.36，问: 这一天的纤度的总体方差是否正常? ($\alpha = 0.10$)

13. 某厂生产一批彩电显像管，抽取 10 根试验其寿命，结果为(单位: 月): 42, 75, 65, 71, 57, 59, 55, 54, 68, 78，问: 是否可认为彩电显像管寿命的方差小于 8?(显著性水平 $\alpha = 0.05$，且彩电显像管寿命服从正态分布)

14. 一批导线电阻服从正态分布，要求电阻标准差不能超过 0.005 Ω，今任取 9 根分别测得电阻，并计算得到 $s = 0.07$ Ω，问在 $\alpha = 0.05$ 下能认为这批导线电阻的方差显著地偏大吗?

15. 某苗圃采用两种育苗方案作杨树的育苗试验，平日苗高近似正态分布. 在两组育苗试验中，已知苗高的标准差分别为 20 和 18，现各抽取 60 株作为样本，算得苗高的样本平均数为 $\bar{x}_1 = 59.34$，$\bar{x}_2 = 49.16$(cm)，试判断两种试验方案对平均苗高的影响.(显著性水平 $\alpha = 0.05$)

16. 由资料知，甲、乙两种甘蔗的含糖率分别服从 $N(\mu, 7.5^2)$和 $N(\mu, 2.6^2)$，现从两种甘蔗中分别抽取若干样品，测得含糖率分别为

甲种: 24.3, 17.4, 23.7, 20.8, 21.3(%)

乙种: 20.2, 16.9, 16.7, 18.2 (%)

试问甲、乙两种甘蔗含糖率的平均值 μ_1 和 μ_2 有无显著的差异?(显著性水平 $\alpha = 0.05$)

17. 从甲、乙两种氮肥中，各抽取若干样品进行测试，其含氮量数据如下

甲种: $n_1 = 18$, $\bar{x}_1 = 0.230$, $s_1^{*2} = 0.1337$

乙种: $n_2 = 14$, $\bar{x}_2 = 0.1736$, $s_2^{*2} = 0.1736$

若两种氮肥的含氮量都服从正态分布，两总体的方差未知但知其相等，问两种氮肥的平均含氮量是否相同?(显著性水平 $\alpha = 0.05$)

18. 某烟厂生产甲、乙两种香烟，分别对他们的尼古丁含量(单位: mg)作了 6 次测定，得样本观测值为

甲: 25　28　23　26　29　22

乙: 28　23　30　21　27　25

假设两种香烟的尼古丁含量均服从正态分布且方差相等，试问这两种香烟的尼古丁含量有无显著差异?(显著性水平 $\alpha = 0.05$)

19. 为了比较两种枪弹的速度(单位: m/s), 在相同的条件下各自独立地进行速度测定. 算得样本均值和样本方差如下:

$$枪弹甲: n_1 = 20, \overline{x} = 2805, S_1^* = 120.41$$

$$枪弹乙: n_2 = 20, \overline{y} = 2680, S_2^* = 105.00$$

设两种枪弹的速度都服从正态分布. 问在显著水平 $\alpha = 0.05$ 下, 这两种枪弹的平均速度有无显著差异?

20. 有生产同种零件的两种类型设备的资料如下

设备	抽样零件数	样本零件平均强度	样本标准差
(一)	200	5.32 单位	2.18 单位
(二)	100	5.76 单位	1.76 单位

问不同设备加工的零件强度有无显著差异?(显著性水平 $\alpha = 0.05$)

21. 在研究计算器是否影响学生的手算能力的实验中, I 组为 8 个没有计算器的学生, II 组为 4 个拥有计算器的学生, 同时对一些计算题进行手算测试, 这两组学生得到正确答案的时间(分钟)分别如下(得到正确答案的时间平日服从正态分布)

I 组: 23, 18, 22, 28, 17, 25, 19, 16

II 组: 25, 24, 25, 26

试判断这两组学生得到正确答案的时间有无显著差异?(显著性水平 $\alpha = 0.05$)

22. 为鉴别 I, II 两型分离机析出原料中有用成分(%)的效果, 今将 9 批原料各取一试样, 每试样分为两份, 分别交两型机分离, 析出有用成分的指标如下:

试样号	1	2	3	4	5	6	7	8	9
I 机	50	40	30	60	100	90	20	70	80
II 机	32	52	21	78	89	77	10	59	68

若有用成分析出率平日服从正态分布, 试问两型分离机效率是否相同?(显著性水平 $\alpha = 0.05$)

23. 某厂用 A, B 两种原料生产同一种产品, 今分别从两种原料生产的产品中抽取 220 件和 205 件测得数据如下:

$$A: n_1 = 220, \quad \overline{x}_1 = 2.46(\text{kg}), \quad s_1^{*2} = 0.57(\text{kg})$$

$$B: n_2 = 205, \quad \overline{x}_2 = 2.55(\text{kg}), \quad s_2^{*2} = 0.48(\text{kg})$$

设这两个总体都服从正态分布, 且方差相同, 问在显著性水平 $\alpha = 0.05$ 下, 能否认为 B 原料的产品平均重比 A 原料的产品平均重量大?

24. 从某种药材中提取某种有效成分, 为了提高提取率, 改革提炼方法, 对同一质量的药材, 用新、旧两种方法各做 10 次试验, 其得率分别为

旧方法: 78.1 72.4 76.2 74.3 77.4 77.3 76.7 76.0 75.5 78.4

新方法: 81.0 79.1 79.1 77.3 77.3 80.2 79.1 82.1 79.1 80.0

设这两个样本分别来自总体 $X \sim N(\mu_1, \sigma_1^2)$ 和 $Y \sim N(\mu_2, \sigma_2^2)$, 并且相互独立, 试问新方法的得率是否比旧方法的得率高?(显著性水平 $\alpha = 0.01$)

25. 设 A, B 两台机床生产同一种零件, 其重量服从正态分布, 分别取样 8 个和 9 个, 得数据为

$$A: \ n_1 = 8, \overline{x}_1 = 20.34, s_1^* = 0.31$$

$$B:\ n_2=9, \overline{x}_2=20.32, s_2^*=0.16$$

问 A、B 两机床生产的零件的重量的方差有无区别?(显著性水平 $\alpha=0.05$)

26. 某工厂用某种原料对针织品进行漂白试验, 以考察温度对针织品断裂强度的影响, 平日数据是服从正态分布的. 今在 70℃和 80℃的水温下分别做了 8 次试验, 测得强度数据(单位: kg)如下

70℃时: 10.5, 8.8, 9.8, 10.9, 11.5, 9.5, 11.0, 11.2

80℃时: 7.7, 10.3, 10.0, 8.8, 9.0, 10.1, 10.2, 9.1

问强度是否有相同的方差?(显著性水平 $\alpha=0.10$)

27. 测定某化工产品的某成分含量, 经取样 200 个, 分组统计如下

含量	5～15	15～25	25～35	35～45	45～55	55～65	65～75	75～85
频数	5	18	32	52	45	30	14	4

试检验该成分含量是否服从正态分布.

28. 卢瑟福在 2612 个相等的时间间隔(每次 1/8 分)内, 观察一次放射性物质放射的粒子数如下表, 表中的 n_x 是每个 $\frac{1}{8}$ 分钟时间间隔内观察的 x 个粒子的时间间隔数.

x	0	1	2	3	4	5	6	7	8	9	10	11	Σ
n_x	57	203	383	525	532	408	273	139	49	27	10	6	2612

试用 χ^2 检验法检验观察数据服从普阿松分布这一假设(显著性水平 $\alpha=0.025$).

29. 某科研单位对某种麦穗重进行测量, 随机抽取 64 穗, 测得数据如下(单位: g)

9.5	8.5	8.2	10.0	8.8	8.4	8.6	7.9	9.5	9.2
10.1	8.1	9.4	9.8	9.5	10.0	9.9	9.4	8.6	8.6
9.2	9.3	10.1	8.8	7.9	9.7	8.2	9.9	9.0	10.1
7.9	9.4	9.8	9.0	8.2	9.9	9.1	8.5	7.9	8.6
9.3	8.2	9.0	10.0	9.8	9.3	9.6	8.5	10.0	9.4
8.1	10.1	10.0	8.2	9.3	9.2	8.4	9.6	9.2	8.1
10.1	8.3	9.5	9.6						

试检验麦穗重服从正态分布.(显著性水平 $\alpha=0.01$)

30. 经统计, 在 π 的前 800 位小数的数字中, 0, 1, 2, …, 9 等 10 个数字分别出现了 74, 92, 83, 79, 80, 73, 77, 75, 76, 91 次, 试在显著性水平 $\alpha=0.05$ 下检验假设 H_0: 这 10 个数字出现的机会是均等的.

第 14 章　回归分析与方差分析

回归分析是处理变量与变量之间的相关关系的一种数学方法，利用该方法不仅可以获得变量间相关关系的数学表达式，还可以依据统计理论分析检验所得表达式的有效性，并在给定一个或几个变量的值时，以一定的精确度预测或控制另一个变量的取值.

回归分析包含的内容很多，处理两个变量间的相关关系称为一元回归分析，处理多个变量间的相关关系称为多元回归分析. 若研究的两个变量间主要体现为线性关系，则称一元线性回归. 若研究的变量之间不具有线性关系，则称为非线性回归.

回归分析方法应用广泛，工农业生产与科学研究工作中的许多问题都可用该方法进行处理，如经验公式的求得、因素分析、产品质量的控制、气象预报以及自动控制中数学模型的建立等，回归分析都是一种值得考虑的重要工具.

方差分析则是研究一种或多种因素的变化对试验结果的观测值是否具有显著影响的统计方法，是实际工程应用和科学研究中分析试验数据的一种有效的工具. 自从 20 世纪 20 年代问世以来，经过不断发展，已广泛应用于许多领域，取得了良好的效果.

本章主要讨论一元线性回归分析的理论与方法，并简要介绍可线性化的一元非线性回归及多元线性回归，最后以单因素试验方差分析为例阐明方差分析的基本统计思想.

14.1　一元线性回归

1. 一元线性回归模型

在现实世界中，变量之间的关系一般可分为确定性关系与非确定性关系，确定性关系是指变量之间的关系可以用确定的函数关系来描述，写成一般形式为

$$y = f(x_1, x_2, \cdots, x_m)$$

式中，$(x_1, x_2, \cdots, x_m)$称为自变量，y 称为因变量.

例如，电路中的欧姆定律，设 V 表示电压，R 表示电阻，I 表示电流，则

$$V = IR$$

3 个变量中若已知两个变量的值，就可以准确推出第 3 个变量的值.

在许多实际问题中，影响一个量的因素往往非常多，其中有些是人们无法控制甚至还不了解的，有些是在测量过程中不可避免地会产生随机误差的，所有这些不确定的因素综合造成了变量间的不确定关系. 例如，商品销售量 y 与商品价格 x_1、广告投入费用 x_2 之间就存在一种既不确定但又密切相关的关系. 再如，实验测量匀速运动质点的路程 s 时常会产生随机误差 ε，一般认为 ε 近似服从正态分布 $N(0, \sigma^2)$，当给定时间 t 时，路程 s 的值虽不确定，但二者却存在着一定的联系. 上述非确定性关系又称**相关关系**，变量之间的相关关系可分为线性关系和非线性关系，回归分析就是研究变量之间相关关系的一种统计方法.

最简单的相关关系是一元线性相关关系，其具体表述为：设有两个变量 x 与 y，其中 x 是可控的非随机变量，而 y 是一个可观测的随机变量，当取定变量 x 时，随机变量 y 的数学期望 $E(y)$ 与 x 有如下关系

$$E(y) = u(x) = a + bx \tag{14.1.1}$$

一般地，设可控变量 x 与可观测变量 y 有如下关系：

$$y = a + bx + \varepsilon \tag{14.1.2}$$

式中：$\varepsilon \sim N(0, \sigma^2)$, a, b, σ^2 是未知参数. 式(14.1.2)称为**一元(正态)线性回归模型**.

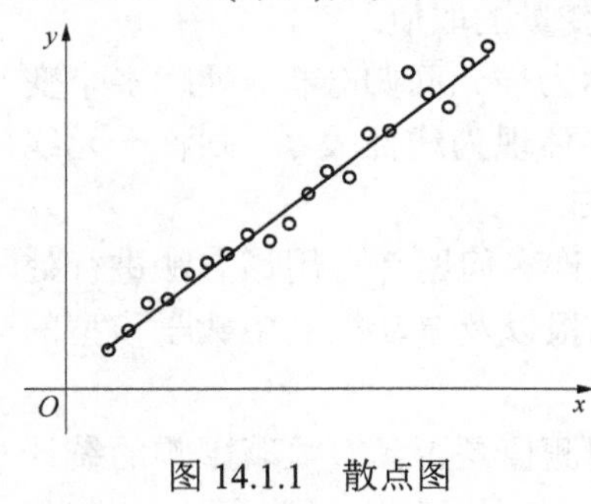

图 14.1.1　散点图

为了确定两个变量是否具有式(14.1.1)或式(14.1.2)所描述的关系，通常将观测变量 x 与 y 得到的数据点 (x_1, y_1), (x_2, y_2), $\cdots$, (x_n, y_n) 描在直角坐标系中，称之为**散点图**(图 14.1.1). 观察其形状，如果散点大致呈直线状分布，可考虑将 y 的期望 $u(x)$ 近似地用线性函数 $u(x) = a + bx$ 表示，这时利用观测值 (x_1, y_1), (x_2, y_2), $\cdots$, (x_n, y_n) 估计未知参数 a, b 就成为一元线性回归必须解决的问题，因此，一元正态线性回归模型又通常表示为如下形式

$$y_i = a + bx_i + \varepsilon_i \tag{14.1.3}$$

式中，ε_i 独立同分布，$\varepsilon_i \sim N(0, \sigma^2)$ $(i = 1, 2, \cdots, n)$.

一元线性回归分析主要解决如下三个方面的统计推断问题：

(1)利用观测值 (x_i, y_i) $(i = 1, 2, \cdots, n)$ 对未知参数 a, b, σ^2 进行估计，分别得到估计量 $\hat{a}, \hat{b}, \hat{\sigma}^2$，由 $\hat{a}, \hat{b}$ 确定的直线 $y = \hat{a} + \hat{b}x$ 称为**经验回归直线**，该方程称为**经验回归方程**，有时简称**回归方程**.

(2)对 x 和 y 之间线性的相关关系的存在性进行显著性检验.

(3)给定 x 的取值，预测 y 的取值区间；对于 y 的一个指定范围，给出 x 的控制区间.

2. 回归方程的参数估计

1)最小二乘法

对 (x, y) 进行 n 次独立观测，得到 n 个观测数据对如下

$$(x_1, y_1), (x_2, y_2), \cdots, (x_n, y_n)$$

式中，x_i 表示 x 的第 i 次设定值，y_i 表示 y 的第 i 次观测值. 若 $y = u(x) + \varepsilon$，则 $u(x)$ 的估计表达式 $\hat{u}(x)$ 的合理取法应是这样一条曲线：使得观测数据点在坐标系中对应的点从整体上看距曲线 $y = \hat{u}(x)$ 最近，即

$$\sum_{i=1}^{n}[y_i - \hat{u}(x_i)]^2 = \min_{u(x)} \sum_{i=1}^{n}[y_i - u(x_i)]^2 \tag{14.1.4}$$

由式(14.1.4)确定 $u(x)$ 的估计 $\hat{u}(x)$ 的方法，通常称为**最小二乘法**.

注意到式(14.1.4)描述的数学问题是在所有可能的函数 $u(x)$ 中寻求最小值，这样的解不具有唯一性. 一般必须先限制函数 $u(x)$ 的类型，这常常是根据问题的实际背景或以往的经验或散点图进行判断的，如假定 $u(x) = a + bx$, $u(x) = b_0 + b_1x + b_2x^2$, $u(x) = be^{ax}$, $u(x) = b\sin ax$ 等，这

样一来在函数类型确定时，关键问题就是确定函数的未知参数.

设 $u(x)=u(x;\alpha_1,\alpha_2,\cdots,\alpha_k)$，其中 $\alpha_1,\alpha_2,\cdots,\alpha_k$ 为未知参数. 为了求 $\alpha_1,\alpha_2,\cdots,\alpha_k$ 的估计，由最小二乘法，即取估计值 $\hat{\alpha}_1,\hat{\alpha}_2,\cdots,\hat{\alpha}_k$，使

$$\sum_{i=1}^{n}[y_i-u(x_i;\hat{\alpha}_1,\hat{\alpha}_2,\cdots,\hat{\alpha}_k)]^2=\min\sum_{i=1}^{n}[y_i-u(x_i;\alpha_1,\alpha_2,\cdots,\alpha_k)]^2$$

此时令

$$Q=\sum_{i=1}^{n}[y_i-u(x_i;\alpha_1,\alpha_2,\cdots,\alpha_k)]^2 \tag{14.1.5}$$

求 Q 的最小值点 $(\hat{\alpha}_1,\hat{\alpha}_2,\cdots,\hat{\alpha}_k)$. 这通常用微分法来求，即将 Q 分别对 $\alpha_1,\alpha_2,\cdots,\alpha_k$ 求偏导数，并令 $\dfrac{\partial Q}{\partial\alpha_1}=\dfrac{\partial Q}{\partial\alpha_2}=\cdots=\dfrac{\partial Q}{\partial\alpha_k}=0$，得方程组

$$\begin{cases}\dfrac{\partial Q}{\partial\alpha_1}=-2\sum\limits_{i=1}^{n}\left\{[y_i-u(x_i;\alpha_1,\alpha_2,\cdots,\alpha_k)]\dfrac{\partial}{\partial\alpha_1}u(x_i;\alpha_1,\alpha_2,\cdots,\alpha_k)\right\}=0\\ \dfrac{\partial Q}{\partial\alpha_2}=-2\sum\limits_{i=1}^{n}\left\{[y_i-u(x_i;\alpha_1,\alpha_2,\cdots,\alpha_k)]\dfrac{\partial}{\partial\alpha_2}u(x_i;\alpha_1,\alpha_2,\cdots,\alpha_k)\right\}=0\\ \cdots\cdots\\ \dfrac{\partial Q}{\partial\alpha_k}=-2\sum\limits_{i=1}^{n}\left\{[y_i-u(x_i;\alpha_1,\alpha_2,\cdots,\alpha_k)]\dfrac{\partial}{\partial\alpha_k}u(x_i;\alpha_1,\alpha_2,\cdots,\alpha_k)\right\}=0\end{cases} \tag{14.1.6}$$

解此方程组得参数 $\alpha_1,\alpha_2,\cdots,\alpha_k$ 的估计值 $\hat{\alpha}_1,\hat{\alpha}_2,\cdots,\hat{\alpha}_k$，也就得到了 y 对 x 的经验回归方程

$$E(y)=u(x;\hat{\alpha}_1,\hat{\alpha}_2,\cdots,\hat{\alpha}_k) \tag{14.1.7}$$

这里介绍的最小二乘法思想对线性与非线性问题来说都是适用的，只不过在求解难度上有所不同. 一般说来，方程组(14.1.6)的求解是比较复杂的，只有当 $u(x;\alpha_1,\alpha_2,\cdots,\alpha_k)$关于 $\alpha_1,\alpha_2,\cdots,\alpha_k$ 是线性函数时，问题才会得到大大的简化，这也是本章主要只介绍线性回归分析的原因之一.

2)一元线性回归系数的最小二乘估计

为了估计一元线性回归系数，由最小二乘法，可设

$$Q(a,b)=\sum_{i=1}^{n}[y_i-(a+bx_i)]^2 \tag{14.1.8}$$

令 $\dfrac{\partial Q}{\partial a}=\dfrac{\partial Q}{\partial b}=0$，得方程组

$$\begin{cases}\dfrac{\partial Q}{\partial a}=-2\sum\limits_{i=1}^{n}(y_i-a-bx_i)=0\\ \dfrac{\partial Q}{\partial b}=-2\sum\limits_{i=1}^{n}(y_i-a-bx_i)x_i=0\end{cases}$$

即有

$$\begin{cases} na + n\overline{x}b = n\overline{y} \\ n\overline{x}a + \sum_{i=1}^{n} x_i^2 b = \sum_{i=1}^{n} x_i y_i \end{cases} \tag{14.1.9}$$

式中，$\overline{x} = \frac{1}{n}\sum_{i=1}^{n} x_i$, $\overline{y} = \frac{1}{n}\sum_{i=1}^{n} y_i$.

方程组(14.1.9)称为**正规方程组**，是根据最小二乘法的原理得到的关于参数估计值的线性方程组，其系数行列式为

$$\varDelta = \begin{vmatrix} n & n\overline{x} \\ n\overline{x} & \sum_{i=1}^{n} x_i^2 \end{vmatrix} = n\sum_{i=1}^{n}(x_i - \overline{x})^2$$

解方程组(14.1.9)，得 a, b 的估计值 $\hat{a},\hat{b}$ 为

$$\begin{cases} \hat{b} = \dfrac{\sum_{i=1}^{n}(x_i - \overline{x})(y_i - \overline{y})}{\sum_{i=1}^{n}(x_i - \overline{x})^2} \\ \hat{a} = \overline{y} - \hat{b}\overline{x} \end{cases} \tag{14.1.10}$$

记

$$L_{xx} = \sum_{i=1}^{n}(x_i - \overline{x})^2 = \sum_{i=1}^{n} x_i^2 - n\overline{x}^2$$

$$L_{xy} = \sum_{i=1}^{n}(x_i - \overline{x})(y_i - \overline{y}) = \sum_{i=1}^{n} x_i y_i - n\overline{xy}$$

$$L_{yy} = \sum_{i=1}^{n}(y_i - \overline{y})^2 = \sum_{i=1}^{n} y_i^2 - n\overline{y}^2$$

于是式(14.1.10)可写成

$$\begin{cases} \hat{a} = \overline{y} - \hat{b}\overline{x} \\ \hat{b} = L_{xy} / L_{xx} \end{cases} \tag{14.1.11}$$

从而可得回归直线

$$\hat{y} = \hat{a} + \hat{b}x \tag{14.1.12}$$

可以证明(留作习题)，回归直线始终是通过点 $(\overline{x},\overline{y})$ 的. 因此有时为了简化计算，常常可利用平移坐标的方法适当地选择邻近 $(\overline{x},\overline{y})$ 的点(x_0, y_0)为新的坐标原点，即对数据作如下处理:

设 $x' = x_i - x_0$, $y' = y_i - y_0$, $\overline{x}' = \frac{1}{n}\sum_{i=1}^{n} x_i'$, $\overline{y}' = \frac{1}{n}\sum_{i=1}^{n} y_i'$，则有

$$\overline{x} = \overline{x}' + x_0, \quad \overline{y} = \overline{y}' + y_0, \quad L_{xx} = L_{x'x'}, \quad L_{xy} = L_{x'y'}, \quad L_{yy} = L_{y'y'}$$

于是

$$\begin{cases} \hat{b} = L_{x'y'} / L_{x'x'} \\ \hat{a} = \overline{y}' + y_0 - \hat{b}(\overline{x}' + x_0) \end{cases} \tag{14.1.13}$$

例 14.1.1 以家庭为单位，得到某商品的需求量 y 与该商品价格 x 之间的一组调查数据如表 14.1.1 所示，求 y 对 x 的回归直线方程.

表 14.1.1 商品价格与商品需求量数据

商品价格 x/元	1.0	2.0	2.0	2.3	2.5	2.6	2.8	3.0	3.3	3.5
商品需求量 y/kg	5.0	3.0	3.5	2.7	2.4	2.5	2.0	1.5	1.2	1.2

解 作散点图(图 14.1.2), 从点的分布可以看出, 作一元线性回归较为合适.

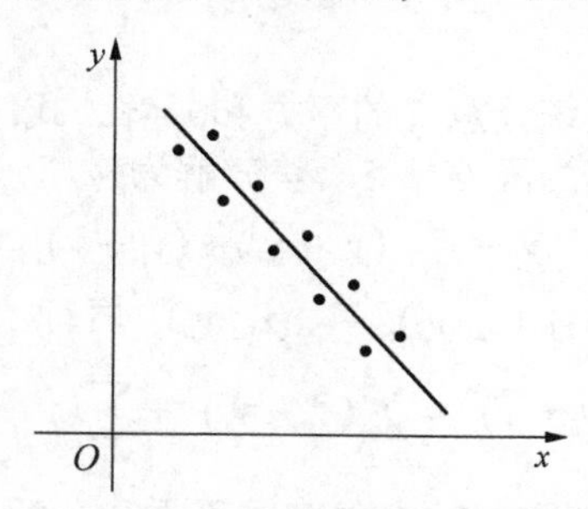

图 14.1.2 商品价格与需求量数据散点图

为求一元线性回归方程 $\hat{y}=\hat{a}+\hat{b}x$, 将数据计算结果列表(表 14.1.2).

表 14.1.2 回归系数数据计算列表

i	x_i	y_i	x_i^2	y_i^2	x_iy_i
1	1.0	5.0	1.00	25.00	5.00
2	2.0	3.0	4.00	9.00	6.00
3	2.0	3.5	4.00	12.25	7.00
4	2.3	2.7	5.29	7.29	6.21
5	2.5	2.4	6.25	5.76	6.00
6	2.6	2.5	6.76	6.25	6.50
7	2.8	2.0	7.84	4.00	5.60
8	3.0	1.5	9.00	2.25	4.50
9	3.3	1.2	10.89	1.44	3.96
10	3.5	1.2	12.25	1.44	4.20
Σ	25.0	25.0	67.28	74.68	54.97

由此得

$$\bar{x}=2.5 \quad \bar{y}=2.5 \quad n=10$$

$$L_{xx}=\sum_{i=1}^{10}x_i^2-n\bar{x}^2=67.28-10\times2.5^2=4.78$$

$$L_{xy}=\sum_{i=1}^{10}x_iy_i-n\overline{xy}=54.97-10\times2.5\times2.5=-7.53$$

$$L_{yy}=\sum_{i=1}^{10}y_i^2-n\bar{y}^2=74.68-10\times2.5^2=12.18$$

$$\hat{b}=\frac{L_{xy}}{L_{xx}}=-\frac{7.53}{4.78}=-1.58$$

$$\hat{a}=\overline{y}-\hat{b}\overline{x}=2.5-(-1.58)\times 2.5=6.45$$

故所求回归方程为

$$\hat{y}=6.45-1.58x$$

这里回归系数 $\hat{b}=-1.58$ 表示商品的价格每增加 1 元, 该商品的需求量平均减少 1.58 kg.

3. *平方和分解公式*

下面来讨论极为重要的具有统计意义的平方和分解公式.

将 y_i 与其均值 $\overline{y}$ 之间的差称为离差, 将离差分解为

$$y_i-\overline{y}=(y_i-\hat{y}_i)+(\hat{y}_i-\overline{y})$$

则对于任意 n 组数据对$(x_1, y_1), (x_2, y_2), \cdots, (x_n, y_n)$, 恒有

$$\sum_{i=1}^{n}(y_i-\overline{y})^2=\sum_{i=1}^{n}(y_i-\hat{y}_i)^2+\sum_{i=1}^{n}(\hat{y}_i-\overline{y})^2 \tag{14.1.14}$$

式中, $\hat{y}_i=\hat{a}+\hat{b}x_i(i=1,2,\cdots,n)$. 式(14.1.14)称离差平方和分解式.

事实上,

$$\sum_{i=1}^{n}(y_i-\overline{y}_i)^2=\sum_{i=1}^{n}(y_i-\hat{y}_i)^2+\sum_{i=1}^{n}(y_i-\overline{y})^2+2\sum_{i=1}^{n}(y_i-\hat{y}_i)(\hat{y}_i-\overline{y})$$

又

$$\begin{aligned}\sum_{i=1}^{n}(y_i-\hat{y}_i)(\hat{y}_i-\overline{y})&=\sum_{i=1}^{n}(y_i-\hat{a}-\hat{b}x_i)(\hat{a}+\hat{b}x_i-\overline{y})\\&=\sum_{i=1}^{n}[(y_i-\overline{y})-\hat{b}(x_i-\overline{x})]\hat{b}(x_i-\overline{x})\\&=\sum_{i=1}^{n}[\hat{b}(y_i-\overline{y})(x_i-\overline{x})-\hat{b}^2(x_i-\overline{x})^2]\\&=\hat{b}(L_{xy}-\hat{b}L_{xx})=0\end{aligned}$$

故

$$\sum_{i=1}^{n}(y_i-\overline{y})^2=\sum_{i=1}^{n}(y_i-\hat{y}_i)^2+\sum_{i=1}^{n}(\hat{y}_i-\overline{y})^2$$

上式中三个平方和的统计意义如下:

$L_{yy}=\sum_{i=1}^{n}(y_1-\overline{y})^2$ 是 $y_1, y_2, \cdots, y_n$ 这 n 个数据的离差平方和, 它的大小描述了这 n 个数据的分散程度, 称为**总离差平方和**, 记为 Q_T.

注意到

$$\overline{\hat{y}}=\frac{1}{n}\sum_{i=1}^{n}\hat{y}_i=\frac{1}{n}\sum_{i=1}^{n}(\hat{a}+\hat{b}x_i)=\hat{a}+\hat{b}\overline{x}=\overline{y}$$

即 $\hat{y}_1,\hat{y}_2,\cdots,\hat{y}_n$ 这 n 个数的平均值也是 $\overline{y}$, 所以 $\sum_{i=1}^{n}(\hat{y}_i-\overline{y})^2$ 就是 $\hat{y}_1,\hat{y}_2,\cdots,\hat{y}_n$ 这 n 个数的离差平方和, 它反映了 $\hat{y}_1,\hat{y}_2,\cdots,\hat{y}_n$ 的分散程度. 又因为

$$\sum_{i=1}^{n}(\hat{y}_i-\overline{y})^2=\sum_{i=1}^{n}[(\hat{a}+\hat{b}x_i)-(\hat{a}+\hat{b}\overline{x})]^2=\hat{b}^2\sum_{i=1}^{n}(x_i-\overline{x})^2=\hat{b}^2L_{xx}$$

所以说 $\hat{y}_1,\hat{y}_2,\cdots,\hat{y}_n$ 的分散性来源于 $x_1, x_2, \cdots, x_n$ 的分散性, 通过 x 对 y 的线性相关性反映出来,

为此称 $\sum_{i=1}^{n}(\hat{y}_i-\overline{y})^2$ 为**回归平方和**，记为 Q_R.

至于 $\sum_{i=1}^{n}(y_i-\hat{y}_i)^2$，就是式(14.1.8)得到的最小值 $Q(\hat{a},\hat{b})$，它反映了观测值 y_i 偏离回归直线的程度，称为**剩余平方和**或**残差平方和**，记为 Q_e. Q_e 是除了 x 对 y 的线性影响之外的其他因素如试验误差、观测误差等随机因素所造成的离差平方和，通常取 σ^2 的估计量为

$$\hat{\sigma}^2=\frac{Q_e}{n-2}$$

总之 $Q_T=Q_e+Q_R$.

显然若 Q_R/Q_e 较大，则表明 x 对 y 的线性影响就较大，就可以认为 x 与 y 之间有线性相关性；反之，没有理由认为 x 与 y 之间有较明显的线性相关关系.

4. 估计量 $\hat{a},\hat{b}$ 和 $\hat{\sigma}^2$ 的统计特性

一元线性回归模型中 a, b, σ^2 的估计量分别取

$$\hat{a}=\overline{y}-\hat{b}\overline{x},\quad \hat{b}=\frac{L_{xy}}{L_{xx}},\quad \hat{\sigma}^2=\frac{Q_e}{n-2}$$

下面证明 $\hat{a},\hat{b},\hat{\sigma}^2$ 分别是 a, b, σ^2 的无偏估计量:

因

$$E(\hat{b})=E\left(\frac{L_{xy}}{L_{xx}}\right)=\frac{E(L_{xy})}{L_{xx}}=\frac{1}{L_{xx}}E\left[\sum_{i=1}^{n}(x_i-\overline{x})(y_i-\overline{y})\right]$$

$$=\frac{1}{L_{xx}}\sum_{i=1}^{n}(x_i-\overline{x})E(y_i-\overline{y})$$

又

$$E(y_i)=E(a+bx_i+\varepsilon_i)=a+bx_i$$

$$E(\overline{y})=E\left(\frac{1}{n}\sum_{i=1}^{n}y_i\right)=\frac{1}{n}E\left(\sum_{i=1}^{n}y_i\right)=\frac{1}{n}\left[\sum_{i=1}^{n}E(y_i)\right]=a+b\overline{x}$$

故

$$E(\hat{b})=\frac{1}{L_{xx}}\sum_{i=1}^{n}(x_i-\overline{x})[(a+bx_i)-(a+b\overline{x})]=\frac{1}{L_{xx}}\sum_{i=1}^{n}(x_i-\overline{x})b(x_i-\overline{x})=b \tag{14.1.15}$$

$$E(\hat{a})=E(\overline{y}-\hat{b}\overline{x})=E(\overline{y})-\overline{x}E(\hat{b})=a+b\overline{x}-\overline{x}b=a \tag{14.1.16}$$

可见 $\hat{a},\hat{b}$ 分别是 a, b 的无偏估计.

由 $y_1, y_2, \cdots, y_n$ 相互独立，且 $y_i\sim N(a+bx_i,\sigma^2)(i=1, 2, \cdots, n)$，所以 $\hat{b},\hat{a}$ 均服从正态分布,

$$D(\hat{b})=D\left(\frac{L_{xy}}{L_{xx}}\right)=D\left[\frac{\sum_{i=1}^{n}(x_i-\overline{x})(y_i-\overline{y})}{L_{xx}}\right]$$

$$=\frac{1}{L_{xx}^2}\sum_{i=1}^{n}D[(x_i-\overline{x})y_i]=\frac{1}{L_{xx}^2}\sum_{i=1}^{n}(x_i-\overline{x})^2D(y_i)=\frac{\sigma^2}{L_{xx}}$$

即

$$\hat{b} \sim N\left(b, \frac{\sigma^2}{L_{xx}}\right) \tag{14.1.17}$$

同理

$$\hat{a} \sim N\left(a, \frac{\sigma^2 \sum_{i=1}^{n} x_i^2}{nL_{xx}}\right) \tag{14.1.18}$$

又

$$Q_R = \sum_{i=1}^{n} (\hat{y}_i - \overline{y})^2 = \hat{b}^2 \sum_{i=1}^{n} (x_i - \overline{x})^2 = \hat{b}^2 L_{xx}$$

而

$$E(\hat{b}^2) = D(\hat{b}) + [E(\hat{b})]^2 = \frac{\sigma^2}{L_{xx}} + b^2$$

于是

$$E(Q_R) = E(\hat{b}^2) L_{xx} = \sigma^2 + b^2 L_{xx} \tag{14.1.19}$$

由式(14.1.19)可看出 Q_R 的大小不仅与 σ^2 有关，而且与 b^2 的大小有关.

因为 $y_1, y_2, \cdots, y_n$ 相互独立，且 $y_i \sim N(a + bx_i, \sigma^2)$ $(i = 1, 2, \cdots, n)$，即

$$E(y_i^2) = D(y_i) + [E(y_i)]^2 = \sigma^2 + (a + bx_i)^2$$

又

$$E(\overline{y}^2) = D(\overline{y}) + [E(\overline{y})]^2 = \frac{1}{n^2} \sum_{i=1}^{n} D(y_i) + (a + b\overline{x})^2 = \frac{1}{n} \sigma^2 + (a + b\overline{x})^2$$

故

$$\begin{aligned} E(Q_T) &= E\left[\sum_{i=1}^{n} (y_i - \overline{y})^2\right] = E\left[\sum_{i=1}^{n} y_i^2 - n\overline{y}^2\right] = \sum_{i=1}^{n} E(y_i^2) - nE(\overline{y}^2) \\ &= \sum_{i=1}^{n} [\sigma^2 + (a + bx_i)^2] - n\left[\frac{1}{n}\sigma^2 + (a + b\overline{x})^2\right] \\ &= n\sigma^2 + \sum_{i=1}^{n} (a^2 + 2abx_i + b^2 x_i^2) - \sigma^2 - (na^2 + 2nab\overline{x} + nb^2 \overline{x}^2) \\ &= n\sigma^2 + na^2 + 2nab\overline{x} + b^2 \sum_{i=1}^{n} x_i^2 - \sigma^2 - na^2 - 2nab\overline{x} - nb^2 \overline{x}^2 \\ &= (n-1)\sigma^2 + b^2 \sum_{i=1}^{n} x_i^2 - b^2 n\overline{x}^2 \\ &= (n-1)\sigma^2 + b^2 \sum_{i=1}^{n} (x_i - \overline{x})^2 \\ &= (n-1)\sigma^2 + b^2 L_{xx} \end{aligned}$$

得

$$E(Q_e) = E(Q_T) - E(Q_R) = (n-1)\sigma^2 + b^2 L_{xx} - \sigma^2 - b^2 L_{xx} = (n-2)\sigma^2$$

则

$$\sigma^2 = \frac{E(Q_e)}{n-2} \tag{14.1.20}$$

这表明 $\hat{\sigma}^2 = Q_e/(n-2)$是 σ^2 的无偏估计，更进一步地，还可以证明

$$\frac{(n-2)\hat{\sigma}^2}{\sigma^2} = \frac{Q_e}{\sigma^2} \sim \chi^2(n-2) \tag{14.1.21}$$

且 $\hat{\sigma}^2$ 与 $\hat{b}$ 相互独立.

5. 线性回归效果的显著性检验

在求回归方程的计算过程中，并不需要事先假定 x 与 y 之间具有线性关系，即无论数据点 (x_1, y_1), (x_2, y_2), $\cdots$, (x_n, y_n)在坐标平面上的分布多么杂乱无章，总可给它配一条回归直线 $\hat{y} = \hat{a} + \hat{b}x$，显然所配直线是否有意义，即 y 与 x 是否确有线性关系，需进一步进行检验.

下面来讨论如何检验 $y = a + bx + \varepsilon, \varepsilon \sim N(0, \sigma^2)$这一线性假设是否合适，亦即检验 H_0: $b = 0, H_1$: $b \neq 0$ 的真假问题.

·*F* 检验法

总离差平方和 Q_T 的自由度 $f_T = n-1$，回归平方和 Q_R 是由 1 个普通变量 x 对 y 的线性影响决定的，所以它的自由度 $f_R = 1$，又因 Q_e 的自由度 $f_e = n-2$，所以

$$f_T = f_R + f_e \tag{14.2.22}$$

在 H_0 为真的前提条件下 $y_i \sim N(a + bx_i, \sigma^2), (i = 1, 2, \cdots, n)$，由第 11 章定理 11.2.11，知

$$\frac{Q_T}{\sigma^2} \sim \chi^2(n-1)$$

并且可进一步证明

$$\frac{Q_R}{\sigma^2} \sim \chi^2(1), \qquad \frac{Q_e}{\sigma^2} \sim \chi^2(n-2)$$

且 Q_R 与 Q_e 相互独立，由 F 分布的定义知统计量

$$F = \frac{Q_R / \sigma^2}{\dfrac{Q_e}{\sigma^2} \Big/ (n-2)} = \frac{Q_R}{Q_e / (n-2)} \sim F(1, n-2) \tag{14.1.23}$$

由 $E(Q_R) = \sigma^2 + b^2 L_{xx}$ 知在 H_0 为真的前提条件下，Q_R 是 σ^2 的无偏估计，在 H_0 不真的前提条件下，Q_R 的期望大于 σ^2，但不管对 b 的假设如何，$Q_e/(n-2)$都是 σ^2 的无偏估计，这说明在 H_0 不真时，比值 F 有偏大的倾向，可见此统计量对假设 H_0 为真与否是敏感的.

给定显著性水平 α，查 F 分布表得分为数 F_α，由样本值计算统计量 F 的值，如果 $F \geqslant F_\alpha$ 则拒绝 H_0，认为回归效果显著，反之 $F < F_\alpha$ 则接受 H_0 认为回归效果不显著.

·*t* 检验法

由 $\hat{b} \sim N\left(b, \dfrac{\sigma^2}{L_{xx}}\right)$，知

$$\frac{\hat{b} - b}{\sigma\sqrt{\dfrac{1}{L_{xx}}}} \sim N(0, 1)$$

又由式(14.2.1)及 t 分布的定义，知统计量

$$T = \frac{\hat{b} - b}{\sigma\sqrt{\dfrac{1}{L_{xx}}}} \Bigg/ \sqrt{\frac{(n-2)\hat{\sigma}^2}{\sigma^2(n-2)}} = \frac{\hat{b} - b}{\hat{\sigma}/\sqrt{L_{xx}}} \sim t(n-2)$$

从而在 H_0 为真的条件下 $\dfrac{\hat{b}}{\hat{\sigma}/\sqrt{L_{xx}}} \sim t(n-2)$.

对于给定的显著性水平 α, 查自由度为 $n-2$ 的 t 分布临界值表, 得临界值 $t_{\frac{\alpha}{2}}$, 由样本值计算统计量 T 的值 t, 若 $|t| \geqslant t_{\frac{\alpha}{2}}$ 则拒绝 H_0, 认为回归效果显著. 反之, 若 $|t| < t_{\frac{\alpha}{2}}$, 则接受 H_0, 认为回归效果不显著.

·相关系数检验法

考虑 Q_R 在 Q_T 中所占的比例, 定义 $r^2 = \dfrac{Q_R}{Q_T}$ 为判定系数, 由前面叙述可知 $Q_T = L_{yy}$, $Q_R = \hat{b}^2 L_{xx}$, 所以 $r^2 = \dfrac{\hat{b}^2 L_{xx}}{L_{yy}} = \dfrac{L^2 xy}{L_{yy} L_{xx}}$, 进而定义 x 与 y 的相关系数

$$r = \frac{L_{xy}}{\sqrt{L_{xx} L_{yy}}}$$

该相关系数反应了 x 与 y 的相关程度, 只不过这里 x 是确定的变量, 而 y 是随机变量.

从定义式可看出, r 的符号与 L_{xy} 的符号相同, 从而与回归系数 b 的符号一致. 若 $r = 0$ 时, 则 $L_{xy} = 0$, 因此 $b = 0$.根据最小二乘法确定的回归直线平行于 x 轴, 说明 y 的变化与 x 无关. 当 $|r| = 1$ 时, 说明所有的点都在一条直线上, 称 x 与 y 完全线性相关; 当 $r = +1$ 时称完全正相关, 当 $r = -1$ 时, 称完全负相关. 绝大多数情况为 $0 < |r| < 1$, 此时对给定的显著水平 α 查相关系数表 R_α, 当 $|r| \geqslant R_\alpha$ 时, 拒绝 H_0, 认为相关系数显著; 反之, 当 $|r| < R_\alpha$ 时, 接受 H_0, 认为 x 与 y 无显著相关关系.

例 14.1.2 从某矿石中取得 14 块样品, 测得 Ni 和 P_2O_5 的含量如表 14.1.3 所示, 试分析矿石中 Ni 与 P_2O_5 的含量之间是否存在线性关系, 并对其进行 F 检验($\alpha = 0.05$).

表 14.1.3 矿石样品中 Ni 和 P_2O_5 的含量

编号	(x)Ni/%	(y)P_2O_5/%	编号	(x)Ni/%	(y)P_2O_5/%
1	4.00	0.009	8	1.70	0.014
2	3.44	0.013	9	2.92	0.016
3	3.60	0.006	10	4.80	0.014
4	1.00	0.025	11	3.28	0.016
5	2.04	0.022	12	4.16	0.012
6	4.74	0.007	13	3.35	0.020
7	0.60	0.036	14	2.20	0.018

解 作线性变换, 于是将原始数据表转换成新的数据表(表 14.1.4).

表 14.1.4 检验统计量计算表

i	x(%)	y(%)	$x' = 100(x-3)$	$y' = 1000(y-0.016)$	x'^2	$x'y'$	y'^2
1	4.00	0.009	100	−7	10000	−700	49
2	3.44	0.013	44	−3	1936	−132	9
3	3.60	0.006	60	−10	3600	−600	100

续表

i	x(%)	y(%)	$x'=100(x-3)$	$y'=1000(y-0.016)$	x'^2	$x'y'$	y'^2
4	1.00	0.025	−200	9	40000	−1800	81
5	2.04	0.022	−96	6	9216	−576	36
6	4.74	0.007	174	−9	30276	−1566	81
7	0.60	0.036	−200	20	57600	−4800	400
8	1.70	0.014	−130	−2	16900	260	4
9	2.92	0.016	−8	0	64	0	0
10	4.80	0.014	180	−2	32400	−360	4
11	3.28	0.016	28	0	784	0	0
12	4.16	0.012	116	−4	13456	−464	16
13	3.35	0.020	35	4	1225	140	16
14	2.20	0.018	−80	2	6400	−160	4
Σ			−17	4	223857	−10758	800

(1)按公式计算

$$\overline{x}'=\frac{1}{14}\times(-17)=-1.214,\qquad \overline{y}'=\frac{1}{14}\times 4=0.286$$

$$L_{x'x'}=223857-\frac{1}{14}\times(-17)^2=223836,\qquad L_{x'y'}=-10758-\frac{1}{14}\times(-17)\times 4=-10753$$

$$L_{y'y'}=800-\frac{1}{14}\times 4=799,\qquad \hat{b}'=\frac{L_{x'y'}}{L_{x'x'}}=\frac{-10753}{223836}=-0.048$$

$$\hat{a}'=\overline{y}'-b'\overline{x}'=0.286-0.048\times(-1.214)=0.228$$

(2)代回原变量, 得到 x 与 y 的回归方程

$$1000(\hat{y}-0.016)=0.228-0.048\times100(x-3)$$

即 $\hat{y}=0.0306-0.0048x$.

(3)进行统计检验

$$Q'_R=\hat{b}'L_{x'y'}=(-0.048)\times(-10753)=516.144$$

$$Q'_e=L_{y'y'}-Q'_R=799-516.144=282.856$$

$$F'=\frac{(n-2)Q'_R}{Q'_e}=\frac{12\times516.144}{282.856}=21.96$$

因 $\alpha=0.05$, 查 $F_{0.05}(1,12)$得 $F_{0.05}=9.93$, 又 $F'=21.96>F_\alpha=9.93$, 故可以认为 x 与 y 之间存在直线关系.

6. 预测与控制

预测与控制是回归分析的重要应用, 当求得的回归方程 $\hat{y}=\hat{a}+\hat{b}x$ 经检验确认 y 与 x 有线性关系后, 对给定的某个 $x=x_0$ 可以以一定的置信度预测对应的 y 的观测值的取值范围, 这就是所谓对 y 的预测, 而控制是预测的反问题, 即如何控制 x 的取值, 使 y 落在指定的范围内.

首先来看预测问题, 在 $x=x_0$ 时 y 的相应量 y_0 应为

$$y_0=a+bx_0+\varepsilon_0$$

式中, $\varepsilon_0\sim N(0,\sigma^2)$, y_0 是随机变量. 而对任意给定的 x_0, 由回归方程 $\hat{y}_0=\hat{a}+\hat{b}x_0$ 可以算出 y 的一

个回归值 $\hat{y}_0$，称 $\hat{y}_0$ 是 $x=x_0$ 时 y 的点估计，一般来说 $x=x_0$ 时 y 的预测区间较 y 的点估计 $\hat{y}_0$ 更有实用价值.

因为

$$y_0 \sim N(a+bx_0, \sigma^2), \qquad \hat{y}_0 \sim N\left(a+bx_0, \left[\frac{1}{n}+\frac{(x_0-\overline{x})^2}{L_{xx}}\right]\sigma^2\right)$$

而 $y_0, y_1, y_2, \cdots, y_n$ 相互独立, y_0, $\hat{y}_0$ 相互独立，故

$$y_0-\hat{y}_0 \sim N\left(0, \left[1+\frac{1}{n}+\frac{(x_0-\overline{x})^2}{L_{xx}}\right]\sigma^2\right)$$

即

$$\frac{y_0-\hat{y}_0}{\sigma\sqrt{1+\frac{1}{n}+\frac{(x_0-\overline{x})^2}{L_{xx}}}} \sim N(0, 1)$$

又由 $\frac{Q_e}{\sigma^2} \sim \chi^2(n-2)$, $\hat{\sigma}^2=\frac{1}{n-2}\sum_{i=1}^{n}(y_i-\hat{a}-\hat{b}x_i)^2$，知

$$\frac{(n-2)\hat{\sigma}^2}{\sigma^2} \sim \chi^2(n-2)$$

于是

$$\frac{y_0-\hat{y}_0}{\hat{\sigma}\sqrt{1+\frac{1}{n}+\frac{(x_0-\overline{x})^2}{L_{xx}}}}=\frac{y_0-\hat{y}_0}{\sigma\sqrt{1+\frac{1}{n}+\frac{(x_0-\overline{x})^2}{L_{xx}}}}\Bigg/\sqrt{\frac{(n-2)\hat{\sigma}^2}{\sigma^2(n-2)}} \sim t(n-2)$$

对给定的置信度 $1-\alpha$，有

$$P\left(\frac{|y_0-\hat{y}_0|}{\sigma\sqrt{1+\frac{1}{n}+\frac{(x_0-\overline{x})^2}{L_{xx}}}} < t_{\frac{\alpha}{2}}(n-2)\right)=1-\alpha$$

故 y_0 的置信度为 $1-\alpha$ 的预测区间为

$$\left(\hat{y}_0-t_{\frac{\alpha}{2}}(n-2)\hat{\sigma}\sqrt{1+\frac{1}{n}+\frac{(x_0-\overline{x})^2}{L_{xx}}}, \hat{y}_0+t_{\frac{\alpha}{2}}(n-2)\hat{\sigma}\sqrt{1+\frac{1}{n}+\frac{(x_0-\overline{x})^2}{L_{xx}}}\right)$$

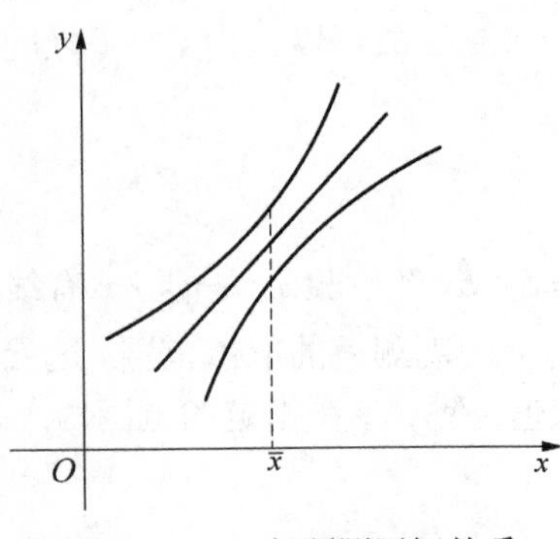

图 14.1.3 $\overline{x}$ 与预测区间关系

显然，当 x_0 与 $\overline{x}$ 越接近，在给定的样本观测值与置信度下，预测区间宽度越窄，预测也越精确，反之，精度越差，如果预测点远离 $\overline{x}$ 通常不能获得满意的结果(图 14.1.3).

再来讨论控制问题，如果给定了置信度 $1-\alpha$，需求出 x_1, x_2，使得当 $x_1<x<x_2$ 时 x 对应的观测值落在事先设定的区间 (y_1', y_2') 内的概率不小于 $1-\alpha$.这里只讨论 n 很大的情况，因为当 n 很大时，

$$\sqrt{1+\frac{1}{n}+\frac{(x_0-\overline{x})^2}{L_{xx}}} \approx 1$$

且 $t_{\frac{\alpha}{2}}(n-2) \approx u_{\frac{\alpha}{2}}$ (标准正态分布的分位数)，所以置信度为 $1-\alpha$ 的预测区间近似等于 $(\hat{y}_0 - \hat{\sigma}u_{\frac{\alpha}{2}},\ \hat{y}_0 + \hat{\sigma}u_{\frac{\alpha}{2}})$.

此时分别令

$$y_1' = \hat{y}_0 - \hat{\sigma}u_{\frac{\alpha}{2}} = \hat{a} + \hat{b}x_0 - \hat{\sigma}u_{\frac{\alpha}{2}}, \quad y_2' = \hat{y}_0 + \hat{\sigma}u_{\frac{\alpha}{2}} = \hat{a} + \hat{b}x_0 + \hat{\sigma}u_{\frac{\alpha}{2}}$$

解出 x_0 的两个值 x_1, $x_2(x_1<x_2)$，即可控制 x 的上下限 $x_1<x<x_2$，必须注意的是(y_1', y_2')的长度一定要大于 $2\hat{\sigma}u_{\frac{\alpha}{2}}$. 如图 14.1.4 所示.

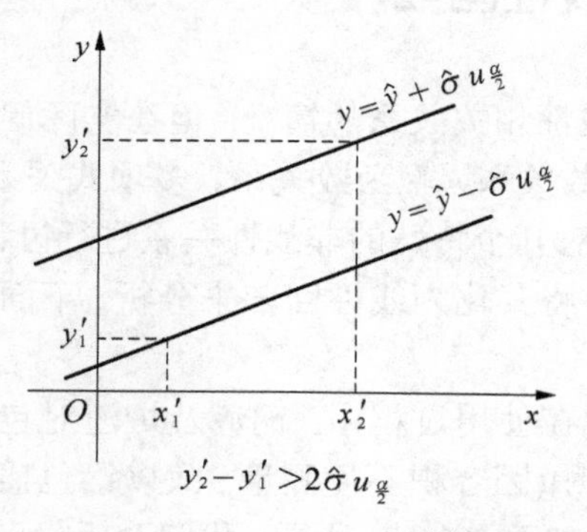

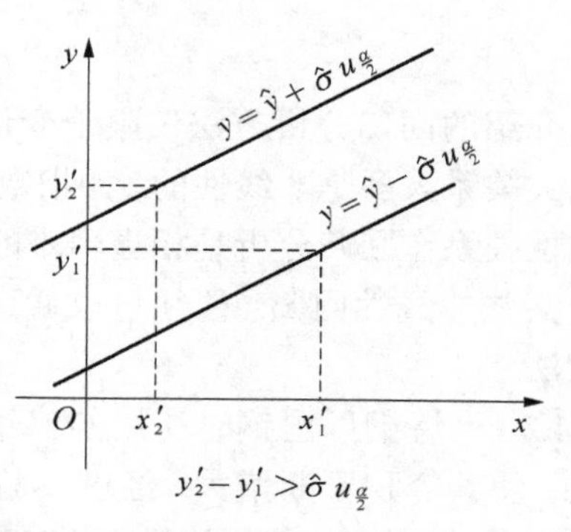

图 14.1.4　可控变量的控制范围

例 14.1.3　某地区第 1 年到第 6 年用电量 y 与年次 x 的统计数据如表 14.1.5 所示. 求 y 对 x 的回归方程，并在 $\alpha=0.01$ 下作显著性检验，若该地区第 7 年到第 8 年经济发展速度不变，试对第 8 年的用电量进行预测($\alpha=0.05$).

表 14.1.5　某地区用电量统计表

年次 x_i	1	2	3	4	5	6
用电量 y_i/亿度	10.4	11.4	13.1	14.2	14.8	15.7

解　设 $y=a+bx$，计算得

$$\bar{x}=3.5, \quad \bar{y}=13.27, \quad L_{xx}=17.5, \quad L_{xy}=18.9, \quad L_{yy}=20.87$$

$$\hat{b}=\frac{L_{xy}}{L_{xx}}=\frac{18.9}{17.5}=1.08, \qquad \hat{a}=13.27-1.08\times 3.5=9.49$$

故线性回归方程为

$$\hat{y}=9.49+1.08x$$

又

$$\hat{\sigma}^2=\frac{Q_e}{n-2}=\frac{1}{n-2}\sum_{i=1}^{1}(y_i-\hat{a}-\hat{b}x_i)^2=\frac{1}{n-2}(Q_T-Q_R)$$

$$=\frac{1}{n-2}(L_{yy}-\hat{b}L_{xy})=\frac{1}{4}(20.87-1.08\times 18.9)=0.1145$$

$$|t|=\frac{\hat{b}}{\hat{\sigma}}\sqrt{L_{xx}}=13.351>4.6041=t_{0.005}(4)$$

从而可认为回归效果显著.

将 $x_0 = 8$ 代入回归直线方程 $\hat{y} = 9.49 + 1.08x$, 得

$$\hat{y}_0 = 9.49 + 1.08 \times 8 = 18.13(\text{亿度})$$

又 $n = 6$, 因此第 8 年用电量 y_0 的置信度为 0.95 置信区间为

$$\left(18.13 - t_{0.025}(4) \times 0.3384 \times \sqrt{1 + \frac{1}{6} + \frac{20.25}{17.5}}, 18.13 + t_{0.025}(4) \times 0.3384 \times \sqrt{1 + \frac{1}{6} + \frac{20.25}{17.5}}\right)$$

即(16.75, 19.56).

14.2 一元非线性回归

前面介绍的回归分析方法仅限于变量之间是线性相关关系的情况, 但在实际问题中变量之间的相关关系大多是非线性的, 如指数关系、对数关系、幂函数关系、多项式关系等, 对一般的非线性关系作回归分析是相当困难的, 这里只对几个特殊的非线性关系进行讨论.

对于某些非线性回归, 往往可以通过变量变换将其化为线性回归来分析, 下面举例说明其具体做法.

例 14.2.1 炼钢厂出钢时所用的盛钢水的钢包在使用过程中, 钢液及炉渣对包衬耐火材料的侵蚀, 使其容积不断增大, 经过实验钢包的容积(因容积不便测量, 故以钢包盛满时的钢水重量来表示)与相应的使用次数(也称包龄)的数据如表 14.2.1 所示, 我们希望找到它们之间的定量关系式.

表 14.2.1 钢包的容积与包龄数据表

包龄(x)	容积(y)	包龄(x)	容积(y)
2	106.42	11	110.59
3	108.20	14	110.60
4	109.58	15	110.90
5	109.50	16	110.76
7	110.00	18	111.00
8	109.93	19	111.20
10	110.49		

解 按实测数据作散点图, 观察其特点, 选择双曲线

$$\frac{1}{y} = a + b\frac{1}{x}$$

表示容积 y 与使用次数 x 之间的关系. 令 $\frac{1}{y} = y'$, $\frac{1}{x} = x'$ 则该式可表示为

$$y' = a + bx'$$

用最小二乘法求回归系数 a, b. 全部计算结果如下

$$n = 13, \quad \overline{x'} = 0.157760, \quad \overline{y'} = 0.0090974, \quad L_{x'x'} = 0.213670, \quad L_{x'y'} = 0.00017738$$

故

$$\hat{b} = \frac{L_{x'y'}}{L_{x'x'}} = 0.0008302, \qquad \hat{a} = \overline{y'} - b\overline{x'} = 0.008966$$

于是回归方程为

$$\hat{y}' = 0.008966 + 0.0008302x'$$

所以 y 与 x 的关系为

$$\frac{1}{y} = 0.008966 + 0.0008302 \times \frac{1}{x}$$

此外,

$$Q_e = 0.5818, \qquad \hat{\sigma} = \sqrt{\frac{Q_e}{n-2}} = \sqrt{\frac{0.5818}{11}} = 0.23$$

$$L_{yy} = \sum_{i=1}^{13}(y_i - \overline{y})^2 = 21.2105$$

故 y 与 x 的判定系数

$$r^2 = \frac{Q_R}{Q_T} = \frac{L_{yy} - Q_e}{L_{yy}} = 1 - \frac{Q_e}{L_{yy}} = 1 - \frac{\sum_{i=1}^{13}(y_i - \hat{y}_i)^2}{\sum_{i=1}^{13}(y_i - \overline{y})^2} = 1 - \frac{0.5818}{21.2105} = 0.9726$$

注意, $y' = \dfrac{1}{y}$ 与 $x' = \dfrac{1}{x}$ 的线性相关系数的平方经计算为 0.9818, 因此两者是不一样的.

为了便于选择适当的函数类型, 在此列举出一些常用的非线性函数的图形, 并给出相应的化为线性回归问题的变换公式(表 14.2.2).

表 14.2.2 常用的非线性函数及其数据变换表

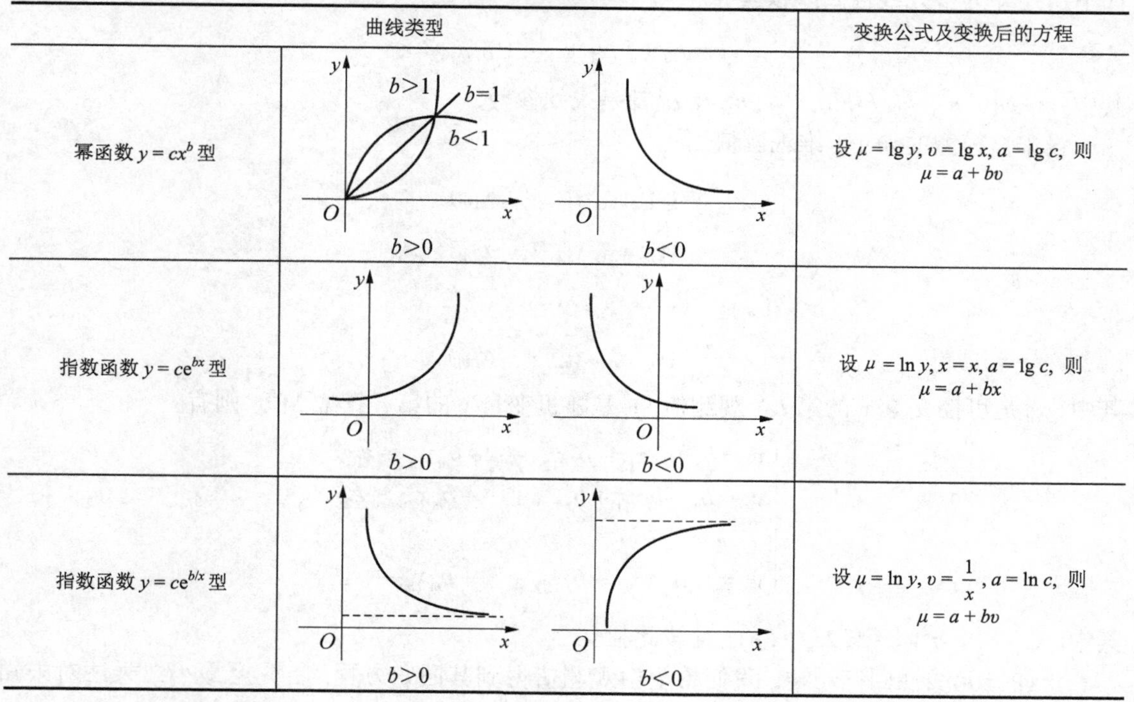

曲线类型		变换公式及变换后的方程
幂函数 $y = cx^b$ 型	$b>0$(曲线 $b>1$, $b=1$, $b<1$); $b<0$	设 $\mu = \lg y, v = \lg x, a = \lg c$, 则 $\mu = a + bv$
指数函数 $y = ce^{bx}$ 型	$b>0$; $b<0$	设 $\mu = \ln y, x = x, a = \lg c$, 则 $\mu = a + bx$
指数函数 $y = ce^{b/x}$ 型	$b>0$; $b<0$	设 $\mu = \ln y, v = \dfrac{1}{x}, a = \ln c$, 则 $\mu = a + bv$

续表

曲线类型			变换公式及变换后的方程
双曲函数 $\frac{1}{y}=a+\frac{b}{x}$ 型	$b>0$	$b<0$	设 $\mu=\frac{1}{y}$，$\upsilon=\frac{1}{x}$，则 $\mu=a+b\upsilon$
对数函数 $y=a+b\log x$ 型	$b>0$	$b<0$	设 $\mu=y,\ \upsilon=\log x$，则 $\mu=a+b\upsilon$

应当指出，并非所有类型曲线都可通过变量变换化为一元线性回归问题，如 $y=b_0+b_1x+b_2x^2+b_3x^3+\varepsilon$ 就不能用上述方法化为一元线性回归问题，但可令 $x_1=x$，$x_2=x^2$，$x_3=x^3$ 将变量之间的关系变为 $y=b_0+b_1x_1+b_2x_2+b_3x_3+\varepsilon$，这实际上是一个三元线性回归问题，是下一节即将介绍的内容.

14.3 多元线性回归

在许多实际问题中，随机变量 y 常与多个可控变量 $x_1, x_2, \cdots, x_m$ 之间有着线性的相关关系，如下所述即为**多元线性回归模型**

$$y=b_0+b_1x_1+\cdots+b_mx_m+\varepsilon$$

其中，$\varepsilon\sim N(0,\sigma^2)$, $b_0, b_1, b_2, \cdots, b_m$ 及 σ^2 都是未知参数.

设来自模型的 $m+1$ 维观测值为

$$(y_1; x_{11}, x_{12}, \cdots, x_{1m})$$

$$(y_2; x_{21}, x_{22}, \cdots, x_{2m})$$

$$\cdots\cdots$$

$$(y_n; x_{n1}, x_{n2}, \cdots, x_{nm})$$

其中，x_{ij} 是可控变量 x_j 的第 i 个观测值，y_i 是随机变量 y 的第 i 个观测值，则有

$$\begin{cases} y_1=b_0+b_1x_{11}+b_2x_{12}+\cdots+b_mx_{1m}+\varepsilon_1 \\ y_2=b_0+b_1x_{21}+b_2x_{22}+\cdots+b_mx_{2m}+\varepsilon_2 \\ \cdots\cdots \\ y_n=b_0+b_1x_{n1}+b_2x_{n2}+\cdots+b_mx_{mn}+\varepsilon_n \end{cases}$$

其中，$\varepsilon_i\sim N(0,\sigma^2)(i=1,2,\cdots,n)$，且彼此独立.

正如一元线性回归一样，我们希望由观测值得到其回归方程，首先用最小二乘法对未知

参数 $b_0, b_1, b_2, \cdots, b_m$ 进行估计，其次对其回归方程进行显著性检验.

令

$$Q=\sum_{i=1}^{n}[y_i-(b_0+b_1x_{i1}+b_2x_{i2}+\cdots+b_mx_{im})]^2$$

将 Q 对未知参数求偏导数，令每个偏导数为零，得方程组，经整理可写成如下正规方程组形式

$$\begin{cases} l_{11}b_1+l_{12}b_2+\cdots+l_{1m}b_m=l_{01} \\ l_{21}b_1+l_{22}b_2+\cdots+l_{2m}b_m=l_{02} \\ \quad\quad\cdots\cdots \\ l_{m1}b_1+l_{m2}b_2+\cdots+l_{mm}b_m=l_{0m} \\ b_0=\overline{y}-(b_1\overline{x}_1+b_2\overline{x}_2+\cdots+b_m\overline{x}_m) \end{cases} \tag{14.3.1}$$

其中

$$\overline{y}=\frac{1}{n}\sum_{i=1}^{n}y_i, \qquad \overline{x}_i=\frac{1}{n}\sum_{k=1}^{n}x_{ki} \quad (i=1,2,\cdots,m)$$

$$l_{ij}=l_{ji}=\sum_{k=1}^{n}(x_{ki}-\overline{x}_i)(x_{kj}-\overline{x}_j) \quad (i,j=1,2,\cdots,m)$$

$$l_{0i}=\sum_{k=1}^{n}(x_{ki}-\overline{x}_i)(y_k-\overline{y}) \quad (i=1,2,\cdots,m)$$

解此方程组得 $b_0, b_1, b_2, \cdots, b_m$ 的估计值 $\hat{b}_0,\hat{b}_1,\hat{b}_2,\cdots,\hat{b}_m$，从而 m 元线性回归方程为

$$\hat{y}=\hat{b}_0+\hat{b}_1x_1+\hat{b}_2x_2+\cdots+\hat{b}_mx_m \tag{14.3.2}$$

下面检验线性相关关系是否显著，也就是检验假设 H_0: $b_1=b_2=\cdots=b_m=0$ 是否成立. 令

$$Q_T=\sum_{i=1}^{n}(y_i-\overline{y})^2, \quad Q_R=\sum_{i=1}^{n}(\hat{y}_i-\overline{y})^2, \quad Q_e=\sum_{i=1}^{n}(y_i-\hat{y}_i)^2$$

显然 $Q_T=Q_R+Q_e$，作统计量

$$F=\frac{Q_R/m}{Q_e/(n-m+1)}$$

可以证明在假设 H_0 成立时 $F\sim F(m, n-m-1)$. 这样对给定显著水平 α，可查 F 分布表得临界值 $F_\alpha(m, n-m-1)$，如果由观测值算出统计量 F 的值 F_0，使得 $F_0>F_\alpha(m, n-m-1)$，则拒绝 H_0，认为线性关系显著，否则接受 H_0，认为线性关系不显著.

注意，在多元线性回归分析中有一些不同于一元回归分析的特殊问题，其中，自变量 $x_1, x_2, \cdots, x_m$ 对因变量 y 作用主次的判别问题. 在实际问题中，应剔除对 y 影响不显著的变量，而保留作用显著的变量. 因此如何判断某个变量 x_i 对 y 作用的显著性，对多元回归分析而言就是一项十分重要而复杂的工作，由于篇幅有限，此处不作进一步的介绍.

例 14.3.1 已知某种半成品在生产过程中的废品率 y 与其某种化学成分 x 有关，表 14.3.1 记录了相应的观测值，试找出 x 与 y 的关系式.

表 14.3.1 废品率与化学成分关系数据表

$x(0.01\%)$	34	36	37	38	39	39	39	40
$y/\%$	1.30	1.00	0.73	0.90	0.81	0.70	0.60	0.50
$x(0.01\%)$	40	41	42	43	43	45	47	48
$y/\%$	0.44	0.56	0.30	0.42	0.35	0.40	0.41	0.60

解 由散点图(图 14.3.1)看出可考虑用二次曲线去描述 x 与 y 的关系较好.

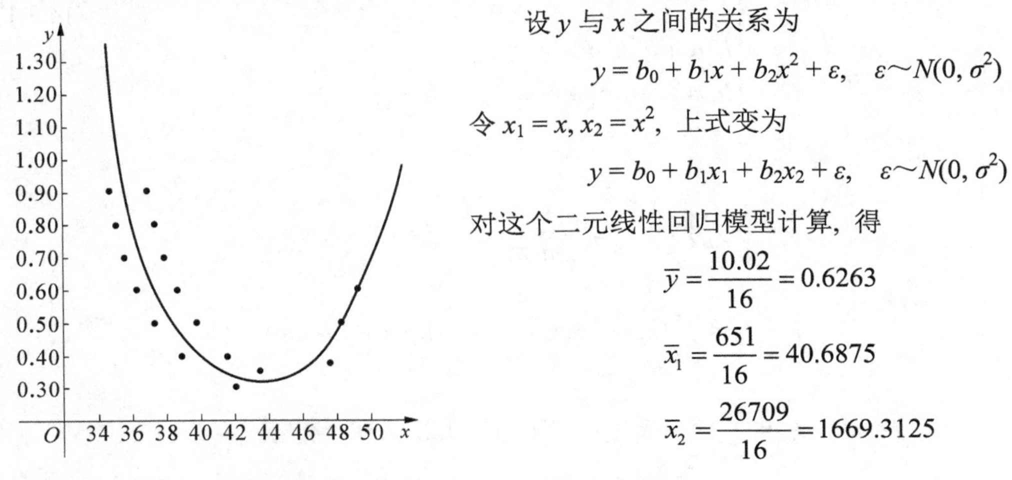

图 14.3.1 废品率与化学成分数据散点图

设 y 与 x 之间的关系为

$$y = b_0 + b_1 x + b_2 x^2 + \varepsilon, \quad \varepsilon \sim N(0, \sigma^2)$$

令 $x_1 = x, x_2 = x^2$，上式变为

$$y = b_0 + b_1 x_1 + b_2 x_2 + \varepsilon, \quad \varepsilon \sim N(0, \sigma^2)$$

对这个二元线性回归模型计算，得

$$\overline{y} = \frac{10.02}{16} = 0.6263$$

$$\overline{x}_1 = \frac{651}{16} = 40.6875$$

$$\overline{x}_2 = \frac{26709}{16} = 1669.3125$$

于是得正规方程

$$\begin{cases} 221.44 b_1 + 18283 b_2 = -11.649 \\ 18283 b_1 + 1513685 b_2 = -923.05 \\ b_0 = 0.6263 - 40.6875 b_1 - 1669.3125 b_2 \end{cases}$$

解方程，得

$$\hat{b}_0 = 18.484, \qquad \hat{b}_1 = -0.8205, \qquad \hat{b}_2 = 0.009301$$

从而得回归方程

$$\hat{y} = 18.484 - 0.8205 x_1 + 0.009301 x_2$$

即 x 与 y 的关系为

$$\hat{y} = 18.484 - 0.8205 x + 0.009301 x^2$$

进一步算出当 $x_0 = \dfrac{0.8205}{2 \times 0.009301} = 44.11$ 时 $\hat{y}$ 的最小值 $\hat{y}_0 = 0.39$，即可认为当这种化学成分 x 的含量在 0.44%左右时，平均废品率最小，约为 0.39%.

数学实验基础知识

基本命令	功能
[b,bint,r,rint,stats]=regress(Y,X,alpha)	多元线性回归分析(含一元情形).Y:观测变量 y 的观测值构成的列向量;X:设计矩阵,其第一列均为1,表示模型中的第一项为常数项,其余每一列对应于各可控变量的取值;alpha:显著性水平,默认值取0.05;b,bint分别为回归系数估计值及其置信区间;r,rint为残差(向量)及其置信区间;stats有4个值,前3个为用于检验回归模型的统计量,第一个是 R^2,R 是相关系数,第二个是 F 统计量,第三个是与 F 统计量对应的概率 p,当 $p<\alpha$ 时,拒绝 H_0,表明从统计意义来说回归模型是合理的;最后一个值为方差 σ^2 的无偏估计值

下面是一个一元线性回归分析例程:

```
>> x=[1097 1284 1502 1394 1303 1555 1917 2051 2111 2286 2311 2003 2435];
>> y=[698 872 988 807 738 1025 1316 1539 1561 1765 1762 1960 1902];
>> Y=y';                                        %观测向量
>> X=[ones(size(x))',x'];                       %设计矩阵
>> [b,bint,r,rint,stats]=regress(Y,X,0.01)      %调用回归分析函数
```

14.4 单因素试验的方差分析

1. *单因素试验*

在生产实践和科学试验中常提出这样一类问题: 不同的作物品种对其产量有无显著影响; 不同的激素是否会对种子的发芽率产生显著的影响等. 在这类问题中, 品种、激素是可能对产量、发芽率产生影响的因素. 一般地, 把试验放在多种条件下进行, 其他条件保持不变, 而只考虑一个影响因素的试验称为**单因素试验**. 称因素所处的状态为**水平**.

一般试验结果所得到的数据, 总是存在着差异. 这种差异可分为两类: 一类是不受人们控制的随机因素的影响而产生的, 称为**试验误差**. 一般可以认为试验误差是服从 $N(0, \sigma^2)$分布的随机变量. 另一类是由于因素的水平不同而产生的差异, 称为**因素效应**. 在试验结果中, 这两类效应总是混杂在一起, 当因素效应对试验结果有显著影响时, 它反应明显; 无显著影响时, 试验结果所得到数据差异基本上来源于试验误差. 方差分析的方法就是将两类效应从混杂中分离, 检验所考虑的因素对试验结果的影响是否显著. 这里以单因素试验方差分析为例简要说明方差分析的基本思想.

2. *总离差平方和的分解*

设在单因素试验中, 因素 A 有 r 个水平 $A_1, A_2, \cdots, A_r$, 各个水平 $A_i(i=1, 2, \cdots, r)$下的样本 $x_{i1}, x_{i2}, \cdots, x_{in_i}$ 来自正态总体 $x_{ij} \sim N(\mu_i, \sigma_i^2)$, 且相互独立, 其中 $\mu_i, \sigma_i^2\ (i=1, 2, \cdots, r)$未知, 但这 r 个总体的方差齐性即: $\sigma_1^2=\sigma_2^2=\cdots=\sigma_r^2=\sigma^2$.

单因素方差分析即在上述条件下, 检验假设

$$H_0: \mu_1=\mu_2=\cdots=\mu_r=\mu$$

设在每个水平 $A_i(i=1, 2, \cdots, r)$进行了 n_i ($n_i \geqslant 2$)次独立试验，其结果列表(表 14.4.1).

表 14.4.1　单因素试验数据表

观测值 水平	试验观测值	样本值和	样本平均值
A_1	x_{11}　x_{12}　$\cdots$　x_{1n_1}	$T_{1\cdot}$	$\overline{x}_{1\cdot}$
A_2	x_{21}　x_{22}　$\cdots$　x_{2n_2}	$T_{2\cdot}$	$\overline{x}_{2\cdot}$
$\vdots$	$\vdots$　$\vdots$　　$\vdots$	$\vdots$	$\vdots$
A_r	x_{r1}　x_{r2}　$\cdots$　x_{rn_r}	$T_{r\cdot}$	$\overline{x}_{r\cdot}$

注：$T_{i\cdot}=\sum_{j=1}^{n_i}x_{ij}, \overline{x}_{i\cdot}=\dfrac{T_{i\cdot}}{n_i}=\dfrac{1}{n_i}\sum_{j=1}^{n_i}x_{ij}, \overline{x}=\dfrac{T}{n}=\dfrac{1}{n}\sum_{i=1}^{r}\sum_{j=1}^{n_i}x_{ij}$．其中，$n=\sum_{i=1}^{r}n_i, T=\sum_{i=1}^{r}\sum_{j=1}^{n_i}x_{ij}$．

对变异的总平方和(SS_T)分解如下

$$
\begin{aligned}
SS_T &= \sum_{i=1}^{r}\sum_{j=1}^{n_i}(x_{ij}-\overline{x})^2 = \sum_{i=1}^{r}\sum_{j=1}^{n_i}[(x_{ij}-\overline{x}_{i\cdot})+(\overline{x}_{i\cdot}-\overline{x})]^2 \\
&= \sum_{i=1}^{r}\sum_{j=1}^{n_i}(x_{ij}-\overline{x}_{i\cdot})^2 + 2\sum_{i=1}^{r}\sum_{j=1}^{n_i}(x_{ij}-\overline{x}_{i\cdot})(\overline{x}_{i\cdot}-\overline{x}) + \sum_{i=1}^{r}\sum_{j=1}^{n_i}(\overline{x}_{i\cdot}-\overline{x})^2
\end{aligned} \tag{14.4.1}
$$

因

$$
\begin{aligned}
2\sum_{i=1}^{r}\sum_{j=1}^{n_i}(x_{ij}-\overline{x}_{i\cdot})(\overline{x}_{i\cdot}-\overline{x}) &= 2\sum_{i=1}^{r}(\overline{x}_{i\cdot}-\overline{x})\left[\sum_{j=1}^{n_i}(x_{ij}-\overline{x}_{i\cdot})\right] \\
&= 2\sum_{r=1}^{r}(\overline{x}_{i\cdot}-\overline{x})\left(\sum_{j=1}^{n_i}x_{ij}-n_i\overline{x}_{i\cdot}\right)=0
\end{aligned}
$$

记

$$
SS_E = \sum_{i=1}^{r}\sum_{j=1}^{n_i}(x_{ij}-\overline{x}_{i\cdot})^2 \tag{14.4.2}
$$

$$
SS_A = \sum_{i=1}^{r}\sum_{j=1}^{n_i}(\overline{x}_{i\cdot}-\overline{x})^2 = \sum_{i=1}^{r}n_i(\overline{x}_{i\cdot}-\overline{x})^2 \tag{14.4.3}
$$

故

$$
SS_T = SS_E + SS_A \tag{14.4.4}
$$

SS_E 反映的是在因素水平 A_i 下各样本观测值与样本平均值的变异，是随机误差. 故称为误差平方和(也称为组内平方和)；SS_A 反映的是在因素水平 A_i 下样本平均值与总体平均值的变异，它是由因素水平 A_i 及误差产生的，称为因素的效应误差平方和(也称为组间平方和).

3. 自由度的分解及 F 检验

在假设 H_0: $\mu_1=\mu_2=\cdots=\mu_r=\mu$ 成立的条件下，由方差分析前提条件知

$$
x_{ij} \sim N(\mu, \sigma^2)
$$

由第 11 章抽样分布理论可知

$$\frac{SS_T}{\sigma^2} \sim \chi^2(n-1) \tag{14.4.5}$$

即 SS_T 的自由度为 $n-1$.

因为

$$SS_E = \sum_{j=1}^{n_1}(x_{1j} - \overline{x}_{1\cdot})^2 + \sum_{j=1}^{n_2}(x_{2j} - \overline{x}_{2\cdot})^2 + \cdots + \sum_{j=1}^{n_r}(x_{rj} - \overline{x}_{r\cdot})^2$$

其中，$\sum_{j=1}^{n_i}(x_{ij} - \overline{x}_{i\cdot})^2$ 是总体方差的 n_i-1 倍, 所以

$$\frac{\sum_{i=1}^{n_i}(x_{ij} - \overline{x}_{i\cdot})^2}{\sigma^2} \sim \chi^2(n_i-1)$$

由 χ^2 分布的可加性知, 在 $\sum_{i=1}^{n_i}(x_{ij} - \overline{x}_{i\cdot})^2$ $(i = 1, 2, \cdots, r)$相互独立时,

$$\frac{SS_E}{\sigma^2} \sim \chi^2(n-r)$$

即 SS_E 的自由度为 $n-r$.

可以证明

$$E(SS_E) = (n-r)\sigma^2 \tag{14.4.6}$$

同理可知

$$\frac{SS_A}{\sigma^2} \sim \chi^2(r-1)$$

即 SS_A 的自由度为 $r-1$, 且

$$E(SS_A) = (r-1)\sigma^2 \tag{14.4.7}$$

由上式可知: SS_T 的自由度 = SS_E 的自由度 + SS_A 的自由度. 即

$$\mathrm{d}f_T = \mathrm{d}f_E + \mathrm{d}f_A$$

式中, $\mathrm{d}f_T$、$\mathrm{d}f_E$、$\mathrm{d}f_A$ 分别表示 SS_T、SS_E 和 SS_A 的自由度.

因为 $\frac{SS_A}{r-1}, \frac{SS_E}{n-r}$ 均为 σ^2 的无偏估计, 选择统计量 F

$$F = \frac{\frac{SS_A}{r-1}}{\frac{SS_E}{n-r}} \tag{14.4.8}$$

其中, 分子与分母相互独立, SS_E 的分布与假设无关. $E\left(\frac{SS_E}{n-r}\right) = \sigma^2, E\left(\frac{SS_A}{r-1}\right) = \sigma^2$，当 H_0 为真时，$\frac{SS_A}{r-1}$ 偏小; 当 H_0 为假时，$\frac{SS_A}{r-1}$ 偏大.

由于

$$F = \frac{SS_A/(r-1)}{SS_E/(n-r)} = \frac{\frac{SS_A/\sigma^2}{r-1}}{\frac{SS_E/\sigma^2}{n-r}} \sim F(r-1, n-r)$$

对给定的显著水平 α, 在 H_0 为假时,

$$F=\frac{\frac{SS_A}{r-1}}{\frac{SS_E}{n-r}}\geqslant F_\alpha(r-1,\ n-r)$$

即因素效应显著.

令 $S_A^2=\frac{SS_A}{r-1},S_E^2=\frac{SS_E}{n-r}$，则 $F=\frac{\frac{SS_A}{r-1}}{\frac{SS_E}{n-r}}=\frac{S_A^2}{S_E^2}\sim F(r-1,\ n-r)$是单因素方差分析中用来检验 H_0 的统计量，其中 S_A^2 称为组间均方，它反映各水平数据均值间的差异，S_E^2 称为组内均方，它反映了各水平内数据的随机差异.

对给定的显著水平 α，若 $F\geqslant F_\alpha(r-1,\ n-r)$时，拒绝 H_0，即各水平均值间有显著差异；若 $F<F_\alpha(r-1,\ n-r)$时，接收 H_0，即各水平均值间没有显著差异. 显著水平 α 一般常取 0.05 和 0.01.当 $F\geqslant F_{0.01}$ 时，称各水平均值间差异极显著，均方比记为 F^{**}；当 $F_{0.05}<F<F_{0.01}$ 时，称各水平差异显著，均方比记为 F^{*}.

当 $n_1=n_2=\cdots=n_r=n_0$ 时，$n=rn_0$.计算平方和可用如下简化公式，记

$$c=\frac{1}{n}\left(\sum_{i=1}^{r}\sum_{j=1}^{n_0}x_{ij}\right)^2=\frac{T^2}{rn_0} \tag{14.4.9}$$

则

$$SS_T=\sum_{i=1}^{r}\sum_{j=1}^{n_i}(x_{ij}-\overline{x})^2=\sum_{i=1}^{r}\sum_{j=1}^{n_0}x_{ij}^2-\frac{1}{rn_0}\left(\sum_{i=1}^{r}\sum_{j=1}^{n_0}x_{ij}\right)^2=\sum_{i=1}^{r}\sum_{j=1}^{n_0}x_{ij}^2-c \tag{14.4.10}$$

$$SS_A=\sum_{i=1}^{r}\sum_{j=1}^{n_0}(\overline{x}_{i\cdot}-\overline{x})^2=\frac{1}{n_0}\sum_{i=1}^{r}\left(\sum_{j=1}^{n_0}x_{ij}\right)^2-\frac{1}{rn_0}\left(\sum_{i=1}^{r}\sum_{j=1}^{n_0}x_{ij}\right)^2=\frac{1}{n_0}\sum_{i=1}^{r}T_{i\cdot}^2-c \tag{14.4.11}$$

$$SS_E=SS_T-SS_A \tag{14.4.12}$$

4. *单因素试验方差分析的步骤*

综上所述，进行单因素试验方差分析的步骤如下(以 $n_1=n_2=\cdots=n_r=n_0$ 为例):

(1)利用下面简算式子进行平方和的分解，计算出总的离差平方和、组内平方和及组间平方和

$$n=\sum_{i=1}^{r}n_i,\quad T_{i\cdot}=\sum_{j=1}^{n_0}x_{ij},\quad T=\sum_{i=1}^{r}\sum_{j=1}^{n_0}x_{ij}=\sum_{i=1}^{r}T_{i\cdot}$$

$$c=\frac{\left(\sum_{i=1}^{r}\sum_{j=1}^{n_0}x_{ij}\right)^2}{n}=\frac{T^2}{n},\qquad SS_T=\sum_{i=1}^{r}\sum_{j=1}^{n_0}x_{ij}^2-c$$

$$SS_A=\sum_{i=1}^{r}\sum_{j=1}^{n_0}(\overline{x}_{i\cdot}-\overline{x})^2=\frac{1}{n_0}\sum_{i=1}^{r}T_{i\cdot}^2-c,\qquad SS_E=SS_T-SS_A$$

(2)进行自由度的分解，算出组内均方、组间均方

$$S_A^2=\frac{SS_A}{r-1},\qquad S_E^2=\frac{SS_E}{n-r}$$

(3)进行 F 检验，判定是否接受 H_0，若接受 H_0 认为差异不显著，否则认为差异显著.

例 14.4.1 研究 6 种氮肥施用法($r=6$)对小麦的效应，每种施肥法种 5 盆($n_0=5$)，完全随机设计，测量其含氮量(单位: mg)，其结果如表 14.4.2 所示. 试作方差分析.

表 14.4.2 6 种施氮法下小麦植株的含氮量(mg)数据表

		观测值					$T_{i\cdot}$
施肥法	A_1	12.9	12.3	12.2	12.5	12.7	62.6
	A_2	14.0	13.8	13.8	13.6	13.6	68.8
	A_3	13.2	13.4	13.4	13.0	12.6	65.6
	A_4	10.8	10.7	10.5	10.5	10.8	53.3
	A_5	14.6	14.4	14.4	14.4	14.6	72.4
	A_6	14.0	13.3	13.5	13.7	13.7	68.2

解 $n=6\times5=30,\quad T=\sum_{i=1}^{6}T_{i\cdot}=390.9,\quad c=\dfrac{T^2}{n}=\dfrac{390.9^2}{30}=5093.427$

$$SS_T=\sum_{i=1}^{6}\sum_{j=1}^{5}x_{ij}^2-c=5139.2-5093.427=45.773$$

$$SS_A=\frac{\sum_{i=1}^{6}T_{i\cdot}^2}{5}-c=5137.89-5093.427=44.463$$

$$SS_E=SS_T-SS_A=45.773-44.463=1.310$$

总自由度: $df_T=30-1=29$

因素水平 A 组间自由度: $df_A=6-1=5$

误差自由度: $df_E=29-5=24$

F 检验: $F=\dfrac{S_A^2}{S_E^2}=\dfrac{SS_A/5}{SS_E/24}=\dfrac{44.463/5}{1.310/24}=162.87$

$$F_{0.01}(5,24)=3.90,\quad F=162.87>F_{0.01}=3.90$$

即 6 种施肥法对小麦植株的含氮量有显著差异(表 14.4.3).

表 14.4.3 6 种施氮法的小麦植株含氮量的方差分析表

方差来源	平方和	自由度	均方	F 比值	$F_{0.01}$
因素 A	44.463	5	8.8929	167.87**	3.90
误差	1.310	24	0.0546	—	—
总变异	45.773	29	—	—	—

162.87 **表示 6 种施肥法对小麦植株的含氮量有极显著的影响.

数学实验基础知识

基本命令	功能
`p=anova1(x)`	单因素方差分析，x: $m\times n$ 的原始数据矩阵；p=$P\{F>F_\alpha(m-1,n-1)\}$，当 $p>\alpha$ 时，接受 H_0(数据矩阵各列对应的总体均值相等)

单因素方差分析例程如下:

```
≫ data=[163 184 206; 176 198 191; 170 179 218; 185 190 224];
                                      %样本数据
≫ p=anova1(data)                      %调用方差分析函数
```

程序运行后，将得到两个图形界面：方差分析表与数据 box 图.

本章小结

本章重点讨论了一元线性回归中统计推断的三个问题：估计、检验、预测与控制问题. 对部分特殊类型的非线性回归问题，经过适当的变换，也可以化为线性回归问题来解决. 本章还简要介绍了多元线性回归中回归系数的估计及线性相关关系显著性假设检验这两方面的统计推断问题.

方差分析的基本处理方法是将总的离差平方和分解为组内平方和与组间平方和，构造一个原假设成立的条件下服从 F 分布的统计量，进而进行显著性假设检验.

本章常用词汇中英文对照

回归分析	regression analysis	线性回归	linear regression
方差分析	analysis of variance	非线性回归	non-linear regression
散点图	scatter diagram	一元线性回归	unary linear regression
回归函数	regression function	多元线性回归	multiple linear regression
回归方程	regression equation	单因素方差分析	one-factor analysis of variance
回归系数	regression coefficient	离差平方和	sum of squares of deviations
最小二乘估计	least squares estimation	组内平方和	sum of squares within classes
回归预测	regression forecasting	组间平方和	sum of squares between classes

习 题 14

1. 证明回归直线始终通过点 $(\overline{x},\overline{y})$.

2. 证明: $L_{xx}=\sum_{i=1}^{n}(x_i-\overline{x})^2=\sum_{i=1}^{n}x_i^2-n\overline{x}^2$.

3. 证明: $\dfrac{(n-2)\hat{\sigma}^2}{\sigma^2}=\dfrac{Q_e}{\sigma^2}\sim x^2(n-2)$.

4. 在考察硝酸钠的可溶性程度时，对一系列不同温度观察了在 100 ml 的水中溶解的硝酸钠的重量获得观察结果如下:

温度 x/℃	0	4	10	15	21	29	36	51	68
重量 y/g	66.7	71.0	76.3	80.6	85.7	92.9	99.4	113.6	125.1

试求回归直线方程并检验是否显著($\alpha=0.05$).

5. 用刀削机床进行金属品加工时, 为了适当地调整机床, 应该测定刀具的磨损速度, 在一定时间测量刀具的厚度, 测得结果如下:

时间 x/h	0	1	2	3	4	5	6	7	8
刀具厚度 y/cm	30.0	29.1	28.4	28.1	28.0	27.7	27.5	27.2	27.0

时间 x/h	9	10	11	12	13	14	15	16
刀具厚度 y/cm	26.8	26.5	26.3	26.1	25.7	25.3	24.8	24.0

(1)试求刀具厚度关于切削时间的线性回归方程;

(2)利用方差分析检验刀具厚度与切削时间的线性相关关系显著性;

(3)预测当切削时间为 14.5 时, 刀具厚度的变化区间(取置信概率 $1-\alpha=0.95$).

6. 设 x 固定时, y 为正态变量, 对 x, y 观测值如下:

x	−2.0	0.6	1.4	1.3	0.1	−1.6	−1.7	0.7	−1.8	−1.1
y	−6.1	−0.5	7.2	6.9	−0.2	−2.1	−3.9	3.8	−7.5	−2.1

(1)求 y 对 x 的线性回归方程;

(2)求相关系数, 检验线性关系的显著性;

(3)当 $x=0.05$ 时, 求 y 的 95%的预测区间;

(4)若要求 $|y|<4$, x 应控制在何范围内.

7. 设混凝土的抗压强度随养护时间的延长而增加, 现将一批混凝土作 12 个实验块, 记录了养护时间 x(日)与抗压强度 y($\mathrm{kg/cm^2}$)的数据如下:

x	2	3	4	5	7	9	12	14	17	21	28	56
y	35	42	47	53	59	65	68	73	76	82	86	99

试求 y 对 x 的回归方程.

8. 电容器充电达某电压值为时间的计算厚点, 此后电容器串联一电阻放电, 测定各时刻的电压值 u 如下:

t/s	0	1	2	3	4	5	6	7	8	9	10
u/V	100	75	55	40	30	20	15	10	10	5	5

求 u 对 t 的回归方程(已知 u 与 t 有经验关系式 $u=u_0\mathrm{e}^{-ct}$, u_0 与 c 未知).

9. 养猪场为了估计猪的毛重 y(kg)与其身长 x_1(cm), 肚围 x_2(cm)的关系, 测量了 14 头猪, 得数据如下:

x_1/cm	41	45	51	52	59	62	69	72	78	80	90	92	98	103
x_2/cm	49	58	62	71	62	74	71	74	79	84	85	94	91	95
y/kg	28	39	41	44	43	50	51	57	63	66	70	76	80	84

经验表明, y 与 x_1, x_2 存在线性关系, 试求 y 对 x_1, x_2 的经验公式.

10. 已知某种产品每件平均价格 y(元)与批量 x(件)的一组数据如下:

x	20	25	30	35	40	50	60	65	70	75	80	90
y	1.81	1.70	1.65	1.50	1.48	1.40	1.30	1.26	1.24	1.21	1.20	1.18

已知其模型为 $y = b_0 + b_1x + b_2x^2 + \varepsilon, \varepsilon \sim N(0, \sigma^2)$, 试求回归方程.

11. 用微波炉对麦种进行微波处理, 处理时间分别为(s): 5, 10, 15, 20, 25; 和不做微波处理, 每次处理用麦种 30g, 重复三次测得发芽率资料表如下:

重复次数	处理时间/s					
	0	5	10	15	20	25
1	75.3	79.0	82.7	70.5	63.3	49.0
2	75.3	78.7	93.7	76.0	76.7	52.0
3	74.3	81.3	87.0	79.7	72.7	47.3

试研究微波不同处理时间对麦种的发芽率是否有显著影响.

12. 一个年级有三个小班, 他们进行了一次数学考试。现从各个班级随机抽取了一些学生, 记录其成绩如下:

1 班: 73, 89, 82, 43, 80, 73, 66, 60, 45, 93, 36, 77

2 班: 88, 78, 48, 91, 51, 85, 74, 56, 77, 31, 78, 62, 76, 96, 80

3 班: 68, 79, 56, 91, 71, 71, 87, 41, 59, 68, 53, 79, 15

若各班学生成绩服从正态分布, 且方差相等, 试在显著性水平 $\alpha = 0.05$ 下检验各班级的平均分数有无显著差异?

习题参考答案

习 题 1

1. (1)0　(2)4　(3)5　(4)3　(5)$\dfrac{n(n-1)}{2}$　(6)$n(n-1)$

2. (1)不是　(2)是，“+”　(3)不是　(4)是，“–”

3. (1)$(-1)^{n-1}n!$　(2)$a_{11}a_{22}\cdots a_{nn}$

4. (1)160　(2)–9　(3)$4abcdef$　(4)$a^4-a^3+a^2-a+1$　**5.** 略

6. (1)$n+1$　(2)$(-1)^{n-1}(n-1)2^{n-2}$　(3)$n!\ (n-1)!\ (n-2)!\ \cdots 2!$

(4)$-2(n-2)!$　(5)$\prod\limits_{1\leqslant j<i\leqslant n+1}(i-j)$　(6)$a_1a_2\cdots a_n\left(1+\sum\limits_{i=1}^{n}\dfrac{1}{a_i}\right)$

7. 4, 0　**8.** 2, –1　**9.** 3, 116

10. (1)若 $a_1=0$，解为一切数，若 $a_1\neq0$，解为 $x_i=a_i\ (i=1, 2, \cdots, n-1)$

(2)$x=y=z=0$

11. (1)$x_1=1, x_2=2, x_3=3, x_4=-1$　(2)$x_1=1, x_2=2, x_3=-1, x_4=-2$

12. $\lambda=1, 2$　**13.** $a=1, b=-3, c=2$　**14.** $\begin{vmatrix} x_1 & y_1 & 1 \\ x_2 & y_2 & 1 \\ x_3 & y_3 & 1 \end{vmatrix}=0$

习 题 2

1. $\begin{pmatrix} 7 & 14 & 9 \\ 12 & 19 & 14 \\ 22 & 1 & 12 \end{pmatrix}, \begin{pmatrix} 3 & 5 & -1 \\ 0 & 2 & 4 \\ 1 & 3 & 5 \end{pmatrix}$

2. (1)10　(2)$\begin{pmatrix} 3 & 6 & 9 \\ 2 & 4 & 6 \\ 1 & 2 & 3 \end{pmatrix}$　(3)$\begin{pmatrix} 11 \\ 8 \\ 6 \end{pmatrix}$

(4) $a_{11}x_1^2+a_{22}x_2^2+a_{33}x_3^2+2a_{12}x_1x_2+2a_{13}x_1x_3+2a_{23}x_2x_3$

(5)$\begin{pmatrix} 2 & 5 & 4 \\ 4 & -5 & 2 \end{pmatrix}$　(6)$\begin{pmatrix} 5 & 1 \\ -1 & 7 \\ -1 & 7 \end{pmatrix}$

3. (1)可取 $\boldsymbol{A}=\begin{pmatrix} 1 & 1 \\ -1 & -1 \end{pmatrix}$　(2)可取 $\boldsymbol{A}=\begin{pmatrix} 1 & 0 \\ 0 & 0 \end{pmatrix}$　(3)可取 $\boldsymbol{A}=\begin{pmatrix} 1 & 0 \\ 0 & 0 \end{pmatrix}$

(4)可取 $\boldsymbol{A}=\begin{pmatrix} 1 & 2 \\ 1 & 3 \end{pmatrix}, \boldsymbol{B}=\begin{pmatrix} 1 & 0 \\ 2 & 1 \end{pmatrix}$

4. $A^k=\begin{pmatrix}1&0\\2k&1\end{pmatrix}$ **5.** $\begin{pmatrix}\lambda^n&n\lambda^{n-1}&\dfrac{n(n-1)\lambda^{n-2}}{2}\\0&\lambda^n&n\lambda^{n-1}\\0&0&\lambda^n\end{pmatrix}$ **6.** $6^{99}\begin{pmatrix}1&1&1\\2&2&2\\3&3&3\end{pmatrix}$

7. ～**8.** 略

9. $(\boldsymbol{A}-2\boldsymbol{E})^{-1}=\frac{1}{8}(\boldsymbol{B}-4\boldsymbol{E})$ **10.** $\begin{pmatrix}43&44\\-11&-12\end{pmatrix}$ **11.**略 **12.** 81 **13.**略

14. 10^{16}, $\begin{pmatrix}5^4&0&0&0\\0&5^4&0&0\\0&0&2^4&0\\0&0&2^6&2^4\end{pmatrix}$ **15.** $\begin{pmatrix}0&0&-1&-1&2\\0&0&1&0&-1\\0&0&1&2&-2\\2&-1&0&0&0\\-1&1&0&0&0\end{pmatrix}$

16. (1)3 (2)3 (3)2 **17.** (1)$\begin{pmatrix}5&-2\\-7&3\end{pmatrix}$ (2)$\begin{pmatrix}a^{-1}&0&0\\0&b^{-1}&0\\0&0&c^{-1}\end{pmatrix}$

(3)$\begin{pmatrix}-6&2&-1\\-2&1&0\\7&-2&1\end{pmatrix}$ (4)$\begin{pmatrix}1&2&0\\-1&-1&0\\-1&-2&1\end{pmatrix}$ (5)$\begin{pmatrix}1&-2&0&0\\-2&5&0&0\\0&0&2&-3\\0&0&-5&8\end{pmatrix}$

(6)$\frac{1}{24}\begin{pmatrix}24&0&0&0\\-12&12&0&0\\-12&-4&8&0\\3&-5&-2&6\end{pmatrix}$ **18.** $\begin{pmatrix}3&-8&-6\\2&-9&-6\\-2&12&9\end{pmatrix}$

19. $\frac{1}{2}\begin{pmatrix}5&-2&-1\\-2&2&0\\-1&0&1\end{pmatrix},\begin{pmatrix}5&-2&-1\\-2&2&0\\-1&0&1\end{pmatrix},\frac{1}{4}\begin{pmatrix}5&-2&-1\\-2&2&0\\-1&0&1\end{pmatrix}$

20. (1)$\begin{pmatrix}2&0\\1&4\end{pmatrix}$ (2)$\begin{pmatrix}3&0\\1&2\end{pmatrix}$ (3)$\begin{pmatrix}1&-1&0\\2&3&1\end{pmatrix}$ (4)$\begin{pmatrix}2&-1&0\\1&-3&-4\\1&0&-2\end{pmatrix}$

21. $\begin{cases}y_1=-5x_1+7x_2-8x_3\\y_2=3x_1-4x_2+5x_3\\y_3=x_1-x_2+x_3\end{cases}$ **22.** (1)$\begin{cases}x_1=1\\x_2=0\\x_3=0\end{cases}$ (2)$\begin{cases}x_1=5\\x_2=0\\x_3=3\end{cases}$ **23.** 略

习 题 3

1. (1, 0, −1), (0, 1, 2) **2.** (1, 2, 3, 4) **3.**～**4.** 略 **5.** (1)线性无关 (2)线性无关 (3)线性相关

6. (1)秩为 2, $\boldsymbol{\alpha}_1, \boldsymbol{\alpha}_2$ 为最大无关组 (2)秩为 3, 其本身是最大无关组

(3)秩为 2, $\boldsymbol{\alpha}_1, \boldsymbol{\alpha}_2$ 为最大无关组 **7.**～**11.** 略

12. $\boldsymbol{V}_1$ 是向量空间, $\boldsymbol{V}_2$ 不是向量空间 **13.** $\boldsymbol{\beta}_1=2\boldsymbol{\alpha}_1+3\boldsymbol{\alpha}_2-\boldsymbol{\alpha}_3$, $\boldsymbol{\beta}_2=3\boldsymbol{\alpha}_1-3\boldsymbol{\alpha}_2-2\boldsymbol{\alpha}_3$

14. (1)$\boldsymbol{\xi}=\begin{pmatrix}1\\0\\1\\3\end{pmatrix}$ (2)$\boldsymbol{\xi}_1=\begin{pmatrix}-2\\1\\0\\0\end{pmatrix}$, $\boldsymbol{\xi}_2=\begin{pmatrix}1\\0\\0\\1\end{pmatrix}$ (3)只有零解 (4)$\boldsymbol{\xi}_1=\begin{pmatrix}3\\19\\17\\0\end{pmatrix}$, $\boldsymbol{\xi}_2=\begin{pmatrix}-13\\-20\\0\\17\end{pmatrix}$

15. $a \neq 2, b = 4$.

16. (1)无解　(2) $\begin{pmatrix} x \\ y \\ z \end{pmatrix} = k\begin{pmatrix} -2 \\ 1 \\ 1 \end{pmatrix} + \begin{pmatrix} -1 \\ 2 \\ 0 \end{pmatrix}$　(3) $\begin{pmatrix} x \\ y \\ z \\ w \end{pmatrix} = k_1\begin{pmatrix} 1 \\ 0 \\ 2 \\ 0 \end{pmatrix} + k_2\begin{pmatrix} 0 \\ 1 \\ 1 \\ 0 \end{pmatrix} + \begin{pmatrix} 0 \\ 0 \\ -1 \\ 0 \end{pmatrix}$

(4) $\begin{pmatrix} x \\ y \\ z \\ w \end{pmatrix} = k_1\begin{pmatrix} 1 \\ 5 \\ 7 \\ 0 \end{pmatrix} + k_2\begin{pmatrix} 0 \\ -2 \\ -1 \\ 0 \end{pmatrix} + \begin{pmatrix} 1 \\ 0 \\ 1 \\ 0 \end{pmatrix}$

17. (1) $\lambda \neq 1, -2$　(2) $\lambda = -2$　(3) $\lambda = 1$

18. 当 $\lambda \neq 1$ 且 $\lambda \neq 10$ 时有唯一解; $\lambda = 10$ 时无解; $\lambda = 1$ 时有无穷多解, 解为

$$\begin{pmatrix} x_1 \\ x_2 \\ x_3 \end{pmatrix} = k_1\begin{pmatrix} -2 \\ 1 \\ 0 \end{pmatrix} + k_2\begin{pmatrix} 2 \\ 0 \\ 1 \end{pmatrix} + \begin{pmatrix} 1 \\ 0 \\ 0 \end{pmatrix}$$

19. (1)略　(2) $a = 2, b = -3$. 方程组的通解为 $\begin{pmatrix} x_1 \\ x_2 \\ x_3 \\ x_4 \end{pmatrix} = k_1\begin{pmatrix} -2 \\ 1 \\ 1 \\ 0 \end{pmatrix} + k_2\begin{pmatrix} 4 \\ -5 \\ 0 \\ 1 \end{pmatrix} + \begin{pmatrix} 2 \\ -3 \\ 0 \\ 0 \end{pmatrix}$.

20.～26. 略

习　题　4

1. (1) $\lambda_1 = -1, \lambda_2 = 9, \lambda_3 = 0, \boldsymbol{p}_1 = \begin{pmatrix} 1 \\ -1 \\ 0 \end{pmatrix}, \boldsymbol{p}_2 = \begin{pmatrix} 1 \\ 1 \\ -1 \end{pmatrix}, \boldsymbol{p}_3 = \begin{pmatrix} 1 \\ 1 \\ 2 \end{pmatrix}$

(2) $\lambda_1 = 2, \lambda_2 = 3, \boldsymbol{p}_1 = \begin{pmatrix} 1 \\ -1 \end{pmatrix}, \boldsymbol{p}_2 = \begin{pmatrix} 1 \\ -2 \end{pmatrix}$　(3) $\lambda_1 = \lambda_2 = \lambda_3 = -1, \boldsymbol{p} = \begin{pmatrix} -1 \\ -1 \\ 1 \end{pmatrix}$

(4) $\lambda_1 = \lambda_2 = \lambda_3 = 2, \lambda_4 = -2, \boldsymbol{p}_1 = \begin{pmatrix} 1 \\ 1 \\ 0 \\ 0 \end{pmatrix}, \boldsymbol{p}_2 = \begin{pmatrix} 1 \\ 0 \\ 1 \\ 0 \end{pmatrix}, \boldsymbol{p}_3 = \begin{pmatrix} 1 \\ 0 \\ 0 \\ 1 \end{pmatrix}, \boldsymbol{p}_4 = \begin{pmatrix} 1 \\ -1 \\ -1 \\ -1 \end{pmatrix}$

2. $x = 4, y = 5$　3.～4. 略　5. $-1, -3, 3$

6. $\dfrac{1}{3}\begin{pmatrix} -1 & 0 & 2 \\ 0 & 1 & 2 \\ 2 & 2 & 0 \end{pmatrix}$　7. $\begin{pmatrix} 2^{10} & 1-2^{10} & 2^{10}-1 \\ 0 & 1 & 2^{10}-1 \\ 0 & 0 & 2^{10} \end{pmatrix}$　8.～9. 略

10. (1) $\dfrac{1}{\sqrt{6}}\begin{pmatrix} 1 \\ 2 \\ -1 \end{pmatrix}, \dfrac{1}{\sqrt{3}}\begin{pmatrix} -1 \\ 1 \\ 1 \end{pmatrix}, \dfrac{1}{\sqrt{2}}\begin{pmatrix} 1 \\ 0 \\ 1 \end{pmatrix}$　(2) $\begin{pmatrix} 1 \\ 0 \\ -1 \\ 1 \end{pmatrix}, \dfrac{1}{3}\begin{pmatrix} 1 \\ -3 \\ 2 \\ 1 \end{pmatrix}, \dfrac{1}{5}\begin{pmatrix} -1 \\ 3 \\ 3 \\ 4 \end{pmatrix}$

11. $k = 1, \boldsymbol{A} = \begin{pmatrix} 4 & 2 & 2 \\ 2 & 4 & 2 \\ 2 & 2 & 4 \end{pmatrix}$

12. (1) $\boldsymbol{P}=\frac{1}{3}\begin{pmatrix}1 & 2 & 2\\ 2 & 1 & -2\\ 2 & -2 & 1\end{pmatrix}, \boldsymbol{P}^{-1}\boldsymbol{AP}\begin{pmatrix}-2 & & \\ & 1 & \\ & & 4\end{pmatrix}$

(2) $\boldsymbol{P}=\frac{1}{3}\begin{pmatrix}1 & 2 & -2\\ 2 & 1 & 2\\ -2 & 2 & 1\end{pmatrix}, \boldsymbol{P}^{-1}\boldsymbol{AP}\begin{pmatrix}10 & & \\ & 1 & \\ & & 1\end{pmatrix}$

13. (1) $f=(x,y,z)\begin{pmatrix}1 & 2 & 1\\ 2 & 4 & 2\\ 1 & 2 & 1\end{pmatrix}\begin{pmatrix}x\\ y\\ z\end{pmatrix}$ (2) $f=(x,y,z)\begin{pmatrix}1 & -1 & -2\\ -1 & 1 & -2\\ -2 & -2 & -7\end{pmatrix}\begin{pmatrix}x\\ y\\ z\end{pmatrix}$

(3) $f=(x_1\quad x_2\quad x_3\quad x_4)\begin{pmatrix}1 & -1 & 2 & -1\\ -1 & 1 & 3 & -2\\ 2 & 3 & 1 & 0\\ -1 & -2 & 0 & 1\end{pmatrix}\begin{pmatrix}x_1\\ x_2\\ x_3\\ x_4\end{pmatrix}$

14. (1) $\begin{pmatrix}x_1\\ x_2\\ x_3\end{pmatrix}=\begin{pmatrix}1 & 0 & 0\\ 0 & \frac{1}{\sqrt{2}} & \frac{1}{\sqrt{2}}\\ 1 & \frac{1}{\sqrt{2}} & -\frac{1}{\sqrt{2}}\end{pmatrix}\begin{pmatrix}y_1\\ y_2\\ y_3\end{pmatrix}, f=2y_1^2+5y_2^2+y_3^2$

(2) $\begin{pmatrix}x_1\\ x_2\\ x_3\\ x_4\end{pmatrix}=\begin{pmatrix}\frac{1}{2} & \frac{1}{2} & \frac{1}{\sqrt{2}} & 0\\ -\frac{1}{2} & \frac{1}{2} & 0 & \frac{1}{\sqrt{2}}\\ -\frac{1}{2} & -\frac{1}{2} & \frac{1}{\sqrt{2}} & 0\\ \frac{1}{2} & -\frac{1}{2} & 0 & \frac{1}{\sqrt{2}}\end{pmatrix}\begin{pmatrix}y_1\\ y_2\\ y_3\\ y_4\end{pmatrix}, f=-y_1^2+3y_2^2+y_3^2+y_4^2$

15. (1) $\begin{cases}x_1=y_1+2y_2-y_3\\ x_2=y_2\\ x_3=y_3\end{cases}$，$f=y_1^2+y_3^2$ (2) $\begin{cases}x_1=z_1-z_2\\ x_2=z_1+z_2-z_3,\\ x_3=z_3\end{cases}$ $f=z_1^2-z_2^2$

16. 略

17. (1)负定 (2)正定

18.～21. 略

习 题 5

1. 各线性空间的基可以取为:

(1)$\boldsymbol{\alpha}_1=\begin{pmatrix}1 & 0\\ 0 & 0\end{pmatrix}, \boldsymbol{\alpha}_2=\begin{pmatrix}0 & 1\\ 0 & 0\end{pmatrix}, \boldsymbol{\alpha}_3=\begin{pmatrix}0 & 0\\ 1 & 0\end{pmatrix}, \boldsymbol{\alpha}_4=\begin{pmatrix}0 & 0\\ 0 & 1\end{pmatrix}$

(2)$\boldsymbol{\alpha}_1=\begin{pmatrix}1 & 0\\ 0 & -1\end{pmatrix}, \boldsymbol{\alpha}_2=\begin{pmatrix}0 & 1\\ 0 & 0\end{pmatrix}, \boldsymbol{\alpha}_3=\begin{pmatrix}0 & 0\\ 1 & 0\end{pmatrix}$

(3)$\boldsymbol{\alpha}_1=\begin{pmatrix}1 & 0\\ 0 & 0\end{pmatrix}, \boldsymbol{\alpha}_2=\begin{pmatrix}0 & 0\\ 0 & 1\end{pmatrix}, \boldsymbol{\alpha}_3=\begin{pmatrix}0 & 1\\ 1 & 0\end{pmatrix}$

2.～4. 略

5. $(3,-1,-2)$

6. 设(x_1,x_2,x_3)和(x_1',x_2',x_3')分别为某向量在两组基下的坐标，则有

$$\begin{pmatrix}x_1'\\x_2'\\x_3'\end{pmatrix}=\begin{pmatrix}-5&3&-3\\9&-5&6\\-3&2&-2\end{pmatrix}\begin{pmatrix}x_1\\x_2\\x_3\end{pmatrix}\quad 或 \quad \begin{pmatrix}x_1\\x_2\\x_3\end{pmatrix}=\begin{pmatrix}-2&0&3\\0&1&3\\3&1&-2\end{pmatrix}\begin{pmatrix}x_1'\\x_2'\\x_3'\end{pmatrix}$$

7. (1)$\boldsymbol{P}=\begin{pmatrix}1&3&2\\-1&1&0\\1&0&1\end{pmatrix}$ (2)$\begin{pmatrix}x_1'\\x_2'\\x_3'\end{pmatrix}=\dfrac{1}{2}\begin{pmatrix}1&-3&-2\\1&-1&-2\\-1&3&4\end{pmatrix}\begin{pmatrix}x_1\\x_2\\x_3\end{pmatrix}$ (3)$k(0,-2,3)$

8. (1)关于y轴对称 (2)投影到y轴 (3)关于直线$y=x$对称 (4)顺时针方向旋转90°

9. $\begin{pmatrix}1&0&0\\2&1&0\\0&1&1\end{pmatrix}$ **10.** $\begin{pmatrix}1&0&0\\1&1&0\\1&2&1\end{pmatrix}$ **11.** $\begin{pmatrix}1&1&0\\2&2&0\\3&0&2\end{pmatrix}$ **12.** $\boldsymbol{\beta}_1=\boldsymbol{\alpha}_1,\boldsymbol{\beta}_2=\boldsymbol{\alpha}_2-\boldsymbol{\alpha}_3,\boldsymbol{\beta}_3=\boldsymbol{\alpha}_2+\boldsymbol{\alpha}_3$

习　题　6

1. (1)$S=\{HHH, HHT, HTH, THH, HTT, THT, TTH, TTT\}$

(2)$S=\{0,1,2,3\}$ (3)$S=\{3,4,\cdots,18\}$

(4)$S=\left\{\dfrac{m}{n}\middle|m=0,1,2,\cdots,100n\right\}$，其中$n$为该区队的人数

(5)$S=\{(x,y,z): x>0,y>0,z>0,x+y+z=L\}$

(6)$S=\{8,9,10,\cdots\}$

(7)$S=\{H,TH,TTH,TTTH,\cdots\}$ (8)$S=\{(x,y): x^2+y^2<1\}$

2. (1)$A\subset B$ (2)$B\subset A$ (3)$B\subset A, C\subset A$ (4)$A\subset BC$

3. 略

4. (1)不成立 (2)成立 (3)不成立 (4)不成立

5. (1) $A\bar{B}\bar{C}$ (2) $\overline{ABC}$ (3) $\bar{A}(B\cup C)$ (4) $A\bar{B}\bar{C}$ (5) $\overline{ABC}$

6. $\dfrac{1}{2}$ **7.** (1)$\dfrac{1}{12}$ (2)$\dfrac{1}{20}$

8. $\dfrac{5}{33}$ **9.** $\dfrac{6}{16};\dfrac{9}{16};\dfrac{1}{16}$ **10.** (1)$\dfrac{C_{20}^2C_{80}^8}{C_{100}^{10}}$ (2)$1-\dfrac{C_{80}^{10}}{C_{100}^{10}}-\dfrac{C_{20}^1C_{80}^1}{C_{100}^{10}}$

11. $\dfrac{19}{36},\dfrac{1}{18}$ **12.** $\dfrac{1}{4}$ **13.** $\dfrac{1}{3}$

14. $\dfrac{3}{10},\dfrac{3}{5}$ **15.** $\dfrac{13}{132}$ **16.** $\dfrac{1}{3}$ **17.** (1)$\dfrac{345}{10000}$ (2)$\dfrac{25}{69}$

18. $\dfrac{196}{197}$ **19.** 略 **20.** 0.6

21. (1)0.6 (2)0.4

22. 略

23. (1)$\dbinom{6}{2}9^4/10^6$ (2) $A_{10}^6/10^6$ (3)$\dbinom{10}{1}\dbinom{6}{2}\left[\dbinom{9}{1}+\dbinom{9}{1}\dbinom{4}{3}\dbinom{8}{1}+A_9^4\right]\Big/10^6$ (4)$1-A_{10}^6/10^6$

24. $\dfrac{13}{21}$ **25.** $\dfrac{1}{1960}$ **26.** (1)0.68 (2)0.6 (3)0.593

27. 略

28. 0.1268

29. (1)$1-(1-p)^{mn}$　(2)$[1-(1-p)^n]^m$　**30.** 略

习　题　7

1.

X	3	4	5
p_k	$\frac{1}{10}$	$\frac{3}{10}$	$\frac{6}{10}$

Y	1	2	3
p_k	$\frac{6}{10}$	$\frac{3}{10}$	$\frac{1}{10}$

2. (1)不是　(2)是　(3)不是　　**3.** $q^{k-1}p+p^{k-1}q\quad (k=2,3,\cdots;p+q=1)$

4. (1)0.0729　(2)0.00856　(3)0.99954

5. (1)2 和 3, 0.25　(2)0.802

6. $\frac{2}{3}e^{-2}$　**7.** 0.0801

8. (1)$a=b=1$　(2)$f(x)=\begin{cases}\frac{1}{x},1<x\leqslant e,\\0,其他\end{cases}$　(3)ln 2, 1

9. (1)$\frac{1}{2}$　(2)$\frac{1}{2}\left(1-\frac{1}{e}\right)$　(3)$F(x)=\begin{cases}\frac{e^x}{2},x<0,\\1-\frac{e^{-x}}{2},x\geqslant 0\end{cases}$

10. (1)$A=1,B=-1$　(2) $f(x)=\begin{cases}xe^{-\frac{x^2}{2}},x>0\\0,x\leqslant 0\end{cases}$

11. 略

12. $f(x)=\begin{cases}\lambda\alpha x^{\alpha-1}e^{-\lambda x^{\alpha}},x<0\\0,\qquad x\geqslant 0\end{cases}$，当 $\alpha=1$ 时，其为指数分布，当 $\alpha=1$, $\lambda=\frac{1}{2}$ 时，其为瑞利分布　**13.** $\frac{3}{5}$

14. (1)0.5328, 0.9996, 0.6977, 0.5　(2)3　**15.** $\sigma\leqslant 31.2$

16. $X\sim B(n,p)$　**17.** $a=\frac{1}{e^{\frac{\lambda}{2}}-1}$　**18.** (1)0.321　(2)0.243　**19.** 11∶5

20. $[1-\Phi(1)]^4=0.00063$

21.

Y	0	1	4	9
p_k	$\frac{1}{5}$	$\frac{7}{30}$	$\frac{1}{5}$	$\frac{11}{30}$

22. (1)$f_Y(y)=\begin{cases}\frac{1}{y},\quad 1<y<e\\0,\quad 其他\end{cases}$　(2)$f_Y(y)=\begin{cases}\frac{1}{2}e^{-\frac{y}{2}},\quad y>0\\0,\qquad y\leqslant 0\end{cases}$

23. (1)$f_Y(y)=\begin{cases}\dfrac{1}{2\sqrt{\pi(y-1)}}\mathrm{e}^{-\frac{y-1}{4}}, & y>1\\ 0, & y\leqslant 1\end{cases}$　(2)$f_Y(y)=\begin{cases}\sqrt{\dfrac{2}{\pi}}\mathrm{e}^{-\frac{y^2}{2}}, & y>0\\ 0, & y\leqslant 0\end{cases}$

(3)$f_Y(y)=\begin{cases}\dfrac{1}{y\sqrt{2\pi}}\mathrm{e}^{-\frac{(\ln y)^2}{2}}, & y>0\\ 0, & y\leqslant 0\end{cases}$

24. $f_Y(y)=\begin{cases}\dfrac{2}{\pi\sqrt{1-y^2}}, & 0<y<1\\ 0, & 其他\end{cases}$

习　题　8

1.

X \ Y	1	2
0	$\frac{1}{4}$	0
1	$\frac{1}{4}$	$\frac{1}{2}$

X	0	1
p_k	$\frac{1}{4}$	$\frac{3}{4}$

Y	1	2
p_k	$\frac{1}{2}$	$\frac{1}{2}$

2.

Y \ X	0	1	2	3
0	0	0	$\frac{3}{35}$	$\frac{2}{35}$
1	0	$\frac{6}{35}$	$\frac{12}{35}$	$\frac{2}{35}$
2	$\frac{1}{35}$	$\frac{6}{35}$	$\frac{3}{35}$	0

X	0	1	2	3
p_k	$\frac{1}{35}$	$\frac{12}{35}$	$\frac{18}{35}$	$\frac{4}{35}$

Y	0	1	2
p_k	$\frac{1}{7}$	$\frac{4}{7}$	$\frac{2}{7}$

3. (1)$a=\dfrac{1}{2}$　(2)$F(x,y)=\begin{cases}0, & x<0或y<0\\ \dfrac{1}{2}[\sin x+\sin y-\sin(x+y)], & 0\leqslant x\leqslant\dfrac{\pi}{2},0\leqslant y\leqslant\dfrac{\pi}{2}\\ \dfrac{1}{2}(\sin x+1-\cos x), & 0\leqslant x\leqslant\dfrac{\pi}{2},y>\dfrac{\pi}{2}\\ \dfrac{1}{2}(1+\sin y-\cos y), & x>\dfrac{\pi}{2},0\leqslant y\leqslant\dfrac{\pi}{2}\\ 1, & x>\dfrac{\pi}{2},y>\dfrac{\pi}{2}\end{cases}$

(3)$f_X(x)=\begin{cases}\dfrac{1}{2}(\sin x+\cos x), & 0\leqslant x\leqslant\dfrac{\pi}{2}\\ 0, & 其他\end{cases}$

4. $\dfrac{1}{2}$　**5.** (1)$\dfrac{15}{256}$　(2)0　(3)$\dfrac{1}{2}$　(4)$\dfrac{5}{6}$

6. $a=\dfrac{1}{\pi^2}$, $b=c=\dfrac{\pi}{2}$, $f(x,y)=\dfrac{6}{\pi^2(4+x^2)(9+y^2)}$

7. (1)$P(X=n)=\dfrac{14^n\mathrm{e}^{-14}}{n!}$ $(n=0,1,2,\cdots)$, $P(Y=m)=\mathrm{e}^{-7.14}\dfrac{(7.14)^m}{m!}$ $(m=0,1,2,\cdots)$

(2) 当 $m=0,1,2,\cdots$ 时，$P\{X=n\mid Y=m\}=\dfrac{\mathrm{e}^{-6.86}(6.86)^{n-m}}{(n-m)!}$ $(n=m,m+1,\cdots)$; 当 $n=0,1,2,\cdots$ 时，

$P(Y=m\mid X=n)=\dbinom{n}{m}(0.51)^m(0.49)^{n-m}$ $(m=0,1,\cdots,n)$

8. (1)$f_X(x)=\begin{cases}\dfrac{6}{7}(2x^2+x), & 0<x<1\\ 0, & 其他\end{cases}$ (2)$\dfrac{15}{56}$ (3)$\dfrac{13}{20}$

9. (1)对 $0<y\leqslant 1$, $f_{X|Y}(x\mid y)=\begin{cases}\dfrac{1}{x^2y}, & x>\dfrac{1}{y},\\ 0, & x\leqslant\dfrac{1}{y};\end{cases}$ 对 $y>1$, $f_{X|Y}(x\mid y)=\begin{cases}\dfrac{y}{x^2}, & x>y,\\ 0, & x\leqslant y;\end{cases}$

对 $x\geqslant 1$, $f_{Y|X}(y\mid x)=\begin{cases}\dfrac{1}{2y\ln x}, & \dfrac{1}{x}<y<x\\ 0, & 其他\end{cases}$

(2)对 $y>0$, $f_{X|Y}(x\mid y)=\begin{cases}\dfrac{1}{y}, & 0<x<y,\\ 0, & 其他;\end{cases}$ 对 $x\geqslant 0$, $f_{Y|X}(y\mid x)=\begin{cases}\mathrm{e}^{x-y}, & y>x\\ 0, & 其他\end{cases}$

10. $f_X(x)=\begin{cases}2x, & 0\leqslant x\leqslant 1,\\ 0, & 其他,\end{cases}$ $f_Y(y)=\begin{cases}2y, & 0\leqslant y\leqslant 1,\\ 0, & 其他\end{cases}$ 独立

11. $f_X(x)=\dfrac{2}{\pi(x^2+4)}$, X 与 Y 相互独立

12. (1)$f_X(x)=\begin{cases}\dfrac{2}{\pi}\sqrt{1-x^2}, & |x|\leqslant 1,\\ 0, & |x|>1;\end{cases}$ $f_Y(y)=\begin{cases}\dfrac{2}{\pi}\sqrt{1-y^2}, & |y|\leqslant 1\\ 0, & |y|>1\end{cases}$ (2)不独立

13. (1)$f(x,y)=\begin{cases}\dfrac{1}{2}\mathrm{e}^{-\frac{y}{2}}, & 0<x<1, y>0\\ 0, & 其他\end{cases}$ (2)$1-\sqrt{2\pi}[\Phi(1)-\Phi(0)]=0.1445$

14. 略

15. $f_Z(z)=\begin{cases}1-\mathrm{e}^{-z}, & 0\leqslant z<1\\ (\mathrm{e}-1)\mathrm{e}^{-z}, & z\geqslant 1\\ 0, & 其他\end{cases}$

16. (1)$f_T(t)=\begin{cases}2\lambda\mathrm{e}^{-2\lambda t}, & t\geqslant 0\\ 0, & t<0\end{cases}$

(2)$f_S(t)=\begin{cases}2\lambda\mathrm{e}^{-2\lambda t}(\mathrm{e}^{\lambda t}-1), & t\geqslant 0\\ 0, & t<0\end{cases}$

17. $f_Z(z)=\begin{cases}z, & 0\leqslant z\leqslant 1\\ \dfrac{1}{z^3}, & 1<z<+\infty\\ 0, & z<0\end{cases}$ 18. $f_Z(z)=\begin{cases}\dfrac{1}{2}\mathrm{e}^{-\frac{z}{2}}, & z>0\\ 0, & z\leqslant 0\end{cases}$

19. (1)$f_2(x)=\begin{cases}\dfrac{x^3e^{-x}}{3!}, & x>0\\ 0, & x\leqslant 0\end{cases}$ (2)$f_3(x)=\begin{cases}\dfrac{x^5e^{-x}}{5!}, & x>0\\ 0, & x\leqslant 0\end{cases}$

20. $f_{X-Y}(z)=\begin{cases}\dfrac{3}{2}(1-z^2), & 0<z<1\\ 0, & \text{其他}\end{cases}$ **21.** $f_{XY}(z)=\begin{cases}6z(1-z), & 0<z<1\\ 0, & \text{其他}\end{cases}$

22.

(1)

M	1	2	3	4	5
p_k	0.06	0.07	0.33	0.26	0.28

(2)

N	0	1	2
p_k	0.46	0.33	0.21

(3)

Z	1	2	3	4	5	6	7
p_k	0.03	0.03	0.21	0.24	0.30	0.13	0.06

(4)

W	−1	0	1	2	3	4	5
p_k	0.07	0.03	0.13	0.14	0.26	0.23	0.14

(5)

U	0	1	2	3	4	5	6	8	10
p_k	0.46	0.03	0.07	0.09	0.06	0.08	0.10	0.05	0.06

(6)

V	0	1/5	1/4	1/3	2/5	1/2	2/3	1	2
p_k	0.46	0.08	0.06	0.09	0.06	0.05	0.10	0.03	0.07

习 题 9

1. 2.7 **2.** 0.9, 2.1, 11.3 **3.** $\dfrac{1}{\alpha}$ **4.** (1)2 (2)1 (3)$\dfrac{1}{2}$

5. (1)0.3 (2)$\dfrac{2}{45}$ (3)8.1 **6.** $E(X)=\dfrac{2}{9}$, $D(X)=\dfrac{88}{405}$

7. (1)$\dfrac{3}{5}$ (2)$\dfrac{1}{2}$ (3)$\dfrac{16}{15}$

8. $300e^{-\frac{1}{4}}-200=33.64$ **9.** $a=\dfrac{1}{2}, b=\dfrac{1}{\pi}, EX=0, DX=\dfrac{1}{2}$

10. (1)$b=\dfrac{4}{\alpha^3\sqrt{\pi}}$ (2)$EX=\dfrac{2\alpha}{\sqrt{\pi}}, DX=\left(\dfrac{3}{2}-\dfrac{4}{\pi}\right)\alpha^2$ **11.** 略 **12.** $-\dfrac{1}{36},-\dfrac{1}{11},\dfrac{5}{9}$

13. 85, 37 **14.** $a=\pm\dfrac{\sqrt{3}}{2}, r_{UV}=\dfrac{1}{2}$ **15.** 约 39 袋 **16.** 1, 3

17. $f(x,y)=\dfrac{1}{3\sqrt{5}\pi}\exp\left\{-\dfrac{8}{15}\left(\dfrac{x^2}{3}+\dfrac{xy}{4\sqrt{3}}+\dfrac{y^2}{4}\right)\right\}$ **18.** $b=\mu, a=e^{-\mu}$ **19.** $\dfrac{n+1}{2}$ **20.** 略

21. $\dfrac{a\alpha+b\beta}{\sqrt{a^2+b^2}\sqrt{\alpha^2+\beta^2}}$ **22.** 略 **23.** (1)略 (2) $f_{X^*}(x)=\begin{cases}\dfrac{1}{6}(\sqrt{6}-|x|), & |x|<\sqrt{6}\\ 0, & 其他\end{cases}$

习 题 10

1. $\dfrac{13}{48}$ **2.** C

3. 1.24×10^{-2}, [926, 1074] **4.** 0.999 6 **5.** 1265 5 **6.** 0.079 3 **7.** (1)0 (2)0.5

习 题 11

1.～3. 略 **4.** $E(\overline{X})=\lambda,\ D(\overline{X})=\dfrac{1}{n}\lambda,\ E(S^2)=\dfrac{n-1}{n}\lambda$ **5.** 0, $\dfrac{1}{2n}$, $\dfrac{1}{2}$ **6.** (1)0.132 (2)0.579 (3)0.292 **7.** 0.829

8. 35 **9.** 14 **10.** n, 2 **11.～13.** 略 **14.** $2(n-1)\sigma^2$

15. 0.1 **16.** 0.20 **17.** 0.99 **18.** –0.4365 **19.** $a=2, b=\sqrt{2}$ **20.** 略

21. (1)0.05, (2)0.0159

22. $t(m)$ **23.** 略 **24.** $F(1, 1)$ **25.** $t(n-1)$ **26.** $t(m+n-2)$ **27.** 略

28. (1)

$(X_1-X_2)^2$ \ X_1+X_2	0	1	2
0	$\dfrac{1}{4}$	0	$\dfrac{1}{4}$
1	0	$\dfrac{1}{2}$	0

(2) (3)略

习 题 12

1. (1) $\dfrac{\overline{X}}{1-\overline{X}}, \dfrac{n}{-\sum\limits_{i=1}^{n}\ln X_i}$ (2) $S, \overline{X}-S, \overline{X}-X_{(1)}, X_{(1)}$

(3) $\overline{X}, \left[X_{(n)}-\dfrac{1}{2}, X_{(1)}+\dfrac{1}{2}\right]$中的任一值 (4) $\dfrac{\overline{X}}{m}, \dfrac{\overline{X}}{m}$

2. (1) $e^{-\overline{X}}$ (2)0.3253

3. 1 **4.** 略 **5.** $1.645\sqrt{\dfrac{1}{n}\sum\limits_{i=1}^{n}X_i^2}$ **6.** $\dfrac{1}{2(n-1)}$ **7.** $\sqrt{\dfrac{\pi}{2}}$ **8.** 略 **9.** (1) $\overline{X}-1$ (2)$X_{(1)}$

10. (1)–1, 1 (2) $(\overline{X})^2$ **11.** (1) $2\overline{X}$ (2) $X_{(n)}$ (3)略 **12.** $\hat{\theta}_1$ **13.** $a=\dfrac{n_1}{n_1+n_2}, b=\dfrac{n_2}{n_1+n_2}$

14. (1) (2)m: $n=\sigma_1$: σ_2 **15.** $D(\hat{\theta}_1)<D(\hat{\theta}_2)$ **16.** 略 **17.** (1) $\dfrac{\theta^2}{n}$ (2)证明略

18. (1) $\frac{1}{n}\sum_{i=1}^{n}|X_i|$　(2)～(3)略　**19.** (1)B　(2)B　(3)A　**20.** 97

21. (1)(5.608, 6.392)　(2)(5.558, 6.442)　**22.** (7.4, 21.1)　**23.** (−6.04, −5.96)

24. 123　**25.** (−0.002, 0.006)　**26.** (0.3159, 12.90)　**27.** (3) $\frac{\chi_{\alpha}^{2}(2n)}{2n\overline{X}}$

习　题　13

1. (1)可以　(2)不可以　(3)不可以　(4)可以

2. 第二类错误；第一类错误　**3.**第一类错误的概率 0.0321；第二类错误的概率 0.021.

4. (1)第一类错误的概率 0.0037；第二类错误的概率 0.0367.　(2)34

5. 拒绝，有显著降低　**6.** 拒绝 H_0　**7.** 可以推广　**8.** 认为不合格　**9.** 有显著变化　**10.** 有显著变化　**11.** 比以往学生的唾液组织胺水平高　**12.** 不正常　**13.** 方差不大于 8　**14.** 显著地偏大　**15.** 有显著影响　**16.** 有显著差异　**17.** 相同　**18.** 差异不显著　**19.** 有显著差异　**20.** 差异不显著　**21.** 有显著差异　**22.** 效率相同　**23.** B 原料生产的产品比 A 原料生产的产品重量大　**24.** 新方法比旧方法得率高　**25.** 无区别　**26.** 方差相同　**27.** 服从正态分布　**28.** 服从普阿松分布　**29.** 服从正态分布　**30.** 服从均匀分布

习　题　14

1.～**3.** 略

4. $\hat{y}=6705088+0.8706x$

5. (1) $\hat{y}=29.379-0.301x$　(2)线性相关关系特别显著　(3)25.015±0.856，即(24.429, 25.601)

6. (1) $\hat{y}=0.98+3.44$　(2) $r=0.928$　(3)(−1.312, 6.67)　(4)(−0.282, −0.277)

7. $\hat{y}=21.11+19.52\ln x$　**8.** $u=100.9\mathrm{e}^{-0.315t}$　**9.** $\hat{y}=-16.24+0.52x_1+0.48x_2$

10. $\hat{y}=2.19826629-0.02252236x+0.00012507x^2$　**11.** 有极显著影响　**12.** 无显著差异

参考文献

蔡子华, 2009. Maths2010 考研数学复习大全. 北京: 原子能出版社.

陈文灯, 黄先开, 等, 2009. 考研数学: 题型集萃与练习题集(2010 版). 北京: 世界图书出版公司北京公司.

戴明强, 刘子瑞, 2015. 工程数学. 2 版. 北京: 科学出版社.

邓永录, 2005. 应用概率及其理论基础. 北京: 清华大学出版社.

格涅坚科, 1956. 概率论教程. 丁寿田, 译. 北京: 高等教育出版社.

葛余博, 2005. 概率论与数理统计. 北京: 清华大学出版社.

海军工程大学数学教研室, 2000. 工程数学学习指导. 武汉: 湖北科学技术出版社.

黄云鹏, 等, 1992. 线性代数. 上海: 华东师范大学出版社.

金裕红, 瞿勇, 2014. 大学数学实验基础. 北京: 科学出版社.

李贤平, 1997. 概率论基础. 2 版. 北京: 高等教育出版社.

刘禄勤, 等, 2002. 概率论与数理统计. 北京: 高等教育出版社.

刘新卫, 戴明强., 2003. 大学数学: 线性代数. 北京: 科学出版社.

苏淳, 2004. 概率论. 北京: 科学出版社.

同济大学数学系, 2013. 工程数学: 线性代数. 6 版. 北京: 高等教育出版社.

韦来生, 2008. 数理统计. 北京: 科学出版社.

温特切勒, 1961. 概率论. 崔明奇, 等译. 上海: 上海科学技术出版社.

吴晓平, 周木良, 2003. 大学数学: 随机数学. 北京: 科学出版社.

朱燕堂, 赵选民, 徐伟, 2001. 应用概率统计方法. 西安: 西北工业大学出版社.

ROSS S M, 2007. 概率论基础教程. 郑忠国, 詹从赞, 译. 北京: 人民邮电出版社.

附录1 常用分布表

分布名称	参数	分布律或概率密度	数学期望	方差	备注
退化分布 (一点分布)	c	$\begin{pmatrix} c \\ 1 \end{pmatrix}$	c	0	关于参数 c 有再生性
伯努利分布 (两点分布)	p $0<p<1$	$\begin{pmatrix} 0 & 1 \\ q & p \end{pmatrix}$	p	pq	是 $n=1$ 时的二项分布
二项分布 $b(n, p; k)$	$n\geqslant 1$ $0<p<1$	$\binom{n}{k} p^k q^{n-k}$ $k=0, 1, \cdots, n$	np	npq	关于 n 有再生性
几何分布 $g(p; k)$	p $0<p<1$	$q^{k-1}p$ $k=1, 2, \cdots$	$\frac{1}{p}$	$\frac{q}{p^2}$	是 $r=1$ 的帕斯卡分布；无记忆
帕斯卡分布 (负二项分布) $f(r, p; k)$	r, p r 为自然数 $0<p<1$	$\binom{k-1}{r-1} p^r q^{k-r}$ $k=r, r+1, \cdots$	$\frac{r}{p}$	$\frac{rq}{p^2}$	关于 r 有再生性
泊松分布 $\pi(\lambda; k)$	λ $\lambda>0$	$\frac{\lambda^k}{k!}e^{-\lambda}$ $k=0, 1, 2, \cdots$	λ	λ	关于 λ 有再生性
超几何分布	M, N, n 均为自然数	$\frac{\binom{M}{k}\binom{N-M}{n-k}}{\binom{N}{n}}$ $k=0, 1, \cdots, n$	$\frac{nM}{N}$	$\frac{nM}{N}\left(1-\frac{M}{N}\right)\frac{N-n}{N-1}$	
均匀分布 $U(a, b)$	a, b $a<b$	$\frac{1}{b-a}$ $a<x<b$	$\frac{a+b}{2}$	$\frac{(b-a)^2}{12}$	
正态分布 $N(\mu, \sigma^2)$	μ, σ^2 $\sigma>0$	$\frac{1}{\sigma\sqrt{2\pi}}e^{-\frac{(x-\mu)^2}{2\sigma^2}}$ $-\infty<x<+\infty$	μ	σ^2	关于 μ, σ^2 有再生性
指数分布	λ $\lambda>0$	$\lambda e^{-\lambda x}$ $x>0$	$\frac{1}{\lambda}$	$\frac{1}{\lambda^2}$	是 $\Gamma(\lambda, 1)$ 分布: 无记忆
伽马分布 $\Gamma(\lambda, r)$	λ, r $\lambda, r>0$	$\frac{\lambda^r}{\Gamma(r)}x^{r-1}e^{-\lambda x}$ $x>0$	$\frac{r}{\lambda}$	$\frac{r}{\lambda^2}$	关于参数 r 再生性
χ^2 分布 $\chi^2(n)$	n $n\geqslant 1$	$\frac{1}{2^{\frac{n}{2}}\Gamma\left(\frac{n}{2}\right)}x^{\frac{n}{2}-1}e^{-\frac{x}{2}}$ $x>0$	n	$2n$	关于 n 有再生性: 是 $\Gamma\left(\frac{1}{2}, \frac{n}{2}\right)$ 分布; 是正态平方和的分布
柯西分布 $C(\lambda, \mu)$	λ, μ $\lambda>1$	$\frac{1}{\pi}=\frac{\lambda}{\lambda^2+(x-\mu)^2}$ $-\infty<x<+\infty$	不存在	不存在	是 $t(1)$ 分布; 是正态之商的分布; 关于 λ, μ 有再生性

续表

分布名称	参数	分布律或概率密度	数学期望	方差	备注
瑞利分布	σ $\sigma>0$	$\frac{x}{\sigma^2}e^{-\frac{x^2}{2\sigma^2}}$ $x>0$	$\sqrt{\frac{\pi}{2}}\sigma$	$\left(2-\frac{\pi}{2}\right)\sigma^2$	是 $\chi^2(2)$ 随机变量之算术根的分布
对数正态分布	α, σ $\sigma>0$	$\frac{1}{\sigma x\sqrt{2\pi}}e^{-\frac{(\ln x-\sigma)^2}{2\sigma^2}}$ $x>0$	$e^{a+\frac{\sigma^2}{2}}$	$e^{2a+\sigma^2}(e^{\sigma^2}-1)$	是 e^{ξ} 的分布，其中 ξ 为 $N(a,\sigma^2)$ 随机变量
韦伯分布	α, λ $\alpha, \lambda>0$	$\alpha\lambda x^{\alpha-1}e^{-\lambda x^{\alpha}}\ x>0$	$\Gamma\left(\frac{1}{\alpha}+1\right)\cdot\lambda^{-\frac{1}{\alpha}}$	$\lambda^{-\frac{2}{\alpha}}\left[\Gamma\left(\frac{2}{\alpha}+1\right)-\left(\Gamma\left(\frac{1}{\alpha}+1\right)\right)^2\right]$	
拉普拉斯分布	λ, μ $\lambda>0$	$\frac{1}{2\lambda}e^{-\frac{\lvert x-\mu\rvert}{\lambda}}\ -\infty<x<+\infty$	μ	$2\lambda^2$	
t 分布 $t(n)$	n $n\geqslant1$	$\frac{\Gamma\left(\frac{n+1}{2}\right)}{\sqrt{n\pi}\Gamma\left(\frac{n}{2}\right)}\cdot\left(1+\frac{x^2}{n}\right)^{-\frac{n-1}{2}}$ $-\infty<x<+\infty$	0 $(n>1)$	$\frac{n}{n-2}$ $(n>2)$	是独立的正态与 χ^2 分布之商的分布
F 分布 $F(m,n)$	m, n $m, n\geqslant1$	$\frac{m^{\frac{m}{2}}n^{\frac{n}{2}}}{B\left(\frac{m}{2},\frac{n}{2}\right)}x^{\frac{m}{2}-1}\cdot(n+mx)^{-\frac{m+n}{2}}$ $x>0$	$\frac{n}{n-2}$ $(n>2)$	$\frac{2n^2(m+n-2)}{m(n-2)^2(n-4)}$ $(n>4)$	是独立 χ^2 分布之商的分布
贝塔分布	α, β $\alpha, \beta>0$	$\frac{\Gamma(\alpha+\beta)}{\Gamma(\alpha)\Gamma(\beta)}x^{\alpha-1}\cdot(1-x)^{\beta-1}$ $0<x<1$	$\frac{\alpha}{\alpha+\beta}$	$\frac{\alpha\beta}{(\alpha+\beta)^2(\alpha+\beta+1)}$	

附录 2　泊松分布表

设 $X \sim \pi(\lambda)$, 表中给出概率

$$P(X \geqslant x) = \sum_{r=x}^{\infty} \frac{e^{-\lambda}\lambda^r}{r!}$$

x	$\lambda = 0.2$	$\lambda = 0.3$	$\lambda = 0.4$	$\lambda = 0.5$	$\lambda = 0.6$
0	1.000 000 0	1.000 000 0	1.000 000 0	1.000 000 0	1.000 000 0
1	0.181 269 2	0.259 181 8	0.329 680 0	0.323 469	0.451 188
2	0.017 523 1	0.036 936 3	0.061 551 9	0.090 204	0.121 901
3	0.001 148 5	0.003 599 5	0.007 926 3	0.014 388	0.023 115
4	0.000 056 8	0.000 265 8	0.000 776 3	0.001 752	0.003 358
5	0.000 002 3	0.000 015 8	0.000 061 2	0.000 172	0.000 394
6	0.000 000 1	0.000 000 8	0.000 004 0	0.000 014	0.000 039
7			0.000 000 2	0.000 001	0.000 003

x	$\lambda = 0.7$	$\lambda = 0.8$	$\lambda = 0.9$	$\lambda = 1.0$	$\lambda = 1.2$
0	1.000 000 0	1.000 000 0	1.000 000 0	1.000 000 0	1.000 000 0
1	0.503 415	0.550 671	0.593 430	0.632 121	0.698 806
2	0.155 805	0.191 208	0.227 518	0.264 241	0.337 373
3	0.034 142	0.047 423	0.062 857	0.080 301	0.120 513
4	0.005 753	0.009 080	0.013 459	0.018 988	0.033 769
5	0.000 786	0.001 411	0.002 244	0.003 660	0.007 746
6	0.000 090	0.000 184	0.000 343	0.000 594	0.000 150 0
7	0.000 009	0.000 021	0.000 043	0.000 083	0.000 251
8	0.000 001	0.000 002	0.000 005	0.000 010	0.000 037
9				0.000 001	0.000 005
10					0.000 001

x	$\lambda = 1.4$	$\lambda = 1.6$	$\lambda = 1.8$
0	1.000 000	1.000 000	1.000 000
1	0.753 403	0.798 103	0.834 701
2	0.408 167	0.475 069	0.537 163
3	0.166 502	0.216 642	0.269 379
4	0.053 725	0.078 813	0.108 708
5	0.014 253	0.023 682	0.036 407

续表

x	$\lambda=1.4$	$\lambda=1.6$	$\lambda=1.8$
6	0.003 201	0.006 040	0.010 378
7	0.000 622	0.001 336	0.002 569
8	0.000 107	0.000 260	0.000 562
9	0.000 016	0.000 045	0.000 110
10	0.000 002	0.000 007	0.000 019
11		0.000 001	0.000 003

x	$\lambda=2.5$	$\lambda=3.0$	$\lambda=3.5$	$\lambda=4.0$	$\lambda=4.5$	$\lambda=5.0$
0	1.000 000	1.000 000	1.000 000	1.000 000	1.000 000	1.000 000
1	0.917 915	0.950 213	0.969 803	0.981 684	0.988 891	0.993 262
2	0.712 703	0.800 852	0.864 112	0.908 422	0.938 901	0.959 572
3	0.456 187	0.576 810	0.679 153	0.761 897	0.826 422	0.875 348
4	0.242 424	0.352 768	0.463 367	0.566 530	0.657 704	0.734 974
5	0.108 822	0.184 737	0.274 555	0.371 163	0.467 896	0.559 507
6	0.042 021	0.083 918	0.412 386	0.214 870	0.297 070	0.384 039
7	0.014 187	0.033 509	0.065 288	0.110 674	0.168 949	0.237 817
8	0.004 247	0.011 905	0.026 739	0.051 134	0.086 586	0.133 372
9	0.001 140	0.003 803	0.009 874	0.021 368	0.040 257	0.068 094
10	0.000 277	0.001 102	0.003 315	0.008 132	0.017 093	0.031 828
11	0.000 062	0.000 292	0.001 019	0.002 840	0.006 669	0.013 695
12	0.000 013	0.000 071	0.000 289	0.000 915	0.002 404	0.005 453
13	0.000 002	0.000 016	0.000 076	0.000 274	0.000 805	0.002 019
14		0.000 003	0.000 019	0.000 076	0.000 252	0.000 698
15		0.000 001	0.000 004	0.000 020	0.000 074	0.000 226
16			0.000 001	0.000 005	0.000 020	0.000 069
17				0.000 001	0.000 005	0.000 020
18					0.000 001	0.000 005
19						0.000 001

附录 3　标准正态分布表

$$\Phi(x)=\int_{-\infty}^{x}\frac{1}{\sqrt{2\pi}}\mathrm{e}^{\frac{-u^2}{2}}\mathrm{d}u$$

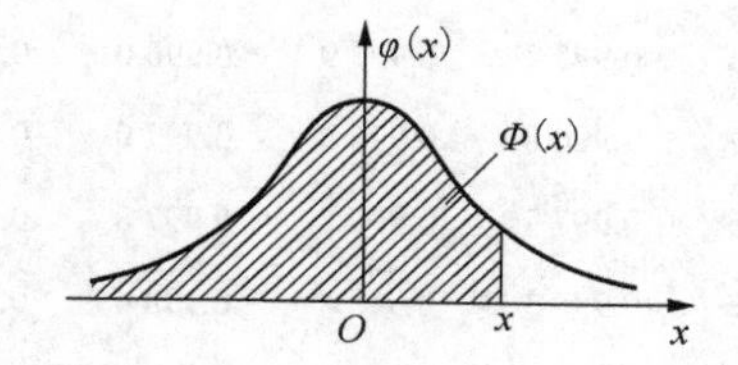

x	0	1	2	3	4	5	6	7	8	9
0.0	0.500 0	0.504 0	0.508 0	0.512 0	0.516 0	0.519 9	0.523 9	0.527 9	0.531 9	0.535 9
0.1	0.539 8	0.543 8	0.547 8	0.551 7	0.555 7	0.559 6	0.563 6	0.567 5	0.571 4	0.575 3
0.2	0.579 3	0.583 2	0.587 1	0.591 0	0.594 8	0.598 7	0.602 6	0.606 4	0.610 3	0.614 1
0.3	0.617 9	0.621 7	0.625 5	0.629 3	0.633 1	0.636 8	0.640 6	0.644 3	0.648 0	0.651 7
0.4	0.655 4	0.659 1	0.662 8	0.666 4	0.670 0	0.673 6	0.677 2	0.680 8	0.684 4	0.687 9
0.5	0.691 5	0.695 0	0.698 5	0.701 9	0.705 4	0.708 8	0.712 3	0.715 7	0.719 0	0.722 4
0.6	0.725 7	0.729 1	0.732 4	0.735 7	0.738 9	0.742 2	0.745 4	0.748 6	0.751 7	0.754 9
0.7	0.758 0	0.761 1	0.764 2	0.767 3	0.770 3	0.773 4	0.776 4	0.779 4	0.782 3	0.785 2
0.8	0.788 1	0.791 0	0.793 9	0.796 7	0.799 5	0.802 3	0.805 1	0.807 8	0.810 6	0.813 3
0.9	0.815 9	0.818 6	0.821 2	0.823 8	0.826 4	0.828 9	0.831 5	0.834 0	0.836 5	0.838 9
1.0	0.841 3	0.843 8	0.846 1	0.848 5	0.850 8	0.853 1	0.855 4	0.857 7	0.859 9	0.862 1
1.1	0.864 3	0.866 5	0.868 6	0.870 8	0.872 9	0.874 9	0.877 0	0.879 0	0.881 0	0.883 0
1.2	0.884 9	0.886 9	0.888 8	0.890 7	0.892 5	0.894 4	0.896 2	0.898 0	0.899 7	0.901 5
1.3	0.903 2	0.904 9	0.906 6	0.908 2	0.909 9	0.911 5	0.913 1	0.914 7	0.916 2	0.917 7
1.4	0.919 2	0.920 7	0.922 2	0.923 6	0.925 1	0.926 5	0.927 8	0.929 2	0.930 6	0.931 9
1.5	0.933 2	0.934 5	0.935 7	0.937 0	0.938 2	0.939 4	0.940 6	0.941 8	0.943 0	0.944 1
1.6	0.945 2	0.946 3	0.947 4	0.948 4	0.949 5	0.950 5	0.951 5	0.952 5	0.953 5	0.954 5
1.7	0.955 4	0.956 4	0.957 3	0.958 2	0.959 1	0.959 9	0.960 8	0.961 6	0.962 5	0.963 3
1.8	0.964 1	0.964 8	0.965 6	0.966 4	0.967 1	0.967 8	0.968 6	0.969 3	0.970 0	0.970 6
1.9	0.971 3	0.971 9	0.972 6	0.973 2	0.973 8	0.974 4	0.975 0	0.975 6	0.976 2	0.976 7
2.0	0.977 2	0.977 8	0.978 3	0.978 8	0.979 3	0.979 8	0.980 3	0.980 8	0.981 2	0.981 7
2.1	0.982 1	0.982 6	0.983 0	0.983 4	0.983 8	0.984 2	0.984 6	0.985 0	0.985 4	0.985 7
2.2	0.986 1	0.986 4	0.986 8	0.987 1	0.987 4	0.987 8	0.988 1	0.988 4	0.988 7	0.989 0

续表

x	0	1	2	3	4	5	6	7	8	9
2.3	0.989 3	0.989 6	0.989 8	0.990 1	0.990 4	0.990 6	0.990 9	0.991 1	0.991 3	0.991 6
2.4	0.991 8	0.992 0	0.992 2	0.992 5	0.992 7	0.992 9	0.993 1	0.993 2	0.993 4	0.993 6
2.5	0.993 8	0.994 0	0.994 1	0.994 3	0.994 5	0.994 6	0.994 8	0.994 9	0.995 1	0.995 2
2.6	0.995 3	0.995 5	0.995 6	0.995 7	0.995 9	0.996 0	0.996 1	0.996 2	0.996 3	0.996 4
2.7	0.996 5	0.996 6	0.996 7	0.996 8	0.996 9	0.997 0	0.997 1	0.997 2	0.997 3	0.997 4
2.8	0.997 4	0.997 5	0.997 6	0.997 7	0.997 7	0.997 8	0.997 9	0.997 9	0.998 0	0.998 1
2.9	0.998 1	0.998 2	0.998 2	0.998 3	0.998 4	0.998 4	0.998 5	0.998 5	0.998 6	0.998 6
3.0	0.998 7	0.999 0	0.999 3	0.999 5	0.999 7	0.999 8	0.999 8	0.999 9	0.999 9	1.000 0

注：表中末行系函数值 $\Phi(3.0)$, $\Phi(3.1)$, $\cdots$, $(\Phi 3.9)$

附录 4　t 分布表

$P\{t(n)>t_\alpha(n)\}=\alpha$

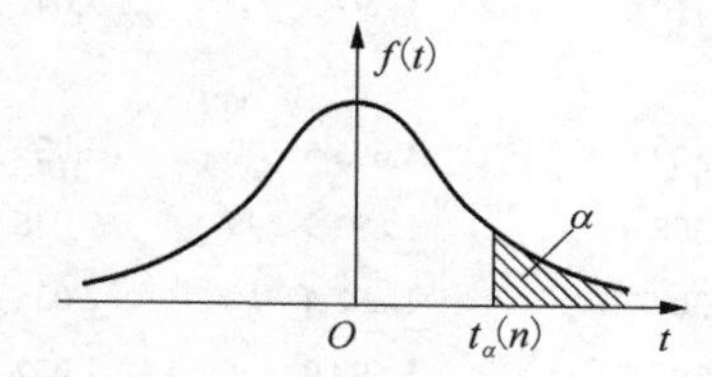

n	$\alpha=0.25$	0.10	0.05	0.025	0.01	0.005
1	1.000 0	3.077 7	6.313 8	12.706 2	31.820 7	63.657 5
2	0.816 5	1.885 6	2.920 0	4.302 7	6.964 6	9.924 8
3	0.764 9	1.637 7	2.353 4	3.182 4	4.540 7	5.840 9
4	0.740 7	1.533 2	2.131 8	2.776 4	3.746 9	4.604 1
5	0.726 7	1.475 9	2.015 0	2.570 6	3.364 9	4.032 2
6	0.717 6	1.439 8	1.943 2	2.446 9	3.142 7	3.707 4
7	0.711 1	1.414 9	1.894 6	2.364 6	2.998 0	3.499 5
8	0.706 4	1.396 8	1.859 5	2.306 0	2.896 5	3.355 4
9	0.702 7	1.383 0	1.833 1	2.262 2	2.821 4	3.249 8
10	0.699 8	1.372 2	1.812 5	2.228 1	2.763 8	3.169 3
11	0.697 4	1.363 4	1.795 9	2.201 0	2.718 1	3.105 8
12	0.695 5	1.356 2	1.782 3	2.178 8	2.681 0	3.054 5
13	0.693 8	1.350 2	1.770 9	2.160 4	2.650 3	3.012 3
14	0.692 4	1.345 0	1.761 3	2.144 8	2.624 5	2.976 8
15	0.691 2	1.340 6	1.753 1	2.131 5	2.602 5	2.946 7
16	0.690 1	1.336 8	1.745 9	2.119 9	2.583 5	2.920 8
17	0.689 2	1.333 4	1.739 6	2.109 8	2.566 9	2.898 2
18	0.688 4	1.330 4	1.734 1	2.100 9	2.552 4	2.878 4
19	0.687 6	1.327 7	1.729 1	2.093 0	2.539 5	2.860 9
20	0.687 0	1.325 3	1.724 7	2.086 0	2.528 0	2.845 3
21	0.686 4	1.323 2	1.720 7	2.079 6	2.517 7	2.831 4
22	0.685 8	1.321 2	1.717 1	2.073 9	2.508 3	2.818 8
23	0.685 3	1.319 5	1.713 9	2.068 7	2.499 9	2.807 3
24	0.684 8	1.317 8	1.710 9	2.063 9	2.492 2	2.796 9
25	0.684 4	1.316 3	1.708 1	2.059 5	2.485 1	2.787 4
26	0.684 0	1.315 0	1.705 6	2.055 5	2.478 6	2.778 7

续表

n	$\alpha=0.25$	0.10	0.05	0.025	0.01	0.005
27	0.683 7	1.313 7	1.703 3	2.051 8	2.472 7	2.770 7
28	0.683 4	1.312 5	1.701 1	2.048 4	2.467 1	2.763 3
29	0.683 0	1.311 4	1.699 1	2.045 2	2.462 0	2.756 4
30	0.682 8	1.310 4	1.697 3	2.042 3	2.457 3	2.750 0
31	0.682 5	1.309 5	1.695 5	2.039 5	2.452 8	2.744 0
32	0.682 2	1.308 6	1.693 9	2.036 9	2.448 7	2.738 5
33	0.682 0	1.307 7	1.692 4	2.034 5	2.444 8	2.733 3
34	0.681 8	1.307 0	1.690 9	2.032 2	2.441 1	2.728 4
35	0.681 6	1.306 2	1.689 6	2.030 1	2.437 7	2.723 8
36	0.681 4	1.305 5	1.688 3	2.028 1	2.434 5	2.719 5
37	0.681 2	1.304 9	1.687 1	2.026 2	2.431 4	2.715 4
38	0.681 0	1.304 2	1.686 0	2.024 4	2.428 6	2.711 6
39	0.680 8	1.303 6	1.684 9	2.022 7	2.425 8	2.707 9
40	0.680 7	1.303 1	1.683 9	2.021 1	2.423 3	2.704 5
41	0.680 5	1.302 5	1.682 9	2.019 5	2.420 8	2.701 2
42	0.680 4	1.302 0	1.682 0	2.018 1	2.418 5	2.698 1
43	0.680 2	1.301 6	1.681 1	2.016 7	2.416 3	2.695 1
44	0.680 1	1.301 1	1.680 2	2.015 4	2.414 1	2.692 3
45	0.680 0	1.300 6	1.679 4	2.014 1	2.412 1	2.689 6

附录 5 χ^2 分布表

$$P\{\chi^2(n) > \chi^2_\alpha(n)\} = \alpha$$

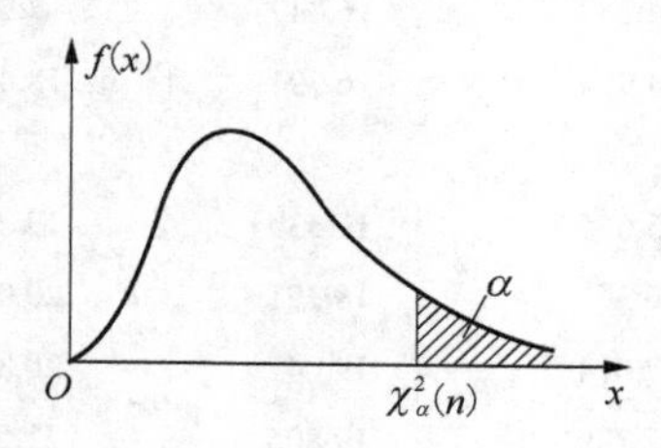

n	$\alpha=0.995$	0.99	0.975	0.95	0.90	0.75
1	—	—	0.001	0.004	0.016	0.102
2	0.010	0.020	0.051	0.103	0.211	0.575
3	0.072	0.115	0.216	0.352	0.584	1.213
4	0.207	0.297	0.484	0.711	1.064	1.923
5	0.412	0.554	0.831	1.145	1.610	2.675
6	0.676	0.872	1.237	1.635	2.204	3.455
7	0.989	1.239	1.690	2.167	2.833	4.255
8	1.344	1.646	2.180	2.733	3.490	5.071
9	1.735	2.088	2.700	3.325	4.168	5.899
10	2.156	2.558	3.247	3.940	4.865	6.737
11	2.603	3.053	3.816	4.575	5.578	7.584
12	3.074	3.571	4.404	5.226	6.304	8.438
13	3.565	4.107	5.009	5.892	7.042	9.299
14	4.075	4.660	5.629	6.571	7.790	10.165
15	4.601	5.229	6.262	7.261	8.547	11.037
16	5.142	5.812	6.908	7.962	9.312	11.912
17	5.697	6.408	7.564	9.672	10.085	12.792
18	6.265	7.015	8.231	9.390	10.865	13.675
19	6.844	7.633	8.907	10.117	11.651	14.562
20	7.434	8.260	9.591	10.851	12.443	15.452
21	8.034	8.897	10.283	11.591	13.240	16.344
22	8.643	9.542	10.982	12.338	14.042	17.240
23	9.260	10.196	11.689	13.091	14.848	18.137
24	9.886	10.856	12.401	13.848	15.659	19.037
25	10.520	11.524	13.120	14.611	16.473	19.939

续表

n	$\alpha=0.995$	0.99	0.975	0.95	0.90	0.75
26	11.160	12.198	13.844	15.379	17.292	20.843
27	11.808	12.879	14.573	16.151	18.114	21.749
28	12.461	13.565	15.308	16.928	18.939	22.657
29	13.121	14.257	16.047	17.708	19.768	23.567
30	13.787	14.954	16.791	18.493	20.599	24.473
31	14.458	15.655	17.539	19.281	21.434	25.390
32	15.134	16.362	18.291	20.072	22.271	26.304
33	15.815	17.074	19.047	20.867	23.110	27.219
34	16.501	17.789	19.806	21.664	23.952	28.136
35	17.192	18.509	20.569	22.465	24.797	29.054
36	17.887	19.233	21.336	23.269	25.643	29.973
37	18.586	19.960	22.106	24.075	26.492	30.893
38	19.289	20.691	22.878	24.884	27.343	31.815
39	19.996	21.426	23.654	25.695	28.196	32.737
40	20.707	22.164	24.433	26.509	29.051	33.660
41	21.421	22.906	25.215	27.326	29.907	34.585
42	22.138	23.650	25.999	28.144	30.765	35.510
43	22.859	24.398	26.785	28.965	31.625	36.436
44	23.584	25.148	27.575	29.787	32.487	37.363
45	24.311	25.901	28.366	30.612	33.350	38.291

n	$\alpha=0.25$	0.10	0.05	0.025	0.01	0.005
1	1.323	2.706	3.841	5.024	6.635	7.879
2	2.773	4.605	5.991	7.378	9.210	10.597
3	4.108	6.251	7.815	9.348	11.345	12.838
4	5.385	7.779	9.488	11.143	13.277	14.860
5	6.626	9.236	11.071	12.833	15.086	16.750
6	7.841	10.645	12.592	14.449	16.812	18.548
7	9.037	12.017	14.067	16.013	18.475	20.278
8	10.219	13.362	15.507	17.535	20.090	21.955
9	11.389	14.684	16.919	19.023	21.666	23.589
10	12.549	15.987	18.307	20.483	23.209	25.188
11	13.701	17.275	19.675	21.920	24.725	26.757
12	14.845	18.549	21.026	23.337	26.217	28.299
13	15.984	19.812	22.362	24.736	27.688	29.819
14	17.117	21.064	23.685	26.119	29.141	31.319
15	18.245	22.307	24.996	27.488	30.578	32.801

续表

n	$\alpha=0.25$	0.10	0.05	0.025	0.01	0.005
16	19.369	23.542	26.296	28.845	32.000	34.267
17	20.489	24.769	27.587	30.191	33.409	35.718
18	21.605	25.989	28.869	31.526	34.805	37.156
19	22.718	27.204	30.144	32.852	36.191	38.582
20	23.828	28.412	31.410	34.170	37.566	39.997
21	24.935	29.615	32.671	35.479	38.932	41.401
22	26.039	30.813	33.924	36.781	40.289	42.796
23	27.141	32.007	35.172	38.076	41.638	44.181
24	28.241	33.196	36.415	39.364	42.980	45.559
25	29.339	34.382	37.652	40.646	44.314	46.928
26	30.435	35.563	38.885	41.923	45.642	48.290
27	31.528	36.741	40.113	43.194	46.963	49.645
28	32.620	37.916	41.337	44.461	48.278	50.993
29	33.711	39.087	42.557	45.722	49.588	52.336
30	34.800	40.256	43.773	46.979	50.892	53.672
31	35.887	41.422	44.985	48.232	52.191	55.003
32	36.973	42.585	46.194	49.480	53.486	56.328
33	38.058	43.745	47.400	50.725	54.776	57.648
34	39.141	44.903	48.602	51.966	56.061	58.964
35	40.223	46.059	49.802	53.203	57.342	60.275
36	41.304	47.212	50.998	54.437	58.619	61.581
37	42.383	48.363	52.192	55.668	59.892	62.883
38	43.462	49.513	53.384	56.896	61.162	64.181
39	44.539	50.660	54.572	58.120	62.428	65.476
40	45.616	51.805	55.758	59.342	63.691	66.766
41	46.692	52.949	56.942	60.561	64.950	68.053
42	47.766	54.090	58.124	61.777	66.206	69.336
43	48.840	55.230	59.304	62.990	67.459	70.616
44	49.913	56.369	60.481	64.201	68.710	71.893
45	50.985	57.505	61.656	65.410	69.957	73.166

附录 6　F 分布表

$$P\{F(n_1, n_2) > F_\alpha(n_1, n_2)\} = \alpha$$

$\alpha = 0.10$

n_2 \ n_1	1	2	3	4	5	6	7	8	9	10	12	15	20	24	30	40	60	120	∞
1	39.86	49.50	53.59	55.83	57.24	58.20	58.91	59.44	59.86	60.19	60.71	61.22	61.74	62.00	62.26	62.53	62.79	63.06	63.33
2	8.53	9.00	9.16	9.24	9.29	9.33	9.35	9.37	9.38	9.39	9.41	9.42	9.44	9.45	9.46	9.47	9.47	9.48	9.49
3	5.54	5.46	5.39	5.34	5.31	5.28	5.27	5.25	5.24	5.23	5.22	5.20	5.18	5.18	5.17	5.16	5.15	5.14	5.13
4	4.54	4.32	4.19	4.11	4.05	4.01	3.98	3.95	3.94	3.92	3.90	3.87	3.84	3.83	3.82	3.80	3.79	3.78	4.76
5	4.06	3.78	3.62	3.52	3.45	3.40	3.37	3.34	3.32	3.30	3.27	3.24	3.21	3.19	3.17	3.16	3.14	3.12	3.10
6	3.78	3.46	3.29	3.18	3.11	3.05	3.01	2.98	2.96	2.94	2.90	2.87	2.84	2.82	2.80	2.78	2.76	2.74	2.72
7	3.59	3.26	3.07	2.96	2.88	2.83	2.78	2.75	2.72	2.70	2.67	2.63	2.59	2.58	2.56	2.54	2.51	2.49	2.47
8	3.46	3.11	2.92	2.81	2.73	2.67	2.62	2.59	2.56	2.54	2.50	2.46	2.42	2.40	2.38	2.36	2.34	2.32	2.29
9	3.36	3.01	2.81	2.69	2.61	2.55	2.51	2.47	2.44	2.42	2.38	2.34	2.30	2.28	2.25	2.23	2.21	2.18	2.16
10	3.29	2.92	2.73	2.61	2.52	2.46	2.41	2.38	2.35	2.32	2.28	2.24	2.20	2.18	2.16	2.13	2.11	2.08	2.06
11	3.23	2.86	2.66	2.54	2.45	2.39	2.34	2.30	2.27	2.25	2.21	2.17	2.12	2.10	2.08	2.05	2.03	2.00	1.97
12	3.18	2.81	2.61	2.48	2.39	2.33	2.28	2.24	2.21	2.19	2.15	2.10	2.06	2.04	2.01	1.99	1.96	1.93	1.90
13	3.14	2.76	2.56	2.43	2.35	2.28	2.23	2.20	2.16	2.14	2.10	2.05	2.01	1.98	1.96	1.93	1.90	1.88	1.85
14	3.10	2.73	2.52	2.39	2.31	2.24	2.19	2.15	2.12	2.10	2.05	2.01	1.96	1.94	1.91	1.89	1.86	1.83	1.80
15	3.07	2.70	2.49	2.36	2.27	2.21	2.16	2.12	2.09	2.06	2.02	1.97	1.92	1.90	1.87	1.85	1.82	1.79	1.76
16	3.05	2.67	2.46	2.33	2.24	2.18	2.13	2.09	2.06	2.03	1.99	1.94	1.89	1.87	1.84	1.81	1.78	1.75	1.72
17	3.03	2.64	2.44	2.31	2.22	2.15	2.10	2.06	2.03	2.00	1.96	1.91	1.86	1.84	1.81	1.78	1.75	1.72	1.69
18	3.01	2.62	2.42	2.29	2.20	2.13	2.08	2.04	2.00	1.98	1.93	1.89	1.84	1.81	1.78	1.75	1.72	1.69	1.66
19	2.99	2.61	2.40	2.27	2.18	2.11	2.06	2.02	1.98	1.96	1.91	1.86	1.81	1.79	1.76	1.73	1.70	1.67	1.63
20	2.97	2.59	2.38	2.25	2.16	2.09	2.04	2.00	1.96	1.94	1.89	1.84	1.79	1.77	1.74	1.71	1.68	1.64	1.61
21	2.96	2.57	2.36	2.23	2.14	2.08	2.02	1.98	1.95	1.92	1.87	1.83	1.78	1.75	1.72	1.69	1.66	1.62	1.59
22	2.95	2.56	2.35	2.22	2.13	2.06	2.01	1.97	1.93	1.90	1.86	1.81	1.76	1.73	1.70	1.67	1.64	1.60	1.57
23	2.94	2.55	2.34	2.21	2.11	2.05	1.99	1.95	1.92	1.89	1.84	1.80	1.74	1.72	1.69	1.66	1.62	1.59	1.55
24	2.93	2.54	2.33	2.19	2.10	2.01	1.98	1.94	1.91	1.88	1.83	1.78	1.73	1.70	1.67	1.64	1.61	1.57	1.53

续表

$\alpha=0.10$

n_2 \ n_1	1	2	3	4	5	6	7	8	9	10	12	15	20	24	30	40	60	120	∞
25	2.92	2.53	2.32	2.18	2.09	2.02	1.97	1.93	1.89	1.87	1.82	1.77	1.72	1.69	1.66	1.63	1.59	1.56	1.52
26	2.91	2.52	2.31	2.17	2.08	2.01	1.96	1.92	1.88	1.86	1.81	1.76	1.71	1.68	1.65	1.61	1.58	1.54	1.50
27	2.90	2.51	2.30	2.17	2.07	2.00	1.95	1.91	1.87	1.85	1.80	1.75	1.70	1.67	1.64	1.60	1.57	1.53	1.49
28	2.89	2.50	2.29	2.16	2.06	2.00	1.94	1.90	1.87	1.84	1.79	1.74	1.69	1.66	1.63	1.59	1.56	1.52	1.48
29	2.89	2.50	2.28	2.15	2.06	1.99	1.93	1.89	1.86	1.83	1.78	1.73	1.68	1.65	1.62	1.58	1.55	1.51	1.47
30	2.88	2.49	2.28	2.14	2.05	1.98	1.93	1.88	1.85	1.82	1.77	1.72	1.67	1.64	1.61	1.57	1.54	1.50	1.46
40	2.84	2.44	2.23	2.09	2.00	1.93	1.87	1.83	1.79	1.76	1.71	1.66	1.61	1.57	1.54	1.51	1.47	1.42	1.38
60	2.79	2.39	2.18	2.04	1.95	1.87	1.82	1.77	1.74	1.71	1.66	1.60	1.54	1.51	1.48	1.44	1.40	1.35	1.29
120	2.75	2.35	2.13	1.99	1.90	1.82	1.77	1.72	1.68	1.65	1.60	1.55	1.48	1.45	1.41	1.37	1.32	1.26	1.19
∞	2.71	2.30	2.08	1.94	1.85	1.77	1.72	1.67	1.63	1.60	1.55	1.49	1.42	1.38	1.34	1.30	1.24	1.17	1.00

$\alpha=0.05$

n_2 \ n_1	1	2	3	4	5	6	7	8	9	10	12	15	20	24	30	40	60	120	∞
1	161.4	199.5	215.7	224.6	230.2	234.0	236.8	238.9	240.5	241.9	243.9	245.9	248.0	249.1	250.1	251.1	252.2	253.3	254.3
2	18.51	19.00	19.16	19.25	19.30	19.33	19.35	19.37	19.38	19.40	19.41	19.43	19.45	19.45	19.46	19.47	19.48	19.49	19.50
3	10.13	9.55	9.28	9.12	9.01	8.94	8.89	8.85	8.81	8.79	8.74	8.70	8.66	8.64	8.62	8.59	8.57	8.55	8.53
4	7.71	6.94	6.59	6.39	6.26	6.16	6.09	6.04	6.00	5.96	5.91	5.86	5.80	5.77	5.75	5.72	5.69	5.66	5.63
5	6.61	5.79	5.41	5.19	5.05	4.95	4.88	4.82	4.77	4.74	4.68	4.62	4.56	4.53	4.50	4.46	4.43	4.40	4.36
6	5.99	5.14	4.76	4.53	4.39	4.28	4.21	4.15	4.10	4.06	4.00	3.94	3.87	3.84	3.81	3.77	3.74	3.70	3.67
7	5.59	4.74	4.35	4.12	3.97	3.87	3.79	3.73	3.68	3.64	3.57	3.51	3.44	3.41	3.38	3.34	3.30	3.27	3.23
8	5.32	4.46	4.07	3.84	3.69	3.58	3.50	3.44	3.39	3.35	3.28	3.22	3.15	3.12	3.08	3.04	3.01	2.97	2.93
9	5.12	4.26	3.86	3.63	3.48	3.37	3.29	3.23	3.18	3.14	3.07	3.01	2.94	2.90	2.86	2.83	2.79	2.75	2.71
10	4.96	4.10	3.71	3.48	3.33	3.22	3.14	3.07	3.02	2.98	2.91	2.85	2.77	2.74	2.70	2.66	2.62	2.58	2.54
11	4.84	3.98	3.59	3.36	3.20	3.09	3.01	2.95	2.90	2.85	2.79	2.72	2.65	2.61	2.57	2.53	2.49	2.45	2.40
12	4.75	3.89	3.49	3.26	3.11	3.00	2.91	2.85	2.80	2.75	2.69	2.62	2.54	2.51	2.47	2.43	2.38	2.34	2.30
13	4.67	3.81	3.41	3.18	3.03	2.92	2.83	2.77	2.71	2.67	2.60	2.53	2.46	2.42	2.38	2.34	2.30	2.25	2.21
14	4.60	3.74	3.34	3.11	2.96	2.85	2.76	2.70	2.65	2.60	2.53	2.46	2.39	2.35	2.31	2.27	2.22	2.18	2.13
15	4.54	3.68	3.29	3.06	2.90	2.79	2.71	2.64	2.59	2.54	2.48	2.40	2.33	2.29	2.25	2.20	2.16	2.11	2.07
16	4.49	3.63	3.24	3.01	2.85	2.74	2.66	2.59	2.54	2.49	2.42	2.35	2.28	2.24	2.19	2.15	2.11	2.06	2.01
17	4.45	3.59	3.20	2.96	2.81	2.70	2.61	2.55	2.49	2.45	2.38	2.31	2.23	2.19	2.15	2.10	2.06	2.01	1.96
18	4.41	3.55	3.16	2.93	2.77	2.66	2.58	2.51	2.46	2.41	2.34	2.27	2.19	2.15	2.11	2.06	2.02	1.97	1.92
19	4.38	3.52	3.13	2.90	2.74	2.63	2.54	2.48	2.42	2.38	2.31	2.23	2.16	2.11	2.07	2.03	1.98	1.93	1.88
20	4.35	3.49	3.10	2.87	2.71	2.60	2.51	2.45	2.39	2.35	2.28	2.20	2.12	2.08	2.04	1.99	1.95	1.90	1.84

续表

$\alpha=0.05$																			
n_2 \ n_1	1	2	3	4	5	6	7	8	9	10	12	15	20	24	30	40	60	120	∞
21	2.32	3.47	3.07	2.84	2.68	2.57	2.49	2.42	2.37	2.32	2.25	2.18	2.10	2.05	2.01	1.96	1.92	1.87	1.81
22	4.30	3.44	3.05	2.82	2.66	2.55	2.46	2.40	2.34	2.30	2.23	2.15	2.07	2.03	1.98	1.94	1.89	1.84	1.78
23	4.28	3.42	3.03	2.80	2.64	2.53	2.44	2.37	2.32	2.27	2.20	2.13	2.05	2.01	1.96	1.91	1.86	1.81	1.76
24	4.26	3.40	3.01	2.78	2.62	2.51	2.42	2.36	2.30	2.25	2.18	2.11	2.03	1.98	1.94	1.89	1.84	1.79	1.73
25	4.24	3.39	2.99	2.76	2.60	2.49	2.40	2.34	2.28	2.24	2.16	2.09	2.01	1.96	1.92	1.87	1.82	1.77	1.71
26	4.23	3.37	2.98	2.74	2.59	2.47	2.39	2.32	2.27	2.22	2.15	2.07	1.99	1.95	1.90	1.85	1.80	1.75	1.69
27	4.21	3.35	2.96	2.73	2.57	2.46	2.37	2.31	2.25	2.20	2.13	2.06	1.97	1.93	1.88	1.84	1.79	1.73	1.67
28	4.20	3.34	2.95	2.71	2.56	2.45	2.36	2.29	2.24	2.19	2.12	2.04	1.96	1.91	1.87	1.82	1.77	1.71	1.65
29	4.18	3.33	2.93	2.70	2.55	2.43	2.35	2.28	2.22	2.18	2.10	2.03	1.94	1.90	1.85	1.81	1.75	1.70	1.64
30	4.17	3.32	2.92	2.69	2.53	2.42	2.33	2.27	2.21	2.16	2.09	2.01	1.93	1.89	1.84	1.79	1.74	1.68	1.62
40	4.08	3.23	2.84	2.61	2.45	2.34	2.25	2.18	2.12	2.08	2.00	1.92	1.84	1.79	1.74	1.69	1.64	1.58	1.51
60	4.00	3.15	2.76	2.53	2.37	2.25	2.17	2.10	2.04	1.99	1.92	1.84	1.75	1.70	1.65	1.59	1.53	1.47	1.39
120	3.92	3.07	2.68	2.45	2.29	2.17	2.09	2.02	1.96	1.91	1.83	1.75	1.66	1.61	1.55	1.50	1.43	1.35	1.25
∞	3.84	3.00	2.60	2.37	2.21	2.10	2.01	1.94	1.88	1.83	1.75	1.67	1.57	1.52	1.46	1.39	1.32	1.22	1.00

$\alpha=0.025$																			
n_2 \ n_1	1	2	3	4	5	6	7	8	9	10	12	15	20	24	30	40	60	120	∞
1	647.8	799.5	864.2	899.6	921.8	937.1	948.2	956.7	963.3	968.6	976.7	984.9	993.1	997.2	1001	1006	1010	1014	1018
2	38.51	39.00	39.17	39.25	39.30	39.33	39.36	39.37	39.39	39.40	39.41	39.43	39.45	39.46	39.46	39.47	39.48	39.49	39.50
3	17.44	16.04	15.44	15.10	14.88	14.73	14.62	14.54	14.47	14.42	14.34	14.25	14.17	14.12	14.08	14.04	13.99	13.95	13.90
4	12.22	10.65	9.98	9.60	9.36	9.20	9.07	8.98	8.90	8.84	8.75	8.66	8.56	8.51	8.46	8.41	8.36	8.31	8.26
5	10.01	8.43	7.76	7.39	7.15	6.98	6.85	6.76	6.68	6.62	6.52	6.43	6.33	6.28	6.23	6.18	6.12	6.07	6.02
6	8.81	7.26	6.60	6.23	5.99	5.82	5.70	5.60	5.52	5.46	5.37	5.27	5.17	5.12	5.07	5.01	4.96	4.90	4.85
7	8.07	6.54	5.89	5.52	5.59	5.12	4.99	4.90	4.82	4.76	4.67	4.57	4.47	4.42	4.36	4.31	4.25	4.20	4.14
8	7.57	6.06	5.42	5.05	4.82	4.65	4.53	4.43	4.36	4.30	4.20	4.10	4.00	3.95	3.89	3.84	3.78	3.73	3.67
9	7.21	5.71	5.08	4.72	4.48	4.23	4.20	4.10	4.03	3.96	3.87	3.77	3.67	3.61	3.56	3.51	3.45	3.39	3.33
10	6.94	5.46	4.83	4.47	4.24	4.07	3.95	3.85	3.78	3.72	3.62	3.52	3.42	3.37	3.31	3.26	3.20	3.14	3.08
11	6.72	5.26	4.63	4.28	4.04	3.88	3.76	3.66	3.59	3.53	3.43	3.33	3.23	3.17	3.12	3.06	3.00	2.94	2.88
12	6.55	5.10	4.47	4.12	3.89	3.73	3.61	3.51	3.44	3.37	3.28	3.18	3.07	3.02	2.96	2.91	2.85	2.79	2.72
13	6.41	4.97	4.35	4.00	3.77	3.60	3.48	3.39	3.31	3.25	3.15	3.05	2.95	2.89	2.84	2.78	2.72	2.66	2.60
14	6.30	4.86	4.24	3.89	3.66	3.50	3.38	3.29	3.21	3.15	3.05	2.95	2.84	2.79	2.73	2.67	2.61	2.55	2.49
15	6.20	4.77	4.15	3.80	3.58	3.41	3.29	3.20	3.12	3.06	2.96	2.86	2.76	2.70	2.64	2.59	2.52	2.46	2.40
16	6.12	4.69	4.08	3.73	3.50	3.34	3.22	3.12	3.05	2.99	2.89	2.79	2.68	2.63	2.57	2.51	2.45	2.38	2.32
17	6.04	4.62	4.01	3.66	3.44	3.28	3.16	3.06	2.98	2.92	2.82	2.72	2.62	2.56	2.50	2.44	2.38	2.32	2.25

续表

$\alpha = 0.025$

n_2 \ n_1	1	2	3	4	5	6	7	8	9	10	12	15	20	24	30	40	60	120	∞
18	5.98	4.56	3.95	3.61	3.38	3.22	3.10	3.01	2.93	2.87	2.77	2.67	2.56	2.50	2.44	2.38	2.32	2.26	2.19
19	5.92	4.51	3.90	3.56	3.33	3.17	3.05	2.96	2.88	2.82	2.72	2.62	2.51	2.45	2.39	2.33	2.27	2.20	2.13
20	5.87	4.46	3.86	3.51	3.29	3.13	3.01	2.91	2.84	2.77	2.68	2.57	2.46	2.41	2.35	2.29	2.22	2.16	2.09
21	5.83	4.42	3.82	3.48	3.25	3.09	2.97	2.87	2.80	2.73	2.64	2.53	2.42	2.37	2.31	2.25	2.18	2.11	2.04
22	5.79	4.38	3.78	3.44	3.22	3.05	2.93	2.84	2.76	2.70	2.60	2.50	2.39	2.33	2.27	2.21	2.14	2.08	2.00
23	5.75	4.35	3.75	3.41	3.18	3.02	2.90	2.81	2.73	2.67	2.57	2.47	2.36	2.30	2.24	2.18	2.11	2.04	1.97
24	5.72	4.32	3.72	3.38	3.15	2.99	2.87	2.78	2.70	2.64	2.54	2.44	2.33	2.27	2.21	2.15	2.08	2.01	1.94
25	5.69	4.29	3.69	3.35	3.13	2.97	2.85	2.75	2.68	2.61	2.51	2.41	2.30	2.24	2.18	2.12	2.05	1.98	1.91
26	5.66	4.27	3.67	3.33	3.10	2.94	2.82	2.73	2.65	2.59	2.49	2.39	2.28	2.22	2.16	2.09	2.03	1.95	1.88
27	5.63	4.24	3.65	3.31	3.08	2.92	2.80	2.71	2.63	2.57	2.47	2.36	2.25	2.19	2.13	2.07	2.00	1.93	1.85
28	5.61	4.22	3.63	3.29	3.06	2.90	2.78	2.69	2.61	2.55	2.45	2.34	2.23	2.17	2.11	2.05	1.98	1.91	1.83
29	5.59	4.20	3.61	3.24	3.04	2.88	2.76	2.67	2.59	2.53	2.43	2.32	2.21	2.15	2.09	2.03	1.96	1.89	1.81
30	5.57	4.18	3.59	3.25	3.03	2.87	2.75	2.65	2.57	2.51	2.41	2.31	2.20	2.14	2.07	2.01	1.94	1.87	1.79
40	5.42	4.05	3.46	3.13	2.90	2.74	2.62	2.53	2.45	2.39	2.29	2.18	2.07	2.01	1.94	1.88	1.80	1.72	1.64
60	5.29	3.93	3.34	3.01	2.79	2.63	2.51	2.41	2.33	2.27	2.17	2.06	1.94	1.88	1.82	1.74	1.67	1.58	1.48
120	5.15	3.80	3.23	2.89	2.67	2.52	2.39	2.30	2.22	2.16	2.05	1.94	1.82	1.76	1.69	1.61	1.53	1.43	1.31
∞	5.02	3.69	3.12	2.79	2.57	2.41	2.29	2.19	2.11	2.05	1.94	1.83	1.71	1.64	1.57	1.48	1.39	1.27	1.00

$\alpha = 0.01$

n_2 \ n_1	1	2	3	4	5	6	7	8	9	10	12	15	20	24	30	40	60	120	∞
1	4052	4999.5	5403	5625	5764	5859	5928	5982	6022	6056	6106	6157	6209	6235	6261	6287	6313	6339	6366
2	98.50	99.00	99.17	99.25	99.30	99.33	99.36	99.37	99.39	99.40	99.42	99.43	99.45	99.46	99.47	99.47	99.48	99.49	99.50
3	34.12	30.82	29.46	28.71	28.24	27.91	27.67	27.49	27.35	27.23	27.05	26.87	26.69	26.60	26.50	26.41	26.32	26.22	26.13
4	21.20	18.00	16.69	15.98	15.52	15.21	14.98	14.80	14.66	14.55	14.37	14.20	14.02	13.93	13.84	13.75	13.65	13.56	13.46
5	16.26	13.27	12.06	11.39	10.97	10.67	10.46	10.29	10.16	10.05	9.89	9.72	9.55	9.47	9.38	9.29	9.20	9.11	9.02
6	13.75	10.92	9.78	9.15	8.75	8.47	8.26	8.10	7.98	7.87	7.72	7.56	7.40	7.31	7.23	7.14	7.06	6.97	6.88
7	12.25	9.55	8.45	7.85	7.46	7.19	6.99	6.84	6.72	6.62	6.47	6.31	6.16	6.07	5.99	5.91	5.82	5.74	5.65
8	11.26	8.65	7.59	7.01	6.63	6.37	6.18	6.03	5.91	5.81	5.67	5.52	5.36	5.28	5.20	5.12	5.03	4.95	4.86
9	10.56	8.02	6.99	6.42	6.06	5.80	5.61	5.47	5.35	5.26	5.11	4.96	4.81	4.73	4.65	4.57	4.48	4.40	4.31
10	10.04	7.56	6.55	5.99	5.64	5.39	5.20	5.06	4.94	4.85	4.71	4.56	4.41	4.33	4.25	4.17	4.08	4.00	3.91
11	9.65	7.21	6.22	5.67	5.32	5.07	4.89	4.74	4.63	4.54	4.40	4.25	4.10	4.02	3.94	3.86	3.78	3.69	3.60
12	9.33	6.93	5.95	5.41	5.06	4.82	4.64	4.50	4.39	4.30	4.16	4.01	3.86	3.78	3.70	3.62	3.54	3.45	3.36
13	9.07	6.70	5.74	5.21	4.86	4.62	4.44	4.30	4.19	4.10	3.96	3.82	3.66	3.59	3.51	3.43	3.34	3.25	3.17
14	8.86	6.51	5.56	5.04	4.69	4.46	4.28	4.14	4.03	3.94	3.80	3.66	3.51	3.43	3.35	3.27	3.18	3.09	3.00
15	8.68	6.36	5.42	4.89	4.56	4.32	4.14	4.00	3.89	3.80	3.67	3.52	3.37	3.29	3.21	3.13	3.05	2.96	2.87

续表

$\alpha = 0.01$

n_2 \ n_1	1	2	3	4	5	6	7	8	9	10	12	15	20	24	30	40	60	120	∞
16	8.53	6.23	5.29	4.77	4.44	4.20	4.03	3.89	3.78	3.69	3.55	3.41	3.26	3.18	3.10	3.02	2.93	2.84	2.75
17	8.40	6.11	5.18	4.67	4.34	4.10	3.93	3.79	3.68	3.59	3.46	3.31	3.16	3.08	3.00	2.92	2.83	2.75	2.65
18	8.29	6.01	5.09	4.58	4.25	4.01	3.84	3.71	3.60	3.51	3.37	3.23	3.08	3.00	2.92	2.84	2.75	2.66	2.57
19	8.18	5.93	5.01	4.50	4.17	3.94	3.77	3.63	3.52	3.43	3.30	3.15	3.00	2.92	2.84	2.76	2.67	2.58	2.49
20	8.10	5.85	4.94	4.43	4.10	3.87	3.70	3.56	3.46	3.37	3.23	3.09	2.94	2.86	2.78	2.69	2.61	2.52	2.42
21	8.02	5.78	4.87	4.37	4.04	3.81	3.64	3.51	3.40	3.31	3.17	3.03	2.88	2.80	2.72	2.64	2.55	2.46	2.36
22	7.95	5.72	4.82	4.31	3.99	3.76	3.59	3.45	3.35	3.26	3.12	2.98	2.83	2.75	2.67	2.58	2.50	2.40	2.31
23	7.88	5.66	4.76	4.26	3.94	3.71	3.54	3.41	3.30	3.21	3.07	2.93	2.78	2.70	2.62	2.54	2.45	2.35	2.26
24	7.82	5.61	4.72	4.22	3.90	3.67	3.50	3.36	3.26	3.17	3.03	2.89	2.74	2.66	2.58	2.49	2.40	2.31	2.21
25	7.77	5.57	4.68	4.18	3.85	3.63	3.46	3.32	3.22	3.13	2.99	2.85	2.70	2.62	2.54	2.45	2.36	2.27	2.17
26	7.72	5.53	4.64	4.14	3.82	3.59	3.42	3.29	3.18	3.09	2.96	2.81	2.66	2.58	2.50	2.42	2.33	2.23	2.13
27	7.68	5.49	4.60	4.11	3.78	3.56	3.39	3.26	3.15	3.06	2.93	2.78	2.63	2.55	2.47	2.38	2.29	2.20	2.10
28	7.64	5.45	4.57	4.07	3.75	3.53	3.36	3.23	3.12	3.03	2.90	2.72	2.60	2.52	2.44	2.35	2.66	2.17	2.06
29	7.60	5.42	4.54	4.04	3.73	3.50	3.33	3.20	3.09	3.00	2.87	2.73	2.57	2.49	2.41	2.33	2.23	2.14	2.03
30	7.56	5.39	4.51	4.02	3.70	3.47	3.30	3.17	3.07	2.98	2.84	2.70	2.55	2.47	2.39	2.30	2.21	2.11	2.01
40	7.31	5.18	4.31	3.83	3.51	3.29	3.12	2.99	2.89	2.80	2.66	2.52	2.37	2.29	2.20	2.11	2.02	1.92	1.80
60	7.08	4.98	4.13	3.65	3.34	3.12	2.95	2.82	2.72	2.63	2.50	2.35	2.20	2.12	2.03	1.94	1.84	1.73	1.60
120	6.85	4.79	3.95	3.48	3.17	2.96	2.79	2.66	2.56	2.47	2.34	2.19	2.03	1.95	1.86	1.76	1.66	1.53	1.38
∞	6.63	4.61	3.78	3.32	3.02	2.80	2.64	2.51	2.41	2.32	2.18	2.04	1.88	1.79	1.70	1.59	1.47	1.32	1.00

$\alpha = 0.005$

n_2 \ n_1	1	2	3	4	5	6	7	8	9	10	12	15	20	24	30	40	60	120	∞
1	16211	20000	21615	22500	23056	23437	23715	23925	24091	24224	24426	24630	24836	24940	25044	25148	25253	25359	25465
2	198.5	199.0	199.2	199.2	199.3	199.3	199.4	199.4	199.4	199.4	199.4	199.4	199.4	199.5	199.5	199.5	199.5	199.5	199.5
3	55.55	49.80	47.47	46.19	45.39	44.84	44.43	44.13	43.88	43.69	43.39	43.08	42.78	42.62	42.47	42.31	42.15	41.99	41.83
4	31.33	26.28	24.26	23.15	22.46	21.97	21.62	21.35	21.14	20.97	20.70	20.44	20.17	20.03	19.89	19.75	19.61	19.47	19.32
5	22.78	18.31	16.53	15.56	14.94	14.51	14.20	13.96	13.77	13.62	13.38	13.15	12.90	12.78	12.66	12.53	12.40	12.27	12.14
6	18.63	14.54	12.92	12.03	11.46	11.07	10.79	10.57	10.39	10.25	10.03	9.81	9.59	9.47	9.36	9.24	9.12	9.00	8.88
7	16.24	12.40	10.88	10.05	9.52	9.16	8.89	8.68	8.51	8.38	8.18	7.97	7.75	7.65	7.53	7.42	7.31	7.19	7.08
8	14.69	11.04	9.60	8.81	8.30	7.95	7.69	7.50	7.34	7.21	7.01	6.81	6.61	6.50	6.40	6.29	6.18	6.06	5.95
9	13.61	10.11	8.72	7.96	7.47	7.13	6.88	6.69	6.54	6.42	6.23	6.03	5.83	5.73	5.62	5.52	5.41	5.30	5.19
10	12.83	9.43	8.08	7.34	6.87	6.54	6.30	6.12	5.97	5.85	5.66	5.47	5.27	5.17	5.07	4.97	4.86	4.75	4.64
11	12.23	8.91	7.60	6.88	6.42	6.10	5.86	5.68	5.54	5.42	5.24	5.05	4.86	4.76	4.65	4.55	4.44	4.34	4.23
12	11.75	8.51	7.23	6.52	6.07	5.76	5.52	5.35	5.20	5.09	4.91	4.72	4.53	4.43	4.33	4.23	4.12	4.01	3.90
13	11.37	8.19	6.93	6.23	5.79	5.48	5.25	5.08	4.94	4.82	4.64	4.46	4.27	4.17	4.07	3.97	3.87	3.76	3.65

$\alpha=0.005$

n_2 \ n_1	1	2	3	4	5	6	7	8	9	10	12	15	20	24	30	40	60	120	∞
14	11.06	7.92	6.68	6.00	5.56	5.26	5.03	4.86	4.72	4.60	4.43	4.25	4.06	3.96	3.86	3.76	3.66	3.55	3.44
15	10.80	7.70	6.48	5.80	5.37	5.07	4.85	4.67	4.54	4.42	4.25	4.07	3.88	3.79	3.69	3.58	3.48	3.37	3.26
16	10.58	7.51	6.30	5.64	5.21	4.91	4.69	4.52	4.38	4.27	4.10	3.92	3.73	3.64	3.54	3.44	3.33	3.22	3.11
17	10.38	7.35	6.16	5.50	5.07	4.78	4.56	4.39	4.25	4.14	3.97	3.79	3.61	3.51	3.41	3.31	3.21	3.10	2.98
18	10.22	7.21	6.03	5.37	4.96	4.66	4.44	4.28	4.14	4.03	3.86	3.68	3.50	3.40	3.30	3.20	3.10	2.99	2.87
19	10.07	7.09	5.92	5.27	4.85	4.56	4.34	4.18	4.04	3.93	3.76	3.59	3.40	3.31	3.21	3.11	3.00	2.89	2.78
20	9.94	6.99	5.82	5.17	4.76	4.47	4.26	4.09	3.96	3.85	3.68	3.50	3.32	3.22	3.12	3.02	2.92	2.81	2.69
21	9.83	6.89	5.73	5.09	4.68	4.39	4.18	4.01	3.88	3.77	3.60	3.43	3.24	3.15	3.05	2.95	2.84	2.73	2.61
22	9.73	6.81	5.65	5.02	4.61	4.32	4.11	3.94	3.81	3.70	3.54	3.36	3.18	3.08	2.98	2.88	2.77	2.66	2.55
23	9.63	6.73	5.58	4.95	4.54	4.26	4.05	3.88	3.75	3.64	3.47	3.30	3.12	3.02	2.92	2.82	2.71	2.60	2.48
24	9.55	6.66	5.52	4.89	4.49	4.20	3.99	3.83	3.69	3.59	3.42	3.25	3.06	2.97	2.87	2.77	2.66	2.55	2.43
25	9.48	6.60	5.46	4.84	4.43	4.15	3.94	3.78	3.64	3.54	3.37	3.20	3.01	2.92	2.82	2.72	2.61	2.50	2.38
26	9.41	6.54	5.41	4.79	4.38	4.10	3.89	3.73	3.60	3.49	3.33	3.15	2.97	2.87	2.77	2.67	2.66	2.45	2.33
27	9.34	6.49	5.36	4.74	4.34	4.06	3.85	3.69	3.56	3.45	3.28	3.11	2.93	2.83	2.73	2.63	2.52	2.41	2.29
28	9.28	6.44	5.32	4.70	4.30	4.02	3.81	3.65	3.52	3.41	3.25	3.07	2.89	2.79	2.69	2.59	2.48	2.37	2.25
29	9.23	6.40	5.28	4.66	4.26	3.98	3.77	3.61	3.48	3.38	3.21	3.04	2.86	2.76	2.66	2.56	2.45	2.33	2.21
30	9.18	6.35	5.24	4.62	4.23	3.95	3.74	3.58	3.45	3.34	3.18	3.01	2.82	2.73	2.63	2.52	2.42	2.30	2.18
40	8.83	6.07	4.98	4.37	3.99	3.71	3.51	3.35	3.22	3.12	2.95	2.78	2.60	2.50	2.40	2.30	2.18	2.06	1.93
60	8.49	5.79	4.73	4.14	3.76	3.49	3.29	3.13	3.01	2.90	2.74	2.57	2.39	2.29	2.19	2.08	1.96	1.83	1.69
120	8.18	5.54	4.50	3.92	3.55	3.28	3.09	2.93	2.81	2.71	2.54	2.37	2.19	2.09	1.98	1.87	1.75	1.61	1.43
∞	7.88	5.30	4.28	3.72	3.35	3.09	2.90	2.74	2.62	2.52	2.36	2.19	2.00	1.90	1.79	1.67	1.53	1.36	1.00

$\alpha=0.001$

n_2 \ n_1	1	2	3	4	5	6	7	8	9	10	12	15	20	24	30	40	60	120	∞
1	4053*	5000*	5404*	5625*	5764*	5859*	5929*	5981*	6023*	6056*	6107*	6158*	6209*	6235*	6261*	6287*	6313*	6340*	6366*
2	998.5	999.0	999.2	999.2	999.3	999.3	999.4	999.4	999.4	999.4	999.4	999.4	999.4	999.5	999.5	999.5	999.5	999.5	999.5
3	167.0	148.5	141.1	137.1	134.6	132.8	131.6	130.6	129.9	129.2	128.3	127.4	126.4	125.9	125.4	125.0	124.5	124.0	123.5
4	74.14	61.25	56.18	53.44	51.71	50.53	49.66	49.00	48.47	48.05	47.41	46.76	46.10	45.77	45.43	45.09	44.75	44.40	44.05
5	47.18	37.12	33.20	31.09	29.75	28.84	28.16	27.64	27.24	26.92	26.42	25.91	25.39	25.14	24.87	24.60	24.33	24.06	23.79
6	35.51	27.00	23.70	21.92	20.81	20.03	19.46	19.03	18.69	18.41	17.99	17.56	17.12	16.89	16.67	16.44	16.21	15.99	15.75
7	29.25	21.69	18.77	17.19	16.21	15.52	15.02	14.63	14.33	14.08	13.71	13.32	12.93	12.73	12.53	12.33	12.12	11.91	11.70
8	25.42	18.49	15.83	14.39	13.49	12.86	12.40	12.04	11.77	11.54	11.19	10.84	10.48	10.30	10.11	9.92	9.73	9.53	9.33
9	22.86	16.39	13.90	12.56	11.71	11.13	10.70	10.37	10.11	9.89	9.57	9.24	8.90	8.72	8.55	8.37	8.19	8.00	7.81
10	21.04	14.91	12.55	11.28	10.48	9.92	9.52	9.20	8.96	8.75	8.45	8.13	7.80	7.64	7.47	7.30	7.12	6.94	6.76

续表

n_2 \ n_1	1	2	3	4	5	6	7	8	9	10	12	15	20	24	30	40	60	120	∞
	$\alpha=0.001$																		
11	19.69	13.81	11.56	10.35	9.58	9.05	8.66	8.35	8.12	7.92	7.63	7.32	7.01	6.85	6.68	6.52	6.35	6.17	6.00
12	18.64	12.97	10.80	9.63	8.89	8.38	8.00	7.71	7.48	7.29	7.00	6.71	6.40	6.25	6.09	5.93	5.76	5.59	5.42
13	17.81	12.31	10.21	9.07	8.35	7.86	7.49	7.21	6.98	6.80	6.52	6.23	5.93	5.78	5.63	5.47	5.30	5.14	4.97
14	17.14	11.78	9.73	8.62	7.92	7.43	7.08	6.80	6.58	6.40	6.13	5.85	5.56	5.41	5.25	5.10	4.94	4.77	4.60
15	16.59	11.34	9.34	8.25	7.57	7.09	6.74	6.47	6.26	6.08	5.81	5.54	5.25	5.10	4.95	4.80	4.64	4.47	4.31
16	16.12	10.97	9.00	7.94	7.27	6.81	6.46	6.19	5.98	5.81	5.55	5.27	4.99	4.85	4.70	4.54	4.39	4.23	4.06
17	15.72	10.66	8.73	7.68	7.02	6.56	6.22	5.96	5.75	5.58	5.32	5.05	4.78	4.63	4.48	4.33	4.18	4.02	3.85
18	15.38	10.39	8.49	7.46	6.81	6.35	6.02	5.76	5.56	5.39	5.13	4.87	4.59	4.45	4.30	4.15	4.00	3.84	3.67
19	15.08	10.16	8.28	7.26	6.62	6.18	5.85	5.59	5.39	5.22	4.97	4.70	4.43	4.29	4.14	3.99	3.84	3.68	3.51
20	14.82	9.95	8.10	7.10	6.46	6.02	5.69	5.44	5.25	5.08	4.82	4.56	4.29	4.15	4.00	3.86	3.70	3.54	3.38
21	14.59	9.77	7.94	6.95	6.32	5.88	5.56	5.31	5.11	4.95	4.70	4.44	4.17	4.03	3.88	3.74	3.58	3.42	3.26
22	14.38	9.61	7.80	6.81	6.19	5.76	5.44	5.19	4.99	4.83	4.58	4.33	4.06	3.92	3.78	3.63	3.48	3.32	3.15
23	14.19	9.47	7.67	6.69	6.08	5.65	5.33	5.09	4.89	4.73	4.48	4.23	3.96	3.82	3.68	3.53	3.38	3.22	3.05
24	14.03	9.34	7.55	6.59	5.98	5.55	5.23	4.99	4.80	4.64	4.39	4.14	3.87	3.74	3.59	3.45	3.29	3.14	2.97
25	13.88	9.22	7.45	6.49	5.88	5.46	5.15	4.91	4.71	4.56	4.31	4.06	3.79	3.66	3.52	3.37	3.22	3.06	2.89
26	13.74	9.12	7.36	6.41	5.80	5.38	5.07	4.83	4.64	4.48	4.24	3.99	3.72	3.59	3.44	3.30	3.15	2.99	2.82
27	13.61	9.02	7.27	6.33	5.73	5.31	5.00	4.76	4.57	4.41	4.17	3.92	3.66	3.52	3.38	3.23	3.08	2.92	2.75
28	13.50	8.93	7.19	6.25	5.66	5.24	4.93	4.69	4.50	4.35	4.11	3.86	3.60	3.46	3.32	3.18	3.02	2.86	2.69
29	13.39	8.85	7.12	6.19	5.59	5.18	4.87	4.64	4.45	4.29	4.05	3.80	3.54	3.41	3.27	3.12	2.97	2.81	2.64
30	13.29	8.77	7.05	6.12	5.53	5.12	4.82	4.58	4.39	4.24	4.00	3.75	3.49	3.36	3.22	3.07	2.92	2.76	2.59
40	12.61	8.25	6.60	5.70	5.13	4.73	4.44	4.21	4.02	3.87	3.64	3.40	3.15	3.01	2.87	2.73	2.57	2.41	2.23
60	11.97	7.76	6.17	5.31	4.76	4.37	4.09	3.87	3.69	3.54	3.31	3.08	2.83	2.69	2.55	2.41	2.25	2.08	1.89
120	11.38	7.32	5.79	4.95	4.42	4.04	3.77	3.55	3.38	3.24	3.02	2.78	2.53	2.40	2.26	2.11	1.95	1.76	1.54
∞	10.83	6.91	5.42	4.62	4.10	3.74	3.47	3.27	3.10	2.96	2.74	2.51	2.27	2.13	1.99	1.84	1.66	1.45	1.00

* 表示要将所列数乘以 100

附录 7　相关系数检验表(H_0：$r=0$)

$n-2$ \ α	0.05	0.01	$n-2$ \ α	0.05	0.01
1	0.997	1.000	23	0.396	0.505
2	0.950	0.990	24	0.388	0.496
3	0.878	0.959	25	0.381	0.487
4	0.811	0.917	26	0.374	0.478
5	0.754	0.874	27	0.367	0.470
6	0.707	0.834	28	0.361	0.463
7	0.666	0.798	29	0.355	0.456
8	0.632	0.765	30	0.349	0.449
9	0.602	0.735	35	0.325	0.418
10	0.576	0.708	40	0.304	0.393
11	0.553	0.684	45	0.288	0.372
12	0.532	0.661	50	0.273	0.354
13	0.514	0.641	60	0.250	0.325
14	0.497	0.623	70	0.232	0.302
15	0.482	0.606	80	0.217	0.283
16	0.468	0.590	90	0.205	0.267
17	0.456	0.575	100	0.195	0.254
18	0.444	0.561	200	0.138	0.181
19	0.433	0.549	300	0.113	0.148
20	0.423	0.537	400	0.098	0.128
21	0.413	0.526	1000	0.062	0.081
22	0.404	0.515			